W0275187

MONOGRAPHIEN AUS DEM GESAMTGEBIETE DER NEUROLOGIE UND PSYCHIATRIE
HERAUSGEGEBEN VON
O. FOERSTER-BRESLAU UND K. WILMANNS-HEIDELBERG
HEFT 57

AMUSIE

STUDIEN ZUR PATHOLOGISCHEN PSYCHOLOGIE DER AKUSTISCHEN WAHRNEHMUNG UND VORSTELLUNG UND IHRER STRUKTURGEBIETE BESONDERS IN MUSIK UND SPRACHE

VON

ERICH FEUCHTWANGER
MÜNCHEN

BERLIN
VERLAG VON JULIUS SPRINGER
1930

ISBN 978-3-642-50648-2 ISBN 978-3-642-50958-2 (eBook)
DOI 10.1007/978-3-642-50958-2

Softcover reprint of the hardcover 1st edition 1930

Vorwort.

Die vorliegende Schrift wird aus der HECKSCHER-Nervenheil- und Forschungsanstalt, München, herausgegeben. Mein Dank gebührt dem Leiter dieser Anstalt, Herrn Professor Dr. M. ISSERLIN, der mit Rat und Kritik die Arbeit in wertvoller Weise gefördert hat. Dank sei auch gesagt Herrn Obermedizinalrat Dr. TASCHENBERG in Greiz, ehemaligem Assistenten des Krankenhauses München-Schwabing und Herrn Privatdozenten Dr. GUTTMANN, München, die durch Überweisung der Patienten an mich, bzw. an die Anstalt die Untersuchungen ermöglicht haben. Herr Kollege F. DE ALMEIDA hat mir bei den Korrekturen wertvolle Dienste geleistet. Die Notgemeinschaft der deutschen Wissenschaft hat die Arbeit durch Beihilfen unterstützt.

München, März 1930.

ERICH FEUCHTWANGER.

Inhaltsverzeichnis.

Einleitung.

Die Frage, wie der Mensch in der Umwelt steht, wie er seine Welt durch Wahrnehmungen und Betätigungen beherrscht, seine *Realität*, seine „Wirklichkeit" aufbaut, erwartet nicht mehr nur eine philosophische, metaphysisch-erkenntnistheoretische Beantwortung, sondern wird immer mehr auch der biologisch-psychologischen Bearbeitung aufgegeben, speziell unter den Gesichtspunkten einer allgemeinen Menschenkunde, einer über die Abgrenzung vergangener Jahrzehnte hinaus erweiterten empirischen Anthropologie. Wie verschieden nun auch die *psychischen Situationen* sind, deren Studium Angriffspunkte für die Mannigfaltigkeit der einzelnen Probleme ergeben, so ist doch eine *allgemeine Psychologie und Pathologie der Wahrnehmungen und Vorstellungen* eines der wichtigsten Ziele und gleichzeitig eine theoretische Basis, um in die Gesetzmäßigkeit der Umweltsgestaltung vorzudringen. Soweit die bisherigen Studien zu einer allgemeinen Wahrnehmungs- und Vorstellungstheorie gingen, wurde ihre Bearbeitung in erster Linie von der Seite der optischen und taktilen Qualitäten in Angriff genommen mit der Absicht, den Aufbau der „Gegenstandswelt", ihrer materialen Erfüllung und ihrer räumlich-zeitlichen Ordnung, ihrer dynamischen Grundlagen, ihrer Veränderungsmöglichkeiten, der Betätigungen in ihr, sowie des pathologischen Abbaues der sie betreffenden psychischen Gestaltungsfunktionen zu erkennen. Der *akustische* Anteil der sinnlichen Welt, die „*Schallwelt*", steht in der erfahrungswissenschaftlichen Zielsetzung und dem Niveau der Verarbeitung noch gegenüber den anderen „höheren Sinnen" zurück. Gewiß ist von der normalen empirischen Sinnesphysiologie und -psychologie den akustischen Erscheinungen viel Bemühen gewidmet worden. Die Studien haben sich aber meist auf dem Gebiete der akustischen „Empfindungen", des Klanges, des Vokales, des Tones, des Sprachlautes und des Geräusches, also im Rahmen einer „Tonpsychologie" im engsten Sinne und hier wieder mit starker Bezugnahme auf die physikalische Akustik bewegt. Die Probleme der höheren Bildungen akustisch-sprachlicher und musikalischer Art waren in ihren normalen Erscheinungen bis in die letzten Jahrzehnte hinein entweder dem Forschungsbereich eines kollektiven Subjektes im Rahmen einer „Völkerpsychologie" zugesprochen oder wurden von den mehr oder weniger geisteswissenschaftlich orientierten Wissenschaften der Linguistik, der Philologie und der Musiktheorie beansprucht. Sprache und Musik als Gegenstände des „objektiven Geistes", als Erscheinungen der Kultur und des Menschheitsfortschrittes können aber nicht erkranken und sind mithin auch nicht Gegenstand einer pathologischen Erfassung. Die Pathologie wird immer an das kranke Einzelindividuum gehalten sein. Sie findet darum auch erst in letzter Zeit einen entsprechenden Anschluß an die Normalpsychologie und zwar erst, seitdem auch die höheren sprachlichen und musikalischen Erscheinungen von der empirisch eingestellten Psychologie in Angriff genommen werden können. Aber selbst hier noch waren die Forschungen je nach dem Einbau, den die verschiedenen Gebiete der akustischen Erscheinungswelt in dem Gesamtaufbau des Organismus erhielten, nur schwer auf das spezifisch Akustische zu konzentrieren. Dies schon deshalb, weil die Forschungen über Musik beispielsweise von ästhetisch-künstlerischen Einstellungen, die Sprachprobleme von den „symbolischen“ und denkmäßigen Einschlägen zu stark beeinflußt waren. Als äußeres Zeichen: Die beiden Bände, die C. Stumpf im Anschluß an die zwei erschienenen Bände seiner „Tonpsychologie“ diesen höheren musikalischen Bildungen noch widmen wollte, sind nicht herausgekommen; und — man darf dies wohl sagen — nichts ist bisher von anderer Seite an deren Stelle getreten.

In der *Pathologie* hat man bisher zunächst dem Abbau der akustischen Empfindungen bei Tauben und Schwerhörigen, sowie bei den Parakusien Aufmerksamkeit zugewendet. Die durch Hirnschädigungen hervorgerufenen Störungen der Hörempfindungen (Rindentaubheit, „Tontaubheit“) gehören noch zu den theoretisch dunklen Gebieten. Von den höheren akustischen Bildungen sind die pathologischen Abbauerscheinungen in den Aphasien und Amusien, in der „reinen Worttaubheit“ und „reinen Melodientaubheit“, den corticalen sensorischen Aphasien und Amusien, sowie in der expressiven, „motorischen“ Verarbeitung des Sprach- und Musikstoffes Gegenstand der Untersuchung gewesen. Aber gerade hier gilt besonders, was schon von der normalpsychologischen Forschung des Gegenstandes gesagt wurde; gerade hier steht der Einbau des akustischen Stoffes in die Situation, in das „Wort“ als Träger des Denkinhaltes, in die „Melodie“ als Ausdruckserscheinung musikalisch-künstlerischer Art der einheitlichen Erfassung unter dem Gesichtspunkt einer „akustischen Welt“ oder genauer des akustischen Anteils der Wahrnehmungswelt im Wege. Und doch ist gerade die *akustische* Qualität der verschiedensten Erlebniserscheinungen, gleichgültig, welchen Einbau sie sonst in den Gesamtsituationen haben — die pathologischen Abwandlungen bezeugen dies —, für die Ausgestaltung der Lebenslagen und der Umwelt, überhaupt für den Menschen von einer großen und ganz spezifischen Bedeutung.

Gibt es aber eine solche einheitliche „akustische Welt“, von der man trotz aller Verschiedenheit der Erscheinungsformen in gleicher Weise sprechen kann, wie man von einer einheitlichen „optischen Welt“ und einer einheitlichen „Tastwelt“ spricht? Biologisch und psychologisch gesehen, hat die erlebte „optische Welt“ ihre gemeinsamen Organe im Sinnesorgan und in bestimmten Teilen des Gehirns. Sie hat dies, ungeachtet, wie verschiedenartig auch optische Erlebnisse in Situationen und Verhaltungsweisen des Organismus eingebaut sind. Ist dies auch für den Aufbau einer „Schallwelt“ gesichert? Der heutige Stand der Theorie erlaubt, wie ich glaube, noch nicht einmal eine hypothetische Bejahung dieser Frage. Während man die Störung der Wahrnehmung optischer Gestalten und des optischen Raumes nicht unmittelbar vom Empfindungsgebiet des „Gesichtsfeldes“ ableitet, ist man gegenwärtig noch nicht sicher, inwieweit Störungen des Sprachlautauffassens, wie die reine Worttaubheit, die „Melodientaubheit“, also Störungen der Wahrnehmung akustischer Gestalten, nicht alle einheitlich vom „Hörfeld“ (also von einer Störung der Gehörempfindungen) abhängen. Was die Hirnlokalisationen betrifft, so stehen umgekehrt viele Theoretiker auf dem Standpunkt, daß ein eigenes sensorisches „Sprachzentrum“ und ein von ihm zu trennendes „Musikzentrum“ existiert. Ob für das übrige Schallgeschehen, die Geräusche, ein „Zentrum“ angenommen wird, ist nirgends gesagt. So sieht man einerseits überstarke Vereinigungstendenz im Sinnesgebiet, anderseits Trennung von Dispositionen höherer Gestaltungen, von denen man noch nicht sagen kann, ob ihnen trotz ihrer Bezogenheit auf die Gehörsempfindungen eine Vereinigung im Sinne eines einheitlichen Aufbaues der Schallwelt zugesprochen werden kann. Will man die Frage nach der Existenz und gar nach dem Strukturaufbau einer allgemeinen, alle akustischen Erscheinungen und ihre Vergegenständlichungen umfassenden „Schallwelt" überhaupt stellen, so wird man noch viel schärfere Unterfragen formulieren und geeignetes empirisches Material unter diesen Gesichtspunkten sammeln müssen. Und von den Entscheidungen im akustischen Gebiet wird auch Klärung für die anderen Wahrnehmungsbereiche erzielt werden. Erst dann wird ein Weg eingeschlagen werden können, der zu einer allgemeinen empirischen, biologisch-psychologisch und -pathologisch orientierten Wahrnehmungslehre führt.

Daß zur Beantwortung der Frage gerade von den *musikalischen Erscheinungen* ausgegangen wird, hat ihre Begründung. Es läge vielleicht nahe, nach der pathologischen Seite hin das gut studierte und mit empirischem Material reich belegte Gebiet der Aphasie auszubeuten und den pathologischen Erscheinungen des Musikerlebens, speziell der Amusie, die sekundäre Trabantenrolle zu belassen, die sie in der bisherigen pathologischen Forschung bis auf die letzte Zeit gehabt hat. Man kann davon absehen, daß die musikalischen Erscheinungen im praktischen und prosaischen Alltag des Menschen die Bedeutung nicht haben können wie das Sprechen. Es ist weiterhin zu bedenken, daß das verringerte Interesse der Pathologen nicht so sehr an der Unwichtigkeit des musikalischen Gegenstandes, als an der geringen musikalischen Begabung und Ausbildung eines großen Teiles der Forscher selbst hängt. Faßt man aber nur die *akustische* Seite ins Auge, so wird man die *Bevorzugung* der musikalischen Erscheinungen für die vorliegende Problemstellung verstehen. Der Mannigfaltigkeit der Sprachlaute sind ja gegenüber dem Gesamtbereiche der akustischen Phänomene recht enge Grenzen gezogen. In der Musik und besonders in ihrer Erweiterung durch Hereinnahme der primitiven, der kindlichen und der modernen akustisch-musischen Inhalte lassen sich nicht nur die Bildungen der Klänge, sondern alle möglichen anderen Schallgegebenheiten, die vielfältigen Geräusche und auch die Sprachlaute in spezifischer Weise ausprägen und formen. So bietet also für die Wahrnehmungspathologie der akustischen Erscheinungen die Musik einen günstigen Forschungsboden, auf dem sich in theoretischer Weiterung die große Zahl der Alltagsgeräusche und auch der Sprachlautbildungen organisch mit studieren läßt.

Eine Begrenzung ist notwendig. Musik scheint mehr als andere Formungen, also mehr als etwa die sprachlichen oder die optischen Bildungen, ein Reservat auf bestimmte Lebenssituationen zu haben, nämlich auf die ästhetisch-künstlerischen. Dies hat die biologische Psychologie und die Pathologie der musischen Phänomene zu berücksichtigen, insbesondere dann, wenn andersartige Lebenssituationen zum Vergleich herangezogen werden. Die Untersuchungen, die den musischen Inhalt nur als akustischen Klangstoff nehmen, haben sich von dieser Bindung an das Ästhetische zunächst loszumachen. Wir unterscheiden (übrigens in Übereinstimmung mit manchen Musiktheoretikern) zwischen dem *musikalischen Stoff*, dem *Musikmaterial*, das wesensmäßig und ursprünglich nichts mit „Kunst" zu tun hat, und seiner sinn- und ausdrucksmäßigen Verarbeitung, der *Musik* im engeren Sinne (eine Unterscheidung, die in entsprechender Abwandlung auch für die Sprache gilt). *Nur der Musikstoff, nur das Musikmaterial, ist der eigentliche Gegenstand der vorliegenden Studien.* Diese Begrenzung in der Stellung der Hauptfragen bleibt auch aufrecht, wenn die Untersuchung sich mit dem höheren strukturellen Einbau musikalischer Stoffe zu beschäftigen hat.

Die Schrift sollte ursprünglich den Titel „Amusie beim Musiker" erhalten. Damit wäre eine terminologische Bestimmung der Amusie gegeben gewesen gegenüber einer häufigen Verwendung dieses Begriffes in der normalpsychologischen und ästhetischen Literatur. Dort heißt „amusisch" oft ein Mensch, der nicht nur „unmusikalisch" im gebräuchlichen Sinne ist, sondern dem jede musikalische Äußerung überhaupt fremd, inadäquat, unerlebbar ist. Darüber hinaus wird manchmal „amusisch" genannt, wer sozusagen „von allen Musen verlassen" ist, wessen Lebensformen in allen Situationen prosaisch, rational sich bilden. So will der Begriff in den vorliegenden Studien nicht genommen sein. In der pathologischen Literatur ist „Amusie" die Bezeichnung für ganz bestimmte Ausfälle im musischen Erfassen und in musischer Betätigung, die durch Schädigung umgrenzter Hirnteile entsteht und zu entsprechenden Störungsbildern führt. „Amusisch" in diesem pathologischen Sinne ist also ein Mensch, der eine vorhanden gewesene musikalische Fähigkeit auf eine bestimmte Weise verloren hat. Erst in Abhängigkeit von dieser Bestimmung des Verlustes kann auch ein Individuum als amusisch bezeichnet werden, bei dem durch primäre Schädigung der entsprechenden Hirnteile von Anlage oder Geburt her ein Musikerleben nicht möglich geworden ist. Ist also „Amusie" in diesem Sinne ein Verlust vorhandener Dispositionen, so ist das Studium der Störungserscheinungen nur an solchen Menschen möglich, denen Musik zu den adäquaten Lebenssituationen gehört hat, und die darin einen gewissen Grad von Vollkommenheit erreicht haben. Und das sind eben musikalische Menschen, sind Musiker. So wenig man zum Studium pathologischer Spracherscheinungen oder Leseleistungen Menschen, die vor der Schädigung sprachlos oder Analphabeten waren, heranziehen wird, so wenig kann man erwarten, beim Studium entsprechend hirngeschädigter, früher unmusikalischer Menschen Resultate über die pathologischen Erscheinungen musikalischen Funktionsabbaues zu erzielen. Der anfangs beabsichtigte Titel hätte mithin in adjecto eine Selbstverständlichkeit enthalten.

Der äußere Anlaß zu dieser Schrift ist ein zufälliger. Ein amusischer Musiker, der mir zur Untersuchung zugewiesen war, und der freilich manche Schwierigkeiten und Mängel bei der Untersuchung bot, ließ mich im Hinblick auf die Seltenheit derart pathologischen Materials an die Ausarbeitung der Theorie gehen. Der zweite hier veröffentlichte Fall, die amusische Pianistin, wurde mir erst Jahre später zugeleitet und konnte auf Grund der vorausgegangenen Studien eingehender und folgerichtiger untersucht werden als der erste Kranke.

Das innere Motiv der vorliegenden Schrift ist aber freilich ein ganz anderes. Bei Studien über die Pathologie des optischen Bildraumes, die bis jetzt noch nicht abgeschlossen sind, schien es mir an verschiedenen Punkten wichtig, Material und entsprechende theoretische Fundierungen auf anderssinnigen Erlebnisgebieten zu erhalten. Die Studien „Tonalität und Raum" und „Zeitformung und Bewegung (Rhythmus)" im letzten Abschnitt dieser Schrift weisen auf diese Problematik hin, die mir nicht nur für die theoretische Durchführung optischer Wahrnehmungsprobleme, sondern auch für eine allgemeine Wahrnehmungstheorie wichtig scheint.

Die Schrift ist so angelegt, daß bei einheitlicher Zielgerichtetheit im Gesamtplan die einzelnen Abschnitte doch eine gewisse Selbständigkeit bewahren. Dies mußte freilich dazu führen, daß manche Darlegungen etwas ausführlicher als andere gehalten wurden, hat aber den Vorteil, daß der nur in einzelnen Fragen Interessierte sich in dem entsprechenden Unterabschnitt darüber orientieren kann, ohne viel weitere Lektüre mit einbeziehen zu müssen. Eiligen Lesern, denen es nicht so sehr auf die logischen Entwicklungen, die Polemiken und Argumentationen ankommt, werden die Sätze in Kursivdruck und die Zusammenfassungen angenehm sein.

Es bestand nicht die Absicht, die Gesamtheit der über das Thema „Amusie" geschaffenen Literatur in der vorliegenden Arbeit zu verwenden. Literaturverzeichnisse mit einer an Vollständigkeit grenzenden Ausführlichkeit sind zu finden in Mingazzini, G.: L'afasia musicale [Schweiz. Arch. Neur. (1918)] und in Henschen, S. E.: Aphasie, Amusie, Akalkulie (Klinische und anatomische Beiträge zur Pathologie des Gehirns, V. Stockholm 1920). In unserer Schrift wurde an Literatur nur herangezogen, was für die zu behandelnden Probleme wichtig war, dies freilich entsprechend der größeren theoretischen Wertigkeit, die man heute dem Einzelfall zumißt, in einer ausgiebigeren Weise, als dies früher zumeist üblich war.

Ich möchte bemerken, daß ich mich weder in der Otologie und der speziellen Methodik der Tonphysiologie, noch in der Musiktheorie als Fachmann bezeichnen kann. Was mir die zeitlich ziemlich weit zurückreichende Beschäftigung mit Musik und die nunmehr über ein Jahrzehnt sich erstreckende theoretische und praktische Betätigung in der Pathologie der Hirnschädigungsfolgen an Methodik an die Hand gibt, ist für das vorliegende Problem verwendet worden.

Erster Abschnitt.

Zur Kasuistik der Amusie.

1. Oboist Cassian St. (vorwiegend sensorische Amusie).

In den ersten Tagen des Jahres 192. wurde der damals 76jährige ehemalige Kammermusiker CASSIAN ST. auf einer medizinischen Abteilung des Krankenhauses München-Schwabing eingeliefert. Die Angehörigen erzählten, daß er seit dem Morgen dieses Tages sich gar nicht mehr auskenne, daß er unsinniges Zeug schwätze, offenbar nichts verstehe, was man zu ihm sage. Er erkenne aber Personen, und grüße sie. Er habe sich auch nicht mehr recht bewegen können, sei morgens aus dem Bett gefallen und habe sich Abschürfungen am rechten Knie zugezogen. Einen ähnlichen schweren Zustand habe er bisher noch nicht gehabt. Doch habe es ihm schon vor 3 Jahren einmal die rechte Gesichtshälfte verzogen; das habe einige Zeit bestanden und sei wieder vergangen. Seit etwa 4 Wochen vor Einlieferung in die Abteilung habe man an ihm mehrmals krampfhafte Zuckungen am rechten Arm beobachtet. Er sei seit dieser Zeit aufgeregt und reizbar. Doch sei er gerade am Tage vor der schweren Erkrankung noch ganz wohl und aufgeräumt gewesen.

Über sein früheres Leben ist zu erfahren, daß irgendwelche körperliche und seelische Störungen stärkerer Art nicht bekannt sind. Er ist schon von Jugend auf sehr musikalisch gewesen und hat als junger Mensch den Musikerberuf ergriffen. Sein Hauptinstrument ist die Oboe, die er 30 Jahre lang in einem großen Orchester seiner Vaterstadt spielte. Er soll auch noch andere Instrumente gespielt haben, besonders gut das Klavier. Die Musik hat er nicht „handwerksmäßig" getrieben, sondern er war ein echter Künstler in seinem Fach. Er hat zu Hause Kammermusik gehabt und hat auch selbst Noten geschrieben und Stücke arrangiert, in den letzten Jahren, also nach seiner Pensionierung bis kurz vor seiner Erkrankung, hat er sich im musikalischen Kirchendienst betätigt. Er ist unverheiratet gewesen, ein gemütlicher Mensch, Jagdliebhaber und großer Naturfreund, soll ein „typischer Münchner" gewesen sein. In letzter Zeit war er, wie bemerkt, oft verstimmt und reizbar bis zum Tage seiner Einlieferung ins Krankenhaus.

Die Untersuchung, die von Dr. TASCHENBERG ausgeführt wurde, und zu der der Verf. später zugezogen wurde, ergab folgendes:

Mittelgroßer, seniler Mann in gutem Ernährungszustand. Das Gesicht ist etwas kongestioniert. Am Kopfe äußerlich nichts Abnormales, Schilddrüse normal, an den Lungen die Zeichen eines leichten Emphysems, sonst keine krankhaften Erscheinungen. Herz nicht verbreitert, Töne rein, Herzaktion unregelmäßig im Sinne einer Arrhythmia perpetua. Die Pulsfrequenz hat einen Durchschnitt von 90 in der Minute. Das Arterienrohr der Radialis bei Betasten ziemlich stark, doch ergibt die Messung des Blutdruckes nach RIVA-ROCCI 55/125 mm Hg. Die weitere Untersuchung der inneren Organe und Sekrete lassen nichts Abnormes erkennen.

Im Vordergrund der Erscheinung stand bei dem Kranken eine Erschwerung des Verständnisses für das Gesprochene bei offenbar erhaltener Fähigkeit zu hören. Anfangs sprach er selbst nur sehr wenig, allmählich entwickelte sich eine Neigung, viel zu schwätzen. Er redete unverständliches Zeug im Tonfall der normalen Sprache, zeigte das Bild einer Jargonaphasie als Erscheinung seiner sensorischen Aphasie. Nur weniges war verständlich, fast alles bestand in einem Kauderwelsch mit Wortverstümmelungen und Wortverwechslungen.

Die Untersuchung des *organischen Nervensystems* ergab folgendes: Die Pupillen reagieren prompt auf Lichteinfall, eine Konvergenz kann von dem Kranken nicht erzielt werden. Die Hirnnerven, besonders Facialis und Hypoglossus, lassen pathologische Erscheinungen vermissen. Die sensiblen Reflexe und Sehnenreflexe ergeben keine Unterschiede zwischen beiden Körperseiten. Es ist kein Klonus, kein Babinski vorhanden. Die Prüfung der Hautempfindlichkeit, wie sonstige Sensibilitätsprüfung ist bei dem Zustande und dem Verhalten des Kranken nicht möglich, ebensowenig eine Prüfung der Geruchs- und Geschmacksfunktion. Ob eine Störung im Gesichtsfeld vorlag, ließ sich ebenfalls bei dem Verhalten des Kranken nicht mit Sicherheit feststellen. Bei Prüfung der Bewegungsfähigkeit zeigte sich, daß eine Lähmung oder Behinderung in der Freiheit der Bewegung in irgendeinem Gelenk oder Gelenkssystem nicht vorhanden ist. Doch ist der rechte Arm etwas ataktisch, die grobe Kraft in diesem Arm gut. Die Geschicklichkeit im Greifen mit dem rechten Arm war geringer als mit dem linken. Mit der rechten Hand greift er verlangsamt zu und greift auch mit offenen Augen zu tief, während er mit der linken Hand vorgehaltene Gegenstände sicher und augenblicklich ergreift. Es ist nicht wahrscheinlich, daß ein Gesichtsfeldausfall diese ganze Erscheinung erklärt.

Was das *psychische Verhalten* im allgemeinen betrifft, so ist Patient zugänglich und spricht auf die Annäherung des Untersuchers, auf Fragen und Aufgaben im allgemeinen gut an. Affektiv ist er leicht erregt, insbesondere scheint er die Schwierigkeit, die er im Verständnis der Sprache seiner Umgebung hat, peinlich zu empfinden. Schon wenige Tage nach dem Insult nimmt er seinen Defekt richtig wahr und beurteilt ihn entsprechend. Er ist unglücklich, wenn er die ihm vorgelegten Aufgaben nicht löst, gibt seinem Unmut durch Gesten Ausdruck, ruft manchmal verzweifelt: „Ja bin i denn narrisch?!" Es ist ihm besonders unangenehm, wenn etwa bei einer Kursdemonstration fremde, dem Hause nicht angehörende und ihm nicht bekannte Personen, Ärzte und Studenten, kommen und er sich ihnen zeigen soll. Im Gegensatz dazu ist er gegen den Untersucher übermäßig liebenswürdig, tritt ihm beim Gruß mit übertriebenem mimischem und pantomimischem Ausdruck gegenüber, verneigt sich vor ihm mit erstem Gesicht und gravitätischer Verbeugung, ergeht sich, soweit seine Ausdrucksfähigkeit reicht, oft in lobenden Ausdrücken, fällt ihm auch manchmal wie im Übermaß der Zuneigung um den Hals.

Über seine *sensorische Aphasie* wurde oben schon kurz berichtet. Der Kranke versteht anfangs zwar ganz einfache Fragen und Aufträge (Wie geht es? Geben Sie mir die Hand! usw.) richtig, ermüdet aber auch bald und reagiert dann nicht mehr. Auch fällt auf, daß er akustischen Inhalten gegenüber (Sprache wie Musik) nicht so leicht anspricht, sie nicht so beachtet, bei ihrem Auftreten nicht so aufmerksam ist, über sie leichter hinweggeht, ohne sie zu bemerken, wie bei andersartigen (optischen, taktilen) Inhalten. Kompliziertere Aufträge und Fragen werden überhaupt nicht verstanden. Desgleichen werden geschriebene Befehle nicht ausgeführt. In dem Kauderwelsch des Kranken fallen Auslassungen der Hauptwörter und Perseverationen bestimmter Phrasen auf, wie: „Alles z'sam", „immer das gleiche" usw. Dabei werden auch die Wörter paraphasisch verstümmelt (z. B. „Lessel" statt „Messer", das ihm gezeigt wird und das er offenbar erkennt).

Den *musikalischen Gebilden* irgendwelcher Art, sei es daß ihm bekannte Melodien vorgepfiffen oder auf dem Klavier vorgespielt werden, steht er zunächst ganz verständnislos gegenüber. Nach einigen Tagen dagegen spricht er darauf an, ist aber nicht imstande, die Melodien zu erkennen, irgendwie zuzuordnen, nachzusingen oder zu spielen. Auffallend ist dabei, daß er *trotzdem zwischen „guter" und „schlechter" Musik, etwa, wenn ihm ein Motiv aus der klassischen Musikliteratur oder ein Gassenhauer vorgelegt wird, zu unterscheiden versteht,* indem er bei dem einen eine anerkennende, bei dem anderen eine wegwerfende Miene macht.

Gelegentlich kommen *dyspraktische* Entgleisungen vor, und zwar nicht nur mit der rechten, sondern auch mit der intakten linken Hand. So fuhr er einmal mit dem Streichholz, das er zum Anzünden in die linke Hand getan, gegen das Nasenloch.

Bei den übrigen Erkennungs- und Wahrnehmungsleistungen ist dagegen, soweit sich bei der schweren Sprachstörung eine Herausarbeitung ermöglichen läßt, ein umschriebener Ausfall nicht gefunden worden.

Klinisch liegt eine Apoplexie in der linken Hirnhemisphäre vor mit Erscheinungen von seiten der linken Zentralwindungen (zentrale Ataxie), Beteiligung des linken Scheitellappens, ideatorisch-dyspraktischen Erscheinungen, Beteiligung des linken Schläfenlappens, totale (corticale) sensorische Aphasie und Amusie. Da dieses klinisch-diagnostisch nicht gerade seltene Bild bei einem Musiker vorlag, war zu erwarten, daß insbesondere nach der Seite der musikalischen Erfassung und Betätigung besondere Züge sich zeigten, um so mehr, als sich ja schon bei der ersten kursorischen Untersuchung Besonderheiten in bezug auf die Wertung vorgelegter musikalischer Gebilde ergeben hatten. Es wurde deshalb eine eingehende Untersuchung eingeleitet, die freilich in vielen Teilen fragmentarisch bleiben mußte, nicht zuletzt wegen der Ungeduld des Kranken, seiner zunehmenden Tendenz, möglichst rasch wieder aus dem Krankenhaus entlassen zu werden.

Die Ergebnisse der *eingehenden Funktionsanalyse* sind folgende:

Die Prüfung der *reinen Sinnesempfindung* ist, wie leicht zu verstehen, durch die Sprachstörung sehr erschwert. Für das optische Gebiet läßt sich feststellen, daß der Patient auf beiden Augen sieht. Er ist sehr alterssichtig, das Sehen wird durch Benutzung einer Brille hinreichend korrigiert. Eine Sehschärfenprüfung kann nicht durchgeführt werden, ebenso keine Prüfung auf Farbensehen. Beim Vorzeigen von Bildern fällt schon kurz nach dem Insult auf, daß er auch dann, wenn er das Bild falsch bezeichnet (paraphasisch), den Gegenstand erkennt und durch Gesten den Gebrauch und die Merkmale desselben anzudeuten imstande ist. Daß er ihm bekannte Personen sieht und unterscheidet und auch seinem sympathetischen Wertsystem entsprechend einordnet, ist früher schon hervorgehoben worden. Über den Ort, wo er sich befindet, ist er im ganzen orientiert, findet, wenn er auf dem Gange der Krankenabteilung ist, wenn auch geführt, sein Krankenzimmer selbst wieder. Er lernt auch nach wiederholter Führung den Weg in den langen Krankenhausgängen zum Kasino, wo das Klavier steht, richtig finden, bezeichnet die Richtungen, die man gehen muß, in ganz entsprechender Weise. Jedenfalls sind ausgeprägte Zeichen einer optischen Gestalt- und Raumstörung bei ihm nicht vorhanden.

Bei der Prüfung des *Gehörs* muß man sich aus verschiedenen Gründen auf verhältnismäßig einfache Untersuchungen beschränken. Insbesondere hat eine Untersuchung mit Stimmgabeln, ein Vergleich von Knochen- und Luftleitung, durch Proben der Tonreihe und ihre Begrenzung nach oben und unten schon aus äußeren Gründen unterbleiben müssen. Doch läßt sich auch aus den angestellten Prüfungen ein für die Erklärung des pathologischen Zustandes unseres Kranken einigermaßen hinreichendes Bild über die akustische Perzeption geben. Durch die vorgenommene Untersuchung mit der Flüstersprache und die Untersuchungen der musischen Fähigkeiten, über die wir im folgenden noch genauer zu berichten haben, läßt sich mit Sicherheit urteilen, daß der Kranke mit beiden Ohren hört. Aus einer größeren Entfernung als 6 m gibt er bei gesonderter Prüfung auf beiden Ohren sofort an, wenn ein Flüsterlaut erscheint, bleibt ruhig, solange es ruhig ist. Die geflüsterten Zahlen spricht er zwar nicht richtig nach; es enthält aber das paraphasische sinnlose Wort, das er nachspricht, bei den vorgesagten Zahlen mit hellen Flüsterlauten ebenfalls helle Laute (i, e) und umgekehrt, dunkle bei den dunklen Flüsterlauten. Die Untersuchung mit der Gitarre und dem Klavier ergeben bei freilich obertonhaltigen Klängen keinen Unterschied der Perzeption zwischen den tiefen Oktaven und den hohen, also etwa zwischen der großen und kleinen und der ein- und zweigestrichenen Oktave. Innerhalb dieses Klanghöhenausmaßes sind die Unterschiede der beiden Instrumente ihrem Klangcharakter nach deutlich bewußt. Auch auf Pfeifen mit dem Mund reagiert er von vornherein, so daß er die Inhalte hört. Es ist nicht bemerkt worden, daß für den Patienten irgendein Teil aus der Klangreihe eine andere Wertigkeit hatte als ein anderer Teil, daß etwa die tieferen, dunkleren Partien ihm unangenehmer sind als die höheren, helleren. Er spricht auf Klänge aus der ganzen Reihe in der gleichen Weise an, während er gleichzeitig amusische Erscheinungen zeigt, in welcher Oktave die Klanggebilde auch geboten werden. Jedenfalls glauben wir, eine Störung der akustischen Empfindung als Grundlage für die amusischen Erscheinungen ausschließen zu können.

Sowohl in der sprachlichen wie in der musikalischen Betätigung sind Störungen der *Praxie* von Bedeutung. Wir haben oben schon besprochen, daß St. mit beiden Händen dyspraktische Störungen gelegentlich zeigte. Bei der Prüfung auf die Praxie (etwa 1 Monat nach dem Insult) werden zuerst die „intransitiven" Handlungen (Liepmann) geprüft.

(Gruß eines Soldaten!) Er ist nur schwer in die Situation zu bringen. Das Aufnehmen der Hand an die Mütze wird ihm vorgemacht. Er legt darauf die rechte Hand in Pfötchenstellung, steht stramm auf und bewegt die Hand statt nach dem Kopfe mehrmals gegen den Tisch. Er ist nicht ratlos, zeigt kein Zögern, kein Suchen in der Verfahrungsweise. Patient bemerkt offenbar nicht, daß er falsch reagiert hat.

(Kußhandwerfen!) Er bewegt die rechte Hand an den Mund und führt sie wieder weg, die Bewegung wird einigermaßen richtig ausgeführt.

(Einem Kind drohen!) Steht auf, legt die rechte Hand wieder in Pfötchenstellung, bewegt sie in rascher Folge gegen den Tisch und stößt dabei schimpfende Laute aus mit drohendem Gesicht.

Die Prüfung der „transitiven" Handlungen ergibt ebenfalls Entgleisungen. Die Bewegung des Kaffeemühlenmahlens führt er als Kreisbewegung auf dem Tisch, die des Drehorgelspielens in großen Kreisen schräg in der Luft aus. Die Handlungen sind ähnlich den entsprechenden realen Handlungen, wenn auch ungeschickt. Wird Patient in die Situation gebracht, daß er dem Untersucher eine Zigarette mit einer ihm in die Hand gegebenen Schachtel Zündhölzer vornehmen soll und hat er die Aufgabe verstanden, so führt er sie langsam, zitternd und mit der rechten Hand ataktisch aus, die Bewegungsfolge ist richtig.

Die Untersuchung ergibt, daß die gelegentlich auftretenden dyspraktischen Erscheinungen nicht auf ein Organ beschränkt sind und daß St. die Handlungen, wo er sie richtig determiniert, dem Bewegungsentwurf entsprechend besitzt, auch richtig ausführt. Es handelt sich bei den falsch ausgeführten Handlungen offenbar um Entgleisungen an sich richtig begonnener Handlungen. Der Bewegungsentwurf selbst scheint dann verlorenzugehen. St. bietet Zeichen „ideatorischer Apraxie" im Sinne Liepmanns.

Von der *Sprachuntersuchung* sollen einige charakteristische Illustrationen gegeben werden, weil sie auch für die Besprechung des Verstehens und der Betätigung auf musischem Gebiete eine erhebliche Bedeutung haben.

Eine Probe aus dem Kauderwelsch der Spontansprache.

(Erzählen Sie einmal, wie Sie hereingekommen sind!)

„I weiß i . . . i . . . i i si si . . . des weiß i net. Des is es bei mir so 5 so 5, daß a bißl besser, so unverständ, a so 6 Wochen und seit 8 Tag wars jetzt gut und jetzt a so a so und wenn ma so dran denkt, Herr Sokter. Schau her es werd scho wida besser, a so a so unglaublich a so derp . . ."

Im Nachsprechen einzelner Wörter kommen erhebliche paraphasische Entgleisungen vor.

(Trommelfell:) A so . . . s-Muster so weh.

(„ :) Dorwel bel.

(Was ist denn das:) Paraphasisches Gerede, langt nach dem Ohr.

(Schnurrbarthaar:) Schaut genau auf den Mund, Schur we bede.

(„ :) Schu bad her.

(Was ist denn der Schnurrbart?) Langt zuerst wieder an das rechte Ohr, macht Anstalten, sich an den Schnurrbart zu langen, sagt: I brauchet a so a wi so Vaterunser a wi we so aa.

Nachsprechen einzelner Laute. Offene Lautquelle:

1 (phonetisch:) Schaut genau auf den Mund nach 10 Sekunden.

p ssp.

(p) b.

(o) Oswa

(u) gut guswa

(Rollendes Zungen-r:) rr-swa.

(k) ch-k

Beim Benennen von Bildern und optischen Gegenständen läßt sich ersehen, daß St. die Bilder als solche erkennt. Einzelne „Kurzschlußreaktionen" erlauben dieses Urteil. Im übrigen treten auch hier die paraphasischen Störungen hervor. Wo sich gelegentlich Schwierigkeiten in der Wortbildung ergeben, wird er ungeduldig und schimpft.

Das Sprachlauterfassen erweist sich, wie zu erwarten, als schwer gestört. St. nimmt schon eine etwas ähnlich klingende Verstümmelung seines eigenen Namens als richtig an. Läßt man ihn irgend etwas, was man ihm benennt, zeigen, so erfolgen schwere Entgleisungen. Im Bilderbuch zeigt er zwar eine Gießkanne sofort richtig, bei Nennung des Wortes „Sichel" zeigt er auf einen Rechen, nennt man „Rechen", so ist er ratlos.

Es wird ihm das Bild eines Kircheninneren gezeigt: Des is ganz schön.

(Auf die Orgel gezeigt:) Des is a so wie so zum Reseln.

(Paraphasisches Gerede) A schöne Orgel a so wie so usw.

Es ist überhaupt recht schwer, den Patienten in die Situation der Frage und des Auftrages zu bringen. Am besten versteht er affirmative Sätze. Wie alle derartigen Kranken überrascht er dann plötzlich durch Verstehen eines verhältnismäßig komplizierten Zusammenhangs.

Das akusto-motorische Reihensprechen weist ebenfalls Unsicherheiten auf.

A B C sagen: A B C B C E (F)! B C W C.

(Wochentage aufsagen:) Montag, Dienstag, Mittwoch, Donnerstag, Freitag, Mittwoch, Samstag.

(Monate aufsagen:) Versteht die Frage zuerst nicht. Dann Montag, Dienstag und am dritten drei müssens reden.

(Januar . . .!) Jetzt kommt der dritte.

(Februar:) Jetzt haben mer schon den Dritten

(Wie gehts denn weiter?) März, Januar, Februar, März, und des is der Dritte. Kommt bei mehrfacher Bemühung nicht über den April hinaus.

(Zählen:) 1, 4, 5, 6, 4, 5, 6, 7, 8, 9, 10.

(Weiter:) 12, 4, 5, 6, 7, 8, 9, 10, 1, 12, 13, 14, 15, 16, 17, 18, 20.

Auch das Erfassen vorgesprochener Reihen ist gestört.

(Untersucher zählt vor: Ist das richtig? 1, 2, 3, 4, 5, 6, 7, 9, 8, 10.) Ja recht so mit 5.

Versuchsleiter zählt die Monate auf: Januar, Februar, März, April, Mai, Juni, September:) Da herbstelts ja scho.

(Kommt nach dem Mai der September?) Na, da is der 5. und 4.

(Der Juli?) Ja, erst der 5.

Das Verstehen von Bedeutungen ist von der Störung der Lautauffassung her naturgemäß schwer betroffen. Unterscheidungen ähnlich klingender Wörter nach ihrer Bedeutung macht große Schwierigkeiten. Den Unterschied der Bedeutung zwischen Pater und Bader zu finden, gelingt ihm nicht. Auf die Frage, ob es das gleiche sei, sagt er, „i mein wenigstens". Ist dann allerdings für die Erklärung zugänglich. Die Bekanntheitsqualität für gebräuchliche Lautbilder scheint ihm in gewissem Sinne zur Verfügung zu stehen. Während ihm Schiebfenstérchen unbekannt ist, horcht er bei der Betonung Schiebfénsterchen sofort auf und zeigt auf das Oberlicht.

Eine Prüfung abstrakter und übertragener Begriffe ist bei dem Zustand des

Kranken nicht möglich gewesen. Das gleiche ist von dem Rechnen zu sagen. Auch eine eingehende Untersuchung auf Ausdruck und Verstehen des Grammatischen ließ sich nicht in entsprechender Weise durchführen.

Daß er übrigens auf optischem Wege rasch zum Verständnis der Situation kam, bewies die sehr gute Leistung beim Vorzeigen des bekannten Binet-Bildes „Das zerbrochene Fenster“. Er brauchte es nur kurz anzusehen, um auf die Frage, wer denn das Fenster eingeworfen habe, sofort auf den versteckten Knaben zu zeigen.

Das Lesen ist für den Patienten, auch wenn er die Brille hat, nicht möglich. Er merkte zwar schon kurz nach dem Insult, wenn man ihm die Zeitung verkehrt in die Hand gab, brachte aber kein Wort heraus. Nach etwa 1 Monat hatte er Bekanntheit für die Zeichen, liest aber eine kurze Geschichte in lateinischem Druck mit vollkommenem Kauderwelsch, das nicht einmal lautliche Ähnlichkeit mit dem hatte, was schriftlich gezeichnet war. Auf die Frage nach dem Verstehen, kommt sofort die Tendenz sich zu rechtfertigen heraus, er sagt: „Na, dös is fei net so leicht, i hab ja 5 (paraphasische Entgleisung) koane mehr glesn a koa Zeizung nimma.“

Es wird ihm in deutscher Druckschrift der Satz: „Geben Sie mir die rechte Hand!“ vorgelegt. Er liest Kauderwelsch, wobei auch Wörter wie „große“ und „rechte“ vorkommen. Faßt den Satz nicht als Befehl auf. (Kommt da etwas vom Fisch vor?) Na. (Etwas von Hand?) Na, i hab gar nix glesn.

Es wird ihm dann das geschriebene Wort „Pflug“ und „Sense“ vorgelegt. Er soll die geschriebenen Wörter den Gegenständen im Bilderatlas zuordnen. Bringt die Leistung auch nicht annähernd zuwege.

Das Schreiben ist in hohem Grade erschwert. Er faßt zwar den Bleistift richtig, doch ist die Schrift ataktisch.

(Den Namen schreiben:) Schimpft dabei: „A so a Schmarr'n“, Gebärde, daß er keine Brille habe.

Was das Verständnis *musikalischer Gebilde* und die *musikalische Betätigung* betrifft, so ist unmittelbar nach dem Insult die Störung so, daß der Kranke allgemein bekannte Motive und Melodien aus Symphonien und Opern nicht erkennt, und zwar beim Vorpfeifen wie auch beim Vorspielen auf dem Klavier. Spontan ist der Kranke, wie schon bemerkt, auf akustische Inhalte nicht so aufmerksam wie auf andere. Ist eine Beachtung aber geweckt, so äußert er zwar Freude am Klanggebilde, kann aber das Stück nicht identifizieren, nicht einem Komponisten zuschreiben. Dabei fällt, wie ebenfalls schon bemerkt, dem Untersucher auf, daß er künstlerisch hochstehende Stücke etwa klassischer Musik anders, höher beurteilt als Volkslieder oder minderwertige Musik, auch wenn sie auf die gleiche Weise vorgetragen werden wie jene.

Etwa 1 Monat nach dem Insult hat sich das musikalische Verstehen etwas gebessert, doch zeigen sich auch jetzt noch im Grunde die gleichen charakteristischen Erscheinungen.

Zur Prüfung des Verständnisses *komplexer musikalischer Gebilde* wird ihm einmal die Melodie der ersten vier Takte aus dem 2. Satze des Klavier-Bläserquintettes in *Es*-Dur von Mozart vorgepfiffen. Der Patient äußert sofort Bekanntheit, doch kann er nicht benennen, was es ist. (Ist es von Wagner?) Nein. (Von Mozart?) Zweifelnde Gebärde, ja. (Von Beethoven?) Nein. (Also doch von Wagner?) Nein. (Mozart?) Ja. Hierauf wird ihm das ,,Reiterlied" aus Wallensteins Lager vorgepfiffen. Patient macht eine wegwerfende Miene, deutet an, daß das andere besser sei.

St. ist also etwas unsicher in der Identifizierung, die er nach einigen Zweifeln vornimmt. Er ist sicher in der Bekanntheit und zeigt eine ausgesprochene Wertung in der Beurteilung der Melodie. Es wird nun weiter versucht, wie sich der Kranke beim Vortrag polyphoner und harmonisierter musikalischer Inhalte verhält. Patient wird neben das Klavier gesetzt. Er ist gut zugänglich, unterbricht sein bisher dauernd vorgebrachtes Kauderwelschreden sofort, als der Untersucher die Tasten anschlägt, horcht aufmerksam zu.

Nun wird ihm das Eingangsthema von Beethovens Violinkonzert in *D*-Dur harmonisiert vorgespielt. ,,Das is sehr schön, wunderschön." (Ist es von Wagner?) Macht ungläubige Miene. (Von Mozart?) Nein. (Von Beethoven?) Auch nicht. Es wird jetzt das erste Hauptthema aus dem 1. Satze des gleichen Konzertes harmonisiert vorgetragen. Der Kranke kann es wiederum nicht identifizieren und äußert in Gebärden, daß das schon so lange her sei, seit er das gehört habe. Als ihm dann gesagt wird, daß das Stück aus dem Violinkonzert Beethovens sei, macht er lebhafte Äußerungen des Erkennens im Sinne des Aha-Erlebnisses.

Es wird ihm nun weiter das gleiche Thema wiederum harmonisiert vorgespielt, jedoch vom Beginn des 5. Taktes an plötzlich in der Tonart um einen Ton höher (*E*-Dur). Auf die Frage, ob das richtig sei, sagt er: ,,Ganz richtig." Er macht auch an der Stelle des Überganges in die andere Tonart keinerlei Äußerung. Als darauf das Thema nur in der Diskantmelodie (ohne Harmonisierung) vorgespielt und wiederum vom 5. Takt an um einen Ton höher versetzt wird, schnappt er gleich ein, macht eine ungläubige Miene und hinweisende Gebärde, daß das falsch sei. Wir bemerken also einen Unterschied in der Beurteilung, je nachdem das Stück harmonisiert oder nur in der Melodie vorgetragen wird. Die Harmonisierung bedeutet also eine Erschwerung für den Kranken.

Als ihm dann das ,,Juvivallera" harmonisiert vorgespielt wird, erklärt er das ebenfalls für schön, auf Befragen freilich weniger schön als das vorherige Stück. Auch hier ist der Unterschied in der Wertung nicht so sicher, als wenn Lieder oder klassische Musik nur in der Melodie gegeben (vorgepfiffen) werden.

Der Untersucher sagt dem Patienten jetzt, daß er das Lied ,,Ich hatt' einen Kameraden" ihm vorspielen werde. Das Lied wird ihm harmonisiert vorgespielt, der Patient, nach der Richtigkeit befragt, sagt: ,,Ganz richtig." Nun wird das Lied in der gleichen Tonart begonnen, doch so gespielt, daß der Diskant nach Tonfolge und Rhythmus der gleiche bleibt, daß aber unter jedem Klang der Diskantmelodie ein Akkord mit angeschlagen wird, der so gestaltet ist, daß der Diskantklang jeweils die Quinte eines Tonika-Terz-Quintakkordes ist. Diese harmonische Ungeheuerlichkeit, die zur Folge hat, daß ein im Nachbarraum sich aufhaltender Arzt ins Zimmer schaut, um zu sehen, wer denn der ,,sonderbare Klavierspieler" sei, machte auf den Patienten gar keinen Eindruck. Als er jetzt gefragt wird, ob das richtig gewesen sei, sagt er: ,,Auch ganz richtig." Als ihm aber dann gesagt wird, daß das reine Quintengänge gewesen seien, sagt er:

„Quinten, ja das is ja ganz . . .!“ macht wegwerfende Miene, die ausdrücken soll, daß das etwas Unmögliches darstellt. Er weiß es also anscheinend noch, hört es aber nicht.

Ein andermal ist er imstande, als ihm das schon vorgeführte Thema aus Mozarts Bläserquintett an einer Stelle falsch harmonisiert wird, dies zu bemerken.

Im ganzen kann aus dem Verhalten des Kranken ersehen werden, daß er Harmonien als Komplexe nicht in der Weise gesunder musikalischer Menschen auffaßt. Es werden harmonische Unmöglichkeiten hingenommen, harmonisierte Melodien werden sogar weniger gut nach ihrem Melodienverlauf beurteilt als nicht harmonisierte. Die Harmonien werden also mithin nicht nur nicht in adäquater Weise aufgefaßt, sondern sie stören sogar noch die sonst adäquat aufgefaßten Melodien.

Produktive musikalische Äußerung, also die Erzeugung von Harmonie und Melodie ist von dem Kranken fast gar nicht zu erhalten.

Das *Singen* ist spontan, sowie auch beim Nachsingen erheblich gestört. Einmal wird ihm das Volkslied „Ich hatt' einen Kameraden“ vorgesungen. Er soll es nachsingen. Der Kranke gibt stimmlich nur für den ersten und zweiten Takt melodieähnliche Lautgestaltung von sich, die ganz ferne an die vorgesungene Melodie anklingen, singt aber dann in einem Ton und ohne rhythmische Gliederung weiter. Das Spontansingen des Liedes war ihm vorher unmöglich gewesen.

Es war nun weiter versucht worden, das Auffassen musikalischer Inhalte in seine einfachsten Bestandteile aufzuspalten. Die in folgendem beschriebenen Ergebnisse stammen aus Versuchen, die in der 4.—8. Woche angestellt worden sind. Der Kranke befand sich damals in einer langsamen, aber stetigen Restitution seiner musikalischen Funktion. Doch sind die Resultate immerhin trotz aller Schwankungen so, daß sie in bezug auf den Defekt auf eine Basis gebracht werden.

Das Beurteilen von Geräuschen bei geschlossenen Augen, soweit sie im täglichen Leben von Normalen ohne weiteres erkannt werden, zeigt auch bei dem Kranken fast gar keine Störung.

(Schlüsselrasseln:) Wenn mich net täuscht, dann is a Schissel.

(Klappern eines auffallenden Bleistiftes:) Dös is grad so wia Breitschiff.

(Klatschen:) + sofort. (Papierreiben:) +. (Fingerreiben:) Kennt es nicht sofort. Bittet um Wiederholung, weil es „zu fein“ gewesen sei, kann es aber auch dann nicht erkennen. Als es ihm dann vor Augen geführt wird, sagt er „daß er diesmal nicht rausgebracht hätte“. (Anstreichen eines Zündholzes an der Reibfläche:) „Das is grad so wie Papier“, greift zum Ohr, „wie soll ich da sagen?“ (Das Streichholz wird angezündet:) „A dös is grad so öffentlich a so Feuer Feuer.“

Deutlicher werden die Störungen bei Prüfung von klangfreien akustisch-rhythmischen Gestalten, von Klopfrhythmen. Patient soll aus dem Gedächtnis den Trommelschlag einer abziehenden Wache durch Klopfen mit dem Finger auf der Tischplatte darstellen. Er beginnt mit dem Finger zu klopfen und dabei, nach Art kleiner Kinder, phonetisch den Rhythmus mitzusingen „támteratata“. Diese letzte Figur wiederholt er lautierend und klopfend ad infinitum weiter, ohne eine andere Gliederung zu produzieren. Auf Frage bedeutet er mit wegwerfender Miene, daß das schon so lange her sei, daß er das gehört habe und daß er sich überhaupt mit so einem „Schmarrn“ nicht abgegeben habe. Es ist nicht zu erreichen, daß St. einen Teil oder die ganze Tour richtig klopft. Auch den allen

Münchnern vor dem Kriege sehr geläufigen bayerischen Grenadiermarsch kann der Kranke nicht klopfen. Er begleitet den Versuch des Klopfens mit einem „tschinteratata“ ohne Melodie, perseveriert immer das gleiche kurze Gebilde. Auch hier macht er wieder wegwerfende Miene.

Nun erhält Patient den Auftrag, den Rhythmus des ihm vorgesungenen und bekannten Liedes „Ich hatt' einen Kameraden“ mit dem Bleistiftschaft auf den Tisch spontan zu klopfen. Er macht sich sofort daran, das Resultat ist (mit kürzeren und längeren Zäsuren):

— — ◡ ◡ ◡ — | — — | ◡ — ‖ — — ◡ ◡ ◡ — — — — ◡ ◡ ◡ — —.

Gibt sich damit zufrieden.

Nun soll er das Lied singen. Er beginnt: „Ich ha a da tam tan ta da ...“ Singt die ersten Takte mit ähnlichem Anklang und Rhythmus, kommt aber schon im 3. Takt aus Rhythmus und Takt, singt im gleichbleibenden Ton und in ungegliederter rhythmischer Folge weiter und hört nach dem 4. Takt von selbst auf.

Es sind auch beim spontanen Taktieren eines vorgesungenen Liedes ebenso wie beim Rhythmisieren aus dem Gedächtnis schwere Störungen vorhanden. Singen nach unmittelbarem Vorsingen einer bekannten Melodie geht nur schwer, doch anscheinend etwas besser als das reine Rhythmisieren. Zu bemerken ist, daß der Text beim Singen eher noch schlechter produziert wird, als bei freier Rede.

Beim Nachahmen von Klopfrhythmen läßt St. charakteristische Ausfälle erkennen.

Vorgeklopft:	Nachgeklopft:
— —	— — | — (War das gleich?) Nein, es hätt' bloß 2 sein sollen.
— — —	+ I darf nur fester klopfen!
— — — — — — —	+ Sagt: „fünf“ (Paraphasie?).
— ◡ ◡	— ◡ ◡ — ◡ (Richtig?) Nein, a bißl zu viel!
— ◡ ◡ — ◡ ◡	— ◡ ◡ ◡ ◡ — — (Ist das das gleiche?) Ja.
— ◡ ◡	— ◡ ◡ ◡ — ◡
— ◡ ◡	— ◡ ◡ (War es genau so?) Ja, ganz richtig.

Das Vorklopfen wird nunmehr so vorgenommen, daß Patient das Klopfen des Untersuchers nicht sehen kann.

— — — — — — —	— — — — — — — — Sagt: „fünf“.
— — — — — — —	+
— ◡ ◡	— ◡ ◡ ◡
— ◡ ◡	— ◡ ◡ ◡ —
◡ ◡ —	— ◡ ◡ — (War es ganz richtig?) (Oder war es vielleicht ein bißl zu viel?) Nein, nein, es war bloß 3 mal.

Aus der Verhaltungsweise des Kranken beim Nachklopfen geht hervor, daß er besser reagiert, wenn der Rhythmus ganz gleichförmig ist, als wenn er stärker gegliedert ist. Wichtig ist dabei, daß er fast immer Hilfen verwendet, sei es, daß er nachzählt, 3, 5 (zum Teil mit paraphasischen Wortentgleisungen), oder daß er die Stärke des Schlages mit zur Hilfe nimmt. Sehr viel weniger gut wird die Leistung, wenn die Schlagfolge eine differenzierte Gliederung erhält, raschere oder langsamere Schläge, also jambischen, daktylischen, trochäischen Rhythmus erhält. Es ist freilich kein Zweifel, daß die ideatorisch-dyspraktische Störung des Kranken seine falschen Leistungen mitverursacht. Doch ist diese Erklärung nicht hinreichend. Insbesondere der Umstand, daß er seine eigene

Klopfleistung in vielen Fällen nicht als falsch beurteilt, selbst bei falscher Nachahmung einer einzigen daktylischen Figur, läßt auf eine erhebliche Störung des Erfassens akustisch-rhythmischer Gliederungen schließen.

Die Untersuchung auf einzelne Klanggebilde, bei denen rhythmische Gliederung zurücktritt, wird etwa 2 Monate nach dem Insult angestellt.

Es wird dem Patienten eine a^1-Stimmgabel gezeigt. Er nimmt sie, zieht sie fachmännisch mit den Fingern ab und hält sie ans Ohr. Aufgefordert, den Ton zu singen, intoniert er ihn mit Fistelstimme ganz richtig. Er soll die nächsthöhere Oktave dazu singen: Ohne zu suchen, trifft er mit der Stimme den richtigen Ton. Nach der Aufforderung, zwei Oktaven tiefer zu singen, muß er etwas probieren, doch bleibt er mit Bruststimme ganz richtig bei a stehen. Das gleiche ist der Fall bei Prüfung mit vorgesungenen Einzelklängen. Die Klänge *d*, *a* und andere trifft er sofort nach dem Vorsingen richtig, und zwar singt er auch den vorgesungenen Vokal in gleicher Weise nach. Man kann also sagen, daß St. entsprechend den angestellten Untersuchungen für die gesangliche Herstellung von Einzelklängen in der für die Stimme abgegrenzten Tonreihe keine Störung des Erfassens nach Höhe und musikalischer Qualität, aber auch nicht der Produktion, und diese zeigt wenigstens, hat.

Das gleiche gilt nicht nur für die gesungenen, sondern auch für die auf Instrumenten hervorgebrachten Einzelklänge. Es wird ihm eine Gitarre, die vom Untersucher vorher gestimmt ist, gezeigt. Das Instrument ist ihm bekannt, er spielt es selbst nicht und kennt auch das Saitensystem nicht. Ohne daß Patient es sieht, wird vom Untersucher die d-Saite um einige Schwebungen tiefer gestimmt. Hierauf schlägt der Versuchsleiter den Klang d durch Greifen auf der a-Saite und gleichzeitig die verstimmte höhere d-Saite an. Der Kranke bemerkt sofort die Dissonanz, gibt an, daß eine Saite zu tief sei und dirigiert die Stimmung der Saite, die der Versuchsleiter dann vornimmt, ganz richtig. Das gleiche gute Resultat zeigt der Kranke auch bei Verstimmung von Klängen in anderen Grundtonlagen der Gitarre. Hier bemerkt und korrigiert er schon feine Schwebungen. Wir sehen *keine Störung der Perzeption von Einzelklängen* und *sofortiges Bemerken von Dissonanzen und Schwebungen.*

Der Ton der Gitarre und des Klaviers, wenn sie nacheinander gegeben werden, werden von dem Kranken immer richtig unterschieden. Es ist also, wenigstens was die beiden Instrumente betrifft, die *Erfassung der Klangfarbe und ihrer Unterscheidung am Einzelton* dem Kranken möglich. Leider konnte aus äußeren Gründen die geplante Untersuchung mit anderen Instrumenten nicht fortgesetzt werden. Soweit aber unsere Untersuchungen gegangen sind, kann gesagt werden, daß *eine Störung der Perzeption im Tonsystem, an Einzelklängen probiert, für die Störung komplexer Gebilde (Melodien, Harmonien) nicht verantwortlich gemacht werden kann*; sie scheinen vielmehr, soweit die Prüfungsergebnisse reichen, intakt zu sein.

Erheblichere Schwierigkeiten ergeben sich sofort bei Prüfung der Wahrnehmung akustischer Gestalten höherer Ordnung, die wiederum unter möglicher Ausschaltung rhythmischer Qualität vorgenommen wurde. In erster Linie von Intervallen und Akkorden.

Es werden zunächst *sukzessive Intervalle* in der Produktion von dem Kranken verlangt. Ein *d* wird ihm vorgesungen, er soll dazu die Quint singen. Er fragt zunächst: „Fünf?" (Ja.) Singt das *d* richtig nach, macht dann einige falsche Versuche, die er immer wieder selbst ablehnt, singt dann den Groß-Terz-Quint-akkord *d–fis–a* und bleibt auf Ton *a*, den er auf Befragen als richtig bezeichnet. Nun wird die Quarte auf *d* verlangt. Er singt (perseverierend) wiederum *fis–a*, leugnet selbst die Richtigkeit, findet aber das *g* (bzw. *gis*) nicht. Als ihm Versuchsleiter *d–f* vorsingt, sagt er: „Ach, Sie können's gleich"; merkt den Vexierfehler nicht.

Das Erfassen von Intervallen wird weiterhin receptiv geprüft. Versuchsleiter singt ihm *d–h* vor, der Kranke soll beurteilen:

(Ist es eine Quart?) „Nein, ein bißl mehr." (Eine Quint?) Unsicher. (Eine Sept?) „Na, dös net." Der Ton wird wieder vorgesungen. (Ist es eine Sext?) „Auch net, werd a Quart sei'."

Es wird ihm *d–g* vorgesungen. Singt es nach. „Könnt schon vier sein," meint richtig Quart. (*d–d*¹ vorgesungen.) „Ja so dös is an Oktav." Sofort. (*d–c*¹ vorgesungen.) „Dös könnt fünfte sein." Singt es nach. (Eine Quinte?) „Ja." (Vielleicht doch eine Septime?, sieben?) „Nein, sieben nicht." (*d–a* vorgesungen.) „Dös wird eine Quart sein." (Also vier?) „Ja, vier." Er braucht zu jedem Urteil etwa 10—15 Sekunden.

Aus der Verhaltungsweise des Kranken geht hervor, daß er den Begriff des Intervalles, das Urteil der Verschiedenheit, der Zuordnung von Intervallen zum Tonsystem ganz richtig hat. Sprachlich hilft er sich, indem er statt der Bezeichnung Quart, Sext usw. die Zahl für die Weite des Tonschrittes (4, 6 usw.) angibt. Nach der Richtung des Begriffes und der Benennung besteht also keine Schwierigkeit, die zu Fehlleistungen Veranlassung gibt. Die Fehlleistungen müssen vielmehr in einer Störung der akustischen Auffassung der Klanggestalt bzw. des Verhältnisses der Klänge zueinander gelegen sein.

Die gleichen Schwierigkeiten, die der Patient bei der Bestimmung des Intervalles sukzessiv gegebener Gesangsklänge hat, bietet er auch bei der in gleicher Weise angestellten Prüfung von sukzessiv gebotenen Gitarreklängen. Es wird deshalb auf eine Darstellung der Versuchsresultate verzichtet.

Beim Nachsingen von gebrochenen Akkorden (Arpeggien), die ihm vorgesungen werden, ergeben sich wiederum Störungen, die aber, woran wieder erinnert sein soll, nicht etwa auf eine Störung im Singen von Einzelklängen, also auf eine etwa bestehende Apraxie des motorischen Singapparates zurückgeführt werden.

(Es wird ihm vorgesungen *d–fis–a–d*¹.) Singt es richtig nach.

(*d–g–h–d*¹.) Singt wieder *d–fis–a–d*¹.

(*d–g–h–d*¹.) Singt erneut *d–fis–a–d*¹. Auf Frage gibt er an, daß das ganz richtig sei. Die unmittelbare Reproduktion so einfacher Akkorde ist also dem Kranken schon nicht mehr ohne Fehler möglich. Es ist nicht allein die Perseveration des einmal selbst Gesungenen, was die Fehlleistung erklärt, sondern es fehlt ganz offenbar auch die akustische Kontrolle, die eine Korrektur herbeiführen müßte.

Ähnlich ist es auch bei der Übertragung von Akkorden, die der Patient aufgabegemäß als *Simultankomplexe* nachzubilden hat.

Es wird auf der Gitarre zunächst der Klang *a* vorgespielt. Der Kranke soll ihn auf dem Klavier finden. St. schlägt zuerst probierend *h* und *g* an, bleibt auf dem *a* stehen und sagt: „Dös is er.“ Als ihm dann gezeigt wird, daß er sich um eine Oktave geirrt hat, hat er keine besondere Beachtung dafür. Es wird ihm dann sukzessiv auf der Gitarre a–c^1–e^1 vorgezupft. Patient schlägt auf dem Klavier a–e^1 sukzessiv an, dann simultan a–cis^1–e^1, korrigiert auf a–c^1–e^1, und nimmt zuerst g^1, dann verbessernd a^1 dazu.

Dem Kranken wird dann der Zweiklang *A–cis* (Dezime) auf der Gitarre vorgespielt. So sucht er zunächst g–e^1, findet *cis*, begnügt sich damit, es zum *a* anzuschlagen. Auf weitere Aufforderung findet er mit Hilfe das *A*, schlägt einfach *Cis* dazu an, beachtet auch auf Aufforderung nicht das gegebene größere Intervall (Dezime).

Nun wird auf der Gitarre der Akkord D–a–d^1–fis^1 simultan angeschlagen. Der Kranke schlägt auf dem Klavier nur *D–Fis* mehrmals wie bekräftigend an, korrigiert es auch nicht, als der Gitarreakkord öfters ihm vor Ohren geführt wird. (Es kann also nicht an der „Merkfähigkeit“ für akustische Gebilde liegen!) Als ihm dann der Akkord vom Untersucher korrigiert wird, deutet er an, daß der Untersucher dies ja alles könne, er aber schon lange nicht mehr gespielt habe, die Gitarre überhaupt nicht kenne.

Es wird ihm weiterhin, ohne daß er zusehen darf (bei geschlossenen Augen), ein simultaner Akkord auf dem Klavier zu Ohren gebracht, den er sofort nachahmend anzuschlagen hat.

(Vorgespielt: *D–A–d–fis*.) Greift sofort nach dem *D*, baut dann den Terz-Quintendreiklang *D–Fis–A* auf, den er mehrmals simultan anschlägt. Gibt auf Frage an, daß dies richtig sei.

(Vorgespielt: es–g–b–es^1–g^1.) Patient findet sofort nach dem Öffnen der Augen den Grundton *es*, baut *g* darauf auf, kommt aber nicht mehr weiter, findet das obere es^1 nicht mehr, steht auf unter verzweifelten Äußerungen, daß es nicht mehr gehe, daß er gar nichts mehr könne, nicht einmal mehr die Klaviatur kenne.

Analog den früher genannten erhöhten Schwierigkeiten bei harmonisierten Klanggebilden melodischer Art ist die Erfassung und das Behalten von isolierten simultanen Akkorden erschwert. Die genauere Aufschließung ergibt dabei, daß St. in der Regel die Tonika ziemlich gut trifft, bzw. nach vorausgehenden „Versuchs- und Irrtumsverfahren“ rasch feststellt, freilich nicht immer in der gleichen Oktave. Was die Struktur des nachgeahmten Akkordes betrifft, so hält sich Patient in der Regel innerhalb der Akkordverwandtschaft, die er erkennt, indem er einfachere Akkorde mit Klängen gleicher Qualität, doch verschiedener Höhe innerhalb der gleichen Oktave statt der weitergespannten Akkorde anschlägt und an Stelle von vier oder fünf zum Akkord zusammengeschlossenen Klängen nur zwei oder drei anspielt. Wichtig ist dabei, daß er die ihm vorgespielten Akkorde als richtige Leistungen anerkennt, somit allein auf die „praktische Komponente“ die Hauptschuld nicht fallen kann, vielmehr wohl auf die gnostische. Daß all dies für einen Berufsmusiker, noch dazu für einen Künstler, eine ganz ungenügende Leistung darstellt, ist klar, da ja nicht nur die Klangverwandtschaft, sondern auch der spezielle Aufbau des Akkordes für den Strukturwert im Verlaufe eines Tonstückes sowohl in der harmonischen Folge, als auch in der kontrapunklichen Stimmführung seine besondere Bedeutung hat. Ein Quart-Sextakkord bedeutet eben anderes als ein Terz-Quintakkord, auch wenn er der gleichen Akkordfamilie angehört. Es sind also hier erhebliche Störungen vorhanden.

Im Gegensatz zu den Schwierigkeiten, die der Kranke im „abstrakten Versuch“ im reinen Klangmaterial ohne künstlerischen Wert hat, zeigt sich, wie schon öfter bemerkt, das *Verstehen* und *Werten* ihm bekannter musikalischer Gebilde von bestimmtem Kunstwert in auffallender Weise erhalten.

Als ihm auf dem Klavier das erste Thema aus der *g*-Moll-Symphonie Mozarts, das Eingangsthema aus dem 3. Satz von Beethovens Eroicasymphonie, das Thema aus Händels Grobschmiedvariationen, Sarabande und Gavotte aus einer englischen Suite von Bach vorgespielt werden, hört er aufmerksam zu und äußert Beifall. Einmal wird ihm das Thema aus dem 2. Satz des *a*-Moll-Streichquartetts von Schubert vorgespielt; er äußert nach Beendigung des Themas sofort: „Und jetzt kommen dann die ...“ (paraphrasische Entgleisung). (Die Variationen?) „Ja freilich!“ (Was ist denn das für ein Stück?) „I kenn's scho.“ Weiß aber den Komponisten nicht zu finden.

Gerade das letzte Beispiel zeigt, daß er durchaus die Eigenart und Besonderheit der Stücke zu beurteilen versteht. Es macht den Eindruck, daß dies nicht ausschließlich perseverativ oder Ausdruck des erhaltenen Gedächtnisbesitzes für die Musikstücke aus jungen Jahren ist, sondern daß da irgendwie echte musikalische Erfassung des Inhaltes und eine entsprechende Bewertung vorliegt. Es mag dazu bemerkt werden, daß die Prüfungen mit künstlerisch wertvollem Musikstoff gleichzeitig mit den abstrakten Prüfungen und gewöhnlich sogar nach den schwierigeren Versuchen angestellt worden sind.

Daß übrigens St. tatsächlich sich ein gewisses *Wertsystem in musikalischen Dingen erhalten hat,* mag aus Gesprächen, die der Untersucher mit ihm über verschiedene Komponisten geführt hat, hervorgehen.

(Ich mag die alte Musik gerne.) „Ja, da kennt ma halt grad den Musiker.“

(Mögen Sie den Richard Strauß?) „Der Strauß, dös is ganz was anders.“ „I kann nix anfange mit dene großen Sachen.“

(Den Till Eulenspiegel auch nicht?) „Dös is wieder kleiner.“ Scheint ihm zu gefallen.

(Gefällt Ihnen Liszt?) „Scho auch, aber der is so schwulstig.“

(Sind Sie Verehrer von Wagner?) „Net so, wie's de andern immer so machen.“ Dabei degoutierte Miene.

(Aber den Mozart?) „Ja, ja die Alten, die sind ja wunderbar, wunderbar.“

(Und der Schubert?) „Der is auch schön.“ (Ist doch schad, daß er so früh gestorben ist!) „Der hat zuviel g'essen,“ dabei macht er die Bewegung des Trinkens. „Der is selber schuld.“

Eine Untersuchung des Notenlesens und -schreibens, wie es geplant war, mußte aus äußeren Gründen unterbleiben. Eines mag nur kurz berichtet werden. Auf dem Klavier liegt aufgeschlagen ein Band Haydnscher Klaviersonaten, und zwar der Beginn der *Es*-Dur-Sonate. St. sucht den Beginn der Sonate zu spielen, bringt nicht einmal den ersten Akkord heraus, steht auf und gibt verzweifelte Äußerungen über sein Unvermögen. Darauf fordert er den Untersucher auf, ihm die Sonate vorzuspielen. St. sitzt daneben, folgt dem Spiel mit Aufmerksamkeit, liest das Notenblatt mit, legt, als der Spieler auf der letzten Zeile der zweiten Seite angekommen ist, ganz fachgemäß den Finger zum Umblättern und blättert an der richtigen Stelle rasch und sicher um. Das wiederholt sich, bis der Satz ausgespielt ist.

Die Grundlage der *Diskussion* über die amusische Störung unseres Patienten wird die Frage sein, welcher *primäre Defekt* im Dispositionsgefüge des Kranken durch die organische Hirnschädigung erzeugt worden ist, sodaß aus der musikalisch hochbefähigten Persönlichkeit ein Mensch geworden ist, der in vielen Punkten ganz geringen Anforderungen der musischen Situation in bezug auf Erfassen und Betätigung nicht mehr gewachsen ist.

Im *tonalen* Anteil, und zwar im Hören *einzelner Klänge* hat unsere Analyse ergeben, daß St. auf beiden Ohren die Klänge perzipiert. Was die *Intensität* der Klänge betrifft, so war festzustellen, daß er auf leise Geräusche, wie sie entfernte Flüsterlaute darstellen, richtig antwortet und laute Geräusche und Klänge als laut erfaßt. Er nimmt die Intensität zu Hilfe, wo er etwas nicht recht deuten kann, z. B. als es ihm einmal schwer wird, das nicht leicht zu beurteilende Geräusch des Fingerreibens zu erkennen. Als er beim Nachklopfen des Rhythmus nicht zurechtkommt, verstärkt er selbst die Intensität des Klopflautes und glaubt die Leistung erleichtert. Hier liegt kein wesentlicher Defekt vor. — Die *Tonhöhe* ist in den Teilen der Tonreihe geprüft worden, in denen sich die Mittellage der musikalischen Gebilde und die Sprachlaute im allgemeinen bewegen. Eine Prüfung mit der kontinuierlichen Tonreihe, eine eingehende Untersuchung der äußeren Tonhöhenlagen ist nicht möglich gewesen, Schwellenuntersuchungen sind bei derartigen Kranken erschwert und nie ganz exakt durchzuführen. Doch konnte das Hören der Tonhöhen mit beiden Ohren so bestimmt werden, daß ihre Abgrenzung gegenüber den schweren Störungen in der Auffassung (Apperzeption) musischer Klanggebilde ermöglicht ist. Veränderungen in der phänomenalen Struktur des Einzelklanges, die etwa auf Verschiedenheiten beider Ohren im Hören eines und desselben Klanges hinweisen könnten, sind in keiner der geprüften Tonhöhenlagen beobachtet worden. Der Kranke hat nicht darüber geklagt. Die Schärfe, mit der er die in der Höhe und Tiefe gegebenen Klänge nachsingend bestimmt, läßt das Fehlen einer solchen Störung auch ohne Untersuchung mit der Stimmgabel hinreichend klarstellen. Die beliebige Variabilität der Klanghöhen innerhalb der mittleren Lagen, die von dem Kranken durch Nachahmungen bestimmt werden, läßt eine grobe Störung der Tonhöhenperzeption wenigstens so weit ausschließen, daß diese für die schweren musischen Auffassungsstörungen nicht *primär* verantwortlich gemacht werden können. Es kann weiterhin gesagt werden, daß in den geprüften Lagen eine über das Normale hinausgehende Verschiedenheit in der Wertigkeit hoher und tiefer Klänge (d. h. von Einzelklängen mit hohen und tiefen Grundtönen) nicht beobachtet ist, ferner daß St. tiefe Klänge nicht anders, undeutlicher, weniger ausgeprägt hört als hohe, daß er in bestimmten Lagen nicht Klanggebilde besser wahrnimmt, sie mehr beachtet als in anderen Lagen. Er reagiert nicht auf Einzelklänge in verschiedenen Tonhöhenstufen innerhalb der untersuchten praktisch wichtigen Lagen anders als ein Normaler. Die außerordentlich feine Unterscheidung von Tonhöhendifferenzen ergibt sich bei der Prüfung, die wir bei der Stimmung der Gitarresaiten mit St. vorgenommen haben. Hier nimmt er nicht nur die Schwebungen wahr, sondern er kennt die Unterschiede auch der sukzessiv gebotenen Saitenklänge im Vergleich minimal unterschiedener Tonhöhen. Ein Unterschied in der Verhaltungsweise unseres Kranken zu dem Normalen läßt sich in bezug auf die Tonhöhenperzeption nicht nachweisen. — Es war weiterhin zu untersuchen die „*musikalische Qualität*“ des Einzelklanges in der Tonreihe. (Man versteht darunter bekanntlich nach BRENTANO und RÉVÉSZ das, was die Stellung der mit einer Benennung versehenen Töne innerhalb der Oktave ausmacht, was also den A, a, a_1, a_2, usw. oder den C, c, c_1, c_2, usw. bei aller Verschiedenheit der Tonhöhe, der Klangfarbe usw. gemeinsam ist.) Die Untersuchung des Kranken ergibt auch hier keine Störung. ST. bestimmt den Klang, weiß Distanzen von einer und von zwei Oktaven nach unten und oben zu finden, erkennt auch den vorgelegten Oktavensprung als solchen sofort. Auch daß er, ohne es zu bemerken, gelegentlich einen Ton in eine andere Oktave bei der Reproduktion versetzt, spricht für das Erhaltensein der Qualität; der Fehler liegt in der Tonhöhenverbindung. — Was ferner die *Vokalität* des Einzelklanges betrifft, so kann hier nicht von gewissen, mit der Tonhöhe und dem Klangcharakter eines Instruments zusammenhängenden Beziehungen eines Klanges zur Vokalreihe (wie sie etwa W. KÖHLER feststellt) gesprochen werden, sondern es muß von dem gesprochenen, eventuell gesungenen Vokal ausgegangen werden. Daß ST. in der Tonlage der Umgangssprache die Vokale erkennt, läßt sich daraus ersehen, daß er auch in den verstümmelt nachgesprochenen Worten und sogar Einzelvokalen immer die Vokale richtig trifft. Bei den vorgesungenen Lauten wurde der Vokal *A* verwendet und immer richtig nachgesungen. Auch ohne weiter eingehende Untersuchung läßt sich annehmen, daß die Vokalität im allgemeinen richtig perzipiert wird und keinen wesentlichen Einfluß auf die gestörte Leistung des Kranken nimmt. — Daß ST. in der Erfassung der *Konsonanz* und *Dissonanz* in gewissen Grenzen sicher ist, zeigt seine gute Leistung im Treffen der Oktaven und seine schon besprochene feine Unterscheidung von Schwebungen an verstimmten Saiten. — Eine besondere Bedeutung für die Differenzierung unseres Kranken von anderen musikalisch gestörten Defekten hat die Untersuchung der *Klangfarbe*. ST. ist mit mehreren Instrumenten, Singstimme, Klavier, Gitarre untersucht worden. Verwechslung der Instrumente bei ausgeschalteter optischer Hilfe, Klagen, daß der Klang eines Instruments irgendwie fremdartig sei, sei es im ganzen oder in irgendeiner Höhenlage, sind nicht in Erscheinung getreten. Der Kranke überträgt von einem Instrument auf das andere die Tonika eines Akkordes ganz richtig, abstrahiert also von der Klangfarbe, der Verschiedenheit der Partialtonverbindungen und sucht das durch den Grundton bestimmte, den verschiedenen Instrumenten gemeinsame Klanggebilde ganz richtig heraus. Niemals, weder in den ersten Tagen und noch später, ist es vorgekommen, daß der Kranke Geräusche oder Klanggebilde in veränderter phänomenaler Gestaltung gehört hat, sie verwechselt oder unsicher bestimmt hat. Bei den häufigen Versuchen ist keine Störung im Hören von Klangfarben an Einzeltönen irgendwelcher Höhe und Stärke beobachtet worden.

Man kann also sagen, daß der Kranke auf beiden Ohren dem Normalen entsprechend hört, soweit es die mittleren, für Musik und Sprache in Betracht kommenden Lagen der Grundtöne betrifft, und daß er in diesen Lagen Laute und Geräusche, sowie Klänge nach Stärke, Klanghöhe, musikalischer Qualität, Konsonanz und Klangfarbe in einer dem Gesunden entsprechenden Weise erkennt. Es ist keine qualitative Veränderung, kein „Funktionswandel“ in der isolierenden Situation der Auffassung des Einzelklanges festzustellen. In der akustischen Perzeption (Empfindung) tonaler Gebilde durch das periphere oder zentrale

Ohr kann nichts gefunden werden, das ausreicht, den schweren Defekt des Kranken in der tonal-akustischen Wahrnehmung ursächlich zu erklären.

Gehen wir zur Bestimmung des *spezifischen Defektes* im musikalischen Erfassen und Leisten des Kranken wiederum von der Betrachtung des Einzelklanges aus, so lassen sich die Resultate ganz allgemein auf die Formel bringen, daß sich der Schaden dann findet, wenn es sich um die adäquate Erfassung von Klanggebilden handelt, die aus einer Vielheit und Mannigfaltigkeit von Einzelklängen als Ganzes wahrgenommen oder produziert werden sollen.

Zunächst soll hier bemerkt werden, daß St. spontan auf Klanggebilde nicht in dem Maße „aufmerkt", als auf andersartige Inhalte (optischer, taktiler Art). Dagegen ist er, wenn die Beachtung geweckt ist, interessiert und reagiert gut. Wir beziehen diese Störung nicht auf die *Funktion* der aktiven Aufmerksamkeit (des aktiven Beachtens), etwa gar auf eine psychologisch nicht haltbare „akustische Aufmerksamkeit", sondern auf die *inhaltliche* Störung im Klangfelde.

Bei der Prüfung des Auffassens einfacher *Simultankomplexe*, wie Zwei- und Dreiklänge, hat der Kranke vorgespielte Akkorde nachzuspielen und auf ihre Richtigkeit oder Falschheit zu beurteilen gehabt. Dabei ist das Vorspielen des Akkordes (zur Ausschaltung etwaiger Störungen der „Merkfähigkeit") während der Leistung des Kranken öfter wiederholt worden. Während der Kranke bei Tonikaakkorden die Tonika selbst überraschend gut trifft, hat er sofort Schwierigkeit im richtigen Hervorbringen des nachzuahmenden Komplexes. Er schätzt Intervalle falsch ein, merkt nicht, daß er eine Dezime statt einer Terz zu nehmen hat, schlägt statt eines weitgegriffenen vierstimmigen Akkordes einen auf den Grundton aufgebauten engen Zweiklang an, den er für richtig erklärt. Andererseits fällt auf, daß er die harmonische Konkordanz im Intervall richtig trifft, daß er Dur und Moll sicher unterscheidet, beispielsweise einen fälschlich angeschlagenen Durakkord sofort in Moll verwandelt, daß er weiterhin niemals, auch bei Übertragung von der Gitarre auf das Klavier, nicht nur einen Klang, sondern immer eine Vielheit von Klängen (mindestens zwei) bringt, und daß die nachgeahmten Akkorde, wenn auch in ihrem Aufbau aus den „Bestandteilen" unrichtig, sich doch immer in der gleichen Akkordfamilie halten und die eigene Nachahmung (wenn auch fälschlich) erst dann als „richtig" bestätigt wird, wenn dies alles erfüllt ist.

Man könnte zur Erklärung dieser Verhaltungsweise gedrängt sein, sich zu fragen, ob der Kranke nicht, nachdem er doch Einzelklänge adäquat wahrnimmt, in den Komplexen nur die einzelnen Bestandteile erfaßt, sie aber nicht zur simultanen Klanggestalt adäquat vereinigen kann. Dies ist aber nicht der Fall; denn sonst müßte vom Kranken gerade auf die konstituierenden Einzelklänge des Akkordes Wert gelegt werden. Das tut er aber nicht. Ebenso muß umgekehrt abgelehnt werden, daß der Patient nur die Ganzheit des Akkordes erfasse, aber die „fundierenden Einzelklänge" (im Sinne v. Meinongs) nicht heraushören könne. Das sichere Treffen der Tonika spricht dagegen. Mit einer einfachen „Staccato-" oder „Legatostörung" nach Rieger sind die krankhaften Erscheinungen St.s nicht erklärt. Auch der reine Verlust der „Gestaltqualität" (v. Ehrenfels) etwa in der Erklärung, die ihr Witasek als „Vorstellungsproduktion" zu den Klangempfindungen und den daraus sich ergebenden Inhalten höherer Ordnung als Akkorde gibt, genügt nicht zur Erklärung der Verhaltungsweisen St.s. Man hat durchaus den Eindruck, daß der Kranke zwischen den Einheiten, die durch Einzelklänge, und denen, die durch eine Vielheit von Klängen erzeugt sind, unterscheidet, daß für ihn Einzelklänge und Klangkomplexe etwas Verschiedenes sind. Am ungezwungensten lassen sich die Tatsachen mit folgender Erklärung in Einklang bringen: Auch der normale gesunde Musikalische erlebt (nach der Theorie von KÜLPE) in der Klangvereinigung des Akkordes einen neuen Inhalt, der durch „apperzeptive Verschmelzung" der konstituierenden Klänge zu einer höheren Einheit wird. Diese Einheit kann ohne die Erlebnisse zu verändern nicht gelöst werden. (Vergleiche den Begriff der „schöpferischen Synthese" WUNDTS.) Auch W. KÖHLER sieht in dem Akkord ein solches „Einheitserlebnis". HELMHOLTZ hatte bekanntlich die Klangverschmelzung des Akkordes mit der Verschmelzung der Partialtöne in der Klangfarbe in nahe Verwandtschaft gebracht. Es ist nun wahrscheinlich, daß ST. eine solche Verschmelzung der simultan gelegenen Klänge vornimmt. Daher auch die richtige Bestimmung der Vielheitsstruktur, der Konkordanz, der Akkordfamilie. Was dem Kranken aber fehlt, ist die Eigenschaft des Akkordes (Konkordes bzw. Diskordes im Sinne C. STUMPFS), nämlich das Bewußtsein des Aufbaues, d. h. nichts anderes als das Erleben der wahrgenommenen Gestaltstruktur. Das schließt in sich, daß in dem Verschmelzungsprodukt nicht nur die von dem Kranken auch erlebte Einheit, sondern auch die Struktur dieser Gestalt durch die Fundierung der konstituierenden Glieder aufgefaßt wird, daß also ein analysierendes und wiedersynthetisierendes Wahrnehmen erfolgt, ohne daß die gestaltliche Einheit zerspalten wird. Diesen Aufbau in der Wahrnehmung nimmt ST. trotz des Einheitserlebnisses nicht vor. Diese *Formung* und *Gliederung* des Akkordes in der Wahrnehmung, diese rein wahrnehmende, gar nicht urteilsmäßige Erfassung der fundierenden konstitutiven Einzelklänge, ihr Zusammenstehen, ihr Auseinanderstreben in der Einheit des Simultankomplexes ist aber ein grundsätzliches Erfordernis für die Erfassung des melodisch-harmonischen Ablaufes eines musikalischen Gebildes. Wenn also der Kranke Umkehrungen von Akkorden als „gleich" beurteilt, sie in dieser Verschiedenheit nicht aufzufassen imstande ist, so mag er damit die sehr große Ähnlichkeit der Verschmelzungsprodukte erkannt haben, er läßt aber im Erlebnis des Aufbaues einen Defekt erkennen. Dieser Defekt der Formung und Gliederung objektiver, simultaner, musisch-tonaler Gestaltbilder bei erhaltenem Verschmelzungsvermögen ist bei diesem früher wohlgebildeten Musiker deutlich. Die Niveausenkung, die durch den Defekt erzeugt wird, ist nicht Wegfall der Gestaltqualität und Verbleiben der Klangempfindungen, sondern Wegfall der Formung und Gliederung und Verbleiben der Akkordverschmelzung.

Die Störung der Gestaltformung läßt sich auch bei sukzessiver Darbietung von Klängen und ihrer Bildung zu *Sukzessivgestalten, Melodien* erkennen. Wir haben konstatiert, daß bei sukzessiver Darbietung von Intervallen und bei gebrochenen Akkorden das Wissen um die Intervallschritte, um ihre Zuordnung zum Tonleitersystem und die Spannung der Tonschritte und ihre Benennung von dem Kranken durch Zahlennamen ausgedrückt werden. Das bedeutet nicht, daß er in dem Intervall die Folge der beiden Töne in eine klanggestaltliche Einheit zu bringen imstande ist; man hat vielmehr Grund, anzunehmen, daß der Kranke hier große Schwierigkeiten hat. Am leichtesten fällt ihm das Urteil über den Schritt, bei dem ihm die Konsonanz zu Hilfe kommt, die Oktave. Bei den übrigen Intervallen, die sukzessiv geboten werden, ist er recht unsicher. Er braucht zur Beurteilung die Hilfe des eigenen Nachsingens, legt beim Quintenschritt eine große Terz dazu. Wenn er nicht nachsingen kann, macht er Fehler. So, wenn er eine Septime, eine Quinte erklärt; er leugnet bei ausdrücklichem Vorlegen einer Septime („sieben") die Identifikation dieses Tonschrittes ähnlich wie bei der Sext. Man kann nachweisen, daß hier nicht eine paraphasische Bezeichnung für etwas richtig Wahrgenommenes vorliegt; denn auch beim Nachsingen sukzessiv gebotener gebrochener Akkorde zeigen sich Fehlleistungen. Nachdem er zuerst einen gebrochenen Akkord richtig nachgesungen hat, bleibt er bei diesem, auch wenn ihm jetzt ein neuer vorgesungen wird. Motorische Störung, Perseverationstendenz genügen hier nicht, um die falsche Beurteilung der eigenen Leistung zu erklären. Auch die schweren Fehler im Nachsingen ihm bekannter Lieder lassen den Defekt in der Erfassung von klanglichen Sukzessivkomplexen bei vielfältigen Untersuchungen nachweisen.

Es liegt also eine Störung der Gestalterfassung vor, d. h. also der Formung und Gliederung aus an sich wohl wahrnehmbaren konstituierenden und fundierenden Einzelklängen. Dies geschieht nicht allein bei der Erfassung der Simultangestalten, sondern auch der Sukzessivgestalten, und zwar unabhängig von der zeitlichen Struktur rein auf tonalem Gebiete. Daß eine Vereinigung der beiden Gestaltfaktoren in der *harmonisierten Melodie* noch zu einer weiteren Erschwerung führen mußte, bedarf keines besonderen Beleges.

Über die Untersuchung der Formung und Gliederung simultaner und sukzessiver tonaler Gestalten hinaus muß die Untersuchung weiterhin gehen auf die Stellung, die diese Gestalten im *Tonsystem* einnehmen. Als das allgemeinste „System", in das tonale Klanggebilde sich einordnen, d. h. das „unbewußt vorgestellt wird, im musikalischen Sinne mitklingt" (v. Kries), muß das atonale (chromatische) System mit der Einteilung in Halbstonschritte angesehen werden; Spezifikation sind die in der diatonischen Tonalität erscheinenden Systeme, in denen „die Akkorde Bedeutung erhalten durch ihren Bezug auf einen Hauptklang, die Tonika" (Riemann), die Tonart (Dur und Moll), die Tonstufe, „auf welcher der tonische Akkord seinen Sitz hat" (Riemann), wie *C*–Dur, *Es*-Moll usw. Es fragt sich, inwieweit der Kranke die tonalen Systeme und die Bezüge der für ihn erlebbaren Klanggebilde auf diese Systeme wahrnehmungsmäßig vornimmt. Daß der Kranke einen gewissen Sinn für die Tonalität hat, mag aus dem Umstand hervorgehen, daß er bei Änderung eines ihm früher bekannten Liedes im Vexierversuch bei unharmonisierter Darbietung die plötzliche Versetzung auf eine andere Tonstufe bemerkt. Weiterhin läßt sich eine gewisse Sicherheit für die Tonarten Dur und Moll erkennen, wie dies schon bemerkt wurde. Bei der Nachahmung von Akkorden innerhalb einer Tonstufe trifft er die Tonika ziemlich sicher und bleibt auch in der Regel in der Tonart. Hier ist ein gewisser Tonbezug der für ihn erfaßbaren Gebilde auf das tonale System zweifellos vorhanden. Anderseits kann die mangelnde Ablehnung der musikalisch unmöglichen Folge von Tonika-Terz-Quintakkorden als Harmonisierung einer Melodie, bei der (objektiv) an jedem Akkordschritt ein unvermittelter Tonalitätswechsel entsteht, für einen verringerten Ordnungs- und Orientierungsbezug im Tonalitätssystem gehalten werden. Tatsächlich möchten wir es für wahrscheinlich halten, daß außer der oben erwähnten Störung der Akkordgestaltung und Erlebnis eines empfindungsmäßigen Verschmelzungsproduktes statt des Akkords auch eine *Störung der Tonalitätsbildung* — schon wegen des Fehlens jeglicher Hilfen — bei St. besteht.

Außer den tonalen Strukturen sind Gegenstand besonderer Untersuchung die *zeitlichen* Faktoren in der Gestaltung der musikalischen Gebilde.

Zunächst handelt es sich um *die zeitlichen Qualitäten der Tonempfindung*, und zwar nach ihrer Ablaufs- und ihrer Erstreckungsqualität. In der Ablaufsqualität der Empfindungen sind zu prüfen die Latenzzeit zwischen Reiz und Tonempfindung, das An- und Abklingen der Empfindung (Talbotsches Gesetz), der zeitliche Ablauf der Partialtöne im Zusammenklang des empfindungsmäßigen Klangkomplexes, der die Klangfarbe ausmacht und dessen Störung sich in dem „Funktionswandel" zu erkennen gibt. Die Erstreckungsqualität äußert sich in den Längen und Kürzen der Töne, wie sie den Bestimmungen der Zwischenzeiten, des „Zeitsinnes", der Zeitschwellen zugrunde liegen. An unserem Patienten sind eingehende messende Untersuchungen nicht vorgenommen worden. Auch Untersuchungen über die Bedingungen von Zeiterlebnissen, wie Aufmerksamkeit, Erwartung (Schumann, Benussi), sind hier weggefallen. Doch läßt sich aus den Verhaltungsweisen des Kranken bei der Beantwortung von Schallreizen in bezug auf die Geschwindigkeit der Reaktion, bei der Nachahmung der Laute und Schälle und bei den produzierten Klopfgestalten, die dem Kranken gelingen, erkennen, daß er in bezug auf die Empfindungszeit keine gröberen Abweichungen im Vergleich zu der Verhaltungsweise des Gesunden darbietet.

Die Störungen des Kranken liegen vielmehr auf einem anderen Gebiete, nämlich dem der Zeit als gestaltenden Faktor des objektiven musischen Phänomens, also im *zeitlich-figuralen oder zeitgestaltlichen Faktor*. Hier unterscheiden wir zwischen der zeitlichen Gliederung in der Erfüllung durch die tonale Gestalt, d. h. die Bildung von tönenden Gestalten durch Längen und Kürzen ihrer konstitutiven Glieder und der zeitfigürlichen Gestaltung durch tonal unerfüllte Strukturfaktoren, durch Zeitintervalle oder Pausen. Musikalisch genommen ist die Pause keine „Leere", sondern selbst im musikalischen Sinne „erfüllt" und daher ein wichtiger musikalischer Gestaltfaktor. Bei Vorführung des Trommelrhythmus oder von Klopfgestalten, wie sie bei St. vorgenommen wurden, läßt sich der Gestaltfaktor der Pause zwischen den „punktförmigen" Schallerfüllungen deutlich aufweisen. Wir sehen bei dem Kranken die Störung in der Leistung noch nicht auftreten bei verhältnismäßig „einfachen" Zeitfiguren, wie es das Nachahmen gleich großer Pausen zwischen den Klopfakten verlangt. Daß aber St. auch hier schon nicht ganz sicher ist, zeigt der Umstand, daß er die richtige Leistung von sieben Schlägen in gleichmäßigen Abständen nur dann wiederholen kann, wenn er mitzählt, also die fortlaufende Reihung zu Hilfe nimmt. Aber schon bei dem dreiteiligen Daktylus und dem Trochäus hat das Mitzählen trotz der Tendenz des Kranken dazu keinen Sinn. Hier beginnt die Schwierigkeit, trotzdem viel weniger Glieder vorliegen, und zwar nicht nur in der Ableistung des Nachklopfens, sondern auch in der Beurteilung, mithin in der reinen Wahrnehmung. Die zeitlich-figurale Bildung und Wahrnehmung dieser einfachen Verlaufsgestalten erweisen sich als schwer geschädigt. Ebenso ist in den tonal erfüllten Zeitgliederungen der Musikstücke bei St. die Wahrnehmung des Zeitgestaltlichen in der Unempfindlichkeit gegen Veränderungen der Längen und Kürzen bei sonst erhaltener tonaler Struktur an bekannten Melodien nachzuweisen.

Eine besondere Form der zeitlich-figuralen Gestaltung ist der „Zeitrhythmus“. Bei der Divergenz der Definitionen, die in der psychologischen Literatur über den Rhythmus herrscht, heben wir als Charakteristikum des Rhythmus hier nur den „Akzent“ in der Reihe heraus (vgl. K. KOFFKA, H. WERNER, F. SANDER u. a.), der sich in der „Betonung“, im „Gewicht“ äußert und sowohl tonal wie zeitlich gegeben sein kann (Akzent durch Intensität eines Schalles oder durch Länge einer Pause usw.). ST. zeigt Störungen des Rhythmus in erheblichem Grade, wenn er Trommeltouren oder Klopffiguren bekannter Lieder vornehmen soll, und zwar nicht nur aus dem Gedächtnis, sondern auch bei Nachahmung. Selbst bei dem einfachen Daktylus und Trochäus sind schon Akzente als rhythmische Grundlagen vorhanden und auch diese, nicht nur das Zeitmaß, werden von ST. verfehlt.

Die zeitlich-figuralen Störungen sind hier nicht als Störungen „motorischer“ Art zu betrachten, wenn auch die Bedeutung des motorischen Faktors für den Rhythmus (G. E. MÜLLER, WUNDT, V. KRIES u. a.) gewiß nicht unterschätzt werden darf. Die ideatorisch-dyspraktische Störung unseres Kranken mag einen Einfluß haben, verhindert ihn aber nicht an der richtigen Leistung der leichteren Zeitgestalt. Die falsche Beurteilung nicht nur der eigenen Leistung, sondern auch der des Versuchsleiters zeigt, daß die zeitliche Gestaltung schon in der Wahrnehmung nicht intakt ist. Daß die leichtere, aber wesentlich längere Zeitfigur geleistet, der kurze Daktylus nicht geleistet wird, schließt eine Rückführung der Störung auf die „Merkfähigkeit“ aus.

Vom Rhythmus wird heute wohl allgemein nach seiner Gesetzlichkeit grundsätzlich abgetrennt der *Takt* (L. KLAGES u. a.). Das *Tempo* ist der Schnelligkeitsfaktor sowohl für die figürlich-rhythmische Zeitgestalt, wie für das Diagramm des Taktschemas, wie z. B. bei den über den Tonstücken stehenden Zeitmaßangaben (adagio, allegro). Bei unserem Kranken haben wir nicht viel Untersuchungsstoff, der das Wahrnehmen des Taktschemas und des zeitlichen Ordnungsbezuges aufzeigen kann. Immerhin scheint ST. bei Anschlagen des Marsches mit seinem „Tschingteratata“ in bezug auf die Taktkomponente nicht nur im Wissen und Verstehen, sondern auch in der akustischen Auffassung des Taktcharakters besser zu funktionieren als schon bei der Auffassung leichter Zeitfiguren. Daß auch hier ein gewisses Anspielen motorischer Faktoren und eine Erleichterung durch die Perseverationsmöglichkeit vorhanden ist, kann nicht geleugnet werden. Immerhin scheint, ähnlich wie bei dem Ordnungsschema der Tonalität, auch das zeitliche Ordnungsschema (Takt, Tempo) in der Leistung besser herauszutreten als die anschaulichen, zeitfigürlichen Gestaltungsgebilde (Rhythmus usw.).

Über das *Notenlesen* und *Notenschreiben* sind bei dem Kranken aus äußeren Gründen keine eingehenden Untersuchungen gemacht worden. Es läßt sich nur feststellen, daß er Noten von bekannten und musikalisch wertvollen Stoffen selbständig nicht lesen, dagegen sehr wohl „verständnisvoll“ beim Vorspielen mitlesen kann. Die Erklärung dieser Erscheinung geht ein in das, was bei dem Kranken über das musikalische Verstehen herausgearbeitet worden ist und im folgenden noch besprochen werden soll.

Es entsteht die Frage, ob bei den Störungen der musischen Expression, die der Kranke zeigt, nicht außerdem noch Zeichen einer „*motorischen* Amusie“ vorliegen.

Hierzu kann bemerkt werden, daß der Kranke Einzellaute sehr wohl nachahmt, und daß er rhythmisch gegliederte Lautgebilde, insoweit sie nicht rein akustische Schwierigkeiten bieten, ganz gut motorisch nachahmt, wie z. B. längere Figuren beim Taktklopfen. Die dyspraktische Störung in beiden Armen ist als eine ideatorische Apraxie aufgefaßt worden. Wenn auch motorisch-amusische Störungen nicht mit Sicherheit auszuschließen sind, so besteht doch die größte Wahrscheinlichkeit, daß der Hauptanteil in der Störung der Musikexpression im Akustischen und nicht im Motorischen liegt, mithin als Folge der *gnostischen Störung* aufzufassen ist.

Das *Gedächtnis* unseres Kranken für musikalische Inhalte ist zum Teil früher schon diskutiert worden, als es sich darum handelte darzustellen, daß die Störung der simultanen und sukzessiven Gestalten tonaler und zeitlich-rhythmischer Gebilde auf die Auffassung, d. h. den aufnehmenden Akt, und nicht auf das unmittelbare Behalten, die „Merkfähigkeit" zurückzuführen ist. Es muß aber erwähnt werden, daß das Behalten und Reproduzieren auch leichter und richtig aufgefaßter musikalischer Gebilde bei dem Kranken ebenfalls geschwächt ist, und daß auch das mittelbare Behalten und Reproduzieren von Gegenständen, die ihm sicher früher bekannt waren, bei allen Prüfungen schwer geschädigt erscheinen. Es ist auch anzunehmen, daß die Produktion anschaulicher *Vorstellungen* von Klangbildern nicht intakt ist. Jeder Versuch, dem Kranken durch Nennen eines noch so bekannten musikalischen Motives, auch wenn das Wort zum Verständnis gebracht worden war, dieses Motiv ins Bewußtsein zu rufen, führt durchweg zum Mißerfolg. Der Patient ist ratlos, wenn er ein Lied oder ein bekanntes Stück reproduzieren soll. Für Halluzinationen musischer Art hat man keinen Anhaltspunkt gewinnen können. — Das *Wiedererkennen* von bekannten Stücken gelingt offenbar unter Heranziehung anderer, höherer Faktoren des Verstehens und Wertens, von denen wir sogleich zu sprechen haben.

Die schwere Störung im Erfassen simultaner und sukzessiver musischer Gestalten, die sich an „abstrakten", ästhetisch nicht betonten Beispielen nachweisen läßt, steht in einem scheinbaren Widerspruch zu der Fähigkeit unseres Kranken, den *Wert oder Unwert* eines Musikstückes mit großer Schärfe, mit einem auch dem Gesunden annehmbaren Resultat und mit entsprechender gemütlicher Reaktion zu bestimmen. Diese Erscheinung hat eine angenäherte Analogie zu den Fällen von sensorischer Aphasie, die eine Störung im Erfassen des sprachlichen Lautgebildes haben, dabei aber das Gesprochene doch dem Sinne nach auffallend gut verstehen.

Es ist sicher, daß der Kranke in dem ihm gebotenen wertbetonten Stück, das er auf Grund seiner Störung als reines Klangmaterial nicht auffassen kann, gewisse *Kriterien* hat, die ihm die Beurteilung gestatten. Es fragt sich, ob diese Kriterien im Klanglichen selbst liegen, d. h. im gegenständlich bewußten Strukturanteil der musikalischen Ganzheit. Das *Wiedererkennen* für sich allein ist dieses Kriterium nicht, das haben wir schon oben besprochen, denn St. erkennt auch Bekanntes oft nicht wieder. Daß er gar kein Werturteil im eigentlichen Sinne vornimmt, sondern nur ein *Wissen* von dem Tonstück, etwa eine Bekanntheitsqualität von Bedeutungscharakter hat, kann schon aus der ganz unmittelbar erscheinenden und stark affektbetonten Haltung des Kranken einer „guten" und „schlechten" Musik gegenüber abgelehnt werden. Es ist kein intellektuelles, es ist ein fühlendes und wirklich ästhetisches Werten. Daß er aus dem *Musikstoff* das Kriterium gewinnt, daß dieser *Merkmal* für einen dinglich gegebenen Gegenstand sei, etwa wie der Glockenton für die Glocke usw., kann gewiß nicht genügen, weil die Empfindung der Klangfarbe ohnedies intakt ist und die Erkenntnis, daß ein Tonstück einem klingenden Musikinstrument zuzusprechen ist, für die Wertentscheidung keine durchgehende Bedeutung hat. Das Kriterium des „*signitiven*" Faktors in der Musik, des Umstandes, daß ein Tonstück Zeichen für einen Vorgang, einen „gemeinten" Gegenstand sei, ist dem Kranken bewußt, reicht aber nicht für die Erklärung unseres Zusammenhanges aus. Endlich der „*Bedeutungscharakter*" des musikalischen Gebildes, das sich in der „Bedeutungsmusik" (Müller-Freienfels) im Gegensatz zur „absoluten" Musik kundgibt, ist kein durchgängiges Kriterium, weil unser Kranker gerade in der absoluten Musik, deren Bedeutungscharakter nach der gegenständlichen Seite zurücktritt, auffallend gut funktioniert.

Der Grund für die eigentümliche Erscheinung, die an unserem Falle wohl zum ersten Male klar herausgearbeitet wird, ist nicht im gegenständlichen Anteil des musikalischen Erlebnisses, nicht im Gestalten musikalischer Klanggebilde gelegen, sondern vielmehr in den Faktoren des *Zustandsbewußtseins*. Es sei an die Faktoren der „ästhetischen Intention" (v. Allesch) und der „musikalischen Energien" (E. Kurth, H. Jakoby) erinnert, die den Einfluß der Strebungen, Spannungen, ästhetischen Einstellungen auf das Wahrnehmungsgeschehen und die Erzeugung derartiger zuständlicher Erlebnisse durch den Musikstoff besagen. Über die „physiognomischen" Faktoren im Ausdruckserleben der Musik sind spezielle Untersuchungen an St. nicht angestellt worden. Es ist aber aus dem Verhalten des Kranken zu schließen, daß die Strebungs- und Einstellungserlebnisse nicht abgestumpft worden sind.

Freilich ist damit noch nicht klargemacht, wie der Kranke das auffallend gute Urteil über „schön" und „schlecht", über Wert und Unwert eines nach der apperzeptiven Seite so mangelhaft aufgenommenen Klangstoffes sich erhalten hat.

Wir haben oben schon angedeutet, daß zwischen einem *Wissen von Werten* und einem *echten Werten*, dem Gefallen und Mißfallen, dem Aufstellen von objektivem Wert und Unwert und der Bildung von Wertsystemen unterschieden werden muß. Die Befragung des Kranken über seine Stellung zu einzelnen Komponisten zeigt, daß der alte Musikus ein Wissen von Werten, ein intellektuelles Wertsystem von ganz bestimmtem Ausmaß in bezug auf die Art der Kompositionen von verschiedenen Tonkünstlern besitzt, von denen er gewisse Stile schätzt, andere mehr oder weniger ablehnt. Daß hier „Erfahrungen" über früher vorgenommene subjektive Wertungen hereinspielen, ist sicher. Gegenwärtig wird wohl ein starker Anteil von Wissen über die Komponisten das Urteil bestimmen. Daß St. aber die ihm vorgelegten Tonstücke nach diesem intellektuellen Wertsystem allein prüft und beurteilt, ist, wie schon oben bemerkt, abzulehnen. Er weiß ja oft nicht, welcher Tonsetzer das Stück geschrieben hat, ordnet das Stück selbst dann nicht dem richtigen Meister zu, wenn er den Namen des Komponisten nicht nur richtig nachspricht, sondern auch kennt. Seine Zustimmung und Ablehnung muß also doch einem *subjektiven Wertungsakt* entspringen. Dafür spricht auch die Freude, die St. äußert, wenn ihm ein Stück gefällt, und der lebhafte Ausdruck der Unlust, mit dem er sein Mißfallen zum Ausdruck bringt. Es sind emotionale, der Gefühlssphäre angehörige Faktoren im Spiele, die an das akustisch Wahrgenommene sich knüpfen. Mag man auch heute KÜLPES Theorie von dem Wertgefühl, von der ästhetischen Lust und Unlust nicht mehr für ausreichend halten, so muß man doch die *hedonischen* Einschläge als das Wesentliche der subjektiven Wertung, wie sie bei ST. offenbar gut erhalten sind, als wesentlich auffassen. Der Wertungsakt, der emotional-intentionale Akt, die „ästhetische Einfühlung“ (R. VISCHER, TH. LIPPS, O. KÜLPE, I. VOLKELT, M. GEIGER u. a.) wird dem Kranken zugesprochen werden müssen. Vom Standpunkt der Ganzheitstheorie F. KRUEGERS, der in den Gefühlen komplex- und ganzheitsbildende Faktoren sieht, wird das Werterfassen unseres Kranken auch bei nicht intaktem Erfassen des Musikstoffes verständlich und plausibel sein.

Man kann also zusammenfassend sagen, daß der *primäre Defekt* in den Dispositionen der akustisch-musischen Wahrnehmung unseres Kranken folgendermaßen bezeichnet werden kann: ST. hat bei verhältnismäßigem Intaktsein der sinnlichen (empfindungsmäßigen) Anteile eine *primäre Dispositionsstörung der bildhaften Gestaltung des Musikstoffes nach seiner tonalen und zeitlich-figuralen Qualität.* Bei den gut erhaltenen Dispositionen im Erfassen des „Ausdrucksmäßigen“ (ästhetische Intention, energetische Faktoren, „physiognomische“ Qualitäten) sowie der hedonischen und wertenden Strukturanteile werden die primären Defekte in bestimmten Leistungen in stärkerer oder geringerer Weise kompensiert. Die Musikstücke mit Wertgehalt stellen Ganzheiten höherer Art, gebildet durch die emotionalen Komplexqualitäten von besonderer Dignität dar.

Die Untersuchungsergebnisse von dem Falle ST. sind nur Rohmaterial, aus dem endgültige Theorien über Regel und Gesetzmäßigkeit im Ab- und Aufbau der musikalischen Dispositionen und der Struktur ihres physiologischen Substraktes im Gehirn noch nicht unmittelbar abgezogen werden können. Dies wird erst im Vergleich mit anderen Ergebnissen versucht werden können, die in systematischer Weise unter pathologisch-psychologischen Grundsätzen in den folgenden Abschnitten vorgenommen werden sollen. Wenn in der Darstellung der Untersuchungsergebnisse und der Diskussion unseres Kranken ST. manches noch unbewiesen vorausgenommen ist, so wird dies erst in den Ausführungen der folgenden Abschnitte in ihren Absichten und ihrer Bedeutung für die allgemeine Problemstellung erkennbar werden.

2. Pianistin Lydia Hir. (vorwiegend expressive Amusie).

Die durch eine Hirnembolie amusisch gewordene Patientin bietet ein anderes Bild.

Der Vater der Kranken soll nach Angaben der Angehörigen herzkrank sein, die Kranke selbst soll lange Zeit vor der letzten Erkrankung an einem Herzleiden gelitten haben. Sie ist von Natur gut beanlagt, hat die Volksschule und die höhere Töchterschule absolviert, hat sich besonders in Sprachen, im Französischen und Englischen, leicht getan. Schon früh hat sie Talent zur Musik wie auch zum Zeichnen und Handarbeiten gezeigt. Nach Entlassung aus der Schule hat sie sich dem Studium des Klavierspiels gewidmet. Sie war Schülerin des Münchner Konservatoriums für Musik, hat gute Fortschritte gemacht, war nach Angabe der Verwandten Lieblingsschülerin eines bekannten, jetzt verstorbenen Professors des Klavierspiels. Im Konservatorium hat sie außer im Klavierspiel auch

Unterricht in der Harmonielehre gehabt, hat sich die üblichen Kenntnisse darin erworben, hat Noten auf Diktat, d. h. direkt vom Klavier weg, fließend schreiben können und auch Vorgespieltes und Vorgesungenes gut nachsingen und auf dem Klavier nachspielen können. Sie hat sich im Klavierspiel ein hohes Niveau des Könnens erworben, ist öfter in Schülerkonzerten öffentlich aufgetreten. Sie hat Stücke von der Schwierigkeit der Etüden von Chopin und Liszt studiert und auswendig gespielt, hat auch gut vom Blatt gespielt und sich an Klavierkammermusik beteiligt.

In ihrem 26. Lebensjahr erkrankt sie an einem Gelenkrheumatismus und kommt Anfang Juni 1928 in das Krankenhaus München-Schwabing. 8 Tage nach der Einlieferung erleidet sie während der Morgentoilette plötzlich einen Schwindelanfall. Es wird ihr schwarz vor den Augen, sie sinkt aufs Bett, wird aber nicht ganz bewußtlos. Sie ist sehr erschrocken, kann zunächst nicht mehr sprechen, deutet auf den Mund, weiß aber genau, was sie sprechen will. Nach kurzer Zeit kommt die Sprache wieder. Nach 3 Stunden wiederholt sich der Schwindelanfall; von da weg bleibt die Sprache aus. In den ersten Tagen nach dem Insult liegt die Kranke still, weint viel, deutet in Anwesenheit der Angehörigen auf die Zunge und auf den Kopf, aus dem rechten Mundwinkel fließt Speichel, sie versteht zunächst die Sprache der Angehörigen überhaupt nicht, hört, wie sie später angibt, das Gesprochene nur als ein „wirres Gewoge". In den ersten Tagen kann sie nichts essen, die Zunge nicht entsprechend bewegen, keine Handlungen ausführen. Sie nimmt nichts in die Hand, kann das Hemd nicht aus- und anziehen. In den ersten 7 Tagen ändert sich der Befund nur wenig. Als nach einer Woche der Geistliche zu ihr kommt, erkennt sie ihn als solchen, versteht auch einiges von dem, was er zu ihr sagt, anderes wieder nicht. Der am gleichen Tage sie untersuchende neurologische Konsilarius (Dr. Guttmann) wird von ihr gut verstanden. Von da weg wacht sie aus der Benommenheit auf, wird klar, beginnt zu essen, kann die Zunge bewegen und auch mit der Hand Bewegungen und Handlungen ausführen. Der Zustand bessert sich in der nächsten Zeit langsam so weit, daß sie nach 5 Wochen einiges sagen konnte: „bi, ba, bo; preising, Prost; guten Morgen." 6 Wochen nach dem Anfall, als eine Bettnachbarin ein Volkslied singt, versucht auch sie zu singen. Es gelingen ihr sofort einige Melodien, so die Melodie eines der vierhändigen Walzer von Brahms, des „Veilchen" von Mozart, das Seitenthema aus dem ersten Satz der Apassionatasonate von Beethoven. Wenn die Tante mitsingt, bemerkt sie sofort jeden Fehler. Um diese Zeit versteht sie die Sprache ganz gut. Nach 8 Wochen wird sie zur ambulanten Behandlung der Heckscher-Anstalt in München zugeschickt.

Hier weist sie bei der von mir vorgenommenen Untersuchung, die sich auf die nächsten Wochen erstreckt, ein von Tag zu Tag nicht immer gleichbleibendes Verhalten auf. Es gibt Tage, an den sie gut disponiert ist, heiter — manchmal fast im Übermaß — ist und verhältnismäßig gute Leistungen bringt, während sie an anderen Tagen, besonders bei Wetterschwankungen, viel weniger zuwege bringt und auch in ihrem ganzen Verhalten verändert, leicht verstimmbar, erregbar und ermüdbar ist. Bei den Untersuchungen ist die Patientin sehr gut zugänglich, unterzieht sich den Prüfungen und den oft für sie schwer zu lösenden Aufgaben gerne und begründet dies damit, daß sie das Bewußtsein habe, etwas dabei zu profitieren und an ihren Fehlleistungen zu erkennen, wo sie in den Übungen den Hebel anzusetzen habe. Das Verständnis für die gewöhnliche Umgangssprache ist um diese Zeit wieder so weit hergestellt, daß man sich mit der Patientin leicht verständigen kann, und daß man ihr Aufgaben stellen kann, ohne befürchten zu müssen, daß eine Fehlleistung an einer mißverstandenen Aufgabe gelegen ist. Wir geben die Resultate der folgenden Wochen im Auszug wieder und halten uns dabei hauptsächlich an die während der Zeit in einem bestimmten Gebiete gezeigten Fehlleistungen, um die Struktur des bestehenden Defektes zu studieren.

Die *körperliche Untersuchung* ergibt das Bestehen eines Herzklappenfehlers (Mitralstenose), die Sehnenreflexe der rechten Körperseite sind gesteigert, die Muskulatur zeigt keine Spannungsänderung. Dagegen sind sowohl die grobe Kraft, wie die feinen Fingerbewegungen auf der rechten Seite schlechter wie auf der linken. Die Prüfung der Sensibilität ist durch die Sprachstörung etwas beeinträchtigt; es läßt sich aber feststellen, daß das Erkennen von Warm und Kalt, Spitz und Stumpf beiderseits sicher ist, doch kommen die Angaben von der rechten Hand her für Temperatur deutlich langsamer, aber immer richtig. Spitz und Stumpf werden mit der rechten Hand anscheinend weniger intensiv als mit der linken Hand und auch qualitativ anders empfunden. Die Tiefensensibilität, sowie die Lage- und Bewegungsempfindlichkeit sind beiderseits gleich gut. Sowohl grobe Armbewegungen als auch feinere Fingerbewegungen werden, soweit die motorische Störung es zuläßt, von der einen Seite auf die andere richtig übertragen. Die Stereognosie ist sehr gut. Die Patientin erkennt die verschiedensten Gegenstände auch rechts rasch und sicher, unterscheidet auch mit der rechten Hand Holz, Blech, Glas und verschiedenes Gewcbe. Die Antworten gibt sie schriftlich. Die Prüfung der Sehfähigkeit, die durch Augenarzt Prof. Dr. Salzer gemacht wurde, ergab beiderseits volle Sehschärfe und freies Gesichtsfeld; Hintergrund, Akkommodation, Pupillenreaktion und Augenmuskel sind vollkommen normal. Die Gehörsprüfung, die in der Universitäts-Ohrenklinik durch Oberarzt Dr. Beck ausgeführt wurde, ergibt: Das rechte Trommelfell ist normal, das linke leicht getrübt. Luft- und Knochenleitung werden auf beiden Ohren bis zu Ende gehört, es ist keine Lateralisation vom Scheitel aus vorhanden. Rinne ist beiderseits gleich und positiv von normaler Dauer, die Flüstersprache 6 m und mehr. Qualitativ werden beiderseits alle Töne, die mit der Bezold-Edelmannschen Stimmgabelreihe und der Galtonpfeife geprüft werden, normal gehört. Von C_2—c_7 werden in jeder Oktave Proben vorgenommen, die alle mit normaler Hördauer auf beiden Ohren wahrgenommen werden. Es läßt sich kein Hörfeldausfall nachweisen.

Über die Reste der rechtsseitigen motorischen Lähmung hinaus erweist die Prüfung der *Praxie* eine offenkundige Störung. Während von den intransitiven Handlungen das Drohen, Pfeifen, Lange-Nasemachen gelingt, ist die Patientin bei der Bewegung des Winkens mit dem Finger und der Hand sowohl mit der rechten, wie mit der (ungelähmten) linken Hand recht ungeschickt, und zwar nicht nur bei spontanen Versuchen, sondern auch beim Nachahmen. Ebenso macht ihr das Blasen mit den Lippen recht erhebliche Schwierigkeiten, sie macht Fehlhandlungen und häufige vergebliche Versuche. Unter den transitiven Handlungen sind die fiktiven Bewegungsfolgen des Kaffeemühlenmahlens, des Klarinettenspiels geläufig, doch verwechselt sie Drehorgel- mit Ziehharmonikaspiel, macht auch das ungeschickt vor, die Bewegung des Geigenspiels ordnet sie verkehrt an, die Bewegung des Knopfnähens ist ungeschickt, ebenso wie die des Flötenspiels. Anderseits sind fortlaufende Bewegungsfolgen immer zweckgemäß und folgerichtig angeordnet, Störungen der Bewegungsideation ist bei vielen Versuchen nicht festzustellen. Es handelt sich hier um eine Form der motorischen Apraxie, und zwar nicht nur eines gliedkinetischen Sondergebietes, sondern des Gesamtmotoriums, also um eine ideokinetische Apraxie.

Die *Spontansprache* ist sehr erheblich gestört, nur auf einige immer wieder gebrauchte stehende Formeln reduziert: „Das schon für mich; das ist gut; hab' schon gesagt; oft schon gesagt; das ist blöd; das kann ich schon; ich weiß es nicht ..." ist fast das ganze Inventar ihres Sprachschatzes.

Das *Nachsprechen* weist dementsprechend sehr schlechte Leistungen auf. Es wird mit offener Lautquelle vorgesprochen (Lydia) Li, mutia, schima; (Pferd) amatschuschti; (Taube) schi, kamatschi; (Fräulein) marta. Sie versteht die vorgesprochenen Wörter vollkommen. (Oft schon gesagt) + (gesagt) uti (oft schon) oft schon gesagt. (Oft schon) + (oft) u, sch (ah) + (b) + (bah) ma, bah (ab) pa: (ab) + (r) sch (l) te; (k) sch (eu) ju (oi) i, mi.

Mit verdeckter Lautquelle ist die Leistung noch schlechter.

Im Gegensatz dazu ist das *Sprachlautverständnis* viel besser. Wie bemerkt, versteht die Kranke die Umgangssprache. Beim Zeigen von Bildern nach Benennung ist sie sicher. Vexierveränderungen, die Versuchsleiter vornimmt, wie „Schochlöffel", „Kochpöffel" usw., nimmt sie nicht an. Ähnlich klingende Wörter, wie Pantoffel und Kartoffel, werden sicher unterschieden. Unterschiede zwischen Pater und Bader, Liebe und Lippe usw. werden prompt der richtigen Bedeutung zugeordnet. Dagegen ist das *Sprachsinnverständnis* keineswegs unberührt. Im ermüdeten Zustand kann sie am eigenen Körper auf Vorsagen rechts und links nicht unterscheiden, findet bei „Nasenspitze" zwar die Nase, versteht aber Spitze nicht. Besonders stark sind die „kleinen Wörter" und die grammatischen Bildungen im Verständnis gestört, worauf noch zurückzukommen ist.

Die *Lautsynthese*, d. h. nicht das motorische, sondern das akustisch-konstruktive Zusammensetzen der Laute zu einem Lautkomplex, zeigt erhebliche Störungen. Es wird der Kranken in getrennten Einzellauten (nicht in Buchstabennamen!) N—e—l—k—e vorgesagt, vor ihren Ohren allmählich langsam zu „Nelke" verbunden und auf die Blume gezeigt. Sie soll rein hörend die folgenden Einzellautstücke zusammensetzen, ohne das Gesamtwort auszusprechen, nur den Gegenstand zeigen, den das Wort bedeutet oder ihn aufzeichnen.

(R—a—d) Ist ratlos, weiß sich nicht zu helfen. Erst als Versuchsleiter das Wort langsam zusammenzieht, und zwar bei mehreren Versuchen immer enger und komplexer, ist an einer Stelle plötzliches Aufleuchten und richtiges Aufzeigen da. Das gleiche wird bei (B—a—u—m), bei (D—a—ch) beobachtet. Nicht nur die motorische (praktische), sondern auch die akustisch-konstruktive Synthese ist erschwert.

Anders ist das Verhalten bei der *Lautanalyse* eines Wortes (phonetisches Buchstabieren).

(Laub) Weiß sofort, was es ist, kann es nicht sagen, zeigt vier Finger, schlägt die zwei mittleren ein. Sie will damit besagen, daß es vier Laute sind, daß sie den ersten nicht nennen kann, für den zweiten Finger (Buchstabe) sagt sie a, für den dritten ü, den vierten kann sie wiederum nicht nennen.

(Über) Zeigt nach oben, weist wiederum vier Finger, erster Finger (Buchstabe) ü; zweiten kann sie nicht sagen, dritter e; vierter kann nicht gesagt werden.

(Saite) Zeigt fünf Finger; (wieviel Silben?) zeigt zwei Finger; (buchstabieren Sie!) erster Finger: zeigt auf die Zahnreihe; (ist es S?) ja, ja; zweiter Finger: a; dritter Finger: i; vierter Finger zeigt wieder auf die Zähne; (ist es S?) nein; (t?) unsicher, vielleicht; fünfter Finger: e.

Man sieht, daß der konstruktive Aufbau der Wörter beim akustischen Auffassen vorhanden ist im Gegensatz zu produktiven Gestalten. Die leichter zu sprechenden Vokale kommen richtig, die für die Praxie des Sprachapparates viel schwierigeren Konsonanten können nicht ausgesprochen werden, sind aber, zum großen Teil wenigstens, sowohl ihrer akustischen Gestalt nach, wie auch ihrer Bewegungsideation nach in der Vorstellung bewußt. Während also der Aufbauplan bekannt ist, kann also doch aus den gegebenen Stücken die aktiv-produktive akustische Konstruktion des Wortes nicht vorgenommen werden.

Die motorische Aufzählung von *Reihen* ist unmöglich. Die Kontrolle von Reihen, die der Versuchsleiter vorspricht, gelingt teilweise. Wenn der Untersucher die Wochentage rückwärts aufzählt, weist die Patientin Vexierfehler prompt zurück. Dagegen werden beim Rückwärtszählen der Monatsnamen ähnlich klingende Namen, wie November und September, Juli und Juni verwechselt.

Die *Wortfindung*, die durch Benennenlassen aufgezeigter Bilder geprüft wird, erweist sich durch die schwere Störung der Sprachartikulation behindert. Dagegen läßt sich aus den schriftlichen Aufzeichnungen und aus dem Heraussuchen aus sprachmotorisch vorgelegten Vexierveränderungen von Bezeichnungen, die Versuchsleiter vornimmt, ersehen, daß die Kranke das „innere Wort" insbesondere für konkrete Sachverhalte zur Verfügung hat.

Das *Lautlesen* ist in gleicher Weise durch die motorische Sprachstörung behindert wie die Spontansprache. Die optisch-sprachlichen Bilder der Druck- und Schreibschrift ergeben keine Hilfe für die artikulatorische Äußerung.

Das *Leiselesen* ohne den Zwang zu artikulieren ist in gewissen Grenzen verhältnismäßig gut möglich. Die Zuordnung von Gegenstandsbildern verschiedener Art zu aufgeschriebenen Ausdrücken ist sehr rasch, auch bei schriftlicher Bezeichnung in französischer Sprache. Die „Christbaumgeschichte" aus der BOBERTAGschen Testsammlung liest Patientin leise und äußert bei bestimmten Stücken durch Gesten, wie sie sie verstanden hat. Es läßt sich ersehen, daß das Verständnis richtig ist.

Überaus gut ist das Lesen am *Tachistoskop*, wobei die Kranke in schriftlichen Äußerungen oder in Gesten darzutun hat, was sie verstanden hat. Sie liest dreibuchstabige Wörter wie „Ohr", „Uhr" usw. bei $^1/_{100}$ Sekunde Exposition richtig. Bei $^1/_{10}$ Sekunde kommt sie bis auf 20buchstabige Wörter.

Dagegen weist das Leseverständnis dann grobe Störungen auf, wenn es darauf ankommt, *grammatische* Bildungen zu verstehen. Bei der schriftlichen Aufgabe: „Zeigen Sie mit der rechten Hand das linke Auge!" zeigt sie die rechte Hand und das linke Auge getrennt auf. Das „mit" und die dadurch zu schaffende Verbindung der beiden richtig erfaßten Begriffe kann nicht verstanden werden. Das gleiche ist bei Aufzeichnung in französischer und englischer Sprache zu sehen. Ein Unterschied im Verstehen der verschiedenen Schrift- und Druckarten ist nicht vorhanden.

Das *Spontanschreiben* ist stark reduziert. Als Patientin einen Brief an die Mutter schreiben soll, bringt sie „Liebe" fertig, schreibt weiter „bra", streicht aus, schreibt „klar", gibt dann den Versuch auf. Dagegen gelingen schriftliche Aufzeichnungen als Ersatz für artikulierte Worte, jedoch nur stückweise. Schreibt „Moz" für Mozart, „Ry mus." für Rhythmus usw.

Ähnlich ist es mit dem *Diktatschreiben*. Patientin schreibt „Taube" richtig, (Peitsche) Peitche, (Schraube) Schramm, (Schwalbe) Schabe, Schab, Schwabe. Sie ist dabei sehr unsicher, ob sie richtig oder falsch geschrieben hat. Das Diktat einzelner Buchstaben, sinnloser Worte usw. ist ebenso schwer gestört. Die Schrift ist die lateinische, die Schriftzüge sind gut und geübt. Das (paraphasisch) Geschriebene wird von der Patientin sicher und zügig zu Papier gebracht.

Auch im *Zahlendiktat* sind erhebliche Fehlleistungen zu konstatieren (23) +; (65) 56; (345) 315; (284) 188. Patientin hält das von ihr Geschriebene für richtig. Über die Rechensymbole ist sie einigermaßen orientiert, rechnet doch aber auch im schriftlichen Ansatz falsch, indem sie addiert, statt zu subtrahieren. Das Kopfrechnen über die Zehnergrenze hinüber, das mit Hilfe der Finger zur Demonstration des Resultats erfolgt, gibt falsche Ergebnisse.

Das *Schreiben* ohne Benutzung des Schreibmotoriums wird am Buchstabenspiel geprüft. Die *Buchstabensynthese* geht so vor sich, daß aus einer bunten Reihe vorgelegter Einzelbuchstaben die dem lautlich gegebenen Aufgabenwort entsprechenden Buchstaben auszusuchen und zum Wort zu vereinigen sind. Einige Wortgebilde gelingen (Taube) +; (Zug) +; (Dach) legt zunächst Dax, korrigiert dann richtig. (Machen Sie Drache draus!) reagiert rasch und sicher. Bei anderen Aufgaben erweisen sich erhebliche Störungen, besonders wenn im Anlaut phonetisch schwierige Konsonantenverbindungen verlangt sind: (Pferd) legt PerD, dann vom Versuchsleiter aufmerksam gemacht, Perd; hält das für richtig (d. h. Perd) fragender Blick; (Versuchsleiter legt Pefrd) Patientin korrigiert Perfd, setzt weiter Perdf. Nimmt das f wieder weg, so daß Perd stehen bleibt und hält dieses wieder für richtig. Als dann Versuchsleiter Pferd setzt, äußert Patientin lebhafte Bekanntheit. Versuchsleiter zerstört das Buchstabenbild und verlangt erneutes Setzen, das diesmal gelingt.

(Pflug) legt Pfug, „vielleicht, ich weiß es nicht", dann Pfurg, dann wieder Pfug; versucht Pflug, betrachtet das Wortbild, sagt nein, nimmt das f heraus, findet Plug besser, legt das f aber wieder ein und äußert jetzt lebhafte Bekanntheit, (heißt das nicht Pfuld?) Patientin wird bei dem richtigen Wort wieder unsicher, versucht das l zu versetzen, kehrt aber wieder zu dem Richtigen zurück und äußert Bestimmtheit. Man sieht die Unsicherheit der akustischen Konstruktion.

Die *Farbnamenprüfung* führt zu gutem Resultat. Die HOLMGRENschen Wollproben werden ihrer Farbqualität nach vollkommen richtig und sicher zusammengeordnet. Farbnamen werden nicht spontan geäußert, doch werden die vom Versuchsleiter genannten Farbnamen den Farbqualitäten richtig zugeordnet. Einmal besteht zwischen „rot" und „blau" eine gewisse Bedeutungsunsicherheit, die aber rasch korrigiert wird.

Das Verständnis für *übertragene Bedeutungen* in Ausdrücken und Sprichwörtern ist verhältnismäßig gut. Wenn auch einiges nicht verstanden wird, was schon zum Teil auf die erwähnte Schwierigkeit im Verstehen kleiner Beziehungswörter zurückgeht, so ist anderes wieder ganz gut vorhanden. Die übertragene und konkrete Bedeutung für „Backfisch", „Windhund" usw. wird sofort erfaßt. „Morgenstund hat Gold im Mund" wird durch Gesten richtig interpretiert. Andere Wörter wie „Topfgucker", Sätze wie „Wenn der Esel in den Brunnen gefallen ist . . ." machen Schwierigkeiten im Verständnis.

Wie zu erwarten, ist das Verständnis für *grammatische Bildungen* gestört. Bei den Konjungationsformen werden beispielsweise von der Kranken „ratete" und „riet"; flug, fliegte und flog als brauchbar angenommen. Als Imperfekt von „gehen" wird „ging" bezweifelt und dann abgelehnt. Das Perfekt „gegangen" einmal angenommen, dann als falsch abgetan usw. Bei den Präpositionen besteht schon in der unmittelbaren räumlichen Bedeutung keineswegs Sicherheit. Die Richtigkeit von Sätzen wie „Der Teppich liegt unter dem Tisch" wird bezweifelt; „Ich setze mich zwischen das Sofa" wird als richtig angenommen. Noch schwieriger sind natürlich die mittelbaren Beziehungen der Präposition: „leiden unter ...", „sich ärgern über ..." usw. können überhaupt nicht beurteilt werden. Ganz analoge Schwierigkeiten ergeben sich bei Prüfung mit Kasusformen, dem Genus, transitiven und intransitiven Verbalformen mit der Bedeutung des Frage- und Rufsatzes usw. —

Es bestehen also auf sprachlichem Gebiete die Zeichen einer nicht ganz reinen expressiven (motorischen) Aphasie und Reste einer sensorischen Aphasie mit Betroffensein der akustisch-gnostischen Sphäre und auch der Bedeutungssphäre, insbesondere deutlich als impressiver Agrammatismus.

Für eine eingehende *musikalische Untersuchung* erwies sich die Patientin nicht allein wegen ihrer Eigenschaft als Musikerin besonders geeignet, sondern auch wegen ihres Eifers bei den Untersuchungen, ihrer Bereitschaft, alle Aufgaben möglichst gut zu lösen unter ausgesprochener Absicht, dabei etwas zu lernen.

Über das Ergebnis der *Gehörsprüfung* mit Hilfe der kontinuierlichen Stimmgabelreihe wurde schon berichtet. Es ergab sich keinerlei Defekt, keine Abschwächung in qualitativer und quantitativer Beziehung im Hörfeld.

Das Wahrnehmen und Unterscheiden von *Klängen und Klangfarben* war nicht pathologisch verändert. Wenn man der Patientin a_1 auf der Stimmgabel, der Mundharmonika, der Flöte, dem Klavier anspielte, so wußte sie das Instrument sofort zu erkennen. Auch die Gitarre kannte sie am Zupfklang von den anderen Klängen weg. Unsicherheit war einmal vorhanden, als sie noch nicht wußte, daß eine Stimmgabel vorgeführt werde. Da verwechselte sie den Klang mit dem der Harmonika, korrigierte später aber das Urteil und blieb dann ganz sicher. Die Sicherheit in der Klangerfassung ließ sich auch beim Stimmen der Gitarresaiten ersehen, wobei die Patientin jede Schwebung wahrnahm. Beim simultanen Anschlagen der Saiten, auch bei sukzessiver Darbietung nahm sie die geringste Verstimmung von zwei Saiten, die auf der gleichen Tonhöhe liegen sollten, wahr.

Das Übertragen eines Klanges von einem Instrument auf das andere, also von der Gitarre oder Flöte auf das Klavier, gelang der Patientin immer sicher in bezug auf die *musikalische Qualität*, d. h. sie traf immer den Ton seiner Stellung in der Oktave nach. Dagegen irrte sie sich oft in bezug auf die Tonhöhe und schlug den Ton oft eine Oktave zu hoch oder zu tief an.

Geräusche, auch ganz leise, wurden von der Kranken gehört und identifiziert. Schlüsselrasseln, Münzenklirren, Papierrascheln, Fingerknipsen, Schütteln der Zündholzschachtel, Reiben eines Zündhölzchens, Händeklatschen wurden immer richtig erkannt. Die Verwechslung des Knackens eines Taschenmessers mit dem einer Schere ist verständlich und nicht pathologisch. An *Tierstimmen* werden die vorgemachten Laute von Katze, Hund, Hahn, Pferd, Taube sofort erkannt.

Froschquaken wird auf Entenschnaken bezogen. Beim Buchfinkenschlag und Krächzen des Raben wußte sie den Laut sofort auf einen Vogel zu beziehen, nicht aber auf welchen. Krankhafte Ausfälle bestanden auch hier nicht.

Unterscheidung der *Tonhöhen* einzelner Klänge ist gut und sicher und geht, wie schon aus den Versuchen beim Stimmen der Gitarre hervorgeht, bis auf sehr geringe Unterschiede.

Schwierigkeiten, die als pathologisch zu bezeichnen sind, weil sie eine erhebliche Herabsetzung gegenüber dem früheren Können bedeuten, ergeben sich erst bei den Prüfungen mit komplexen musischen Bildungen.

Das *Spontansingen* von Tongebilden, die der Patientin bekannt sind, geht verhältnismäßig gut bei einfachen Liedern, z. B. Volksliedern. Sie kann allerdings nur die Melodie, nicht aber den Text dazu singen. Sie kann auch Melodien aus der Kunstmusik, die ihr gut bekannt sind, frei singen, z. B. das Hauptthema aus dem 1. Satz der ersten Klaviersonate in *C*-Moll von Beethoven, aus dem Minutenwalzer von Chopin usw. Bei anderen ihr wohlbekannten Themen, die sie auch auswendig gespielt hatte, gelingt ihr das freie Singen nicht, so z. B. bei dem Thema der *C*-Moll-Phantasie von Mozart. Patientin deutet an, daß ihr das Thema sehr bekannt sei, versucht es immer wieder zu singen, kann es auch nicht nachsingen, als Versuchsleiter es ihr vorsingt. Als Patientin das Thema des *A*-Moll-Walzers von Chopin singen soll, sagt sie zunächst freudig „ja, ja", summt den ersten Takt, stockt dann und kann nicht mehr weiter, sie deutet an, daß sie ganz genau wisse, wie das Stück gehe, wie die Melodie sei, daß sie es beim Spiel sofort erkennen würde. Auf die Frage, ob es nur nicht „da heraus" (auf den Kehlkopf gedeutet) wolle oder auch nicht „im Kopf" sei, deutet sie auf den Kopf, (auch nicht im „inneren Hören"?; dabei auf das Ohr gedeutet) auch nicht.

Das *Spontanspielen von Tonstücken auf dem Klavier* aus dem Gedächtnis macht ebenfalls erhebliche Schwierigkeiten. Nachdem Patientin aufgefordert war, etwas Bekanntes auswendig zu spielen, deutet sie auf den Kopf, sagt „das ist blöd", versucht die ersten Takte der *As*-Dur-Ballade von Chopin, die sie vor ihrem Insult auswendig gespielt hatte, vorzutragen, singt dabei mit, verliert aber schon nach dem zweiten Takt den Faden und gibt den Versuch auf. Ähnlich geht es ihr mit dem technisch leichten, ihr wohlbekannten und vom Versuchsleiter kurz vorher vorgespielten Variationsthema im $^6/_8$-Takt aus dem 1. Satz der Klaviersonate in *A*-Dur von Mozart. Auch hier muß sie mitsingen, macht schon im ersten Takt Fehler und kann im zweiten nicht fortfahren. Aufgefordert, das Thema zu singen, macht sie es nur in groben Gängen richtig, läßt aber wichtige melodisch-figurale Bestandteile weg. Als sie das Kinderlied „Alles neu macht der Mai" ohne Harmonisierung auf dem Klavier spielen soll, beginnt sie verlegen lächelnd, wählt *B*-Dur und führt das Lied richtig durch. Als sie es dann harmonisiert spielen soll, ist sie zunächst ratlos. Versuchsleiter zeigt ihr, wie harmonisiert wird. Die Kranke spielt nun einige Takte, und zwar die Melodie mit der rechten Hand richtig, mit der linken Hand eine, wenn auch recht primitive, Begleitung, etwa nach Art der ersten Übungen in der Klavierschule. Schon im zweiten Takt sind Fehler in der Harmonisierung vorhanden, im dritten Takt kann das Volkslied nicht weiter geführt werden. Es muß dazu bemerkt werden, daß die verlangten Leistungen des Spontanspielens für einen Pianisten vom Rang der Patientin eine Selbstverständlichkeit sind, so gering, daß Patientin selbst durch wegwerfende

Gesten und Hinweis auf den Defekt im Kopf dem Ausdruck gibt. Der Maßstab des klavierspielenden Laien niederen oder höheren Grades kann nicht angelegt werden.

Es war zu prüfen, ob zwischen *rechter und linker Hand* im melodischen Spiel auf dem Klavier ein Unterschied bestand. Die Kranke sollte das obengenannte Variationsthema in *A*-Dur in der Diskantmelodie unharmonisiert zuerst mit der rechten, dann mit der linken Hand spielen. Beim Spiel rechts wird das Thema ungeschickt gebracht, es treten häufig Vergreifungen ein, die korrigiert werden; Patientin deutet an, daß sie den Pralltriller im siebenten Takt überhaupt nicht versteht, insbesondere nicht nach seiner rhythmischen Einordnung. Das Spielen des gleichen Themas mit der linken Hand gelingt deutlich leichter, doch ist auch hier das Spiel keineswegs gut, es kommen auch mit der linken Hand Vergreifungen und Korrekturen vor.

Das Spontanspielen *motorischer Reihen* von Tonleitern, arpeggierten Akkorden usw. über die Klaviatur hinweg, macht größere Schwierigkeiten mit der rechten als mit der linken Hand. Die größere Schwierigkeit in der rechten Hand kommt auch beim doppelhändigen Spiel der Tonleiter zum Ausdruck. Es ist das die Folge der Parese der rechten Hand. Außerdem bestehen aber noch Schwierigkeiten infolge der ideomotorischen Apraxie der beiden Hände. Damit ist freilich keineswegs die Gesamtheit der expressiv-musischen Störung erklärt. Man muß auf eine akustische Komponente zurückgreifen, von der später noch gesprochen werden soll.

Das *Pfeifen* mit den Lippen geht um die Untersuchungszeit ebensogut wie das Singen. Die Melodie der Arie aus Rigoletto „Ach wie so trügerisch“ u. a. wird richtig gepfiffen.

Das *Erkennen* und *Kontrollieren* musikalischer Inhalte, die der Patientin vorgespielt werden, ergibt wesentlich bessere Leistungen. Das „Deutschlandlied“ wird sofort erkannt; Patientin schreibt „Deutschland“ auf. Als ihr die Arie der Zerline aus dem „Don Giovanni“ harmonisiert vorgespielt wird, schreibt sie „Moz Sonate“ auf. Sie hat die Komposition dem Spiel nach erkannt, ist aber vielleicht früher schon über das Stück selbst in der Erinnerung nicht voll orientiert gewesen. Die ersten Takte aus Schuberts „Wanderer-Phantasie“ werden sofort mit lebhafter Bekanntheit begrüßt. Die Aufzeichnung bringt „Schubet wander“. Beim Vorspielen der Einleitung der Torero-Arie aus „Carmen“ schreibt sie sofort „Camo“ auf. Schuberts „Wiegenlied“ schreibt sie Mozart oder Weber, dann Beethoven und Liszt zu, lehnt Schubert ab. Im Einleitungssatz von Schuberts *A*-Moll-Quartett sieht sie ebenfalls ein Werk von Mozart oder Weber (vielleicht unbekannt). Als ihr das Thema zu Händels „Grobschmied-Variationen“ in *E*-Dur vorgespielt wird, sagt sie „oft gehört“, schreibt Bach und daneben Händel. Das erste Thema aus Bachs *E*-Dur-Geigenkonzert, das sie nicht zu kennen angibt, schreibt sie Haydn zu. Als dann Versuchsleiter ein Thema in absonderlichem Rhythmus und wenig reizvoller Melodiebildung improvisiert, fragt Patientin sofort, was das sei, äußert Unbekanntheit. Auf die Frage, ob ihr das gefalle, verneint sie lachend.

Es werden der Kranken bekannte harmonisierte Stücke mit Vexierfehlern in der Harmonie und im Rhythmus vorgeführt. (Brautchor aus „Lohengrin“, „Winterstürme wichen dem Wonnemond!“, das erste Thema aus Beethovens Capriccio,

„Alles neu macht der Mai“ usw.) Patientin protestiert sofort bei allen Fehlern. Als Versuchsleiter der Patientin Tonleitern vorspielt mit Vexierfehlern zur Beurteilung, so lehnt die Kranke zwar grobe Fehler im Fortschreiten ab, doch merkt sie nicht, wenn der Spieler eine Dur-Tonleiter in harmonischer Moll-Tonart weiterführt.

Die Prüfung auf *Intervalle* fällt verhältnismäßig gut aus. Patientin kennt die Intervallnamen, die sie richtig und sicher mit Fingerzahlen ausdrückt. Aufgefordert, auf g_1 die Quinte zu singen, bringt sie zur Hilfe die große Terz, dann (im Akkordaufbau) die reine Quinte. Die Quarte, die sie mit vier Fingern bezeichnet, sucht sie, indem sie die Tonleiter aufwärts singt und richtig beim Quartschritt stehenbleibt. Sekunden und Terzen singt sie richtig, Oktaven werden in allen Lagen gut getroffen. Als ihr auf der Gitarre Sukzessivklänge vorgespielt werden, die auf ihr Intervall zu prüfen sind, so zeigt sie bei *E–A* fünf Finger, bei *d–a* vier Finger richtig; bei *g–h* allerdings falsch fünf Finger. Als ihr die (verhältnismäßig schwierige) Aufgabe gegeben wird, einen auf der Gitarre angeschlagenen Simultanakkord *C–G–c–e* auf dem Klavier anzuschlagen, so findet sie c–e–g–c_1, also einen Akkord der gleichen Akkordfamilie, jedoch nicht von dem gleichen Strukturaufbau. Sie ist mit ihrer Leistung zufrieden. Das gleiche geschieht auch bei der viel leichter zu erfassenden arpeggierten Darbietung der Akkorde auf der Gitarre. Auch da wird nur ein Akkord der gleichen Familie und gleichen musikalischen Qualität, nicht dagegen die richtige strukturgemäße Intervallspanne und Höhenlage angespielt.

Die Bestimmung der Akkordfamilie beweist, daß die Kranke sicher ist in bezug auf *Konkordanz und Diskordanz* der Akkorde. Daß sie auch die in den Akkorden liegenden *harmonischen Spannungen* richtig erlebt, zeigt der Umstand, daß sie bei Auflösung von Akkorden das Richtige trifft. Es wird der Septimenakkord e–gis–h–d_1 auf dem Klavier angeschlagen. Im Vexierversuch löst Versuchsleiter den Akkord falsch nach *Fis*-Dur und dann nach *D*-Dur auf, was von der Patientin strikte abgelehnt wird. Dagegen wird die Auflösung auf die Terz e–a–cis_1 sofort als richtig angenommen. Das gleiche Verhalten tritt bei mehreren Versuchen auf.

Im *Erfassen von Melodien und Akkorden* sind die Leistungen in der Klangwahrnehmung also ohne gröbere Störung. Dagegen besteht offenbar in bezug auf die *Tonart* eine für die Musikerin nicht mehr annehmbare Unsicherheit. Während sie beim eigenen Spiel der Tonleiter jeden Fehler selbst bemerkt, auf die Erschwerung durch die Lähmung der rechten Hand hinweist oder auf den Kopf zeigt, um zu bemerken, daß ihr manchmal das „Gedächtnis“ für die Tonfolgen plötzlich fehle, findet sie bei richtig gespielten Reihen, z. B. Akkordgängen, die dazu gehörige Moll-Tonart keineswegs immer richtig. Sie soll zu dem von ihr richtig gespielten arpeggierten Akkordgang in *Es*-Dur die zugehörige Moll-Tonart finden; sie sucht *H*-Moll und findet sich damit zufrieden, ebenso geht es noch bei einigen anderen Tonarten. Bei anderen Beispielen ist wiederum sichere Reaktion vorhanden. Es besteht immerhin in der systematischen Zuordnung zur Tonalität eine gewisse Unsicherheit.

Während nun die Störung im Erfassen musischer Gebilde auf tonalem Gebiete nicht als schwer zu betrachten ist, erweist sich dagegen das Auffassen des *Rhythmus* stets als stark und folgenschwer getroffen. An einem Tage, an dem die

Patientin weniger gut disponiert ist, kann sie Tonstücke, die sie selber ganz richtig spielt, nach ihrer Richtigkeit nicht beurteilen, und zwar gibt sie dazu an, daß ihr in erster Linie der Rhythmus dabei große Schwierigkeiten mache. Vor der Schädigung war sie nach eigener Angabe und nach der ihrer Angehörigen im Rhythmus immer ganz sicher. Wir werden Beispiele für die schwere Rhythmusstörung noch in der folgenden Besprechung in reicherem Ausmaße zu bringen haben. Ganz anders steht es mit dem Erfassen des *Taktes.*

Zur Prüfung auf das Erkennen der *Taktarten* werden der Kranken verschiedene Tänze zur Beurteilung vorgelegt. („An der schönen blauen Donau") Patientin schreibt sofort „Strauß", (das ist doch ein schöner Marsch?) Patientin lehnt sofort ab und schreibt „vase". Als ihr Schuberts Militärmarsch vorgespielt wird, lehnt sie Polka und Walzer ab, findet zunächst die Bezeichnung nicht, nimmt sie aber sofort nach Nennung an.

Auch die Beurteilung des Taktes in vorgespielten Stücken von nicht schon durch die Art des Stückes (Tanzes usw.) ausgesprochenen Taktcharakters ist gut und sicher. Versuchsleiter improvisiert auf dem Klavier einige Partien, Patientin hat auf einer Suchtafel, auf der die Taktbezeichnungen $^2/_2$, $^3/_4$, $^2/_4$, $^3/_8$, $^6/_8$ verzeichnet sind, den Takt von vorgespielten Stücken aufzuweisen. Patientin verwechselt niemals einen zweiteiligen und dreiteiligen Takt. In bezug auf den Unterschied zwischen $^2/_4$ und $^4/_4$, zwischen $^3/_8$ und $^6/_8$ bestehen manchmal Unsicherheiten, die man aber nicht als pathologisch bezeichnen kann, da die Partien tatsächlich in verschiedenen Taktformen der gleichen Teiligkeit geschrieben sein könnten.

Es ist also ein deutlicher Unterschied zwischen dem Erfassen des Taktes, das gut gelingt, und des Rhythmus, das schwer gestört ist, vorhanden.

Wie schon oben bemerkt, ist das *Spontanspielen* von bekannten und früher studierten Stücken oft ganz gut. Doch ergibt die Kontrolle des Selbstgespielten, das Urteil, ob es richtig oder falsch ist, manchmal Schwierigkeiten und Unsicherheiten, also doch eine erhebliche Störung der akustisch-gnostischen Leistung beim Produzieren.

Das *Nachsingen* von vorgesungenen kurzen Stücken, auch wenn sie schärfer rhythmisiert sind, geht meist ganz gut und ohne Fehler vor sich, wenn es sich um der Patientin bekannte Partien handelt. Auch bei unbekannten Stücken gelingt das Nachsingen manchmal gut, doch sind gelegentlich, besonders bei schwierigeren Rhythmisierungen, Störungen vorhanden.

Das *Nachspielen* von vorgesungenen oder auf der Flöte vorgespielten kleinen melodischen Partien weist dagegen schwere Störungen auf. Als der Patientin z. B. die zwei ersten Takte aus der ihr bisher unbekannten Gavotte der *G*-Dur-Flötensonate von Händel vorgeblasen werden, trifft sie sofort die Tonart, findet aber auch nach mehrfachem Vorspiel den melodischen Ablauf schon der ersten Tonfolge nicht. Diese Leistung, die natürlich noch viel leichter ist als etwa ein Notendiktat, kann fast von jedem musikalisch gebildeten Dilettanten und Schüler verlangt werden. Patientin deutet auch selbst an, daß sie die Aufgabe früher leicht gelöst hätte. Es zeigt sich hier eine schwer defektive Leistung.

Im Gegensatz dazu ist das Nachsingen von auf dem Klavier angeschlagenen *Einzeltönen* sehr sicher. Es wurde schon bemerkt, daß beim Nachspielen von Einzelklängen der Gitarre auf dem Klavier die Klänge ihrer musikalischen Qualität nach sicher getroffen werden. Auf das Verhalten beim Nachspielen von Akkorden, bei denen ebenfalls Akkordfamilie und musikalische Qualität getroffen, der Strukturaufbau dagegen verfehlt wird, ist oben hingewiesen worden.

Dem praktischen Musiker sind die Klanggebilde nicht nur nach ihrer tonalen und zeitlichen Artung gegeben. Sie werden von ihm auch als Klanggegenstände erlebt, für die er *musikalische Benennungen* zu geben hat.

Bei der Untersuchung auf *Klangnamen* zeigen sich bei der Patientin schon in den einfachen Bildungen sehr erhebliche Schwierigkeiten, die ihrer aphasischen Störung zuzuschreiben sind, aber doch in der musikalischen Leistung erhebliche Bedeutung gewinnt. Es werden der Kranken Aufgaben gegeben, wörtlich und schriftlich, benannte Klänge und Klanggebilde auf dem Klavier zu spielen.

(*a*) wird gefunden; (*Des*-Moll) Patientin ist zunächst ratlos, versteht nicht, schlägt ein *es* an, dann ein *d*, es wird ihr „*des*“ aufgeschrieben, die Kranke ist immer noch unsicher, korrigiert das *des* auf dem Papier in *dis*, schreibt ein *d* daneben, schlägt d_2 auf dem Klavier an. Dann baut sie einen richtigen Terz-Quint-Akkord (Moll) auf der Tonika d_2 auf. Nachdem ihr Versuchsleiter des_2 angeschlagen hat, baut sie einen richtigen Moll-Akkord darauf auf und lehnt jeden Versuch des Versuchsleiters ab, das Moll in Dur zu verwandeln. Ein anderes Mal wird ihr *As*-Moll aufgeschrieben. Patientin schlägt zunächst den *H*-Moll-Akkord an, korrigiert ihn dann aber selbst richtig. Weitere schriftliche Aufgaben werden gut gelöst. Als von ihr schriftlich verlangt wird, daß sie einen Septimen-Akkord zu *A*-Dur spielen soll, schlägt sie zunächst das a_1 an, findet aber das e_1 von selbst und baut den Dominant-Sept-Akkord richtig auf.

Das *Benennen von Klängen und Klanggebilden*, die vom Versuchsleiter auf dem Klavier angeschlagen werden und deren Anschlag auf der Tastatur von der Kranken gesehen wird, gelingt der Patientin ebenfalls nicht sicher. Versuchsleiter schlägt h_1 an. Patientin kann den Ton zunächst nicht benennen, schreibt dann auf: „*ces*“ (richtig, aber ganz ungewöhnlich). Ein andermal findet sie den Klangnamen richtig. Als *fis* angeschlagen wird, deutet sie, da sie den Namen nicht aussprechen kann, auf die *f*- und *g*-Taste, womit sie bezeichnen will, daß es höher wie *f* und tiefer wie *g* liege, sie schreibt richtig auf *fis*, *ges*. Als Versuchsleiter den Septimen-Akkord *es*–*g*–*b*–des_1–es_1 anschlägt und fragt, zu welcher Tonart das gehört, hat die Kranke große Schwierigkeiten. Sie tastet auf dem Klavier herum, greift mehrere falsche Akkorde, um sich für die Identifizierung zu orientieren, bleibt schließlich bei einem *As*-Dur-Akkord stehen, bei dem sie aber auch nicht ganz sicher ist. Die Benennung ist ihr mündlich und schriftlich unmöglich. Versuchsleiter schlägt vor den Augen der Kranken einen Tonika-Akkord in *as*-Dur an mit der Frage, welcher Tonart er angehört. Patientin kann keine Antwort geben. Es wird gefragt: (*a*-Dur?) ja. (*as*-Dur?) ja. (*d*-Dur?) ja. (*d*-Moll?) sofort rasch verneint. Versuchsleiter schlägt einen *as*-Moll-Tonika-Akkord an, Patientin soll den Dominant-Akkord dazu suchen und benennen. Die Kranke findet sofort die Oberdominante *es*, baut den Akkord nicht auf und findet auch den Namen nicht.

Für sonstige musikalische Bezeichnungen ist die Erinnerung besser. Patientin weiß, was eine Synkope, eine Sonate ist, was „verdeckte Quinten“ sind, hat Bekanntheit für den Ausdruck „enharmonische Verwechslungen“, freilich ohne sich zu erinnern, was es bedeutet. Für den Ausdruck „Querstand“ gibt sie an, ihn nie gehört zu haben.

Die Klangnamenstörung der Kranken ist nach den früheren Untersuchungen auf keinen Fall durch eine Störung in der akustischen Auffassung des musikalischen und des sprachlichen Klanggebildes verursacht. Wenn man diese aphasische Störung, die sich gerade auf den akustischen Bedeutungsgegenstand bezieht, einordnen will, so würde diese „Klangnamenamnesie" dem Gebiete der „transkortikalen" aphasischen Störungen im Sinne WERNICKES zuzurechnen sein.

Die Klangnamen stehen übungsmäßig vor dem Erlernen der *Notenzeichen*. Was das *Erkennen von Noten* betrifft, so ist zu konstatieren, daß die Kranke Notenbilder von Stücken aus der Klavierliteratur, die ihr gut bekannt sind, auch wenn die Überschrift zugedeckt ist, auf den ersten Blick erkennt. Sie weiß dann sofort, welches Stück es ist, findet z. B. beim Aufzeigen des Notenbildes der *C*-Moll-Phantasie von Mozart zwar das zugehörige Wort „Phantasie" nicht, lehnt aber das Wort Sonate sofort ab. Auch die *As*-Dur-Ballade von Chopin wird aus dem Notenbild sofort erkannt. Als der Patientin ein ihr nicht so gut bekanntes Variationsthema in *B*-Dur von Händel vorgelegt wird, prüft sie es einige Sekunden, summt etwas vor sich hin, macht Klavierspielbewegungen mit der linken Hand, schaut dann die Variationen an und schreibt mit dem Ausdruck plötzlichen Erkennens „Bach". — Einzelne Noten, wie a_1, a_2, $geses_1$, die ihr je in einer Viertelnote aufgeschrieben werden, findet sie sofort auf dem Klavier. Auch kurze Melodien werden ohne weiteres auf dem Klavier wiedergegeben.

Danach scheint es, daß der Patientin vom Notenbild aus jedes musikalische Bild verständlich ist, das Notenlesen als komplexe Leistung also intakt ist. Weitere Untersuchungen ergeben allerdings auch hier Schwierigkeiten.

Zur Prüfung des *Erfassens eines Notenbildes* unter Ausschaltung motorischer Hilfen, und zwar an unbekanntem Stoff, wird der Patientin ein aus fünf Klängen bestehendes Thema (*g*-Dur: *d–fis–h–gis–a*) in vierfacher Ausfertigung und gleicher Takteinteilung nebeneinander im Notenbild vorgelegt. Die vier Notenbilder unterscheiden sich nicht in der Klangfolge, wohl aber in ihrer *rhythmischen Struktur*. Hier werden Variationen in dem klanglich gleichen Thema durch Punktierung und entsprechendem Nachschlag an verschiedenen Stellen hineingebracht. Versuchsleiter schlägt eines der vier Themen auf dem Klavier an, Patientin soll das dazugehörige Notenbild auf der Suchtafel heraussuchen (Beispiel 1).

Beispiel 1.

Die Kranke findet einmal das richtige Thema, wird aber beim nächsten anders rhythmisierten Thema verwirrt, sucht ein falsches heraus, tastet weiter und kennt sich nicht mehr aus. Es muß dabei bemerkt werden, daß Versuchsleiter die Aufgabe immer wiederholt, so daß eine Gedächtnisstörung vollkommen ausgeschlossen wird. Die Aufgabe ist für jeden Klavierschüler über die ersten Stufen hinaus leicht zu lösen. Ein ähnliches Versagen tritt bei folgender Aufgabe ein: Versuchsleiter legt ein Notenbild vor, das im Dreivierteltakt nur auf den Ton g_1 (ähnlich einem aufgeschriebenen Trommelrhythmus) ein Gebilde aufweist, das durch Längen, Punktierungen und Pausen ein rhythmisch kompliziertes, einer bekannten Trommeltour ähnliches Bild ergibt. Versuchsleiter spielt das Thema auf dem

Klavier, Patientin hat zu kontrollieren, ob es richtig gespielt wird. Die Kranke ist dem Bild gegenüber vollkommen ratlos, sie kann richtiges Spiel von falschem in gar keinem Punkt unterscheiden, und zwar ebenso in langsamem wie in raschem Tempo, auch nicht bei Wiederholungen. Sie weist selbst auf ihre Schwierigkeit bei rhythmischen Gebilden hin.

Im Gegensatz dazu scheint die Patientin beim Kontrollieren von Tongebilden im Notenbilde nach der rein *tonalen* klanglichen Seite hin viel besseres zu leisten. Als Versuchsleiter ihr das ihr vorher unbekannte Rondo in *A*-Moll aus den zwölf Klavierstücken von Mozart vorspielt, wobei sie im Notenbild die Richtigkeit des Spiels zu überwachen hat, bemerkt sie jeden Vexierfehler des Versuchsleiters in bezug auf den angeschlagenen Ton wie auch in bezug auf die Harmonie sofort, und zwar an der richtigen Stelle. Das gleiche leistet sie bei einem ihr unbekannten und bei dieser Gelegenheit zum ersten Male vorgespielten Variationsthema von Händel.

Es ist also die Erfassung des Notenbildes nach seiner *rhythmischen* Struktur besonders getroffen, während die harmonische und melodische Seite des Notenbildes verhältnismäßig gut erkannt und kontrolliert wird. Dabei ergibt, wie schon oben bemerkt, die Prüfung auf Erkennen der einzelnen Noten im Notensystem nach ihrer *Tonhöhe* keine pathologische Veränderung, aber auch das Erkennen der einzelnen Noten nach ihrem *Zeitwert* hat für die Patientin keine Schwierigkeit. Wir können in diesem Zusammenhange vorausnehmen, daß die Kranke Einzelnoten und auch einzelne Pausen nach ihrem Zeitwert auf Nennung richtig aufschreibt (Ganze-, Halbe-, Viertel-, Achtel-usw.-noten und -pausen) und daß sie den Wert der Punktierung einer Note und des Nachschlages ebenso wie die Synkope sehr gut kennt. Erst die komplexe Zusammensetzung zum rhythmischen Gebilde ist im Notenerkennen erschwert.

Auch die Taktzeichen sind, wie früher dargelegte Untersuchungsergebnisse beweisen (Zuordnung zu den Taktsuchtafeln), in der Erkennung nicht erheblich gestört. Das Notenliniensystem ist bekannt, die Patientin erkennt unter den Schlüsseln den Violin- und Baßschlüssel, weiß mit der Schlüsselversetzung Bescheid. In bezug auf die Tonartzeichen bestehen Verschiebungen, sobald Störungen durch Klangnamenerfassung (und die später zu besprechenden Schreibstörungen) verursacht werden. So setzt sie die Vorzeichen für *A*-Dur sofort richtig, und zwar die drei Kreuze auf die richtigen Linien. Die Vorzeichen für *As*-Dur verkennt sie zunächst, da sie den Tonartnamen nicht versteht, schreibt wiederum die Zeichen für *A*-Dur und schreibt in Halbenoten ein a_1 und g_2 dazu; dann legt sie richtig die vier *Be* auf die entsprechenden Zeilen. Als Zeichen für *Gis*-Moll schreibt sie zunächst die sechs Kreuze für *Gis*-Dur, bei Wiederholung der Aufgabe wird ganz richtig das *Cis*-Kreuz weggestrichen. Die dynamischen Notenzeichen sind der Patientin zum Teil bekannt geblieben. Das Zeichen für Crescendo wird zunächst als einfacher Strich, bei Wiederholung der Aufgabe selbständig als nach rechts offener Winkel aufgezeichnet. Fürs Sforzato schreibt Patientin ein *F* und *s* in die Notenzeilen, auf weitere Aufforderung nicht das Buchstabenzeichen, sondern den Akzent aufzuschreiben, singt sie eine Melodie mit Betonung eines Klanges, macht den Haken erst nach unten offen, kommt dann selbständig auf das Winkelzeichen mit Öffnung nach rechts. An das Zeichen für Legato erinnert sie sich nicht sofort, äußert bei Aufzeichnung durch den

Versuchsleiter lebhafte Bekanntheit. Staccato zeichnet sie sofort richtig, ein Non-legato kann nicht aufgezeichnet werden, wird aber sofort wieder erkannt. Die Zeichen für Piano und Forte werden richtig aufgezeichnet. (Vgl. auch später die Störungen des Notenschreibens im Gegensatz zum Notenlesen!)

Beim *Abspielen von Noten* auf dem Klavier kommen die Schwierigkeiten, die beim Spontanspiel und beim Kontrollieren von Vorgespieltem sich zeigen, wiederum zum Ausdruck. Klavierstücke, die ihr bekannt sind, und die sie vor der Hirnschädigung auswendig gespielt hat, z. B. die *As*-Dur-Ballade von Chopin, die sie kaum wenige Takte auswendig spielen kann, bringt sie beim Ablesen von Noten recht flüssig und gut, wenn man von den Schwierigkeiten absieht, die die Schwäche der rechten Hand und die Reste der ideomotorischen Apraxie verursachen. Ganz im Gegensatz dazu stehen die Leistungen beim Abspielen unbekannter Stoffe, auch dann, wenn sie technisch leicht sind, sodaß ein gesunder Pianist sie ohne weiteres vom Blatt spielen kann. Als ihr das schon genannte Variationsthema in *B*-Dur von Händel — es ist das gleiche, über das Brahms Klaviervariationen geschrieben hat —, das ihr angeblich nicht bekannt gewesen ist, und das sie beim Abspielen durch den Versuchsleiter zu kontrollieren gehabt hat, vorgelegt wird, ist sie unsicher, spielt mit beiden Händen fehlerhaft, verdirbt den Takt. Der im ganzen erhaltene Rhythmus wird insbesondere in den schlechten Taktteilen verhudelt, so daß der zweite Takt fast doppelt so rasch gespielt wird als der erste. Auch das der Patientin früher unbekannte Thema aus dem *A*-Moll-Rondo von Mozart wird vorsichtig angegangen, im Vortrag ungeschickt und zögernd gebracht, wenn auch hier keine Fehler unterlaufen. Ein vom Versuchsleiter aufgeschriebenes, nur im Diskant gegebenes Thema von zwei Takten, das also gar keine musikalisch-künstlerische Qualität besitzt, und nicht die mindeste Schwierigkeit enthält, wird von der Patientin der Klangfolge nach richtig gebracht, im zweiten Takt aber ganz verhudelt; das Tempo ist im zweiten Takt doppelt so rasch, als es geschrieben ist. Auch bei mehrfachen Versuchen gelingt die Leistung nicht besser, die für einen über die ersten Anfänge hinaus gekommenen Anfänger als eine leichte hätte bezeichnet werden müssen. Das Abspielen auf einem Ton gehaltener, rhythmisch etwas kompliziert geschriebener Bildungen ist der Patientin schon vom ersten Takt weg fast völlig unmöglich (Beispiel 2).

Beispiel 2.

Das *Singen nach Noten* gelingt bei unbekannten Stoffen nicht wesentlich besser. Als der Patientin aufgetragen wird, den Diskant des kurz vorher gespielten *A*-Moll-Rondos von Mozart von Noten weg zu singen, bringt sie den ersten und den zweiten Takt richtig, hat im dritten Takt bei einem absteigenden Lauf erhebliche Schwierigkeiten besonders in der Einordnung in Takt und Tempo, die auch durch die gesuchte Hilfe des Mitspielens auf dem Klavier nicht behoben wird. Ein wesentlicher Unterschied zwischen Abspielen und Absingen von Noten kann nicht konstatiert werden.

Was die Fähigkeit im *Notenschreiben* betrifft, so gibt die Kranke an, daß sie auf dem Konservatorium beim Studium der Harmonielehre *viel Noten ge-*

schrieben habe, auch *Notendiktat*, d. h. Schreiben von vorgespielten Notenstücken an der Tafel und in Heften vollzogen habe und sich dabei nicht schwer getan habe.

Es wird zunächst das *Spontanschreiben* von Noten geprüft. Patientin erhält die Aufgabe, das Volkslied „Alle Vöglein sind schon da" in *F*-Dur in Noten zu setzen, und zwar nur den Diskant. Die Kranke schreibt den Violinschlüssel an den Beginn der Notenzeile, setzt dahinter ein *B* richtig auf die dritte Linie, vergißt zunächst das Taktzeichen, holt dies später selbständig und richtig nach. Malt langsam in Halbnoten: F_1–a_1–c_2–e_2; Taktstrich; stockt (Beispiel 3a). Aufgefordert, wieder von vorne anzufangen, schreibt sie jetzt f^1–a_1–c_2–f_2: Taktstrich; e_2 (Beispiel 3b). Ist wiederum ratlos, summt die Melodie vor sich hin, macht

Beispiel 3.

Klavierspielbewegungen mit der rechten Hand. Der nächste Versuch bringt: f_1–a_1–c_2–f_2; Taktstrich; d_2 . . . (Beispiel 3c). Auch hier kann sie wiederum nicht weiter.

Das *Notendiktat* für einzelne Klänge, deren Tonhöhe sie beim Anschlag auf dem Klavier auf der Tastatur beobachten kann, ergibt charakteristische Resultate. Versuchsleiter schlägt das a_1 an. Patientin schreibt auf das Notenblatt in *lateinischer Schrift a b o*. Als ihr Versuchsleiter den Violinschlüssel aufzeichnet, malt die Patientin einen Ring richtig in den dritten Zwischenraum (Beispiel 4). Versuchsleiter schlägt ein cis_2 an (Beispiel 5). Patientin schreibt c_2 und setzt in lateinischer Schrift daneben: „*cis*". Versuchsleiter zeichnet dann wiederum

Beispiel 4. Beispiel 5. Beispiel 6.

den Violinschlüssel und das c_2 auf. Hierauf schreibt Patientin zwei Kreuze vor die Zeile (Beispiel 5b). Als Patientin dann aufgefordert wird, das c_2 durch ein Versetzungszeichen dem Klavierton zuzuordnen, setzt sie das Kreuz richtig ein. Versuchsleiter schlägt sukzessiv *g*–*h* an. Patientin sieht auf die Tasten, schreibt e_1 in den vierten Zwischenraum, spricht es auch als *e* aus, bittet aber um nochmaligen Anschlag, streicht das e_1 aus und schreibt dann die Noten in die Linien ein (Beispiel 6).

Das Notendiktat unter sprachlicher Bezeichnung der Klänge, die aufgeschrieben werden sollen, ergibt, wie zu erwarten, größere Störungen (Klangnamenamnesie). Einige Klänge, die Versuchsleiter nennt, werden im Violinschlüssel geschrieben, so ein *as* und ein *ces*. Dagegen schreibt die Kranke beim Nennen von *gis* ein *his*; der Zweiklang *d*–*fis* wird als *his*–*dis* geschrieben, erst nach Korrektur durch den Versuchsleiter richtig. Für den Baßschlüssel bestehen die gleichen Schwierigkeiten. Bei lautlich vorgesprochenem *Es* wird *Fis*, bei schriftlich vorgelegtem *Es* ein *D* geschrieben und erst auf Vorhalt richtig korrigiert.

Das *Notendiktat komplexer musischer Inhalte* zeigt ebenfalls erhebliche Störungen, die als pathologische Minderleistung bei der Musikerin gedeutet werden müssen. Zunächst rein *melodische Gebiete* in Rhythmisierungen. Versuchsleiter spielt auf dem Klavier ein viertaktiges einstimmiges, ganz einfaches Thema in *g*-Dur im Zweiviertelaktakt an: g_2 (Halbe)–d^2 (Viertel; punktiert)–h_2 (Nachschlag, Achtel)–e_2 (Halbe)–d_2 (Halbe) (Beispiel 7). Patientin schaut eifrig auf die Tasten,

Beispiel 7.

schreibt den Violinschlüssel, das Zeichen für *f*-Dur, vergißt die Taktbezeichnung, schreibt die Folge der Töne in der (falschen) Transposition in *f*-Dur richtig, hat aber sowohl mit der Takteinteilung wie mit der Rhythmisierung erhebliche Schwierigkeiten. Sie schreibt dieses Mal Viertelnoten, punktiert fälschlicherweise die erste Note, schreibt aber die letzten zwei Noten, die sie als Achtel bringt, nicht als Nachschlag, setzt den Taktstrich so, daß ein Dreivierteltakt daraus wird. Sie ist mit ihrer Leistung selbst nicht zufrieden (Beispiel 8a). Bei einem erneuten Versuch, den die Patientin wieder in *f*-Dur vornimmt, trotzdem

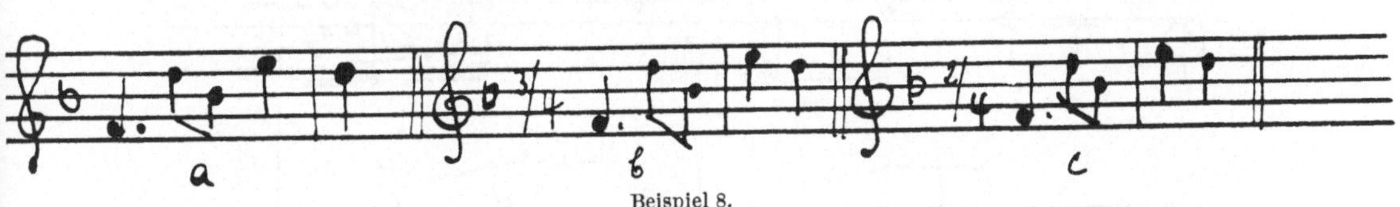

Beispiel 8.

der Versuchsleiter die Melodie in *g*-Dur auch während des Schreibens der Patientin, die immer wieder aufs Klavier sieht, vorspielt, schreibt Patientin bei Aufforderung, ein Taktzeichen zu setzen, $^3/_4$ (Zahlenstörung!), setzt aber die Taktstriche so, daß ein Zweivierteltakt daraus wird. Wiederum punktiert sie die erste Note fälschlicherweise (Beispiel 8b). Bei einem dritten Versuch korrigiert sie das Taktzeichen spontan richtig in Zweiviertel, schreibt aber die Melodie in der gleichen fehlerhaften Rhythmisierung (Beispiel 8c).

Das *Notendiktat bei Akkorden* ist nicht wesentlich besser. Versuchsleiter schlägt den Dominant-Sept-Akkord es_1–g_1–b_1–des_2 an, den er unter Liegenlassen

Beispiel 9.

des Grundtones nach dem Leitton auflöst, so daß *es*–as_1–c_2 resultiert (Beispiel 9). Patientin sieht die Akkorde auf den Tasten, spielt sie auf dem Klavier selbst an, indem sie neben den Dominant-Akkord einen *as*-Dur-Tonika-Akkord setzt. Sie wird beim Spielen schon vom Versuchsleiter korrigiert. Trotzdem schreibt die Patientin: Violinschlüssel, kein Tonart- und Taktvorzeichen, dann nebeneinander in Melodieschrift (nicht als Akkord) in Viertelnoten, jedoch nur die Köpfe ohne die Fortsätze, mit den Versetzungszeichen vor den Einzelnoten es_1–g_1–b_1–d_2; as_1–c_2–es_2–as_2. Mit dieser Leistung gibt sie sich zufrieden. Sie schreibt also nicht in Akkordschrift, gibt nicht das wirkliche Akkordbild in der Auflösung, sondern die beiden Akkorde (unter Verfehlung der Septime) in der Akkordfamilie auf der Tonika (Beispiel 10). Und das alles, trotzdem sie die Bilder nicht nur hört, sondern auch auf den Klaviertasten optisch verfolgen

Beispiel 10.

kann. Diese Leistung müßte auch bei einem Anfänger in der Harmonielehre als eine schwer defektive bewertet werden.

Unmittelbar darauf wird das *Abschreiben von Notenschrift* geprüft (Beispiel 11). Es wird das Klavier-Rondo in *g*-Dur von Beethoven vorgelegt, dessen erste zwei Takte sie abschreiben soll. Hier weist Patientin ein ganz anderes Verhalten auf. Sie packt die Aufgabe (die bei der Notwendigkeit, schwierigere rhythmische

Beispiel 11.

Figuren in den Takt hineinzubringen, so daß gleichzeitig erklingende Stimmen auch im Notenbild miteinander kongruieren, nicht leicht ist) ganz geschickt an, schreibt zunächst die zweite Zeile im Baßschlüssel, weit genug, um die Notenzüge in der ersten Zeile hineinzubringen und schreibt in guter Schrift die Takte (bis auf das Vergessen des Trillerzeichens und Weglassen der dynamischen Zeichen) richtig ein. Man kann hier nicht von einem ,,Abmalen“ sprechen, sondern von einem verständigen Notenschreiben. Das Stück ist ihr aus dem Notenbild bekannt.

Es ist also die produktive Notenaufzeichnung, die Konstruktion des Notenbildes aus der Vorstellung heraus, besonders gestört, in Analogie und wahrscheinlich in Abhängigkeit von der akustischen Konstruktion des musischen Gebildes beim Spielen nicht automatisierter Inhalte sowohl mit dem Gesang, wie mit dem Instrumentalapparat. Das reine Kopieren dagegen gelingt gut.

Es wird das *Transponieren* von Klanggebilden geprüft.

Zunächst die *Transposition auf dem Klavier*: Patientin soll den Diskant des Liedes „Deutschland, Deutschland über alles“ in *b*-Dur spielen. Nachdem sie soeben für sich die schwierigen Anfangstakte der Chopinschen *as*-Dur-Etüde gespielt hat, ist sie zu ihrer eigenen Verlegenheit nicht imstande, die Melodie des Liedes aus dem Gedächtnis aufzuspielen. Erst als ihr nach vergeblichen Versuchen der Versuchsleiter die ersten Takte vorspielt, beginnt sie zögernd und falsche Griffe korrigierend den ersten Teil des Liedes. Sie soll das Gespielte nunmehr in *d*-Dur spielen. Es macht ihr keine größere Schwierigkeit, das Lied in *d*-Dur zu bringen. Der erste Takt wird sicher gespielt, im zweiten Takt erfolgen einige Korrekturen, die Gesamtleistung ist nach der Transposition besser als beim ersten Aufspielen.

Es wird weiterhin die *Transposition eines Notenbildes* geprüft. Versuchsleiter schreibt eine improvisierte zweitaktige Melodie in *F*-Dur (Violinschlüssel) auf (Beispiel 12). Patientin soll sie in der Zeile darunter auf *A*-Dur, deren Vorzeichen ihr vom Versuchsleiter aufgeschrieben wird, ohne Benutzung des Klaviers vom

Beispiel 12.

Blatt weg transponieren. Patientin schreibt selbst über die Zeile „*A*-Dur“, beginnt, mit großer Unsicherheit, auf die Vorlage sehend, richtig mit einem Vorschlag in der Dominante, setzt aber den nächsten Ton (Tonika) eine Tonstufe zu hoch und schreibt auch den ganzen Takt diese Tonstufe höher, den nächsten Takt dagegen auf richtiger Tonstufe. Sie hält nach Beendigung des Schreibens ihre Arbeit für richtig, bleibt jedoch unsicher (Beispiel 13). Nun soll sie am Klavier kontrollieren, ob die Leistung richtig ist. Sie spielt die vom Versuchs-

Beispiel 13.

leiter geschriebene, ihr unbekannte Melodie in *F*-Dur im zweiten Takt mit rhythmischen Schwierigkeiten. Beim Spielen des Selbstgeschriebenen bemerkt sie sofort den Transpositionsfehler und spielt in entsprechender Korrektur die Melodie in *A*-Dur richtig transponiert vor.

Zur Prüfung von Takt und Rhythmus wurden noch gesonderte Untersuchungen gemacht. *Tanzschritte* hat die Patientin sehr gut im Gedächtnis behalten. Walzer, Onestep, English waltz tanzt sie richtig, sicher und graziös, die Tangoschritte hat sie vergessen. — Dagegen bestehen bei *Dirigierbewegungen*, die für die Patientin keine geübten Handlungen darstellen, Schwierigkeiten. Die Bewegungen für den Dreivierteltakt werden, wenn auch unsicher, richtig gemacht, den Viervierteltakt kann sie nicht schlagen, kann ihn auch beim Versuchsleiter nicht beurteilen, ob er richtig oder falsch geschlagen ist. Die Bewegungsfolge des

Sechsachteltaktes ist der Patientin ganz aus dem Gedächtnis gekommen. Die dyspraktischen Störungen machen sich hier stark bemerkbar.

Versuche mit *Rhythmusklopfen* machen den Defekt besonders deutlich.

Mit offener Lautquelle:

Vorgeklopft:	**Nachgeklopft (l. Hand):**
— — — —	+
— ◡ ◡ — —	◡ — — — **unsicher**
— ◡ ◡ — —	— — — — **hält die Leistung selbst für falsch (Perseveration!).**

Mit verdeckter Lautquelle:

— — — —	+
. — — — — — — —	— — — — — — **unsicher**
— — — — —	— — — — — —
—́ ◡ ◡	— — ◡ — **unsicher**
— —	+ **weiß aber auch hier nicht, ob sie richtig oder falsch geklopft hat.**

Es wird darauf der Patientin *ein Rhythmus in Noten* vorgeführt (im Dreivierteltakt nur auf der *g*-Zeile im Violinschlüssel), und zwar vier daktylische Figuren hintereinander. Patientin zählt den Dreivierteltakt richtig aus, klopft dann den Rhythmus bei genauem Ablesen jedes Teiles von Noten richtig. Nach Wegnahme des Blattes werden ihr zwei daktylische Figuren bei verdeckter Lautquelle vorgeklopft. Patientin klopft drei daktylische Figuren nach. Es wird in Noten folgende rhythmische Figur vorgelegt: — ◡ ◡ ‖ ◡ ◡ —́ ◡. Patientin klopft sie richtig ablesend nach. Als ihr dann der gleiche Rhythmus verdeckt vorgeklopft wird, klopft sie ihn richtig nach und gibt hierbei zu, daß sie sich das Notenbild vorgestellt habe. Nun werden die beiden Hälften der vorher aufgeschriebenen Figur umgekehrt und verdeckt vorgeklopft, das Nachklopfen ist jetzt vollkommen falsch und ganz chaotisch. Patientin ist nicht imstande zu sagen, ob sie richtig oder falsch geklopft hat. Aus dem Versuch ist zu ersehen, daß die Störung im Akustischen liegt und daß immerhin optische Hilfen wirksam sind.

Die Angehörigen machten in bezug auf das *Sprachverständnis unter rhythmischer Bindung der Sprache* die Angabe, daß die Kranke zwar Umgangssprache ganz gut verstehe, aber den Inhalt eines vorgesprochenen *Gedichtes* gar nicht habe verstehen können. Als ihr bei der Untersuchung dann bekannte Gedichte (Strophen aus Schillers „Eleusisches Fest", aus Goethes „Sänger", Uhlands „Des Sängers Fluch" usw.) vorgesagt werden, gibt sie die Gedichte als bekannt an, gesteht aber, sie ihrem Inhalt nach nur teilweise zu verstehen. Das ihr unbekannte Gedicht „Das Spitzlein" von C. F. Meyer ist sie überhaupt nicht imstande zu verstehen. Die Prosaübersetzung des Gedichtes gelingt im Verständnis besser, doch kommt die Patientin nur schwer zu dem Verstehen der übertragenen Ausdrücke und symbolischen Beziehungen des selbst wörtlich verstandenen Textes. Immerhin ist es möglich, der Patientin die in gebundener Rede nicht verstandenen Bedeutungen durch Darbietung in Prosa unter Benutzung der gleichen Worte, nur in entsprechend anderer Stellung, sie dem Verständnis näherzubringen. Anderseits ordnet sie ein inhaltlich unverstandenes Gedicht „In unsers Pfarrers Gärtelein . . ." allein nach dem „musischen" Eindruck richtig Mörike zu.

Über die Fähigkeit, *Gesang und Klavierbegleitung in ihrem Verhältnis zuein-*

ander zu verstehen und zu produzieren, geben die Angehörigen an, daß die Patientin früher gern gesungen und sich selbst zum Gesang begleitet habe. Während der Zeit der Untersuchung habe sie das wieder versucht, der Klavierpart sei ihr von Noten ganz gut geglückt, dagegen sei der Gesang ganz anders ausgefallen, habe gar nicht zur Begleitung gepaßt.

Um das Verhältnis der Melodien zum Text bei bekannten Liedern im Verständnis der Patientin zu untersuchen, singt Versuchsleiter das „Deutschlandlied" in richtiger Melodie und auch mit richtigem Text, jedoch so, daß der Text verzogen ist, andere Silben den melodischen Stücken angepaßt werden, aber der Schluß wieder richtig zusammenstimmt. Die Patientin merkt, daß etwas nicht in Ordnung ist, ist nicht imstande, den Fehler zu finden, bezeichnet auch die richtig gesungenen Partien für falsch und ist im ganzen recht unsicher.

Es war noch das *Gedächtnis für musikalische Inhalte* zu untersuchen. Das unmittelbare Reproduzieren früher bekannter Inhalte und die Reproduktion eines früher bestandenen Gedächtnisschatzes ist in seinen Möglichkeiten und Schwierigkeiten früher besprochen worden.

Das *unmittelbare Behalten* (Merken) von Musikstoffen ist recht schwankend. Gelegentlich singt die Patientin kurze improvisierte Partien, die ihr unbekannt sind, ganz gut nach. Das tut sie z. B., als ihr Versuchsleiter eine achttönige rhythmisch ungegliederte Phrase vorsingt. Gleich darauf kann sie aber eine kürzere (sechstönige) Phrase mit schärferer Rhythmisierung nicht nachsingen, verfährt sich im Melos wie im Rhythmus. Drei- bis viergliedrige Partien werden auch im Rhythmus gemerkt, aber selbst hier sind manchmal noch Unsicherheiten vorhanden. Wie in Wahrnehmung und Betätigung ist auch beim unmittelbaren Behalten und Reproduzieren der Rhythmus der am schwersten betroffene Inhalt.

Über die *musikalische Wertung* sind Untersuchungen angestellt worden. Es werden der Patientin vom Versuchsleiter nacheinander mehrmals zur Vergleichung und Beurteilung vorgespielt: 1. Das Hauptthema aus dem Adagio von Beethovens *F*-Dur-Quartett Op. 59, Nr. 1 (*D*-Moll), 2. die sentimentale Volksmelodie „Weißt du, Mutterl, was i 'träumt hab'". Patientin versteht wegen der aphasischen Störung die Alternative „oder" nicht, merkt auf das Beethovensche Stück auf, das sie zu kennen scheint, aber nicht identifizieren kann, lehnt die Volksmelodie sofort lachend ab: „Nein."

Es wird das Lied „Der Rattenfänger" und das Larghettothema in *Es*-Dur aus Mozarts *C*-Moll-Klavierkonzert zur Wahl vorgelegt. Beides wird in *Es*-Dur in ähnlichem Tempo harmonisiert mehrmals vom Versuchsleiter vorgespielt. Patientin merkt auf das Mozartsche Thema sofort auf, findet auch das Rattenfängerlied „nicht so schlecht", zieht aber Mozart, den sie ebenfalls nicht identifiziert, entschieden vor. Es wird das „Viljalied" aus der „Lustigen Witwe" von Léhar und das Andantethema in *D*-Dur aus Mozarts Klavierkonzert in *D*-Moll zur Wahl vorgelegt. Patientin kann beide Themen nicht benennen, lehnt aber das Operettenlied mit Lachen und verachtender Gebärde ab: „Das ist nichts."

Es kann gesagt werden, daß in den vorgenommenen Prüfungen ein Werturteil stets sicher und richtig vollzogen wurde. Das gleiche ließ sich auch bei Gelegenheit anderer Prüfungen, die nicht diesem Gegenstand besonders gewidmet waren, immer wieder beobachten.

Die Prüfung erstreckte sich weiterhin auf *Gestalterfassen und gestaltliche Konstruktion auf anderen Sinnesgebieten.*

Die *tachistoskopische* Prüfung mit Punktfiguren und geschlossenen Figuren in verschiedener Anordnung ergab bei einer Exposition von $^1/_{10}$ Sekunden vollkommen normale Verhältnisse. Auch sonst war im Auffassen optischer Gestalten keinerlei Störung vorhanden.

Die *optische Vorstellung* von Größen und Farben, etwa die Größe und Gestalt eines Tieres, Zuordnen von Farben, vorgestellten Gegenständen erwies sich als vollkommen normal.

Die *Konstruktion von optischen Gestalten* war rasch und sicher. Die Leistungen mit dem Kugelmosaikspiel waren über dem Durchschnitt der mittelgebildeten Gesunden. Patientin legt sich das Diagramm nach der Vorlage sofort richtig zurecht, ordnet die verschiedenfarbigen Kugeln rasch und sicher in die entsprechenden Räume, einige Versehensfehler werden sofort selbständig korrigiert. Im Zusammensetzspiel sucht sie sich die für ein Stück notwendigen Bestandteile unmittelbar und ohne Fehler richtig heraus (überdurchschnittliche Leistung) und setzt die Teile so zusammen, daß im gewissen Sinne „Halbfabrikate“ zunächst erstehen, die ganz einfach im ganzen Werkstück zu vereinigen waren.

Das Legen einer Hausfigur aus Zündhölzchen gelang rasch und geschickt.

Das *spontane Zeichnen* von Tiergestalten zeigte sogar eine geübte Hand. Die Leistung war besser als im Durchschnitt gesunder Menschen.

Die Prüfung auf *Gestaltgliederung optischer Inhalte* geschah so, daß der Patientin zunächst eine Reihe von Zündhölzchen in Abständen vorgelegt wurde, so daß sich Dreier- und Zweiergruppen einander ablösten. Es wurden so drei Glieder aufgelegt, Patientin sollte fortsetzen, und zwar ohne nähere Instruktion. Patientin ist nur einen Augenblick lang unklar, deutet dann nach einigen Sekunden an, daß dies die schwarzen Klaviertasten seien und legt rasch und richtig weiter. Als schwierigere Aufgabe werden der Patientin eine Reihe verschiedenfarbiger Kugeln des Kugelmosaikspiels ohne Zwischenräume vorgelegt: Blau, rot, gelb, gelb, weiß, grün, blau, rot, gelb, gelb, weiß, grün ... Patientin soll weiterlegen. Die Kranke versteht das Gliederungsprinzip sofort richtig und legt rasch in der gleichen Weise weiter, nur zuerst so, daß sie nach einer Gruppe einen kleinen Spielraum läßt. Die „simultane rhythmische Gliederung“ optischer Inhalte ist bei der Kranken vollkommen normal.

Bei Darbietungen sukzessiv gegliederter optischer Inhalte, also des Sukzessivrhythmus, ergeben sich allerdings die gleichen Schwierigkeiten wie bei musischen Stoffen. Wenn Versuchsleiter mit der Hand einen sich mehrmals wiederholenden Rhythmus in die Luft schlägt, so ist Patientin zwar zunächst imstande, den Rhythmus nachzuahmen und fortzufahren, kann sich aber bei einem anderen gebotenen Rhythmus nicht umstellen und perseveriert den früheren. Beim Vergleich mit akustisch gebotenem Rhythmus bei verdeckter Lautquelle ergibt sich allerdings, daß der optische Rhythmus der Patientin leichter in der Beurteilung fällt, er ist jedoch nicht intakt.

Das gleiche läßt sich bei der Beurteilung rhythmischer Gliederungen in *taktiler Darbietung* bemerken. Wird der Kranken ein Rhythmus in gegliederter Reihe auf den Handrücken geklopft, so hat sie nicht nur Schwierigkeiten, ihn nachzuklopfen (Praxie!), sondern erfaßt ihn auch optisch und akustisch nicht recht. Patientin deutet schriftlich und durch Zeichen an, daß ihr alles Rhythmische seit der Verletzung besonders schwer falle. Immerhin geht aus den Versuchen hervor, daß die Erfassung rhythmischer Gliederungen für akustische Inhalte am stärksten gestört ist.

Die *kritische Diskussion* der Ergebnisse, die unsere Untersuchungen an der hirngeschädigten, amusisch gewordenen Pianistin Lydia Hir. gefördert haben, muß zunächst bei der *prämorbiden Persönlichkeit* beginnen. Wie bei allen Kranken ist dieser Punkt schwierig, ist aber selbstverständlich um so wichtiger, als von der Kenntnis dessen, was an Anlagen und was an erworbenen Fähigkeiten vor der Schädigung vorhanden war, die Beurteilung des Verlorengegangenen abhängt. Wir erfahren durch die Angehörigen und durch die Kranke selbst, daß die Patientin auf guter Stufe in allen Gegenständen der Schulbildung gestanden ist, daß sie Sprachen gut gelernt hat, daß sie Talent zum Zeichnen und zu Handarbeiten gehabt hat. Sie hat sich einem jahrelangen Studium der Musik berufsmäßig hingegeben, nicht nur in Einzelausbildung und mit Beschränkung auf das gewählte Instrument, das Klavier, sondern in einer schulgerechten Entwicklung der Kenntnisse und Fertigkeiten auf dem Konservatorium, wo sie auch mit den theoretischen Grundlagen musikalischer Betätigung, insbesondere der Harmonielehre, bekannt gemacht wurde. Sie hat sich Fertigkeiten, die nicht nur für den Klavierspieler, sondern für den allgemeinen Musiker Vorbedingung sind, das perfekte Notenlesen, Notenschreiben, das Nachspielen, Auswendigspielen, das Diktatschreiben von Noten und auch den spontanen Ausdruck musikalischer Gedanken in Noten erworben. Wenn man auch nicht den Grad des Könnens und Wissens in musikalischen Dingen, den die Kranke vor ihrer Verletzung erreicht hatte, bestimmen kann, so darf man doch einen minimalen Bestand musikalischer Disposition, d. h. also der musikalischen Anlagen, die bis zu dem erwähnten Zeitpunkt durch Übung gestärkt und gesichert waren, in der Weise annehmen, daß er eine Annäherung an die Wirklichkeit darstellt. Dieser dispositive Minimalbestand ist zweifellos ein wesentlicher höherer als der Optimalbestand eines klavierspielenden Dilettanten selbst guter Ausbildung, der das Studium der Musik nur nebenher und zu seinem Vergnügen betreibt. Dieses ist wichtig besonders im Hinblick auf die Aufgaben, die der Versuchsleiter bei den Untersuchungen der Kranken gestellt hat. Diese Aufgaben sind sogar für einen einigermaßen musikalischen Dilettanten, der seine Übung in der Musik beibehalten hat, leicht lösbar. Der Versuchsleiter selbst, der nur Musikliebhaber ist, würde sich in allen Aufgaben, selbst im Nachspielen und Notenschreiben, zum großen Teil wesentlich Schwierigeres zumuten können, als er der erkrankten Pianistin vorgelegt hat. Vielen musikalischen und ausübenden Dilettanten würde es darin wahrscheinlich noch besser gehen können. Für einen ausgebildeten, ja selbst für einen auf gar nicht besonders hoher Stufe der Ausbildung stehenden gesunden Musiker müssen die bei der Untersuchung der Patientin gestellten Aufgaben spielend zu lösen, ja geradezu lächerlich leicht sein. Die Aufgaben unterschreiten durchweg sehr erheblich das Maß dessen, was für den akademisch ausgebildeten Musiker als Minimum verlangt werden kann. Daran ändert nichts, daß vielleicht der eine oder andere musikalische Dilettant glaubt, daß er selbst diese und jene Aufgabe für sich nicht lösbar findet, trotzdem er ganz gesund ist.

Diese für alle möglichen Gebiete und insbesondere für die Musik gut beanlagte und musikalisch wohlausgebildete Patientin erleidet eine Gehirnembolie, deren Herd, nach der Gesamtheit der Störungen zu schließen, in subcorticalen Teilen der unteren frontalen, unteren zentralen und oberen temporalen Teile der linken Hirnhemisphäre, vielleicht bis in die Balkenfasern reichend und die subcorticalen Kerne berührend, gelegen ist. Die Kranke zeigt sofort neben den allgemeinen Erscheinungen der frischen Hirnschädigung die Zeichen der totalen Aphasie, die sich aber rasch teilweise restituieren. In der Zeit der Untersuchung, 2 bis 3 Monate nach dem Insult, ist die Wiederherstellung so weit gediehen, daß sich das Defektgebiet von gesund funktionierenden Bereichen scharf abgrenzen läßt. Die Kranke ist zugänglich, außer einer leichten Euphorie und Stimmungsschwankung, sachlich eingestellt und, der Situation entsprechend, besonnen und orientiert. Die Denkfunktionen sind nicht gestört, Gesichtsfeld, räumliches und gegenständlich-begriffliches Erfassen der optischen Umwelt nicht getroffen, die Sensibilität ist rechts nur gering, die Wahrnehmung von Tastgegenständen nicht gestört. Es bestehen die Zeichen einer leichten Parese der rechten Körperseite und die Reste einer ideokinetischen Apraxie, die sich in den Bewegungen des Mundes und beider Hände besonders ausprägen. Auf akustischem Gebiete erweist sich das Hörfeld in seiner Kontinuität und seinen Grenzen vollkommen normal; auch die Fähigkeit, Geräusche und Klänge wahrnehmend zu gestalten, entspricht dem Gesunden. Es bestehen Reste von sensorischer Aphasie, und zwar in der Auffassung der gehörten wie der gelesenen Rede, nicht so sehr in der akustischen Struktur der Einzelworte, wo sich gute Leistung zeigt, wohl aber in der Erfassung von Reihen und in der grammatischen Strukturierung (impressiver Agrammatismus), sowie Störungen der Bedeutungsbeziehung sprachlicher Bildungen, besonders bei den Beziehungswörtern („den kleinen Wörtern"), den bildlichen (symbolischen) Texten, den Namen für Klangkategorien. Das Sprachverständnis ist außerdem bei Einführung metrisch gebundener Texte, also im Gedichtrhythmus, wesentlich schwieriger als in Prosa. Ferner bestehen die Zeichen einer motorischen Aphasie in Form von sehr großen Schwierigkeiten der artikulatorischen Wortgestaltung und auch Wortfindung. Die motorische Aphasie ist nicht ganz rein, denn auch das Schreiben der Worte ist, wenn auch wesentlich leichter als die Lautsprache, gestört.

Wer sich für die Prüfung der *musikalischen Fähigkeiten* an die Methoden halten wollte, die bei sehr vielen Untersuchungen dieser Art angewandt worden sind, der würde finden, daß Lydia Hir. sehr Erhebliches leistet. Sie erkennt die bekannten Volkslieder, Arien aus Opern, komplizierte Musikstücke allein am Klang wieder, bezeichnet sie richtig, identifiziert aus dem Notenbild auf den ersten Blick schwierige, ihr bekannte Tonwerke, singt bekannte Volkslieder, Stücke aus musikalischen Tonwerken richtig, spielt recht schwierige Klavierstücke, die sie früher studiert hat, so geläufig, als die Schwäche der rechten Hand es ihr erlaubt, nach Noten, kennt die Noten nach Ton- und Zeitwert und ist auch imstande, Notenschrift zu schreiben. Nach diesem Befunde, der in mancher Richtung schon weiter geht, als die meisten der in der früheren Literatur niedergelegten Darlegungen, könnte man der Ansicht sein, daß eine musikalische Störung in nennenswerter Weise nicht vorliegt. Man könnte die Kranke in die Reihe derer stellen wollen, bei denen der Beweis für das Getrenntsein der musikalischen und sprachlichen Dispositionen erbracht ist.

Klarheit über den wirklichen Zustand der Dispositionen, die wir in den musischen Leistungen und ihren Zuständen sehen, wird erst gewonnen, wenn man an einem akustischen Material prüft, das der Kranken unbekannt ist. Damit wird eine methodische Forderung erfüllt, die für die Amusien schon OPPENHEIM (Charité-Annalen 1888) gestellt hat, und die in anderen Gebieten normaler und pathologischer Psychologie fast zur Selbstverständlichkeit geworden ist.

Es zeigt sich zwar das Erfassen musischer Gebilde bei der Kranken auch im „abstrakten" Versuch, bei der Prüfung mit Stoffen ohne künstlerischen Wert verhältnismäßig gut in bezug auf die rein *tonalen Qualitäten*, Melodien, Akkorde, Konkordanz und Diskordanz und für die in ihnen liegenden Spannungen energetischer Art. So hat man den Eindruck, daß das Erfassen des Klangbildes nicht ganz scharf erfolgt, sondern oft einem einfacheren Prinzip folgt, beispielsweise bei der Auflösung von Dominant-Akkorden, wenn an Stelle weiterer Akkorde die engeren einfacheren Tonika-Akkorde aufgefaßt werden: Klangfamilie allgemeiner Art an Stelle der richtigen Struktur des Klangbildes von Akkorden und Akkordfolgen. Auch in der Zuordnung zur Tonalität, zur Tonart ist nicht vollkommene Sicherheit vorhanden, z. B. wenn es gilt, die zu einer Durtonart dazugehörige Molltonart zu finden, oder wenn die Übergänge von einer Durtonleiter in Moll im Vexierversuch einfach übersehen werden. Beim Notenlesen zeigt Patientin analoge Leistungen; einerseits gute Kontrolle dessen, was ihr vorgelegt wird, beim Mitlesen in Noten, anderseits wieder Unsicherheit, ob sie das, was sie selbst (objektiv richtig) gespielt hat, auch wirklich ohne Fehler vorgetragen hat. Es sind also bei im allgemeinen guten Leistungen im „abstrakten" Musikstoff doch Reste akustisch-musischer Störung auf tonalem Gebiete in der Wahrnehmung und der Vorstellung („inneres Musizieren") zutage getreten, die parallel sind den Resten von sensorischer Aphasie.

Noch klarer wird das pathologische Bild der akustisch-musischen Wahrnehmungsstörung bei Betrachtung der Auffassung *zeitgestaltlicher musischer Bildungen*. Wenn man sich auch hier an die früheren Methoden halten würde, so würde man sich mit der Untersuchung begnügen, ob die Patientin Marsch, Walzer, Polka usw. sicher unterscheiden könnte. Man würde finden, daß die Kranke hierbei sicher und souverän verfährt, würde das Fehlen von „rhythmischen" Störungen und von musischen Wahrnehmungsstörungen überhaupt konstatiert haben. Neuere Betrachtungsweisen machen aber schon vor der Untersuchung eine grundsätzliche Unterscheidung notwendig, die in der Musik schon längst besteht, in der Psychologie erst in neuere Zeit (KLAGES u. a.) vorgenommen wird, die zwischen *Takt und Rhythmus*. Man wird finden, daß die Kranke im Takt ganz sicher ist, und zwar nicht nur beim Anhören von bekannten Tanzkategorien, deren Schritte sie übrigens auch motorisch gut beherrscht, sondern auch in der Zuordnung von gehörten, ihr unbekannten, harmonisch-melodischen Bildungen und in den Taktbezeichnungen der Noten. Dieser sicheren Taktbestimmung beim Hören und Notenlesen stehen sehr erhebliche Störungen in der Auffassung echter rhythmischer Gestaltungen gegenüber. Patientin ist schon beim eigenen Nachklopfen von Rhythmen, die sie (zum Teil schon wegen der dyspraktischen Störungen) nicht vollziehen kann, unsicher, ob sie richtig geleistet hat oder nicht, und zwar schon bei Bildungen, die nur ganz wenige Figuren umfassen. Vorgeklopfte Rhythmen, die sie selbst in Noten mitkontrollieren soll, kann sie nicht auf Richtigkeit prüfen. In einfachen melodischen Bildungen, die nur nach ihrer rhythmischen Struktur unterschieden sind, kann sie beim Mitlesen das Richtige nicht herausfinden. Und das alles bei intakter Kenntnis der Rhythmuszeichen an den einzelnen Notenstaben. Patientin selbst hat das Urteil, daß bei ihr der Rhythmus am stärksten getroffen sei, wofür sie mehrmals schriftlichen Ausdruck gibt. Man kann also sagen, daß trotz erhaltenen „Taktgefühls" eine schwere Störung der rhythmischen Gestaltung wahrgenommener musischer Inhalte beim Hören und Notenlesen festzustellen ist.

Da nun die Störung des Rhythmus in der Wahrnehmung keineswegs auf das akustische Gebiet beschränkt bleibt, sondern auch bei der Beurteilung sukzessiv gebotener optischer und taktiler rhythmischer Gebilde und bei sprachlichen Gestaltungen sich geltend macht, so kann daran gedacht werden, daß der primäre Defekt, auf dem die Rhythmusstörung beruht, nicht ein akustisch-musischer Schaden ist, sondern tiefer gelegen ist. Man könnte daran denken, daß die motorischen, besonders die dyspraktischen Schäden die Ursache sind. Gegen eine solche Ansicht könnte angeführt werden, daß die motorische Entäußerung, die der gesunde Mensch beim Anhören von Musikstücken mit dem Kopf oder den Extremitäten von sich gibt, Mitklopfen, Mitnicken usw., doch den Takt, also das Tänzerische in der gehörten Musik, nicht aber den Rhythmus trifft. Der Takt ist aber bei der Patientin nicht gestört. Da anderseits die Kranke die Tanzschritte, also das Motorium für automatisierte Tänze, gut beherrscht, so bräuchte das kein Einwand zu sein dagegen, daß nicht-automatisierte taktliche Bildungen ebenso wie die rhythmischen Störungen auf das Motorium zu beziehen seien. Dafür könnten auch die Schwierigkeiten bei dem Beurteilen vorgemachter Dirigierbewegungen sprechen, die der Patientin als Musikerin in gesunden Tagen schon von ihren Studien auf dem Konservatorium her wahrscheinlich geläufig gewesen sind. Dagegen kann gesagt werden, daß auch Taktbestimmungen bei nicht-automatisierten musikalischen Bildungen von der Patientin ganz sicher vorgenommen werden. Trotzdem scheint eine motorische Komponente in der Verursachung der Störungen auch bei der Erfassung rein rhythmischer Bildungen nicht von der Hand zu weisen zu sein. Die Störung könnte sich als sekundäre Erscheinung der ideokinetischen Apraxie, etwa als Störung der kinästhetischen Vorstellungen, die auch im Anhören rhythmischer Gegebenheiten aktiviert werden müßten, erklären lassen oder als selbständige Erscheinungsformen einer Störung der Bewegungsideation, die nur dann auftritt, wenn es sich darum handelt, daß ein Bewegungsplan rhythmische Gliederung erhält, nicht aber wenn in dem Plan der Rhythmus keine Rolle spielt. Die pathologischen Erscheinungen bei der Patientin sprechen jedenfalls für die Wirksamkeit der gestörten motorischen Komponente, nicht nur bei der Ausführung, sondern auch beim reinen Erfassen rhythmischer Bildungen im Zeitablauf des Wahrnehmungsgeschehens. Es besteht dabei die Möglichkeit, daß die Rhythmusstörung deshalb das musikalische Dispositionsgebiet überschreitet, weil alle Rhythmen, die die Patientin auf irgendeinem Gebiete erlebt, für die Kranke eine musikalische Eigenschaft erhalten und mithin von der Amusie her primär gestört sind. Hier bräuchte es nicht ausschließlich eine motorische Störung zu sein, sondern es könnte der primäre Defekt auch in den vorhandenen akustischen Faktoren gelegen sein. Die Frage ist nicht bis zu einem befriedigenden Ende zu lösen, insbesondere lassen sich allgemeine Schlüsse über die Wirksamkeit des Motoriums und der Sinneskomponente auf die zeitliche Gestaltung erlebter Gebilde nicht ausschließlich auf einen Fall gründen. Es bedarf vielfältiger pathologischer Erfahrungen an einem reichen Material primärer Gestaltungsstörungen auf den verschiedenen Sinnesgebieten.

Auf dem Gebiete der *musikalischen Expression* gelingen der Patientin viele Leistungen, die bei oberflächlicher Untersuchung, etwa nur bei der Forderung des Singens und Nachsingens von Volksliedern, des Spielens von Noten auch komplizierter Stücke, soweit sie früher geübt waren, kurz, auf Leistungen beruhen würden, die man etwa beim musikalischen Dilettanten gesunder Tage verlangen könnte. Man könnte da leicht zu dem Fehlschluß kommen — und man hat ihn bei früheren Fällen auch häufig gemacht —, daß bei einem solchen Fall in der musikalischen Expression keine besonders große Störung vorläge. Wenn man freilich sieht, wie die Patientin von Stücken, die sie früher auswendig gespielt hat, kaum wenige Takte noch vorbringen kann, wie sie weiterhin ihr bisher unbekannte, technisch ganz leichte Stoffe weder nach Noten, noch im Nachspielen einigermaßen richtig bringen kann, so eröffnet sich hier eine schwere Störung der Dispositionen, die der musischen Expression zugrunde liegen. Wir sehen dabei einen Unterschied zwischen automatisierten und ungeübten Stoffen, d. h. solchen Stoffen, bei denen der Spieler selbst noch produktiv und konstruktiv tätig sein muß und die bei der Patientin erhebliche Fehlleistungen ergeben. Weiterhin ist ein Unterschied zwischen Singen, das nicht so große Schwierigkeiten macht, aber auch nicht ganz intakt ist, und dem Klavierspielen, bei dem sich schwerere Störungen ergeben. Die Schwierigkeit betrifft wiederum den rhythmischen Teil des zu produzierenden Musikstückes mehr als den tonalen, harmonisch-melodischen Anteil, ohne freilich den letzteren intakt zu lassen. Wo ist der primäre Defekt, der die Gesamtstörung der musischen Expression verursacht hat?

Auf die Lähmung der rechten Hand ist hingewiesen worden. Die ideokinetische Apraxie im Mund- und Handbereiche zeigt sich nicht nur bei musischen Leistungen, sondern auch bei andersartigen Handlungen. Die Differenz zwischen Singen und Klavierspielen kann einerseits aus dem geringeren Betroffensein im Motorium des Sing- und Sprechapparates im Vergleich zum Bewegungsanteil der manuellen Apparate liegen, anderseits auch darin, daß das Singen als Trällern (nicht als Kunstgesang!) instinktiv festliegt und von früherer Übung her stärker mechanisiert ist, als dies selbst für das Klavierspiel des Berufspianisten gilt. Wir haben also eine echte motorische Störung der für die musikalische Entäußerung (ebenso wie für andere Leistungen) notwendigen Bewegungsapparate, also eine *motorische Amusie* im eigentlichen Sinne (Amusie infolge Apraxie) vor uns.

Doch ist damit die expressive Störung in der musikalischen Leistung noch nicht völlig erklärt. Insbesondere die schwere Störung des Notenschreibens sogar vom Klavier weg, aber auch bei Transposition von Noten geht doch darauf hin, daß noch andere Störungen vorhanden sind. Eine eigentliche „Notenagraphie", d. h. eine isolierte Störung des Notenschreibens bei erhaltenem Lesen von Noten und sonstigen Klangerlebnissen, liegt nicht vor. Patientin weiß die Einzelnoten nach ihren Werten, Schlüssel, Taktzeichen, Versetzungszeichen auch einzelner am Klavier angeschlagenen Klänge im Liniensystem richtig aufzuschreiben. Was hauptsächlich gestört erscheint, das ist die Leistung, die Noten in der richtigen Zeitform und in der richtigen Klangbedeutung so zu setzen, daß sie einem erklingenden musischen Gebilde komplexer Art als adäquater schriftlicher Ausdruck gelten können. Das „Motorische" des Gesanges oder Spieles tritt hier zurück. Die Leistung gilt für alle Arten von Motorien, insofern sie eine Klanggestalt der in den Noten darzustellenden Gebilde betreffen. Damit stimmt auch überein, daß die Kranke das, was sie falsch in Noten aufgeschrieben hat, durch Spielen oder Singen berichtigen kann, also im Motorium besser funktioniert als in der Notenentäußerung. Die Störung eines optischen Faktors kann als ausgeschlossen gelten. Es bleibt also nur die primäre Störung im akustischen Stoff in seiner harmonischen und melodischen und zeitlich rhythmischen Gestaltung als den primären Defekt anzusehen, der der Störung der Notenschrift zugrunde liegt. Dieser akustische Faktor betrifft die *musische Konstruktion* sowohl in der Wahrnehmungskomponente, dem Gemeinsamen des Singens und Klavierspielens, wie auch die Konstruktion der akustischen Vorstellung, die für das Notenschreiben notwendig ist. Diese Störung der aktiven und produktiven Konstruktion, des äußeren und inneren produktiven Musizierens ist auch dann vorhanden, wenn die entsprechende akustische Wahrnehmung (Rezeption) nicht gestört erscheint. Wir werden in späteren Abschnitten auf die Besonderheit der akustisch-konstruktiven Störung hinweisen.

Die expressiv-amusische Störung der Patientin Lydia Hir. ist, wie mir scheint, nicht auf einen einzigen primären Defekt zu beziehen, sondern ist komplexerer Art. Es sind sowohl motorische (apraktische) wie auch akustisch-konstruktive Dispositionen primär getroffen.

Wichtig für die Strukturforschung des vorliegenden amusischen Bildes ist die Störung im Erleben der *Klangnamen*, die „*Klangnamenamnesie*" der Kranken. Es ist dies nicht zu sehr eine amusische als eine aphasische Störung. Während nämlich der einzelne Klang in der Tonreihe, ebenso wie der Sprachlaut des Klangnamens (*a*, *cis* usw.) adäquat wahrgenommen wird, ist die Bedeutungsbeziehung zwischen Klang und Klangnamen geschwächt. Die Klangnamen stellen eine Reihe dar. Eine Störung geht parallel mit der aphasischen Störung anderer automatisierterer Reihen (z. B. Monate, grammatische Bildungen), die sich bei der Patientin, manchmal nur in Andeutungen, finden. Damit ist freilich nicht alles erklärt. Es ist offenbar die Bedeutungsbeziehung, nicht allein die Reihe gestört, der Umstand, daß ein konventionelles sprachliches Lautgebilde als *Namen* fungiert, und zwar nicht für einen isolierten Ton, sondern für alle Töne und Klänge und jede Art von Klangfarbe, die in dieser Höhe und musikalischen Qualität erlebt wird, d. h. also für Klangkategorien. Die Bildung von Klangkategorien selbst ist nicht gestört; das geht aus der Möglichkeit hervor, Klänge verschiedener Farbe in einer Höhenlage zu erleben und sie von verschiedenen Instrumenten weg den entsprechenden Klaviertasten zuzuordnen. Die „Klangnamenamnesie", die Störung der sprachlichen Bedeutungsbeziehung, ist natürlich in den Situationen verhängnisvoll, für die der Klangname wichtig ist. Er drückt sich in der Schwierigkeit der Lösung von Aufgaben mit Klangnamen (z. B. im Notendiktat), aber auch in der Kontrolle beim Notenschreiben aus, wo ja das eigene Vorsagen des Klangnamens und die Sicherheit in der Klangbezeichnung von Wichtigkeit für die Raschheit und Sicherheit der Gesamtleistung ist.

Daß die *mnestischen* Funktionen in weiterem Sinne, das Behalten (Merken) und Reproduzieren musischer Inhalte, das „innere“ Musizieren und die Fähigkeit zu anschaulichen Vorstellungen für musikalische Gebilde gestört sind, geht aus den früheren Darlegungen ohne weiteres hervor. Die *energetischen Beziehungen* in der Musik, die Spannungen und Lösungen, das Aufstreben und Abfallen bei der Auflösung von Akkorden und Setzungen von Dissonanzen in den aufsteigenden und absteigenden Teilen gegliederter musikalischer Phrasen im Sinne von E. Kurth, H. Jakoby sind bei der Kranken nicht gestört. Das musikalische *Werten und Fühlen* hat bei der Patientin durch den amusischen Schaden keine Einbuße erlitten.

Aus den Untersuchungen geht weiterhin hervor, daß der Defekt, den die Kranke durch den Hirnschaden erlitten hat, soweit es sich um Sinnes- und Wahrnehmungserfüllungen handelt, mit Ausnahme der rhythmischen Störungen, auf das Dispositionsgebiet der akustischen Modalität beschränkt ist. Es bestehen sowohl in der simultanen wie in der sukzessiven Gestaltung (Akkord- und Melodieerfassung und -bildung) Schwierigkeiten, während im Erfassen und in der Konstruktion der optischen Gebilde weder in der simultanen Erfassung der Gestalten, noch in ihrer sukzessiven Wahrnehmungsstruktur, noch in der aktiv-produktiven Konstruktion solche bemerkbar sind. Auch im taktlichen Erfassen sind wesentliche Störungen in der simultanen und sukzessiven Wahrnehmungsgestaltung nicht aufgetreten. Lediglich die zeitliche Gestaltung des Rhythmus macht sich auf allen Sinnesgebieten bemerkbar. Wir haben dafür oben nach einer theoretischen Erklärung gesucht.

Es erübrigen sich noch einige kurze Bemerkungen über das Verhältnis der Störungen im Gebiete der *sprachlichen und musikalischen Eigenschaften* zueinander. Wie schon oben bemerkt, könnte es bei Beschränkung auf die Leistungen im musikalisch automatisierten Material den Anschein haben, als wenn ein Unterschied bestände nach der Richtung, daß die Kranke schwere aphasische, aber keine oder nur geringe amusische Störungen aufweist. Sie könnte dann in dem Begründungszusammenhang des Getrenntseins der beiden Gebiete hereingenommen werden. Die Prüfung mit nicht-automatisiertem Material hat erwiesen, daß in den Störungen der Sprache und der Musik eine, wenn auch nicht vollständige, aber weitgehende Parallelität besteht. Die sensorischen (agnostischen) Störungen lautlicher und klanglicher Art erweisen sich in Sprache und Musik verhältnismäßig wenig ausgeprägt. Hier wie dort sind Reihenstörungen vorhanden, die transcorticalen Bedeutungsstörungen wirken sich in der Sprache und in der Musik (Klangnamenamnesie) aus. Die Expression automatisierter Stoffe ist sowohl in der Sprache wie in der Musik gestört. Wortschrift und Notenschrift werden gut gelesen (Leiselesen!). Ein Unterschied zwischen Sprache und Musik besteht darin, daß das Wort (als automatisiertes Gebilde) bei schriftlicher Aufzeichnung nicht laut gelesen werden kann, während wohlgeübte Musikstücke von Noten verhältnismäßig gut gespielt werden. Hier dürfte die Komplexion des Sprachlichen mit dem bedeutungsmäßigen Gehalt, der bei der reinen Musik wegfällt, mit eine Rolle spielen. Bei nicht-automatisierten Stoffen sind in der Sprache (sinnlose Silben und Wörter) und in der Musik wiederum parallele Störungserscheinungen vorhanden. Spontane Wortschrift und Notenschrift sind beide gestört. Allerdings ist die spontane Notenschrift stärker getroffen, wobei zu bemerken ist, daß die Notenschrift in die spezifische klangliche Struktur, ihren tonalen Aufbau, ihre Zuordnung zum tonalen System, zur taktlichen Einteilung in die rhythmische Gestaltung eingehen muß, was alles bei der Wortschrift wegfällt. Unter Berücksichtigung der viel größeren Komplikation, die die Notenschrift als Ausdrucksmittel klanglich-zeitlicher Wahrnehmungsgebilde hat, können dann beide Schriftarten in ihren Störungen parallel gesetzt werden. Daß sich die Störung in der Erfassung und Entäußerung der zeitlich-rhythmischen Gliederung auch gerade in der Sprache zeigen würde, ist nach den Untersuchungen nicht zu verwundern. Tatsächlich ist die metrisch gebundene, also nach der rhythmischen Seite höher gegliederte Sprache der Gedichte für die Patientin auch im Sinn unverständlicher als eine Sprache mit der gleichen Wortstruktur, aber ohne die Bindung durch das rhythmische Metrum.

Da, wo Musik und Sprache gemeinsam in der Auffassung und Betätigung erlebt werden, ergeben sich Unstimmigkeiten zu ungunsten der Sprache im Text des Liedes bzw. des Gesanges gegenüber dem begleitenden Klavierspiel. Wenn Patientin Lieder singen soll, so kann sie es nur ohne Text. Werden Lieder mit Text vorgesungen, so bemerkt sie Fehler im Melos, läßt Fehler im Text in der Kontrolle durchgehen. Die Begleitung selbstgesungener Lieder ist besser als der eigene Gesang.

Auf *genetische* Gesichtspunkte näher einzugehen, erübrigt sich nach den vorhergehenden Erörterungen. Begabungen und Anlage stehen fest, der Defekt ließ sich in gewissen Grenzen umschreiben, betrifft das Musische im sprachlichen Gebiet neben den Dyspraxien in besonderer Weise. Die spontane Restitution hat besonders in der Apraxie und der akustischen Wahrnehmungsdisposition receptiver Art eingesetzt, während die akustisch-konstruktiven Dispositionen nicht so gut restituiert sind. Aktiv restituierende Maßnahmen durch heilpädagogischen Unterricht sind im Gange, doch kann über sie zur Zeit dieses Berichtes noch nichts ausgesagt werden.

Wie im Falle Cassian St. ist auch bei der Interpretation von Lydia Hir. manches vorweggenommen worden, was sich erst in den folgenden Darlegungen nach der grundsätzlichen Seite hin aufklären lassen wird. Der kritische Leser wird auf die einschlägigen Darlegungen in den kommenden Abschnitten verwiesen.

Zweiter Abschnitt.

Pathologische Psychologie der Störungen musischen Erlebens.

I. Die prämorbide Persönlichkeit.

Der Inhalt des klinischen Begriffes „Amusie" soll nach seiner psychologischen Struktur, d. h. nach dem Gefüge des primären Defektes und der Art der daraus resultierenden pathologischen Erscheinungen, genauer bestimmt werden. Dazu ist notwendig, daß man für die Phänomene, die unter den klinischen Begriff der (receptiven und expressiven) Amusie gefaßt werden, eine begrifflich scharfe Abgrenzung vornimmt gegenüber Erscheinungen, deren primäre Dispositionsstörungen ähnliche sind, aber andere psychische Äußerungen zeigen, und daß weiterhin verschiedenartige Erscheinungsweisen von gleichem Dispositionsgefüge begrifflich zusammengeschlossen werden. Terminologische Bestimmungen können nicht in den Vordergrund gestellt werden, wenngleich wie in allen empirischen Wissenschaften auch in der Pathologie der hier herangezogenen Erscheinungen die Aufstellung und Ordnung von Begriffen und Gesetzlichkeiten von nicht unerheblicher Bedeutung ist. Der Begriff der Amusie hat Wandlungen mitgemacht. KUSSMAUL zitiert als seinen Schöpfer STEINTHAL, der mit „*ἄμουσοι*“ Individuen bezeichnet, „denen mit Worten die Noten aus dem Sinn kommen“. Auch heute noch wird in der musikästhetischen Literatur, ja sogar von Tonpsychologen (KOEHLER) ein Mensch als „amusisch“ bezeichnet, der jeder musikalischen Aufnahme- und Leistungsfähigkeit bar ist. Eine engere Fassung hat dem Begriffe KNOBLAUCH und nach ihm WALLASCHEK gegeben, die die Formen der Amusie in Analogie brachten zu den von WERNICKE und LICHTHEIM beschriebenen Formen der Aphasien. Man sprach in der Folge von subcortical- und cortical-sensorischer und -motorischer Amusie, Paramusie, musikalischer Amnesie, musikalischer Agraphie und Alexie (Notenblindheit). Später teilte man die motorische Amusie ein in Avokalie und instrumentelle Apraxie (HENSCHEN) oder praktische Amusie. Für die reine sensorische Amusie figuriert in Analogie zum Begriff der „reinen Worttaubheit“ der Terminus „Melodientaubheit“ (PROBST, ALT u. a.). Eine „psychoneurotische Amusie“ (TEUFER) erweiterte den Begriffskreis. Die Bestimmung der reinen sensorischen Amusie, der Melodientaubheit, verlangte bis vor kurzem die erhaltene Fähigkeit des Klanghörens, eine Auffassung, die neuerdings erschüttert erschien durch die Untersuchungen von QUENSEL und PFEIFER. Diese Autoren suchten in der Melodientaubheit eine Störung des Hörfeldes nachzuweisen. Für die motorisch-amusische Form schien das Herausbringen des Einzelklanges an sich nicht gestört, wohl aber die Reproduktion melodischer Gebilde.

Die systematisch-psychologische Untersuchung der amusischen Erscheinungen als erworbene Folgen von Hirnerkrankungen verlangt eine vorherige Erörterung über die Art der Menschen, die von der Störung betroffen werden, über die *prämorbide Persönlichkeit.* Während man bei bestimmten Dispositionsausfällen nach Hirnschädigungen z. B. körperlicher Art, etwa bei spastischen Lähmungen oder Sensibilitätsstörungen nach Verletzung der Zentralwindungen usw. die Art der Persönlichkeit vor dem Eintritt des Schadens mit Recht als bekannt voraussetzen zu können meint und tatsächlich gleichartige Störungen bei gleichartigen Hirndefekten in gewissen Grenzen erwarten darf, ja, während man auch bei Störungen des Gesichtsfeldes, der optischen Wahrnehmung, bei aphasischen Erscheinungen auf ein genaueres Studium der prämorbiden Persönlichkeit oft verzichtet, ist dies gerade bei den amusischen Kranken nicht möglich. Ein großer Teil der Menschen unseres Kulturkreises ist für musikalisches Gut nicht ansprechbar und betätigt sich nicht in Ausübung der Musik. Eine Hirnschädigung, die beim Musikalischen eine schwere Veränderung seiner Persönlichkeit durch den Verlust der Fähigkeit musischen Erlebens hervorruft, ist bei diesen Menschen sehr wenig belangvoll. Freilich ist die Zahl derer, für die „Musik Geräusch ist“, immerhin nicht so sehr groß gegenüber der größeren Menge von relativ „unmusikalischen“ Personen, die wenigstens in der Schule, in der Kirche, in der Familie gesungen haben und aus einem kleinen Schatz von Kenntnissen musikalischer Stoffe ein Wissen um Musik herleiten, die an der Musik Freude haben oder wenigstens für Rhythmus und Tanz nicht unzugänglich sind.

Die Beschränkung der Studien auf die „musikalischen Menschen" im engeren Sinne, deren Zahl im großen Publikum gering ist, verändert aber den Umfang des Materials, das in den Untersuchungen der Pathologen über die Amusie aufgewiesen werden kann. Das hat auch in der Literatur zu der Forderung geführt, die Erscheinungen der Amusie nun gerade an den musikalisch ungebildeten Leuten zu studieren, da das „Genie" doch außerhalb der biologischen Gesetzlichkeit steht. Damit ist aber gerade das Amusiegebiet zu einem Sonderbereich innerhalb der Gesamtheit der Folgeerscheinungen nach Hirnverletzung geworden. Im optischen Wahrnehmen ist der Gesunde geübt und gewandt, in der Sprache ist fast jeder ein „Musiker", die psychischen Erscheinungen lassen sich auf Persönlichkeiten beziehen, die in der prämorbiden Zeit durchweg hinreichend beanlagt waren. Bei Studien über Amusie den Unmusikalischen als Grundmaterial zu nehmen und den Musiker, den einzig gut Beanlagten als Sonderfall zu behandeln, wäre geradeso, als wollte man die Abbaugesetze der Leistungen im Lesen und Schreiben gerade auf Analphabeten und ungebildete Menschen beschränken, die doch als prämorbide Minusvarianten die Sonderfälle abgeben müßten. Es wird der *Musiker* sein, an dem wir den Abbau der musischen Funktion studieren und auf Regeln bringen müssen, die „Unmusikalischen", und seien sie auch in der Überzahl, werden die Sonderfälle sein.

Wer ist aber Musiker? Die großen Tonschöpfer freilich sind keine Maßstäbe, sie können nicht zum Ausgangspunkte der Untersuchungen gemacht werden. Die kleine Zahl der bedeutenden Komponisten (von denen freilich ein nicht geringer Teil pathologische Erscheinungen gezeigt hat, die auf das musikalische Schaffen Einfluß hatten) ist keine Gruppe im eigentlichen Sinne. In ihrer produktiven Tätigkeit sind sie auch nicht das, was man landläufig als „Musiker" bezeichnet. Man kann höchstens sagen, daß die Mehrzahl von ihnen außer ihrer Eigenart als Tonschöpfer auch bedeutende Musiker waren, d. h. daß sie auch die ausdrucksmäßige und technische Seite der Musik meisterlich beherrschten. Damit ist schon bestimmt, was man gewöhnlich unter dem Musiker versteht. Es ist der Berufsmusiker, der eine regelrechte Ausbildung in der Beherrschung eines Instruments und zumeist in den theoretischen Grundlagen der Harmonie- und Kompositionslehre erhalten hat. Unter den in ihrer musikalischen Fähigkeit erkrankten Fällen, die in der Literatur beschrieben sind, finden sich auch nicht wenige Berufsmusiker, die zu den von uns beschriebenen Kranken in Analogie gebracht werden können. Ist dieser Kreis aber trotzdem noch recht eng und keineswegs ausreichend, um der theoretischen Aufschließung schwieriger pathologischer Vorgänge zu genügen, so ist es anderseits auch nicht nötig, das Material der Untersuchungen auf den Berufsmusiker zu beschränken. Wir können die Eigenschaftsbestimmung des Musikers auf jeden Musikliebhaber ausdehnen, der ein Instrument gelernt hat und imstande ist, Musik hörend zu analysieren und in ihren Gestalts- und Ausdrucksqualitäten zu genießen. Denn wie auch die Gruppe der Berufsmusiker nach den individuellen Veranlagungen keineswegs homogen ist, so kann auch unter den musikalischen Dilettanten ein großer Kreis herangezogen werden, der den begabten musikalisch hochgebildeten Liebhaber ebenso umfaßt, wie etwa den gut musizierenden Naturburschen, etwa den Gebirgler oder den Zigeuner, der die Noten nicht kennt, aber seine Zither, Gitarre oder Geige ohne Schwierigkeiten spielt. Endlich ist es gar nicht notwendig, daß sich ein Mensch auf einem Instrumente musikalisch betätigen kann. Wenn er nur begabt ist, Musik mit Verständnis zu hören, wenn er genießender Liebhaber der Musik, vielleicht gerade ernster und schwieriger Musik ist, kann er in diesen Kreis einbezogen werden. Sie alle sollen hier als „Musiker" genommen werden. Pathologische Abwandlungen nach Hirnschädigungen bei Personen dieser gewiß nicht kleinen Gruppe können Gegenstand der Amusieforschung sein.

Für die psychologisch-pathologische Untersuchung ist das Studium der prämorbiden Persönlichkeit die Ausgangslage, an der ermessen werden soll, was das Individuum durch seinen Hirnschaden verloren hat. Es ist zu bestimmen, welche Arten von musischen Situationen für das Individuum adäquat gewesen sind, welche obere Grenze es in dem Erleben dieser adäquaten Situation erreicht hatte. Es ist dann weiter zu bestimmen, welche Situationen unter den pathologischen Verhältnissen nach Hirnschädigungen noch adäquat und welche nicht mehr adäquat sind. Aus der Bestimmung der „Niveausenkung" (GOLDSTEIN) durch die Hirnschädigung, in der Abgrenzung der möglichen und nicht mehr möglichen Leistungen innerhalb des großen Bereiches musischer Äußerungen ist aber als das eigentliche Ziel der patho-psychologischen Strukturforschung die Festlegung des *primären Dispositionsdefektes* vorzunehmen. Denn nur das Gefüge der Dispositionen und ihre krankhaften Abwandlungen und nicht nur die aus ihnen resultierenden krankhaften Phänomene im Musischen sind einer Zuordnung zu dem krankhaft veränderten Körper, speziell Hirngeschehen fähig.

II. Neurosen im musischen Erscheinungsgebiet.

Es soll hier vorweg ein Gebiet besprochen werden, aus dem Repräsentanten in Erörterungen der früheren Literatur über Amusie nicht zum Vorteil einer klaren Herausarbeitung der Störungen und Defekte in den Begründungszusammenhängen immer wieder erschienen sind. BRAZIER (Rev. philos. 1892) hat einige Fälle beschrieben, von denen zwei früher als reine Amusie ohne Sprachstörung, und zwar speziell als „Störungen des musikalischen Gedächtnisses" und als Beweismaterial für das Getrenntsein der organischen Grundlagen für die musikalischen und die sprachlichen Leistungen im Gehirne aufgeführt wurden. Der eine Kranke war ein bekannter Tenor, der auf der Bühne der Pariser Opéra comique plötzlich seine Rolle nicht mehr weitersingen konnte und in der Folge weder Musik verstand, noch imstande war, sie auf irgendeine Art zu äußern. Der zweite Kranke, ein bedeutender Pianist, wurde in ganz ähnlicher Weise mitten in einem Konzert für Klavier und Orchester von einer Amnesie für alle musischen Inhalte ergriffen und war in der Folgezeit nicht in der Lage, Musik zu verstehen und auszuüben. Beide Kranken hatten sonst keine Ausfälle. Während der Tenor nach einigen Monaten wieder singen konnte, war die Wiederherstellung des Pianisten so, daß er nur mehr mit vorgelegtem Notenblatt öffentlich spielen konnte. Im Gegensatz zu früher ist man wohl heute allgemein der Auffassung, daß es sich bei diesen Musikern um *Erscheinungsweisen neurotischer Art* gehandelt hat. Damit ist gesagt, daß die Störung der musikalischen Leistung nicht einem primären organisch verursachten Ausfall der musischen Dispositionen, sondern irgendwelchen hier nicht weiter analysierbaren unbewußten oder bewußten Konflikten und dynamischen Unstimmigkeiten der Affekt- und Triebsphären entspricht, die sich an dem für die Persönlichkeit wichtigsten Leistungsgebiete entäußert haben. Sie hätten sich mit der gleichen Verursachung bei anderen Individuen vielleicht auf anderen als den musischen Gebieten geäußert. Der primäre Dispositionsschaden betrifft hier ebensowenig das musische Gebiet, wie etwa bei einer hysterischen Gangstörung die Dispositionen des Gehens selbst. Es ist deshalb auch der TEUFERsche Ausdruck „psychoneurotische Amusie" für diese Formen nicht zweckmäßig; sie sind überhaupt keine Amusien.

Neurotische Ausdrucksphänomene zeigen sich auf musikalischem Gebiete natürlich nicht nur als Ausfallen der Leistung. Als neuropathische Störungen dieser Kategorie führt LEIBBRAND [Musik und Psychopathologie. Psychol. u. Med. 3 (1928)] Formen von „Hypermusie", musikalische Impulse zu plötzlichem unaufhörlichem Musizieren, Zwangserscheinungen wie Zwangsmelodisation beim Laufen und Lesen, sowie melodisches Zwangsdenken, ferner Phobien vor Dissonanzen und Stimmen an. VASCHIDE und VURPAS (Arch. de l'anthropol. crim. 1904) erwähnen Fälle von abnormem Zusammenhang zwischen manifester Sexualität und Musik, bei denen symphonische Musik als Stimulans bei Impotenz oder als Äquivalent sexueller Erregung wirkte. Den Einfluß neurotischer Hemmungen auf scheinbare „Unmusikalische" hat unter psychanalytischen Gesichtspunkten S. BERNFELD [Arch. f. Psychol. 34 (1915)] studiert, worüber im letzten Abschnitt dieser Schrift berichtet wird. Diese neurotischen Erscheinungen bilden nicht den Gegenstand der vorliegenden Studie, die sich auf die organischen Schädigungsfolgen beschränken wird.

III. Periphere Hörfelder.

Die pathologischen Affektionen, die den Musiker treffen können, so daß er in der Wahrnehmung und Produktion musikalischer Art behindert wird, sind natürlich nicht durchweg solche, die man in der allgemeinen Begriffsbestimmung als „Amusie" bezeichnen kann. Die Abgrenzung der Amusie ist aber deshalb notwendig, weil sie nicht selten den Pathologen wie den Diagnostiker bei der Festlegung psychologischer Zustände vor besondere Aufgaben stellt.

Jede Einzelerscheinung tonaler Art und Stärke, jeder erlebte „Ton" hat seine Stellung unter den von ihm unterschiedenen Tonerlebnissen u. a. in bezug auf das, was man als „Tonhöhe" bezeichnet. Alle durch Tonhöhen bestimmten Erlebnisse können in eine Reihe gebracht werden, die kontinuierlich verläuft von einem Ton zu dem jeweils nächst höheren bzw. nächst tieferen, dessen Höhenunterschied nur durch die Schwelle bestimmt ist. Diesem beim Durchschreiten einer Reihe von nur schwellenunterschiedenen reinen Tönen erzeugten manifesten Kontinuum liegt zugrunde ein dispositives Hörsystem, das stets vorhanden ist, auch wenn kein Ton erzeugt wird, und das man zweckmäßig als das akustische Sinnesfeld oder „Hörfeld" bezeichnet. *Das Hörfeld ist mithin ein Dispositionsbereich mit oberer und unterer Grenze, das bei objektivem Bestande schwingender Körper und Leiter von bestimmten und begrenzten Eigenschaften auf Grund der peripheren und zentralen physiologischen Hörapparate „adäquate" Hörempfindungen von bestimmten akustischen Qualitäten erzeugt, mithin den Empfindungsbestand der subjektiven Schallwelt organisiert.* Beim Normalen ist auf jedem Ohr ein Hörfeld vorhanden. Die Hörfelder beider Ohren verschmelzen durch Fusion zu einem gemeinsamen Hörfeld. Die Abgrenzung der in den Gehörorganen getrennten peripheren Hörfelder von dem sogenannten „zentralen Hörfeld" ist durch die Erfahrungen aus pathologischen Abwandlungen zu erkennen, wovon später die Rede sein wird.

Durch die Anlage der Hörfelder bzw. des gemeinsamen zentralen Hörfeldes wird es möglich, daß die objektive Situation einer bestimmten Schwingungszahl von Sinuscharakter einen bestimmten Ton als Erlebnis aus dem gesamten Hörfelde herausprägt. Durch komplexe Schwingungstatsachen in physischen Medien, zumeist Luft, werden verschiedene Stellen des Hörfeldes angeregt, die jedoch in einem Erlebnis in Erscheinung treten, und zwar je nach Beanspruchung der Hörfeldteile als Geräusch, als Sprachlaut, Konsonant oder Vokal, als Klang, der sich in Partialtöne zerlegen läßt, als reiner Ton. Über die Art, wie der Prozeß im Hörorgan vor sich geht, ist keine theoretische Sicherheit erreicht. Es soll hier nur betont werden, daß die musischen Klangerlebnisse natürlich nicht von der einzelnen Schwingung und dem einzelnen entsprechenden Reizvorgange allein aus gesehen werden können, sondern daß auch der Einzelvorgang eine Funktion des gesamten, beim Normalen intakten Hörfeldes ist, und daß bei pathologischen Abwandlungen die Veränderung des Gesamthörfeldes in Betracht zu ziehen ist. Auf weitere Bestimmungen, die der Physiologie des Hörapparates, der Psychologie der Tonempfindung und der Ohrenheilkunde angehören, wird entsprechend der Anlage unseres Themas hier ausdrücklich verzichtet.

Nach der morphologischen Zuordnung der *peripheren* Hörfelder lassen sich die Hörfelder voneinander trennen, wenn die Anregung, normal oder pathologisch, am Hörorgan, am Hörnerv, am Akustikuskern, an den Hörfasern vor der Halbkreuzungsstelle des Trapezkörpers im Gehirne geschieht. Jenseits der Halbkreuzung, also im Hörtrakt, dem mittleren Kniehöcker der Hörstrahlung und der Hörrinde in den vorderen Teilen des Schläfenlappens kann eine Affektion die beiden Hörfelder mit großer Wahrscheinlichkeit nicht mehr trennen, sie betrifft das gemeinsame zentrale Hörfeld, und zwar wahrscheinlich nur bei doppelseitiger Einflußnahme auf die funktionierenden Hirnteile. Einseitige Anregung scheint nach der Mehrzahl der Beobachter das zentrale Hörfeld nicht zu berühren.

Die vollkommene Wahrnehmung musikalischer Inhalte ist an das Intaktsein des gesamten Hörapparates gebunden. Störungen der *peripheren Hörfelder* werden die musikalische Wahrnehmung nach Art und Ausdehnung in verschiedener Weise beeinträchtigen. Es erscheint zweckmäßig, zur Darlegung der pathophysiologischen Verhältnisse sich der Einteilung zu bedienen, die die *Heidelberger Neuropathologen* (v. WEIZSÄCKER, STEIN) aus ihren Forschungen über den Tastsinn gewonnen haben: 1. die „Rarefikation", d. h. die Verringerung der Reizperceptoren und daraus folgende quantitative Herabsetzung der Sinnesempfindung und 2. der „Funktionswandel", d. h. die Veränderung der Ablaufsqualitäten der Empfindungen in bezug auf Zeit und Intensität bei erhaltener Receptorenzahl. Diese Einteilung erscheint tauglich, auch im akustischen Empfindungsgebiete aus dem Nebeneinander der krankhaften Erscheinungsformen einheitliche Prinzipien anzubahnen.

a) Rarefikationen (partielle Einschränkungen, Schwerhörigkeit, Taubheit).

Die bekanntesten und häufigsten pathologischen Geschehnisse in den peripheren Hörfeldern, die den Musiker um die ungestörte Aufnahme musikalischer

Inhalte bringt, sind die häufigen Erkrankungen des Gehörorganes im leitenden und aufnehmenden Anteil des Ohres. Das Hörfeld des betroffenen Ohres erleidet je nach der Art des erkrankten Anteiles eine Einschränkung, die bekanntlich bei Affektion der leitenden Teile, also des Mittelohres, die Zonen der tiefen Töne unter verhältnismäßig gutem Erhaltensein der höheren Lagen, bei Veränderungen im Innenohre und Hörnerven die oberen Receptoren beschränkt oder auslöscht. Je nach der Schwere der Störung erleiden bei beiden Affektionen auch die mittleren Teile des betroffenen Hörfeldes eine Beeinträchtigung ihrer Funktion, so daß aus der partiellen Schwerhörigkeit (Taubheit) Übergänge bestehen zu einer das ganze erkrankte Hörfeld betreffenden ungleichmäßigen oder gleichmäßigen Schwerhörigkeit der verschiedensten Grade bis zum völligen Auslöschen des Hörfeldes, der kompletten Taubheit eines oder beider Ohren. Die Fortschritte, die die Untersuchungen v. BEZOLDS an Taubstummen und Schwerhörigen über die Struktur des Hörfeldes durch Herausarbeitung von Tonlücken an wichtigen Stellen in einem sonst intakten Hörfelde und durch die Feststellung von hörenden Toninseln im sonst tauben Hörfelde gebracht haben und die Bedeutung dieser Fortschritte für das Hören der Sprache und der Musik sind so bekannt, daß ein weiteres Eingehen sich erübrigt. Die durch solche Rarefikationen geschaffenen Veränderungen des Hörfeldes verursachen nur eine Abwandlung der Tonintensität und Tondauer, nicht aber eine Veränderung der Tonhöhe und zumeist auch nicht der Zeitschwelle beim Eintritt der Empfindung (Latenzzeit).

Dies hat für die pathologische Abwandlung der akustisch-musischen Erlebnisse durch die partiellen oder totalen rarefizierenden Hörfeldveränderungen die wichtige Folge, daß die Fusion der Hörfelder nicht gestört zu werden braucht, wenn nicht eine frische Erkrankung oder noch nicht eingetretene Gewöhnung die besondere Beachtung der erkrankten Seite hervorruft. Schwierigkeiten der Schalllokalisation durch die Differenzen in der Hörfähigkeit beider Ohren werden bald ausgeglichen. Die einohrige Hörfeldbeeinträchtigung wird durch das gesunde Hörfeld rasch kompensiert. Selbst beidohrige Affektionen verschiedener Art können sich bei Übung gegenseitig ergänzen. Die Grundlagen der sinnesmäßigen Auffassung musikalischer Gebilde bleiben bei rarefizierenden Hörfeldstörungen erhalten. Konsonanz und Dissonanz reiner Töne werden auch innerhalb der intensitätsherabgesetzten Hörfeldteile erfaßt, die musikalische Qualität erleidet keine Veränderung, auch die Stellung des Tones als eine besondere Art akustischer Erscheinungen bleibt erhalten.

Streng genommen gilt dieses qualitative Intaktsein bei rarefizierenden Hörfeldstörungen nur für die reinen Tonempfindungen. Bei Klängen liegen die Verhältnisse insofern anders, als hier nicht nur reine Intensitätsherabsetzung der Klänge bei gleichbleibender Klangqualität (etwa eines Instrumentenklanges) erfolgt. Bei gröberer Einschränkung eines Hörfeldes nach oben erscheint, wenn das gesunde Hörfeld (soweit dies ohne Lärmtrommel möglich ist) abgesperrt wird, die ganze Schallwelt so verändert, daß sie dumpfer, tiefer wird und daß auf musikalischem Gebiete die Klänge mit vorwiegend hohen Obertönen durch Ausschaltung der oberen Lagen in ihrer Klangqualität geändert werden. Klänge mit hohen Grundtönen fallen aus, ebenso ist bei Einschränkung nach unten keine Möglichkeit mehr, Klänge mit tiefen Grund- und Obertönen wahrzunehmen. Aber immerhin ist die Klangänderung bei den Rarefikationen noch so, daß das pathologische

Resultat, der durch die Hörfeldstörung veränderte Klangcharakter, immer noch ein musikalischer ist, da die Konsonanz bzw. Dissonanz in dem Verhältnis der verbliebenen Partialtöne erhalten bleibt. Der schmetternde, streichende Klang, wird je nach Art der krankhaften Veränderung mehr weich, rund oder umgekehrt, bleibt aber musikalisch und ästhetisch brauchbar. (Man vgl. übrigens die Änderungen der instrumentellen Klangcharaktere durch musikalische Reproduktionsapparate älteren Types, Grammophon, Telephon, Radio usw.) Es ist freilich besonders beim Verschwinden von Grundtönen möglich, daß die dissonierenden Obertöne das Klangresultat in die nichtmusikalische Sphäre verschieben. Oft kann aber in einem solchen Falle durch Apparate, verstärkende Hörmembranen usw. der Grundton verstärkt und das Resultat doch zu einem musikalischen gemacht werden.

Bei doppelohrigen rarefizierenden Hörfeldstörungen, bei denen die Affektion beider Hörfelder gleichartig ist, bleibt wohl im allgemeinen die Fähigkeit erhalten, Töne und Klänge als musikalisch aufzufassen. Wichtig für unseren Zusammenhang ist der Umstand, daß auch der Rest dessen, was zur Perception kommt und einen gewissen Grenzwert der Intensität und damit der Unterscheidbarkeit noch übersteigt, zu höheren musischen Klanggebilden, zu Akkorden und Melodien verarbeitet werden kann. Die akustische Vorstellungsfähigkeit bleibt bei geübten schwerhörigen und sogar ertaubten Musikern erhalten, ebenso das Verständnis für musikalische Schriftzeichen und die Möglichkeit, sie in der Vorstellung in sich klanglich erstehen zu lassen. Das Beispiel des älteren Beethoven, dessen Musik gerade nach seiner tragischen Ertaubung erst seine größte Tiefe und höchste symbolische Kraft erreicht hat, läßt auf weitere Argumentationen verzichten. Es ist klar, daß sich *aus einer so schweren rarefizierenden Hörfeldstörung keine Amusie entwickeln kann*, sondern daß alle dispositiven Faktoren, deren Störung Amusie hervorrufen, bei diesen Affektionen grundsätzlich erhalten bleiben.

b) Funktionswandel (die Parakusien).

Die Herabsetzung der Receptorenfunktionen, mithin der Intensität der Töne und Klangempfindungen und ihrer Schwellen bei intakten Abläufen und Qualitäten der Tonerlebnisse hat im allgemeinen eine andere Bedeutung für die Erfassung musikalischer Gegebenheiten als die Störungen der peripheren Hörfelder, die wir als Funktionswandel ansehen. Bei ihnen führen die Ablaufsformen, die Schwellenlabilität, die Störungen der „Umstimmung" der Empfindungen (d. h. Wiederherstellens der Ausgangslagen) zu inadäquaten Klangerlebnissen. Unter den Störungen des Funktionswandels sind die Erscheinungen wichtig, die man als *periphere Parakusien* (V. Urbantschitsch) bezeichnet. E. Weber (1857) und nach ihm E. Mach (1864) haben auf diese theoretisch wichtigen Störungen aufmerksam gemacht. Die Parakusien sind in den folgenden Jahrzehnten verhältnismäßig häufig beobachtet worden und zwar oft an gehörkranken Musikern, so daß schon C. Stumpf [Tonpsychologie 1, S. 266f. (1883)] eine größere Zahl von Kranken dieser Art zur Grundlage von Besprechungen machen konnte. Unter vielen anderen Autoren haben sich Urbantschitsch, Gradenigo, F. Alt u. a. um die Kenntnis dieser Störungen bemüht. F. Alt (Über Melodientaubheit und Falschhören, Wien 1906) hat 37 Fälle aus der Literatur zusammengetragen. Über die Erklärung der Störungen gehen die Ansichten der Autoren oft stark auseinander.

Den Funktionswandel nach der *zeitlichen* Seite weisen die Parakusien auf, die man als „Diplacusis binauralis echotica" oder als *Paracusis duplicata* (POLLITZER) bezeichnet hat, Störungen, bei denen ein gegebener Klang bei beidohrigem Hören infolge Erkrankung eines Ohres zweimal wahrgenommen wird, und zwar auf dem kranken Ohre später, gleichsam als Echo der Empfindung auf dem gesunden Ohre. Die Klänge sind auf dem gesunden und kranken Ohre bei reinen Formen nach Intensität und Höhe gleich. Man kann diese Formen als „*temporale periphere Parakusien*" bezeichnen. Die „Diplacusis monauralis echotica" besteht darin, daß das kranke Ohr eine Verdoppelung des nach Art, Intensität und Höhe sonst nicht veränderten Klanges vornimmt, also ein Nachschallen des schon auf dem gleichen Ohre gehörten Schalles. Die Fusion der beiden Hörfelder wird dabei durch die zeitliche Verschiebung der Perception verhindert. Wenn also die eine der Schallempfindungen nicht unterdrückt werden kann, so ist diese Veränderung sehr störend, wenn rasche Klangbewegung wahrgenommen werden soll. Denn dann klingt der „echotische" Klang noch an, wenn (bei einohriger Affektion) der neue Klang im anderen oder sogar im gleichen Hörfeld schon erscheint. Kranke mit dieser Störung sind in der Literatur von POLLITZER, CAPEDER, MOOS, ALT erwähnt. Die Ursache der Störung dürfte in verschiedenen Fällen nicht auf einheitlicher Basis sein. Wenn man die akustischen Nachbilder, die URBANTSCHITSCH (zitiert nach STUMPF) erstmalig auch beim Normalen nachgewiesen hat, als Ursache der parakustisch-echotischen Erscheinungen ansieht, so kann dies lediglich für die monaurikulären Verdoppelungen gelten, etwa im Sinne einer Verstärkung der Disposition zu Nachbildern. Wo aber das Nachschlagen nur in dem erkrankten Gehörfeld geschieht, wird diese Ursache nicht gelten können. Es kommt eine Verlängerung der Latenzzeit, wie dies bei pathologischen Erscheinungen anderer Sinnesgebiete beobachtet ist, ferner ein längeres Anhalten der Empfindung über die normale Reizwirkung hinaus, also eine Störung der „Umstimmung" in die Ruhelage in Betracht. Ob die Störung das ganze erkrankte Hörfeld betrifft, oder auf umschriebene Teile des Hörfeldes beschränkt ist, dürfte in den verschiedenen Fällen von den verschiedenartigen Affektionen herzuleiten sein. Bei dem zweiten Kranken von ALT, der auch harmonische Parakusien in bestimmten Tonbereichen hat, wird angegeben: „Die Töne klingen ihm immer länger, als sie in Wirklichkeit ausgehalten werden, nach." Daraus könnte ersehen werden, daß diese zeitliche Verschiebung auf ein pathologisch verändertes Feld beschränkt sein könnte. Aber auch hier sind die Angaben nicht ganz eindeutig. Auf eine weitere in der Literatur zwar beschriebene, aber in ihrer systematischen Bedeutung nicht weiter beachtete Erscheinung, die ebenfalls der Paracusis duplicata angehört, sei hier noch kurz hingewiesen. Es scheint Kranke zu geben, die bei Erkrankung eines Ohres einen objektiven Ton auf beiden Ohren *gleichzeitig*, in gleicher Höhe, gleicher Qualität und Stärke hören, aber doch *zweifach*, die also nicht imstande sind, die beiden gleichzeitigen Hörerlebnisse zu einem zu verschmelzen (z. B. Fall 4 von ALT). Es liegt hier eine „*simultane duplizierende Parakusie*" vor, die sich von den vorher erwähnten „*sukzessiven duplizierenden Parakusien*" abscheidet und einen Mangel der Fusion beider Hörfelder ohne Veränderung tonaler und sonstiger zeitlicher Verhältnisse aufweist. Weitere Beobachtungen über dieses patho-physiologisch wichtige Gebiet müssen Klärung bringen.

Der Funktionswandel in den peripheren Hörfeldern ist nicht nur auf die Zeitverläufe beschränkt, sondern macht sich auch in den *tonalen Abläufen* bemerkbar und ist gerade hier für den Musiker durch die Veränderung der musikalischen Gegebenheiten von besonders verhängnisvoller Wirkung. Diese Formen der „*tonalen peripheren Parakusien*" sind je nach dem Betroffensein der organischen Substrate in den peripheren Hörfeldern recht verschieden. Die sogenannte „Diplacusis binauralis disharmonica" und „harmonica" sind Folgen einohriger Erkrankung zumeist des Mittelohres. Innerhalb eines bestimmten Umfanges im Hörfelde des erkrankten Ohres werden die Tonhöhen als Antwort auf bestimmte Wellenlängen um eine gewisse Differenz höher oder tiefer gehört als in dem gesunden Hörfelde. Die Differenz, die bei Prüfung mit obertonfreien Stimmgabeln feststellbar ist, kann bei einzelnen Fällen weniger als einen Viertelton betragen (3. Fall von ALT), häufiger ist ein Viertelton, ein halber Ton (HOME, MOOS, v. WITTICH, MACH u. a.), Dreivierteltton (STUMPFs Selbstbeobachtung), ein ganzer Ton (BURNETT u. a.) teils zu hoch, teils zu tief. Solche Kranke hören beispielsweise im erkrankten Hörfelde eine G_1-Stimmgabel als Gis_1 oder A_1, bzw. als Ges_1 oder F_1 („Pseudoton"). Manche haben Fusion der Hörfelder, wenn vor einem Ohr z. B. eine G-Stimmgabel, vor dem anderen eine Gis-Stimmgabel erklingt. Außer diesen und anderen Differenzen, die bei gleichzeitiger Affizierung der beiden Hörfelder durch die gleiche Tonquelle zu einem Auseinandertreten der Toneindrücke mit unharmonischem Gesamteffekt führen, gibt es Fälle, bei denen die Differenz ein harmonisches Intervall ausmacht, eine Terz (STEINBRÜGGE, SPALDING, BAGINSKY, TEICHMANN, WOLFF u. a.), eine Quinte (WOLFF), eine Oktave (TROELTSCH, TREITEL). Es gibt Kranke, bei denen die Differenz in einem bestimmten erkrankten Bereiche des Hörfeldes gleichartig ist, sodaß innerhalb des erkrankten Hörfeldbereiches alle Tonreize um eine bestimmte Stufe höher oder niedriger gehört werden, außerhalb der Grenzen des erkrankten Gebietes adäquat. Bei anderen Fällen wechselt die Differenz mit dem Höhenbereiche des erkrankten Hörfeldes, so daß sie z. B. in den unteren Teilen größer ist und aufsteigend immer kleiner wird, bis in einer bestimmten Höhe keine Veränderung des Hörens nachweisbar ist (BURNETT, URBANTSCHITSCH u. a.). Bei einem Kranken von GRADENIGO (1925) vergrößerte sich umgekehrt die Differenz des gehörten Tones von unten nach oben so, daß mit dem adäquat gehörten C-Dur-Akkord des gesunden Ohres auf dem parakustisch kranken Ohr in der untersten Oktave noch ein c-Dur-Akkord, in der obersten Oktave dagegen ein a-Dur-Akkord subjektiv qualitätsgleich übereinstimmte. Die Folgen dieses Falschhörens, die sich in einer Verschiebung einfacher Töne kundtun, sind für das Erfassen musikalischer Inhalte verschieden, je nach dem Ausmaß der betroffenen Hörfeldstrecke, je nach der Lage des vom Falschhören ergriffenen Teiles im Hörfeld in den tieferen, mittleren oder höheren Bereichen, je nachdem die Differenzen disharmonische oder harmonische Intervalle betragen, und insbesondere je nach der Art der Klangquelle, nach ihrer Höhe, ihrer Zusammensetzung aus Partialtönen usw. Am meisten sind die Kranken gequält, die disharmonische Verstimmungen haben. Bei kleinen Differenzen kann der Stimmeinsatz, die Intonation eines gespielten Streichinstruments unsicher werden (2. Fall von ALT u. a.); das Hören von Klängen wird unrein, es klingt alles falsch, metallisch, geräuschartig. Auch bei den sogenannten harmonischen Differenzen, z. B. den Verstimmungen um Terzen, ergaben die zusammengesetzten Klänge, wie sich leicht vorstellen läßt, keineswegs lauter Wohlklang. Im Gegenteil wird berichtet, daß solche Patienten die „Musik verworren" hören (STEINBRÜGGE). Je nachdem ein Musikinstrument höhere oder tiefere Lage hat, sein spezifischer Klang aus harmonischen oder besonders vielen unharmonischen Obertönen gefügt ist, zeigen solche Kranke in Abhängigkeit von der Höhenlage im Hörfeld bei bestimmten Instrumenten stärkere Störungen als bei anderen (GRUBER, ALT u. a.), besteht für sie in einer bestimmten Höhe pathologischer Weise ein Dauerton. So können Tonreize in einer bestimmten Höhe verstärkt, zum Übermaße laut erscheinen (ALT).

Nicht nur in der Verschiebung der Tonhöhe eines perzipierten Klanges kann sich eine tonale periphere Parakusie äußern, sondern auch in einer Veränderung der *Intensität* des parakustisch gehörten Klanges. Ob auch Schwellenerhöhung im pathologisch veränderten Gebiete für die falsch gehörten Klänge besteht, geht aus dem mir zugänglichen Material nicht hervor. Endlich werden auch Fälle von Parakusie beschrieben, bei denen zwar keine Tonhöhenverschiebung im kranken Hörfeld eintritt, wohl aber ein Verlust der *Klangfarbe* einohrig zur Erscheinung kommt (GRADENIGO, BARTH).

Eine weitere Abart des tonalen Funktionswandels bei einohriger Affektion des Hörfeldes kann in dem gesehen werden, was als „*Paracusis qualitatis*" bezeichnet worden ist [V. LIEBERMANN und RÉVÉSZ, Über Orthosymphonie, Z. Psychol. **48**, 259ff., (1908)]. Nach einer typhösen Mittelohraffektion rechts stellte sich bei dem Kranken zunächst eine Paracusis duplicata ein. In dem folgenden chronischen Stadium bestand im rechten Hörfelde in der Begrenzung f_2—cis_4 „subjektive Verstimmung" derart, daß objektiv fis_3—h_3 nur subjektiv fis_3, objektiv c_3—f_3, subjektiv g_3 und d_3 isoliert eine Terz zu hoch gehört wurde. Der „Pseudoton" schwankte bei den verschiedenen Untersuchungen. Das Auffallende war, daß in kleinen Bezirken binaurale Intervalle, die als sukzessiv dissonant erscheinen, bei simultaner Darbietung konsonant waren, auch Akkorde („Orthosymphonie"). Dabei war der Pseudoton deutlich herauszuhören, ohne jedoch die Konsonanz zu stören. G. RÉVÉSZ (Zur Grundlegung der Tonpsychologie. Leipzig 1913) faßt die Erscheinung so auf, daß bei dieser Parakusie eine Trennung zwischen Helligkeit (Tonhöhe) und musikalischer Qualität (Stellung des Tones in Oktave) vor sich gegangen war. Die Helligkeit bleibt erhalten, die Qualität geht verloren. Daher das „Gleichbleiben" des subjektiven Tones bei Veränderung des objektiven, der trotzdem in seiner Fähigkeit unterschieden wird. Wegen des isolierten Betroffenseins der musikalischen Qualität wird die Störung Paracusis qualitatis genannt. Die Trennung in umgekehrter Richtung, das Verlieren der Helligkeit und Erhaltenbleiben der musikalischen Qualität, die RÉVÉSZ erwähnt, ist nicht unbestritten. Die Verhältnisse bedürfen weiterer Untersuchung und Bestätigung.

Die bisher besprochenen tonal-parakustischen Störungen des peripheren Hörfeldes haben ihren Namen „Diplacusis" daher, daß (ähnlich wie beim beidäugigen Doppelsehen) die Felder beider Organe auseinandertreten. Dies ist anders bei der sogenannten „Diplacusis monauralis harmonica und disharmonica". Hier sind auf einem erkrankten Ohre bei Tonreiz zwei Klangerscheinungen vorhanden, und zwar zumeist so, daß neben dem adäquaten gehörten Klang ein zweiter erscheint, der zu ihm harmonisch oder disharmonisch sein kann (GRADENIGO,

GUNDERT, ZAUFAL u. a.). Das akustische Nebengebilde braucht aber nicht immer musikalischer Klang zu sein. Es ist möglich, daß neben dem Klang ,,Pseudogeräusche" entstehen, ein Knarren, Klingen, Klopfen, Klirren, das mit dem musikalischen Klange mitgeht. STEHLIK [Über Doppelhören. Zbl. Hals- usw. Heilk. **6**, 468f. (1925)] hat einige solche Fälle beschrieben. Das Klirrgeräusch erschien bei einem Kranken bald in der gleichen Höhenlage mit dem gehörten Klang, bald eine Oktave höher. Bei einem anderen Kranken war das Pseudogeräusch nur bei lauten Intensitäten vorhanden, verschwand bei leiser Darbietung. Pseudotöne oder -geräusche traten gelegentlich auch beim Sprechen auf. Ferner erwähnt STEHLIK Fälle, bei denen sich das einohrige Doppelhören nur auf Klänge ganz bestimmter Instrumente von besonderem Timbre erstreckte, während sie bei Erklingen anderer Instrumente, manchmal von ganz ähnlicher Klangfarbe, ausblieben. Bei solchen Kranken pflegte *die Untersuchung mit der* BEZOLD*schen Stimmgabelreihe keine pathologischen Erscheinungen zu ergeben.* Bei einzelnen Kranken tritt das Doppelhören bei Darbietung des Reizes durch Luftleitung und durch Knochenleitung hervor, andere haben das Falschhören nur bei Luftleitung, während sie bei Aufsetzen der Stimmgabel auf den Schädel normal hören. Auch hier sind noch Fälle zu unterscheiden, die bei Aufsetzen der Gabel auf den Warzenfortsatz das Doppelhören haben, bei Aufsetzen auf den Scheitel nicht. Es läßt sich freilich nicht immer mit Sicherheit entscheiden, ob hier nicht Auslöschungen oder sonstige Einflüsse mit im Spiele sind.

Zum *tonalen Funktionswandel* sind außer den Parakusien noch Störungen zu rechnen, die man allgemein unter dem Namen der *akustischen Parästhesien* zusammenfassen kann. Auch diese können das musikalische Erfassen auf das Empfindlichste stören. Statt der normalen ,,Stille", die unter Abstraktion der diffusen entotischen Geräusche als der gewöhnliche Hintergrund für Gehörsfeldreize besteht, können unter pathologischen Bedingungen Erscheinungen auftreten, bei denen ohne adäquaten Reiz in einem Hörfeld spontan Geräusche irgendwelcher Höhe und Intensität in gleichbleibender oder periodischer Art schabende, flackernde, oszillierende, intermittierende, stärker und schwächer werdende Schälle erzeugt werden. Es gibt davon eine Unzahl von Varianten. Dabei ist zumeist die Perzeption objektiver Klangreize behindert. Eine paradoxe Erscheinung ist in einer Störung beschrieben, die bei Othosklerose auftritt, die sogenannte *Paracusis Willisii.* Der Kranke empfindet eine Verstärkung des subjektiven ,,Hörhintergrundes" durch lautes Geräusch (gegenüber der ,,Stille") als günstig und kann nur unter diesen Umständen einzelne Töne und Laute entsprechend unterscheiden, wie sie zum Auffassen von Sprache und Musik notwendig sind.

Aus der kurzen Besprechung der zahlreichen und vielgestaltigen pathologischen Veränderungen im Erfassen des musikalischen Reizes durch die Funktion des peripheren Hörfeldes, die wir als tonale Parakusien und Parästhesien herausgestellt haben, und die dem Musiker das adäquate Wahrnehmen des objektiven Klangmaterials in erheblichem Grade zu stören vermögen, läßt sich erkennen, daß die Rückführung der Bilder auf *theoretische Grundprinzipien* nach der klinischen und der pathologisch-psychologischen Richtung hin nicht unerheblichen Schwierigkeiten begegnet.

Die erste Frage war die, ob die tonalen Parakusien — auf sie wollen wir unsere Betrachtung beschränken — in einer Veränderung des Hörorganes begründet sind oder in anderen Faktoren. Nach einer Theorie von E. MACH sind die Störungen nicht als echte Hörstörungen, sondern als Täuschungen des betroffenen Individuums über das organisch-adäquate Hörphänomen aufzufassen. In der Ablehnung einer bestimmten organischen Ursache sind ihm DENNERT und EBARTH gefolgt. Mit Recht wohl hat diese Auffassung keine Zustimmung gefunden. Der Umstand, daß sich die „Täuschungen" durch Veränderung der Tonhöhe von objektiven Schallreizen ausgleichen lassen, und daß sie, wie bei den Versuchen von F. ALT durch Druck auf das Mittelohr zum Zwecke der Ausschaltung von Grundtönen und Klängen, zum Teil experimentell erzeugen lassen, machen die Annahme psychischer Ursachen hinfällig. Tonale Parakusien sind Folgen organischer Erkrankung.

Welche Stellen des Hörorganes sind betroffen, wenn tonale Parakusie im Hörfeld eines Ohres vorliegt? Der größte Teil der parakustischen Kranken hat seine Störung vorübergehend während einer akuten Affektion des Mittelohres. Es ist aber nicht sicher, auf welche Teile des Ohres diese Affektion bei der Erzeugung der pathologischen Erscheinung wirkt. V. URBANTSCHITSCH [Allg. Symptomatologie in SCHWARTZE, Handbuch der Ohrenheilkunde 1, 392f. (1892)] äußert die Meinung, daß die Parakusien nicht im Ohre selbst zu entstehen brauchen. Sie können Einwirkungen vasomotorischer Art von seiten des Ohres auf das Zentralorgan sein und dort eine Veränderung der Perzeption erzeugen, etwa wie Einflüsse des Farbensehens die Art des Hörens von Tönen durch Wirkung des Zentralorganes verändern können. Soweit unsere Erfahrungen gehen, müßte dies für die Beeinflussung des Gehirnes jenseits der Faserhalbkreuzung abgelehnt werden, weil hier Veränderungen eines Hörfeldes nicht mehr entstehen könnten. Sind aber die niederen Hirnteile bis zum Trapezkörper gemeint, so kann die Analogie zur Farbenbeeinflussung kaum gelten, die wahrscheinlich an die höheren psychischen Abläufe und die Tätigkeit des Gesamtgehirnes gebunden ist. Sekundäre Funktionsänderung des Acusticus und Hörkernes läßt sich durch nichts, insbesondere durch keine Analogie bei primärer Affektion dieser Teile beweisen. Es sprechen vielmehr alle Symptome dafür, daß die tonalen Parakusien nicht durch sekundäre Wirkung, wie URBANTSCHITSCH meint, sondern durch primäre, auf das dem betroffenen Hörfeld zugrunde liegende organische Substrat gehende Wirkung erzeugt werden.

Auch in dieser Einengung der theoretischen Auffassung besteht die Frage, welche Teile des Ohres die tonalen Parakusien hervorrufen. GRADENIGO (Arch. ital. Psich. IV, 1925, Ref. v. HORNBOSTEL, Zbl. Hals- usw. Heilk. 1915) spricht sich für die primäre Affektion des schallperzipierenden Organes im Innenohr und zwar der Basilarmembran aus. Er folgt damit einem großen Teil der früheren Autoren. Diese Auffassung hat für die Fälle, bei denen sich auch sonst Affektionen des gleichen Innenohres finden, wie dies bei einem Teil der beschriebenen Kranken vorliegt, Wahrscheinlichkeit. Sie kann auch für einen Teil der Fälle von Mittelohrerkrankungen Geltung haben in Form sekundärer Funktionsbeeinträchtigung des CORTIschen Organes, bei denen sich die Parakusie für die Perzeption durch die Luft- und durch die Knochenleitung nachweisen läßt. Schwieriger ist das Aufrechterhalten dieser primären Lokalisation, wenn ein Unterschied der Erscheinungen je nach Zuführung des Reizes durch Luft- und Knochenleitung besteht. Dies ist bei Fällen sicherer Mittelohrerkrankung beobachtet (z. B. Fall 6 von ALT), kommt aber offenbar auch bei Labyrintherkrankungen vor. Der Fall von BURNETT (zitiert nach ALT), der an einer Labyrintherkrankung mit MENIÈREschen Schwindelanfällen litt, hörte bei Luftleitung um einen Ton höher, ebenso bei Knochenleitung vom Warzenfortsatz aus, dagegen hörte er den Ton auf dem parakustisch kranken Ohr in gleicher Weise wie auf dem gesunden Ohr, wenn man die Stimmgabel auf die Stirnmitte aufsetzte oder das kranke Ohr auf eine Tischplatte legte, auf der eine Stimmgabel zum Schwingen gebracht wurde. Bei solchen Fällen wird man die Ursache nicht ausschließlich im CORTIschen Organ suchen können, das ja bei Knochenleitung wohl meist adäquat funktioniert. Solche Fälle als „scheinbare Parakusien" zu bezeichnen, wie es URBANTSCHITSCH (a. a. O.) will, dürfte kaum gerechtfertigt sein. Ganz allgemein kann man sagen, daß die einseitigen tonalen Parakusien (binaurales und monaurales Doppelhören) nicht ausschließlich durch eine Funktionsstörung des Innenrohres, sondern auch durch eine organische Alteration der Apparate im Mittelohr erzeugt werden können.

Unter den Theorien über die Änderung der *Hörfunktion* bei den tonalen Parakusien ist die bekannteste die erstmals durch v. WITTICH geäußerte Annahme, der sich KNAPP, C. STUMPF u. a. angeschlossen haben. Diese Anschauung knüpft an die Hörtheorie von HELMHOLTZ an, nach der im CORTIschen Organ, speziell in der Membrana basilaris ein System von kontinuierlich aufsteigenden Resonatoren vorhanden ist, von denen jeweils der Teil anspielt, der auf eine bestimmte Zahl von Doppelschwingungen „gestimmt" ist. Durch den pathologischen Vorgang treten Spannungen oder Belastungen auf, die eine Veränderung der Funktion hervorrufen, so daß jetzt andere Resonatoren auf den im Mittelohr richtig transformierten Reiz anstimmen als in dem gesunden Ohr. Es tritt auf diese Weise innerhalb eines Bezirkes der Basilarmembran eine „Verstimmung" ein. Das Auseinandertreten der Perzeptionen in den gleichen Teilen des gesunden und des affizierten Hörfeldes ergibt das Doppelhören. Für das harmonische Doppelhören wird außerdem angenommen, daß eine Abschwächung des Grundtones nur die Obertöne zum Erklingen kommen läßt (ALT, GRADENIGO). Durch Resonatorenverstärkung der Grundtöne muß sich in solchen Fällen die Parakusie ausgleichen lassen (GRADENIGO 1925). Dazu ist kritisch zu sagen, daß die Verstimmungstheorie für die doppelohrigen Diplakusien keine besonderen Schwierigkeiten macht, wenngleich auch hier verlangt werden muß, daß an einer Grenze des parakustisch veränderten Hörfeldbereiches ein Ton zweimal gleich gehört werden muß, einmal als adäquater und einmal als inadäquat veränderter Empfindungseffekt. Schwieriger ist die Rückführung der Störung auf die HELMHOITZsche Skala schon bei der Paracusis qualitatis und noch schwieriger bei der Diplacusis monauralis. STEHLIK weist wohl mit Recht darauf hin, daß es nicht zu erklären ist, wieso ein Ton innerhalb des pathologisch veränderten Gebietes beispielsweise bei parakustisch auftretender Terz neben dem Grundton einmal adäquat und einmal als Pseudoton (nämlich bei Verschiebung um diese Terz) in dem angeblich verstimmten Hörfeldteil entstehen soll.

Man steht bei diesen Fällen vor wichtigen patho-physiologischen Problemen. Es läßt sich noch fragen, was man aus dem Funktionsabbau im peripheren Hörfeld umgekehrt für den Aufbau und die Struktur der akustischen Sinnesempfindung schließen kann und wie sich die pathologischen Erfahrungen mit bisher aufgestellten Theorien im Einklang befinden. Bekanntlich haben sich die scharf umschriebenen rarefizierenden Ausfälle im peripheren Hörfeld, die von BEZOLD aufgezeigten Tonlücken und Toninseln als eine der stärksten Stützen für die HELMHOLTZsche Theorie der Resonatorenskala in der Basilarmembran erwiesen. Bei den durch Funktionswandel hervorgerufenen peripheren Parakusien scheint nur ein Teil der Fälle in der v. WITTICH-STUMPFschen Interpretation dieser Theorie zu genügen, während andere Fälle nicht mit ihr in Einklang zu bringen sind. STEHLIK ist der Ansicht, daß die Parakusien gegen die HELMHOLTZsche Theorie und die STUMPFschen Auffassungen sprechen und mehr mit der EWALDschen Wellentheorie in der Modifikation von ZOTH übereinstimmen. Allerdings ist bei der Zahl und der Art der Untersuchung an dem bisher bekannten Material von Parakusie — STEHLIK hat bis 1925 nur 48 Fälle aus der Literatur zusammenstellen können — die Möglichkeit einer Anwendung auf physiologische Hörtheorien noch nicht gegeben. Immerhin bleibt das Problem bestehen und bietet an der Hand des Parakusiemateriales für weitere und eingehendere Forschungen Aussicht auf Erkenntnisse und Klärungen.

Die peripheren Hörfeldstörungen haben eingehende Besprechung in unserem Zusammenhange erfahren, weil in ihnen sozusagen die erste Station zu sehen ist, in der der *Musiker* bei der Aufnahme musischen Materiales in mehr oder weniger empfindlicher Weise gestört werden kann. An der Art, wie sich Rarefikation und Funktionswandel bei erkranktem Ohre äußern, läßt sich anderseits ersehen, daß das zentrale Hörfeld bei diesen Fällen intakt sein muß, denn nur so ist zu verstehen, daß überhaupt eine Parakusie, d. h. ein „Wettstreit der Hörfelder" durch mangelhafte Fusion bei Verstimmung des einen Hörfeldes zustande kommen kann oder daß eine einohrige Diplakusie als störend empfunden wird. Ebenso ist auch bei diesen Kranken keine primäre Störung der höheren musischen Dispositionen, d. h. also keine Amusie in dem früher definierten Sinne bei Störungen des peripheren Hörfeldes, vorhanden.

Daß Rarefikation und Parakusie des peripheren Hörfeldes nicht nur musikalische Erlebnisse, sondern auch andere Arten in der Erfassung der Lautwelt (Geräusche des täglichen Lebens, Sprachlaute usw.) störend betreffen können, ist klar. Wir gehen jedoch auf diese Verhältnisse hier nicht weiter ein.

Die vergleichende patho-physiologische Untersuchung über den Abbau der Sinnesfunktion wird in den Ergebnissen der pathologischen Erscheinung im peripheren Hörfeld Analogien zum Funktionsabbau auf anderen Sinnesgebieten finden. Die rarefizierenden Ausfälle (Skotome) im Seh- und Tastfeld, die Veränderung der Sehfunktion durch Belastung eines Auges (inadäquates Farbensehen bei Glaukom), die Veränderungen des Sehens von Farben und Formen bei peripherer Störung eines Gesichtsfeldes, die optischen und taktilen Parästhesien usw. sind Gebiete, die dem Neuropathologen Gelegenheit zum Vergleich mit den besprochenen akustischen Erscheinungen geben.

IV. Zentrales Hörfeld. (Zentrale Anakusien, „Pseudoamusien".)

Unter dem zentralen Hörfeld ist das psychisch dispositive Korrelat dessen verstanden, was die Funktion der Hirnstellen betrifft, deren Störung die Hörperzeption aufhebt oder beeinträchtigt, also der vordersten Teile der beiden Schläfenlappen in den HESCHLschen Querwindungen und ihren subcorticalen Teilen. Dieses „Hörzentrum" der älteren Nomenklatur ist terminologisch von der cerebralen „Hörsphäre" zu trennen (vgl. E. S. HENSCHEN, Die Hörsphäre. J. Psychol. u. Neur. 1916), die die gesamten Partien des Schläfenlappens umfaßt, der mit akustischer Wahrnehmung einschließlich des Musik-und Sprachverständnisses funktional verbunden ist. Das „Hörfeld" aber, wie es hier gemeint ist, stellt überhaupt keinen anatomischen, sondern einen psychisch-dispositiven und nach der phänomenalen Seite hin bedeutungsvollen Sachverhalt dar.

Trotz mancherlei Bemühungen um die Kenntnis der pathologischen Erscheinungen nach Schädigung der zentralen Hörstelle ist das Wissen um die zentralen Hörfeldstörungen noch keineswegs weit gediehen. Es hat den Anschein, daß die Ergebnisse im Tierversuch auf den Menschen keine eindeutige Analogie finden dürfen. Die meisten Beobachter, die Hörausfälle nach Hirnschädigung gesehen haben, sind der Ansicht, daß Hörstörungen an die Schädigung der organischen Hörstellen in beiden Hirnhemisphären gebunden seien. Nur bei Zerstörung beider HESCHLschen Windungen wird totale Taubheit („Rindentaubheit" nach MUNK) konstatiert. Andere Beobachter wollen auch bei einseitiger Schädigung einer Querwindung Hörstörung, wenn auch keinen Hörausfall, auf dem gegenseitigen Ohr gesehen haben (vgl. K. GOLDSTEIN, Die Lokalisation im Großhirn, Normale und pathologische Physiologie des Nervensystems, Bd. 10 „Die Hörsphäre"). Auch der Otologe H. RHESE [Pathologische Physiologie des Labyrinthes usw. Handbuch der normalen und pathologischen Physiologie **11**, 663 (1926)] hat neben zentralen Hörstörungen bei doppelseitiger Affektion des „Hörzentrums" Schwerhörigkeit des gekreuzten Ohres bei einseitiger Affektion des Schläfenlappens und *gleichseitiger* peripherer Schädigung des anderen Ohres gesehen.

Schwerhörigkeit und Taubheit sind auch die pathologischen Erscheinungen, die bisher als Hörfeldstörungen nach Hirnschädigung in den Vordergrund getreten sind, soweit sie für den Musiker verhängnisvoll werden. Daß aber noch andere Funktionsstörungen des Hörfeldes beobachtet werden und für die Auffassung musikalischer Inhalte Bedeutung gewinnen, kommt neuerdings zur Diskussion, seitdem R. A. PFEIFER [Die Lokalisation der Tonskala innerhalb der corticalen Hörsphären des Menschen. Mschr. Psychiatr. **50**, H. 1/3 (1921)] die Frage, ältere Gedankengänge aufnehmend, wieder angeschnitten hat. Ein Fall, den QUENSEL u. PFEIFER dargestellt haben [Z. ges. Neur. **81**, 311f. (1923)] gibt Gelegenheit, die Verhältnisse eingehender zu besprechen. Den Autoren wird recht zu geben sein, wenn sie ihren Fall von „geradezu grundsätzlicher Bedeutung" erklären, wenngleich auch in einem anderen Sinne als die Verfasser dies selbst darstellen.

Der Barackenaufseher FR., der „für sein soziales Niveau sich unverhältnismäßig viel mit Musik befaßt hat", der Lieder gekannt, gepfiffen, Mund- und Ziehharmonika gespielt, im Gesangverein den ersten Tenor gesungen, gewisse Vorstellung von Noten gehabt hatte, wurde in seinem 33. Lebensjahre im Kriege durch ein Infanteriegeschoß an der rechten Kopfseite verwundet. Die unmittelbare Folge war eine Lähmung der linken Körperseite, zunächst vollkommene Taubheit und eine Bewegungslähmung des linken Auges beim Blick nach auswärts mit Doppelsehen. Als sich nach einiger Zeit das Gehör wieder einstellte, nahm Fr. wahr, was im Zimmer gesprochen wurde, verstand aber kein Wort. Die sensorische Aphasie ging in der Folgezeit zurück, doch blieb ihm eine Schwerhörigkeit, so daß der Kranke tageweise Töne schlecht wahrnahm, Gespräche nicht verstand, wenn der Redende etwas entfernt stand. Im Freien konnte Fr. die Richtung des erschallenden Rufes nicht erkennen. Er konnte kein Lied verstehen. Wenn er Musik hörte, war es ihm, als wenn man an eine Blechtafel schlug. Er unterschied jedoch hohe und tiefe Töne und kannte das Auf- und Abwärtsgehen einer Tonleiter. Seine eigene Tenorstimme hatte sich nach der Verletzung geändert, er sprach nur mehr „wie im Baß".

Die eingehende Untersuchung der akustischen Fähigkeiten des Kranken ergab, daß er auf dem linken Ohre keine Wahrnehmung hatte, auf dem rechten Ohre war die Perzeption herabgesetzt. Sprachausdruck und Sprachlautverständnis war nicht pathologisch verändert. Geräusche wurden (bei verdeckter Lautquelle) manchmal richtig geraten, doch oft ganz falsch gedeutet, so z. B. das Knacken eines Taschenmessers, das Rauschen der Wasserleitung. Ein vorbeifahrender Frachtwagen wurde als „Eisenbahnzug" gedeutet. Bei der Prüfung mit der kontinuierlichen Stimmgabelreihe hörte Fr. die tiefen Töne sehr schwer, sie klangen ihm „plärrisch", „viel zu hoch und auch schlechter als die hohen", die hohen Töne leichter, aber „auch verändert". Es stellte sich eine *relativ unversehrte Toninsel* zwischen c_1 und e_2 heraus. Ganz rein erschien dem Kranken jedoch nur der Ton f_1. Bei der Untersuchung auf Klangerlebnisse am Klavier hielt sich Fr. bei Anschlagen der tiefen Tasten die Ohren zu und nannte die Laute „furchtbar". Im Bereiche der Toninseln unterschied Fr. bei Stimmgabelprüfung und am Klavier Intervallfolgen einer Terz und einer großen Sekunde als höher oder tiefer. Alle Zusammenklänge, auch harmonische Dreiklänge, wurden für ungeordnete Geräusche, für Dissonanzen erklärt. Ein Lied oder eine sonstige Melodie in irgendeinem Tonbereiche richtig zu erkennen, war dem Kranken unmöglich. Rhythmisch war Fr. sehr sicher. Wenn man ihm den Rhythmus eines ihm bekannten Liedes auf den Oberschenkel klopfte, erkannte er das Lied und erinnerte sich an den Text. Auf den Rhythmus aufmerksam gemacht, erkannte er auch vorgesungene und vorgepfiffene Lieder. Das Klang- und Melodiengedächtnis war also intakt.

Quensel u. Pfeifer fassen ihren Patienten Fr. als einen Fall von „Melodientaubheit bei erhaltenem Klang- und Melodiengedächtnis und Fehlen jeder aphasischen Störung", also als eine „reine sensorische Amusie" auf. Als Ursache besteht der Hördefekt, der auf eine „doppelseitige Schädigung der zentralen Hörleitung, des Projektionsfeldes für Töne" zurückzuführen ist, und zwar mit „Schädigung der Hörstrahlen vorwiegend für die tiefen Töne".

Ein *Vergleich* des durch die Abgrenzung des Defektes wichtig gewordenen Falles Fr. mit dem von uns beschriebenen Kranken St. ergibt *grundlegende Unterschiede*. Wir können dabei, wie wir glauben, von den großen Differenzen in den musikalischen Dispositionen und in der Vorbildung deshalb absehen, weil die Anforderungen, die in gleicher Weise an beide Kranke in bezug auf ihr Verhalten in musikalischen Situationen bei der Einfachheit der Aufgaben gestellt sind, von jedem von ihnen vor ihrer Schädigung vollkommen erfüllbar waren, die Patienten mithin in diesem Rahmen als „Musiker" behandelt und verglichen werden können. Als fundamentaler Unterschied kann hervorgehoben werden, daß Fr. außerhalb der „absoluten Toninsel" f_1, in der er den Ton ganz adäquat erlebt, keinen Ton und erst recht keinen Klang rein und ohne Nebengeräusche wahrnimmt, auch nicht in der relativen Toninsel c_1—c_2. Diese scheint ihm aber zur Auffassung der Sprachlaute zu genügen. Im Gegensatz hierzu können wir bei St. konstatieren, daß er die Klänge der ganzen ihm vorgelegten und in Musikstücken verwendeten

Klangreihe des Klavieres als Einzelklänge adäquat zu hören und auch mit denen anderer Instrumente zu vergleichen imstande ist. Den Vergleich der Klänge verschiedener Klangfarbe an verschiedenen Instrumenten nimmt er in verschiedenen Tonhöhen vor. Wohlklingende Musik war ihm immer angenehm, kein Klangbereich schien ihm dissonant oder qualvoll, Mißklänge lehnte er ab. Mindestens so gut wie mit der bei St. aus äußeren Gründen nicht vorgenommenen Prüfung mit der Stimmgabelreihe, konnte gerade aus diesem Verhalten des Kranken erschlossen werden, daß bei ihm eine Inadäquatheit im Hören von Einzeltönen und Klängen nicht vorliegt. Fr. hört reine Töne in tiefen Lagen „zu hoch“ und muß obertonhaltige Klanggebilde besonders dann, wenn auch unharmonische Partialtöne in ihnen enthalten sind, als Geräusche von höchst dissonanter Art erleben. Auch im einzelnen ist der Unterschied des Erfassens musikalischer Gebilde bei den beiden Fällen deutlich. Während die Schwelle der Unterscheidung für „höher“ oder „tiefer“ bei Fr. nur innerhalb seiner relativen Toninsel liegt, kann St. sowohl bei sukzessiver wie bei simultaner Klangdarbietung während der Stimmung eines Saiteninstruments die kleinsten Höhendifferenzen scharf auseinanderhalten und Schwebungen erkennen. Da Fr. eigentlich nur einen Ton (f_1) rein erlebt, müssen alle Klangzusammensetzungen, also Akkorde, unrein und diskordant erscheinen. Von St. werden die Akkorde als Verschmelzungseinheiten durchaus harmonisch erlebt; das Pathologische seines Funktionierens liegt nicht in dem Erlebnis der Harmonie, als vielmehr in den Gestaltgliederungserlebnissen simultaner und sukzessiver Art bei Akkord- und Melodiegestaltung. Fr. kann Melodien nicht erkennen, weil der Gang der Melodie notwendigerweise über die absolute und oft auch über die relative Toninsel hinausgeht. St. hat dagegen kein adäquates klangliches Melodieerlebnis trotz Erhaltensein der Einzelklangbildungen. Zeitfiguren, insbesondere rhythmische Gliederungen, sind bei Fr. sehr gut, bei St. schwer gestört. Fr. kann aus diesen klanglichen und zeitlichen Figuren gute Vorstellungsreproduktionen bilden. Im Gegensatz dazu ist die Vorstellung für anschauliche musikalische Gebilde bei St. herabgesetzt.

Der Defekt liegt also bei Fr. in der Gestaltung des Klanges in der Tonreihe, wobei die tonale und zeitliche Gestaltung in der Vorstellung, die zeitliche Gliederung auch in der Wahrnehmung erhalten ist; für St. kann die Tonreihe als intakt angenommen werden (wenigstens soweit es für das musikalische Erfassen notwendig ist), während die tonale und temporale Gestaltung und Verarbeitung in Wahrnehmung und Vorstellung gestört ist. Daraus geht hervor, daß zwischen den beiden Fällen ein grundsätzlicher Unterschied im primären Defekt vorhanden ist. *Wenn wir also St. als sensorische Amusie bezeichnen, so kann dies für Fr. nicht zutreffen.* Beim Vergleich mit anderen sensorisch-amusischen Kranken, die man als „reine sensorische Amusien“ führen muß und von denen später noch gesprochen werden soll (Bonvicini, Schuster und Taterka, Klein u. a.), tritt der gleiche Unterschied zutage. Mithin kann die Störung des Fr. nicht primär als „Melodientaubheit“ oder als „reine sensorische Amusie“ bezeichnet werden. Quensel u. Pfeifer setzen sich mit diesem Problem auseinander. Sie nehmen zwar an, „daß bei Fr. der ‚Perzeptionsdefekt‘ ausreichen kann, die vorliegende Melodientaubheit, die sensorische Amusie zu erklären“. Doch halten sie die Möglichkeit für gegeben, daß „auch noch eine selbständige assoziative Störung“ bestehe, die sich freilich nicht sicher erweisen läßt. Wie dem auch sei, das, was sich durch die Untersuchung der Autoren an ihrem Falle herausarbeiten ließ, war durch den Perzeptionsdefekt ausreichend zu erklären, die Störung der Melodienbildung ist bei FR. nicht als primäre, sondern als sekundäre Störung aufzufassen. Die primäre Störung liegt, wie die Autoren bemerken, auf dem Gebiete des *zentralen Hörfeldes.*

Solche Störungen des zentralen Hörfeldes sollen im folgenden (analog dem Begriffe der zentralen Anopsien, der Hemianopsien) als *zentrale Anakusien* bezeichnet werden und grundsätzlich von den gnostischen Amusien abgetrennt werden. Mit diesen können sie freilich ähnlich den Gesichtsfeldstörungen im Verhältnis zu den optischen Anopsien durch sekundäre Funktionsstörung erscheinungsmäßig ähnlich werden (Pseudoagnosie, Pseudoamusie).

Die große Bedeutung der Untersuchung von QUENSEL u. PFEIFER liegt in einer anderen Richtung als in der exemplarischen Fundierung der sensorischen Amusie. R. A. PFEIFER hatte schon früher [Die Lokalisation der Tonskala in der corticalen Hörsphäre des Menschen Mschr. Psychol. **50**, (1921)] die aus Tierversuchen abgeleiteten Thesen von MUNK, BECHTEREW und LARIONOW wieder aufgenommen, die in der Zwischenzeit von verschiedenen Seiten in Zweifel gezogen worden waren. Nach diesen Autoren bestehen, wie z.B. in der optischen Sphäre für die Raumteile der Netzhaut auch in der akustischen Sphäre, nämlich in der HESCHLschen Querwindung, auf beiden Hemisphären für die verschiedenen Tonhöhen der Hörskala abgegrenzte Rinden- und Faserpartien als organische Fundamente. Die Resonatoren des CORTIschen Organes (HELMHOLTZ) haben also nach diesen Autoren ihre umschriebenen Rindenteile, und zwar sind der Perzeption der oberen Teile der Tonreihe die innere hintere Partie der Querwindung, der tiefen Teile die äußeren vorderen Partien zugeordnet. QUENSEL u. PFEIFER nehmen an, daß es sich bei ihrem Fall FR. um eine Verletzung beider Schläfenlappen (links durch Contrecoup), und zwar in den äußeren unteren Teilen der Querwindung handelt. Die Autoren machen also die, wenn auch durch Autopsie noch nicht erhärtete Annahme einer getrennten Zuordnung der Tonreihe nach ihrer Höhenlage. Das bedeutet, daß nach dieser Hypothese das Hörfeld wie das Gesichtsfeld nicht immer als Ganzes ausfallen muß, sondern in Abschnitten gestört werden kann.

Einige Schwierigkeiten seien hier noch gebracht. Daß die für das normale Ohr nur bei geschärfter Aufmerksamkeit und Übung hörbaren Obertöne nach Ausfall des Grundtones so stark sein sollen, daß sie unangenehm und quälend empfunden werden, ist nicht ohne weiteres einsehbar. QUENSEL u. PFEIFER nehmen zur Erklärung die bei Hirnkranken oft gesehene Hyperaesthesia acustica an, die die Geräusche subjektiv verstärkt erscheinen läßt. Weiterhin fällt auf, daß es gerade die tiefen Lagen sind, die sich als gestört erweisen, während die höheren Klangbereiche erhalten sind. Man mag eine größere Verletzlichkeit der den tiefen Lagen zugeordneten Teile annehmen. — PFEIFER spricht bei Heranführung der Fälle aus der Literatur von einem häufigen Betroffensein des Schläfenpoles, also der vorderen unteren Teile . Man kann aber auch daran denken, daß das Hörfeld ebenso wie ja auch das Gesichtsfeld nicht in allen Teilen in der Funktion homogen ist. Wie im Gesichtsfeld von den zentralen Partien schärfsten Sehens ein Übergang zu den peripheren Teilen unschärferen Sehens besteht, wobei zentrale und periphere Geichtsfeldteile doch in funktionellem Strukturzusammenhang stehen, so könnte auch im zentralen Hörfeld an strukturelle Abstufungen gedacht werden, bei denen die besondere Funktion der tiefen Lagen im Verhältnis zu den höheren Lagen als Träger der Grundtoneigenschaften eine Rolle spielt. Die Untersuchung der zentralen Anakusien gibt hier eine Problematik der Klangbildung in der Gehirnfunktion, deren empirische Erfüllung eine differenzierte Methodik erfordert. Es müßten die Untersuchungen nicht allein mit der kontinuierlichen Tonreihe (die bekanntlich nicht einmal alle Funktionsdefekte des Hörfeldes aufzudecken imstande ist) und beliebigen obertonhaltigen Klangbildnern, sondern durch exakte Analysen und Synthesen der Klänge nach ihrer tonalen und zeitlichen Sinnesstruktur vorgenommen werden. Dies ist freilich nur an sehr geeigneten pathologischen Fällen (Musikern) und mit dem Rüstzeug möglich, das gegenwärtig fast ausschließlich einigen großen psychologischen Instituten zur Verfügung steht.

Die bisher vorhandene *Literatur* ergibt ein nicht geringes Material, um die Sonderstellung der zentralen Anakusien (zentralen Hörfelddefekte) gegenüber den gnostischen Störungen (den sensorischen Amusien) darzutun.

Quensel u. Pfeifer ziehen als Analogie zu dem Befunde ihres Kranken aus der Kasuistik von S. E. Henschen (Klinische und anatomische Beiträge zur Pathologie des Gehirnes V. Stockholm 1920) eine Reihe von Fällen dieser Art heraus. So finden sie in dem von Henschen selbst beschriebenen amusischen Kranken weiterhin in den Fällen von Mann, Antoni, Lichtheim u. a. ähnlich gelagerte Verhältnisse. Man wird mit den Autoren nicht bei allen herangezogenen Kranken in Übereinstimmung sein können, insbesondere nicht bei den Fällen, bei denen sie aus dem Umstand, daß sie sich ,,weigern zu singen" (Touche u. a.), einen Schluß auf Hörfeldstörung machen. Es seien deshalb im folgenden einige Fälle herausgegriffen, bei denen die Wahrscheinlichkeit einer zentralen Anakusie sich auch in psychologischer Richtung deutlich aufweisen läßt.

Der von vielen als der ,,klassische" Amusiefall angesehene Kranke von Edgren (Amusie, Dtsch. Z. Nervenheilk. 1895), der eine doppelseitige, nicht symmetrische Erweichung in den Schläfenlappen erlitten hatte, und der seit dieser Zeit Musik als Geräusch erlebte, scheint zu den zentralen Anakusien zu gehören. Es ist allerdings wahrscheinlich, daß seine Hörfeldstörung mit echter gnostischer Störung verbunden ist (wie dies ja auf optischem Gebiete ebenfalls häufig vorkommt), da er auch eine Störung in der Auffassung von Rhythmus und Takt hat, zwischen Walzer, Polka und Marsch nicht mehr unterscheiden kann.

Im folgenden einige Fälle, die vielleicht die Defekte in Beziehung auf die Störung der Höhenlagen demonstrieren können.

Knauer-Görlitz [Dtsch. med. Wschr. Jahrg. **23**, 737 (1897)] beschreibt eine Patientin, die musikliebend gewesen und in der Musik und im rhythmischen Tanz ausgebildet war. Sie hatte in der Kindheit an Gehirnhautentzündung und später an Basedowscher Krankheit gelitten. In einer Nacht erkrankte sie, hörte am nächsten Morgen statt Harmonien nur Dissonanzen und hatte nach baldiger teilweiser Wiederherstellung Störungen des Klangerfassens (Falschhören). Es bestand Schwerhörigkeit, links stärker als rechts, sonst war die Ohruntersuchung negativ. Bei den Dissonanzenhören konnte sie Dur, Moll, Septimenakkorde nicht unterscheiden, hörte statt Terzen nur einen Laut, hörte keine Oktaven und *keine Baßtöne.* Sie vernahm menschliche Stimmen monoton, ,,als Baßstimmen", ohne Akzentuierung. Natürlich war sie unfähig, Melodien aufzufassen, aber auch den

Rhythmus einer Melodie verstand sie nicht. Sie hatte Halluzinationen musikalischer Art. Das musikalische Gedächtnis war stark herabgesetzt. Das Notenlesen ging auffallend gut, ebenso das Abspielen von Noten auf dem Klavier. — Der Fall, über dessen Hirnbefund kein Bericht vorliegt, hat offenbar eine Störung der tiefen Tonlagen und infolgedessen eine Unfähigkeit, Klänge adäquat zu perzipieren. Es ist wahrscheinlich, daß diese Störung nicht peripher, sondern zentral durch einen Ausfall der Hirnfunktion verursacht ist. Dafür spricht auch die Kombination der Hörfeldstörung mit echten, rein sensorisch-amusischen Zeichen, die bei bei einem entsprechend ausgedehnten Herde erklärbar ist.

Die bekannte Patientin von SÉRIEUX [Rev. Méd. Jahrg. **13**, 733 (1893)], bei der der Autor zunächst ,,surdité verbale pure" festgestellt hatte, wurde mehrere Jahre beobachtet. Nach ihrem Tode fand man bei der Sektion eine beiderseitige Polioencephalitis der Schläfenlappen, so daß DÉJÉRINE (zitiert nach BONVICINI) ein ,,affaiblissement des fonctions du centre auditif commun par lésion temporale bilatérale" annahm. Es scheint, daß diese ,,Schwäche" ein besonderes Tonbereich, nämlich die oberen Lagen, stark betroffen hat. Die Patientin hatte Pfeifen als Sprechen aufgefaßt, sagte, wenn man ihr die Marseillaise vorpfiff, ,,das ist gesprochen, ich verstehe aber nichts", ,,Sie reden sehr leise", erkennt sie erst auf das dritte Mal als ,,petite musique". Ebenso verkannte sie den in sehr hohen Lagen liegenden Gesang von Vögeln als Frauenstimmen, während sie musikalischen Gebilden mit tieferen Grundtönen gegenüber sich adäquat verhielt, Trompetenklänge sofort als ,,Soldatenmusik" bezeichnete, und bei Violin- und Flötenmusik wenn auch nicht das Instrument, so doch den musikalischen Charakter des Gebotenen entsprechend beurteilte. Es liegt also offenbar eine Beeinträchtigung (wenn auch nicht Aufhebung) der oberen Lagen des Hörfeldes in bezug auf die Einzelklangbildung gegenüber besser funktionierenden tiefen Lagen vor. Auch bei diesem Falle scheint die gnostische Sphäre nicht ganz unberührt zu sein.

Der Fall von E. FORSTER (Über Amusie, Allg. Z. Psychiatr. **71**, 529) wird auch von QUENSEL u. PFEIFER in ihrem Zusammenhang angeführt. Ein Synagogensänger und Musiker, der merere Schlaganfälle mit verübergehender Lähmung der rechten und linken Seite erlitten hatte, wies schwere Störungen des musikalischen Erlebens auf. Das Gehör zeigte sich ,,beiderseits als intakt". Doch offenbar nur für gewisse Tonbereiche, denn der Autor bemerkt: ,,Alle Töne von 40—500 Schwingungen werden beiderseits wahrgenommen." Das letztere bedeutet eine starke Einschränkung noch oben. Bemerkenswert ist allerdings, daß er Flüstersprache verstand. Die Töne c_1, c_2, c_3 werden als ,,tief" beurteilt, G dagegen als ,,mittel". Dabei unterscheidet der Patient Geräusche richtig. Am Tonvariator erkennt er die Höher- oder Tieferbewegung. Musikalische Inhalte erscheinen ihm sinnlos, auch bei rhythmischen Gebilden hatte er Schwierigkeiten. Wenn man ihm Musik vorspielte, so war ihm das nur ein Geräusch, ,,wie wenn ein Wagen quietscht". Auch bei diesem Falle scheinen Beeinträchtigungen bestimmter Hörfeldteile vor sich gegangen zu sein, und zwar besonders der höheren Lagen. Auch die Klangbildung hat Schädigung erlitten.

Mit der Höhenlage der Töne allein ist die Struktur und Funktion des Hörfeldes in ihrer pathologischen Bedeutung noch nicht erschöpft. Der Begriff der Höhe und Tiefe läßt sich nur auf die Grundtöne bzw. auf die obertonfreie BEZOLDsche Stimmgabelreihe beziehen. Es muß aber erörtert werden, ob Veränderungen der adäquaten Erfassung von Klängen in den verschiedenen Lagen ihrer Grundtöne immer einen Defekt in der Perzeption der obertonfreien Reihe zur Ursache hat, oder ob umgekehrt nicht ein Kranker, bei dem das Erhaltensein der gesamten obertonfreien Tonreihe einen umschriebenen Ausfall im zentralen Hörfeld ausschließt, trotzdem eine Funktionsstörung des zentralen Hörfeldes (im Sinne des Funktionswandels der Heidelberger Neuropathologen), also trotzdem eine zentrale Anakusie hat.

Als Kranke, die wir, freilich mit einigem Vorbehalt, unter die Fälle mit Defekt in der Komplexbildung von Tönen im Hörfeldbereiche speziell in der Erfassung von *Klängen* und *Klangfarben* (mithin als zentrale Anakusien) auffassen können, mögen noch einige Fälle aus der Literatur angeführt werden. PICK (Beitr. path. Anat. 1898) beschreibt einen Kranken, der nach doppelseitiger Schläfenlappenaffektion zwar Glockentöne, nicht aber musikalische Klänge auffassen konnte. Die Patientin von HENNEBERG (Mschr. Psychol. Bd. 19) sagt bei vorgesungener Melodie: ,,Ich höre klappern", einen tiefen Ton vernimmt sie als ,,Brummen". Die Kranke von BERNARD (De l'aphasie 1885) hatte früher Musik geliebt, erlebte nach ihrer Hirnschädigung die Musik als ein neuartiges Geräusch, das allen melodischen Charakters entkleidet war. ANTONIS Kranken ist Musik ein gleichgültiges Geräusch (zitiert nach HENSCHEN). Inwieweit der Kranke von BONHOEFFER [Mschr. Psychol. **37**, (1915)], der eine doppelseitige Affektion beider Schläfenlappen mit Zerstörung der einen Querwindung und teilweiser Zerstörung der anderen erlitten hatte und der bei Prüfung mit der Stimmgabelreihe bei seiner sensorischen Aphasie eine Reaktion auf die ganze Hörreihe dadurch äußerte, daß er bei Ertönen jeder Stimmgabel auf das betreffende Ohr deutete, tatsächlich die Klänge adäquat hörte, läßt sich auch nach Äußerung des Autors selbst nicht sagen. — Alle diese Fälle sind kein ,,Beweis" für die These der isolierten Störung der Klangfarbenempfindung bei erhaltener Hörreihe, geben vielmehr der Forschung Probleme auf.

Zusammenfassend kann folgendes gesagt werden:

Es erweisen sich die zentralen Hörfeldstörungen (zentralen Anakusien) als Folge der Verletzung beider Schläfenlappen in den HESCHLschen Querwindungen oder den zu ihnen gehörenden Faser- und Kernsystemen (symmetrisch oder asymmetrisch) als Spezifikationen von Ausfällen, die als Untergruppe dessen betrachtet werden müssen, was man früher unter der wenig geeigneten MUNKschen Bezeichnung der ,,Rindentaubheit" vereinigt hatte. Sie bilden Analogien zu den Gesichtsfeldstörungen nach Verletzung des Hirnkeiles im Hinterhauptlappen, die Spezifikationen der ,,Rindenblindheit" darstellen. Die neueren Beobachtungen haben Hinweise dafür ergeben, daß die Ausfälle im Hörfeld nicht immer das ganze Hörfeld betreffen, sondern auch Teile. Man wird also bei entsprechenden Fällen von ,,partiellen Anakusien" sprechen können, wie man die partiellen Anopsien (Hemianopsien) verschiedener Lage im Gesichtsfeld kennt. Gemäß der besonderen Funktion der Hörfelddispositionen, wonach bei Einklangbildung verschiedene Teile des Hörfeldes gleichzeitig in Aktion treten (Partialtöne), werden die Ausfälle nur bei reinen Tönen zum Ausdruck kommen, bei kombinierten Einzelklängen dagegen zu qualitativen Veränderungen der Partialtonstrukturen und dadurch zu Verwandlung der Klänge in Geräusche führen. Man hat Hinweise für isolierte Ausfälle in tiefen und in hohen Lagen. Es ist wahrscheinlich, daß auch bei Erhaltensein der gesamten Hörreihe die „Komplexqualität" (KRUEGER) der Klangbildung im zentralen Hörfeld gestört sein kann.

Über die Abgrenzung der zentralen Hörfeldstörungen gegenüber den akustisch-gnostischen Störungen musischer Art (den echten sensorischen Amusien) wird erst im späteren Abschnitt unter eingehender Merkmalbestimmung der agnostischen Phänomene gesprochen werden. Die Notwendigkeit, Gesichtsfeld- und Hörfeldstörungen von den gnostischen Störungen methodisch und begrifflich streng zu scheiden, geht daraus hervor, daß bei aller Variation der Bedingungen Hemianopsien nicht in echte optische Agnosien und ebenso Hörfeldstörungen nicht in echte akustische Agnosien übergehen. Bei Annahme der hier wiedergegebenen Auffassung sind zentrale Anakusien nicht als Grundlegung für „Melodientaubheit" oder der reinen und totalen sensorischen Amusie zu nehmen. Der Funktionswandel in der Tonempfindung auf dem Boden einer Hirnstörung führt zur zentralen Anakusie, nicht aber zur gnostischen Störung der sensorischen Amusie.

Es muß zugegeben werden, daß die methodische Herausarbeitung der zentralen Hörfeldstörungen sowohl in der Abgrenzung gegen die peripheren Veränderungen des Hörfeldes als auch gegen die gnostischen Störungen nicht ohne Schwierigkeiten ist. Von den peripheren Hörfeldstörungen trennt H. RHESE [Pathologische Physiologie des Labyrinthes und der Cochlearisbahn. Handbuch d. norm. u. pathol. Physiol. 11, 656ff. (1926)] die zentralen durch bestimmte Symptome ab. Er findet bei diesen den Beginn der Störungen an der untersten Tongrenze, wo der Defekt von Anfang an am stärksten ausgebildet ist. Es besteht verschiedentlich Einengung der oberen Tongrenze und Empfindungsherabsetzung der ultramusikalischen Töne. Bei Beeinträchtigung der Hörfähigkeit im ganzen Stimmgabelbereich ist die Hörzeit für höchste Teile am meisten verkürzt. Die in der Mitte gelegenen Teile halten am längsten stand und verlöschen erst allmählich unter konzentrischer Einengung oder durch Hinaufrücken der unteren Tongrenze. Die Knochenleitung ist stets verkürzt. — Gegenüber den gnostischen (sensorisch-amusischen) Störungen grenzen sich immerhin die Anakusien durch das Beschränktsein der Störung auf bestimmte Teile des Hörfeldes oder auf bestimmte akustische Phänomengruppen, z. B. die Ton- und Klangfarben, ab bei verhältnismäßig gutem Erhaltensein der Geräuschperzeptionen und meist geringerem Betroffensein der Sprachlaute, gutem akustischen Rhythmuserfassen und völligem Freisein der akustischen Vorstellungen. Ist die Abgrenzung der Anakusien von den „subcorticalen" sensorischen Amusien und Aphasien schwieriger als von den „corticalen", so muß doch der prinzipielle Unterschied zwischen pathologischer Hörfeldfunktion (Anakusie) und Abbau der reinen akustischen Wahrnehmung (subcorticale sensorische Amusie und Aphasie als gnostische Störungen) aufrecht erhalten bleiben.

Kurz vor Abschluß dieser Schrift hat W. BÖRNSTEIN [Über die funktionelle Gliederung der Hörrinde. Der Nervenarzt Jahrg. 2, H. 4 (1929)] die Theorie vertreten, daß es keine „Tonzentren" in der Hörrinde gebe. Er schließt sich der Theorie von LUCIANI und SEPILLI von der Verteilung aller Hörfasern in der ganzen Hörrinde, der auch v. MONAKOWS Standpunkt nahesteht, an. Wenn damit gemeint ist, daß es eine Zuordnung der höheren und der tieferen Tonlagen zu verschiedenen Teilen der Hörrinde nicht gibt, so könnten umgekehrt die von Börnstein beschriebenen Fälle gerade *für* die Trennbarkeit der Höhenlagen in der Hörsphäre sprechen. Denn wenn auch keine Ausfälle, so sind doch Abschwächungen umschriebener Tonhöhengebiete bei voller Funktion anderer Tonhöhengebiete die Folge der von dem Autor als Schädigung der Hörsphäre aufgefaßten Verletzungen. Das stärkere Betroffensein der untersten und obersten Partien der Tonskala gegenüber den verhältnismäßig gut erhaltenen mittleren Partien (vgl. auch Rhese) spricht ebensowenig gegen eine lokalisatorische Zuordnung von Teilen der Tonskala zu bestimmten Abschnitten der Querwindungen, als etwa die Aussparung der Macula bei der homonymen Hemianopsie gegen eine lokalisatorische Zuordnung von Teilen des Gesichtsfeldes zur einen oder anderen Calcarina verwendbar ist. Die Fälle selbst sind freilich zu wenig ausführlich geschildert und außerdem mit aphasischen Störungen kompliziert, sodaß vorerst eine Diskussion über sie nicht möglich ist. Die in Aussicht gestellte ausführliche Behandlung des Themas durch den Autor liegt bei Abschluß unserer Schrift nicht vor.

Der Trennung der „Lauttaubheit" von der „Worttaubheit", die K. Kleist [Gehirnpathologische und lokalisatorische Ergebnisse, 3. Mitt. Über sensorische Aphasien, J. Psychol. u. Neur. **37** (1928)] vornimmt, ist insoweit zuzustimmen, als die „Lauttaubheit" eine partielle Erscheinung des Hörfeldabbaues ist (vgl. die Liepmannsche „Pseudosprachtaubheit"), nicht dagegen, wenn sie mit der sogenannten „reinen Sprachtaubheit" identifiziert werden soll, die zu den gnostischen Bildstörungen gehört. Über die Beziehung der Erfassung von Lauten zu Klängen und Tönen und zu Geräuschen, sowie über die perzeptive und gnostische Gestaltung des Einzelsprachlautes vergleiche man die 1. Abteilung im 3. Abschnitt dieser Schrift („Amusie und Sprache")!

V. Musische Bildorganisation (sensorische Amusie).

1. Pathologisch-psychologische Grundlegung.

a) Ältere Theorien.

Die Abgrenzung der Dispositionsgebiete des zentralen Hörfeldes und des Bereiches, dessen Störung sich in den krankhaften Formen äußert, die sich im Falle St. und analogen Fällen der Literatur zeigen, setzen den Theoretiker vor die Aufgabe, dafür eine *psychologische Grundlage* zu bestimmen. Das gesuchte Prinzip, nach dem wir das psychische Dispositionsgebiet festlegen, muß natürlich der Gesamtheit der pathologischen Erscheinungen innerhalb des Bereiches der *sensorischen Amusien* gerecht werden. Es muß, um das Beispiel unseres Falles St. anzuführen, ebensowohl das Unversehrtsein des Hörfeldes bei schwerer Störung des höheren musischen Verstehens erklären, es muß die Störung des Akkordaufbaues und des Melodienerlebnisses in der Wahrnehmung und in der Vorstellung, muß das Beieinandersein der Störungen im tonalen und zeitlichen Aufbau und ebenso das Getrenntsein der beiden Strukturgebiete, muß das Intaktsein oder die Störungen der Zuordnung harmonisch-melodischer Erscheinungen zu einer beherrschenden Grundlage der „Tonalität" (Tonart, Tongeschlecht), die Transposition der Melodie oder die Transposition der Tonalitätsgrundlage

(z. B. Modulation), muß die Zuordnung der zeitlich-rhythmischen Gebilde zum Takt und Tempo und auch hier Versetzungen in andere Rhythmen, anderes Tempo und andere Takteinteilungen nach ihrer pathologischen Seite hin in sich begreifen.

Die älteste Betrachtungsart derartiger Fälle ist wohl die, den Unterschied zwischen erhaltenem Hören und Erschwerung der Auffassung musikalischer Inhalte zurückzuführen auf die Störung musikalischer „Erinnerungsbilder“ oder Absperrung von den „Depots“ der Erinnerungsbilder, deren Sitz die Hirnzentren sind. Wenn wir mit G. E. Müller (Abriß der Psychologie 1924) ein Vorstellungsbild dann als „Erinnerungsbild“ bezeichnen, „wenn man das vorgestellte Objekt als ein solches auffaßt, das man schon in früherer Zeit wahrgenommen oder erlebt hat . . .“, dann ist unser Kranker St. ein Beweis gegen diese Auffassung. Denn bei ihm ist die wesentliche Störung gerade an neuartigen musischen Gebilden stark, während an den Stücken, die in seiner Erinnerung haften, helfende Faktoren wirksam sind und zu relativ richtigen Urteilen führen. Die Theorie der Erinnerungsbilder dürfte heute im ganzen verlassen sein.

Von der Theorie der Erinnerungsbilder ist das abhängig, was Wernicke mit „primärer Identifikation“ bezeichnet hat. Nimmt man diesen Begriff in einiger Abänderung im Sinne des „Residualbesitzes“ musischer Inhalte, so könnte die totale sensorische Amusie, bei der die Vorstellungsdispositionen mitbetroffen sind, als Defekte der primären Identifikation der musischen Klanggebilde aufgefaßt werden. Es ist aber klar, daß ein Begriff wie die Identifikation keine Grundlage für das Spezifische der Störungen im Melodienaufbau, der Tonalität, des Rhythmus, Taktes usw. in ausreichender Weise abgeben kann.

Der Unterschied der Störung zwischen Hören und Wahrnehmen ist weiterhin früher in den Begriffen der „Perzeption“ und „Apperzeption“ gefaßt worden dergestalt, daß man Erscheinungen der musischen und auch sprachlichen Klanggebilde als apperzeptive Störungen und die zugehörigen verletzten Hirnteile als Zentren für akustische Apperzeption bezeichnet hat. Psychologisch genommen ist der Begriff der Apperzeption sehr vieldeutig, indem bald das Moment der Vorstellung (Herbart), der Assimilation (Mill, G. E. Müller u. a.), der aktiven Vereinheitlichung und des Rückens in den Blickpunkt des Bewußtseins (Wundt), der Aufmerksamkeit, in den Vordergrund gestellt wird. Dabei bleibt es unsicher, ob der Begriff der Apperzeption nur auf den Wahrnehmungsinhalt oder auch auf den Vorstellungsinhalt (Külpe) übertragen werden kann, weiterhin ob es überhaupt möglich ist, der Apperzeption als solcher modale Begrenzung (optische, akustische Apperzeption) zu geben, da die Apperzeption ein „Akt“ ist, der modal verschiedene „Inhalte“ erfassen kann. Ganz zu schweigen von der Vielfalt der Bedeutungen, die der Terminus in der Philosophie seit Leibnitz erhalten hat. Wie man den Begriff auch nimmt, so ist durch ihn doch wenig Handhabe gegeben, um die große Vielheit der Störungen musischer Inhalte auseinander zu halten. In der Hirnpathologie hat er freilich eine historische Stelle, weil Lissauer als erster analoge Störungen auf optischem Gebiete als „apperzeptive Seelenblindheit“ abgegrenzt hat. Aber selbst wenn wir, das Apperzipieren eines Inhaltes als Ganzes hervorhebend (nicht die „Apperzeption“ als „Akt“), die sensorischen Amusien als „apperzeptive Seelentaubheit“ oder apperzeptive akustische Agnosie bezeichnen, so bleibt doch immer noch die Aufgabe bestehen, die Störungen nach ihrer spezifischen klanglich-musischen Struktur genauer psychologisch zu charakterisieren.

Mehr in den Störungsvorgang selber gehen die theoretischen Auffassungen ein, die die Erscheinungen in das Gebiet der „Assoziationen" verlegen. Der Einzelton und Einzelklang wird richtig aufgefaßt, die „Verbindung" der Klänge, die Akkorde und Melodien, sind gestört. So einfach sind freilich die Verhältnisse nicht gelegen. Die Störung ist ja bei der sensorischen Amusie nicht so, daß die „assoziativen Verbindungen" aufgelockert sind und nun die Gebilde in Einzelklängen erscheinen. Auch in den pathologischen Formen unseres Patienten St. sind noch „Verbindungen" vorhanden, die nicht weniger stark sind als beim Erfassen der Akkorde und Melodien. Tiefer geht man, wenn man die Theorie heranzieht, wie sie durch die „Komplexbildung" als Erscheinungsform der Assoziation nach G. E. Müller gefordert wird. Akkorde und Melodien sind Simultan- und Sukzessivkomplexe, die durch Kollektivauffassung zu Totalitäten vereinigt sind, bei denen jedes Glied seinen Stellenwert hat, und die Glieder nach dem Kohärenzgrad verbunden sind. Das mag für die Komplexbildung in der Erfassung der Akkorde, der Melodien, der Rhythmen im gewissen Sinne zutreffen können; die theoretische Erfassung der Störung der Tonalitäts- und Taktbeziehungen, der Transpositionen usw. werden auch in diesem neuen Assoziationsprinzip ebensowenig Einordnung finden können wie etwa die von G. E. Müller selbst studierten Verhältnisse des Vorstellungsraumes usw. im optischen Komplex. Die klinisch begrenzte sensorische Amusie als eine „assoziative Amusie" einer perzeptiven gegenüberzustellen, wie man das in der Literatur findet, kann nicht das Resultat eingehender psychologischer Erwägungen sein.

Die Komplextheorie von O. Selz, dessen Aufstellung eines durch Determination gesetzten antezipierenden Schemas wichtige grundsätzliche Bestimmungen um die Erkenntnis der Komplexphänomene und gerichteten Denkverläufe gebracht hat, kann ebenfalls nicht ganz die pathologischen Erscheinungen innerhalb der sensorischen Amusie in der Gesamtheit ihrer Variationen umfassen. Auch sie bedarf der Erweiterung.

b) Gestalt. (Gestaltqualität, Figur auf Grund, Invarianz, Tonalitätssystem, Transposition.)

Ein bedeutender Schritt nach vorwärts wurde getan, als man sich die Erscheinungen der musischen Erlebnisse unter dem Gesichtspunkte der *Gestalt* klarzumachen versuchte. Schon v. Ehrenfels hat in seiner berühmt gewordenen Schrift [Über Gestaltungsqualitäten Vjschr. wiss. Phil. **12**, 249 ff. (1890)] gerade die meisten Gebilde in seine Betrachtungen einbezogen. Wichtig ist, daß er die Gesetze der Gestaltbildung von denen der Reproduktion und des Behaltens trennte, es für unmöglich hielt, den Zusammenhang der Klänge in der Melodie auf „Erinnerung" und „Erwartung" von einem Klang auf den anderen, also auf Gedächtnisfaktoren, zu beziehen, weil das Gedächtnis unmöglich so weit reichen würde, etwa die Struktur eines großen Tonstückes so zu erfassen, daß man in jedem Moment den Einbau des Gehörten in das Ganze haben könnte, wie dies tatsächlich der Fall ist. Auch hat man ja beim Anhören einer Stelle in einem Tonstück nie eine „Erinnerung" von etwas Vorausgehendem und „Erwartung" eines folgenden. Die Ableitung der musischen Gestalt von dem einzelnen Klang und seiner Vorstellung genügt nicht, es sind besondere Faktoren, die *Gestaltqualitäten*, vorhanden, nämlich ,,Vorstellungsinhalte, welche an das Vorhandensein von Vorstellungskomplexen im Bewußtsein gebunden sind, die anderseits aus voneinander trennbaren (d. h. ohne einander vorstellbaren) Inhalten bestehen". Die Sonderung der Gestaltqualitäten von den sie bildenden Inhalten schließt v. EHRENFELS aus der Tatsache, daß die gleichen, in bestimmtem Zusammenhang erlebten Inhalte, z. B. Einzelklänge, in anderer Reihe und anderer Zeitfolge gebracht, ein ganz anderes melodisches Erlebnis ergeben, während eine Melodie oder ein Akkord in eine andere Tonart versetzt, z. B. von *C*-Dur in *Es*-Dur, als ,,gleich" erscheint, trotzdem kein einziger klanglicher Einzelinhalt mehr darin vorkommt. Die von den in ihr erfaßten Inhalten trennbare Gestaltqualität, die der Autor an musikalischen Stoffen in sukzessive, nämlich Melodien, und in simultane, nämlich Klangfarben und Akkorde, teilt, haben die Funktion der Einheitsbildung aus der Mannigfaltigkeit der Einzelinhalte und der Invarianz dieser Einheitsbeziehung gegenüber den wechselnden Inhalten bei der ,,Transposition der Gestalt." In späteren Arbeiten gibt v. EHRENFELS als weiteren Faktor an die ,,Höhe der Gestalt": als Beispiel einer niedrigen Gestalt einen Sandhaufen, einer hohen Gestalt ein Lebewesen; ferner die ,,Reinheit der Gestalt", wobei er als die reinsten Gestaltgebilde die mathematisch-geometrischen Gestalten anführt (vgl. zu dem letzteren F. WEINHANDL: Die Gestaltanalyse, 2. Buch, S. 174ff. Erfurt 1927). Die Theorie ist durch v. MEINONG und die von ihm begründete Grazer Psychologenschule (WITASEK, BENUSSI u. a.) ausgebaut worden in der Richtung, daß die Gestalten, in unserem Falle Akkorde und Melodien, als ,,fundierte Inhalte", als Inhalte höherer Ordnung angesehen wurden. Es werden nach dieser Theorie die fundierenden Inhalte, die Einzelklänge durch die Produktion der Gestaltqualität zu den Gestalten gemacht und als Einzelheiten erlebt.

Sucht man die Gültigkeit der Theorie für die pathologischen Untersuchungsergebnisse zu prüfen, so ist hierzu der früher dargelegte Unterschied zwischen den zentralen Hörfeldstörungen, den Anakusien, und den echten sensorischen Amusien geeignet. Es erscheint zunächst plausibel, daß der Unterschied psychologisch dadurch charakterisiert ist, daß die Hörfeldstörungen in den fundierenden Inhalten akustischer Art bei Erhaltensein der Gestaltqualitäten, die sensorischen Amusien dagegen in den Gestaltqualitäten bei erhaltenen fundierenden Inhalten aufgefaßt werden. Die sensorischen Amusien könnten dann wegen des Verlustes an Dispositionen zu akustischen Gestaltqualitäten als ,,akustische Gestaltagnosien" oder Formen von ,,Gestalttaubheit" — oder wie man sie sonst nennen will — bezeichnet werden.

Diese wegen ihrer Einfachheit bestechende Unterscheidung ergibt aber bei genauerer Betrachtung der Untersuchungsresultate, besonders beim Versuch der systematischen Einordnung aller Erscheinungen, nicht unerhebliche Schwierigkeiten. Es seien daher die Faktoren der Vereinheitlichung im musischen Gestaltkomplex und die der Invarianz und Transposition von Akkord und Melodie gesondert betrachtet.

Die Annahme der dargelegten Auffassung stellt die theoretische Forderung, daß bei Verlust der *akustischen Gestaltqualität* der Kranke die vorgelegten Inhalte, Harmonien und Melodien in ihrer Vereinzelung als Einzeltöne, etwa ,,summenhaft", nicht mehr in gestaltlicher Vereinheitlichung, aufnimmt. Mag das in besonderen Fällen vorkommen, so trifft dies nach den Untersuchungen an unserem Kranken St. nicht zu. Sein Erlebnis des Akkordes ist, wie eingehend dargelegt werden konnte, keineswegs ein Zerfall in fundierende Inhalte. Es ist vielmehr ein pathologisches Erlebnisgebilde, das dem Verschmelzungsprodukt nahesteht, das nicht die für das adäquate musische Erfassen notwendige *Gliederung*, die Ausprägung des konstitutiven Einzelklanges im Ganzen des gestalteten Akkordes, nicht mehr die Funktion des Ganzen im Einzelnen, nicht mehr des Einzelnen im Ganzen hat. Das pathologische Klanggebilde entspricht mehr dem, was F. Krueger als „diffuse Komplexqualität" (in seinem Sinne mehr gefühlsmäßig erlebt) darstellt und nicht mehr die gegliederte Ganzheit der musischen Gestalt. Aber es ist auch in diesem krankhaften Erleben immer noch etwas Gestalthaftes vorhanden und läßt fast weniger noch als die ausgebildeten Gestalten die fundierenden Einzelklänge im Erlebnis erstehen. Etwas Analoges läßt sich bei St. auch für die Melodien feststellen, die, wenn auch schwer verändert, doch in irgendeiner gestaltlichen Einheitsbeziehung bestehen bleiben.

Als ein weiteres Argument gegen eine Auffassung, die in der Gestaltqualität den wesentlichen Unterschied zwischen den anakustischen und sensorisch-amusischen Störungen sieht, ist in der Theorie der *Klänge und Klangfarben* im Vergleich zu den Akkorden und Melodien zu sehen. Die Klangfarben sind auch nach v. Ehrenfels ebenso wie die Akkorde als Simultangestalten zu betrachten. F. Krueger sieht in Konsonanz und Dissonanz Komplexqualitäten, wobei er den Differenztönen eine bestimmte Rolle zuschreibt. Konsonante (harmonische) und dissonante (disharmonische) Partialtöne sind für den Aufbau von Klängen sowohl wie von konkordanten und diskordanten Akkorden (C. Stumpf) notwendig. Ist nun der aus Partialtönen gefügte Einzelklang auch Fundament für Akkord und Melodie, so ist er doch selbst ein Gestaltgebilde. Fundament und fundierter Inhalt können also füglich nicht durch das Merkmal der Gestalt voneinander geschieden werden.

Noch weiter geht die „Gestalttheorie", die von Koehler, Wertheimer, Koffka, Gelb, Goldstein u. a. vertreten wird. Nach dieser Theorie ist schon die einfache Empfindung nicht ein isoliertes „Element", aus dem sich alles höhere Erleben aufbaut, sondern ist als Ausprägung aus der Ganzheit des Organismus, als *Figur auf Grund* schon in eigener Strukturfunktion anzusehen. Demnach ist nicht nur der schon komplexe Klang, sondern auch der einzelne Ton von dem Ganzen des Feldes, des Hintergrundes, auf dem er ersteht, bestimmt. Dies ist auch im Einklang mit Erfahrungen, nach der die Funktionsbereitschaft des Hörfeldes als Ganzes auch für den Einzelton bestimmend ist. Besonders die Feststellung der Einflüsse von „Nebenreizen" der Einzelempfindungen, die für optische und taktile Empfindungen schon lange bekannt, neuerdings durch H. Werner (Über Intensitätspsychologie. Leipzig 1926) auch für das Tongebiet nachgewiesen worden sind, zeigt die Bezogenheit des Einzeltones auf die Gesamtheit des Hörfeldes, mithin der Figur auf den Zustand des Hintergrundes. Erweitert man das Gestaltprinzip in dieser Weise, so hat also auch der unkomplizierte Ton schon Gestaltcharakter.

Im ganzen wird also in der Theorie der einfachen Melodie- und Akkordbildungen das v. Ehrenfelssche Prinzip der Gestaltqualität als ein Fortschritt gegenüber den Apperzeptions-, Assoziations- und Komplextheorien erkannt werden, ohne daß die Weiterbildung dieser Theorie, wie sie durch v. Meinong und Witasek in dem Begriffe der Vorstellungsproduktion vorgenommen wurde, ein Mittel bildet, um an den pathologischen Beobachtungen die wesentlichen Unterscheidungen vorzunehmen.

Das zweite Argument v. Ehrenfels' für die Unabhängigkeit der Gestalt von den Einzelklängen, die *Transposition*, soll im folgenden nicht so sehr unter dem Gesichtspunkte der Begründung von Gestaltqualität, als vielmehr unter dem Gesichtspunkte der Invarianz und der Systembildung betrachtet werden.

Bekanntlich hat v. Ehrenfels die Unveränderlichkeit der Gestaltqualität an dem Sonderfall der Versetzung einer Melodie oder eines Akkordes in eine andere Tonart dargelegt. In der Tat ist dabei die Invarianz in der Beziehung der Klänge in der Stellung der Klänge zueinander, in der Gliederung des Ganzen durch seine Konstituenten ausgesprochen. Aber freilich ist in dem angegebenen Spezialfall die Möglichkeit der Verlegung und alle ihre Bedingungen schon vorausgesetzt. Wenn man nämlich fragt, ob die Änderung der Klänge nach der Transposition das einzig Veränderte ist und ob andererseits die Beziehung der die transponierte Melodie (Akkord) ausmachenden Klänge in ihrer Gliederung untereinander das einzig Invariante ist, so muß man antworten, daß die Betrachtung zu eng ist. Damit die musische Gestalt ,,die gleiche" bleibt, muß noch etwas anderes geändert werden, nämlich das, was sich in der neuen *Tonart*, in unserem Beispiel nach der Änderung von *C*-Dur in *Es*-Dur, ausdrückt. Es muß noch etwas anderes invariant geblieben sein, nämlich *der Bezug*, und zwar der Bezug zur Tonika und den von ihr abhängigen ausgezeichneten Punkte in der Grundkadenz, die Dominante, die Subdominante, die Leittonterz, das Tongeschlecht, abgesehen von sonstigen melischen, harmonischen und dynamischen Verhältnissen. Man kann sich das leicht vergegenwärtigen, wenn man etwa eine Melodie bei nichtmitvariierendem Bezug zur Tonika transponiert, und zwar so, daß trotzdem die ,,Beziehung der Klänge zueinander" die gleiche bleibt. Man versetze eine Melodie von bestimmter Klangfolge in *C*-Dur so, daß ihr erster Ton nunmehr zu *g* die gleiche Lage hat wie vorher zu *c*, die Intervallfolge in der neuen Melodie ebenso wie die Klangfolge die gleiche bleibt, dagegen keine Änderung der Tonart (*C*-Dur) eintritt, so daß die Melodie jetzt einfach in die Dominante transponiert wird. Trotzdem der Klangbezug der gleiche bleibt, ist nunmehr die Melodie doch nicht ,,die gleiche", weil sie einer anderen Weiterführung bedarf als im Falle der Versetzung in *G*-Dur mit *g* als Tonika. Aus all dem läßt sich ersehen, daß Melodie und Akkord nicht allein durch die Gestaltqualität der ,,Beziehung der Klänge", der Gliederung des Ganzen in der phänomenalen Gestalt hinreichend bestimmt sind, sondern daß sie nicht ganz verstanden sind ohne den Bezug auf ein mitvariierendes oder invariantes System, ein *Bezugssystem der Tonalität*, das hier, zunächst ohne weitere theoretische Ableitung, als *Tonalitätssystem* bezeichnet werden soll.

Das *Tonalitätssystem*, dessen allgemeinste Form bisher das chromatische (atonale) System und dessen hauptsächlichster Repräsentant seit Jahrhunderten bis in die letzte Zeit in der europäischen Musik das ,,diatonische System" ist — das Vierteltonsystem ist in seiner Möglichkeit als System und Bezugsgrund theoretisch noch bestritten — stellt ein invariantes Ordnungsprinzip dar, auf das die musikalischen Gebilde dauernd ihren Bezug haben müssen. Wir sehen von den Systemen anderer Zeiten und Völker und sogar von den komplizierteren Verhältnissen des atonalen Systems bei unseren Untersuchungen und Erörterungen ab und bleiben in dem uns geläufigen diatonischen System. Die Veränderung der Tonart bedeutet gleichzeitig eine Veränderung des ,,tonalen Diagramms" mit Verschiebung der Tonikafunktion auf eine andere Stelle im System. Änderung des Tongeschlechtes (Dur und Moll) hat vom systematischen Standpunkte aus eine Diagrammänderung mit Umkehrung der Leittonfunktion (mit Tendenz von aufwärts [Dur] nach abwärts [Moll] oder umgekehrt) zur Folge. Wenn wir die Möglichkeit der ,,Transposition" von Melodie und Akkord suchen, so ergeben sich viele Variationsmöglichkeiten. Nennen wir die Beziehung der Konstituenten zueinander im Ganzen der Melodie- oder Akkordgestalt den ,,Gliederungsbezug", die Stellung des akkordischen oder melischen Ganzen im Tonalitätssystem den ,,Tonalitätsbezug" und die Tonart in ihrer Variabilität das ,,Diagramm" des Tonalitätssystems, so lassen sich als Beispiele für die *Vielfältigkeit der Transposition* einige Grundfälle herausstellen. Als erster Fall gelte die reine Veränderung der konstituierenden Klänge, während Gliederungs- und Tonalitätsbezug invariant bleiben: Transposition von einer Oktave auf die andere bei gleichbleibender Tonika. In einem zweiten Falle, der dem v. EHRENFELSschen Beispiele entspricht, nämlich der Transposition einer Melodie in eine andere Tonart, sind die Klänge und das Diagramm variant, der Gliederungsbezug invariant, ebenso der Tonalitätsbezug (Bezug zur Tonika). Bei dem dritten Falle von Transposition, der unserem früheren Beispiel der Versetzung der gleichen Melodie von *c* auf *g* unter Beibehaltung der Tonart (*C*-Dur) entspricht, hat man Variierung des Klang- und Tonalitätsbezuges bei (relativer) Invarianz des Gliederungsbezuges und des Systemdiagramms. Als vierter Fall mag die Invarianz des Gliederungsbezugs bei laufender Veränderung des Tonalitätsbezuges und des Diagramms gelten, wenn fortlaufende Sequenzen gespielt werden; sie können dann freilich durch einen gehaltenen Orgelpunkt oder einen Grundakkord auf gemeinsame tonale Basis gebracht werden. Als fünfter Fall sei die Invarianz der Klang- und der Gliederungsbezüge bei Veränderung des Tonalitätsbezugs und des Diagramms angeführt werden, bei der enharmonischen Verwechslung während eines liegenden Akkordes oder des Ablaufes einer Melodie, mithin Transposition des Tonalitätssystems. Sie stellt einen Spezialfall der tonalen Transposition dar, die man als ,,Modulation" bezeichnet, und bei der in systematischer Weise durch entsprechende Veränderung harmonischer Strukturen von einer Tonart (Diagramm) in die andere übergeführt wird. Wir begnügen uns bei diesem kleinen Exkurs mit Andeutungen.

Das Problem der Transposition geht also weit über das der ,,Gestaltqualität" hinaus. Sie führt in zwei für die Gestaltpsychologie wie für die Pathologie der Gestaltvorgänge wichtige Probleme hinein: 1. das Verhältnis von Gestalt und Grund und die Varianz, Konvarianz und Invarianz (Konstanz) im Verhältnis von Gestalt und Grund; 2. die Bildung von Systemen als Ordnungsfaktoren für die in stetigem Wechsel sich vollziehenden Gestaltbildungen. Für die Musik ist das System in der Tonalität gegeben, das selbst nicht anschaulich erlebt, aber doch in die anschaulichen Gestalten hineingelegt wird, ein System, auf das Melodie und harmonische Gestalten sich beziehen und dessen Wechsel durch Diagrammumstellung (Tonartwechsel, Modulation) in den Akkorden und Melodien ersichtlich wird.

Stellt man die früher aufgeworfene Frage wiederum, ob der Unterschied zwischen den Sphären, die bei der Anakusie und bei der sensorischen Amusie getroffen sind, in der transponierbaren Beziehung zwischen Hintergrund und Gestalt ein wesentliches Trennungsmerkmal hat, so wird man auch dies verneinen müssen. Sowohl bei den Anakusien wie bei den sensorischen Amusien sind Hintergrund und Gestalt in ihren Beziehungen zu berücksichtigen: dort das Hörfeld als Grund und der Ton, Klang (Laut, Geräusch) als Figur und Gestalt, hier das tonale Feld als Grund und der Akkord und die Melodie als Gestalt. Auch im Gebiete des Hörfeldes kann man von Invarianz sprechen, z. B. in dem Falle, daß der Vokalcharakter oder die Klangfarbe (z. B. eines Instruments) auch bei Verschiebung im Bereiche des Hörfeldes konstant (invariant) erlebt wird.

Schon vor einiger Zeit habe ich mich bemüht, aus den Schwierigkeiten, die in den aus der neueren Psychologie der Komplexgestalt und Ganzheitserscheinungen sich ergebenden Fragen gelegen sind, einen gangbaren Weg zu finden (E. FEUCHTWANGER: Zur pathologischen Psychologie des optischen Raum- und Gestalterfassens. Bericht über den 9. Kongreß für Psychologie 1926, S. 159f.). Ich nahm nach den Untersuchungsergebnissen eines optischen-agnostischen Hirnverletzten sowohl für das Gesichtsfeld wie für das optisch-gnostische Gebiet die Gültigkeit des Gestaltprinzips an. Doch unterschied ich im Anschluß an POPPELREUTERS Theorie zwischen ,,Gestaltdifferenzierung" im Gesichtsfeld und der ,,Gestaltorganisierung" im optischen Raum. Während die Gestaltdifferenzierung nur das Herausprägen von Gestalten aus dem Gesichtsfeldbereich bedeutete, waren in der Organisierung der Gestalt die Komplexbildung, die Stellung der Konstituenten im Ganzen, die Bildung des räumlichen Hintergrundsystems, die Beziehung der Gestaltganzheit zum räumlichen Hintergrund, die räumliche Ordnung und Orientierung, die Gestalt- und Raumkonstanz in Ruhe und Bewegung gemeint. Nach dem früher Ausgeführten läßt sich eine Analogie für das akustisch-tonale und musische Gebiet leicht ziehen. Danach könnten die Anakusien als Störungen der akustischen Gestaltdifferenzierung, die sensorischen Amusien als Störungen der Gestaltorganisierung genommen werden. Diese Einteilung scheint mir allerdings heute den Verhältnissen nicht mehr voll gerecht zu werden.

c) Bildorganisation.

Zur Unterscheidung der in Hörfeld und tonalem Feld auseinandergehaltenen Gruppen scheint eine Einteilung zweckmäßig, die das Charakteristische der beiden Gruppen auseinanderhält und dabei doch die Möglichkeit gibt, die wichtigen Ergebnisse gestaltpsychologischer Forschung an dem Material der empirischen Untersuchungen anzuwenden. Ich möchte hier eine Einteilung heranziehen, wie sie L. KLAGES, freilich unter anderen Gesichtspunkten und mit ganz anderen Forschungszielen, aufgestellt hat (Vom Wesen des Bewußtseins. Leipzig 1920 und in späteren Schriften). Es wird hier geschieden in *Sinnesempfindung* und *Bild*[1]. Das Hörfeld ist dann nach unserer Ansicht als *Sinnessphäre* von der Sphäre des Tonalen (hier als ,,Tonalitätssphäre" bezeichnet) als *Bildsphäre*

---

[1] Mit einer *metaphysischen* Bestimmung des Bildbegriffes (z. B. der ,,Wirklichkeit der Bilder" gegenüber den gedachten, also geistigen ,,Dingen" im Sinne KLAGES') hat die vorliegende Scheidung nichts zu tun.

zu trennen. Die psychisch-akustische Sinnessphäre des Hörfeldes, das System der kontinuierlichen Tonreihe, hat als Funktion die Geräusch-, Laut,- Klang- und Tonbildung. Das Bereich der akustisch-musischen Bildsphäre, die Sphäre der Tonalität, ist das dispositive System des in Quanten (Halb- und Ganztonschritten) chromatisch oder diatonisch gegliederten, in die Diagramme der Tonarten und Tongeschlechter ein- und umstellbaren tonalen Ordnungsfaktors und seiner Hintergründe. Die Gestaltbildung der akustischen Bildsphäre ist der objektive Klang und seine Höhergestaltung im simultanen Akkord und der Sukzessivgestalt der Melodie, sowie im gemeinsamen, harmonisierten, melodisch fließenden Tonstück. Ton und Klang dürfen nicht als Empfindung schlechthin genommen werden. Der Ton und der Klang werden in ihrer „Sinnesqualität" erlebt, wenn sie rein subjektiv empfindungsmäßig gefaßt werden, wenn in ihnen, gleichgültig, ob es sich um ein entotisches Geräusch oder um die Wirkungen eines Schallreizes handelt, nur das akustische Sosein des bloßen Klingens in Höhe, Intensität, Eintritt und Dauer erlebt wird. Dagegen werden Ton, Klang und Geräusch in „Bildqualität" erlebt, insofern sie als gegenständlich phänomenal, in ihrem „Objektcharakter" unabhängig vom Subjekt bestehend, bildhaft gefaßt werden. Erst der objektive Ton und Klang kann für die Höhergestaltung in der akustischen Bildsphäre, für die Bildung zu Melodie, Akkord- und Tonstück Fähigkeit haben. Erst in dieser Bildsphäre wird das subjektive Hörfeld zu dem objektiven Tonalitätssystem als akustisch-musisches Ordnungsschema, als „akustisch-musischer Raum" erlebt [1]. (Vgl. hierzu das Kapitel „Tonalität und Raum" im 3. Abschnitt dieser Schrift!)

Der Unterschied zwischen Sinnes- und Bildqualität in der Auffassung musischer Gebilde läßt sich außer im tonalen Bereiche auch in der *zeitlichen Gestaltung* nachweisen. Die „*Empfindungs- oder Sinneszeit*" („Zeitsinn") ist im Verlaufe und in der Abgrenzung des aus dem Hörfeld differenzierten reinen Phänomen des Tones und Klanges gegeben. Sie ist als reiner Verlauf und Abgrenzungsfaktor ein Gestaltprinzip im Sinnesbereich. Ihrer Messung haben zahlreiche experimentelle Untersuchungen auf verschiedenen Modalitätsgebieten gegolten, zuletzt die immer wichtiger werdenden chronaximetrischen Untersuchungen (LAPICQUE u. a.). Auf der höheren Stufe der Bildhaftigkeit steht der sukzessive Gliederungsfaktor tonaler Bilder („*Bildzeit*"). Hier ist auch die Zeit selbst objektiviert, läßt sich als „zeitliche Gestaltqualität" von der melischen Folge der objektiven Klangbilder trennen, prägt sich selbst als „Zeitfigur" heraus. In die Zeitreihe werden durch Längen, Kürzen, Pausen die Gewichte verschiedener Schwere, Akzente, hineingebracht. Führt so die einfache Zeitgestalt in die rhythmisch-gegliederte Reihe, so ist von dem sogenannten *Zeitrhythmus* zu trennen der *Takt* (L. KLAGES u. a.). Der Takt stellt ein System dar, ein Zuordnungsprinzip, das invariant ist gegen die Bewegungen und Veränderungen der rhythmischen Zeitgestalten. Auch bei invarianter Zeitgestalt kann umgekehrt der Zeithintergrund, der wahrgenommene

[1] Zur Trennung von Empfindung und Bild vgl. auch v. HORNBOSTEL [Zur Psychologie der Gehörerscheinungen. Handb. d. norm. u. patholog. Physiol. **11**, 701 f. (1926)]. Er unterscheidet auch an Tönen das „Dasein und Sosein von Dingen außer uns", die „objektive Art des Gegebenseins" als „Wahrnehmung" und die psychische Tatsache, daß „uns so und so zumute ist", die subjektive, ungegenständliche „Empfindung". Beide zusammen ergeben die „Erscheinung".

Takt variant werden. Auch im Bereiche der bildzeitlichen Gestaltung ist Transposition möglich (R. HOENIGSWALD), so z. B. wenn ein rhythmisches Gebilde im Takt doppelt so rasch als früher gespielt wird, und auch nach dieser Änderung als „die gleiche", wenn auch rascher ablaufende Zeitfigur erlebt wird. Oder wenn eine bestimmte, im Tempo gleichbleibende Figur in einem anderen Taktmaß erscheint. Beispiele sind in der Musikliteratur sehr häufig. Auch der Zeithintergrund und das Zuordnungssystem des Taktes hat seine Diagrammbildung im guten und schlechten Taktteil, in den verschiedenzeitigen Takten, im Tempo usw. Es sei dabei nicht vergessen, daß die Zeitbildgestaltung, die sich im Rhythmus auf der Grundlage des Taktes vollzieht, ein weiteres Ausmaß der dispositiven Entäußerungen hat als die Gestaltung des Klangbildes, da sie nicht wie jene an das akustische Sinnesgebiet gebunden ist, sondern universaler im ganzen Wahrnehmungs- und Betätigungsbereiche, besonders stark auch mit dem Motorium verankert ist. (Über Takt als zeitliches Ordnungsschema und als phänomenal-rhythmisches Gleichmaß vgl. das Kapitel „Zeitformung und Bewegung" im 3. Abschnitt dieser Schrift!) Nichtsdestoweniger zeigt sich — darauf wird noch einzugehen sein —, daß die zeitliche bildhafte Formung bei sensorischer Amusie gerade am Klangstoff schwer getroffen sein kann.

Die Begrenzung dieses tonal-zeitlichen, objektiv-bildhaft erlebten Klangmaterials gegen das rein empfindungsmäßig ablaufende Klingen und anderseits gegen die kategorialen Beziehungen im Klangerleben ebenso wie gegen die Faktoren, die das Klangmaterial in Bedeutungs- und Ausdrucksfunktion erscheinen lassen, gibt erst Gelegenheit, den Funktionsabbau im Akustisch-musischen eingehend zu studieren. Dies soll im folgenden unter Heranziehung des in der Literatur vorhandenen Untersuchungsmaterials geschehen.

2. Funktionsabbau in der musischen Bildsphäre.

Trotzdem der Funktionsabbau der musischen Bildorganisationen in den Dispositionen der Auffassung und Vorstellung bei Musikern (im weitesten Sinn) gar nicht selten beobachtet wird, so erweist eine Durchsicht der Literatur doch, daß die Zahl der verhältnismäßig eindeutigen Fälle von *sensorischer Amusie*, deren Untersuchungsergebnisse auch psychologisch einigermaßen brauchbar sind, nicht groß ist. Die Klinik unterscheidet entsprechend den Krankheitserscheinungen bei sensorischer Aphasie die Hauptgruppen der reinen (subcorticalen) sensorischen Amusie („Melodientaubheit", früher „Tontaubheit" genannt) und der totalen (corticalen) sensorischen Amusie. Für die Formen mit Bedeutungs- und Ausdrucksstörung würde der Begriff der „transcorticalen" Amusie vielleicht Anwendung finden können. Wir enthalten uns in unseren pathologisch-psychologischen Erörterungen einer Diskussion über die Zuordnung der Störungen zu den die verschiedenen Formen des Funktionsabbaues erzeugenden Hirnausfällen und gehen auch nicht ein auf die historisch bedeutsamen Anschauungen, die sich aus dem Aphasie- bzw. Amusieschema ergeben. Der Unterschied zwischen den reinen und totalen Formen der sensorischen Amusie ist der, daß die reine sensorische Amusie eine Störung der Auffassung musisch-bildhafter Inhalte zeigt, die totale sensorische Amusie außer der Bildauffassungsstörung noch Störungen der Vorstellungsdispositionen für musische Inhalte (der „residualen" Anteile) und ihrer Entäußerung in der reproduktiven und frei phantasierenden, produktiven Vorstellungstätigkeit, ferner Störungen der Kontrolle in der Vorstellung und dadurch erzeugte Paramusie bei der Produktion sowie sekundäre Störungen des Lesens und Schreibens musischer Stoffe. — Wir werden uns im folgenden nicht so sehr an die Auseinanderhaltung der genannten klinischen Typen halten, vielmehr die krankhaften Erscheinungen einzig unter pathologisch-psychologischen Gesichtspunkten betrachten.

a) Musische Bildauffassung (Anschauung, „Apperzeption" der musischen Klangbilder).

Die Forderung, daß bei echter Bildstörung die Sinnesschicht des Hörfeldes intakt ist, erweist sich bei gut untersuchten Kranken mit sensorischer Aphasie und Amusie als erfüllt. Der bekannte rein sensorisch-aphasische Kranke Gorstelle, den H. LIEPMANN (Ein Fall von reiner Sprachtaubheit. Breslau 1898) beschrieben hat, erkannte nicht nur Worte, sondern auch Melodien nach seiner Verletzung nicht mehr, erklärte die „Wacht am Rhein" als ein Tanzstück, „Heil Dir im Siegerkranz" als ein Konzertstück. In der kontinuierlichen Tonreihe wurde nicht nur die BEZOLDsche Sprachsext, sondern die ganze Stimmgabelreihe mit ausreichender Hördauer perzipiert, mit Ausnahme der Subkontraoktave links. Hörfeldausfälle, die die Störung erklären, sind ausgeschlossen. Daß der Patient die Klänge von Instrumenten nicht unterscheidet, kann bei dem von jeher „unmusikalischen" Mann nicht ohne weiteres auf einen Funktionswandel im Hörfeld bezogen werden, sondern ebensogut auf Unkenntnis und dadurch verursachte Unfähigkeit der Merkmalsbestimmung. Über Geräusche und Sprachlaute im Vergleich zu den musischen Auffassungsstörungen wird in einem späteren Abschnitt gesprochen werden. — Der bekannte Kranke von G. BONVICINI [Über subcorticale sensorische Aphasie. Jb. Psychol. **26**, (1905)], der vom Autor ausgezeichnet untersucht ist, hatte nach Schädigung zunächst des linken Schläfenlappens, später auch des rechten, eine reine sensorische Aphasie, hörte Sprachlaute, konnte sie nach seinem eigenen Ausdruck „nicht zusammenbinden", hatte das Verständnis für geläufige Liedmelodien (Kaiserlied, Retraite usw.) verloren, hielt deutsche Volkslieder, Couplets usw. für „böhmische Lieder", kannte aber Lieder als solche von chromatischen Tonleitern und Phonographengeräusch weg, identifizierte Märsche und Tänze nach ihrem Takt und Rhythmuscharakter, die er aber bei Verlangsamung des Tempos wieder verkannte. Dieser zweifellos im melodischen Erfassen gestörte Kranke erkannte und imitierte Geräusche und Töne, unterschied den Instrumentalklang von Klavier, Geige, Trompete, Pfeife, Gitarre, Triangel, Zither nach der Klangfarbe vollkommen sicher. Die Prüfung mit der BEZOLDschen Tonreihe ergab außer der Verkürzung, die durch das normale Senium und den Alkoholismus verursacht war, keine Störung, entsprach dem Befund der Hörintensität und des Tonbereiches der älteren Individuen. Die melodischen Störungen Hörfeldausfällen zuzuschreiben, dürfte in diesem Falle ausgeschlossen sein. Unter den neuerdings beschriebenen Fällen sei die Kranke von SCHUSTER u. TATERKA [Beitrag zur Anatomie und Klinik der reinen Worttaubheit. Z. Neur. **105**, (1926)] angeführt. Die Kranke konnte nicht nur Worte, sondern auch Melodien nicht verstehen. Die Prüfung mit der kontinuierlichen Tonreihe ergab annähernd normale Verhältnisse. Auch der Patient von R. KLEIN (Über reine Worttaubheit unter besonderer Berücksichtigung der Amusie.

Mschr. Psychiatr. 1927) hatte vollständiges Versagen in Auffassen und Produzieren musischer Inhalte und zeigte dabei die Erscheinung, daß er „musikalische Töne“ meist als solche erfaßte. Bei der Prüfung mit der kontinuierlichen Stimmgabelreihe wies er außer einer geringen Herabsetzung der Hördauer in der ganzen Reihe keine Ausfälle auf. Man kann wohl auch hier eine anakustische Störung ausschließen.

Von den totalen sensorischen Amusien kann in diesem Zusammenhange ein Kranker von Ziehl [Dtsch. Z. Nervenheilk. 8, 259f., (1896)] genannt werden. Dieser 73jährige Mann, der paraphasisch sprach, erlebte die Sprache als „ein wirres Gewoge“, bei dem ihm „alles durcheinanderging“. Er liebte es, wenn seine Tochter Klavier spielte, war aber nicht imstande, auch nur die einfachste Melodie zu erfassen, z. B. „Die letzte Rose“ oder „O Tannenbaum“. Er sagte: „Die Musik ist auch verwirrt, die Töne kommen mir alle durcheinander.“ Dabei ergab die Prüfung mit der Stimmgabelreihe normale Hörschärfe und -länge, in Luft- und Knochenleitung keine Verkürzung. Der Kranke erkannte und unterschied richtig Geräusche, Uhrticken, Glockenklänge, Hundebellen, Händeklatschen, Öffnen und Schließen der Türen. Er bemerkte am Geräusche der Wagenräder das Ankommen seines Arztes und unterschied dieses Wagengeräusch von dem Rädergeräusch anderer Wagen. Den Klang des Klaviers kannte er von dem der Stimmgabel und der Orgel weg. Das Hörfeld kann bei diesem Kranken als intakt angenommen werden. In Analogie zu diesem Falle kann auch unser total-sensorisch-amusischer Kranker St. gebracht werden, bei dem auch wir eine Hörfeldstörung ausschließen konnten bei schwerer Störung der musischen Bildauffassung.

Die Erscheinungen der akustisch-musischen Bildagnosie sollen nach den drei früher schon aufgestellten Seiten der Bildqualität erörtert werden: dem Objektcharakter, der bildhaften Formung und Gliederung und der Systembildung und Transformation in der Tonalität und Zeitformung.

α) **Objektcharakter des musischen Klangbildes (scheinbare Störung der „akustischen Aufmerksamkeit“).** Wir unterscheiden den Objektcharakter des Klangbildes als die Qualität des phänomenalen, vom Subjekt abgelöst erlebten, *bildhaften Klanggeschehens* von dem sinnlich-*empfindungsmäßigen Klingen* überhaupt und sehen darin einen wesentlichen Unterschied der psychischen Sphären des Hörfeldes und der Tonalität. Es mag zunächst nicht leicht erscheinen, aus der Literatur eindeutiges Material über den Funktionsabbau in dieser Richtung zu erhalten. Bei genauerer Betrachtung und psychologischer Kritik kann jedoch einiges Material herangeführt werden, dessen Störungen erst unter dem Gesichtspunkt des Objektcharakters am Klangbilde eine hinreichende Aufklärung erfahren können.

An unserem Falle St. wird beobachtet, was frühere Autoren, z. B. Bonhoeffer, Heilbronner, O. Pötzl, Kogerer, Klein u. a. an ihren Kranken gesehen haben und was, wie es scheint, zum erstenmal von G. Bonvicini bei seinem schon erwähnten Kranken eingehender untersucht worden ist. Es ist dies der Umstand, daß der Kranke auf akustische Inhalte, sprachliche wie musikalische, spontan in geringerem Grade „aufmerkt“ als auf Inhalte anderer Modalitätsgebiete (optische, taktile usw.), sie von selbst nicht beachtet, über sie hinweggeht, während er sie, soweit es sein Defekt erlaubt, aufnimmt, wenn er darauf hingeleitet wird. Wegen der Wichtigkeit des Phänomens sei die Beschreibung BONVICINIS hier wiedergegeben: „Wenn Patient sich selbst überlassen ist, insbesondere wenn er sein Interesse einer anderen Sinnessphäre zuwendet, so z. B. wenn er liest oder etwas anschaut, wenn er Fragen von den Lippen des Sprechenden abzulesen versucht, Gegenstände bei geschlossenen Augen mit Hilfe anderer Sinne zu benennen hat, oder wenn er in Gedanken versunken ist, dann sind selbst sehr starke, von ihm sonst als unangenehm empfundene Gehörseindrücke nicht imstande, seine Aufmerksamkeit zu erregen. So kommt es vor, daß er während des Zeitunglesens durch den größten Lärm nicht gestört wird. Man kann einige Zeit hinter seinem Rücken Klavier (forte) spielen oder die Telephonglocke minutenlang klingen lassen, ohne daß er davon eine Ahnung hat, als wäre er hochgradig taub. Erwartet er aber jemanden, z. B. den Arzt, dann ist kein Schritt und kein Klopfen an der Tür leise genug, um von ihm nicht perzipiert zu werden ... Aus dem Schlafe ist Patient mit relativ schwachen Geräuschen (Schlüssel oder Geldklingen oder mit einer schwach schwingenden a_1-Stimmgabel) zu wecken, ein Versuch, der zu verschiedenen Zeiten immer mit gleichem Erfolge wiederholt werden konnte ...“. Es liegt nahe, daran zu denken, daß dieser Kranke und analoge Patienten, da sie ja nicht aufmerken, eine Störung der „Aufmerksamkeit“ und, weil diese Störung ausschließlich auf akustischem Gebiete liegt, der „akustischen Aufmerksamkeit“ hat, wie dies die Autoren (BONVICINI, PÖTZL u. a.) auch annehmen. (HEILBRONNER spricht von „akustischer Unerweckbarkeit“.) Eingehendere Betrachtung macht allerdings gegen eine solche Annahme skeptisch. Eine generelle Störung der „Aufmerksamkeit“ liegt nicht vor, denn der Kranke wendet Interesse und Aufmerksamkeit andersartigen Inhalten in normaler Weise zu. Er ist imstande, den akustischen Inhalten, wenn es die Situation erfordert, Aufmerksamkeit entgegenzubringen; also liegt eine generelle Störung des Aufmerkens für akustische Inhalte schon gar nicht vor. Man könnte entsprechend älterer Auffassungen die aktive von der passiven Aufmerksamkeit scheiden und bei BONVICINIS Fall von einer Störung der „passiven“ Aufmerksamkeit sprechen. Aber auch das kann nicht stimmen, denn bei Erwartung und gar aus dem Schlafe heraus wird die Aufmerksamkeit auch passiv erregt. In der Tat läßt sich ja auch nur feststellen, daß der Patient die Aufmerksamkeits- und Beachtungs*leistung* nicht vollzieht. Das bedeutet nicht eine Störung der „*Funktion*“ der Aufmerksamkeit, sondern nur die Erscheinung, daß etwas vorhanden ist, was den Akt des Aufmerkens, des Beachtens, der Zuwendung verhindert. Die durchgängige, in allen entsprechenden Situationen immer wiederkehrende Störung liegt nicht im Akt des Aufmerkens, sondern in dessen Inhalten, die immer wieder sprachlicher oder musischer Art sind. Das *Klangbildgeschehen* ist es, das unter bestimmten Umständen immer wieder die an sich erhaltene Funktion der Aufmerksamkeit nicht auf sich ziehen kann. Es läßt sich nicht daran zweifeln, daß der Defekt im Klanglichen und nicht in der Aufmerksamkeit liegt.

Um nun das zu bestimmen, was an dem Klanginhalte bei derartigen scheinbaren Aufmerksamkeitsstörungen dem Funktionsabbau verfallen ist, sollen Analogien aus dem Leben des Gesunden herangezogen werden. In dem vom Gesunden erlebten Wahrnehmungsanteil der Gesamtsituationen sind dauernd starke überschwellige Eindrücke vorhanden, die nicht beachtet werden, die nur unter ganz bestimmten Umständen die Aufmerksamkeit erregen. Die starken Tasteindrücke beim Gehen, Sitzen, sich Aufstützen, die Lichter des hellen Tages, die Geräusche von Wagen, von singenden Vögeln usw., die entotischen Geräusche erregen, wenn wir mit etwas beschäftigt sind, unsere Beachtung nicht, sie gehören nicht zu dem Wesentlichen der Situation. Sie bleiben zwar in ihrem Empfindungsbestand erhalten, ihr Aufhören würde uns stören, ihr Vorhandensein ist aber nicht Gegenstand der Beachtung. Durchbricht diesen unbeachteten Wahrnehmungsbestand dagegen etwa das plötzliche leise Rieseln des Regens, eine Beleuchtung, ein Naturphänomen oder irgend etwas anderes Unerwartetes, so zieht es die Aufmerksamkeit auf sich. Anderseits sind wir „gestört", wenn aufdringliche Empfindungen, ein Jucken, ein Schmerz, ein blendendes Licht, ein zu lautes Geräusch sich Beachtung erzwingt. Der Grund für das Nichtbeachten gewisser Wahrnehmungstatsachen einer Situation oft recht intensiver Reize liegt darin, daß sie nicht zentraler Gegenstand unserer Gesamtsituation werden, daß sie auf einer niederen Stufe der *Objektivität* innerhalb der Situation sind, mehr empfindungsmäßig, nicht bildhaft gegenständlich verarbeitet werden. Objektiv bildhaft ist nur das, was in dem (gleitenden) Moment unsere Beachtung hat, d. h. unsere Situation zentralisiert und mit aufbaut. Hat ein Inhalt die Eigenschaft, bildhaft objektiv in unsere Situation einzutreten, sei es, daß wir ihn erwarten, sei es, daß er durch besondere Qualität, Intensität sich stark herausprägt, so bekommt dieser vorher nur nach Art der reinen Empfindung vorhandene und unbeachtete Inhalt Objekt- und Bildcharakter und erweckt im Erlebenden Beachtung, Interesse, Unlust und Gestörtsein je nach der Situation.

Beim Gesunden kann auf diese Weise der bildhafte Objektcharakter bei Reizqualitäten aller Art und jeder Modalität eintreten. Der Sensorisch-Amusische und Aphasische hat ein umschriebenes Gebiet, das akustische, in dem er zwar die Reize sinnesmäßig wahrnimmt, sie aber nicht adäquat in die Situation hineinbringt. Die akustischen sprachlich-musischen Inhalte verbleiben, wie beim Gesunden die gleichgültigen und nicht beachteten, auf einer niedrigeren Objektivitätsstufe liegen. Sie verbleiben darin nicht etwa, weil sich primär die Aufmerksamkeit und Beachtung ihnen nicht zuwendet, sondern weil sie wegen der gnostischen Störung und als spezifische Folge davon die *objektiv bildhafte Ausprägung* nicht erhalten können. Sie können nicht als phänomenale objektive Klanggebilde in die Situation eintreten und sich Beachtung erzwingen. In den Fällen allerdings, in denen auch Inhalte niedrigerer Bildhaftigkeit beim Gesunden schon Beachtung erhalten, nämlich wenn sie „Anzeichen" für etwas sind (etwa der Kitzel als Anzeichen dafür, daß etwas die Haut berührt hat, oder wenn irgendein Geräusch das Herannahen von etwas Erwartetem anzeigt oder der Weckreiz im Schlafe, der immer nur der Empfindungssphäre angehören muß), richtet sich auch beim akustisch-bildagnostischen Kranken die Aufmerksamkeit auf den Klanginhalt.

Wir möchten daher das Wahrscheinlichkeitsurteil aussprechen, daß die Störung in der Leistung der „akustischen Aufmerksamkeit" bei den sensorisch-amusischen Kranken gerade den *akustischen Inhalten* gegenüber *nicht der Funktion der Aufmerksamkeit*, sondern der Organisation des *bildhaften Wahrnehmungsinhaltes* ihren Ursprung verdankt. Und zwar ist es speziell der „Objektivitätscharakter", dem die Störung zuzuschreiben ist.

β) **Formung und Gliederung (Akkord- und Melodienerfassungsstörungen).** Trotz vieler Veröffentlichungen über „Melodientaubheit" ist doch die Ausbeute von Material über Gestaltbildung, ihre Störung und pathologischen Phänomene, nicht besonders groß. Wir haben bei der Betrachtung der Untersuchungsresultate unseres Kranken St. die simultane und sukzessive Gestaltbildung auseinandergehalten. Die simultane Gestaltung musikalischer Bilder in Form von *Akkorden* hat bisher in der Literatur wenig Interesse gefunden, ist gelegentlich erwähnt und dann unter die Gruppe „Melodie" mit einbezogen und das wiederum meist bei den Fällen „motorischer" Amusie, von denen erst später zu sprechen ist. Die Simultankomplexe der Akkordgestalt dürfen nicht verwechselt werden mit der latenten Harmonik in einer einstimmigen Melodienführung. Akkord und Harmonie ist nicht gleichbedeutend. Harmonie ist in Akkord und Melodie wirksam und nur in bezug auf das Tonalitätssystem richtig zu verstehen.

Sehen wir in der Gestalt eine „gegliederte Ganzheit" (F. Krueger), so wird sowohl die Ganzheit wie auch die Gliederung in den Konstituenten erlebt und vom pathologischen Funktionsabbau betroffen. Der Abbau kann sich so vollziehen, daß etwa aus den Konstituenten gesonderte Gebilde entstehen, deren Ganzheit immer lockerer wird und bis zur vollständigen Auflösung geht. Oder aber es geht das Gliederungsprinzip verloren bei erhaltener Ganzheit. Dann sinkt die gegliederte Ganzheit zur undifferenzierten, ungegliederten von reinem Komplexcharakter herab, und zwar je nach dem Grade des Abbaues von größerer oder geringerer Unklarheit und Unbestimmtheit. Wir haben bei unserem Kranken St. festgestellt, daß er zwar die Ganzheit des Akkordes erlebt, nicht aber ihre Gliederung, daß ihm die Rolle des einzelnen Gliedes im Ganzen seine besondere Funktion im Aufbau des Akkordes, die Abhängigkeit der Konstituenten voneinander abhanden gekommen ist. Das Resultat der Schwächung in der bildhaften Ausgestaltung, das pathologische Phänomen, war ein Verschmelzungsprodukt, vielleicht den Klangfarben nahe, jedenfalls so, daß der Tonikaakkord bei fortlaufend harmonisierter Melodienführung ohne Protest in allen Tonarten hingenommen wurde, wie etwa das Quintenregister einer Orgel. Auch daß harmonisierte Melodien, die für den musikalischen Menschen sonst leichter zu fassen sind als einfache, für St. eine Erschwerung sind, weist auf Störung der musisch-bildhaften Simultangestalten in der Auffassung hin. Es ist klar, daß auch das Verstehen des kontrapunktlichen Aufbaues eines Stückes in diesem Falle schwer gestört sein muß. — Der Gliederungsstörung im Verstehen eines Akkordes in dem angegebenen Sinne ist entgegengesetzt eine andere Störung, nämlich die des Aufspaltens des Akkordes in seine Konstituenten, also eine Störung in der Ganzheits- und Komplexbildung. Beispiele hierfür sind allerdings in der Literatur nicht vorhanden.

Solange das Auffassen von *Melodien*, also das Wahrnehmen musischer Sukzessivkomplexe, nur an bekannten Volksliedmelodien geprüft wird, ist ein endgültiges Urteil über das Wesen dieser dispositiven Störungen nur schwer zu gewinnen. Die Störung im Verstehen eines Volksliedes kann viele primäre Ursachen haben. Die Liedmelodie kann auch bei gut erhaltener Bildauffassung nicht erkannt werden, weil die gedächtnismäßigen Faktoren nicht wirksam sind, das an sich richtig wahrgenommene Lied an sich also unbekannt erscheint, umgekehrt können in den bekannten Melodien so viel Möglichkeiten für Hilfen vorhanden sein, daß ein relatives, ja sogar ein absolutes Intaktsein der Leistung durchaus kein Beweis für ungestörte Disposition im Auffassen des musischen Sukzessivkomplexes gegeben ist; dann nämlich, wenn die Störung der Bildauffassung durch Erinnerungshilfen, Bekanntheitsqualität usw. kompensiert wird. Beweisend sind nur Untersuchungen, die neben Aufgaben mit bekanntem Stoffe auch Versuche mit abstrakten Aufgaben enthalten (vgl. hierzu Fall LYDIA HIR.).

Wir können unter Kranken, soweit das Material vorliegt, in der Erfassung der Melodien verschiedene Dispositionsstörungen feststellen. Auch hier kommt es vor, daß Kranke zwar die einzelnen Klänge richtig auffassen, sie aber im Ablauf und in der Abfolge nicht zu einer Einheit zusammenfügen können. Diese Kranken können, um den Ausdruck des Patienten von BONVICINI zu wiederholen, die einzelnen Klänge nicht „zusammenbinden". Zu dieser Gruppe gehört auch ein Fall von BERNHARD (Zbl. Nervenheilk. 1882), der Töne und Geräusche offenbar hört, nicht versteht, was man zu ihm spricht, bei Melodien angibt, daß er „erst hoch, dann tief, dann wieder hoch" höre. Solche Kranke nehmen die Laute und ihre Abfolge wahr, haben aber nicht die Fähigkeit, die Ganzheit in ihnen zu erleben, sie haben eine Störung der Gestaltqualitäten in der musischen Bildsphäre. Die Folge ist, daß der jeweils gehörte Klang, sobald er vorübergegangen ist, erledigt erscheint, daß der Einzelkang keinen Funktionswert von vorausgegangenen Klängen her übernimmt und keine Determination überträgt auf die folgenden Klänge. Jeder Klang wird vergessen, der neue tritt in Wahrnehmung, der Kranke weiß nicht mehr, an welcher „Stelle" man jeweils in einem Liede, in einem Tonstück steht. So kann er kein Lied, kann erst recht keinen Sonatensatz in seiner typischen Form mehr richtig verstehen. Diese Art von Funktionsabbau in der musischen Auffassung bildhafter Sukzessivgestalten soll als die „*isolierende Form*" dieser Störung bezeichnet werden.

Diesen isolierenden Formen stehen andere Störungen der Bildorganisation von musischen Sukzessivgestalten gegenüber bei Kranken, in deren pathologischen Erscheinungen sich nachweisen läßt, daß sie zwar melodische Ganzheiten haben, sie aber trotzdem nicht in adäquater Weise bildhaft erleben. Die Leistung gelingt bei Gebilden von verhältnismäßig niedrigem Gliederungsgrad, z. B. in der mechanischen Reihe der Tonleiter oder dem arpeggierten Akkord. Störungen sind jedoch bei solchen melodischen Gebilden vorhanden, die einen höheren Grad bildhafter Gliederung in der Wahrnehmung erfordern, also Lied, Melodien usw. Die sensorisch-aphasische und amusische Kranke (Klavierprofessorin), die von SOUQUES u. BARUK (Revue neur. Févr. 1926) beschrieben worden ist und deren eingehende Darstellung erst in einem späteren Abschnitt unserer Schrift erfolgen soll, konnte gespielte Tonleitern gut verfolgen und Vexierfehler sogar korrigieren („es muß mehr geübt werden!"), während sie Liedmelodien gegenüber ganz ratlos war, sie aber doch als Ganzheiten erfaßte, da sie bei Aufforderung, Lieder auf dem Klavier nachzuspielen, andere, falsche, Lieder intonierte. Bei unserem kranken Musiker St. liegen die Verhältnisse ähnlich, da er arpeggierte Akkorde nachsang, auf der anderen Seite Liedmelodien nach ihrer tonal-bildhaften Seite hin keineswegs adäquat zu erfassen vermochte. ZIEHLS musikalischer Kranker, der das Spiel seiner Tochter gern hörte, sagte von der Musik, daß sie „verwirrt" sei, daß ihm die Töne „alle durcheinander" kämen. Also auch hier Ganzheit, jedoch nicht richtig ausgeprägt. Es liegen hier andere Formen vor als bei der isolierenden musischen Bildagnosie. Die Kranken haben Ganzheiten im melischen Aufbau.

Verlangen diese Ganzheiten aber Gliederung in der Auffassung, schärfere Ausprägung in der Wahrnehmung, Erleben der Konstituenten im melodischen Ganzen auch in ihrer Einzelhaftigkeit, in ihrer Stellung innerhalb der kollektiven Gestalttotalität, in ihrem Funktionswert, in der bildhaften Ausgestaltung des ablaufenden Melodiegeschehens, dann versagen die Kranken. Es entsteht also im Kranken ein Ganzheitsbild, das unausgeprägt und daher ein „Chaos" ist in dem Sinne, wie K. Koffka den Ausdruck gebraucht. Die Ratlosigkeit, das „Durcheinander", das die Kranken erleben, ist Erscheinung einer Störung der Klangbildformation, die wir als die „*globale*" oder „*chaotische Form*" *der musischen Bildagnosie* bezeichnen wollen.

Über die Häufigkeit und die Beziehung der verschiedenen Typen zu bestimmten Tatsachen von Hirnschädigungen läßt sich einstweilen keine Regelmäßigkeit ersehen. Es macht den Eindruck, als wenn die globalen Formen mehr dem höheren Alter, die isolierenden Formen mehr den jüngeren Jahrgängen unter den Defekten angehören.

γ) **Tonalitätssystem (tonale Ordnungs- und Orientierungsstörungen).** Wir haben in der *Tonalität* ein Bezugssystem auf akustischem Gebiete gesehen, zu dem alles musisch Gestaltete in Relation stehen muß, soll das bildhafte Geschehen Unterlage für Erlebnisse höherer Schichten sein können. Transposition von Akkorden und Melodien sind nur verständlich, wenn damit erklärt wird, ob das Diagramm der Tonalität (Tonart, Tongeschlecht) mit der Versetzung der Gestalt konvariant ist oder invariant, in welchem Falle die neue Melodie jeweils einen anderen Sinn und andere Notwendigkeiten der Fortführung hat. Die Bedeutung der Veränderung innerhalb des Tonalitätssystems durch enharmonische Verwechslung, Modulation usw. bei bleibenden oder sich ändernden Akkorden und Melodien ist früher besprochen worden. Ein Kranker, der den Akkord *c–e–g* zwar nach Gestalt und Gliederung gut zu erleben imstande ist, ihn aber nicht der vorliegenden Form der Tonalität zuordnen kann, also beispielsweise einmal als Tonika-Akkord, dann als Dominanten-Akkord, weiterhin als Akkord mit Vorhalt zu einer ganz anderen Akkordfunktion usw., der kann auch nicht das geordnete Geschehen eines Tonstückes, und zwar nach seiner tonal-bildhaften Seite hin, entsprechend erfassen. Er hat eine Störung der *tonalen Ordnung*, wenn er zwar die Tonalität als solche noch erleben kann, aber ihr die Gestaltbilder nicht zuordnen kann. Ist ihm die Fähigkeit zur Tonalitätsbildung überhaupt verlorengegangen, so besteht eine *tonale Orientierungsstörung*. Auch ein Gesunder, der sich beispielsweise in moderner atonaler Musik nicht auskennt, kann solche tonalen Orientierungsschwierigkeiten an sich erleben. Pathologisch ist die Störung bei einem Musiker, der in dieser Beziehung einen Verlust erlitten hat und der insbesondere bei leichten musischen Formationen, die jedem Laien geläufig sind, im Tonalitätsbezug versagt.

Die Literatur gibt hier wenig Material an die Hand, um solche Störungen im „tonalen Raum" empirisch zu belegen. Die Aufmerksamkeit der Forscher hat sich bisher diesem Gegenstande nicht zugewandt. In unserem Falle St. haben wir Hinweise dafür gefunden, daß der tonale Ordnungsbezug bei ihm nicht ganz intakt geblieben ist, da er harmonisierte Stücke, die mitten im Satz in einer anderen Tonart weitergespielt werden, als „richtig" bezeichnet, die Änderung nicht bemerkt. Die Kranke Lydia Hir. hat ebenfalls als Rest ihrer bildagnostischen Störung eine gewisse Unsicherheit im Tonalitätsbezug behalten, so beim Finden des Moll zu einer gegebenen Durtonart. Auch die Kranke von Souques u. Baruk bemerkt, wenn sie die Augen nicht auf die Klaviertastatur wenden kann, Fehler in der Veränderung der Tonart nicht in ausreichender Weise. Man kann diese Schwierigkeiten als tonale Ordnungsstörung auffassen.

Recht interessant scheint mir gerade in diesem Zusammenhang ein vor kurzem veröffentlichter Fall von K. M. Walthard [Bemerkungen zum Amusieproblem. Schweiz. Arch. Neur. **20**, 295f. (1927)]. Ein holländischer Berufsmusiker erkrankte in seinem 48. Lebensjahr nach vorübergehenden Herzstörungen, indem er das Sprachverständnis verlor. Nach baldiger Rückbildung dieser Störung bemerkte der Mann, der Orchestermusiker (Cellist und Saxophonbläser) ist, Störungen in seinen musischen Leistungen. Er konnte im Ensemble nicht mehr unbehindert mitspielen, hörte zwar seine Mitspieler, konnte sich aber ihrem Spiel nicht mehr anpassen, dem Zusammenspiel nicht mehr folgen, sein eigenes Spiel und das seiner Mitspieler nicht mehr gleichzeitig beobachten und kontrollieren. Die Untersuchung des musikalischen Verhaltens ergibt, daß der Kranke liest, singt, pfeift, auf dem Klavier und dem Cello ihm unbekannte handgeschriebene Melodien spielt. Das Cellospiel ist im Sitz, Griff und Bewegung normal, das Notenlesen vollkommen intakt. Jedes Instrument wird nach seiner Klangfarbe richtig unterschieden, das Geräuschhören ist gut, Hörschärfe und Flüstersprache sind ungestört, Uhrticken wird in normaler Weise gehört, es besteht keine Diplakusis. Dagegen besteht eine Unsicherheit in bezug auf die ,,Tonhöhen". Er macht sichere Angaben, wenn ihm Intervalle geboten werden, die größer sind als ein Ganzton, er kennt Terzen, Quarten, Quinten usw. Dagegen hat er Schwierigkeiten in der Erkennung und Fixierung der Sekunde. Er kann dieses Intervall nicht sofort nachsingen wie die anderen, sondern singt zuerst eine Terz, um nachher zur Sekunde richtig abzusteigen. Hat er zuerst die Sekunde nicht richtig erkannt, so zeigt er bei folgenden Aufgaben auch Unsicherheiten in den anderen Intervallen. Spielt man ihm eine Zeitlang den gleichen Ton auf der Violine vor, dann gibt er an, daß er diesen Ton immer höher höre, wenn die vorher gespielten Töne tiefer waren, daß der Ton immer tiefer werde wenn die vorher gespielten Töne höher waren. Das absolute Tongehör hat nachgelassen, war vor der Schädigung besser. Bekannte Melodien werden gut erkannt (Bach, Rosenkavalier, Tanzmusik usw.). Ein Haydn-Quartett, das er vielfach mitgespielt hat, erkennt er als ,,Quartett aus der Zeit von Haydn", nicht aber als ein Quartett von Haydn. Bei Vorlegen einer Arie aus dem Troubadour weiß er nur, daß sie von einem romanischen Meister stammen muß. Auswendigspielen ist ihm jetzt vollkommen unmöglich, nicht einmal die bekannteste Melodie, z. B. die ihm aus der Kindheit geläufige holländische Nationalhymne, kann er auswendig reproduzieren. Ebenso kann er nicht aus dem Kopf Melodien schreiben. Tonleitern spielt er langsam und vorsichtig, bei Steigerung des Tempos greift er Intervalle falsch, ohne es zu merken. Er hört alles deutlich, aber wie aus größerer Entfernung. Rhythmuserfassen ist vollkommen intakt.

Die theoretische Bedeutung dieses Falles, für den es, wie mir scheint, bisher in der Literatur kein Analogon gibt, liegt wohl in einer anderen Richtung, als sie von dem Autor angenommen wird. Daß dem Kranken die Fähigkeit abhanden gekommen sei, ,,den Zusammenklang des Orchesters als Ganzes zu erfassen", kann auch von uns angenommen werden. Nur muß gefragt werden, auf Grund welchen primären Ausfalles die Ganzheit gestört ist. Es scheint mir am wahrscheinlichsten, daß die Wahrnehmungs- und Vorstellungsstörung des Patienten eine Grundlage für die Erklärung gibt. Am auffallendsten ist die Unfähigkeit des Kranken, den Sekundenschritt adäquat zu erfassen und auszuführen. Wenn WALTHARD eine „Störung in der Auffassung der Tonreinheit" annimmt, so kann dem nur sehr bedingt beigepflichtet werden. Der Kranke erlebt offenbar Klangfarben ganz rein, er unterscheidet die Instrumente gut nach ihrem Klang; das könnte nicht sein, wenn der Ton oder Klang „unrein" aufgefaßt wäre. Auch die sichere Bestimmung von Oktaven, Terzen, Quinten spricht nicht dafür, daß Töne und Klänge unrein erlebt werden. Eine zentrale Hörfeldstörung liegt zweifellos nicht vor. Auch daß der Patient einen Defekt der „Veranlagung, einen Ton, als den betreffenden von einer bestimmten Schwingungszahl zu empfinden" habe, scheint mir den Tatsachen nicht ganz gerecht zu werden, weil er sonst wohl nicht handgeschriebene Melodien richtig singen und pfeifen würde. Dagegen erscheint es mir am wahrscheinlichsten, daß die Störung in der *Ordnungsbeziehung des Einzelklanges auf die Tonalitätsreihe* liegt. Schon die Schwächung des absoluten Tongehöres, die dieser Musiker nach seinem Defekt erlitten hat, spricht für einen Ausfall in der „Lokalisation" irgendeines Tones in der Tonalitätsreihe. Daß die Sekunde nicht getroffen wird, kann seine Erklärung darin haben, daß der an sich richtig und rein perzipierte Klang nicht wie beim Normalen sicher und bestimmt an seine Stelle in der Tonalitätsreihe eingeordnet werden kann, also etwa das *d* an seinen Punkt, das c_2 an seine bestimmte Stelle, sondern daß jeder Ton innerhalb eines Ganztonschrittes ein vergrößertes tonales Spatium nach oben und unten in der Tonalitätsreihe hat, innerhalb dessen er nicht scharf und sicher zugeordnet werden kann. Nicht Unreinheit, sondern *Unsicherheit in der Lokalisation und Zuordnung* des Klanges macht nach dieser Anschauung die Störung aus. Daraus erklären sich dann leicht die anderen beschriebenen Störungen. Die Ordnungsunsicherheit des Klanges zwingt den Kranken ständig, sein eigenes Spiel und das der Mitspieler zu kontrollieren, so daß er nicht gleichzeitig sich und die Mitspieler in einem Akt beurteilen kann. Das führt dann wieder dazu, daß er sein eigenes Spiel nur schwer in das Ganze des Orchesters einfügen kann. Die gleiche Unsicherheit bringt es mit sich, daß der Patient einen objektiv gleichbleibenden Violinton innerhalb des unsicheren Spatiums immer weiter verschiebt und dabei jedesmal in der Wahrnehmung eine neue Unsicherheitsgrenze überschreitet. Dabei übernimmt er die Tendenz nach dem Höher- oder Tieferwerden des wahrgenommenen Klanges aus dem Schritt, den der vorausgehende Ton ihm aufnötigt. All dies geht zwanglos aus der tonalen Ordnungsunsicherheit hervor. Bemerkenswert ist, daß außer der tonalen auch eine räumliche Ordnungsstörung für die Klänge vorhanden ist. Man kann WALTHARD beistimmen, wenn er das pathologische Entfernthören der Klänge so deutet. Außerdem hat der Patient eine Störung des anschaulichen Vorstellens und Reproduzierens musischer Inhalte. Dies führt dann gelegentlich zu paramusischen Entgleisungen (zu unbemerktem Falschgreifen der Intervalle). Wenn der Autor diesen Fall weder den sensorischen noch den motorischen Amusien zusprechen zu können glaubt, so liegt das darin, daß die pathologischen Erscheinungen des Kranken in den Kreis der Erscheinungen, die bisher bei der „Melodientaubheit" beschrieben worden sind, tatsächlich nicht einzufügen sind. Auf den hier vorgenommenen erweiterten theoretischen Grundlagen ist der Kranke ein interessanter Fall akustisch-musischer Bildagnosie oder sensorischer Amusie, und zwar nicht-reiner Art, bei dem die Unsicherheit im tonalen Ordnungsbezug und Störungen in der Bildorganisation musischer Vorstellung im Vordergrund stehen. Zeichen primär-expressiver (motorischer) Amusie liegen offenbar nicht vor.

Hier einschlägig ist unserer Ansicht nach auch ein Fall von S. NADEL [Über einen eigentümlichen Fall von Tontaubheit. Neue Beiträge zum Zweikomponentenproblem. Arch. f. Psychol. 64, 37f. (1928)], allerdings in anderer Interpretation als in der des Autors. Der 19jährige Student der Philosophie B. stammt aus musikalischem Lehrerhaus, war als junges Kind nach Angabe der Eltern auffallend musikalisch. Er erkannte mit 4—5 Jahren alle vorgespielten Volkslieder wieder, behielt sie im Gedächtnis und sang sie nach. Im 5. Lebensjahr erkrankte er an einer Poliomyelitis. Der Bericht sagt nur, daß er dabei eine „völlige Lähmung" gehabt habe. Als Folgen blieben die Lähmung eines Beines (welches, wird nicht ausgesagt) und der Verlust der Musikalität. Die Untersuchung, die wir auszugsweise wiedergeben, stellte fest, daß das „allgemeine akustische Gehör" und das Sprachmelodieerfassen intakt war. Im Erkennen von Klangfarbenunterscheidungen und musikalisch-dynamischen Unterschieden war keine Störung festzustellen. B. kann Volkslieder, die er vor der Schädigung kennengelernt hat, wiedererkennen, kann sich aber keine neuen Melodien einprägen, kann nichts davon merken und wiedererkennen. In neuen Melodien findet er „keinen Sinn", hört nur „unzusammenhängende Töne". Dazu gibt er an, daß er die früheren Kinderlieder dadurch wiedererkennt, daß er sofort den dazu passenden Text weiß, sobald er die Töne — oft auch nur die ersten — hört. Es ist ihm zwar möglich, neue, einfache, aber sehr charakteristische Melodien zu merken (oft nach einmaligem Einprägen) und noch nach 3 Wochen wiederzuerkennen; doch ist immer ein Unterschied zwischen dem Material, das vor der Schädigung erworben war und leicht wiedererkannt wird, und dem schwer und unsicher wiedererkannten neuen Material deutlich. Zu rhythmischen Leistungen ist B. vollkommen unfähig, auch im Tanzen, Turnen und Marschieren. Ein ihm gut bekanntes Volkslied mit kleinster Veränderung der Melodie kann er nicht wiedererkennen trotz gleichbleibendem Rhythmus. Lieder mit fast gleichem Rhythmus („Es klappert die Mühle" und „Der weiße Hirsch"), deren Unterschied bei der Prüfung in der Begleitung besteht, wird so verschieden aufgefaßt, daß das zweite Lied nicht mehr als bekannt beurteilt wird. Es kommt dem Pat. zum Wiedererkennen auf jeden Ton und jede Pause im Liede an. Dagegen werden rhythmisch verzerrte, aber wohlbekannte Lieder wiedererkannt, wenn nur ein Stück darin immer das gleiche bleibt. Hat B. selbst zu singen, so ist er völlig unsicher darin, ob er die Töne trifft, glaubt aber den Rhythmus richtig wiederzugeben (Paramusie). In „Wir winden dir den Jungfernkranz" singt er aber das „mit veilchenblauer Seide" so, daß er das „blauer" nicht im vierschrittigen, sondern im zweischrittigen Rhythmus bringt, ohne es zu bemerken. Umgekehrt ist er unfähig, ein Stück im Gedächtnis zu behalten, das im Grundrhythmus das gleiche bleibt und nur in einzelnen für die harmonischen und melodischen Hauptpunkte und -linien („als Grundgerüst") wenig wichtigen Teilen variiert ist.

Bei eingehender Untersuchung kann Pat. erst bei einem objektiven Tonhöhenunterschied einer großen Terz zwei benachbarte Töne auseinanderhalten. Auch dann ist das Urteil unsicher und schwankend; erst bei einem objektiven Quartintervall urteilt Pat. bestimmt: „die Töne sind verschieden." Nach Darstellung des Autors weisen die unterschiedenen Töne keine irgendwie individuellen Abgrenzungen oder Charakterisierungen auf, sondern stellen, ganz wie bei normalen Schwellenuntersuchungen, sich als „fast gleiche", „ebenmerklich" sich unterscheidende Töne dar. Es besteht auch Schwanken der Schwellenwerte, Beeinflußbarkeit der Intensitätsunterschiede und die Unfähigkeit, bei Ebenmerklichkeit die Tonhöhenverschiedenheit zu beurteilen und auszusagen, welcher Ton der höhere ist. Wenn eine *C*-Dur-Tonleiter so gespielt wird, daß vom *c–g* rasch, *a*, *h*, c_1 langsam gebracht wird oder wenn *c–h* rasch, dann nach kurzer Pause c_1 gegeben wird, lautet das Urteil: „Zwei Töne, erst ein tiefer und dann später ein hoher." Er kann keine Auskunft darüber geben, ob die „Töne" ineinander übergehen, ob eine Kluft zwischen den Tönen ist, ob ein dritter nicht deutlicher Ton dabei ist. Immer heißt es: „Zuerst ein Ton, dann anschließend ein zweiter, der aber ganz deutlich höher ist."

Der Autor schließt vor allem aus den Ergebnissen der Schwellenuntersuchungen auf das Bestehen einer „Tontaubheit" (also in unserer Ausdrucksweise einer zentralen Hörfeldstörung) und lehnt die Auffassung einer „Melodientaubheit" (also akustischen Bildagnosie) ab. Es scheinen aber gute Gründe vorzuliegen, sich der Auffassung des Autors nicht anzuschließen. Das Verhalten des Pat. bei den Tonhöhenunterscheidungen und Schwellenbestimmungen entspricht durchaus dem eines ungeübten Unmusikalischen. Mit Recht schreibt W. Stern (Die differentielle Psychologie. Leipzig 1911, S. 265): „Man neigt dazu, die geringe Fähigkeit des unmusikalischen Menschen, Tonhöhen zu unterscheiden . . ., direkt als grobe Mängel ihrer rein sinnlichen Empfindungsfähigkeit anzusehen; und erst der Nachweis, daß man durch Übung diese scheinbaren Ausfälle ganz beträchtlich verringern kann, führt jene Meinung ad absurdum. Natürliche Unterscheidungsfähigkeit und wirkliche Sinnesempfindlichkeit sind eben zwei gänzlich verschiedene Fähigkeiten." „Gänzlich unmusikalische Menschen können durch fortgesetzte Übung dazu gebracht werden, Unterschiede von Tonhöhen, die nur Bruchteile einer Schwingung betragen, zu erkennen oder das absolute Tongehör zu erwerben." Selbst wenn unser Fall diese Übbarkeit des sonst gesunden Unmusikalischen nicht besäße, so könnten die Schwellenuntersuchungen keinen Beweis dafür erbringen, daß hier tatsächlich eine „Tontaubheit", eine Störung des akustischen Sinnesfeldes, also eine echte zentrale Hörfeldstörung, vorliegt.

Die sonstigen Symptome, die der Kranke zeigt, sprechen sämtlich gegen eine Hörfeldstörung, vielmehr für eine Schädigung im *akustischen Bildbereiche.* Daß Klangfarben und dynamische Unterschiede aufgefaßt werden, läßt einen „Funktionswandel" im Hörfelde ausschließen. Die Rhythmusstörungen gehören nicht zur Symptomatik der Anakusien, wohl aber zu der der akustischen Bildagnosie. Die Störungen des Wiedererkennens und Einprägens von akustisch-musischen Stoffen sind mit einer Störung des Hörfeldes („Tontaubheit") nicht in Zusammenhang zu bringen. Leider sind die klinisch-neurologischen Angaben sehr unvollkommen. Die Wahrscheinlichkeit geht dahin, daß der Pat. als Knabe eine Polioencephalitis mit bleibender Schädigung eines Schläfenlappens und Störung in der akustischen Bildsphäre erlitten hat.

Diese Schädigung allerdings hat in unserem Falle besonderes theoretisches Interesse. Wenn der Pat. zwar einzelne Töne identifiziert, aber Tonhöhenunterschiede nicht auffassen kann, so läßt sich eine Erklärung dazu von der Bildsphäre her, ähnlich wie im Falle WALTHARDS, als eine Erschwerung der *Ordnung von Tönen im Tonalitätssystem* finden. Diese Auffassung, wenn auch nicht sicher zu erweisen, ist immerhin wahrscheinlicher als ein Rückgreifen auf die Theorie der Trennung von Tonhöhe und musikalischer Qualität im Hörfeld. Die Erscheinung, daß der Pat. analog dem von GRANT ALLAN beschriebenen Fall [Note-Deafness Mind, **3**, 157f. (1878)] eine rasch geführte Tonleiter nicht in ihren einzelnen Stufen, sondern nur als einen einheitlichen Ton auffassen kann, spricht ebenfalls nicht für Hörfeldstörung, sondern für eine Störung in der Bildsphäre. Der Aufbau einzelner im Tonalitätssystem fixierter Tonbilder in der Tonleiter und ihre Einordnung auf eine bestimmte Stufe im Tonalitätssystem gehört der Bildsphäre an. Der Ausfall der ,,tonalen Ordnung“ zwingt die Kranken in die Alleinwirksamkeit der kontinuierlichen Tonreihe im Hörfeld zurück, die Desorganisation der Bildsphäre, speziell die tonale Ordnungsstörung, führt eine ,,Niveausenkung“ auf das Hörfeld herbei. Daher das Kontinuum (,,ein Ton“) an Stelle der fortlaufenden Vielheit der Tonleitertöne.

Analog möchten wir auch den bekannten und schon oben erwähnten Fall von GRANT ALLAN, den auch STUMPF (Tonps. **1**, 184) zitiert und der in gleicher Weise wie der NADELsche Fall eine Tonleiter als Kontinuum hört, für eine akustische Bildagnosie, speziell *tonale Ordnungsstörung* halten. — Es muß allerdings kritisch erwähnt werden, daß die Verwandlung einer Tonleiter in ein Tonkontinuum auch bei Perzeptionsverlängerung der einzelnen Tonempfindung, also einer Umstimmungsstörung durch Funktionswandel im Hörfeld, erzeugt werden könnte. Zur Differenzierung können nur phänomenologische Bestimmungen herangezogen werden. Während die Perzeptionsverlängerung zu einer Übereinanderlagerung und chaotischen Empfindung führt, müßte die Wahrnehmung der Leiter als Kontinuum bei der tonalen Ordnungsstörung einem Portamento ähnlich sein.

δ) **Zeitliche Formen und Systembildung (Störungen der Zeitfigur, Rhythmus und Takt).** Der Funktionsabbau in der tonalen Bildorganisation hat die Störung im simultanen und sukzessiven Aufbau der musischen Bildgestalten und ihre Ordnung im Tonalitätssystem erkennen lassen. Es muß, besonders gegenüber manchen Äußerungen in der ästhetischen wie auch in der pathologischen Literatur, gesagt werden, daß *Sukzessivgestaltung und zeitliche Gestaltung des Klangbildmateriales nicht gleichbedeutend ist.* Der oft aufgestellte Primat des ,,Rhythmus“ in der Musik hat historisch und genetisch eine gewisse Stütze beim Vergleich der primitiven und kindlichen Musik mit der voll ausgebildeten Musik unserer Kulturkreise. Daß die zeitliche Strukturierung eine sehr wesentliche Funktion in der Melodienbildung und durch sie in den energetischen und symbolischen Effekten der Musik hat, bedeutet noch nicht, daß melische und zeitliche Struktur identifiziert werden müssen. Sukzessivaufbau im Tonalen ist melische Gestaltung des Tonstückes, zeitlicher Aufbau betrifft die zeitlich-figurale und die zeitlich-rhythmische Struktur, die in Takt und Tempo eingebaut ist.

In der pathologischen Literatur finden sich Angaben über das Getrenntsein von tonaler und zeitlicher Strukturierung des Klangbildes im Funktionsabbau. Der Kranke von ANTONI (zitiert nach HENSCHEN), ein 39jähriger schwedischer Waldarbeiter, erlitt durch Schlaganfall rechtsseitige Lähmung und Aphasie. Er war musikalisch begabt, hatte früher in einer Kapelle Waldhorn geblasen, war in der Auswahl seiner Grammophonplatten sehr genau gewesen, kann also unter den hier angenommenen allgemeinen Begriff des „Musikers" gerechnet werden. Nach der Hirnschädigung war der „Tonsinn" herabgesetzt. Er faßte c_2, c_3, c_4 als getrennte Töne auf, erkannte aber nicht, welche Töne angeschlagen waren, die Musik war ihm „gleichgültiges Geräusch". Er erkannte nicht die einfachsten Melodien, wenn man ihm früher bekannte und gespielte Lieder vorlegte. Dagegen wird von dem „Rhythmussinn" bemerkt, daß er, „durch verschiedene Proben geprüft, gut erhalten" war. Er unterschied Walzer, Polka und Marsch. — Eine Kranke von reiner Sprachtaubheit, die HENNEBERG (zitiert nach HENSCHEN) beschrieben hat, konnte zwar Melodien nicht verstehen, aber nach der Musik tanzen, ohne aus dem Takt zu kommen. — Der erste Fall ist allerdings nicht ganz eindeutig, weil bei ihm ganz offenbar zentral-anakustische Störungen wahrscheinlich sind und es fraglich ist, ob überhaupt tonale bildagnostische Ausfälle vorhanden sind. Der zweite Fall kann mit einer gewissen Wahrscheinlichkeit für die Trennung von tonaler und zeitlicher Bildstrukturierung sprechen. Leider ergibt die Literatur der sensorischen Amusie kein größeres Material zu diesem Thema.

Was in der älteren Literatur als „Rhythmus" erscheint, genügt den heutigen Anforderungen nicht mehr. Nach früheren Autoren hat insbesondere L. KLAGES eine Trennung des Rhythmus und Taktes als verschiedene dispositive und phänomenale Sachverhalte herausgestellt. A. LANGELÜDDEKE [Rhythmus und Takt bei Gesunden und Geisteskranken. Z. Neur. **113**, (1928)] hat seine Einteilung aufgenommen und Studien an Gesunden, Schizophrenen, Manisch-Depressiven und Metencephalitikern gemacht. Speziell für das Thema der musisch-zeitlichen Strukturierung und ihren primären Funktionsabbau in der musischen Bildagnosie (Amusie) haben diese Studien keinen Beitrag geliefert. Wir fassen hier den Rhythmus entsprechend häufigen Begriffsbestimmungen in der Literatur als ein *Gestaltbildungsprinzip der Reihengliederung durch Akzentgewicht* auf. Der Takt ist, wie schon früher besprochen, ein bei aller Änderung der rhythmischen Gegebenheiten eine Zeitstrecke umfassendes, in Diagrammen geordnetes invariantes Zuordnungsschema des Zeitverlaufes. In dieses Schema hat sich das rhythmische Geschehen einzugliedern. Taktabteilungen, Diagramme, „Zeitgitter" (HERRMANN) werden gestreckt oder verengt und geben damit das zeitgestaltliche Maß, das Tempo, an.

Die Unterscheidung von Rhythmus und Takt kann an unserem Falle St. verifiziert werden. Durch Untersuchungen an Klopffiguren hat sich zeigen lassen, daß die Dispositionen der Zeitfigur und Rhythmusbildung von der melischen Störung isoliert werden können und ebenfalls schwer gestört sind. Nichtsdestoweniger ist St. imstande, einen gespielten Marsch am Takt (nicht Rhythmus!) zu erkennen, wobei er die Positur des Marschierens und des Militärischen einnimmt. Bei einem anderen meiner Fälle, der erst später besprochen wird (MIEH.), ließ sich als Folge einer sensorischen Aphasie und Amusie nachweisen, daß er

Melodien nicht richtig faßte, auch Rhythmusänderungen nicht bemerkte, aber nach der Taktgebung Märsche, Walzer und andere Tänze sehr scharf unterschied. Besonders deutlich tritt die Scheidung in der Erfassung von Takt und Rhythmus in Erscheinung bei unserer amusischen Pianistin Lydia Hir., die nicht nur im Erfassen bekannter Takttypen (Tänze), sondern auch im „abstrakten" Versuch, sofern keine motorischen Leistungen verlangt wurden (Erkennung und Zuordnung zum Notenbild), gut funktionierte, während ihr das Auffassen einfacher Rhythmen immer große Schwierigkeiten machte.

Es ist nach diesen Untersuchungen notwendig, daß die Forscher in Zukunft Störung oder Erhaltensein der Fähigkeit, Märsche und Tänze zu erkennen, nicht ohne weiteres auf die Disposition des „Rhythmus" beziehen, den Takt vom Rhythmus gesondert untersuchen.

Kranke, bei denen die zeitlich-figurale, besonders die rhythmische Gestaltung des Klangbildes erhalten ist, und nur der Takt sich als gestört erweist, sind bisher nicht beschrieben. Das Problem ist auch noch zu jung, um hinreichend Material zu ergeben.

Kranke mit sensorischer Amusie, bei denen sowohl Rhythmus wie auch Takt in erheblichem Maße gestört erscheinen, finden sich in der Literatur vor. Es seien hier die Fälle von Agadschanianz, Forster, Würtzen, Ziehl erwähnt.

Was die *pathologischen Phänomene* betrifft, die durch den Abbau in der Disposition der zeitlichen Gliederung erzeugt werden, so besteht, wie bei Rhythmusstörungen aus anderer primärer Ursache (z. B. bei Encephalitis), eine Tendenz, das Rhythmische in ein unbetontes gleichmäßig fortlaufendes Geschehen zu verwandeln. Auch St. versteht die gleichmäßige zeitlich-ungegliederte Figur am besten; in dem Maße, als höhere Gliederung, also Befreiung von dem einfachen Rhythmus, eintritt, wird für St. das akustisch-rhythmische Geschehen in der Wahrnehmung unausgeprägt, es entsteht ein „zeitliches Durcheinander", ein „rhythmisches Chaos" in der Auffassung und der Wiedergabe.

Im ganzen kann man wohl im Funktionsabbau die tonale Gliederung von der zeitlichen Gliederung trennen und in jedem dieser Gestaltprinzipien gesonderte Dispositionsgebiete sehen, die unabhängig gestört werden können. (Daß damit einem „Rhythmuszentrum" im Sinne Teufers nicht das Wort geredet wird, ist jedem Einsichtigen klar. Über Rhythmus und seine multiple Disposition, Bewegung usw. vgl. den letzten Abschnitt dieser Schrift!)

b) Vorstellung (Vorstellungsproduktion und -reproduktion, Anschauungsbilder, Halluzinationen, Gedächtnisvorgänge usw.) (Mit Exkurs über Schumanns und Händels Krankheit).

Man hat Wahrnehmungsphänomene und die Vorstellungen als Ausdruck der Gedächtnistätigkeit gelegentlich in ein Gebiet zusammengezogen und von Wahrnehmungsvorstellungen und Gedächtnisvorstellungen gesprochen. Die Störungen der totalen sensorischen Amusie geben dieser Darstellung insofern recht, als sich bei ihnen sowohl die Dispositionen der bildhaften Gestalt der Wahrnehmung als auch die Vorstellungstätigkeit als Entäußerung des akustisch-musischen reproduktiven („residualen") Materials in ihren Störungen aufzeigen lassen. Daß dies aber nicht durchgehend möglich ist, machen die „reinen" Formen wahrscheinlich, bei denen zwar die bildhafte Auffassung tonaler und zeitlicher

Gestalten musischen Materials erheblich gestört ist, nicht dagegen die Reproduktion der Vorstellung und der musische Gedächtnisbesitz. Der Ansicht WERNICKEs, der in den reinen (subcorticalen) aphasischen (analog auch den amusischen) Erscheinungen „Absperrungen" des Perzeptionsfeldes von dem erhaltenen Gebiete der Residuen („Erinnerungsbilder"), der „inneren Sprache" (Musik) sieht, kann nicht beigetreten werden. Handelt es sich doch bei den nicht vorstellungsgestörten, reinen sensorisch-amusischen Kranken keineswegs nur um ein Erkennen schon einmal gehörter Musik. Es ist bei ihnen jede Art — auch die nicht früher gehörte und ganz unbekannte — Musik, die sie als Gesunde ohne weiteres aufgefaßt hätten, schwer gestört. Von einer Absperrung von Gedächtnisstoff (Erinnerungsbildern, Residuen) kann hier gar keine Rede sein. Auch ergibt die Gestaltanalyse der pathologischen Phänomene, daß bei den reinen Formen ganz bestimmte Gebiete musischen Erlebens als defekt bezeichnet werden müssen, nämlich die der bildhaften Wahrnehmung musischen Stoffes ohne Störung der Vorstellungstätigkeit.

Ob es Formen gibt, bei denen die Wahrnehmungsleistung intakt ist, dagegen das „Musikgedächtnis" isoliert getroffen ist, erscheint mir nach den Angaben der Literatur bisher zweifelhaft. Die früher schon angeführten Fälle von BRAZIER (1892) mit plötzlichem Gedächtnisverlust für Musisches, die auch HENSCHEN noch als Störungen des „Musikgedächtnisses" anführt, wird man als Neurosen auffassen müssen (TEUFER), und kommen in diesem Zusammenhang nicht in Betracht.

Inwieweit man Störung des Nachahmens von vorgespielten oder vorgesungenen Inhalten als Störungen des *unmittelbaren Behaltens* (Merkfähigkeit) für musische Stoffe auffassen darf, hängt davon ab, ob der Ausfall nicht auf Störungen der Wahrnehmung oder der Expression (motorischer Amusie) zurückzuführen ist. In den Fällen, die HENSCHEN in diesem Zusammenhang bringt, scheint mir eine sichere Abgrenzung nicht möglich. Bei dem Kranken St. läßt sich umgekehrt nachweisen, daß das unmittelbare Behalten (z. B. beim Nachklopfen gleichmäßiger Schläge) für tonale und zeitliche Gestalten, insoweit sie wahrnehmungsmäßig von ihm überhaupt noch erfaßt werden können, nicht aufgehoben ist.

Das *mittelbare Behalten* von musischen Stoffen auf längere Strecken ist in sehr vielen Fällen erheblich herabgesetzt. St. läßt in diesem Punkte Störungen erkennen. Besonders sind Aufgaben erwähnt, bei denen die Kranken aus dem Gedächtnis bekannte Stoffe zu reproduzieren haben. Eine Kranke von PICK reagiert auf eine Melodie nicht, die sie selbst kurz vorher mit Text gesungen hatte. In vielen Fällen führt der Funktionsabbau zu vollkommenem Versagen jeder bildhaften Vorstellung und Reproduktion. Oder aber es fehlt die Reproduktion eines bekannten Stoffes und es gelingt nur, ein Abhaspeln von „*Reihen*" dergestalt, daß ein bekannter Liedstoff nur beim Vorsingen einiger Takte („Intonation" nach HENSCHEN) fortgesetzt werden kann, nicht dagegen von neuem wieder begonnen. Oft genügt auch die Nennung des Liednamens oder die Einführung in die Bedeutungssphäre („Hurra" für ein Kriegslied bei einem Fall OPPENHEIMS). Wird die Reihe willkürlich oder unwillkürlich unterbrochen, dann kann der amusische Kranke oft nicht mehr fortfahren (Fall KNOBLAUCHS u. a.). Zur Reproduktion solcher musischen „Reihenlieder", wie sie bekannte Volkslieder darstellen, ist bei vielen Kranken eine bildhafte Vorstellung des Stückes überhaupt nicht notwendig.

Wir heben im folgenden einige Eigenschaften akustisch-musischer Vorstellungen hervor, die bei amusischen Kranken gesondert gestört sein können:

Die *Bekanntheit* eines früher erlernten oder vorgespielten Tonstückes, das *Wiedererkennen* des Stückes, ist pathologisch abgewandelt. Daß Melodien, harmonisierte Tonstücke nicht wiedererkannt werden, ist eine häufige Angabe bei Fällen sensorischer und expressiver Amusie. Den Kranken sind die ihnen geläufigen Stücke unbekannt, sie stehen ihnen so gegenüber, als wenn sie sie noch nie gehört hätten. So scheint die gemischt-anakustisch und sensorisch-amusische Kranke von KNAUER eine gesonderte Störung der Vorstellung und des Wiedererkennens von Melodien zu haben. Natürlich muß nachgewiesen sein, daß die Störung der Bekanntheit nicht etwa durch eine musische Bildauffassungsstörung hervorgerufen ist. Umgekehrt ist allerdings auch dann, wenn ein Kranker eine Melodie wiedererkennt, damit noch keineswegs gesagt, daß seine Bildauffassung des Tonstückes und seine Fähigkeit, anschauliche musische Vorstellungen zu geben, intakt ist. Wenn wir auch heute nicht mehr die Theorie von der „Assimilation" von Wahrnehmung und Vorstellung für die Erklärung von Wiedererkennen und Bekanntheit für genügend halten, da echte Vorstellungsgebilde beim Wiedererkennungsakt nicht erlebt werden, so muß man doch annehmen, daß das aufgenommene psychische Gebilde auf einen durch frühere Wahrnehmung des gleichen Gebildes vorbereiteten Organismus fällt und so den jetzt erlebten Inhalt die „Bekanntheitsqualität" (KÜLPE) verleiht. Die pathologische Funktion des Amusischen ist in diesem Falle eine verringerte Bekanntheit des sonst geläufigen musischen Inhaltes, Unsicherheit oder völliges Unbekannt- und Sinnlossein eines geläufigen Tonstückes. Ob man auch einen echten „Fremdheitseindruck" bei diesen Kranken sieht, der gewiß nicht mit mangelnder Bekanntheit identifiziert werden darf, sondern ein komplexeres Erleben darstellt, läßt sich aus der Literatur nicht ersehen. Über das Auftreten eines krankhaft übermäßigen Bekanntheitseindruckes, „reduplizierende Paramnesie" (PICK), das déjà-vu auf isoliert musischem Gebiete, liegen ebenfalls keine Erfahrungen vor.

Das Phänomen, daß Kranke zwar eine bekannte Melodie bildhaft richtig zu hören imstande sind, daß sie sich sogar erinnern, sie schon einmal gehört zu haben, sie aber nicht mehr benennen können, nicht mehr wissen, was für ein Inhalt, was für ein Text damit verbunden ist, welchem Komponisten sie zuzuordnen ist, läßt sich häufig beobachten. Man hat diese Erscheinung als „amnestische Amusie" bezeichnet und der „amnestischen Aphasie" an die Seite gestellt. Der Vergleich stimmt freilich nicht, weil sich der „Name" einer Melodie nicht mit der Nenn- und Bedeutungsfunktion des gesprochenen Wortes gleichsetzen läßt. Man wird vorläufig einer „amnestischen Amusie" als Störungsbild mit Vorsicht gegenüberstehen.

Als weitere Eigenschaft der produzierten akustisch-musischen Vorstellung ist die *bildhafte Anschaulichkeit*, die Deutlichkeit und Klarheit des Vorstellungsbildes bei den Amusischen oft gestört. Sie kann auch dann abgewandelt erscheinen, wenn das Wiedererkennen von Tonstücken noch ganz gut funktioniert. Man kann annehmen, daß bei allen total Sensorisch-Amusischen gerade die Produktion anschaulicher Vorstellungen mit tonal-zeitlicher Bildqualität nicht in adäquater Weise möglich ist. Wenn sich beispielsweise die erwähnte Kranke KNAUERS, Melodien nicht mehr „vorstellen" kann, so hat die Fähigkeit, sich musische Gebilde vor ihrem „geistigen Ohre" mit den zu ihr gehörenden tonalzeitlichen Qualitäten erstehen zu lassen, gelitten. Wenn auch die Phänomenologie der Abbauerscheinungen bei den totalen Formen nicht leicht herauszustellen ist, so läßt sich doch aus manchen Verhaltungsweisen die Störung der Produktion anschaulicher musischer Vorstellungen erschließen. Wenn unser Kranker St. beispielsweise sich aus dem Notenbild einer Klaviersonate das hinzugehörende Tonbild nicht zum Erklingen und Wiedererkennen bringen kann, während er beim Vorspielen dieser Sonate ganz richtig mitliest und umblättert, so kann man, selbst wenn man noch andere komplizierende Möglichkeiten von Störungen mit berücksichtigt, doch darin eine Unfähigkeit sehen, sich aus der dem Kranken einigermaßen bekannten musischen Schrift eine *anschaulich-bildhafte Vorstellung* zu bilden.

Wie wenig man sich anderseits durch eine gut erhaltene Bekanntheitsqualität über die Fähigkeit der Reproduktion und Produktion musischer Vorstellungen täuschen darf, zeigt der interessante Fall von OPPENHEIM (Charité-Annalen 1888, Fall 17). Ein junger Violinspieler, Orchestermusiker, Schüler Joachims, hatte durch eine luetische Affektion eine Schädigung der linken Hirnhemisphäre erlitten mit schwerer motorischer Aphasie bei Erhaltensein vieler musischer Fähigkeiten. Er erkannte schwierige Tonstücke wieder, konnte auch ihm unbekannte aber sinnvolle Motive reproduzieren (z. B. aus dem Tristan), war aber „abstrakten" Stoffen, z. B. Lösungen von Aufgaben aus der Harmonielehre, gegenüber verlangsamt und hilflos. Er zeigte also Fehler in der Bildung musischer Vorstellungen. Wenn der Pat. auch aus der „Erinnerung" vieles reproduzieren konnte, so waren doch auch immerhin noch Tonstücke vorhanden, deren Bekanntheit bei ihm vorausgesetzt werden konnte und bei denen sich Lücken zeigten. Auf weitere Störungen dieses Kranken soll hier nicht eingegangen werden.

Der Herabsetzung der anschaulichen Bildhaftigkeit musischer Vorstellungen entspricht auf der anderen Seite bei amusischen Kranken eine Inadäquatheit im Sinne einer *Erhöhung* bis zur Bildhaftigkeit von Warhnehmungscharakter, und zwar unwillkürlich und spontan die sogenannten musischen *Halluzinationen* oder besser Pseudohalluzinationen. Die öfter erwähnte Kranke von KNAUER, die sich willkürlich Musik nicht vorstellen kann, produziert nachts musikalische Halluzinationen. Der oben erwähnte junge Musiker OPPENHEIMS vermeint nachts die Ärzte musizieren zu hören und unterscheidet dabei deutlich Klavier, Geige, Cello, Oboe und Klarinette. Er hört den Anfang von Beethovens Violinkonzert und ist von der Realität seiner Trugwahrnehmung so überzeugt, daß er den Wärter um Abstellung der Störung bittet. Morgens hört er dann nurmehr kontinuierlich eine Quinte spielen. Ein Fall sensorischer Amusie, den H. MARKUS (Z. Neur. 1923) beschreibt, gehört ebenfalls in diese Gruppe. — Daß solche musikalischen Halluzinationen auch ohne Störung des Sensoriums und der Vorstellungsfähigkeit für Musik vorkommen können, zeigt ein von mir beobachteter Kranker (Dr. Schoe. 1928). Dieser junge Arzt, Sohn eines Musikdirektors, hatte einen Motorradunfall erlitten, bei dem er neben multiplen Schädelfrakturen auch eine Schädigung des linken Stirnhirnpoles und einen Bruch des rechten Felsenbeines mit Taubheit des rechten Ohres davontrug. Aphasie und Amusie waren nie vorhanden. Ein halbes Jahr nach der Verletzung hatte der Pat. mehrmals während anstrengender Eisenbahnfahrt musikalische Halluzinationen, die nicht etwa in einem Ohre lokalisiert waren, sondern objektiv in den Raum verlegt wurden. Die Erscheinungen waren ganz unabhängig von dem Rhythmus der Eisenbahnwagen. Pat. glaubte zuerst, in einem Nachbarabteil Harmonikaspiel zu hören, so daß er nachsah, ob dies tatsächlich der Fall war, sich aber überzeugte, daß er sich getäuscht hatte. Allmählich entwickelte sich ein musikalisches Bild von der Art einer Symphonie, sodaß die Orchesterstimmen unterschieden werden konnten. Der Eindruck dieser musischen Pseudohalluzination war angenehm und blieb einige Zeit bestehen. Ähnliches wiederholte sich einige Male im Zustande der Ermüdung auf Reisen. Ich möchte diese Erscheinung nicht als gewöhnliche Ermüdungswirkung, als „akustische Schlummerbilder" oder als Folge der Ohrschädigung auffassen, weil einerseits die Bilder ausdrücklich als unabhängig von dem ertaubten Ohr erlebt wurden, der Takt der Eisenbahn keine Rolle spielte und andererseits das Phänomen gerade einen Hirnverletzten mit Schädigung des linken Stirnhirns betraf.

Hier einschlägig sind pathologische Erscheinungsweisen, die im Verlauf der *Krankheit von Robert Schumann* (geb. 1810, gest. 1856) aufgetreten sind. P. J. Moebius[1] hat der Krankheit des Tondichters eine Pathographie gewidmet. Die darin geäußerten theoretischen Auffassungen sind von späteren Autoren einer Kritik unterzogen worden. Über Schumanns Eltern ist nichts Pathologisches bekannt, eine Schwester ist nach einem Hautleiden geisteskrank geworden. Die musikalische Begabung trat früh zutage. Schon im Alter von 21 Jahren (1831) hat Schumann eine „Erlahmung" der ganzen rechten Hand gehabt. Bekannt ist auch, daß er den dritten Finger der rechten Hand zeitweise nicht bewegen konnte, daß er diesen Finger mit einer Aufhängevorrichtung versah, da er sich beim Klavierspiel verkehrt zu den Tasten hinbewegte. Das Leiden scheint vorübergegangen zu sein, so daß Schumann später noch viel Klavier spielen konnte, jedoch nicht mehr zur Virtuosität kam. Mit 23 Jahren (1833) hatte Schumann einen schweren Depressionszustand mit Selbstmordangst, der wieder vorüberging, sich aber offenbar in den nächsten Jahren in verschiedener Intensität und Erscheinungsweise wiederholte. 1844, also in einer Zeit von Schumanns reichstem musikalischem Schaffen, schreibt der behandelnde Arzt Dr. Helbig in einem Krankheitsbericht: „Lehrreich für den Beobachter waren die mit dem hohen Grad von Entwicklung des Musik- und Gehörsinnes zusammenhängenden Gehörstäuschungen und das eigentümliche Gefühlsleben des Mannes . . ." 1846 wird von Singen und Brausen im Ohr berichtet, „als wenn jedes Geräusch zu einem Klang würde". Im gleichen Jahre schreibt der Tondichter selbst kurz vor dem Antritt einer Reise an die See in einem Brief: „Ich verlor jede Melodie wieder, wenn ich sie eben erst in Gedanken gefaßt hatte, das innere Gehör hatte mich zu sehr angegriffen . . ." (Gedächtnisstörung für musikalische Inhalte). 1852 wird über Schwerfälligkeit im Sprechen, die aber Bekannten schon längere Zeit früher aufgefallen war, berichtet. Um die gleiche Zeit wird auch „Nachlassen der musikalischen Gestaltungskraft" verzeichnet. Riemann[2] schreibt, daß Schumann „in schnellerem Tempo vorgetragene Musik nicht mehr aufzufassen vermochte und daher auch die Metronomisierung seiner eigenen früheren Werke für falsch erklärte" (Akustische Zeitformungsstörung!). 1853 verstärkten sich die Gehörstäuschungen. Schumann mußte das Zeitunglesen einmal unterbrechen, weil er ständig ein *A* hörte. Es ist von „Zuflüsterungen" und von „Geisterstimmen" die Rede. Die Gehörstäuschungen werden von dem Kranken selbst als „wunderbar, sehr schöne Musik, Musik so herrlich mit so wundervollen Instrumenten, wie man auf der Erde nie hörte", beschrieben. Die Gattin Clara Schumann gab über die Krankheitszeichen bei ihrem Mann einen nachträglichen brieflichen Bericht an C. Stumpf[3]: „Nur eine kurze Zeit hörte er immer einen Ton, dann aber bildeten sich Motive, die sich zu ganzen Stücken fortspannen und am Schluß derselben immer wieder von vorne

[1] Moebius, P. J.: „Robert Schumanns Krankheit", Halle 1906 und Anhang zu „Scheffels Krankheit", Halle 1907.

[2] Riemann: Musiklexikon, 10. Aufl., S. 1175.

[3] Stumpf, C.: Tonpsychologie 1, 411ff. (1883).

begannen. Dies verfolgte ihn auch während der Unterhaltung und war er nur imstande, auf ein anderes Stück überzugehen, wo es dann ebenso verlief. Das waren aber nicht eigene musikalische Gedanken, sondern ihm bekannte andere Werke, Symphonien, Quartette und sonstiges. Komponiert hat er in jener Zeit nur ein kurzes inniges Thema mit Variationen. Auf welchem Ohr er die Erscheinungen hatte, weiß ich nicht — ich glaube nicht, daß er dies je selbst geprüft, sonst hätte er sich wohl einmal darüber geäußert. Sein Gehör war stets normal (physisch) und das Leiden jedenfalls, was auch die Ärzte konstatierten, nur eine Folge der Zerrüttung seines Gehirns durch Überanstrengung." 1854 erfolgte der Selbstmordversuch durch Springen in den Rhein. 1856 ist Schumann in völliger geistiger Umnachtung in der Anstalt Endenich gestorben. Der Bericht über den makroskopischen Hirnbefund, den der behandelnde Arzt Richarz erhoben hat, stellt fest (nach Moebius, nicht wörtlich): Überfüllung der Blutgefäße, insbesondere an der Basis; Verdickung des Knochens an derselben Basis; Verdickung und Entartung der beiden inneren Häute des Gehirns und Verklebung mit der Rindensubstanz des Gehirns, allgemeine Hirnatrophie.

In der klinischen Auffassung der Krankheit unter Berücksichtigung des Verlaufes und des vorliegenden Hirnbefundes scheint die von Moebius geäußerte Ansicht, daß eine Dementia praecox — er spricht später von einem endogenen Leiden — vorgelegen habe, nicht viel Wahrscheinlichkeit für sich zu haben. Auch daß nur manisch-depressives Irrsein vorgelegen habe[1], ist nicht plausibel. Sowohl Gruhle[2] wie Pascal[3] nehmen eine Mehrheit von Krankheiten an. Gruhle ist der Ansicht, daß bis 1850 eine Cyclothymie und dann eine Paralyse oder schwere organische Hirnkrankheit (vielleicht luetischer Art) vorgelegen habe, Pascal stimmt für Psychasthenie und später Paralyse. — Daß es sich um eine Hirnerkrankung, und zwar entzündlicher Art (also exogen) gehandelt hat, ist nach dem Obduktionsbefund in hohem Grade wahrscheinlich. Für unseren Zusammenhang ist die Frage, ob nur die Erscheinungen der letzten Jahre, also etwa seit dem Deutlichwerden der Sprachstörung und dem Zurückgehen der musikalischen Produktionskraft (also etwa seit 1845) auf die Hirnerkrankung als Ursache zu beziehen sind oder ob das Leiden schon früher eingesetzt hat. Nach den vorliegenden Tatsachen scheint die Bemerkung in H. Riemanns[4] Musiklexikon einigermaßen zu Recht zu bestehen, wo von einem „Gehirnleiden, dessen erste Spuren sich bereits 1833 gezeigt hatten, und das schon 1845 bedrohlich geworden war" gesprochen wird. Ja, die 1831 aufgetretene vorübergehende Lähmung des dritten Fingers der rechten Hand und auch der ganzen rechten Hand erklärt sich am besten daraus, daß damals schon das Gehirnleiden vorhanden war, eine Affektion der linken Hemisphäre, die sich langsam, vielleicht unter Remissionen verschlimmert hat. Die Natur des Leidens wird sich nie ganz klären lassen. Daß eine Paralyse den Meister in seinen jungen und mittleren Jahren, den Jahren stärksten und höchst qualifizierten Schaffens befallen hatte, ist ausgeschlossen, könnte nur für die letzten Jahre Gültigkeit haben. Die von den Pathologen angenommene syphilitische Erkrankung des Gehirns (Meningoencephalitis, besonders an der Basis) hat tatsächlich nach dem Befunde die größte Wahrscheinlichkeit.

Für den vorliegenden Zusammenhang ist wichtig, daß einer der größten und fruchtbarsten deutschen Tonpoeten während der Zeit seines Schaffens an Symptomen von Hirnkrankheit gelitten hat, die wir dem großen Gebiete der „Amusie" zusprechen müssen. Die Gehörstäuschungen, die Pascal mit Recht als Pseudohalluzinationen anspricht, und die außerdem als musische Klangillusionen und Perseverationen musikalischer Art aufzufassen sind, gleichen in weiten Grenzen denen, die wir früher an unbezweifelbaren Hirnkranken (vgl. den Fall Dr. Schoe) haben beschreiben können. Auch die Störungen des musikalischen Gedächtnisses, speziell des Behaltens konzipierter musischer Bilder und die Störungen des Rhythmuserlebens gehören in diesen Bereich. Daß der schaffende Musiker an einer „Amusie" litt, ist nur für den Unkundigen eine Paradoxie; sie ist mehr im Terminus als in der Sache gelegen. Daß Schumann eine „Inadäquatheit der akustisch-musischen Bildorganisation", und zwar speziell im Vorstellungsbereiche während seiner Pro-

---

1 Nathan u. Dupré, zit. nach Lange-Eichbaum.

2 Gruhle: Brief über Robert Schumann Krankheit an P. J. Moebius. Zbl. Neur. 1906.

3 Pascal: Les maladies mentales de Robert Schumann. J. de Psychol. 5 (1908).

4 Riemann, H.: Musiklexikon, 10. Aufl. 1922.

duktionszeit hatte, dürfte niemand bestreiten. Ja, die Frage, welche Rolle diese Inadäquatheit für das produktive Schaffen des Meisters gehabt hat, ist vom theoretischen Standpunkt aus nicht sinnlos, wenn ihr auch empirische Belegungen versagt bleiben müssen.

Akustische (Pseudo-) Halluzinationen bei Temporallappenaffektionen als *epileptische Aura* sind in neuerer Zeit auf sprachlichem Gebiete beschrieben (HERRMANN u. a.). Schon früher hat S. DE SANCTIS[1] musikalische Erscheinungen als epileptische Äquivalente beschrieben. (Die Arbeit ist mir leider nicht zugänglich geworden.) Bemerkt sei noch, daß E. BLEULER musikalische Halluzinationen („Stimmen") der Schizophrenen zu den „primären" Symptomen dieser Krankheit rechnet.

Akustisch-musische *Nachbilder*, wie sie von früheren Autoren erwähnt sind, und bei der Theorie der peripheren Parakusien eine Rolle gespielt haben, sind bei Schädigungen des Schläfenhirns als echte amusische Erscheinungen in der Literatur nicht beschrieben. Ebenso sind *Anschauungsbilder* musischer Art, die bei Optisch-Agnostischen pathologischerweise gesehen werden, und deren physiologische Gesetzlichkeit beim Normalen von E. R. JAENSCH studiert worden ist, als Amusiephänomen nicht beobachtet.

Als bedeutsamste Nachwirkung der Wahrnehmung ist die *Perseverationstendenz* des Wahrnehmungsinhaltes zu erwähnen, die eine der wichtigsten Funktionen der Gedächtnistätigkeit ist. G. E. MÜLLER und seine Schule, neuerdings N. ACH haben sie am Normalen studiert. Verringerte Perseverationstendenz bei Sensorisch-Amusischen sehen wir in den Störungen der „Merkfähigkeit", von denen wir früher gesprochen haben. Wir finden auch auf krankhafter Basis umgekehrt eine übermäßige Perseverationsneigung und das gerade bei unserem Kranken St., der in der spontanen Produktion anschaulicher Vorstellungen erhebliche Störungen aufweist. Daß bei Kranken mit Störungen der bildhaften Vorstellung häufig Perseverationen auftreten, ist ja auch bei optisch-räumlichen Agnosien bekannt.

Pathologische Erscheinungen in der *produktiven Vorstellungsleistung* des schaffenden Tonkünstlers, die dem Amusiegebiet eingeordnet werden könnten, sind ebenfalls nicht in hinreichendem Maße gemacht worden. Soviel ist sicher, daß die primäre Störung des peripheren Gehöres beim Tonschöpfer das produktive Schaffen von Musik in der Vorstellung nicht vernichtet. Beethovens Beispiel macht es allerdings wahrscheinlich, daß die Qualität des Geschaffenen durch den peripheren Hörschaden bei ihm einen nicht unerheblichen Einfluß gerade nach ihrer Tiefe und symbolischen Kraft gewonnen hat. Auch Smetana hat nach seiner peripheren Ertaubung noch Werke geschaffen, nicht dagegen Robert Franz. Von G. F. Händel[2] ist bekannt, daß er im Alter von 52 Jahren eine Erkrankung mit „Geistesstörung" (wahrscheinlich Aphasie) und Lähmung der rechten Körperseite erlitten hat, die aber durch eine Parforcekur in Aachen, wohin er sich von London aus begab, in kürzester Zeit wieder geheilt war. Inwieweit während der Erkrankung die produktiven musikalischen Kräfte gelitten hatten, dürfte kaum prüfbar gewesen sein. Es ist aber sicher, daß der große Tonschöpfer gerade nach dieser Krankheit seine bedeutendsten Werke, die Oratorien „Messias", „Samson",

[1] SANCTIS, S. DE: Riv. di psichol., psichiatr. e neuropatol. 1897.

[2] Vgl. MAINWARING: Memoirs of G. F. Handel 1760, S. 121.

„Herakles“, „Israel in Ägypten“ und andere, ferner viele bedeutende Orgel- und Orchesterwerke konzipiert und niedergeschrieben hat. Welche Rolle der Schaden und die Restitution auf diese Steigerung des musikalischen Schaffens dieses Genius gehabt haben, könnte Aufgabe einer nicht uninteressanten musikalisch-pathographischen Studie sein.

c) Totale akustisch-musische Bildagnoise (totale corticale sensorische Amusie).

Die totalen Störungen der musischen Bildauffassung und Vorstellungsdispositionen bilden natürlich keine symptomatische Einheit in dem Sinne, daß bei allen Fällen sämtliche Dispositionen vollkommen zu Verlust gegangen sind, daß also die Kranken immer außer in dem Erfassen und Vorstellen auch Störungen paramusischer Art in der Expression, Störungen des musikalischen Lesens und paramusisches Notenschreiben aufweisen. Es bestehen auch hier große Variationen, Abstufungen der Defektstruktur, Abschwächungen bestimmter Dispositionsgebiete bei stärkerem Betroffensein von anderen. Ein Phänomen, das von vielen Klinikern als Kriterium der totalen (corticalen) sensorischen Amusie erklärt wird, die Paramusie, sei nach ihrer pathologisch-psychologischen Seite noch besonders besprochen. Es ist darunter die Erscheinung verstanden, daß sich bei musischbildagnostischen Kranken Entgleisungen, Fehler, Vertauschungen auch in den musischen Entäußerungen finden. Von echten expressiven Störungen unterscheiden sich die Paramusien dadurch, daß die Kranken sie nicht bemerken, während die echten expressiv-amusischen Fehler von den Kranken bemerkt, wenn auch nicht geändert werden können. Wenn man sich an WERNICKES Erklärung der Paraphasien und entsprechend auch der Paramusien hält, so hat man in diesen krankhaften Erscheinungen Störungen zu sehen, die auf den Funktionsabbau der „inneren Sprache“ (innere Musik) zurückgehen, und zwar der besonderen kontrollierenden, korrigierenden, regulatorischen Leistung im Ablauf des expressiven Sprach- bzw. Musikerlebnisses. PICK und später GOLDSTEIN glaubten dieser Auffassung in der Entstehung der Paraphasie (analog wohl auch der Paramusie) nicht beipflichten zu können. Ein Hauptargument ist das, daß man von Erinnerungsbildern, Gedächtnisvorstellungen sprachlicher (musischer) Art bei den paraphasischen (paramusischen) Leistungen nichts bemerkte. Dadurch wird allerdings WERNICKES Ansicht nicht entkräftet. Es geht hier wie bei den Wiedererkennungserscheinungen und ihren Störungen. Hier wie dort werden Gedächtnisfaktoren sprachlicher und musischer Art aktiviert, ohne daß bildhafte Vorstellungen dabei zum Ausdruck kommen und im Falle des Funktionsabbaues also solche ausgefallen sein müßten. Bei der Ableistung des akustischen Gebildes (Gespräch oder Melodie usw.) sind beim Gesunden Kontrollen und Regulative ohne bildhafte Vorstellung dauernd wirksam. Wir werden auf diesen Punkt noch später bei der Besprechung der psychologischen Faktoren musischer Expressionsleistung zurückkommen.

d) Genetische Gesichtspunkte.

Bei den bisherigen Besprechungen ist ein Gesichtspunkt zwar mitgedacht, nicht aber gesondert herausgestellt worden: Der Funktionsabbau des musischen Wahrnehmungs- und Vorstellungserlebens ist nicht allein durch die pathologische Erscheinung und die Lage und das Ausmaß des Defektes im funktionierenden Gehirnganzen hinreichend erklärt. Für den Ausfall der pathologischen Leistung kommt es sehr darauf an, eine wie strukturierte Gesamtpersönlichkeit von dem Defekt betroffen worden ist, welche Veranlagung sie hatte, welches Alter, was sie gelernt, geübt, wieder vergessen hat, wie weit sich ihr Defekt restituiert hat und welche sonstigen psychischen Faktoren von der Schädigung unberührt geblieben sind, die umorganisierend eingreifen können. Der genetische Faktor ist denn auch schon früh allgemein und speziell in der Theorie der amusischen Phänomene von den Forschern beachtet worden (Jackson, Kussmaul, Ballet, v. Monakow u. a.). Zweifellos ist der „chronogene" Faktor des Funktionsabbaues, der in letzter Zeit besonders v. Monakow betont wird, von großer Bedeutung. Aber freilich steht hier der Theoretiker bei der Untersuchung der musischen Phänomene fast vor noch schwierigeren Aufgaben als bei der Aphasieuntersuchung. Die Variationsbreite der musikalischen Anlagen der Übung und Ausbildung des Einbaues der Musik in das höhere, das emotionale und wertende Erleben ist sehr groß. Die Affekt- und Anlagegebundenheit kindlicher musischer Entäußerungen, die Ablösung der Musik im eigentlichen Sinne aus der primär-affektiven Verwurzelung nach der geistigen und rein technischen Seite hin, die Bedeutung, die Musik für die höchsten symbolischen Faktoren im menschlichen Erleben hat, ist im einzelnen Falle beim Musikliebhaber und beim geübten Fachmann schwer zu bestimmen. Nimmt man selbst die oft dargelegte Theorie an, daß durch den spezifischen Hirnschaden und den durch ihn erzeugten Defekt musischer Dispositionen zunächst das jüngst Erworbene verlorengeht, zuletzt die frühesten musischen Erlebnisdispositionen und die affektiv am stärksten verankerten, so mag man dafür in einigen Fällen — beispielsweise dem jungen amusischen Violinisten Oppenheims — Bestätigung finden. In anderen Fällen dagegen, wie ich glaube in unserem Falle St., ist anscheinend die Regel durchbrochen. Bei unserem Kranken sind recht primäre Wahrnehmungsleistungen, die bildhafte Auffassung von Kinderliedern, Märschen usw. verloren, während gerade die den Musiker auszeichnende feinwertende Beurteilung von Musikstücken, die ganz zweifellos späterer Besitz ist, erhalten geblieben ist. Auch die Differenzierung von Musik und Sprache in ihrer genetischen Beziehung, die wir noch später zu besprechen haben, etwa in dem Sinne, daß Musik phylo- und ontogenetisch älter sei als die Sprache (Wundt) und daher bei Defekt länger erhalten bleiben muß als diese, hat offenbar so viele Ausnahmen, daß sie als Regel keinen Anspruch auf Gültigkeit zu haben scheint. Diese schwierige Frage an dem bisherigen Material von musischer Agnosie hinreichend zu beantworten, scheint noch bei weitem verfrüht. Nichtsdestoweniger können unsere allgemeinen pathologisch-psychologischen Gesichtspunkte Geltung behalten.

Wir fassen zusammen:

1. Die Erfahrung in der Pathologie der akustisch-musischen Wahrnehmung machen eine Scheidung der Dispositionsgebiete notwendig. Es sind zu trennen die akustische Sinnes- oder Empfindungssphäre und die akustische Bildsphäre. Das Dispositionssystem der akustischen Sinnessphäre, dessen Entäußerung im Erlebnis das Hörfeld ist, hat seine Wirkung in der Schicht des subjektiven Erschallens und Erklingens, in der Differenzierung des einzelnen Geräusches, des Lautes, Tones und Einzelklanges nach Höhe, Intensität, Klangfarbe und Qualität

(Geräuschqualität und ihre „sinneszeitliche" Differenzierung in Dauer, Ansatz und Abgrenzung). Das Dispositionssystem der akustischen Bildsphäre, deren Entäußerung im Erlebnis die Tonalität ist, das „Tonräumliche" am objektiv erklingenden, vom Erlebenden als unabhängig vom Subjekt gefaßten bildhaften Klangstoff — was natürlich mit „Schallokalisation" im Außenraum nichts zu tun hat! —, hat seine Wirkung in der Organisation der wahrnehmungsmäßigen Ausprägung des bewegt ablaufenden bildhaften objektiven Musikgeschehens, seine Formung und Gliederung im simultanen und sukzessiven Gestaltauffassen der akkordlichen und melodischen Struktur auf dem invariant erlebten Tonalitätssystem mit seinen Diagrammen (Tonart, Tongeschlecht im diatonischen System), die Position und Transposition als Ordnungs- und Orientierungsbezug des ablaufenden akkordlich-melodischen Bildgeschehens auf das konstante und invariante Tonalitätssystem. Zur Funktion der akustischen Bildsphäre gehört auch die „bildzeitliche" Organisation des musischen Stoffes in seiner zeitlich-figuralen, rhythmischen Gestaltung auf dem von ihm invariant erlebten Hintergrund des Taktes, der in verschiedenen Zeitdiagrammen („Teilungen") und in verschiedenen engen und weiten „Zeitmaschen" (Tempogestaltungen und -verschiebungen) dem rhythmischen Geschehen als Bezugsschema dient. Die Bildorganisation ist als eine mnestische Funktion zu betrachten. Zu ihr gehört auch die anschaulich bildhafte Ausgestaltung des akustisch-musischen Vorstellungsinhaltes, und zwar in seiner Anschaulichkeitsqualität, seiner Bekanntheitsqualität, der reproduktiven, perseverativen und determinativen Organisation.

2. Die Pathologie der Sinnessphäre ist bei den Anakusien früher besprochen. Unter den pathologischen Formen der akustischen Bildorganisation werden unterschieden:

I. Störungen des Objektivcharakters im musischen Bild, die wir in den scheinbaren Störungen der „akustischen Aufmerksamkeit" sehen. Bei diesen pathologischen Erscheinungen ist nicht der Akt der Aufmerksamkeit (Beachtung), sondern ihr Inhalt, d. h. also die Organisation des musischen Bildes in seiner objektiven Ausprägung bei erhaltener subjektiv-sinnenhafter Struktur gestört.

II. Störungen der Formung und Gliederung, und zwar sowohl im Akkordaufbau (Simultangestalt) wie im melischen Ablauf (Sukzessivgestalt). Hier unterscheiden wir

a) die „isolierende Form" mit Aufspaltung der Gesamtgestalt und die einzelnen Konstituenten und Unfähigkeit, sie zur Ganzheit zusammenzuschließen (Gestaltqualität);

b) die „globale" oder „chaotische Form" mit Unfähigkeit, aus der erlebten Gesamtgestalt die Konstituenten (Glieder) adäquat herauszuprägen und somit den gegliederten Aufbau und Ablauf des musischen Geschehens in der von der musischen Gegebenheit geforderten Weise zu erfassen.

III. Störungen des Tonalitätsbezuges bei erhaltener Formung und Gliederung:

a) Tonale Ordnungsstörungen: Störungen der Einordnung des musischen Gestaltgeschehens auf das konstante (invariante) Tonalitätssystem und ihre Diagramme (Tonart, Tongeschlecht), Störungen der Transposition, der Zuordnung von Dur und Moll usw.

b) Tonale Orientierungsstörungen: der Tonalitätsbezug als Ordnungsfaktor ist verlorengegangen, ein Tonalitätssystem im eigentlichen Sinne ist nicht mehr vorhanden (bis jetzt hypothetisch in pathologischen Fällen, am Normalen, bei Schwierigkeiten im Verstehen, z. B. „atonaler Musik", festzustellen).

IV. Störungen der „bildzeitlichen Organisation": Rhythmusstörungen bei erhaltener Takt- und Tempobestimmung, totale Bildzeitstörungen (Rhythmus und Takt). Die Rückführung der Rhythmus- und Taktstörungen auf primäre Ursachen (Wahrnehmungsdisposition, Einfluß des Motoriums usw.) ist bisher noch nicht klar zu übersehen.

V. Störungen des musischen „Gedächtnisses" im engeren Sinne, der Organisation von akustisch-musischen Gedächtnisvorstellungen nach ihrer Anschaulichkeit, Bekanntheitsqualität, reproduktiven, perseverativen und determinativen Bestimmungen; Störungen der Wirkung der akustischen „residualen Leistungen", Kontrollen usw.

3. Die Unterscheidung zwischen „reinen" und „totalen" Formen der sensorischen Amusie betrifft die isolierte Störung der Bilderfassung entweder nur in der Wahrnehmung (reine Form) oder auch im Gebiete der „gedächtnisvorstellungsmäßigen" Anteile (totale Formen). Bei der totalen sensorischen Amusie sind mithin auch das „innere Musizieren", die Kontrollen (Paramusie), das Lesen musikalischer Inhalte in der Leistung gestört.

VI. Störungen der produktiven musischen Expression (expressive, „motorische" Amusie).

a) Problematik.

Die Durchsicht der krankhaften Erscheinungen, die bei Musikern nach Hirnschädigungen in ihren musischen Dispositionen und Erlebnisweisen auftreten, läßt extreme Varianten auseinanderhalten: Amusische Fälle, deren Störungen in der Erfassung des Klangbildes bestehen, und die auf der anderen Seite, wenn eine produktiv-musische Leistung ohne Kontrolle des bildhaften Vorganges erfolgen kann, z. B. beim Singen, Pfeifen, instrumentellen Spiel eines gedächtnismäßig-automatisch festliegenden Tonstückes, diese Leistung doch vollständig oder in einem unverhältnismäßig besseren Maße ausführen können, als dies der Wahrnehmungsdefekt erwarten ließe. Ihnen stehen solche kranken Musiker gegenüber, die eine Melodie und ein Tonstück, das also über einzelne Töne und kleine Klanggruppen hinausgeht, nicht zum musischen Ausdruck bringen können, aber doch jede Art von musikalischer Darbietung vollkommen auffassen und verstehen und auch für das, was sie selbst in falscher Weise produzieren, ein durchaus richtiges Urteil haben. (Die komplexeren Störungen des Notenlesens und -schreibens sollen einer gesonderten Betrachtung vorbehalten bleiben.) Der erste extreme Typus ist der des Impressiv-Amusischen, des Musisch-Bildagnostischen, dessen pathologische Erscheinungen in den Untertypen und Einzelfällen und in der Abgrenzung gegenüber nichtgnostischen Wahrnehmungsstörungen (den peripheren und zentralen Hörfeldstörungen) erörtert worden sind. Der zweite Typus, der von dem ersten grundsätzlich zu trennen ist, weil seine Störungen auf einem anderen Dispositionsgebiet als dem der Klangbildwahrnehmung liegen, kommt in der Literatur als *expressive* oder *motorische Amusie* vor. Auch impressive Störungen machen Defekte der musischen Expression, z. B. die Paramusie. Hier ist aber der Zusammenhang mit einer primären musischen Wahrnehmungsstörung sicher. Auch wenn impressive und expressive Störung gemischt vorkommen, so muß doch daran festgehalten werden, daß keine allgemeine Gesetzlichkeit die Trennung zwischen den impressiven und expressiven Dispositionen und den in ihnen enthaltenen Unterstrukturen verwischen kann. Im Gegenteil, es besteht für den Biologen und Pathologen die Aufgabe, noch weitere empirisch belegte Abgrenzungen vorzunehmen, die den, wie sich zeigen wird, sehr verschiedenartigen und zunächst gar nicht leicht zu erklärenden Unterschieden auch innerhalb des Bereiches der expressiv-amusischen Verhaltungsweisen gerecht werden sollen.

Die Literatur enthält seit vielen Jahrzehnten eine größere Reihe von Fällen mit *Störungen der musischen Expression ohne Störung der musischen Wahrnehmung.* In den früheren Jahren galten die Untersuchungen der Abgleichung von musischen Leistungsstörungen gegenüber den Störungen des Sprachausdruckes, zumeist also dem Zusammenhang zwischen Sprechen und Singen, zwischen motorischer Aphasie und Gesangsstörung. Spezielle Arbeiten über motorische Amusie sind seit der Jahrhundertwende mehrfach gebracht worden als kasuistische Beiträge unter dem Gesichtspunkte der hirnlokalisatorischen Zuordnung dieser expressiv-amusischen Störung. Während die durch Hirnschädigung amusisch gewordenen Fälle von Würtzen (1903) und Agadschanianz (1914) anscheinend nicht rein in der Expression gestört sind, können wohl die von L. u. M. Mann, Mendel, Foerster, Rohardt, Henschen, L. Herrmann und Jossmann als rein expressiv-amusische Kranke angeführt werden. Unter den Arbeiten, die der pathologisch-psychologischen Analyse dieser gewiß nicht bis zu Ende geklärten Krankheitsfälle ein besonderes Augenmerk zuwenden, seien die oft erwähnte Schrift von S. E. Henschen[1] sowie die Abhandlungen von L. Herrmann[2] und von P. Jossmann[3] besonders hervorgehoben. Henschen, der motorische und sensorische Amusie zunächst unterscheidet, verwischt diesen Unterschied sofort wieder, indem er sagt: ,,Diese verschiedenen Amusieformen sind miteinander recht verwandt und treten oft im Verein miteinander auf.“ Unter den motorisch-amusischen Fällen unterscheidet Henschen Störungen des motorischen Singens mit und ohne Worte (Avokalie), Notenagraphie und Störungen des musikalischen Spielens. Lassen wir zunächst die optischen Präsentationen weg, so sind unter den rein expressiven Störungen die der Stimme und des Instrumentalspieles voneinander getrennt. Von den letzteren, die er (in Ersatz des unzweckmäßigen Knoblauchschen Ausdruckes, der ,,Amimie“) als ,,Musikapraxie“ oder ,,Instrumentalamusie“ bezeichnet, sagt Henschen: ,,Die Musikapraxie bildet keine einheitliche Funktionsstörung, sondern zerfällt in ebensoviele Gruppen wie die Hauptgruppen der Instrumente“ (S. 172). Er sucht dann auch für diese verschiedenen Störungen der Instrumente gesonderte Hirndefekte auf, glaubt freilich, die Musikapraxie genügend dadurch geklärt, ,,daß entweder das Tonsinnzentrum oder das motorische Zentrum gestört ist“, nimmt aber doch darübergeschaltete noch höhere ,,Koordinationszentren an, die für verschiedene Handinstrumente voneinander getrennt sind. Er spricht davon, daß aller Wahrscheinlichkeit nach ,,das Violinzentrum im Fuße der rechten F_2“ (zweite Stirnwindung) liegt, wohin sowohl Max Mann als

[1] Henschen, S. E.: Beiträge zur Anatomie und Klinik des Gehirns **5**. Stockholm 1920.
[2] Herrmann, L.: Zur Lehre von der motorischen Amusie. Z. Neur. **93**, 95ff. (1924).
[3] Jossmann, P.: Die Beziehungen der motorischen Amusie zu den apraktischen Störungen. Mschr. Psychiatr. **63**, 239ff. (1927).

auch AUERBACH auf Grund ihrer Fälle das „Spielzentrum“ verlegen wollen (S. 177) . . . Diese Art einer naiven Lokalisation, bei der bestimmte komplexe Leistungen umschriebenen Hirnstellen zugeordnet werden, ist heute wohl ziemlich allgemein, auch von den Anhängern des Lokalisationsprinzips, verlassen. Und die Gegner des Lokalisationsprinzips können natürlich diese alten Argumente heute nicht mehr in die Diskussion ziehen.

Die beiden neueren Arbeiten über motorische Amusie, die von HERRMANN und JOSSMANN, haben trotz Verschiedenheit der Grundauffassung das gemein, daß sie die Störungen der Expression dem Motorium im allgemeinen Sinne, wenn auch verschiedenen Sphären zuweisen. Eine Auseinandersetzung mit ihren Theorien, die, wie mir scheint, die eingehendsten und dem Problem am meisten förderlichen psychopathologischen Untersuchungen über diesen Gegenstand sind, hat das Ziel, die Fragestellung so weit vorzutragen, daß erkennbar wird, ob alle Erscheinungen expressiv-amusischer Art auf *ein* Störungsprinzip zurückgeführt werden können oder ob mehrere Prinzipien herangezogen werden müssen.

HERRMANN geht von der These PÖTZLS aus, daß „die Gehirnrinde Energie gleichsam an sich zieht, ablenkt und an verändertem Orte wieder bindet“. Die Tongestalt setzt sich aus dem Rhythmus und den Intervallen zusammen. Dem Rhythmus kommt dabei ein Primat vor der Melodie zu. HERRMANN führt als Beispiel die Aussage eines Musikers an, der den Eindruck hatte, daß bei Proben falsche Töne gegriffen wurden, wenn ein Stück nicht im richtigen Tempo und Takt herauskam. Die motorische Amusie stellt ein Analogon zur motorischen Aphasie dar, bei der jene Leistungen gestört sind, die das Aufeinanderfolgen von Bewegungsimpulsen regeln. Demgemäß sind Rhythmen freiere „willkürlichere“ Bewegungsfolgen, und gerade die Rhythmen bzw. ihre Störungen verhindern es beim Motorisch-Amusischen, daß die Aufeinanderfolge, die Gesamtheit der Tongestalt, die Melodie eines Liedes reproduziert werden kann. Die Störung des Rhythmus wird auf eine Schädigung des Stirnhirnpoles zurückgeführt, der beim Normalen die Aufgabe hat, durch „tonusabsaugende Wirkungen“ (a. a. O., S. 113) eine Befreiung von zwangsläufigen Einstellungen, eine Loslösung von automatischen Rhythmen herbeizuführen, wodurch erst gewollte Rhythmen zustande kommen (S. 102). Die rechte zweite Stirnwindung hat diese Funktion. — Zur Frage des Primates über Melodie kann der eigene von HERRMANN angeführte Fall schwerlich einen Beleg geben. Ein 14jähriges Mädchen mit einer Gliomgeschwulst in der Gegend des linken Sehhügels und des inneren Kniehöckers hat außer sonstigen schweren Hirnsymptomen die Möglichkeit verloren, bekannte Lieder richtig zu singen, und zwar singt die Patientin mit deutlich falschem Tonansatz; auch Nachsingen ist unmöglich. Dabei ist sie sich der Fehler bewußt. Später stellen sich noch Paraphasien und Wortfindungsstörungen ein. Die Lokalisation des Tumors in Zuordnung zur motorischen Amusie macht für die Erklärung Schwierigkeiten. Eine Fernwirkung, an die wohl bei jedem raumbeengenden Prozeß gedacht werden muß, z. B. auf die subcorticale Stelle der motorischen Aphasie im Striatum (MINGAZZINI u. a.) oder die linke Brocagegend, wird vom Autor nicht erwogen, obwohl durch eine solche Annahme der motorisch-expressive Charakter der Störung leichter erklärt ist als durch Hypostasierung von „motorischen Einstellungen“, die zur „Aktivierung der Wahrnehmung“ dienen und die mit dem Thalamus in Zusammenhang gebracht werden. Unter den weiteren herangezogenen Fällen von expressiver

Amusie spricht der Fall von M. MANN, der bei vollem Musikverständnis zwar eine melodische Struktur herstellen, nicht aber sie entsprechend rhythmisieren kann, für die Erklärungsweise HERRMANNS. Andere Fälle dagegen wie der von L. MANN, der vorgesungene Lieder zwar im Rhythmus annähernd richtig, die Melodie aber entstellt und mit tonveränderter Stimme wiedergibt und wie der erste Fall von BRUNNER, der im richtigen Rhythmus pfeift, aber mit vollkommen falscher Melodie, lassen sich nicht leicht mit einer Theorie von der Hemmung des freien Rhythmus durch Störung der dynamischen Verschiebung und von dem Primat des Rhythmus über die Melodie in Einklang bringen. Es ist nicht ohne weiteres plausibel, daß ein relativ oder absolut intakter Rhythmus sekundär eine Melodiestörung hervorruft. Selbst wenn man die Überleitung von Rhythmus auf Melodie für gestört hält, handelt es sich eben nicht mehr um Rhythmusstörungen. Wir schließen uns deshalb der Kritik JOSSMANNS an der HERRMANNschen Auffassung an. Rhythmus ist auch nicht wesensmäßig mit dem Motorium verbunden, wie es ältere Theorien annehmen, trotz starker Affinität an das Motorium. Der Rhythmus ist, wie schon bemerkt, ein Prinzip der Reihenformung durch Akzente, in speziellen Fällen der zeitlichen Gliederung von Inhalten (HÖNIGSWALD u. a.), wobei er durch Pausen, Längen usw. Zeitfiguren bildet; er kann also das optische und das akustische Erlebnis ebenso gliedern wie das kinästhetisch-motorische. Bei den expressiv-amusischen Kranken kann also sowohl die akustisch-tonale, wie die zeitlich-produktive Situationsgestaltung gestört sein, und zwar zusammen oder nur in einem der Gestaltungsfaktoren. Die Unabhängigkeit der Melodie vom Rhythmus ist ja auch in gewissen Kunstarten, z. B. den Variationswerken, ersichtlich, wo trotz Veränderung des Rhythmus der melodische Grundcharakter erkennbar bleibt. Mit der Trennung der rhythmischen und melodischen Störungen hat sich auch HENSCHEN beschäftigt. — Die sehr schwierige Frage der Zuordnung dieser Störungen zum Gehirn kann hier nicht eingehend erörtert werden. Die Leistung musikalischer Produktion ist zu komplex, als daß ihre Funktion überhaupt von einer bestimmten Stelle im Gehirn abhängig gemacht werden kann. Eine Rückführung auch nur des Rhythmusfaktors ausschließlich auf das Stirnhirn, wie es HERRMANN für die motorisch-amusischen Kranken auszuführen versucht, ist gewiß nicht möglich. Auch der regelmäßigen Zuordnung zur rechten Hirnhemisphäre, wovon die Schädigungen der linken Hemisphäre nur die Ausnahme bilden, kann nicht beigepflichtet werden. Die Kasuistik HENSCHENS führt zum umgekehrten Schluß. Unter seinen etwa 40 expressiv-amusischen Fällen, bei denen anatomische Befunde angegeben sind, ist bei 14 die linke dritte Stirnwindung als verletzt angegeben, die man nach den Untersuchungen von BRODMANN nicht mehr zum Stirnhirn im eigentlichen Sinne (Regio praefrontalis) rechnen kann, einige Fälle auch, in denen das linke Striatum und andere subcorticale Teile geschädigt sind, und nur 4 Fälle mit Läsion der rechten Hemisphäre in der zweiten rechten Stirnwindung. Wir wollen gewiß nicht leugnen, daß psychische Dispositionen, die nach neueren Untersuchungen sich bei Stirnhirngeschädigten als gestört erweisen[1], und die dem Gebiete des Gefühls- und Tätigkeitserlebens angehören, nicht für die produktive Expression musischer Inhalte von Bedeutung sind. Auch die Beziehungen des Stirnhirns zum Rhythmus sind in der erwähnten Monographie festgestellt worden.

[1] Vgl. FEUCHTWANGER, E.: Die Funktionen des Stirnhirns. Berlin 1923.

Das aber kann gesagt werden, daß eine Störung des gegliederten Bewegungsrhythmus die Gesamtheit der bei expressiven (motorischen) Amusien gesehenen Erscheinungen nicht zu erklären vermag, ebensowenig wie eine Zuordnung der Störungen zum Stirnhirn und zum Sehhügel bezw. inneren Kniehöcker den ganzen Fragenkomplex nach der organischen Seite hin erledigen läßt.

Die andere wichtige Arbeit, die die pathologische Analyse der expressiv-amusischen Phänomene zum Gegenstand der Erörterung nimmt, die von Jossmann, sucht den wesentlichen Faktor ebenfalls auf dem Gebiete der Motorik, wenn auch in einem anderen Bereiche, nämlich dem der *Praxie*. Der Begriff der Apraxie wird in dem klassischen Sinne genommen, den ihm sein Schöpfer H. Liepmann gegeben hat, d. h. in der Einschränkung auf die beiden Hauptgruppen der motorischen und ideatorischen Apraxie. Der eingehend untersuchte und beschriebene Kranke Jossmanns ist ein sehr musikalischer, 29jähriger Lehrer Sch., bei dem wegen eines Aneurysmas die rechte Halsschlagader unterbunden werden mußte, wodurch eine ischämische Schädigung in der rechten Hirnhemisphäre entstand. Die Folge war eine linksseitige sensomotorische Schwäche zentraler Art, sowie eine Störung auf musischem Gebiete. Der Patient verstand und erkannte alles Musikalische, was ihm geboten wurde, nach ihrer tonlichen und zeitlich-rhythmischen Seite hin, auch die komplexen Gebilde, konnte aber Notenbilder nicht erkennen, nur die einzelnen Noten nach Höhe und Zeitwert, nicht aber das Notenganze einer Melodie und Harmonie. Es war weiterhin beim Singen eine Störung der Textfindung zu einem bekannten Liede vorhanden, wohl aber fand der Kranke zum Text die Melodie. Weiterhin fand sich noch eine Merkfähigkeitsstörung für einzelne Klänge und Intervalle. Im Vordergrund stand die expressive (motorisch) amusische Störung. Es war dem Patienten möglich, einzelne Töne richtig zu singen und nachzusingen; die Töne waren richtig intoniert, ebenso wie die einzelnen Sprachlaute. Dagegen traten Schwierigkeiten auf beim aktiven Gestalten von Melodien, und zwar beim Nachsingen stärker als beim Spontansingen, bei rhythmisch indifferenten Melodien stärker als bei rhythmisch differenzierten. Je komplexer das Gebilde war, das der Kranke zu reproduzieren hatte, um so mehr verschlechterte sich die Leistung. Die Intonation war zu Beginn einer Melodie gut, mit der zunehmenden Unsicherheit im Laufe der erschwerten Melodiefindung wurde sie immer weniger gut, wobei die Intonation der der Unmusikalischen am meisten ähnelte. Beim Notenschreiben wurden Töne nach Höhe und Zeitwert richtig eingetragen. Beim Geigenspielen brachte Schr. in der *G*-dur Tonleiter die ersten fünf Töne richtig, in den weiteren spielte er ungenau. Ein Lied („Freut euch des Lebens“) wurde aus dem Kopf sehr ungenau, nach Noten besser gespielt. Der Autor glaubt wohl mit Recht, daß vieles an der Störung des Geigenspiels auf eine Schwäche des linken Armes zurückgeführt werden müsse. Daß aber ein Unterschied zwischen freiem Spiel und Spiel nach Noten vorhanden war, weist doch außerdem noch auf expressiv- amusischen Faktor in der Störung hin. — Bei einem zweiten Patienten (Militärkapellmeister P.) aus der Klinik Oppenheims mit multiplen Herden in der linken Hirnhemisphäre, besonders im linken Schläfenlappen, bestanden die amusischen Erscheinungen darin, daß der Kranke zwar alle Musikstücke richtig erkannte, Dreiklänge am Klavier richtig nachschlug, wogegen ihm Septimenakkorde nicht gelangen. Das Spiel nach Noten wurde nicht ausgeführt, auch mit einem Finger konnten Melodien nicht gespielt werden. Der Kranke kratzte auf der Violine fürchterlich, bemerkte es auch selbst. Singen von bekannten Volksliedern und Taktieren mit dem Stock gelangen ihm gut. — Die vom Autor zur Erklärung seiner Fälle noch erwähnten Beziehungen zur Notenschrift (optischen Präsentationen) und zum Singtext sollen wegen der noch größeren Verwicklung der an sich schon recht komplexen Vorgänge hier nicht mit angeführt werden. Vielmehr sollen nur die rein musisch-tonalen und zeitlichen Faktoren herangezogen sein. JOSSMANN nimmt an, daß die Bloßlegung reiner sensorischer und motorischer Elemente und ihre grobe Trennung nicht genüge, um die Fälle zu erklären. Er beruft sich auf die Forderung HEADs nach Analyse der Charaktere des ganzen komplexen Aktes, der sich in der ,,form of behaviour“ der vollkommenen Beherrschung der Sprache, in unserem Falle der Musik, ausdrückt. Er geht dann auf die Einteilung KLEISTs ein, die dieser in bezug auf die expressiv-musischen Leistungsstörungen macht: Die ,,Geräuschstummheit“, die ,,Tonstummheit“ und die ,,Melodienstummheit“. Da die Melodiegestalt in ihrer Gesamtstruktur von den Patienten richtig verstanden wird, kann sie als eine Zielvorstellung im Sinne LIEPMANNs entsprechend funktionieren. Wenn nach KLEIST die Tonstummheit, d. h. also die Unfähigkeit, einzelne Klänge zu singen oder auf einem Instrument zu spielen, als eine gliedkinetische Apraxie bezeichnet wird, so besteht eine solche Störung für die Fälle JOSSMANNs nicht. Folgerichtig wird vom Autor die ,,Melodienstummheit“, d. h. die Schwierigkeit, Melodienganzheiten in tonalen und zeitlichen Gestalten zu produzieren, bei erhaltener Fähigkeit, einzelne Klänge zu erzeugen, als ,,ideatorische Apraxie“ bezeichnet. Das bedeutet, daß bei erhaltenen Teilimpulsen und richtigen Zielvorstellungen der Gesamtbewegungsplan gestört, die Bewegungsformel falsch wird. Die Teilimpulse folgen einander zweckgemäß entsprechend der falschen Bewegungsformel und ergeben so die pathologische Form der Melodiengestalt. Diese Erklärung der Fälle expressiver Amusie als ideatorisch-apraktische Störungen im Sinne LIEPMANNs könnte hinreichend sein, wenn man es nur mit *einer* Art von musisch-produktiver Leistung, etwa nur mit dem Singen zu tun hätte. Dem Autor selbst fällt die Schwierigkeit auf, die es bereitet, daß die Störung in gleicher Weise erklärt werden müßte, wenn der Defekt verschiedene Innervationsgebiete wie bei seinem Fall Sch. also das Singen, Pfeifen, Geigenspielen usw. betrifft. JOSSMANN greift auf die Beziehung zu ,,höher gelegenen Zentren“, deren Funktion in ,,Ganzleistungen“ und ,,Abstimmung des Apparates“ im Sinne GOLDSTEINs besteht. Diese Beziehung auf Ganzleistungen und Abstimmung kann aber strukturpsychologisch kein endgültiges Erklärungsprinzip abgeben, weil sie ja für jede Art von Störung im praktischen Gebiete, für motorische und ideatorische Apraxien gelten muß und eine Differenzierung nicht mehr erlauben würde. Es muß auch bei Störungen der Ganzleistung die ja konsequenterweise gestaltpsychologisch in jedem Falle vorhanden ist, gefragt werden, wo der Defekt in der Dispositionsstruktur gelegen ist, der die Ganzheit stört.

Zur Auffassung der expressiv-amusischen Störungen als Apraxien, speziell der expressiven Melodiestörungen als ideatorische Apraxien, läßt sich folgendes sagen: Die Schwierigkeit liegt nicht so sehr darin, daß verschiedene Innervationsgebiete betroffen sind. Sie liegt auch nicht darin, daß verschiedene Bewegungsentwürfe eine Störung haben, denn daran sind die ideatorisch-apraktischen Erscheinungen nicht gebunden. Für die Auffassung als Apraxien ist vielmehr gerade das Umgekehrte schwierig, daß nämlich die Handlungsentwürfe bei den verschiedenartigsten

Bewegungsfolgen alle aus einem ganz bestimmten Wahrnehmungsgebiete, also hier dem akustisch-musischen, ideatorisch gestört sein sollen, während andere Wahrnehmungsgebiete, also z. B. das optische, im Bewegungsentwurf stets intakt ist und normal verwirklicht werden kann. Es wird zwar bei dem Fall Sch. von JOSSMANN eine Untersuchung der Praxie im einzelnen nicht verzeichnet, doch findet sich (S. 246) die Bemerkung: „keine Apraxie"; ferner (S. 242): „Patient gibt mit großer Sicherheit an, Rechtshänder zu sein; er schreibt mit der rechten Hand, hält das Messer rechts, spielt Tennis mit der rechten Hand." Es wird nicht bemerkt, ob das gleiche auch nach der Verletzung noch gilt, doch würden wohl grobe dyspraktische Störungen in dem Protokoll verzeichnet worden sein. Es kann mit Recht angenommen werden, daß Handlungen, deren Verläufe und Erfolge auf anderen Sinnesgebieten als dem akustischen liegen, in ihrer praktischen Durchführung und Ideation nicht gestört waren. Das akustisch-tonale Gebiet ist es also, auf dem die produktive Melodiegestaltung sich nicht in adäquater Weise vollziehen läßt. Eine solche Reduktion auf ein modal beschränktes Gebiet läßt sich mit der Auffassung einer (generellen) ideatorischen Apraxie nicht vereinbaren. Mit Recht hat man Begriffe wie „optische Apraxie" als den psychologischen Verhältnissen nicht entsprechend abgelehnt und muß dies auch für eine isolierte akustische Form tun. Eine Rückführung auf die von LIEPMANN sogenannte „ideatorische Agnosie", die JOSSMANN nennt und die dadurch ausgezeichnet ist, daß ein dinglicher, begrifflich festgelegter Gegenstand durch die Gesamtheit aller Sinnesgebiete nicht erkannt wird, kann gewiß auf die „Melodienstummheit" nicht angewendet werden.

Natürlich ist damit nicht gesagt, daß apraktische Kranke keine Störungen des Handelns auf dem Gebiete der stimmlichen und instrumentellen musikalischen Expression haben können. Es ist sogar bezeichnend, daß der Schöpfer des Begriffes der Apraxie, der berühmte Sprachpsychologe STEINTHAL, „das Wort schon in dem Sinne gebrauchte, den ihm LIEPMANN im Jahre 1900 gegeben hat, als er aus den Berichten zeitgenössischer Nervenärzte entnahm, daß Gehirnkranke gelegentlich vereinzelte Fähigkeiten (Handhabung eines Musikinstruments usw.) verloren"[1]. Trotzdem also apraktische Störungen wohl bei einer Zahl von Fällen expressiver Amusie eine Rolle spielen, kann die Rückführung auf motorische und ideatorische Apraxie nicht genügen, die Gesamtheit der Erscheinungen psychologisch zu erklären. *Das bisherige Material über pathologische Musikexpression gestattet nicht die Rückführung auf ein einheitliches Störungsprinzip.*

b) Zur Psychologie der musischen „Werkleistung" (Exkurs).

Sucht man nach Prinzipien, die der Vielgestaltigkeit der Krankheitsbilder auf dem Gebiete der expressiven Amusie entsprechen, so wird man sich vor Augen halten, daß die *psychische Gesamtsituation des produzierenden Musikers*, insoweit sie seine Musikproduktion betrifft, ein viel komplexerer psychischer Tatbestand ist als das reine Auffassen und Genießen des musikalischen Inhaltes. Selbst wenn man berücksichtigt, daß der hörende und genießende Musiker immer eine Art „Mitschaffen", einen produktiven Akt in sich vollzieht, insofern er das Tonstück richtig versteht, so tritt anderseits doch das anschauende, kontemplative Moment

[1] LIEPMANN, H.: Apraxie. Erg. Med. 1923, S. 516.

hierbei in den Vordergrund. Der produzierende Musiker muß dagegen bei der Ausführung des Tonwerkes allein schon die Wahrnehmungsfaktoren in sich vereinigen, er muß sie sogar in klarerer, differenzierterer und ausgeprägterer Weise erleben, und zwar nicht nur das Klangmaterial in seiner Sinnes- und Bildqualität, sondern auch in den höheren Darstellungs- und Ausdrucksfaktoren, in ihrer Vergeistigung und höchsten ästhetischen Ausprägung. Das Erlebnis dessen, was er in seinem Zuhörer erwecken will, muß ihm ja auch schon deshalb prägnanter gegeben sein, weil es ihm nicht nur psychische Vorwegnahme dessen sein soll, was er bewirken will, sondern auch antezipierendes Schema (Selz) ist für den ganzen Komplexaufbau, den er bei der Effektuierung durch aktives Heranbringen der den Erfolg vermittelnden Leistungen erzeugen will. Was also nur den Wahrnehmungsanteil betrifft, ist der produzierende Musiker sowohl Genießer wie Kritiker seiner eigenen Produktion, wobei von ihm das produzierte Klanggebilde in der Antezipation sowohl wie in der Verwirklichung als *Werk*, als Effekt seiner Bemühungen erlebt wird. Dieser Faktor der musischen Werkbereitung, der *Werkleistung* ist es, der das Gebiet der Psychologie und Pathologie des expressiv-musischen Erlebnisses ausmacht.

Das Gebiet der *musischen Werkleistung* ist in der Variation der Situationen sehr weit. In ihr ist der frei schaffende Musiker, der Komponist, während der Schöpfung eines Tonwerkes und während der Improvisation an der Orgel oder am Klavier vor einem Publikum. Weiterhin ist in dieser Situation der Musiker, der die frei geschaffenen Tonwerke eines Meisters reproduzierend zu Gehör bringt. Unter den letzteren ist zu sehen der reproduzierende Künstler, der „nachschaffend“ wirkt, also den Geist der Tonschöpfung neu erlebend und aus seiner Situation heraus persönlich gestaltend, etwa als Dirigent vor seinem Orchester als Klanginstrument oder ein Künstler an seinem Musikinstrumente im Konzertsaal, in der Kirche, im Theater, der Künstler, der in der Gestaltung wie in der Technik seine ganze Persönlichkeit einsetzt. Auf der anderen Seite die reinen „Zweckmusiker“, die Musikhandwerker, die in der Gaststätte, der Tanzkapelle spielen — nicht alle Musiker dieser Art gehören in diese Gruppe, es sind dabei oft Musiker von Rang! — bis herunter zum Bänkelsänger, Komiker, Festwiesenspieler. Diese Zweckmusiker spielen ihr „Programm“, kümmern sich wenig um den Geist dessen, was sie produzieren, spielen meist automatisch-mechanisiert, können alles „im Schlaf“, ohne es dabei an dem musikalischen Ausdruck dessen fehlen zu lassen, das die zumeist nicht hochwertigen Musikstücke verlangen. Dazu das Heer der musizierenden Laien, der Dilettanten und aller derer, die die Situation durch musische Expression in spezifischer Weise gestalten. Es ist klar, daß die Dispositionsstrukturen und psychischen Situationen bei den erwähnten Untergruppen sehr verschieden sind. Dabei ist die Aufstellung der Typen und die Umreißung des Gebietes eine rein theoretische Angelegenheit. Aus diesen verschiedenen Gruppen erhält der praktische Psychopathologe seine Fälle, in ihnen hat er die Ausgangslagen zu betrachten, aus denen heraus amusische Schädigungen erst verstanden werden und deren Analyse zur Diagnose der expressiven bzw. motorischen Amusie führt. Die Literatur enthält diese verschiedenen Typen, freilich oft ohne jeweils den einzelnen Typus zu berücksichtigen.

Um klare Verhältnisse zu erhalten, ist eine Einschränkung in der Heranziehung des Materiales nach verschiedenen Richtungen hin notwendig. So wichtig es für die möglichst weite Erfassung sein mag, gerade die höchsten Vertreter musikalisch-schaffender Entäußerung, die Tonschöpfer und großen Improvisatoren heranzuziehen, so müssen diese doch, schon im Hinblick darauf, daß pathologische Erfahrungen an solchen Menschen nicht hinreichend vorliegen, für die Beantwortung unserer Fragestellung ausgeschaltet bleiben. Die auf dem anderen Ende stehenden Dilettanten, die ja wohl den größten Teil derer darstellen, die nach einer Schädigung Gegenstand pathologischer Untersuchung geworden sind, können mit der nötigen Kritik gebraucht werden. Der eigentliche Gegenstandsbereich wird die nicht geringe Zahl der untersuchten Fälle sein, die der Gruppe der reproduzierenden Künstler, der ,,Zweckmusiker" und der Dilettanten angehören. Diese Musiker verfügen über die Fähigkeit, differenziertere Tongebilde mit verschiedenen Mitteln stimmlicher und instrumenteller Art zu gestalten.

Für die psychologische Aufschließung des musikalisch-expressiven Vorganges wird also, wie schon bemerkt, von der Qualität des Klanggebildes als Gegenstand des genußvollen Hörens abgesehen, insoweit sie schon in früheren Abschnitten über die Klangbildgestaltung behandelt worden ist. Es kommt hier auf die Einstellung des Musizierenden, auf *das Musikstück als einer musischen Werkleistung* an, als eines (beabsichtigten, in der Durchführung begriffenen oder vollendeten) Klanggebildes, insofern es durch bestimmte Mittel, durch Instrumente, hervorgebracht wird. Der weiteren Vereinfachung wegen soll auf den emotionalen und bedeutungsmäßigen Gehalt bei der Betrachtung verzichtet werden und nur der Klanggegenstand (das musische Klangmaterial) als Ziel der Werkbetätigung herangezogen werden. Es handelt sich dann um ein nicht mechanisiertes Klanggebilde, das beim Spielen dem Musiker repräsent sein muß. Es wird hier das auswendig gespielte oder nachgespielte Werk unter Ausschaltung des Notenlesens betrachtet. Der Spieler muß zunächst als Generalplan ein Bewußtsein von dem musischen Werke als Ganzes in der Vorstellung haben. Dieses *Werkbewußtsein*, die Forderung und Determination, die von ihm ausgeht, beherrscht die Zielsituation. Der Gegenstand dieses Werkbewußtseins ist aber in weitgehendem Maße unabhängig von der Verwirklichung durch die Mittel. Gemeint ist das Bewußtsein eines bestimmten objektiven Werkes, beispielsweise einer Sonate, ob sie nun von ihm oder einem anderen gespielt wird, unabhängig von der Art der Ausführung und Technik. Dieses Werkbewußtsein führt zu einem *Werkplan*, insofern das bewußte Werk in die Situation des Ausgeführtseins genommen wird. Der Werkplan ist dem Musiker vorstellungsmäßig als Ganzes, als Wurf, zunächst ,,quasisimultan", als Kollektivvorstellung im Sinne G. E. Müllers, als antepizierendes Schema (Selz) vorhanden, wenn auch oft in niederem Bewußtseinsgrade, aber doch sicher und bestimmt. An diesem Werkplan mißt der Musiker sein eigenes Spiel oder das eines anderen. Dieser Werkplan in seiner quasisimultanen Präsentation ist außerdem noch gegeben als Komplex in kollektiver Sukzessivgestaltung. Der Spieler hat das Nacheinander eines zu spielenden Inhaltes in seiner tonalen und in seiner zeitlichen Struktur in der Vorstellung zu antezipieren bzw. während des Spielens als Teil der zu erfüllenden Generalforderung vor sich, also etwa das Nacheinander der einzelnen Teile der Sonate. Quasisimultane und sukzessive Kollektivgestaltung, deren Struktur aus den Studien G. E. Müllers und seiner Schule bekannt ist, stellen den Gesamtwerkplan dar, nach dem der Spieler arbeitet. Wie der quasisimultane Anteil ist auch der sukzessive Teil des Werkplanes, wenn auch eingebaut in die musische Gesamtsituation, doch verhältnismäßig unabhängig von dem „Können“, von der „Technik“. Dieser Werkplan ist dem musikalisch gebildeten Hörer ebenfalls forderungsmäßig präsent, auch wenn dieser Hörer kein Instrument zu spielen versteht.

Zur Ausführung eines musischen Werkplanes bedarf es dann weiter der Heranführung von gestaltenden psychischen Faktoren, die der Musiker nicht mehr mit seinem Hörer gemeinsam haben kann, die vielmehr an sein Spiel unmittelbar gebunden sind. Das ist das Bewußtwerden von der Art und Weise, wie der Werkplan nach seinem tonal-zeitlichen Gefüge tätig gestaltet werden soll. Es handelt sich auch hier wiederum nicht darum, mit welchen Mitteln die Aufgabe erfüllt wird, wie sie durch zweckgemäße Instandsetzung vom Instrumente gelöst werden soll. Was hier vielmehr als psychischer Faktor vorliegt, ist immer noch unabhängig vom Instrument und von der Technik. Es ist die Fähigkeit, was in der Gesamtsituation des musischen Produzierens nur als komplexer Werkplan im Bewußtsein ist, nach der tonal-zeitlichen Seite hin zu erfüllen, das Komplexschema tönend und klingend aufzubauen und zu ergänzen. Man sage nicht, daß jeder, der ein musikalisches Werk vollkommen im Kopfe hat und auch über eine vollkommene Technik an seinem Instrumente verfügt, unter allen Umständen das erste Mal das Werk sofort richtig auf seinem Instrument wiedergeben kann. Auch wenn er das Tonstück als Werkplan vollkommen in der Vorstellung hat und es für seine Technik keine Schwierigkeit gibt, ist es doch noch ein besonderer Akt, den musischen Werkplan in das eigene produktive Musizieren, in das Anordnen und Gestalten des tonalzeitlichen Stoffes, zu verwandeln, das produktive Aufbauen des Werkes nach den musischen Qualitäten, gleichgültig durch welches Instrument, zu vollziehen. Wir nennen diesen in den vorliegenden Fällen nur im musischen Klanggebild zu vollziehenden Akt der produktiven Gestaltung den „*Konstruktivakt*“. Dieser Konstruktivakt ist also weitgehend unabhängig von dem Bewußtsein des „Technischen“, von der „Praxie“ in der Führung eines Instruments. Leicht zu sehen ist dies beim Dirigenten, der wohl das differenzierteste Instrument der Kunstwelt, das Orchester, spielt und der außer der Führung des Stabes kein sonstiges Musikinstrument zu beherrschen braucht. Bei ihm erschöpft sich die konstruktive Zusammenfügung der Instrumente zur Nachschöpfung des Klangwerkes gewiß nicht allein im noch so genauen Kennen des Werkes und seiner Dirigiertechnik, es kommt vielmehr das Besondere des *konstruktiven Schaffens* nach dem bewußten Werkplane besonders deutlich zum Ausdruck. Anderseits kann der ein Kunstwerk hörende Musiker oder Musikkritiker angeführt werden, der genau weiß, antezipiert und während der Aufführung kontrolliert, was an Stimmen gebracht und wie es gebracht werden muß, auch wie dirigiert und gespielt werden muß, ohne daß er imstande zu sein braucht, den Stab zu schwingen, ein Instrument zu spielen, also irgendeine Bewegungsideation für musikalische Handlungen zu erleben. Wenn ein Musiker das gleiche Tonstück, etwa eine alte Sonate, die auf der Geige und auf der Flöte gespielt werden kann, einmal auf dem einen, ein anderes Mal auf dem anderen Instrumente mit entsprechendem künstlerischem Ausdruck und dem ihm innewohnenden musikalischen Gehalt vorbringt, so ist das, was beiden Darbietungen *gemeinsam* ist, das musische *Konstruktivprinzip*, was an ihnen in allen Teilen *verschieden* ist, die *Technik*, die „*Praxie*“, und zwar einschließlich ihrer Ideation. Der psychische Konstruktivakt ist unabhängig von der Praxie (Technik), da er für verschiedene Instrumente mit verschiedener Betätigung doch der gleiche sein kann.

Die isolierte Geltung des musischen Konstruktivaktes, unabhängig vom bildhaften Werkplan und der praktischen Technik (Virtuosität), tritt am stärksten hervor bei schwierigen, eine besondere emotionale Haltung erfordernden Stücken, ist am geringsten bei hoch automatisierten Ableistungen von Musikwerken. Bei ganz automatischen Konstruktionen kann es vorkommen, daß das Bewußtwerden des Kollektivkomplexes als musischer Werkplan bei vollendeter Technik „von selbst“ schon die Gestaltung (Konstruktion) des Werkes herbeiführt. Dies gilt dagegen nicht bei nichtautomatisierten Akten, bei denen jedesmal neu, wenn auch reproduktiv, die Konstruktion geschaffen werden muß.

Es ist also festzuhalten, daß das Bewußtwerden des tonal-zeitlichen Bildes als Werkplan, d. h. also musische Gestaltauffassung und Vorstellung, psychologisch und pathologisch zu trennen ist von dem Gestaltungsakt oder Konstruktivakt (dem „Werkgang“); und dieser wieder zu sondern ist von der „Technik“, der Praxie, in der Beherrschung des Musikinstruments.

Die Bewußtseinsvorgänge, die mit der *musikalischen Technik*, speziell mit der Betätigung der technischen Mittel, der Musikinstrumente verbunden sind, die zur Verwirklichung des Zielinhaltes, der Zweckvorstellungen in den musischen Werkgestaltungen dienen, umfassen in der ganzen Weite ihrer Möglichkeiten ein sehr großes Bereich. Es ist klar, daß nicht nur die Gesamtheit der musischen Instrumentaltechnik, sondern auch das Tun am einzelnen Instrument in seiner Differenziertheit und Schwierigkeit nicht Gegenstand von Erörterungen in diesem Rahmen sein kann, und daß hier nur das Allgemeinste, das für das Verständnis unterscheidbarer pathologischer Erscheinungen wichtig ist, angedeutet werden kann.

Was an technischen Notwendigkeiten eines Instruments, unabhängig von der Mannigfaltigkeit der tonal-zeitlichen Bildungen, die mit ihm erzeugt werden können, an Entäußerungsmöglichkeiten enthalten ist, wird nicht so sehr der gewahr, der ein Instrument spielend beherrscht, sondern der es als gesunder Mensch anfängt zu erlernen und zu üben. Wer beispielsweise das Flötenspiel erlernen will, muß sich zunächst mit der Gestalt der ihm zuerst unbekannten gelochten Röhre bekannt machen, muß einen optisch gestaltlichen Erkennungsvorgang wecken. Weiterhin muß er über die Funktion des Blasloches, der Klappen sich wahrnehmend und begrifflich denkend orientieren. Der erste Versuch zu blasen, setzt ihn vor die Aufgabe, den Gegenstand richtig in die Hand zu nehmen und an die Lippen zu führen. Es kommen hier Beanspruchungen des Sensoriums gestaltlicher Art in differenzierter Weise in Betracht. Tastempfindungen, Muskelempfindungen haben zu zeigen, wie das Instrument in den verschiedenen Teilen der Hand liegt, welche Hautpartien berührt werden an den Fingern, an den Lippen, welche Teile frei zu bleiben haben. Außer den sensorischen Eindrücken kommt der Körpertonus, und zwar sowohl der Ruhetonus wie auch der Bewegungstonus in Betracht. Das Anlegen und das Halten des Instruments zum Anblasen erfordern eine ganz bestimmte Haltung des Körpers, und zwar des Kopfes, des Rumpfes, der Arme, der Hand. Anfangs noch steif und mit Aufwand von zu viel Muskelkraft beim Halten, Drücken der Klappen, Blasen schleift sich die geformte Bewegung übungsmäßig ein, es tritt Ökonomie, Sicherheit und Leichtigkeit auf, die den geübten Techniker, schon wenn er das Instrument in die Hand nimmt und anlegt, erkennen lassen. Beim Ingangsetzen des Instruments spielen die gestaltenden Empfindungs- und Wahrnehmungsfunktionen ebenso wie die motorisch-tonisch-synenergetischen Funktionen in allen beanspruchten Teilen die Rolle, daß sie zu einem Handlungsganzen zusammengeschlossen werden. Die Sicherheit besteht in der Effektbereitung, besonders auch darin, daß mit dem geringsten Ausmaß an Kraft der höchste Leistungseffekt in der Tongebung erzielt wird. Auf die speziellen Verhältnisse der Fingertechnik, des Embouchûre, der Vermeidung von Quinten, Überschlägen und ähnliches kann hier nicht weiter eingegangen werden.

Die Produktion der einzelnen Klänge auf dem Instrument ist vorausgesetzt, wenn der Spieler daran geht, Inhalte höherer Ordnung, Melodien, zu bilden. Der Gestaltungsakt, dessen Effekt die akustisch-tonale Konstruktion des Werkes ist, wird erzeugt durch Gestaltungsvorgänge in allen die Technik strukturierenden psychischen Faktoren, und zwar den sensorischen, also den optischen, taktilen, muskulär-kinästhetischen Sinnesanteilen ebenso wie den tonischen und energetischen Anteilen des Gesamtaktes. Bei all diesen Teilen des Gesamtverlaufes treten gesonderte ,,Empfindungs- und Bewegungsmelodien" auf. Sie bilden den gesamten Handlungsakt, den man als ,,Praxie" im Sinne LIEPMANNS bezeichnet. Hierbei müssen die Impuls- und Bewegungsfolgen der einzelnen benutzten Glieder — beim Flötenspiel etwa der Hände, der Lippen usw. —, also die ,,gliedkinetischen" Praxien sowie die Handlungsfolgen des gesamten für die Bewirkung des Erfolges notwenigen Apparates (Ideokinese) unterschieden werden von dem gesamten Bewegungsentwurfe im Flötenspiel (der ,,Ideation" des Bewegungsaktes). Die Ideation stellt eine sehr komplexe Antezipation dar für einen Vorgang, dessen Struktur, wie kurz angedeutet, aus sehr vielen und verschiedenartigen strukturellen Anteilen gestaltet ist. An diesem ideatorischen Bewegungsplan haben sich bei der Produktion dessen, was durch das Instrument hervorgebracht werden soll, in unserem Beispiele die Flötenmelodie, nicht nur die sensorischen Faktoren in gestaltlicher Ausprägung zu verwirklichen, sondern es muß ein eigener *zweckgemäßer Handlungsakt* in ihm abgeleitet werden. Ideatorischer Bewegungsplan und Handlungsakt sind für jedes Instrument verschieden. Die Verschiedenheit der ,,Technik", der ,,Praxie" für die verschiedenen Instrumente stellt auch psychologisch das unterscheidende Merkmal gegen den akustisch-musischen Konstruktivakt dar, der für alle Instrumente bei gleicher Melodienführung der gleiche bleibt[1]. Die Erlernung der Instrumentaltechnik an sogenannten ,,stummen Instrumenten" läßt ebenfalls die Unterscheidung zwischen Praxie und akustischem Konstruktivakt deutlich werden.

Wir sprachen bisher von Instrumenten, deren Technik im Laufe des Lebens in allen Teilen neu erworben werden muß. Es gibt aber Musikinstrumente, die zum menschlichen Organismus selbst gehören und anscheinend in ihrer Betätigung nicht erst eines eigenen Studiums und Übung bedürfen, sondern in der Entwicklung des menschlichen Körpers selbst nach allen sensorisch-motorischen und praktischen Gestaltungen sich zu vollenden scheinen. Wir meinen hier die Faktoren des *Gesanges* und des *Pfeifens* mit den Lippen. Es ist sicher, daß bei diesen musikalischen Ableistungen *instinktiv* festgelegte Mechanismen wirksam sind, die aber freilich

[1] Vgl. über die Technik des Violinspielens die Arbeiten von EBERHARDT, TRENDELENBURG u. a.

wie alle Instinkthandlungen im späteren Leben durch Übung ausgebaut werden müssen. Die Stimmführung als geübte Instinkthandlung kann in dieser Form nur beim Laien so aufgefaßt werden. Für den Musiker, den Gesangskünstler, gelten dagegen für die Benutzung seiner Stimme ganz ähnliche Prinzipien wie für den Instrumentalmusiker. Der Sänger baut seine Studien zwar auf der Naturstimme auf, aber auch der Künstler eines Solo- oder Orchesterinstruments (Streich- oder Blasinstrument) benutzt „Instinkthandlungen", also etwa das Greifen, das Bewegen der Arme usw., als Grundlagen für die Ausbildung seiner Musiktechnik. Das Gesangsorgan, das freilich nicht wie ein anderes Instrument objektiv herausstellbar, sondern in den Körper eingebaut ist, wird für den Gesangskünstler zu einem in vielen Punkten schwerer zu behandelnden, von äußeren Einflüssen viel mehr abhängigen und verletzbareren musikalischen Instrumente, als es manches Soloinstrument ist. Unter diesen Vorbehalten kann, rein werkmäßig gesehen, der Gesang des ausgebildeten Kunstsängers, aber auch schon die Gesangsstimme des Menschen, der irgendwie im Elternhause oder in der Schule das Singen systematisch geübt hat, mit dem Spiele eines Instrumentalmusikers psychologisch als musische Instrumentalhandlung auf eine Ebene gesetzt werden. Dabei soll nicht geleugnet werden, daß die instinktive Unterlegung gerade als musisches Organ beim Gesang und analog beim Pfeifen mit den Lippen diesen Betätigungen eine Sonderstellung unter den anderen Instrumentalpraxien gibt, die psychologisch in Betracht zu ziehen ist.

Wie bei allen psychischen Strukturen kommt für die musische Praxie der *psychisch-genetische Faktor* in Betracht. Es muß bei der Analyse des psychologischen und pathologischen Vorganges beachtet werden, ob ein Instrument frühzeitig oder spät erlernt, welches von mehreren Instrumenten früher oder später geübt wurde, ob der Gesang auf relativ instinktiver Stufe stehen geblieben ist oder ausgebildet wurde, ob der Musiker die Technik eines Instruments bis zur vollen Meisterschaft gebracht hat, ob er nur eines meisterhaft beherrscht und andere dilettantisch spielt oder alle Instrumente sicher handhabt. Psychologisch kommt in Betracht, daß der Anfänger ein ganzes „Werk" zunächst nur in der Ausführung einzelner Töne auf dem Instrument und später erst in der Klangzusammensetzung hat, d. h. in dem, was wir als die Technik, die Praxie höherer Werkbetätigung beim ausgebildeten Musiker angesehen haben. Im Anfang ist ihm die Haltung des Körpers, die Setzung der Glieder usw. noch Praxie, d. h. „Mittel" zum *Werke* der Gebung von Einzelklängen. Mit fortschreitender Übung wird das Erzeugen von Einzelklängen selbst „Mittel" für ein Höheres, für das Konstruktive des künstlerisch-musikalischen Werkes. Das geht langsam, in verschiedenen Etappen vor sich. Es tritt eine „Schichtung" durch die Übung ein, indem das, was früher selbst Werk war, die Instrumentalbeherrschung, später zum „Mittel" wird für höhere musikalische Werkbetätigungen. Bei Entübungen, Entschichtungen und pathologischen Störungen kommen wieder frühere Zustände zum Vorschein, so daß die Aufmerksamkeit, die bei Vollbeherrschung nur der Konstruktion des musikalischen Werkes zugewandt war, jetzt auf das Instrument, auf die Technik, die Praxie als das eigentlich Werkmäßige gerichtet werden muß. Wir müssen uns hier mit Andeutungen der für jede Werkpsychologie sehr wichtigen Gesichtspunkte begnügen, halten sie aber für die psychologische und pathologische Erforschung auch des musischen Werkvorganges für bedeutungsvoll.

c) Funktionsabbau der musisch-expressiven Leistung.

Gemäß den vorangegangenen theoretischen Überlegungen ist der musische Expressivakt als musischer Werkleistungsvorgang zu betrachten. Wir unterscheiden an ihm die größeren Gruppen, die im „Werkbewußtsein" und „Werkplan" als Zielvorstellung, im Konstruktivakt, d. h. musischen Gestaltungsakt, und in der Technik, der Praxie der Instrumentalbeherrschung liegen, für die Formen des Funktionsabbaues in gesonderter Weise.

Hier kann zunächst eine Einschränkung vorgenommen werden. Die Störungen des musischen Werkplanes decken sich mit dem Funktionsabbau der Dispositionen im bildhaft-musischen Wahrnehmen und Vorstellen. Wir haben diese Formen früher schon bei Besprechung der totalen sensorischen Amusien erwähnt. Die Störungen des musischen Werkplanes sind gleichbedeutend mit den *sensorischen Paramusien*. Die paramusischen Störungen sind Ausdruck dafür, daß der Werkplan nicht intakt ist, daß er nicht als Zielvorstellung für die musische Werkleistung entsprechend wirken kann und daß alle kontrollierenden Akte in jedem Momente der Ableistung des musischen Werkes nicht adäquat an Ort und Stelle in Funktion gesetzt werden können. Wir rechnen aber die Paramusien nicht unter die eigentlichen expressiven Amusien, weil die Expressionsstörungen als sekundäre Störungen in Betracht kommen. Daß die Paramusien mit den echten sensorischen Amusien in enger Funktionsabhängigkeit sind, läßt sich an vielen Einzelfällen darlegen (Edgren, Knauer, Smith-Blaikie, Pick, Markus u. a.).

Unter den eigentlichen *expressiven Amusien* unterscheiden wir zwei größere Hauptgruppen: die konstruktive Amusie und die Amusie der Dyspraktischen.

1. Konstruktive Amusie (konstruktiv-musische Agnosie). Beginnen wir zunächst mit dem empirischen Material, so läßt sich als illustrativer Fall von sogenannter „motorischer Amusie" oder, wie er in der Literatur geführt wird, Instrumentalapraxie, der in die Gruppe der konstruktiven Amusien gehört, der Kranke v. Frankl-Hochwarts[1] anführen. Der 24jährige Mann, der durch eine luische Affektion eine Schädigung der rechten und später der linken Hirnhemisphäre erlitten hatte, trug neben einer Lähmung der rechten Körperseite eine motorische Aphasie bei erhaltenem Verständnis für die deutsche und ungarische Sprache davon. Er konnte nicht nachsprechen, las Gedrucktes und Geschriebenes ziemlich gut, wenn auch langsam, konnte mit der linken Hand auf Diktat und spontan schreiben, wenn auch mit paraphasischen Entgleisungen. Die Ausdrucksbewegungen des Kranken waren normal. Spontan konnte er weder singen noch pfeifen, doch kam er der Aufforderung, einzelne Töne nachzupfeifen, prompt nach. Notenbilder erkannte er, konnte sie aber nicht durch Pfeifen in Klangbilder umsetzen. Das Nachsingen und Nachpfeifen von Skalen und Melodien gelangen ihm. Das Spielen auf der Geige wurde so gehandhabt, daß ein anderer das Stimmen vornahm, er selbst aber angab, ob die Saite gespannt oder nachgelassen werden sollte. Er führte das zweckgemäß aus. Beim Spielen hatte er mit der linken Hand die Saite zu drücken, während ein anderer sie zupfte. Trotz aller Versuche brachte er keine Melodie heraus, erst nach längerer Zeit spielte er einige Takte des Donauwalzers von Strauß. Gab man ihm die Titel bekannter Melodien auf, so konnte er den Fingersatz einige Male überhaupt nicht legen, bei

[1] v. Frankl-Hochwart: Dtsch. Z. Nervenheilk. **1**, 288ff. (1893).

anderen Melodien gelang es ihm. Das Legen des Fingersatzes nach Noten gelang ihm nur bisweilen.

Dieser Mann hat im Bewußtsein, was er spielen muß und erkennt Richtigkeit und Fehler. Es steht ihm weiterhin die Technik des gesanglichen Stimmansatzes, die Intonation durch Lippen und Atmen beim Pfeifen und das Legen des Fingersatzes beim Geigen zur Verfügung. Soweit man über die Praxie des Kranken aus dem Berichte etwas erschließen kann, lassen sich dyspraktische Störungen allgemeiner Art nicht ersehen, da er mit der linken Hand spontan und auf Diktat gut schreibt und auch die Ausdrucksbewegungen normal sind. Eine ideomotorische Apraxie ist in diesem Falle unwahrscheinlich, ebenso eine gliedkinetische Apraxie der linken Hand. Für ideatorische Apraxie allgemeiner Art sind ebenfalls keine Anhaltspunkte zu finden. Die Störung scheint vielmehr auf dem Gebiete der akustisch-tonalen Entäußerung in isolierter Weise zu liegen, und zwar außer in der Sprache speziell in der Musik. Das spontane, also produktive Gestalten einer Klangfolge durch irgendein Instrument, Pfeifen, Singen, Geigenspiel kann nicht als eine Apraxie motorischer oder ideatorischer Art aufgefaßt werden. Daran ändert auch nichts die Besserleistung beim Nachsingen und Nachpfeifen und bei der Ableistung automatisierter Musikstücke unter Hilfe durch optische Symbolisierung in Noten. Soweit die Untersuchungsresultate reichen, liegt also keine Störung von Bewegungsentwürfen und Bewegungsfolgen, sondern von musischer Gestaltung eines wohlerkannten und wohlkontrollierten musischen Werkplanes vor, eine *akustisch-musische Konstruktionsstörung*.

Instruktiv und klar ist auch der Befund des Kranken, den MARINESCO[1] beschrieben hat. Es handelt sich um einen Fagottspieler, Professor am Bukarester Konservatorium der Musik. Er hatte in seinem 26. Lebensjahre eine luische Affektion mitgemacht, die nach spezifischer Behandlung zunächst ohne Folgen blieb, bis er im 40. Lebensjahre einen Schlaganfall erlitt mit motorischer und sensibler Lähmung der rechten Körperseite und motorischer Aphasie. Die Erscheinungen restituierten sich, sodaß nach einiger Zeit der rechte Arm in seiner Kraft und Bewegungsgeschicklichkeit in weitgehendem Maße wieder hergestellt war. Der Patient konnte damit die gewöhnlichen Verrichtungen vollführen, essen, knöpfen, sich anziehen; auch feinere Handlungen, wie das Aufheben einer ganz dünnen Nadel, das Aufzeigen der Mitte eines feststehenden und bewegten Kreises usw. gelangen rechts sehr gut. Die Reflexe waren dabei rechts gesteigert, die Hautsensibilität und die Lage- und Gelenkempfindungen der rechten Hand waren in der Daumen- und Zeigefingergegend etwas herabgesetzt. Der Kranke unterschied aber sehr genau Gewichtsunterschiede mit der rechten wie mit der linken Hand (Muskelempfindung!), bestimmte rechts Form, Oberfläche und Konsistenz von Gegenständen ganz richtig, täuschte sich nur bei kleinen Objekten. Über die Sprache wird um die Zeit des Berichtes bemerkt, daß die Artikulation beim Spontan- und Nachsprechen sehr gut war, daß nur gelegentlich bei schwierigen sprachlichen Gebilden Wortfindungsstörungen vorhanden waren und daß solche Worte dann auch verstümmelt gebracht wurden. Nach der eigenen Angabe des Kranken hatte sich der Timbre seiner Stimme seit der Affektion geändert. Das Sprachverständnis war vollkommen erhalten. Spontan- und Diktatschreiben bei sprachlichen In-

[1] MARINESCO: Des amusies. Semaine méd. 25, Nr. 5, S. 49f. (1905).

halten war geschädigt, Kopieren gelang besser. — Was die *Musik* betrifft, so hatte der Kranke im Auffassen und Verstehen musikalischer Inhalte keine Störung. Melodien und Harmonien, die ihm auf einer Mandoline vorgespielt wurden, z. B. Arien aus Wilhelm Tell, aus dem Troubadour, der Traviata, Carmen, Faust erkannte er ohne weiteres. Absichtlich eingeschaltete Fehler korrigierte er sofort, kannte Fehler bis zu einem halben Ton. Sollte er spontan singen, so versagte er. Ihm wohlbekannte Lieder und Arien konnte er nicht singen, wenn ihm nicht die ersten Noten vorgesungen wurden. Er machte aber auch dann Fehler in der Intonation und in den Intervallen; wenn er die gleichen Passagen wiederholte, vermischte auch die Melodien mit denen anderer Lieder. Dabei erkannte er seine eigenen Fehler. Wie beim Singen zeigten sich auch erhebliche Störungen beim Spielen auf dem ihm gewohnten Instrumente. Auf dem Fagott als Blasinstrument werden die Tonleitern durch Heben von Klappen und Schließen von Löchern und Zusammenspiel beider Hände ausgeführt. Der rechten Hand sind etwas mehr Klappen zugeordnet als der linken. Bei der Untersuchung des Kranken, die unter Mithilfe eines Fachmannes auf dem Fagott vorgenommen wurde, machte der Patient Fehler beim Gebrauch der Finger sowohl mit der rechten wie mit der linken Hand, häufiger allerdings mit der rechten. Er erinnerte sich nicht mehr, welche Finger er benutzen mußte, um die Tonleitern zu spielen, während er ein guter Musiker gewesen war und vor dem Schlaganfall das Fagott aufs trefflichste zu spielen vermochte. Er erinnerte sich nicht mehr recht der Klappen, auf die er drücken mußte und der Löcher, die er schließen mußte. Dabei war ihm der „Sinn“ der Stücke, Rhythmus, Harmonie, vollkommen erhalten. — Das Notenschreiben war nur für den Wert der einzelnen Noten und für die Tonleiter erhalten. Trotzdem er im Konservatorium täglich Noten geschrieben hatte, konnte er jetzt kein Lied mehr niederschreiben, selbst wenn er es noch singen konnte. Das Diktatschreiben der Noten war besser, hier konnte er selbst kompliziertere Gebilde zu Papier bringen. Noten kopieren war ganz geläufig.

Was diesen gut untersuchten und klar dargestellten Fall Marinescos kennzeichnet, ist also das vollkommene Intaktsein der Wahrnehmung musikalischer Inhalte, sowohl im ganzen wie in den Teilen, in den Simultan- und Sukzessivstrukturen wie auch in den Ausdrucks- und Darstellungsfunktionen. Das Bewußtsein für „richtig“ und „falsch“, die Kontrolle der fremden und eigenen musischen Produktion ist erhalten. In bezug auf den Gebrauch der Instrumente, und zwar sowohl des Gesangs- wie des Orchesterinstruments, wird man Marinesco zustimmen, daß es ein ungewöhnlicher Gedanke sei, Zentren für die für das Spiel der verschiedenen Instrumente notwendigen Bewegungen, Piano, Saiten-, Blasinstrumente, anzunehmen, d. h. also so viel Zentren als Instrumente. Mit diesem Urteil hätte ein Begriff wie der der „instrumentellen Amusie“ schon damals (1905) erledigt sein müssen. Nicht zugegeben kann dagegen die Auffassung Marinescos werden, wenn er von seinem Kranken sagt: „Il a perdu la mémoire des mouvements nécessaires au jeu de son instrument“, und zwar als „mémoire spéciale des doigts“. Eine Lähmung als Ursache der Störung ist für die Erklärung der Gesamterscheinungen nicht ausreichend; sie ist rechts zurückgegangen und war links nie vorhanden. Auch die Sensibilitätsstörung wird vom Autor als Ursache der Erschwerung im Instrumentenspiel abgelehnt, trifft ebenfalls nicht für die linke Hand zu. Eine motorisch-apraktische Störung im Sinne Liepmanns kann nicht angenommen werden, da der Patient nicht nur gebräuchliche, sondern auch ganz ungewohnte, fremdartige und komplizierte Handlungen ausführt (für die man keineswegs die Bezeichnung „Kurzschlußhandlung" gebrauchen kann), freilich insofern sie nur nicht dem musikalischen Gebiet angehören. Eine Störung der „mémoire des doigts" für nicht dem musischen Leben angehörende Handlungen des Alltags liegt also nicht vor. Auch für eine Störung von Bewegungsideationen bei Handlungen nichtmusischer Art ist kein Anhaltspunkt vorhanden. Eine Bewegungs- und Handlungsstörung „für" ein bestimmtes modal begrenztes Wahrnehmungsgebiet ist psychologisch eine Unmöglichkeit. Es liegt überhaupt keine Störung des Bewegens und Handelns vor, keine Störung des „kinetischen" oder „kinästhetischen" Vorstellens, sondern eine Störung der Gestaltproduktion auf akustisch-musischem Gebiete, gleichgültig mit welchem Instrumente, mit welcher Bewegungsfolge und welchem motorischen Apparate sie vollführt werden soll, und zwar bei Intaktsein der musischen Auffassung und des Werkplanes. Der Kranke hat eine *akustisch-musische Konstruktionsstörung*, die sich aus den Angaben ganz präzise herausarbeiten läßt. Das produktive Zusammenfügen und Aneinanderreihen von Klängen zu der in ihrer Ganzheit und Struktur wohlbekannten und gut bildhaft vorstellbaren musischen Gesamtgestalt ist dem Kranken mit allen Mitteln unmöglich geworden.

F. C. DOBBERKE[1] macht in seiner Beurteilung den Fall, den er darstellt, unklarer als er ist, wobei ihm HENSCHEN in seiner Kasuistik folgt. Der Patient, Ende der dreißiger Jahre, der sich früher luisch infiziert hatte, erlitt einen Schlaganfall, der ihn rechts halbseitig lähmte und aphasisch machte. Das Spontansprechen und Spontanschreiben war bis auf Reste aufgehoben, das Nachsprechen hatte stark abgenommen, das Bezeichnen von wohlerkannten Gegenständen war gestört, das Sprachverständnis zum größten Teil erhalten, das Finden von Gegenständen nach der vorgesprochenen Bedeutung machte einige Schwierigkeiten. Das Verständnis des Gelesenen war gestört, der Kranke erkannte einzelne Buchstaben nicht, besonders in lateinischer Schrift; geschriebenen Aufforderungen konnte er nicht folgen. Das Diktatschreiben war schwierig, beim Kopieren konnte er nur nachmalen. Bei der musikalischen Prüfung sang der Patient, der auch vor der Verletzung schon gesungen und Klavier gespielt hatte, ohne Worte nur mit „ha — ha — ha" ganz gut. Er hatte eine Baritonstimme und verfügte über ein ziemlich großes Repertoir. Vom Nachsingen vorgesungener Töne und Lieder wird gesagt, daß es gut erhalten war, später wird aber berichtet, daß es nicht so gut war wie vor der Lähmung. Etwas schwerere Melodien wie „Erlkönig" oder „Adelaide", die er früher auswendig sang, konnte er jetzt auch auf Vorsingen nicht wiederholen. Bei einfachen Liedern konnte er, wenn man den Text aufsagte, das Lied singen; sagte man ihm aber nur den Titel des Liedes (Wacht am Rhein, Loreley), dann fand er die Melodie nicht. Das Benennen der Noten war dem Kranken unmöglich. Beim Singen nach Noten bekannter Volkslieder studierte er zunächst einige Takte, sang dann weitere auswendig, wobei es ihm passierte, daß er von der Melodie eines Liedes in die eines anderen hineingeriet. Das spontane Klavierspiel war stark zurückgegangen, auf Bitten, zu spielen, schlug er nur den *C*-Dur-Akkord an und

[1] DOBBERKE, F. C.: Über vokal- und instrumental-musikalische Störungen bei der Aphasie. Inaug.-Diss. Freiburg 1899.

eine Modulation von *Des*-Dur nach *Es*-Dur (?). Einfache Lieder, die er singen konnte, war er nicht mehr imstande, auf dem Klavier zu spielen. Von ,,Heil Dir im Siegerkranz“ schlug er nur die zwei ersten Noten an und griff dann nunmehr auf den Tasten herum, ohne die Melodie zu finden. Auch das Nachspielen war schlechter geworden. Er schlug zwar einzelne Akkorde richtig nach, fand aber andere nicht. Das Spielen nach Noten war schlechter geworden. Er schlug Töne eine Oktave zu tief an, spielte Triolengänge, ohne auf den Takt zu achten und manchmal die nacheinander anzuschlagenden Klänge zusammen. Lieder spielte er nach Noten besser als spontan, doch immer mit vielen Fehlern. Das Verständnis von Melodien war ziemlich gut, wenn der Kranke nicht ermüdet war.

Aus der Besprechung des pathologischen Zustandsbildes dieses Kranken geht hervor, daß der Patient wegen der schweren Störung der Expressivsprache und in geringerem Maße des Sprachverständnisses eine Störung der Expression von Klanggebilden und eine ebenfalls nicht mehr ganz intakte Fähigkeit zum Verstehen für Klangliches (erhöhte Ermüdung!) hat. Auch das musikalische Gedächtnis hat gelitten. Was die Musikexpression betrifft, so kann ich mich bei Betrachtung der Untersuchungsergebnisse DOBBERKES Urteil über seinen Fall nicht anschließen, daß das willkürliche Singen und Nachsingen erhalten sei. Wenn der Kranke auch ganz mechanisch festliegende Melodien richtig fortsetzen und auf Anregung durch den gehörten Text auch singen kann, so weist doch die Schwierigkeit bei der Produktion komplizierterer Gebilde, bei denen gerade das eigene Gestalten notwendig wird, darauf hin, daß im Spontan- und Nachsingen erhebliche Störungen vorhanden sind. Die Singstörung ist parallel zur Störung des Klavierspieles. Die Unklarheit des Krankheitsbildes, die auch HENSCHEN aufgefallen ist, und ihn zu dem Urteil veranlaßt, der Fall beweise ,,wie launisch die Musikfähigkeit ist“, fällt bei genauerer Betrachtung der Störung (im Original) weg. Daß der Kranke beim Klavierspiel größere Schwierigkeiten hat als bei Produktion des gleichen Musikstückes durch Gesang, ist nicht erstaunlich, wenn man den psychisch-dispositiven Unterschied in der Betätigung der beiden Instrumente berücksichtigt. Das Spielen auf dem Stimmapparat ist instinktiv begründet, frühzeitig geübt, während das Klavierspiel später erworben und beim Dilettanten nicht so automatisiert ist, sich außerdem durch die harmonisch-melodische Produktion sich noch komplizierter gestaltet. Immerhin darf eine Störung der Klanggestaltung auf beiden Instrumenten angenommen werden bei verhältnismäßig wenig geschädigter Auffassung musischer Gebilde. Eine Besprechung des Verhaltens den Noten gegenüber kann hier zunächst übergangen werden. Die Frage, auf welche Grundstörung sich diese über mehrere Instrumente erstreckende musische Expressivstörung bezieht, ist in diesem Falle nicht zur Vollständigkeit herauszustellen. Der Kranke ist vor der Entdeckung des Symptomenbildes von LIEPMANNS Apraxie untersucht und veröffentlicht und hat eine spezielle Durchprüfung nach der Richtung der Fähigkeiten bzw. Fertigkeiten im Handeln allgemeiner Art nicht erfahren. Immerhin wird nichts von Schwierigkeiten bei der Führung von Bewegungen, auch von Schriftbewegungen und beim Kopieren usw. bemerkt. Ich möchte daher der Wahrscheinlichkeit Ausdruck geben, daß die Störung nicht primär auf dem Gebiete des Motorischen liegt, daß keine Lähmung oder Apraxie vorhanden ist, sondern daß sie ausschließlich dem akustisch-tonalen Gebiete angehört. Nimmt man dies an, so ist der Hauptschaden wiederum ein Defekt im produktiven Gestalten musischer Inhalte bei relativem Erhaltensein der Auffassung und Zielvorstellung der gleichen Klanggebilde, doch bei erheblich gestörtem musikalischem Gedächtnis. Im Vordergrund steht nach dieser Interpretation eine akustisch-musische Konstruktionsstörung (konstruktive Amusie).

In Analogie zu den besprochenen konstruktiv-amusischen Kranken dürfte auch wohl der von JOSSMANN beschriebene und oben eingehend besprochene Fall Sch. gestellt werden, bei dem keine Störung im Verständnis für musische Gebilde und in der Kontrolle ihrer Richtigkeit, weiterhin keine dyspraktische Störung motorischer oder ideatorischer Art auf dem nichtmusischen Gebiete vorliegen, während sich erhebliche Störungen auf die Expression im Singen, Pfeifen, Geigenspielen beschränken. Entsprechend den bei den obigen Fällen gegebenen Ableitungen kann auch für den JOSSMANNschen Fall eine Störung der akustisch-musischen Konstruktion (konstruktive Amusie) angenommen werden.

Bei anderen Fällen, die neben einer Störung des Singens noch Ausfälle im Instrumentenspiel haben und auf anderen Gebieten keine Lähmungen und Apraxien zeigen, sind zumeist die Beschreibungen nicht so durchgreifend, daß die Fälle eindeutig erklärbar sind. Immerhin scheint mir bei dem zweiten Falle von SCHWELLENBACH[1] und dem Hirnschußverletzten von M. MANN[2] die Wahrscheinlichkeit einer konstruktiv-amusischen Störung vorzuliegen. Nicht ohne weiteres zu entscheiden, ob konstruktive oder dyspraktische Defekte vorliegen, sind die Fälle, die nur Störungen im Singen und Pfeifen haben oder nur im Singen geprüft sind. Die Variation der Bedingungen ist hier nicht so gegeben wie bei den Fällen mit Störung im Spielen mehrerer Instrumente. Es liegt hier die gleiche Schwierigkeit vor wie bei der Betrachtung der motorischen Aphasie, die ja ebenfalls nur sich auf einem Instrumente, nämlich dem Sprachapparat prüfen läßt, und bei der nichtsdestoweniger die gleiche Unterscheidung: akustische Konstruktion oder Apraxie zum Problem steht.

Nicht unwichtig ist, daß auch bei den konstruktiv-agnostischen Formen der Amusie eine Trennung zwischen den tonalen und zeitlich-figuralen Gestaltbildungen beschrieben ist. So wird bei den in der Melodiebildung gestörten Fällen von KAST (1885) und von L. MANN (1898) ausdrücklich bemerkt, daß sie „im Rhythmus sicher" sind. Auch der Kranke FOERSTERS[3] ist nur in der Melodienbildung, nicht in der Rhythmusproduktion gestört. Der erste Fall von H. BRUNNER[4], der nach Abszeß des rechten Schläfenlappens Melodiestörungen aufwies, reagierte auf Rhythmen wesentlich besser. Das gleiche wird von dem Kranken von PIERRE MARIE u. SAINTON (1898) berichtet. Anderseits ist bei dem zweiten Falle von SCHWELLENBACH der Rhythmus in der Produktion mit der Melodienbildung gestört. Der Kranke von L. MANN (1917) verliert bei langsamem Singen den Rhythmus, der erkrankte Musiker WÜRTZENS hat außer der Melodiestörung eine erhebliche Rhythmusstörung. — Der Umstand, daß die zeitliche Gestaltung in vielen Fällen gut erhalten ist, mag darauf zurückgehen, daß die rhythmische Gliederung zeitlich ablaufender Vorgänge weit über das akustische Gebiet hinaus-

---

[1] SCHWELLENBACH: Zwei Fälle von Aphasie. Inaug.-Diss. Straßburg 1898.

[2] MANN, M.: Ein Fall von motorischer Amusie. Neur. Zbl. **36** (1917).

[3] FOERSTER: Ein Fall von motorischer Amusie. Ebenda **1918**.

[4] BRUNNER, H.: Klinische Beiträge zur Frage der Amusie. Arch. Ohr- usw. Heilk. **109** (1922).

geht, durch andere Sphären, besonders die motorische, aber auch die optische, geleitet ist und daher auch auf dem rein musischen Gebiete Äußerung erhält. Bei den Fällen, bei denen sich in der Produktion musischer Gestalten auch die Zeitkomponente isoliert gestört erweist, ist offenbar das Zeitlich-Rhythmische mit dem Akustischen in besonderer Weise verknüpft, die Verankerung des Rhythmus und anderer zeitlicher Faktoren in den übrigen Dispositionsgebieten nicht so stark verankert.

Die akustisch-musischen Konstruktionsstörungen, die wir in den vorausgegangenen Besprechungen am empirischen Material herauszustellen und zu isolieren versucht haben, sind ein Teil der expressiv-amusischen Störungen, deren Grundlagen *nicht zu dem Gebiete der praktischen Dispositionen, sondern zu den akustisch-gnostischen Dispositionen* zu rechnen sind. Diese konstruktive Agnosie, also Störung des gnostischen Bereiches, beschränkt auf die Fähigkeit zur produktiven Gestaltung bei Erhaltensein der Auffassung und Kontrolle einerseits und der Bewegung und des Handelns andererseits, hat Analogien auf dem Gebiete der optischen Wahrnehmung. Es sind dies die Bilder, die von STRAUSS[1] nach dem Vorschlag von KLEIST als „konstruktive Apraxien“ beschrieben worden sind. Die Kranken haben keine Störung der optischen Gestaltauffassung, können optische Gebilde wahrnehmen, einzelne Punkte miteinander verbinden, sind auch nicht motorisch und ideatorisch apraktisch. Sie sind aber nicht imstande, nach einem (wohlerkannten) Plan Figuren richtig aus Stücken zusammenzusetzen, sie also im eigentlichen Sinne zu konstruieren. Man kann STRAUSS nicht zustimmen, wenn er diese Erscheinungen nicht dem optischen Wahrnehmungsgebiete zuordnen will. Eine Erweiterung des von LIEPMANN scharf umgrenzten Begriffes der Apraxie ist nicht nötig und im Interesse der pathologischen Strukturforschung auch gar nicht erlaubt. Die Störung zeigt sich ausschließlich beim Arbeiten mit optischem Material ebenso wie ein Teil der Fälle, die POPPELREUTER als sogenannte „optische Apraxie“ herausgestellt hat. Man kann alle diese Fälle als „optisch-konstruktive Agnosien“ bezeichnen. Sie sind dann mit den akustisch-konstruktiven Agnosien (konstruktiven Amusien) in Parallele zu setzen. Es fehlt beiden die Disposition zur produktiven konstruktiven Gestaltbildung zur Erfüllung und Ergänzung der adäquat erlebten optischen bzw. akustisch-musischen Schemata (Werkpläne). Da sie beide sinnesgemäß modal begrenzt sind, müssen sie zu den Störungen der *Wahrnehmung*, des sensorischen Gebietes, gerechnet werden.

Auch die *Aktivierung* von vollständigen Tonstücken muß, soweit sie gestört ist, unter die klanglichen Erscheinungen, mithin unter die konstruktiven Störungen gerechnet werden. Es sind damit die zahlreichen Beobachtungen gemeint bei amusischen Kranken mit intaktem Erkennen musischer Gebilde, die auf Aufforderung eine bekannte Melodie nicht singen oder auf einem Instrumente nicht spielen können, aber nach „Intonation“ (HENSCHEN), d. h. nachdem sie auf den Weg geführt worden sind, das Tonstück richtig ausführen können. Diese Formen haben ihren primären Defekt ebenfalls in den mnestischen Dispositionen klanggestaltlicher Produktion. Soweit keine dyspraktischen Erscheinungen vorliegen, können auch sie dem Gebiete der konstruktiven Amusie zugerechnet werden.

---

[1] STRAUSS: Über konstruktive Apraxie. Mschr. Psychiatr. **1924**.

2. Die expressive Amusie der Dyspraktischen (apraktische Amusie, „eigentliche motorische Amusie"). Es gibt auch Störungen der musikalischen Produktion auf dem Boden *apraktischer Störungen.* Zur Konstatierung einer solchen Störung muß allerdings der Nachweis erbracht werden, daß tatsächlich ein apraktischer Schaden in dem von H. LIEPMANN klar und eindeutig begrenzten Sinne vorliegt. Die Kasuistik dieser Gruppe ist sehr klein, nicht zum geringen Teile deshalb, weil für die vor 1900 veröffentlichten Fälle eine Untersuchung oder auch nur eine kurze Beurteilung des Handlungsgeschehens im allgemeinen nicht vorliegt, und daher in einzelnen Fällen höchstens Rückschlüsse nach Wahrscheinlichkeit und Möglichkeit hypothetisch gefällt werden können. Auch für die späteren Fälle sind hinreichende Angaben über die Art der Praxie nicht immer vorhanden.

Als ein Fall von Apraxie, der als Folge dieser Störung Schwierigkeiten in der musikalischen Expression hat, scheint der Kranke von ROHARDT[1] angesehen werden zu können. Der Kranke hat im Kriege eine Kopfverletzung in der rechten Stirnscheitelgegend erlitten. Er war 8 Tage bewußtlos und hatte sofort eine Lähmung der linken Körperseite. Nach Wiederkehr des Bewußtseins stotterte er 8 Wochen lang. Er hatte früher gern gesungen und im Singen in der Schule immer die Zensur „recht gut" gehabt. Im Feldlazarett versuchte er zu singen und zu pfeifen, konnte aber in den ersten Tagen die Lippen zum Pfeifen nicht spitzen. Später war die Reihenfolge der Töne falsch, beim Singen kamen die Töne kreuz und quer durcheinander. Er bemerkte selbst, daß er nicht richtig sang. Singen und Pfeifen besserte sich nur langsam. Auch später noch zeigte er Störungen des musikalischen Gedächtnisses, hatte einen großen Teil seines früheren Besitzes an Liedern verloren. — Bedeutungsvoll ist hier, daß eine Störung des Pfeifens und Singens mit einer Störung des Handelns im Bereiche der Lippen, vielleicht auch im Bereich des ganzen Motoriums, das für Singen und Pfeifen notwendig ist, einhergeht. Solche apraktischen Störungen des Mund- und Kehlkopfapparates, die sich in Schwierigkeiten bei willkürlichen und außerhalb von bestimmten Zwecken sich zeigenden Aufgaben äußern, z. B. Blasen, Küssen, Saugen, sind auch bei motorisch-aphasischen Kranken beschrieben und nicht selten zu beobachten.

Man muß annehmen, daß dies nicht Nebenbefunde sind, sondern daß sie integrierend zum Gesamtschaden gehören, eine Ausdrucksform der apraktischen Störungen der motorischen Apparate sind, die auch das Singen und Pfeifen zum Effekt bringen. Es liegt nach dieser Auffassung bei diesen Fällen eine *gliedkinetische* Form der motorischen Apraxie für die Bewegungswerkzeuge vor, die unter anderen Leistungen auch das zweckgemäße Singen und Pfeifen bewerkstelligen. Daß bei dem Falle ROHARDTS die Störung sich nur anfänglich zeigte, braucht diesen Fall keineswegs nach dieser Richtung hin zweifelhaft zu machen, weil apraktische Störungen auch während der Restitution in den Leistungseffekten sich noch lange bemerkbar machen. Allerdings ist der Fall nicht ganz rein, weil immerhin auch speziell akustische Dispositionen, insbesondere das musikalische Gedächtnis sich bei ihm als gestört erweist.

Hier einschlägig ist auch der vom Autor selbst untersuchte Fall Lydia Hir. (1928), der im ersten Abschnitt eingehender dargestellt ist. Die junge Pianistin, die

[1] ROHARDT: Ein Fall von motorischer Amusie. Neur. Zbl. **38** (1919).

durch eine Gehirnembolie eine sensorische und expressive Amusie und Aphasie erlitten hatte, bei der aber die sensorische Komponente bald fast vollkommen zurücktrat, während die expressive ganz im Vordergrund stand, zeigte schwere Störungen apraktischer Art bei intransitiven und transitiven Handlungen sowohl mit dem Munde (z. B. beim Blasen), wie auch mit beiden Händen. Beim Pfeifen und Singen von Melodien, insbesondere aber beim Klavierspiel mit der rechten und mit der linken Hand isoliert wie im Zusammenspiel, machten sich die dyspraktischen Störungen in Erschwerungen und Fehlern bemerkbar. Bei diesem Fall ist dieser Teil der amusischen Störung nicht durch eine gliedkinetische, sondern durch eine *ideomotorische* Form (d. h. mehrere Bewegungsapparate des Körpers betreffende Form) der Apraxie bewirkt.

Eine expressiv-amusische Störung, die auf eine echte ideatorische Apraxie zurückgeführt werden könnte, ist bisher noch nicht eindeutig festgestellt. Wir haben oben dargelegt, warum wir den Fall von JOSSMANN mit expressiv-amusischer Störung nicht als einen Fall von primärer ideatorischer Apraxie auffassen können.

Aus der Literatur seien hier noch einige Fälle wiedergegeben und kritisch besprochen: Der Orchesterposaunist CHARCOTS, der ohne Lähmung oder Aphasie zu haben, nicht mehr die Fähigkeit hatte, die Bewegungen, die zur Verlängerung und Verkürzung seines Instruments und zur richtigen Lippen- und Zungenstellung gehören, auszuführen, sowie der amusische Lehrer FINKELNBURGS, der nach linksseitiger Lähmung zwar noch Geige, nicht mehr aber Klavier spielen konnte, sind vielleicht in die Gruppe der Apraktischen mit sekundärer Störung musikalischer Entäußerung zu rechnen. Doch sind die übrigen Untersuchungen nicht hinreichend, um vollständige Klarheit über die primären Defekte dieser Kranken zu erhalten.

Störungen der musikalischen Expression können natürlich primär auch durch Folgen von Ausfällen im *Empfindungsgebiet* und im *muskulären Bewegungsapparat* der das Klanggebilde hervorbringenden Körperteile, also echte Sensibilitätsstörungen, Lähmungen, Gesichtsfeldstörungen usw. hervorgerufen werden. Dies muß bemerkt werden, weil derartige Ausfallserscheinungen in ihren Folgen für die musische Expression auch in der Literatur nicht immer in hinreichender Weise berücksichtigt worden sind. Daß beim Geigenspiel gerade die linke Hand von Bedeutung ist, beim Flötenspiel etwa die Lippen- und Zungenmuskulatur, beim Klavier- und Orgelspiel die Fähigkeit zum Überschauen der Klaviatur, der Manuale und Registerzüge, braucht hier nur kurz angeführt zu werden, um anzudeuten, wie sehr die Aufmerksamkeit der Untersucher auch den kleinsten Schädigungen des peripheren Empfindungs- und Bewegungsgebietes zur Beurteilung von Störungseffekten auf musikalischem Gebiete zugewendet werden muß.

Was hier als konstruktive Amusie und als Amusie der Dyspraktischen auseinandergehalten worden ist, sind natürlich nur in ihren Extremen reine Formen. Sehr häufig sind, bei der großen Ausdehnung der Hirndefekte, die *Mischformen*, sei es mit Resten sensorisch-amusischer Störung, sei es, daß konstruktive und apraktische Störungen gemeinsam vorkommen. Auch die Störungen der akustisch-musischen Gedächtnistätigkeit kommen als komplizierender Faktor in Betracht (vgl. die Fälle von ROHARDT, Lydia Hir.). Die Auffindung reiner Fälle wird zukünftigen Untersuchungen vorbehalten bleiben.

Die sachliche und begriffliche Auseinandersetzung über die Formen musikalischer Expressionsstörungen läßt folgendes *zusammengefaßtes Ergebnis* zu:

1. Die akustisch-musische Agnosie (sensorische Amusie reiner und totaler Art) beeinträchtigt die musische Expression in der Weise, daß ein zu erfüllender Werkplan und die Tätigkeit dauernder klanglich-musischer Kontrolle und Korrektur, die für das nicht automatisierte produzierte Klangwerk notwendig sind, nicht mehr durchgeführt werden können. Es handelt sich hier um Störungen der „Paramusie".

2. Die krankhaften Erscheinungen, die man als expressive (transmissive, motorische) Amusie bezeichnet hat, stellen keine einheitliche Gruppe dar, sondern sind nach ihrer pathologisch-psychologischen Strukturanalyse zu teilen:

a) Die konstruktiv-musische Agnosie (konstruktive Amusie) ist gekennzeichnet durch Störung der produktiven Gestaltung von musischen Gebilden durch irgendwelche Mittel. Dazu gehört Intaktsein der Dispositionen zur Erfassung und Kontrolle melodisch-harmonischer und zeitlich-gegliederter Klanggebilde und Fehlen dyspraktischer Störungen motorischer oder ideatorischer Art in strengem Sinne H. Liepmanns auf irgendeinem anderen Gebiete als auf dem akustischen. Die musische Konstruktion, die produktive tonal-zeitliche Gestaltung gehört dem akustischen Wahrnehmungsgebiete an. Sie hat ihre Analogie in den konstruktiven Störungen anderer Modalitätsgebiete (z. B. Konstruktivstörungen auf optischem Gebiete).

b) Die expressiv-musischen Störungen der Dyspraktischen. Bei ihnen ist die Störung der musischen Expression nur eine von vielen Erscheinungen eines bestehenden Dispostionsausfalles (jeglicher Sinnesgebiete) entweder im ideatorischen Handlungsentwurf selbst oder in der zweckgemäßen Entäußerung eines erhaltenen Handlungsentwurfes (motorische Apraxie). Die Formen sind je nach der Störung in verschiedenen Gliedern und je nach der Beanspruchung der Motilität durch die Handhabung eines Instruments recht verschieden. Primäre Störungen des peripheren Empfindungs- und Bewegungsapparates als Ursache von Schwierigkeiten musischer Expression dürfen nicht übersehen werden.

Es muß unterschieden werden: Störungen, die auf Leistungen eines Sinnesgebietes (optisch oder akustisch usw.) beschränkt sind, können nicht dem Kreise der Apraxien zugesprochen werden. Störungen musischer Expression sind gliedkinetisch-apraktischer Art, wenn auch andere mit dem gleichen Gliede auszuführende Leistungen (am Munde auch Sprechen, Blasen, Küssen usw.) apraktisch sind; sie sind ideomotorisch-apraktisch, wenn auch über das Musische hinaus eine Apraxie durch das Gesamtmotorium besteht. Eine Expressivamusie durch ideatorische Apraxie zeigt (bei erhaltener motorischer Praxie) eine Störung der Gestaltung von Handlungsideationen auch für andere als musische Leistungen.

3. Ein prinzipieller Unterschied zwischen der Betätigung der Singstimme (des Pfeifens) und eines Musikinstruments besteht nicht. Stimme und Lippenpfeifen sind zwar in ihrer Bewegungsdisposition instinktiv angelegt, aber auch sie bedürfen der Übung und des Lernens und sind als Kunstgesang (eventuell auch Kunstpfeifen) durchaus Mittel musisch-instrumentalen Könnens. Umgekehrt enthalten auch die Leistungen beim Spielen von Musikinstrumenten außer den vielen erworbenen Faktoren eine Reihe von instinktiv festgelegten Handlungen (Greifen,

Blasen usw.). Eine Unterscheidung zwischen „vokaler“ und „instrumenteller“ Amusie ist vom pathologisch-psychologischen Standpunkte aus entbehrlich, ja unzweckmäßig.

VII. Musikalische Sachverhaltsbestimmung und Zeichengebung.

1. Theoretische Besprechung (Klangbild und Klanggegenstand, klangliche Sachverhältnisse, „kategoriales Verhalten“, Namen und Benennung von Klängen und Klangsystemen, Schriftzeichen, Lesen und Schreiben von Noten).

Die Betrachtung der pathologischen Erscheinungen, wie sie bisher geschehen ist, hat sich allein auf die Auffassung, Vorstellung (Gedächtnis) und Produktion sinnlich-bildhafter musischer Formen bezogen. Tatsächlich ist ja sowohl das Verstehen wie auch das improvisierende Produzieren von Musik nicht zwangsläufig abhängig von der Kenntnis der Klangnamen, der Bezeichnung von Intervallen und von sonstigen Klanggestaltungen und auch nicht von der Ausbildung in der schriftlichen Bezeichnung der Notengebung. Es gibt musikalisch hochgebildete Menschen — z. B. unter den Volksmusikern und Dilettanten, den Zigeunern, den Sängern und Tänzern der Gebirgsvölker usw. —, die keinen Klang zu benennen wissen, keine Note lesen und schreiben können. Und doch können diese nicht nur einfache und komplizierte Musik mit Genuß aufnehmen und auf ihrem Instrument gut improvisieren oder Gehörtes nachahmen, sondern haben auch ein sehr scharfes kritisches Verständnis für richtige und falsche Formen in der Musik, für Harmonie und Melodie und für ihre Zuordnung zum Tonalitätssystem, für Anordnung von Klangformen in größeren musikalischen Gebilden. Diese Menschen, die psychologisch ohne weiteres unter die Musiker gerechnet werden müssen, bleiben offenbar vorzüglich (wenn auch nicht ausschließlich) im Empfindungsmäßig-Bildhaften der Musik stehen und gewinnen daraus ihre musikalische Sicherheit. Dieses Verhalten genügt zwar zum Genuß und zur Reproduktion bzw. Produktion von Musik, nicht aber zur urteilsmäßigen Erkennung ihrer Struktur und der Faktoren, die den kompositorischen Aufbau der Tonstücke ausmachen, auch nicht zur Übermittlung und Aufbewahrung, zur Schaffung komplizierterer, zur Wiederholung und Weiterwirkung bestimmter Tonwerke. Die musikalische Erziehung hat, auf dieser Basis aufbauend, von vornherein den Unterricht der Schüler schon auf die Konstatierung der einzelnen Tongebilde und ihrer Struktur, die Benennung und schriftliche Aufzeichnung von Klängen angelegt, und zwar schon seit frühen Zeiten.

Für den musikalisch einigermaßen Gebildeten steckt umgekehrt in all dem, was oben als Faktoren der „Bildqualität“ im Musikalischen auseinandergesetzt worden ist, die Gliederung, Invarianz, Systembildung, schon Relationserfassen und Denkvorgang. Der ausgebildete Musiker erlebt darin ein Tonstück nicht mehr wie der Naive relativ bildhaft, sondern es ist bei ihm immer schon urteilsmäßiges Geschehen sowohl bei der Aufnahme von Musikstücken, wie auch bei Reproduktion und Produktion.

Nicht mit Unrecht hat HUGO RIEMANN die Harmonielehre eine „Logik der Töne“ genannt. In diesem Urteil ist enthalten, daß die Benennung und systematische Verarbeitung in der Harmonik und Melodik denkmäßige Unterlagen enthält.

Für die psychologische, d. h. die subjektive Seite der in den harmonisch-melodischen Gebilden liegenden Gesetzmäßigkeiten, bedeutet das, daß für die Kenntnis dieser Verhältnisse nicht die sinnlich-bildhaften Faktoren der reinen Anschauung und Produktion genügen, sondern Vorgänge sich vollziehen, die dem Gebiete des Relationserfassens und der abstrakten Gebilde angehören. Und das ist nicht nur bei der Konstatierung der objektiven Klanggesetze in der Harmonik und Melodik der Fall. Vielmehr ist schon in dem Vorgang der Erkennung, der Feststellung, der Benennung des einzelnen Tones ebenso wie komplizierterer Klangbilder ein Denken enthalten.

Wenn jemand einen Ton nicht nur empfindungsmäßig hört oder bildhaft auffaßt, sondern so wahrnimmt, daß er ihn als einen ganz bestimmten und wiederholbaren feststellt und benennt, so tritt ein neuer, im Sinnlich-Bildhaften nicht gelegener psychischer Faktor auf. Das wird klar, wenn ein auf diese Weise konstatierbarer Klang mit anderen Klanggebilden in Beziehung gesetzt wird. Höre ich einen Ton auf einer Stimmgabel, einem Klavier, einer Klarinette und einer Pauke und bestimme dabei die Tonhöhe, z. B. a_1 (*la*), so habe ich bildhaft sehr verschiedene Klänge irgendwie nach einem Gesichtspunkte hin als „identisch" erklärt und diesem Identischen einen Namen gegeben. Anders ist es wiederum, wenn ich sukzessiv gelegene Klänge a_1–c_2–e_2 (*la–do–mi*) einer Klarinette gegen die in gleicher Höhe gegebenen Klänge einer Trompete oder eines anderen Instruments als etwas Verschiedenes, aber noch unter dem gleichen Gesichtspunkte, nämlich als Klarinettenton oder als Trompetenton betrachten kann. In beiden Fällen ist eine Operation vorgenommen, die man als „positive Abstraktion" im Sinne KÜLPES, ein Herausheben von gemeinsamen Teilinhalten bei gleichzeitigem Absehen („negativer Abstraktion") von nicht gemeinsamen Teilinhalten bezeichnet. Das eine Mal war es die Höhe des Grundtones bei verschiedener Klangfarbe, das andere Mal die gemeinsame Klangfarbe bei verschiedener Tonhöhe, die positiv abstrahiert wurde. Die herausgehobene Qualität wird zum „Merkmal" der verschiedenen bildhaften Phänomene, die bildhaften Phänomene selbst werden dadurch, daß sie unter dem Gesichtspunkte des gemeinsamen (positiv abstrahierten) Inhaltes in Beziehung gesetzt worden sind, zu einer Reihe von Repräsentanten einer „Spezies" oder „*Kategorie*", die eben durch das gemeinsame Merkmal — des a_1-Seins oder des Klarinettenhaftseins — bestimmt sind. Sie sind jetzt nicht nur Klangbilder, sondern sind (als Repräsentanten der Spezies) *Klangding* oder *Klanggegenstand.*

Die Einordnung des Klangdinges unter eine Klangspezies, z. B. a_1, die durch ein verschiedene Dinge auszeichnendes Merkmal bestimmt ist, stellt ein Sachverhältnis (SELZ) dar. Ein Klang als spezieller Gegenstand kann in vielen Sachverhältnissen stehen, z. B. in der Einordnung nach Höhe oder Intensität oder Klangfarbe und wird durch die Fülle und Art der Sachverhältnisse, die aus ihm positiv abstrahiert werden können, immer spezieller bestimmt. Es kann hier nicht näher auf die Psychologie der in der Wahrnehmung vorhandenen Denkphänomene eingegangen werden. Es kann auf Einschlägiges in den Arbeiten der Würzburger Schule, im einzelnem auch auf die Schule der Gestaltpsychologen hingewiesen werden.

Die Relationsbildung im Klanglichen nach der Klanghöhe enthält in sich eine besondere Kategorie für jede Höhenlage, die in Verschiedenheitsrelation zu einer benachbarten und zu weiter entfernten Höhenlagenspezies steht. Die Verschiedenheitsrelation basiert auf bestimmten Höhenquanten, für welche in der Musik der letzten Jahrhunderte der Halbton als Maß gilt, als der mindeste Grad für benennbare Verschiedenheit. Unterhalb dieser Grenze liegen die Verstimmungen mit Ähnlichkeitscharakter, also die schlecht gestimmten Klänge, die aber nicht mehr als Bestimmungsfaktoren benennbar und in systematischer Klanghöhenbeziehung zu nehmen sind. Diese Klangkategorien stellen ihrerseits eine Reihe von benachbarten bzw. in bestimmter Art entfernten Gliedern dar, die selbst wieder nach dem Vorgang der Abstraktion von Teilinhalten und nach dem Konstanzprinzip als ein Ganzes, als eine invariante Reihe, als ein System der Klangkategorien, als die benannte chromatische Tonreihe erlebt wird. Die Tonreihe kann rein bildhaft verstanden sein, wie wir das früher dargelegt haben. Sobald sie aber Erfolg von Relations- und Abstraktionsleistungen ist, sobald in ihr konstatierbare, identifizierbare und benennbare Klänge und Klangreihen enthalten sind, ist sie denkmäßig gefaßt, mithin zu einem *klangkategorialen System* im Erleben geworden. Das gleiche gilt auch für alle gestaltmäßigen Abwandlungen, die im Tonsystem vorgenommen werden, also etwa für das diatonische Tonleitersystem, die Tongeschlechter (Dur und Moll), die alle aus der rein bildhaften Sphäre durch Heraushebung von Wesentlichem und Absehen von Unwesentlichem zur Konstatierung und Benennbarkeit in die Denksphäre, in die Sphäre des dinglich-sachverhältnismäßigen Erlebens, des ,,kategorialen Erfassens" gehoben werden.

Natürlich kann nicht nur der ,,Teilinhalt", z. B. die Tonhöhe, denkmäßig in Kategorien und kategorialen Systemen am Klangobjekt erlebt werden, sondern ebenso, wie schon oben angedeutet, die Klangfarbe unter negativer Abstraktion der Tonhöhe. Dann kommen Kategorien wie Streich-, Schlag-, Holz- und Metallblasklänge usw. heraus, die wiederum systematisch gefaßt werden. (In der objektiven Betrachtung würde dann dem kategorialen Tonhöhensystem die Harmonielehre, dem kategorialen Klangfarbensystem die Instrumentationslehre als ,,Logik" entsprechen.) Wie in den anderen Gebieten denkmäßiger Erfassung bilden die Kategorien, in denen noch ,,anschauliche" Teilinhalte vorhanden sind, die Grundlage für die hohen Schichtungen in Relationen und Relationssystemen mit immer geringerem bildhaftem Anschaulichkeitsgrad, bis in den ,,reinen" Begriffen in der Musik nunmehr die Relate ohne anschauliche Vorstellung der Inhalte erlebt werden. Auf diese schwierigen Verhältnisse des Denkens in der Musik kann hier nicht weiter eingegangen werden.

Wichtig ist, daß die Heraushebung der Klangformen aus der rein bildhaften Sphäre in die dinglich-sachverhaltsmäßige, die kategoriale, also in die Denksphäre erst die Grundlage ist für die dingliche *Identifizierung* des ,,gleichen" Klanggebildes und seine ,,*Benennung*". Über den Zusammenhang der kategorialen Bildungen mit der Namengebung haben Gelb und Goldstein am Farbengegenstand bei pathologischen Fällen Untersuchungen gemacht und auf die Bedeutung des ,,kategorialen Verhaltens" bzw. dessen Verlustes für die Entstehung der Farbnamenamnesie hingewiesen. Der Kranke, der als Folge seiner Hirnverletzung eine Störung der Farbenbenennung hatte, konnte zwar die einzelnen Farben selbst in ihren feinen Nuancierungen unterscheiden, konnte sie aber nicht in entsprechender Weise in Farbkategorien, d. h. Gruppen gleicher Farbigkeit bei Verschiedenheit der Töne und Helligkeiten, zusammenlegen. Es bedarf für derartige Fälle sowohl auf dem optischem Gebiet wie insbesondere zum Zwecke der Analogisierung auf dem Klanggebiet bei weiteren Untersuchungen noch schärferer Auseinanderhaltung und eingehender kritischer Diskussion, insbesondere darüber, ob die primäre Störung in der Denkarbeit des Kategorienbildens oder in der sprachlichen Zeichengebung bzw. irgendwelchen Faktoren sprachlichen Verhaltens gelegen ist, d. h. welches die unabhängige und welches die abhängige (sekundäre) Störung ist. Über Begriff und Namengebung, die in analogisierender Übertragung auf das Klangsystem Bedeutung haben könnten, ist in letzter Zeit von verschiedenen Schulen und Autoren gearbeitet worden (BÜHLER, UZNAZDE, S. FISCHER, WILLWOLL u. a.).

Wenn ich mehrere Klänge, etwa den einer Stimmgabel, einer Klarinette, einer Geige als a_1 benenne, ihnen allen den Namen a_1 gebe, dann verhalte ich mich zunächst „kategorial", d. h. ich hebe die verschiedenen Klänge durch Denkoperationen aus der Bildsphäre in die Begriffssphäre. Das gleiche tue ich natürlich auch, wenn ich nur einen Klang mit dem Namen a_1 belege. Weiterhin setze ich ein Sachverhältnis dergestalt, daß ich die Beziehung des Einzelklanges zur Spezies herstelle, den Klang „subsumiere". Darin ist auch enthalten, daß Ding und Spezies in einer, wenn auch noch so wenig explizierten „Istbeziehung" stehen, daß also eine für die Aussage als Grundlage dienende Prädikation, ein Urteil enthalten ist, der der Name a_1, als Bezeichnung der dem Tone angehörigen Merkmalskategorie a_1 zugeordnet ist. Der Name, das Zeichen a_1 ist konventionell, ist in seiner sprachlichen Gestaltung fakultativ; obligat ist dagegen das ihr zugrunde liegende Urteil und das durch sie begründete innersprachliche Verhalten. Ohne dieses ist eine Namengebung nicht möglich. Die Urteilsbildung ist auch, wenn sie noch so automatisiert ist und manifest nicht mehr erlebt wird, immer noch vorhanden. Wo immer also Klang, Klangsystem, Tonart, Tongeschlecht, wo immer Intervall, Akkordfolgen, Tonika, Dominanten, Kadenzen, in ihren Formen festgelegte Tonstücke so identifiziert werden, daß sie im einzelnen benannt werden, liegt eine Erfassung des Klangbildes außer in der Bildqualität auch noch in der *dinglich-kategorialen Sphäre* vor. Dieser einsichtige Erkenntnisvorgang macht es erst möglich, musikalische Bildungen sachgemäß zu „verstehen" und das Verstandene weiterzugeben und mitzuteilen. Diese Denkvorgänge im Musischen sind auch die Erlebnisgrundlagen für die Niederlegung der Musik in Noten und für die theoretische Behandlung der Musik.

Die Zeichengebung, die Namen und ihre Systeme, sind, wie sehr sie auch auf eine alte Entwicklung zurückgehen, konventionell, d. h. in der Form, wie sie uns heute vorliegen, erworben. Nur die Grundlage der Zeichengebung selbst ist irgendwie dispositiv gegeben.

Der *Klangbenennung* von heute liegt das in Quanten gestufte Tonsystem zugrunde, das wir als diatonisches bezeichnen, und das schon auf altgriechische Tonsysteme, wenn auch in abgewandelter Form, zurückgeht: Die Tonleiter auf der Basis der reinen *A*-Moll- bzw. *C*-Dur-Tonleiter mit Ganztonschritten, auf der vierten und achten Stufe Halbtonschritten. Es wird nun nicht jeder Ton der ganzen Reihe vom tiefsten bis zum höchsten der in der Musik angewandten Klänge benannt, sondern das System ist in Oktaven eingeteilt. Der Name gilt dem, was man als „musikalische Qualität" (BRENTANO, RÉVÉSZ) benannt hat, dem Ton nach seiner Stellung in der Oktave in *C*-Dur; d. h. jeder erste Ton in einer Oktabe der *c*-Dur-Tonleiter heißt *c* (*do, ut*), jeder fünfte *g* (*sol*) usw. Die Oktaven haben ihre eigenen Namen, große, kleine, eingestrichene usw. Oktave, so daß durch Qualität- und Oktavennamen die Benennung eines Tones in der *c*-Dur-Reihe bestimmt ist. Auf dieses *C*-Dur-System sind auch die Benennungen bezogen, wenn ein anderer Ton der Oktave als Tonika genommen wird, das System also transponiert wird. Dasselbe gilt für die Transposition auf alle Halbtöne der chromatischen Reihe. Alle „*-is*" und „*-es*" stehen in der Bezeichnung in Beziehung zum *C*-Dur-Grundsystem. Die Anordnung des Klavier- und Orgelmanuals haben wahrscheinlich eine Rolle bei der Entwicklung dieser Beziehungen gespielt. Wir wissen, daß die altgriechische Musik eine solche Art der Benennung nicht hatte, daß sie vielmehr in der Benennung ein „Transpositionssystem" besaß, bei der jeweils die Tonika der Tonart, in die transponiert war, als erster Ton (Hypate) das System führte und kein weiterer Bezug mehr stattfand. (Neuere musikpädagogische Bestrebungen [z. B. die „Tonika-Do-Methode"] suchen für den Anfangsunterricht die Loslösung von dem *C*-Dur-System zu erreichen und dem griechischen System anzunähern, indem sie jede Tonika irgendeiner Tonart mit *do*, die folgenden Töne mit *re mi* usw. benennen.)

Die *musikalischen Benennungen* sind also, wie schon gesagt, eine Sprache für sich mit einem besonderen, ihr zugrunde liegenden gedanklichen, dinglichen und begrifflichen System und einer konventionellen Zeichengebung, die jeder, der sich ihrer bedienen will, erlernen und beherrschen muß. Ein sprachliches Benennen von Einzelklängen hat natürlich eine enge Begrenzung der Anwendbarkeit. Die Mitteilung eines Akkordes oder einer Melodie durch Klangbenennung kann dem buchstabierenden Sprechen dann verglichen werden, wenn jeder einzelne Klang benannt wird, und zwar so, wie wenn ein sprachliches Wort im griechischen Alphabet (Alpha, Kappa usw.) buchstabierend wiedergegeben wird. Durch Bezeichnung von Akkorden nach ihrer Beziehung im Tonalitätssystem (z. B. Terzquintakkord auf *e*, Dominantseptakkord usw.) lassen sich auch in der Klangsprache komplexere wort- und redeartige Zeichengebungen erzielen. Es können zunächst nur tonale Gegebenheiten durch eigene Klangnamen dargestellt werden; die temporal-musischen Erscheinungen bedürfen, wie ja die Bezeichnungen Ganze-, Halbe-, Viertellängen und -Pausen dartun, eigener wörtlicher Ausdrucksweise. Trotzdem ist natürlich die Benennung der Klänge die Grundlage für die Identifizierung und Fixierung, für die dauernde Reproduktion. Sie ist damit auch die Basis für alle schriftlichen Äußerungen und Mittel der Schreib- und Lesevorgänge in der Musik. Nicht das Klangbild, nicht die bildzeitliche Gestaltung als solche, sondern die (dinglich-begriffliche) Klangidentifikation und der Klangname wird notenschriftlich fixiert.

Die *Musikschrift* ist auch tatsächlich in den altgriechischen Aufzeichnungen und der frühmittelalterlichen Neumenschrift in Buchstaben vollzogen worden, also in schriftlichen Zeichengebungen der sprachlichen Klangnamen. Es war keine direkte Beziehung zwischen dem optischen Schriftzeichen und dem bildhaften Klang. Weitgehende Analogien bestehen zu dem wortschriftlichen Ausdruck, bei dem auch die einzelne optische Gestalt des Buchstabens dem Lautnamen (z. B. dem Lambda, dem Em, dem Ypsilon) entspricht und es auch genetisch immer tut, selbst wenn in der Übungsausschleifung der Zusammenhang anscheinend wieder verlorengeht. Die optisch-signitive Darstellung der Klangnamen kann im Papierraum fixiert und in eine Anordnung gebracht sein, daß sie sukzessiv erfaßt und das in ihm Dargestellte entsprechend reproduziert wird. Dann ergeben die aufgefaßten optischen Zeichen eine Folge von Klanghöhen. Anordnungen von Buchstaben als Klangbezeichnungen könnten auch heute noch simultane und sukzessive Klangkomplexe darstellen, freilich zunächst ohne die Möglichkeit der Darstellung zeitlicher Figurationen. Die zu allen Zeiten unternommenen Versuche, das Klanggeschehen durch Zahlen oder Buchstaben auszudrücken (bekanntlich hat sich auch J. J. ROUSSEAU in jungen Jahren mit solchen Versuchen abgegeben), müssen diese Möglichkeiten berücksichtigen. Es ist aber unbestritten, daß zur Erfüllung der durch die polyphone Musik der letzten Jahrhunderte in ihrer gewaltigen Entwicklung bis zur Gegenwart geforderte Notwendigkeiten keine andere versuchte Darstellungsart das geniale Notenschriftsystem hat ersetzen oder verdrängen können, wie es sich seit dem XI. Jahrhundert (GUIDO D'AREZZO) im westeuropäischen Kulturkreise durchgesetzt hat. Es hat die Mensuralschrift des späteren Mittelalters abgelöst und in einem Zeilensystem, in dem Notenstaben, Höhen und zeitliche Werte sich vereinigen, das Klanggeschehen auf die kürzeste Art niedergelegt, die alle Möglichkeiten der Darstellung erlaubt.

Soweit die Literatur zu übersehen ist, scheint die Notenschrift von *psychologischer* Seite nicht oder kaum ausreichend besprochen. Es sei deshalb erlaubt, das Prinzipielle, besonders für den Gebrauch am pathologischen Falle, hier im Sinne einer Arbeitshypothese anzudeuten. Dies erscheint notwendig, da das Notensystem auf den ersten Blick andere Qualitäten hat als das Wortschriftsystem, wenngleich auch anzunehmen ist, daß für die Psychologie des sprachlichen Lesens und Schreibens aus der Erkenntnis der Notenschrift manches gelernt werden kann.

Mit dem sprachlichen Schriftsystem teilt allerdings die Notenschrift in dem, was sie in der erlebten Gesamtsituation für den Lesenden und Schreibenden bedeutet, den Zweck, durch irgendeine bleibende und beharrende Darstellungsart zu erreichen, daß ein in der Zeit verfließendes lautliches Geschehen (Sprechen, Musik) aus der Zeichengebung wieder reproduziert und in beliebiger Häufigkeit wiedergegeben werden kann. Sie erreichen das beide durch den Faktor der Einteilung des Raumes, im allgemeinen der Papierfläche, durch die Anordnung, Richtung und Führung in den Zeilenzusammenstellungen, die durch die Apperzeption des Gegenstandes als Buchstaben, als geschriebenes Wort und Satz, sowie ihres symbolischen Gehaltes in dem sich präsentierenden Inhalt eine freie, bleibende Verlaufsform im optischen Raum mit bestimmter akustisch-musischer Inhaltserfüllung ist. Da die Notenschrift aber nicht nur zeitlich-verlaufendes darstellen soll, sondern die Zeitqualität und zeitliche Anordnung des Verlaufes selbst als Inhalt des Dargestellten und da sie nicht nur Lautliches, sondern ganz bestimmte tonale Qualitäten in ihrer systematischen Stellung als spezielle Inhalte wiederzugeben hat, so sind in der Notenschrift kompliziertere, in der Wortschrift gar nicht angedeutete Qualitäten enthalten, die für den Erlebenden von Bedeutung sind und auch für den Pathologen, wenngleich bis jetzt nur in der Problemstellung, in Betracht kommen.

Die Notenschrift hat die Besonderheit, daß sie durch die Ausprägung ihres

Gestaltbildes neben ihrer Zeichenfunktion für die Benennung auch unmittelbar die differenzierten und komplizierten anschaulich-bildhaften Qualitäten des musikalischen Inhaltes in seinen Besonderheiten darzustellen sucht. Zu diesem Zwecke sind in der Notenschrift für die tonalen wie für die temporalen Eigenschaften des Klangbildes Ausdruckstatsachen in einem optischen Bilde vereinigt. Die Grundlage für die räumliche Gestaltung des modernen Notenzeichensystems ist das Liniendiagramm. Es ist in gewissen Zügen zu vergleichen mit einem Koordinatensystem, aber mit ganz freier Graduierung und Ausfüllung. Der Weg, auf dem in sukzessiver Erfassung die jeweils bezeichnete Klanggegebenheit in der Vorstellung oder als Wahrnehmungstatsache hervorgebracht wird, ist die Notenzeile. Sie entspricht der Zeitkoordinate, in ihr bezeichnet sich der Ablauf. Der „Tonraum", also der Tonhöhenumfang, erhält seinen signitiven Ausdruck (als „Tonraumkoordinate") in dem senkrechten Aufbau des Liniensystems. Es wird also durch dieses Notengrundschema die Tonhöhenbewegung (Bewegung im Tonraum), sei es in einer oder in mehreren melodischen Linien, im optischen Zeichenbild dargestellt.

Der *zeitliche* Aufbau veranschaulicht sich in der räumlichen Gliederung der Notenzeile. Die Trennung von Takt und Rhythmus ist seit jeher in der zeitlichen Anordnung des Notenschemas bereits mit Sicherheit gemacht. Der Takt, den wir früher als „Zeitdiagramm", als „Zeitgitter" des akustisch-musischen Geschehens bezeichnet haben, erhält durch das Abteilen des Zeilenschemas seine schriftliche Darstellung. Durch die Taktstriche wird die Notenzeile auch räumlich-signitiv zu einem Gitter. Der Taktstrich freilich bezeichnet nur Anfang und Ende des Taktes, die weitere taktliche Gliederung erhält keine besondere optische Repräsentation, sie wird durch die Teiligkeit des Taktschlages zu Beginn der Zeile ($^3/_4$, $^4/_8$ usw.) für das ganze Tonstück oder größere Teile desselben vorweg bezeichnet. Der Umstand, daß die einzelnen „Taktteile" keine räumliche Symbolisierung in Noten haben, macht dem Anfänger, manchmal auch selbst dem Geübten, bei der Einordnung des rhythmisch gegliederten Klanggeschehens oft erhebliche Schwierigkeiten, die er durch „Mitzählen" ausgleichen muß. Die räumliche Form der Liniengittermasche richtet sich nach der Erfüllung durch das Notenstabenmaterial, sodaß gleichen Zeitabständen oft verschieden große optische Räume entsprechen. Die echten „Zeitmaschen", die engeren bei raschem, die weiteren bei langsamerem Zeitmaße (Tempo) sind im Notenbild wiederum nicht auf der Zeile zu registrieren. Soweit sie nicht schon durch Konvention bekannt sind, wie bei Tänzen mit bestimmter Tempogestaltung (Sarabande, Menuett, Tarantella usw.), muß eine das Tempo charakterisierende Überschrift dieses Maß (die musische Zeitmasche) angeben (adagio molto, nicht zu rasch usw.). Verengerungen und Erweiterungen der Zeitmasche während des Spieles werden ebenfalls durch Wortschrift bezeichnet (accelerando, ritenuto usw.). Es sind somit als temporale Musikzeichen anzuführen: Die Notenzeile (wagrechter Aufbau), die Taktstriche, die Zeichen für Takteinteilung zu Beginn des Stückes oder bei Taktwechsel in der Mitte des Stückes, die Tempobezeichnungen durch Worte.

Diesen *zeitlichen* („agogischen") Bezeichnungen schließen sich Zeichen an, die das Intensitätsgeschehen (die „dynamische" Führung) andeuten: Das forte, piano, sforzato, crescendo, diminuendo usw. durch wortschriftliche oder besondere winkelförmige Zeichen.

Die „*tonräumliche*“ Zeichengebung in Noten ist in dem senkrechten Aufbau der Zeilen gegeben, in dem bekannten 5-Liniensystem.

Die räumliche, gestaltlich-dingliche Struktur dieses Systems ist derart, daß die fünf Querlinien, die in der Gesamterfassung erst durch die Schlüsselbestimmung die Fixierung ihrer Funktion im Tonraum erhalten, in ihrer Lage übereinander, in dem Skalenaufbau von unten nach oben ganz allgemein die tonalen, quantenweise fortschreitenden Lagen der Klänge veranschaulichen. Was auf den tieferen „Sprossen“ dieser Linienleiter steht, stellt einen tieferen (dunkleren) Klang dar, was auf einer höheren Sprosse liegt, einen höheren. Die Stufenfolge geht von Linie (Sprosse) zu Zwischenraum und von Zwischenraum zu Linie. Mit den neun Stufen (Linien und Zwischenräumen) ist nur das manifeste Gerüst der Notenzeilen gegeben. Denn in der Anordnung seines Gebrauches reicht das System virtuell unbegrenzt über und unter diese Zeilenleiter hinaus. Die Striche, die durch bzw. über oder unter die Köpfe der Notenstaben gehen, insoweit sie unter oder über den fünf Notenzeilen liegen, sind Andeutungen für die Fortsetzung des Sprossensystems nach oben oder nach unten. Jeder kurze Strich bei einem Notenstaben könnte verlängert gedacht werden und würde so eine ganze Linie ergeben. Ein so entstehendes 10- oder 15-Zeilensystem würde aber für die Überschaubarkeit sehr erhebliche Schwierigkeiten machen. Da jede Zeile ihre Funktion als tonales Raumschema nur im Gestaltzusammenhang mit allen anderen Zeilen haben kann, so ist die Überschaubarkeit für das rasche Erfassen und ihres tonal-zeitlichen Zeitenwertes notwendig. Die fünf Zeilen sind also die manifeste Zentrierung eines Systems, das virtuell unbeschränkt und in gleicher Stufenfolge über und unter das Linienschema weiterführt. Freilich, der optische Gestalteindruck für den geübten Notenleser ist nicht der von Staffeln, von Eingesetztsein der Notenstaben in einen vergrößerten virtuellen Linienraum. Für ihn ist das optische Gesamtbild der Staben im System, die Gestalt der Stabe mit ihren übereinandergeschichteten kleinen Strichen durch, über und unter den Köpfen das Bezeichnende für die Identifikation des in der Note ausgedrückten Klanges.

Das 5-Zeilensystem ohne weitere Schlüsselbestimmung würde nur ein erweitertes Mensuralsystem sein; Notierungen in ihm würden nur die Tonhöhenbewegung — und auch diese nur ungenau —, nicht dagegen die Tonlagen darstellen. Diese wird erst durch die sogenannten „*Schlüssel*“ bestimmt. Ein System, das ohne Schlüssel den ganzen Tonraum umfassen sollte, müßte für jede Note eine Zeile und einen Zwischenraum haben, also, wie oben schon dargestellt, vollkommen unübersichtlich sein. Durch die Anwendung von Schlüsseln wird es möglich, Ausschnitte aus dem virtuellen Gesamttonraum systematisch vorzunehmen, die einer mittleren Lage der Stimme oder des Instruments entspricht. So werden mit den heute gebräuchlichen Schlüsseln für die hohen Stimmen, den Sopran, Mezzosopran, für Violine, Flöte, Trompete usw., die Partien im sogenannten „Violinschlüssel“ geschrieben, in den Singstimmen auch für Alt und Tenor. Für die Bratsche gilt der Altschlüssel, für das Cello, Fagott usw. der Tenorschlüssel, für die Baßintrumente, die Baßstimme, den Orgel- und Klavierbaß der Baßschlüssel. Zeilensystem und Schlüssel bezeichnen den Ton im Tonraum, so daß bei bestimmtem Schlüssel ohne weiteres Vorzeichen die Notierung einer Zeile auch die Bestimmung der Höhenlage in sich schließt, die Tonbewegung ihre Lage erhält und ebenso der Akkord seine Festlegung im Tonraum hat. Der Übergang von einem Schlüssel in den anderen enthält dann eine „*optisch-signitive Systemtransformation*", d. h. eine Umgestaltung des optischen Raumzeichensystems dergestalt, daß das ganze manifeste und über das 5-Zeilensystem hinaus gedachte virtuelle Notensystem eine Verschiebung der Zentrierung erhält. Es ist dies so, daß in der gleichbleibenden Tonreihe das ihm zugeordnete optische Gitterwerk (das 5-Zeilenschema) so verschoben wird, daß die Zentrierung bei vorgezeichnetem Altschlüssel vom Violinschlüssel aus um eine große Septime, beim Tenorschlüssel um eine große None, beim Baßschlüssel um eine Oktave und reine Sext nach abwärts vorgenommen wird. Die Versetzung in einen bestimmten tieferen Schlüssel bringt es mit sich, daß das ganze Tonhöhensystem sozusagen jeweils von einem der Schlüsselversetzung entsprechenden tieferen Punkt aus betrachtet wird. Dadurch erhält jede Zeile mit der Versetzung einen anderen Funktionswert in der Notenfixierung und in dem Strukturzusammenhang der Zeilen und Zwischenräume untereinander.

Wenn oben als Grundprinzip der Klangbenennung nicht die Tonskala, sondern die Oktave und die sogenannte „musikalische Qualität" der Klänge, d. h. die Stellung der Klänge innerhalb der Oktavenreihe, angeführt war, so möchte es nach der bisherigen Darstellung des Linienzeichensystems scheinen, als ob hier ein anderes Prinzip, nämlich der durchgehenden Tonreihe in ihren Quantenschritten von den tiefsten bis zu den höchsten Lagen, der gegliederte „Tonraum" einem ebenso staffelweise gegliederten optischen Raumschema unmittelbar zugeordnet wäre, das diesem Tonraum als bleibendes Zeichensystem diente. Dabei könnte dann von der Oktaveneinteilung und musikalischen Qualität und den entsprechenden Klangbenennungen für die Erlebnisse bei der Notengebung und dem Notenlesen abgesehen werden. Das würde aber nur dann der Fall sein, wenn die (manifesten und virtuellen) Linienstaffeln, die ja in gleichbleibender Folge in Linienzeilen und Zwischenräumen aufgebaut sind, einem ebenso gleichbleibenden staffelweise fortschreitenden Klangsystem Schritt für Schritt entsprächen. Ein Typus dieser Art würde vorliegen, wenn die Linienstufen der kontinuierlichen chromatischen (atonalen) Klangreihe zugeordnet wären, wobei dann jeweils eine Halbtonstufe von einer optisch-räumlichen Stufe dargestellt werden müßte. So ist aber die Zuordnung von Klang und Zeichen in unserem Notensystem nicht. Vielmehr entsprechen die räumlich ganz gleichbleibenden Stufen von Linien und Zwischenräumen den keineswegs gleichbleibenden Klangstufen der diatonischen Tonleiter, und zwar der reinen A-Moll- und C-Dur-Tonleiter. Im Violinschlüsselsystem stellt dann der Schritt von der ersten (untersten) Linie zum ersten Zwischenraum, vom vierten Zwischenraum zur fünften Linie, von der dritten virtuellen Linie über der Zeile zu dem darüberliegenden „Zwischenraum" einen Halbtonschritt *e–f* dar; desgleichen bedeutet der Schritt von der dritten Linie zum dritten Zwischenraum, vom zweiten virtuellen Zwischenraum unter der Zeile zur nächst höheren ersten virtuellen Linie, und vom vierten virtuellen Zwischenraum über der Zeile zur darüberliegenden fünften Linie den Halbtonschritt *h–c* dar. Die übrigen Schritte sind in dieser Tonart (ohne Vorzeichen) Ganztonschritte. Damit ist aber die Möglichkeit einer einfachen assoziativ-komplexiven oder auch gestaltlichen Zuordnung des Klangstufensystems zum abgestuften optisch-räumlichen Zeichensystem grundsätzlich durchbrochen. Es wird vielmehr notwendig, außer dem Stufenprinzip in der Bezeichnung des Tonraumes durch das optisch-räumliche System noch ein Prinzip anzuerkennen, das einen Bezug auf ein anderes musisches System, nämlich das Tonleitersystem (einschließlich der „musikalischen Qualität") hat. Es werden dadurch Erlebnisfaktoren in die optisch-räumliche Zeichengebung hereingenommen, die oben bei der sprachlichen Klangbenennung, der Klangnamenbildung, besprochen worden sind. Sie sind auch für das Notenlesen obligat.

Auch nach einer anderen Richtung wird das reine Staffelprinzip des Notensystems durchbrochen und geht parallel mit dem sprachlichen Klangbenennungssystem. Das ist das Verharren des Bezuges auf *C*-Dur auch bei Versetzung in andere Tonarten. Während nämlich nur, vom Klangbild aus gesehen, beim Übergang in eine andere Tonart diese neue Tonart ganz beherrschend wird, so daß ein Bezug auf eine Ausgangstonart, etwa *C*-Dur oder *A*-Moll, nicht gehört oder wahrgenommen wird, ist die Benennung der Klänge, z. B. *dis, as, fes* usw., so gestaltet, daß die Ableitung von *d, a, f* usw., also von Quanten der *C*-Dur-Tonleiter, immer im Namen und auch im Begriffe enthalten bleibt. Das gleiche geschieht bei der optischen Bezeichnung. Jede Note kann durch ein Zeichen um einen halben Schritt erhöht (Kreuz) oder erniedrigt (Be) werden, behält aber auch rein optisch die Lage des der *C*-Dur-Tonart angehörigen Punktes in der Staffelreihe bei, ein Bezug, der auch nach Vorsetzen des Vorzeichens aufrechterhalten bleibt. Dieses *C*-Dur-Grundschema des optischen Notengitters ist auch dann noch vorhanden, wenn in eine andere Tonart, also in eine besondere Form, ein anderes Diagramm des Tonalitätssystems moduliert wird oder wenn von vornherein ein bestimmtes, von *C*-Dur entferntes Tonleitersystem der *Fis*- oder *Be*-Reihe verlangt wird. Das Versetzungszeichen am Anfang der Zeile drückt also aus, daß das Stück in einer Tonart gegeben wird, die von der *C*-Dur-Tonart um soundso viel Systemstufen nach oben oder unten versetzt ist. Die Versetzung um eine Stufe nach oben geschieht bekanntlich dadurch, daß im ganzen Stück die Subdominante um einen halben Ton erhöht wird, wodurch sie zur beherrschenden Septime, die Dominante zur Tonika wird. Bei der Tiefersetzung um eine Stufe tritt eine Halbtonvertiefung der Septime ein, die dadurch zur Subdominante der neuen Tonart wird. Man kann — wie früher schon ausgeführt —, von der chromatischen atonalen Tonstufenleiter ausgehend, eine diatonische Tonleiter als eine besondere über die ganze Ausdehnung des Tonraumes hinweggehende bestimmte Systemformation auffassen und den Übergang von dieser Systemformation in eine andere (also in eine andere Tonart) eine „*tonale Systemtransformation*" (im Gegensatz zu der optisch-signitiven Systemtransformation) nennen. Der signitive Ausdruck einer solchen „tonalen Systemtransformation" ist das Versetzungszeichen im Notensystem vor der Zeile. Die Zahl der Kreuze oder Be vor dem Zeilengitter gibt die Zahl der von *C*-Dur als Basis aus erfolgt zu denkenden Transformationen des Klangsystems in dem oben gegebenen Sinne an. So wie sich beispielsweise *E*-Dur (*Cis*-Moll) in der Bezeichnung gibt mit je einem Kreuz auf dem *f*-, *g*-, *c*- und *d*-Raum (Linie bzw. Zwischenraum), läßt sich aus dem Notenbild nur ersehen: Grundsystem *C*-Dur mit vierfacher Versetzung oder Transformation nach oben. Das signitive Raumbild zeigt hier mehr als die Sprache, die mit dem Ausdruck *E*-Dur bzw. *Cis*-Moll nur die Benennung der neuen Klangsystemformation nach dem Namen der Tonika erzielt. Erst das Durchlaufen der Tonleiter ergibt aber die

Erhöhungen der vier Stufen wieder, also mit dem Bezug auf die gleichen Stufen in *C*-Dur, wie dies oben besprochen ist. Es besteht mithin auch hier eine Parallelität zwischen dem System der Tonbenennungen in der Sprache und dem der optischen Klangbezeichnung.

In diesem höchst komplizierten Zeichensystem, das uns gegenstandstheoretisch als „Notensystem“ erscheint, sind somit zwei getrennte signifikatorische Prinzipien herauszustellen. Das eine ist das der unmittelbaren Darstellung des quantenmäßig gestaffelten Tonraumes durch ein in manifeste und virtuelle Staffeln gegliedertes räumliches System. Innerhalb dieser Darstellungsart haben wir die entsprechenden Änderungen als „optisch-signitive Systemtransformationen“ durch die Schlüssel bezeichnet. Das andere Prinzip ist das der bedeutungsmäßigen Zuordnung zum sprachlich benannten Tonsystem und entsprechend dieser Funktion in darstellender Bezogenheit auf die diatonische Tonfolge in der reinen *A*-Moll- bzw. *C*-Dur-Tonleiter. Von ihr ausgehend haben wir die „tonale Systemformation“ und ihre Änderung, die „tonale Systemtransformation“, durch die vor die Zelle gelegten Versetzungszeichen herausgestellt. So wird es möglich, in bewundernswerter Weise dem geübten Musiker anschaulich das simultan und sukzessiv Entstehende, Vorhandene und Ablaufende im musischen Klanggegenstand vor Augen zu führen und dabei noch die Identifikation und den Bezug auf das *C*-Dur-Schema, das der sprachlichen Benennung zugrunde liegt, zur Darstellung zu bringen und für die unbeschränkte Reproduktion zu erhalten.

Eigentliche Transposition im Notensystem kommt nicht vor, wenn man nicht die Schreibweise darunter rechnen will, die z. B. für die *Es*-Klarinette und *Es*-Trompete angewendet wird. Für sie wird in *C*-Dur geschrieben, was in *Es*-Dur gesetzt wird und eine auf dieses für das Instrument bestimmte Grundsystem bezogene Versetzungsart vorgenommen. Da diese Versetzungen genau so wie in den anderen Systemen vorgenommen werden, kann hier von einem eigentlichen Transpositionssystem (etwa wie in der altgriechischen Musik) nicht gesprochen werden.

Zur Darstellung des schriftlichen Grundschemas gehört noch die Bezeichnung der Stimme oder des Instruments. Durch sie erhält der Lesende Kunde über die Klangfarbe und über den mittleren Bereich der Tonhöhe, indem sich die melodische Tonbewegung abspielt, mithin auch über die signitive Transformation und die Schlüsselsetzung.

Es wurde bisher nur von dem musikalischen Zeichensystem gesprochen, das sich in der psychologischen (und gegenstandstheoretischen) Darstellung freilich als hochkomplizierte Gegebenheit darstellt. Die Bezeichnung der Tongebung selbst nach ihrer temporalen und tonalen Seite hin hat ihre Ausdrucksform in den *Notenstaben*, und zwar sowohl für die Klänge wie für die Pausen.

Eine erste und nur in ihnen selbst liegende Funktion (unabhängig von ihrer Einordnung in das System) haben die *Notenstaben* in der Gestaltung der Zeit, wobei wiederum die Pause als ein wichtiger musischer Gliederungsfaktor sichtbar wird und in der Schrift in Erscheinung tritt. Das Klingen und seine Dauer wird durch die Noten, das Nichtklingen als Erlebnisfaktor durch die Pausen dargestellt. Die Noten- und Pausenzeichen werden zum Träger der Längen und des Rhythmus, nicht aber, wie sich schon aus dem früher Gesagten ergibt, für den Takt und das Tempo. Dauer und Rhythmus heben sich ab und sind in gestaltlichem Bezuge auch in der Schriftgebung auf dem von Takt und Tempo in dem oben beschriebenen „System“ vorgezeichneten Schema. In den Schriftzeichen für tonal nichtdifferenzierte Instrumente, wie Trommel, Tschinellen, Tamtam, Gong, eintönige Pfeifen usw., manifestiert sich die temporale Funktion der Notenstaben am klarsten. Der Ganzton, der einen $^2/_2$- oder $^4/_4$-Takt erfüllt, ist die Grundlage der temporalen Funktion der Staben. (Wir sehen vom Doppelganzton hier ab.) Wir brauchen dem Kundigen nicht die Besonderheiten der optisch-figuralen Gestaltung von temporal verschiedenen Notenstaben aufzuweisen, sagen nur, daß die den Klang nach seiner Dauer repräsentierende konventionelle Schriftart der Kopf des Staben ist, der bei der ganzen und halben Note als Ring, von der Viertelnote ab als erfüllter Kreis erscheint. Durch Anfügung von Strichen und Haken wird die Verkürzung jeweils um eine Hälfte des Vorausgehenden erzielt, ohne Begrenzung. Der Punkt neben einer Note und der verkürzte Nachschlag ergibt wichtige rhythmische Gliederungsbezeichnungen. Die Pausen haben eine analoge Wertbestimmung und entsprechende optisch-bildliche Darstellungsformen. Längen- und Rhythmusgliederungen des akustisch-musischen Ablaufes werden so im optischen Bild darstellbar. — Die Notenstaben für Töne und Pausen haben somit unabhängig vom Liniensystem nur Zeitwerte. Schall an sich, ohne Bestimmung der tonalen Qualität in einem Zeitmaß an sich ohne Bestimmung seiner Takt- und Tempoeinteilung, kann somit mit den reinen Notenstaben in den erfüllten oder (bei Schlaginstrumenten) erfüllt gedachten Zeitspannen und in den unerfüllten Zeitintervallen, also in Längen- und Gestaltqualität der Zeit, identifiziert und graphisch ausgedrückt werden.

Die tonalen und zeitlichen Werte, die im ganzen und in den einzelnen Gliedern des in fortlaufender Weise erfaßten Liniensystems liegen, erhalten erst den signitiven Ausdruck im wahrgenommenen Klanggebilde bei *Anordnung der Notenstaben mit ihrem rhythmischen Darstellungswert in das Liniensystem.* Nunmehr ist das den Zeit- und Rhythmuswert bezeichnende Notenstabengebilde Zeichenform für erklingende Tongestalt in sukzessiv-melodischem Klangverlauf und in simultanem Klangkomplexaufbau (Akkord), sowie ihrer musisch-gestaltlichen Gliederung in der harmonisierten Melodie und im Kontrapunkt. Durch die optisch-signitive Position in der Schlüsselbezeichnung wird dem Notenstaben die Stellung im gesamten Tonraum, durch die tonale Position in der „Vorzeichnung“ der Versetzungszeichen die Festlegung in der Tonart gegeben. Überschriften sorgen für Bestimmung der instrumentalen Klangfarben. Die Anordnung der nunmehr rhythmisch wie tonal bestimmten optischen Klangbildsignifikation in das Zeichensystem des Taktes und Tempos wird durch Verlegung der Staben zwischen die Taktstriche besorgt, wobei Taktvorzeichnung und eingeschriebene Tempobezeichnungen spezielle Darstellungen des Zeithintergrundes übernehmen.

Trotz der bei aller Klarheit bestehenden hohen Schichtung des optisch-musischen Zeichensystems kann es doch nur *Klangstoff* darstellen. Seine Möglichkeiten gehen nicht hinaus in das Gebiet des Ausdruckes höherer Formen, können an sich nicht den energetischen Gehalt, die semantische Funktion des Klanggebildes in der Bedeutungsmusik, ihre symbolische Funktion in der reinen Ausdrucksmusik, insbesondere nicht ihren ästhetischen Wert an sich ausdrücken. Das ist überhaupt für kein Zeichensystem möglich. Ausdrucks- und Wertgeschehen kommt im Zeichensystem selbst nie zur Erscheinung, sondern gehört dem Gebiete der Inhaltserfassung an.

Die psychischen Dispositionen, die beim *Notenlesen* aktiviert werden, sind entsprechend der außerordentlich komplizierten Aufgabe zweifellos vielseitig verankert. Das Notenlesen ist weit mehr als eine Vereinigung von akustischen und optischen Bildern, etwa im Sinne einer reinen assoziativ-konstellativen Leistung, auch mehr als eine Verbindung eines optischen und akustischen Auffassungsaktes. Es sind im Notenlesen Akte der Sachverhaltsbildung, Denkakte, dinglich-begriffliche Identifikationen, Kategorienbildungen, Namengebung und Gestalt- und Invarianzbildung nicht nur im Wahrnehmungsbereiche, sondern auch im abstrakten Denken notwendig. Es sind Akte nicht nur des Wahrnehmens und Erkennens, sondern auch des Verstehens von Zeichen und immanenten Bedeutungen. Es ist klar, daß auch vom genetischen Standpunkt aus gesehen der Aufbau für den Lernenden recht lange Zeit braucht. Nur in hochautomatisiertem Zustande, der ein sehr rasches Erkennen und Umsetzen in den Tonbereich gestattet, ist der Zweck des Notenlesens erreicht. Es bedarf nach den vorausgegangenen Besprechungen keiner Wiederholung mehr, was der Schüler zu lernen und zur Fertigkeit zu bringen hat. Zumeist wird das Notenlesen im Zusammenhang mit dem Erlernen eines Instruments vollzogen, was einerseits eine Komplikation, anderseits auch eine große Hilfe sein kann. An den Instrumenten ist zum Teil das Tonhöhensystem (der Tonraum) in optischer Präsentation gegeben am klarsten an der Orgel, am Klavier, der Harfe, dann aber auch der Mandoline, der Zither, der Gitarre, wo die ganze Reihe entsprechend den Klangbenennungen dem Lernenden und Ausübenden vorliegt. Weniger klar liegen die Verhältnisse bei den Blasinstrumenten, noch weniger bei den Streichinstrumenten, bei denen eine Fixation nur in den „leeren Saiten“ vorliegt, die Tonräume selbst gefunden werden müssen. Je nach der Art, wie der Tonraum im Instrument gegeben ist, kann er eine größere oder kleinere Hilfe darstellen, um auch das Zeichensystem, mithin das Notenlesen, zu erlernen. Vieles freilich ist beim Notenlesen enthalten, was in der Beherrschung der Instrumente keine psychische Stütze hat.

Ist also schon das gewöhnliche Notenlesen ein hochgeschichteter Vorgang, und zwar schon für ein bestimmtes Instrument, dessen Stimme in einer oder in zwei bis drei Fünferzeilen (Klavier, Harfe, Orgel) mit einem oder mehreren Schlüsseln dargestellt wird, so steigert sich die Leistung beim Primavistalesen mit Umsetzen auf ein Instrument. Die höchste Leistung des Notenlesens ist zweifellos das Lesen von Partituren mit sehr vielen Orchesterstimmen, die sowohl nach ihrer Klangfarbe wie nach ihrer Schlüsselbezeichnung, oft auch in einer Art Transpositionssystem (z. B. *Es*-Klarinette usw.) recht verschiedenartig sind. Wenn jemand in ganz kurzer Zeitspanne diese vielen Zeilen überblickt, sie innerlich in sich so erklingen lassen kann, daß er weiß, was an Klanggebilden in jedem Momente erscheinen muß, und daß er Schwankungen, Auslassungen und Fehler während der Aufführung des Musikstückes bis ins kleinste bemerken und korrigieren kann, so ist das der Ausdruck einer gewaltigen Wahrnehmungs- und denkmäßigen Organisation der optisch-signitiven Zeichenfunktion für Klangstoff überhaupt. Tatsächlich wird ein restloses Erfüllen dieser Aufgaben offenbar nur von wenigen großen Dirigenten erreicht.

Hochautomatisierte Fähigkeit im Verstehen von musischen Zeichen, also des eigentlichen Notenlesens, ist beim normalen Musiker die Voraussetzung, daß er das *Notenschreiben* erlernt und beherrscht. Es ist diese Leistung nicht etwa nur das Malen und langsame Zusammensetzen von Notenstaben nach vorherigem Zusammensuchen der Klänge auf einem Instrument, wie sie manchmal von Ungeübten, wenn auch noch so musikalischen Personen getrieben wird, sondern — worauf auch J. TEUFER hinweist — das flüssige ausgeschriebene Notensetzen unter Bewußtwerden der Klanggebilde während der Niederlegung im Notensystem und in der freien Notenschriftführung. Die Ausstellung „Musik im Leben der Völker" in Frankfurt a. M. 1927 hat einem weiteren Kreise von Interessierten in der Darbietung von Schriftwerken der großen Tonmeister verschiedener Zeiten eindrucksvolle Bilder gegeben. Man kam zu der Auffassung, daß die Notenschrift entsprechend ihrer weit höheren signitiven Komplikation mehr noch als das sprachliche Lautschriftbild nicht nur für die einzelne künstlerische Persönlichkeit charakteristisch ist, sondern in einem Zusammenhang mit der Art der Kunstschöpfung des einzelnen Meisters steht. Diese Fragen, die in besonderen Untersuchungen in der Literatur bereits angegangen sind, können hier nicht weiter verfolgt werden.

Das Notenschreiben zieht außer dem Notenlesen und der Benutzung eines signitiven Schemas als Ziel und Werkvorstellung für das Schreiben weitere Gebiete dispositiv-psychischer Entäußerung heran. Gewiß bedarf es beim hochautomatisierten Notenschreiben so wenig wie in der Wortlautschrift noch der anschaulichen Vorstellung des Schriftbildes und von bewußten Kontrollfunktionen. Aber diese Dispositionen sind doch in der Entwicklung gegeben und in den automatisierten Akt hineingeschichtet und treten bei Störung normalerweise wieder hervor. Dazu kommt außer den für alle Schriftarten notwendigen Akten der Führung des Stiftes auf dem Papier, der Einhaltung der Zeilenführung nach Richtung, Setzung und Abstand, der Zusammenordnung der zeitlich zusammenfallenden Klangzeichen in verschiedene Zeilen usw., der Umstand, daß es sich ja nicht nur um einen Gestalterfassungsvorgang, sondern um echte *konstruktive Gestaltungsleistungen* handelt. Und zwar ist hier die Konstruktionsleistung mehr auf Seite der rein optischen Zeichengebung dann, wenn es sich um Notendiktat oder um Notenschreiben eines im Gedächtnis festliegenden Tonstückes handelt. Beim reinen Abschreiben kann es sich um Umsetzung optischer Bilder handeln ohne Verständnis dieser Bilder nach ihrer Zeichenfunktion. Die akustischen Bilder können aber besonders bei gewissen Typen von Musikern beim Notenschreiben einen erhöhten Akzent erhalten. Am stärksten ist der konstruktive Anteil beim Komponieren eines Tonstückes, wo die schöpferisch-konstruktive Gestaltung des Musikstoffes in ein ihm entsprechendes optisch-signitives Bild umgesetzt werden muß. Hier liegt sicher die Hauptbetonung in der akustisch-musischen Seite. Aber weit mehr als bei der Sprachlautschrift werden bei der musikalischen Schrift die Lautzeichen dem neuen Stoffe entsprechend neuartige Formen aufweisen, so daß auch in der optisch-signitiven Gestaltung konstruktive Kräfte herangezogen werden, die freilich auf einer weitgehend automatisierten Grundlage aktualisiert werden können.

Wir müssen uns hier versagen, tiefer auf alle phänomenologischen und dispositiven Faktoren einzugehen, die Gegenstand eingehender darauf gerichteter

Studien sein müßten. Die Erörterungen sollen vielmehr nur eine gegenstandstheoretische und psychologische Arbeitshypothese vortragen, die zunächst einmal darstellen soll, was zum mindesten zu berücksichtigen ist, wenn man bei pathologischen Fällen von „Notenblindheit" oder „Notenagraphie" spricht. Für die notwendige Frage nach der Stelle innerhalb der psychischen Dispositionsstruktur, die bei diesen Formen getroffen ist, soll durch diese arbeitshypothetischen Grundlegungen die Beantwortung vorbereitet werden.

2. Funktionsabbau.

Die empirische Pathologie, die Material sucht, um aus ihm die zahlreichen Variationen herauszulösen, die in den Symptomenbildern der „Notenblindheit" und der „Notenagraphie" enthalten sind, steht nicht vor einer großen Fülle. Gewiß sind bei einer Reihe von erkrankten Musikern die Verhaltungsweisen beim Notenlesen und Notenschreiben gelegentlich in der Literatur erwähnt. Die Angaben gehen aber gewöhnlich (bis auf Ausnahmen in allerletzter Zeit) nicht über die Feststellung hinaus, ob ein Kranker noch Noten bezeichnen, nach ihnen singen oder spielen kann, ob er sie nach Anschlag auf dem Klavier oder auf Bezeichnung der Note niederschreiben bzw. ganze Stücke schreiben kann. Weiteres Eingehen auf die Dispositionen, die bei diesen Kranken gestört sein können, liegen in der Regel nicht vor. Nicht einmal die verschiedenen Komponenten des Lesens von Musikschrift, also Zeilen, Schlüssel, Pausen, Vorzeichen, sind in den älteren Veröffentlichungen erwähnt.

a) Klangnamen und Notenverständnis.

Unsere theoretischen Erwägungen haben die Notwendigkeit aufgezeigt, die verschiedenen Faktoren, die der Notenschrift zugrunde liegen, wenigstens in den gröbsten Zügen gesondert zu behandeln. Es seien deshalb die Beziehungen zwischen Klangnamengebung, optisch-signitiver Funktion und Gesamtleistung des Notenschreibens und -lesens einerseits, die Abhängigkeit des Notenlesens und -schreibens von den akustisch- und optisch-bildhaften (sensorischen), sowie von den musisch-konstruktiven und apraktischen Faktoren andererseits getrennt betrachtet.

Eingehendere Untersuchungen des Notenlesens und -schreibens sind erst in den letzten Jahren erfolgt. Es seien hier besprochen zunächst der interessante Fall von Souques u. Baruk und weiterhin der Teil aus den Untersuchungen unserer Kranken Lydia Hir., soweit er die Leistungen am Notenblatt betrifft.

Die Kranke von Souques u. Baruk[1], die 70jährige Mme. S., hatte in Paris einsam gelebt, sich beruflich als Klavierprofessor betätigt und in dieser Eigenschaft Schüler bis zur Aufnahme in das Konservatorium ausgebildet. Eines Morgens kamen die kleinen Schüler von ihrer Stunde erschreckt nach Hause und berichteten, daß die Lehrerin nicht mehr wisse, was sie sage. In die Salpetrière aufgenommen, bot die Kranke das Bild der totalen sensorischen Aphasie Wernickes. Sie verstand Anreden nicht, zeigte Jargonaphasie und Logorrhöe. Im übrigen war sie ganz orientiert, benahm sich der Situation entsprechend, die Intelligenz war bei der eingehenden Prüfung, besonders mit optischem Material,

[1] Souques et Baruk: Un cas d'amusie chez un professeur du piano. Revue neur. **33** (1926).

nicht gestört. Insbesondere zeigte die optische Wahrnehmung keine apperzeptive oder dinglich-agnostische Störung. Körperlich-neurologische Zeichen waren nicht auffällig. Die Untersuchung der musischen Funktionen ergab, daß die Kranke, über deren früheres Können und Repertoir eine genaue Kenntnis nicht zu erwerben war, auch mit den einfachsten Volksliedern nichts anfangen konnte. Sie blieb völlig ratlos, wenn man ihr die Marseillaise, das Lied „Au clair de la lune" oder eine Arie aus Gounods Faust vorspielte, es machte durchaus den Eindruck, daß sie sie nicht wiedererkannte. Forderte man sie auf, das vorgespielte Lied auf dem Klavier zu wiederholen, so spielte sie ein anderes Lied. Schließlich kam sie so weit, daß sie wenigstens den Rhythmus des vorgespielten Liedes auf dem Klavier wiedergeben konnte, aber mit einer Klangfolge, die nicht der Vorlage entsprach. Dagegen konnte sie mechanisch Geläufiges, wie Tonleitern, die ihr vorgespielt wurden, gut verfolgen, merkte die geringsten Fehler darin und rief dann dazwischen: „Es muß mehr geübt werden!" Sie hörte scharf, unterschied Dur und Moll genau, das alles freilich nur, wenn sie die Tasten des Klaviers verfolgen konnte. Wenn sie nicht aufs Klavier sehen konnte, merkte sie auch die Fehler viel schlechter.

Das Spontanspiel auf dem Klavier beschränkte sich bei der Kranken auf ein einziges Tanzlied, das sie mit guter Rhythmisierung und Geläufigkeit vortrug. Darüber hinaus war aber kein Musikstück von der Patientin zu erzielen. Insbesondere dann nicht, wenn man es nur benannte (Sprachsinnstörung). Dagegen konnte man verschiedene Tonleitern erhalten, wenn man ihren Daumen auf eine Taste setzte. Sie spielte dann die auf dieser Tonika aufgebaute Dur-Tonleiter mit allen Vorzeichen richtig. Allerdings kam es vor, daß sie z. B. eine *E*-Dur-Tonleiter, die sie in einer Oktave richtig gespielt hatte, in der zweiten so veränderte, daß die Finger statt auf *gis* auf *g* heruntergIitten und die Tonleiter dann als *E*-Moll weitergespielt wurde, dies dann freilich wieder mit richtiger Setzung der entsprechenden Erhöhungen von Tonstufen. Nachdem sie die Dur-Tonleiter gespielt hatte, suchte die Patientin regelmäßig die dazugehörige Moll-Tonart auf, verfehlte aber dabei oft den Anfang und griff statt einer Terz, eine Sekunde oder Quinte tiefer. Hatte sie aber die richtige Stelle, so schritt sie automatisch mit Sicherheit in der betreffenden Tonart und dem Tongeschlecht über große Teile des Klaviers ohne wesentliche Fehler in den Versetzungen fort.

Das Lesen der *Noten* war viel besser als das Hören der Klänge und auch besser als das sprachliche Lautlesen. Die Kranke konnte Stücke, die ihr leicht fielen und von ihr wahrscheinlich oft gespielt waren, vom Blatt weg wiedergeben, und zwar mit gutem Vortrag und Rhythmus, z. B. eine Sonatine von Clementi und kleine Stücke von Rameau. Dagegen machte ein Präludium von Bach aus dem wohltemperierten Klavier große Schwierigkeit. Die Kranke bezeichnete vorher ausdrücklich Schlüssel und Takt und spielte das Stück langsam und stockend wie ein Anfänger. Die Benennung der Noten war ganz gut, nur selten kamen Fehler vor. Sie kannte alle Versetzungszeichen (Erhöhungen, Erniedrigungen, Auflösungen), und zwar nicht nur an einzelnen Noten, sondern auch vor der Zeile. So hielt sie also bei der Vorzeichnung *B*-Dur, die *Be* und *Es* während des ganzen Tonstückes im Ablesen bei. Der Rhythmus war sicher. Die Kranke hielt die Verlängerung der Noten, die Pausen und den Orgelpunkt richtig ein. Sie konnte vom Violinschlüssel in den Baßschlüssel versetzen, kannte dagegen nicht den Tenorschlüssel (was freilich von ihr als Klavierspielerin nicht verlangt werden konnte). Sie schlug auch richtig den auf dem Blatt verzeichneten Takt. Beim Notenschreiben war die Art, wie sie die Notenstaben in die Linien schrieb, korrekt. Das Abschreiben gelang bis auf wenige Fehler. Dagegen konnte sie schriftlich Vorgelegtes nicht vom Violin- in den Baßschlüssel übertragen. Das Diktat schien so weit möglich zu sein, als die Kranke überhaupt Klanggebilde erkennen konnte.

Der Fall ist nach verschiedenen Richtungen hin bemerkenswert. Die einzige Frage, die von den Autoren im Anschluß an die Veröffentlichung angeschnitten wurde, nämlich die verhältnismäßige Unabhängigkeit der offenbar sehr schweren Sprachstörung im Sinne einer totalen sensorischen Aphasie von den viel leichteren Störungen des musikalischen Bewußtseins, soll hier zunächst zurückgestellt werden. Der Fall soll vielmehr dem Versuch unterworfen werden, die Ergebnisse einer von den Autoren nicht vorgenommenen pathologisch-psychologischen Beurteilung zu unterziehen, insbesondere im Hinblick auf die Ergebnisse beim Erleben der Klangkategorien, der Klangbenennungen, des Notenlesens und Notenschreibens.

Eine Störung der perzeptiven Fähigkeiten scheint bei Mme. S. nicht vorzuliegen. Ein Dispositionsdefekt in der bildhaften Auffassung gestalteter Klanggegebenheiten kommt schon bei sehr einfachen und bekannten Liedern zum Ausdruck, weniger bei den der Musiklehrerin sehr automatisierten Läufen, ist aber auch da vorhanden, wenn die Kranke keine Gelegenheit hat, Klaviertasten oder Noten zu sehen. Diese akustisch-musische Bildstörung betrifft offenbar die tonalen Gestalten mehr als die zeitlich-rhythmischen. Auf der optischen Seite ist eine Störung der Apperzeption und dinglich begrifflichen Identifikation und Verarbeitung nicht hervorgetreten. Es fällt auf, daß die Vergegenwärtigung optischer Gegebenheiten, die in Korrelation zu den musischen Gestalten stehen, also die Klaviatur und die Noten, auch das Erlebnis akustisch-musischer Bilder als Hilfe verbessert. Das weist darauf hin, daß die Vorstellung des musisch Bildhaften, also des mnestischen Besitzes für Musikalisches, nicht in der gleichen Weise geschädigt ist als die Auffassung. Daß aber die Disposition zur Gestaltung anschaulich-bildhafter musischer Vorstellung wiederum nicht ganz intakt ist, beweist die Schwierigkeit und das perseverative Verhalten bei den spontanen Produktionen, die durch konstruktive Störung bei der Korrektheit des trotzdem Produzierten nicht erklärt werden kann. Das Erlebnis der Klangkategorie, die Identifikation des Einzeltones — nach unserer Ansicht die Grundlage dessen, daß ein Ton optisch-signitiv überhaupt dargestellt werden kann, — scheint bei der Kranken trotz der ganzen Schwere ihrer musischen Bildstörung doch verhältnismäßig intakt zu sein. Worin sich hingegen wiederum Störungen zeigen, ist die Aufrechterhaltung des kategorialen Systems im Tongeschlecht und damit die Möglichkeit der sicheren Zuordnung von einzelnen Tönen. Das zeigt sich in dem Entgleiten während des Spiels aus einer Dur-Tonleiter heraus, ohne daß die Kranke dies merkt. Die Apperzeptionsstörung kann dabei mit verursachend im Spiele sein (Paramusie). Auf der anderen Seite scheint die Wertigkeit des Zeilensystems, der Taktbezeichnung vor der Linie, der Taktstriche und der Taktunterabteilungen der Patientin geläufig zu sein. Das bedeutet, daß ihr die optische Gestalt als signitiv für tonal-zeitliches Geschehen in entsprechender Weise erlebbar ist und daß das zeitliche Grundschema im Notenbild ihr geläufig ist. Auch die optischen Gestalten der Noten- und Pausenstaben sind der Kranken in ihrer Zeichenfunktion vertraut, da sie Längen, Pausen, Verlängerungen und Nachschläge richtig bezeichnet und wiedergibt. Die „tonale Systemformation" des Linienschemas durch die Versetzungszeichen vor der Linie zeigt auffallend gute Leistung. Die dem Klavierspieler geläufigen Schlüssel, also die „optisch-signitive Systemformation", werden von der Patientin erkannt, die Transformation in ein anderes Schlüsselsystem vorgenommen. Beim Schreiben allerdings ist das unmöglich, trotzdem die Kranke einzelne Noten, soweit man sie bei ihrer sensorischen Aphasie klarmachen kann, richtig schriftlich einsetzt. Die Störung des Lesens und auch des Schreibens scheint dann geringer zu sein, wenn geläufige, automatisierte Leistungen verlangt werden, während schwierige Leistungen auch beim Lesen (z. B. das Bachsche Präludium) zu Störungen führen, die bei der Vorbildung der Kranken mit Sicherheit als Folge des Hirnschadens angesehen werden müssen.

Die primäre Störung der Mme. S. liegt ganz ähnlich wie bei unserem Falle St. in der akustischen Bildauffassung und Vorstellung, und zwar zeigt sich sowohl der Komplexcharakter wie auch die Zuordnung zum Tonalitätssystem gestört. Die Reproduktion musischer Gebilde ist schwer beeinträchtigt. Was die Notenstörung betrifft, so kann man sagen, daß Mme. S. nur in solchen musikalischen Gesamtsituationen „notenblind" ist, in denen die Aufgabe von ihr verlangt, das gelesene und gespielte Stück akustisch-bildhaft vollkommen aufzufassen und Kontrollen zu verwenden. In anderen Situationen, insbesondere in solchen, bei denen die Stücke der Patientin leicht fallen, ihr automatisch ablaufen, ist sie nicht „notenblind". Wichtig ist in unserem Zusammenhang, daß also die eigentliche Klangnamenfunktion bei der Patientin intakt ist, mithin als Ursache einer Notenstörung nicht in Betracht kommt. Auch die optisch-signitive Funktion scheint bei der Kranken in Ordnung zu sein. Die Notenstörung ist eine sekundäre, abhängig von der primären Störung akustisch-bildhafter Art.

Hierzu sei in Gegensatz gestellt die Untersuchung bei der Patientin Lydia Hir., die wir an anderer Stelle eingehend geschildert haben. Bei ihr lassen sich Störungen der *Klangbenennung* und der optischen Zeichengebung von Klängen (Noten) aufweisen, die in vieler Hinsicht lehrreich sind. Die motorisch-aphasische und amusische Pianistin, die bei der Untersuchung auch geringe Reste sensorisch-amusischer Störung hatte, konnte ihr bekannte und geübte, auch komplizierte Musikstücke, z. B. die *As*-Dur-Ballade von Chopin, das Capriccio von Beethoven usw., auf den ersten Blick vom Notenblatt weg erkennen und identifizieren und auch verhältnismäßig gut abspielen. Lautsprachlich genannte Klänge, z. B. ein *As*, ein *Des* usw., konnte sie oft auf dem Klavier nicht finden, die Leistung war etwas besser, wenn ihr der Klangname aufgeschrieben wurde, jedoch auch dann nicht sicher. Daß dies nicht im musikalischen Bild und auch nicht im sprachlichen Klangbild des Namens liegt, haben anderweitige Untersuchungen ergeben, bei denen die Kranke feine Unterschiede im Klange ohne weiteres beurteilen konnte. Die Störung liegt auch nicht in der Bildung der Klangkategorie, also dem, was allen *As*, *Des* usw. irgendwelcher Klangfarbe gemeinsam ist; denn sie findet die Zuordnung von einem Instrument in das andere bei gleichen Tönen ziemlich sicher und hat auch Besserung der Leistung bei schriftlicher Darbietung. Auch sonst ist das Verstehen und Produzieren auf schriftlichem Wege besser als auf rein lautlichem. Gestört ist auch nicht die „Assoziation" zwischen einem gesprochenen und einem musischen Laut; denn bei sprachschriftlicher Präsentation, bei der das Lautbild mit im Komplex ist, erweist sich die „Assoziation“ zwischen Sprache und Musik ebenfalls erhalten, wo sie lautlich nicht vorzuliegen scheint. Es ist eine Störung der *Namenfunktion,* der Bedeutungsbeziehung eines Verhältnisses zu einem Sprachlaut als Namen und einer Gruppe musischer Laute als Inhalte. Das optische Zeichen wirkt offenbar wegen Besserleistung auf optischem Gebiete in einigen Fällen als Hilfe. Wo immer die Situation verlangt, daß eine Beziehung zwischen laut gesprochenem Wort und einem musischen Klanggeschehen als Inhalt dargestellt wird, treten Störungen auf, d. h. es geht entweder die Leistung nicht vor sich oder es können Namen von Klängen nicht gefunden werden, verschiedene Klänge nicht unter dem Gesichtspunkte der Gemeinsamkeit und Verschiedenheit von Namen zusammengeordnet werden. Erst die optische Hilfe erleichtert die Leistung. Es liegt eine Störung der *akustischen Zeichenfunktion* vor, eine Teilerscheinung der Aphasie der Kranken, die man nach WERNICKE zu den „amnestischen“, vielleicht besser .zu den „transcorticalen“ Störungen rechnen würde. Die Kranke zeigt eine Störung, die eine gewisse Parallelität zur „Farbnamenamnesie“ hat, und die man als „*Klangnamenamnesie*“ bezeichnen kann. Es sei ausdrücklich bemerkt, daß eine Farbnamenamnesie und etwaige Störung der Bildung von Farbnamenkategorien bei der Kranken nicht vorliegen.

Im Gegensatz zu diesen „Klangnamenstörungen“ scheint, wie schon aus dem vorhergehenden zu ersehen ist, die *optische Zeichenfunktion* für Musisches nicht gestört zu sein. Die Kranke findet bei ausschließlicher Darbietung des *Notenbildes,* bei dem sie offenbar keine Namenzuordnung mehr braucht, sowohl für einzelne Klänge wie für unbekannte und auch bekannte Akkorde und Melodien die entsprechenden Klänge auf dem Klavier. Das Liniensystem, als Grundlage der Bezeichnung, ist ihr in seiner taktlichen Ausdrucksgestaltung sowohl nach Vorzeichen wie nach der Gitterbildung durch die Taktstriche bekannt. Freilich schreibt sie öfter ein falsches Taktvorzeichen vor die Linie, indem sie dann richtige Takteinteilungen vornimmt (Zahlenparaphasie!). Was wir aber als „optisch-signitive Formation und Transformation“ bezeichnet haben, also das Bewußtwerden der Lage des 5-Liniensystems in dem gesamten virtuellen Liniensystem des ganzen Tonraumes, in ihrer Zentrierung und in ihrer Verschiebung durch Übergang von einem Schlüssel auf den anderen, sind ihr ebenso gegeben wie die „tonale Systemformation und Transformation“ bei der Bestimmung der Tonart durch die entsprechenden Versetzungszeichen vor der Linie bzw. beim Übergang von einer Tonart in die andere durch Änderung (Transformation dieser Zeichen). Der Zeitwert der einzelnen Note und die rhythmische Bildung als solche, etwa durch Punktierung, Synkopierungen, Bindungen, da capo, legato usw. sind ihr bekannt. Wo Störungen im Auffassen und Verstehen vorliegen, sind sie nicht in der optischen Signifikation, sondern in der Strukturierung des bezeichneten akustischen Inhaltes gelegen z. B. der Konstruktion.

Sekundär freilich ist das Bewußtwerden der optisch-musischen Zeichen dann gestört, wenn der *Klangname* damit in Verbindung steht, also etwa bei der Zuordnung eines Notenbildes zu einem benannten Ton oder beim Aufsuchen eines Notenbildes nach einer sprachlichen Tonbenennung. Spielt die Benennung keine Rolle, dann ist auch die Störung geringer oder gar nicht vorhanden.

Aus den Beispielen geht hervor, daß der Begriff der „Notenblindheit" nicht einheitlich zu definieren ist. Dieser Ausdruck hat überhaupt nur historische Bedeutung, insofern er nach Analogie zu dem KUSSMAULschen Ausdruck der „Wortblindheit" gebildet ist. Über den Zusammenhang zwischen Notenschreiben und Notenlesen einerseits und den Bewußtseinsfaktoren der Wortschrift andererseits wird im letzten Abschnitt gesprochen werden.

b) Akustische, optische und dyspraktische Störungen als Ursache der Notenstörungen.

An den beiden soeben besprochenen Fällen, die das Verhältnis zwischen Klangnamen und Notenlesen darstellen sollten, das der primären Störung nach im ersten Falle als negativ, im zweiten Falle als positiv zu bezeichnen ist, hat sich gezeigt, daß auch bei diesen Fällen andere Faktoren, nämlich die der akustischen Bildstörung und akustisch-konstruktiven bzw. dyspraktischen Störung Einfluß auf die Leistung des Notenlesens und -schreibens haben. Es mögen noch Fälle aus der Literatur herangezogen werden, bei denen diese Zusammenhänge untersucht und kritisch behandelt werden.

Unter der großen Zahl von Fällen in der Kasuistik HENSCHENS sind, soviel ich sehe, nur 23 Fälle vorhanden, bei denen eine hinreichend klare Darlegung über Störungen des Notenlesens und -schreibens vorliegt. Bei 5 Fällen ist Lesen und Schreiben der Noten, bei 11 Fällen das Lesen allein, bei 7 das Schreiben allein als gestört verzeichnet.

Unter den 5 Fällen, bei denen das Schreiben und Lesen der Musikschriftzeichen gemeinsam gestört ist, sind zwei Kranke, die eine Störung des akustischbildhaften Apperzipierens haben, bei dem einen dazu eine motorische und sensorische Aphasie, bei dem anderen nur sensorische Aphasie (AGADSCHANIANZ). Wenn auch aus den Angaben die primäre Störung nicht mit Sicherheit bestimmt werden kann, so ist doch anzunehmen, daß das Notenlesen in engem Zusammenhang mit der akustisch-musischen Auffassungsstörung steht, ähnlich wie in unserem Falle St. und dem Falle von SOUQUES u. BARUK. Das Notenschreiben, die überhaupt schwierigere Leistung, kann dann als in weiterer Abhängigkeit von der primären akustischen Bildauffassungsstörung betrachtet werden. Ähnlich gelagert ist der Befund des Kranken von A. FISCHER (1863), eines 42jährigen Musiklehrers, der nach Schlaganfall die Fähigkeit zum Lesen und Schreiben der Noten verloren hatte, dabei auch schwere Störungen des Erfassens musischer Gebilde zeigte. Er erkannte einen Ton auf der Geige nicht richtig, strich ganz unreine und falsche Töne an, konnte auch Töne nicht mit Buchstaben bezeichnen (Klangnamenstörung). Dagegen konnte er einen Ton in der Tonleiter bestimmen (musikalische Qualität!) und kannte ein selbstkomponiertes Musikstück. Es bestanden ferner die Zeichen totaler sensorischer und motorischer Aphasie. Der Fall ist offenbar gemischt; sicher ist die akustische Bildstörung mitentscheidend für die Störung der Notenleistung. Welche Rolle die Klangnamenamnesie spielt, läßt sich nicht entscheiden. Hier kann auch der zweite von SCHWELLENBACH (1898) beschriebene Fall angeführt werden, bei dem Lesen und Schreiben von Noten kombiniert gestört sind. Die musikalisch hochgebildete Kranke hatte nach einem Schlaganfall mit linksseitiger Lähmung eine motorische Aphasie mit paragraphischen Schreibstörungen der Lautsprache. Das Sprachverständnis war vollkommen erhalten, ebenso das Leseverständnis, nicht dagegen das Lautlesen. Sie faßte Lieder gut auf, traf mit der Stimme auf dem Klavier angeschlagene Töne richtig. Wenn man ihr den Anfang gab, die Textworte gesprochen oder geschrieben vorlegte, sang sie die Lieder mit reiner Intonation richtig in Intervallen und Rhythmus. Das Spielen auf einem Instrument war dagegen vollkommen aufgehoben. Das Lesen von Noten und ebenso das früher geläufige Schreiben war jetzt ganz unmöglich. — Der Fall SCHWELLENBACHS macht in seiner Interpretation insofern Schwierigkeiten, als man für die Störung des Notenlesens nicht die akustische, aber auch nicht die optische Sphäre ohne weiteres als Bereich des primären Defektes heranziehen kann. Ob das gegenüber der Lautschrift doch wesentlich ungeübtere und deshalb schon aus genetischen Gründen schwerer getroffene Schreiben der Musikschriftzeichen nicht doch in einer dyspraktischen Störung, die sich in der Unfähigkeit des Instrumentspielens bekundet, seinen Grund haben kann, muß unentschieden bleiben. Der Begriff der Apraxie war damals noch nicht herausgestellt und sonstige Untersuchungsergebnisse, die weitere Schlüsse zulassen, liegen nicht vor. Es muß aber bemerkt werden, daß ein großer Teil der Prüfungen auf das ,,Notenlesen", auch wenn es leise vollzogen wird, mit dem ,,Lautlesen" im Sprachlichen wird parallelisiert werden müssen. Die zu lösende Aufgabe im Notenlesen ist zu einem großen Teile von Entäußerungen abhängig, die sowohl dem musikalischen wie dem sprachlichen Gebiete angehören (vgl. unsere Erörterungen über die Klangnamenfunktion). Wird aber die Aufgabe so gestellt, daß aus dem optischen Bild unmittelbar der ,,Sinn" des Inhaltes erkannt wird, dann muß bedacht werden, daß in dieser Richtung das Sprachlesen etwas ganz anderes, viel mehr Automatisiertes darstellt als das Notenlesen. Das Sprachlesen kann sich im Laufe der Übungsausschleifung offenbar sehr weitgehend von dem lautlichen Gehalt der Sprache frei machen, um unmittelbar konkreten und gedanklichen Stoff im optischen Zeichen bedeutungsmäßig darzustellen. Die Notenschrift dagegen, deren Funktion stets weniger automatisiert ist als die Sprachschrift, muß immer akustisch-bildhaftem Geschehen Ausdruck verleihen. Es muß beim Notenlesen, sei es in der Vorstellung, sei es in der Übermittlung auf ein Instrument, immer etwas erklingen, was beim Wortlesen nicht der Fall zu sein braucht. Insofern hat offenbar die Notenschrift bzw. das Notenlesen Parallelität mit dem laut gelesenen Wort. Es wird also auch beim Notenlesen immer ein musisch-produktiver Anteil *akustisch-konstruktiver* Art, wenn auch nur in der Vorstellung verlangt. Die Patientin SCHWELLENBACHS hat eine musisch-konstruktive Störung. Daß bei ihr also das Notenlesen gestört, das sprachliche Lesen ohne Aussprechen der Worte erhalten ist, kann in dem dargelegten Unterschied zwischen Notenlesen und Sprachlesen seinen Grund haben. Es bedarf natürlich weiterer Untersuchungen über diese Zusammenhänge.

Unter den Fällen, bei denen in der Literatur *isolierte Störungen des Notenlesens* festgestellt sind, finden sich die Fälle von BERNHEIM (1900) und von E. FORSTER (1914), die bildagnostische Störungen im *akustischen* Gebiet haben. Man wird nicht fehlgehen, hier den primären Defekt zu suchen und die Störung des Notenlesens als eine sekundäre zu betrachten. Der Fall WÜRTZENS (1903) gehört trotz eingehender Darstellung nicht zu den klaren. Am wahrscheinlichsten erscheint auch hier im Gegensatz zu der Erklärung des Autors die Rückführung auf eine akustische Bildstörung.

Die isolierte Störung des Notenlesens bei expressiv-amusischer Störung ist klar beschrieben in dem Falle von JOSSMANN, der oben schon eingehend dargestellt ist. Der Kranke hat eine expressive, und zwar konstruktiv-amusische Störung, während das akustisch-gnostische Gebiet intakt ist. Er kennt den Höhen- und Zeitwert der Noten, scheint also über die kategoriale Funktion der Klänge und Klangsysteme hinreichend orientiert. Trotzdem kann er aus dem Notenbild Melodien nicht erkennen. Als er ein Lied bei der zweiten Vorlage erkannte („O Tannenbaum"), gibt er selbst an, daß ihm dies nur durch den Rhythmus möglich gewesen sei. Diese Äußerung macht es wahrscheinlich, daß der *produktiv-musische* Faktor für diesen Kranken beim *Notenlesen* von Bedeutung ist. Es ist also auch hier, ähnlich wie wir es oben für den zweiten Fall von SCHWELLENBACH dargelegt haben, die Störung der gestaltlichen Konstruktion des Akustischen, die den Mann nicht dazu kommen läßt, in sukzessiver Leistung die Bedeutung der tonalen Gestalt der Noten zu fassen. Auch hier ist die Störung des „inneren Ertönenlassens", also der musischen Konstruktion in der Vorstellung die Ursache, daß das Zusammenfassen der einzelnen erkannten und bestimmten Schriftzeichen zum melodischen und akkordlichen Ganzen nicht möglich ist.

Eine zweite Gruppe von isolierter Störung des Notenlesens hat ihren primären Defekt auf *optischem* Gebiete. Die Kranke von LIMBECK (1890), die vor der Hirnschädigung notenkundig war, verlor die Fähigkeit, Noten zu lesen und zu schreiben. Dabei war offenbar die Auffassung der Musik nicht in gleicher Weise gestört. Die Patientin erkannte Melodien, wiederholte sie, unterschied Tanzweisen von ernster Musik. Es wird berichtet, daß sie eine Gesichtsfeldeinschränkung nach rechts hatte, und daß sie zu ihrer motorischen Aphasie kein Wort lesen und schreiben konnte. Aus dem Befund ist nicht zu ersehen, ob die Lesestörung auf eine optische Gestaltagnosie oder, bei erhaltener optischer Bilderfassung, auf eine Störung der Zeichenbildung von optischen Gestalten für akustische Inhalte zu beziehen ist. Immerhin ist es am wahrscheinlichsten, daß die Notenstörung ihre primäre Ursache auf dem optischen Gebiete hat. — Ein Fall von BERNARD zeigt Störungen des Lesens auf sprachlichem wie auf musikalischem Gebiete, während die motorisch-aphasischen Erscheinungen zurückgetreten sind. Von der Musik hatte der Patient das „Gedächtnis" für berühmte Arien verloren, erkannte aber bekannte Lieder sicher. Die Sektion ergab Erweichungen im linken Stirnlappen, der Insel und dem linken Parietallappen, worin die optischen Anteile getroffen sein können (Alexie-Agraphie?). Der Kranke, den PIERRE MARIE u. SAINTON (1895) beschrieben haben, zeigte zwar leichte sensorisch-aphasische Störungen, aber keine Verständnisstörung für musikalische Inhalte. Das Wortlesen war gestört, ferner war der Patient nicht imstande, eine Note zu lesen. Hier ist die Lesestörung nicht vom Akustischen her zu fassen; es ist wahrscheinlich, daß auch hier die optische Sphäre getroffen ist, sei es in der optischen Bildauffassung oder in der signitiven Disposition (spezifische Alexie). Die Sektion, die eine Erweichung im Mark der linken hinteren Hirnteile vom Scheitellappen bis zum Hinterhauptlappen ergab, spricht für diese Auffassung. — Weiterhin sei ein Fall von REDLICH angeführt, ein sehr guter

Musiker, der nach seinem Hirnschaden zwar nach dem Gehör musizieren konnte, aber keine Note mehr lesen und nach einem zweiten Insult auch nicht mehr schreiben konnte. Auch bei ihm waren isolierte Lese- und Schreibstörungen auch auf sprachlichem Gebiete vorhanden. Für die Betrachtung des Falles für einen primären Defekt im optischen Bereiche spricht auch der Hirnbefund, der außer im linken Scheitellappen und dem Cuneus auch an der Außenseite des linken Hinterhauptlappens einen Schaden ergeben hat. Bei diesem Falle wie bei einem neuerdings von PÖTZL beschriebenen Kranken, bei dem die Lese- und Schreibstörung das musikalische und sprachliche Gebiet betrifft, ist eine kombinierte optisch-signitive Alexie-Agraphie vom Angularisgebiete aus am wahrscheinlichsten. Bei den Fällen von FINKELNBURG, MINGAZZINI, MOUTIER sind offenbar unter der Beschränkung durch die Untersuchungsschwierigkeit der Fälle die Resultate nicht dergestalt, daß aus ihnen zu unserem Problem ein Beitrag erhoben werden könnte.

Schwieriger noch als bei den Ausfällen im Lesen musikalischer Zeichen ist die Feststellung des primären Dispositionsdefektes bei der noch viel komplexeren Leistung des *Notenschreibens und ihrer isolierten Störung.* Unter den wenigen Fällen, bei denen nur eine Störung des Notenschreibens festgestellt ist, hat der Fall v. FRANKL-HOCHWARTS Interesse, der auch eine konstruktiv-amusische Störung hat. Trotz der Fähigkeit, Notenzeichen zu lesen, verhindert die Dispositionsstörung in der produktiven Gestaltung tonaler Gebilde sekundär die Gestaltung ihrer optischen Signifikation. Ähnlich ist auch der Fall von MARINESCO gelagert. Der früher erwähnte Professor des Fagottspieles, der auf Grund seiner musischen Konstruktionsstörung weder singen noch sein Instrument spielen konnte, war auch nicht imstande, die optische Zeichengebung für das auch für ihn tonal nicht Gestaltbare zu geben. Die Störung ist auch auf das sprachliche Schreiben ausgedehnt. — Analog ist auch der von uns eingehend beschriebene Fall Lydia Hir. aufzufassen. Die Pianistin zeigt ein Störungsbild, bei dem die vorwiegend expressive Amusie auf eine ideomotorische Apraxie des Gesangsapparates und beider Hände, kombiniert mit einer akustisch-tonalen Konstruktionsstörung zurückgeführt werden konnte. Die Störung des Notenschreibens ist auch bei dieser Kranken als sekundär von der akustisch-expressiven Störung abhängig, und zwar speziell von der Störung des vorstellungsmäßigen tonalen Konstruktivplanes (totale expressive Amusie). Für die ungeschickte Gestaltung der Notenstaben mag die apraktische Störung der Hände mit verantwortlich sein. Das Notenlesen ist bei dieser Kranken unvergleichlich viel besser. — Der Posaunenbläser CHARCOTS, der bei völligem Verstehen der Musik und erhaltenem Notenlesen die Fähigkeit verloren hatte, die richtigen Stellungen und Führungen seiner Posaune vorzunehmen, und Musik schriftlich zu kopieren, ist in seiner primären Störung aus Mangel eingehenderer Darstellung nicht hinreichend zu erklären. Es besteht eine gewisse Wahrscheinlichkeit, daß es sich um eine ideatorische Apraxie handelt, die das Posaunenspiel unmöglich gemacht hat. Daß die musische Schreibstörung von der ideatorisch-dyspraktischen Störung des Kranken abhängt, läßt sich nur als Wahrscheinlichkeitsurteil aussprechen. Analoge Fälle sind in der Literatur nicht mehr vorhanden. Bei KNAUERS Patientin, die bei ihrer Anakusie und musischen Bildagnosie doch fähig war, gut vom Blatt abzuspielen, kann nicht mit Sicherheit gesagt werden, ob sie in hinreichender Weise des Notenschreibens schon früher mächtig gewesen ist, das nach dem Auftreten der Störung aufgehoben erschien. Auch QUENSELS sensorisch-aphasischer Kranker, der kein Musiker gewesen zu sein scheint, erkannte zwar einfache Melodien, konnte aber nur ohne Sinn singen; auch bei ihm geben die Angaben keine hinreichende Handhabe für die Erklärung seiner Störung des Notenschreibens.

Zusammenfassung:

1. Das musische Klanggeschehen wird nicht nur in seiner bildhaft-klangmäßigen Qualität, sondern auch in seiner dinglich-kategorialen Qualität erlebt als etwas, das begrifflich gefaßt und als solches benannt werden kann. Dies gilt nicht nur für die Einzelklänge, sondern auch für komplexere Klanggebilde und für die Klangsysteme und ihre Gestaltungen, die Tonalität, den Takt usw. Erst in seiner dinglich-kategorialen Erscheinungsweise wird das Klanggebilde benennbar, d. h. in Bedeutungsfunktion gebracht als Inhalt eines Sprachlautgebildes, als Zeichen. Primäre Störungen können sich ergeben in der Bildung von Klangkategorien selbst bei vollkommen erhaltener Wahrnehmung und sonstiger mnestischer Gestaltung des bildhaften Klangmaterials. Solche Störungen würden den optisch-dinglichen („optisch-assoziativ-agnostischen") Störungen auf akustischem Gebiete entsprechen. Das Bedeutungserlebnis kommt in diesem Falle nicht zustande, weil die Bildung des Inhalts (nämlich der Kategorie, des Begriffes von Klanggebilden) nicht vollziehbar ist. Dieser Fall ist einstweilen hypothetisch, die Kranken müssen nach dieser Richtung hin noch eingehend untersucht werden. Oder es handelt sich um eine primäre Störung der Zeichenfunktion selbst von sprachlichen Gebilden als Zeichen für musisch-klangliche Inhalte bei erhaltener kategorialer und bildhafter Gestaltung akustischer Gebilde (als Teilerscheinung von Aphasie). Eine solche Störung stellt die „Klangnamenamnesie" dar, wie sie in unserem Falle Lydia Hir., vielleicht auch in anderen Fällen der Literatur, z. B. dem Kranken von A. FISCHER, vorliegt.

2. Die Notenschrift ist aufgebaut auf einem als Grundlage der Klangbezeichnung dienenden optischen Schema. In ihm sind virtuell alle Klänge des Tonraumes in der reinen *A*-Mollreihe einem Querliniensystem zugeordnet, das — ausgeschrieben — etwa für die Klaviatur 50—52 Stufen in Linien und Zwischenräumen ausmachen würde. Aus diesem System sind durch die „optisch-signitive Systemformation" fünf Linien als manifeste Zentrierung herausgehoben und in ihrer Lage und Zuordnung im Tonraume durch den „Schlüssel" festgelegt. Bei gleichbleibender „akustischer Systemformation" — z. B. *A*-Moll-Tonart — wird eine „optisch-signitive Systemtransformation" dann ausgeführt, wenn von einem Schlüssel auf einen anderen übergegangen wird und dadurch eine andere Linienfünfgestalt aus dem virtuellen System herauszentriert wird, mithin die Zentrierung transformiert wird. Bei gleichbleibender „optischer Formation", d. h. bei gleichbleibendem Schlüssel und gleichbleibender Stellung der Notenstaben im Liniensystem wird eine „akustische Systemtransformation" in der Notenschrift erzielt durch Versetzungszeichen vor der Fünferlinie und dadurch erzeugte Transformation in ein anderes tonales Diagramm (Tonart). Takt und Rhythmus sind in der Notenschrift getrennt, indem die Taktart durch Taktzeichen vor den Linien, die Taktführung durch die „Notengitter" der Taktstriche angedeutet

werden, deren innere Taktsystemgliederung jedoch ohne weitere Zeichen bleibt. Der Rhythmus prägt sich in den Zeitwerten der Notenstaben und ihrer Ordnung in das Taktschema aus. Die Höhe und Bewegung der Klänge im Tonraume und ihre zeitliche Gliederung durch Längen und Pausen wird durch die Lage der Notenstaben im Liniensystem und die Pausenstaben dargestellt. Tempo, Klangfarbe, Intensität, ihre Bewegungen und Änderungen sind durch besondere Zeichen zum Teil lautlicher Art dargestellt.

3. Störungen des Notenlesens als Leistung haben als primäre Ursache:

a) Störungen der optischen Bildorganisation (optisch-apperzeptive oder räumliche Agnosie): Das optische Notenbild kann im Objektivcharakter, Gestalt und räumlicher Zuordnung nicht wahrgenommen werden. Bei dieser Störung ist die Wahrnehmung optischer Gestalten (in manchen Fällen auch der Farben) auch sonst gestört. Ist nur die Wahrnehmung gestört, nicht die Produktion von optischen Vorstellungen, dann kann bei sonst nicht komplizierten Fällen Notenschrift geschrieben werden.

b) Störungen der optisch-dinglichen Auffassung („assoziativ-optische Agnosie“): Die optische Gestalt des Notensystems kann wahrgenommen und vorgestellt werden, aber nicht mehr in seiner Eigenschaft als Notenschema erkannt werden. Hierbei wird das Notenschreiben mit gestört sein.

c) Akustische (musische) Bildorganisation in Wahrnehmung und Vorstellung (totale sensorische Amusie und Aphasie): Das wohlerkannte optische Notenbild hat seine Zuordnung verloren, weil der Inhalt der Signifikation nicht mehr adäquat erlebt wird. Ist nur die akustische Wahrnehmung gestört, nicht die akustische Vorstellungsproduktion, so ist das Notenlesen erhalten (reine sensorische Amusie).

d) Manche Formen expressiv-amusischer Störung, die als konstruktiv-akustische Agnosie (konstruktive Amusie) bezeichnet sind: Das laut und leise vollzogene Notenlesen ist deshalb gestört, weil damit ein äußeres oder inneres Erklingenlassen, mithin auch eine musische Konstruktion verbunden ist. Diese Störung entspricht den Schwierigkeiten im „Lautlesen“ von Sprachlichem bei der motorischen Aphasie, bei Erhaltensein des Leiselesens, wo beim Geübten das Akustische gegenüber dem gedanklichen Inhalt zurücktritt.

e) Die Störung der akustischen Zeichenfunktion, sei es sekundär als Folge der Störung akustisch-dinglicher und kategorialer Art (transcorticale) oder primär, als echte akustische Zeichenstörung (Klangnamenamnesie). Das Notenlesen kann bei Ungeübten deshalb gestört sein, weil bei ihnen das Lesen von Noten immer mit einer akustischen Vorstellung des Klangnamens verbunden ist, was beim Geübten ausgeschliffen wird und wegfällt. Beim Geübten ist in diesem Falle das Notenlesen nur dann gestört, wenn die Aufgabe die Beziehung zum Klangnamen verlangt (Fall Lydia Hir.).

f) Störungen der optischen Zeichenfunktion (echte Alexie-Agraphie): Akustischer Inhalt und optischer Inhalt sind gestaltlich und dem Wissen nach als Zuordnung erhalten, die Beziehung der optischen Gestalten als „Zeichen“ für den Inhalt akustischer Art ist isoliert gestört. Notenlesen und Notenschreiben sind gemeinsam getroffen, es besteht Parallelität mit Störung des sprachlichen Lesens und Schreibens.

4. Das Notenschreiben als Leistung ist in seiner Kombination mit dem Noten-

lesen oben dargestellt. Isolierte Störung des Notenschreibens (bei erhaltenem Notenlesen) kann als primäre Ursache haben:

a) Optisch-konstruktive Störung: Sie hat Störung der produktiven optischen Gestaltung bei Erhaltensein des optischen Planes, also ohne sonstige Gestaltauffassungsstörung zur Folge. Hierbei kommen Schwierigkeiten in der Anordnung der Staben, in der Beibehaltung der Linien vor, Überspringen von einer Linie auf eine andere usw. Es sind auch optisch-konstruktive Störungen auf anderen Gebieten vorhanden (bis jetzt hypothetisch).

b) Expressive Amusie in Form akustisch-musischer Konstruktionsstörung (akustischer Einordnung von Gliedern zum wohlerhaltenen Gesamtplan der Melodie und des Akkordes in Wahrnehmung und Vorstellung): Die Störung des Notenschreibens ist vorhanden, wenn die musische Konstruktionsstörung nicht nur beim Spielen der Instrumente, sondern auch bei aktiv-produktiver Anordnung des musischen Stoffes in der Vorstellung erschwert ist (totale expressive Amusie; Fall Lydia Hir.), nicht dagegen wenn die konstruktive Vorstellung besser gelingt als die manifeste Konstruktion am Instrument (reine expressive Amusie).

c) Apraxie gliedkinetischer Art der Schreibhand oder allgemeine ideomotorische oder ideatorische Apraxie.

5. Das Abspielen von Noten ist aus primären Störungen verschiedener Ursachen, die sich aus den vorgenannten Faktoren ergeben, in jedem einzelnen Falle gesondert zu erklären.

6. Eine durchgehende Parallelität zwischen Lesen und Schreiben von Notenschrift und Sprachschrift in ihren Störungen besteht nicht.

VIII. Ausdrucks-, Bedeutungs-, Symbolfunktion der musischen Gebilde.

1. Zur Theorie.

Die vorhergehenden Abschnitte haben den Auf- und Abbau der Dispositionen und Erlebnisweisen zu erörtern versucht, die den sinneshaften und objektivbildhaften Anteil, sowie auch die „Gegenstandsqualität" der musischen Gebilde in ihrer tonalen und zeitlichen Gestaltung und Entäußerung betreffen, ferner die Erscheinungsweisen lautlicher und schriftlicher Darstellung derselben, insofern die erwähnten *musikalischen Phänomene selbst Gegenstand und Inhalt der Darstellung* sind. Will man aber den Kreis dessen umfassen, was musische Erscheinungen in der gesamten Umwelt bedeuten, so wird man auf die Erfahrung geführt, daß das Bildhaft-Gegenständliche in der Musik gar nicht das ist, weshalb überhaupt Musik gemacht und empfangen wird. Das Wesentliche, was die musikalische Situation ausmacht, der Hauptzweck des Musizierens liegt in dem, was jenseits des musischen Stoffes ist, aber *durch das Klangmaterial seine Darstellung* in der Wahrnehmungs- und Denksphäre erfährt. Es ist die Funktion des Musischen in *Ausdrucks- und Bedeutungsfunktion* für Gegenstände und Inhalte nichtmusischer Erlebnisgebiete, es sind die *symbolischen* („*bildlichen*") *Beziehungen* des klanglich-zeitlichen Musikstoffes[1]. Wir schneiden hier ein Thema

[1] Zur strengen begrifflichen Trennung dessen, was als „Bild" im Sinne des Wahr-

an, das in der Philosophie und Musikästhetik schon seit dem Altertum das Interesse der Theoretiker gefunden hat, das aber für den Psychologen von großer Schwierigkeit ist. Die Andeutungen, die wir hier bringen, sollen nur im Hinblick auf ihre methodische Verwendung am pathologischen Falle gemacht werden, sie haben darin ihre Begrenzung und können bei dem Umfang der Probleme nach keiner Richtung hin erschöpfend sein. Das empirische Material aus der Pathologie ist ja nur in verschwindendem Maße vorhanden; das meiste von unseren theoretischen Erwägungen hat nur arbeitshypothetischen Wert für die Bearbeitung zukünftiger Fälle.

Auch in der Dispositionssphäre, in der die musikalischen Gebilde in Ausdrucks-, Bedeutungs- und Symbolfunktion erlebt werden, ist es nicht am Platze, den Gesamtgegenstand in das Bereich der „Kunst" zu rücken und in dieser die einzigen und wesentlichen Erscheinungsweisen zu suchen. Auch hier wird man wie beim Musikmaterial selbst das Gebiet weiter fassen, und die Musik als Kunst erst innerhalb dieses Gebietes als die höchste und wichtigste Spezifikation der erwähnten Funktionen auffassen.

Es bedarf keiner gesonderten Beweisführung, daß die Gegenstände und Inhalte, die durch den erklingenden Musikstoff hindurch zum Erleben geführt werden, dem Zustandsbewußtsein ebenso wie dem Gegenstandsbewußtsein angehören. Spannungen, Strebungen und Triebregungen finden ebenso die Gefühlserlebnisse aller Art durch das musische Gebilde ihrer Hebung, Führung und Gestaltung. Daß es gerade die höchsten und tiefsten zuständlichen Erlebnisse sind, die durch Musik geweckt werden, hat jeder musikalische Mensch an sich erfahren. Neben der „Ausdrucksfunktion" hat aber die Musik unbestreitbar eine „Darstellungsfunktion" für Inhalte, die dem Gegenstandsbewußtsein, dem Geistesleben angehören. Man braucht nicht erst auf die moderne Programmmusik und das musikalische Drama zu kommen, um von einer „Musiksprache" reden zu können, die in Kundgabe vom Redenden und in Aufnahme durch den Wahrnehmenden sich äußert, wie dies K. Bühler für die Wortsprache dargetan hat. Bei allen, wenn auch noch so tief reichenden Unterschieden zwischen dieser „Musiksprache" und der Wortsprache kann in der Darstellungs- und Bedeutungsfunktion ein prinzipieller durchgängiger Unterschied zwischen Musik und Sprache nicht gesehen werden.

a) Es liegt uns fern, alle Faktoren, in denen *Musik als Ausdruck* für zuständlich bewußte Erlebnisse, für Strebungen, Triebregungen, Stimmungen, Gefühle, Wertungen usw. dient, systematisch darstellen zu wollen. Es sei zunächst darauf hingewiesen, daß dieser Faktor schon in der Musik der Primitiven und der Kinder, d. h. in den Formen des zeitlich gegliederten Geräusches, besonders des starker Intensität, einen Ausdruckszweck verfolgt. Um so feiner differenzieren sich die Ausdrucksmittel im Fortschritt musikalischer Gestaltung bis in das letzte Jahrhundert und in die Musik der Gegenwart hinein.

Schon die Heraushebung der Phänomene von echter *Ton-* und *Klangqualität* aus dem großen Bereich der Geräusche und Laute, die dem Hörfelde angehören, schafft ein Mittel, um die Welt der musischen Ausdruckserscheinungen zu ver-

---

nehmungsbildes („Bildsphäre", „Bildagnosie") genommen wird und dem „übertragenen" Bilde: im ersten Falle das „Bildhafte" (Eidolon), im zweiten Falle das „Bildliche" (Symbolon). Davon weiter zu scheiden das „Abbild" und das Bild als „Zeichen".

tiefen. Die Beschränkung auf das Tonale gegenüber der primitiven Geräuschmusik stellt eine Bereicherung dar. Die spätere Hereinnahme immer mehr geräuschhaltiger Klanggebilde, die aber doch immer klangbezogen waren, in die Mannigfaltigkeit der musischen Ausdrucksmittel war nur möglich auf dem Umweg über den nach Höhe und Intensität fest umschreibbaren Ton. Die Verschiedenheit des Ausdruckswertes der Tonhöhe (der tiefen, der hohen, der mittleren Lagen), die Differenzierung der Klangfarben verschiedener Instrumente, schon allein in der sinnesmäßigen Gestaltung sind bekannt. Der einfache Ton der Flöte beispielsweise in mittlerer Lage und Stärke hat für die meisten Menschen etwas Ruhiges, Liebliches, für manche auch etwas Langweiliges, der Klang der Oboe (Schalmei) hat etwas Melancholisches und Bukolisches, der Trompetenklang etwas Aufreizendes, ein Eindruck, der beim Saxophon noch übersteigert wird. Der affektweckende Charakter der Dauer, des plötzlichen oder allmählichen Einsetzens eines Klanges (Pauke oder Orgelpfeife usw.), des rasch verfließenden im Gegensatz zu dem lange anhaltenden Ton, der vom Erschrecken bis zum Ausschwingen der spannenden Erregung führt, weiterhin die Einwirkung der Intensität, des Forte und Piano, des langsamer oder rascher Lautwerdens, des Decrescendo in verschiedener Verlaufsform auf das Zustandserleben, sie alle sind in ihrer Eigenschaft bekannt, Strebungen zu erzeugen, zu steigern, zu dämpfen, neben den tonalen Verlauf auch einen entsprechenden zuständlichen Verlauf zu bewirken. Aus den schon im Sinnlichen liegenden klanglichen und zeitlichen Ausdrucksfaktoren der musischen Gebilde kompliziert sich die Ausdrucksmöglichkeit in der Sphäre der musischen Bildorganisation.

Die Verschiedenheit der Strebens- und Affektregungen, die sich an die Besonderheit des „*Tonraumes*", des Tonalitätssystems und ihrer Diagramme der Tonarten und Tongeschlechter wird von den Musikern stets benutzt. Die Beziehung des Gefühlswertes zur Tonart ist (trotz mancher Leugnung) von den Tonsetzern anerkannt. Unbestritten sind die Unterschiede in der Ausdrucksqualität bei Dur und Moll, die, wenn auch keineswegs vollkommen inhaltsgerecht, durch die Namen schon bezeichnet wird. Die Stellung des tonalen Simultankomplexes im Tonraum, der Gefühlsbezug zum konkordanten oder diskordanten *Akkord*, die Strebungen und Affekte bei der melischen Bewegung im Tonraum, je nachdem sie auf- oder abwärts geht, die Schritte in ihrer Größe oder Kleinheit und das Besondere des *Bewegungszuges in der Melodie*, in den Distanzen der sich folgenden Klangglieder, die rhythmische Strukturierung der Melodien geben eine Welt von Mannigfaltigkeiten in den Erlebnissen des Zustandsbewußtseins, die durch musikalische Bildhaftigkeit den Weg finden.

Den Einfluß von Vorgängen des Zustandsbewußtseins auf das Wahrnehmungsgeschehen drücken die wichtigen Forschungsergebnisse v. ALLESCHS[1] über die „ästhetische Intention" aus. Der Autor zeigt in seinen Untersuchungen auf, wie das Farberlebnis durch die ästhetische Einstellung in seinen sinnenhaften Qualitäten verändert wird, wie die Farben anders gesehen werden unter dem Einfluß dieser Einstellung, andere Helligkeiten, andere Schwellenwerte erhalten als bei reiner Darbietung. Wenn auch für das Klanggebiet ähnliche Unter-

[1] ALLESCH, v.: Die ästhetischen Erscheinungsweisen der Farben. Berlin 1925.

suchungen noch nicht angestellt sind, so kann man doch per analogiam solche Einflüsse auch für das musikalische Erleben erwarten.

Auf welchem Wege der Musikstoff zu höheren zuständlichen Erlebnissen führt, kommt in den Anschauungen des Musiktheoretikers H. JAKOBY[1] über die sogenannten „Klangenergien" zum Ausdruck. Musik ist für JAKOBY noch nicht Kunst, sondern gehört zu den allgemeinen Ausdrucksmitteln. Er unterscheidet den Klangstoff und die Klangenergien. Der Klangstoff hat an sich nichts Energetisches. An sich zwingt uns nichts von der Dissonanz in die Konsonanz überzugehen, wenn nicht etwas Besonderes, Energetisches in uns angeregt wird. Die Klangenergie wird in der Kadenz, im musikalischen Satz, in dem Bogen aufsteigender und absteigender Art im Verlauf der Phrasen, die entweder durch Zäsuren geteilt oder in einem Wurfe vom Ausgang zum Ende gehen, in der Lösung der Dissonanzen durch Spannungen, Zwänge, Lösungen und Beruhigungen erst in den Musikstoff hineingetan. Diese energetischen Faktoren geben der Musik erst die Bewegung, durch sie wird die Dissonanz zu dem Wesentlichen des musikalischen Zustandserlebnisses. Sie erst zwingen, einen unterbrochenen musikalischen Satz zur Beendigung, eine Kadenz zur Tonika zu führen. Diese energetischen, strebenden, zwingenden Faktoren, die keineswegs mit Gefühlen und Werten, mit Gefallen und Mißfallen zusammengeworfen werden dürften, machen den Musikstoff erst fähig „Ausdruck" für tieferes Erleben zu werden. Sie selbst machen Musik nicht zur Kunst, sind aber die Basis, um zum musikalischen Kunsterlebnis zu kommen. Schon früher hatte E. KURTH[2] den kinetischen und energetischen Faktor des Melodienablaufes betont.

Denkt man weiterhin an die gewaltigen Spannungen und Antriebe, die im taktgebundenen *Rhythmuserleben* liegen, welche Skala von inneren Bewegungsentäußerungen, welche Mannigfaltigkeit der Haltungen, Hemmungen, Entladungen von Strebungen und Trieben durch die rhythmischen Bildungen geweckt werden, die vom Trauermarsch bis zum rasenden Kriegstanz, dem erotischen Bacchanale bis zur Tarantella führen, so wird man sich des gewaltigen Ausdrucksvermögens durch die zeitliche Komponente musischer Gestaltungen bewußt.

Alle die erwähnten ausdruckgebenden, Spannungen erweckenden und lösenden musikalischen Mittel wirken zusammen. Sie sind die Grundlagen für die Erzeugung der spezifischen Gefühls- und Affektregungen durch die Musik. Auch dies ist keineswegs nur in der musikalischen Entäußerung der Fall, die wir unter dem Aspekt des „Künstlerischen" betrachten. Am leichtesten von jedermann verstanden und erfühlt werden wohl die musischen Ausdrucksmittel, die an sonstige allgemein auffaßbare und verständliche Gefühlsausdrucksphänomene pantomimischer Art anklingen, die etwa dem Klagen, dem Jauchzen, dem Murmeln usw. ähnlich sind. Ihre Qualitäten werden wohl mehr in den Klangfarben und den melodischen Bewegungen zu suchen sein. Schwieriger sind die musikalischen Ausdrucksmittel verständlich, die mit den höheren Gefühlsregungen im Zusammenhang stehen. Die Frage, ob eine Musik ästhetisch wertvoll und auf künstlerischer Höhe steht oder nicht, wird psychologisch nicht allein von der Analyse der musischen Bilder und der durch sie erzeugten Stre-

[1] JAKOBY, H.: Z. Ästhet. u. allgem. Kunstwiss. **1925**.

[2] KURTH, E.: Grundlagen des linearen Kontrapunktes. Bern 1917.

bungen und Gefühle als vielmehr von der Besonderheit des Ablaufes und des Ausbaues der durch die Musik erweckten emotionalen und aktuellen Haltungen, ihrer Organisation und systematischen Ausgestaltung abhängen. Die Aufgaben, die hier einer psychologischen Erschließung harren, sind in ihrer Lösbarkeit nicht vorherzusehen, werden sich vielleicht aber auch an pathologischen Erfahrungen in ihrer Gültigkeit beweisen müssen.

Für die pathologisch-psychologische Analyse unserer Fälle erwiesen sich als wichtig die *Wertungen* und *Werturteile* über musikalische Inhalte. Stimmungen und Gefühle entscheiden noch nicht über den ästhetischen Wert eines Stückes. Sie sind in gewissem Sinne rezeptive, passive Zuständlichkeit. Ihnen stehen die gefühlsmäßig-intentionalen Erlebnisse des Gefallens und Mißfallens gegenüber, Faktoren aktiver Art, die ebenfalls der Gefühlssphäre angehören. Auch sie allein sind noch nicht Werterlebnisse im eigentlichen Sinne des Wortes. Wie in der Bildsphäre sind auch im Gebiet der Gefühlsintentionen in Form von Wertsystemen, Wertbezügen und entsprechende gefühlsmäßige Regulative notwendig. In ihnen ist vieles enthalten, was von den Theoretikern als „ästhetische Einfühlung" (R. VISCHER, TH. LIPPS, O. KÜLPE, I. VOLKELT, M. GEIGER u. a.) bezeichnet wird. Wichtig ist, daß diese Werterlebnisse in ihrer „hedonischen" Auswirkung etwas anderes sind als das Wissen von Werten, die einen Erfahrungsfaktor, einen intellektuellen Akt voraussetzen. Die Wertpsychologie, die in den letzten Jahren durch wertvolle Untersuchungen bereichert worden ist (GIRGENSOHN, HAERING, GRÜHN), ist freilich in der Beziehung auf die musikalischen Erlebnisse noch keineswegs so weit gefördert, daß sie pathologischen Fällen hinreichendes Mittel zur Analyse abgeben.

b) Von der Ausdrucksfunktion des klanglich-musischen Gebildes wurde schon getrennt die *Bedeutungsfunktion*, d. h. also die Funktion, durch das Bildhaft-Dingliche des musischen Gebildes hindurch Inhalte des *Gegenstandsbewußtseins* zum Erleben zu bringen [1]. Es lassen sich hier verschiedene Gebiete unterscheiden.

Der Klang kann als *Merkmal* auftreten von einem Ding, dem er wesensmäßig oder nur akzidentell zugehört. Wesensmäßig gehören Schälle und Klänge zu Dingen, deren Zweck die Schall- und Klangerzeugung ist. Bleibt man beim musikalischen Klang, so bringt es die Erfahrung mit sich, daß beispielsweise ein Glockenklang dem schwingenden Körper, Glocke genannt, zugehört, man lernt im Laufe der Bildung, den Klang von einer bestimmten Klangfarbe als Merkmal dem Klavier, der Geige, der Oboe, der Pauke zuzuordnen. Klänge sind in diesem Sinne auch spezifische Merkmale der sie erzeugenden Instrumente, wie etwa die Farben spezifische Merkmale farbengebender Körper mit dem Zweck der Farbenerzeugung sind. Unspezifische Merkmale akustischer Art der gleichen Musikinstrumente liegen dann vor, wenn Schälle durch Aufschlagen auf den Resonanzkasten usw. erzeugt werden. Die Merkmalszuordnung, das „Wissen" von den Instrumenten, denen das Klangbild gehört, hat außer dem reinen assoziativ-erfahrungsmäßigen Einschlag auch eine abstraktive, begrifflich-dingliche, „kategoriale" Leistung in sich, stellt einen „Erkennungsvorgang" im eigentlichen Sinne dar.

---

[1] Vgl. MÜLLER-FREIENFELS: „Psychologie der Kunst" in KAFKA: Handb. d. vergl. Psychol. München 1923.

Von der Erfassung von Klanggebilden als Merkmale dinglich-begrifflicher Gegebenheiten ist zu trennen das Klangerleben in seiner Funktion als *Zeichen* (Anzeichen im Sinne von HUSSERL) für einen Sachverhalt. Das Erklingen eines Glases hat Merkmalsfunktion, wenn es erlebt wird in dem Sinne, daß der Klang einem Glas und keinem anderen Gegenstande zugehört, es hat Zeichenfunktion, wenn es kundtut, daß eine Festrede bevorsteht. Natürlich gehören in den beiden Fällen der gleichen bildhaften Ausprägung des Klanges die Erlebnisse ganz verschiedenen Gesamtsituationen an, aus denen heraus eine etwaige pathologische Störung ebenso wie die Verdeckung einer solchen Störung fließen könne. Auch als Prüfungsbeispiele aus der lebendigen Situation gerissen, lassen die beiden zum Vergleich gestellten klanglich-identischen Erlebnisse den Unterschied aufrecht erhalten. In ähnlicher Situation der *Zeichengebung* (STUMPF) lassen sich beispielsweise die akustischen Zeichen des Land- und Seeverkehres, die militärischen Fanfaren, der Zapfenstreich, als Signale irgendwelcher Art in musikalischer Ausprägung anführen. Diese Klanggebilde sind Zeichen (Anzeichen): sie stehen in signitiver (nicht symbolischer!) Beziehung zu einem Vorgang als Sachverhalt, dessen Bestehen sie anzeigen, auf dessen Kommen sie aufmerksam machen, dessen Ausführung sie fordern. Die Beziehung ist eine konventionelle, das Klangbild hat in sich nichts, was irgendwie wesenhaft dem durch es bezeichneten Sachverhalt angehört oder an ihn aus der Klangstruktur selbst heraus erinnert.

Die Bedeutungsfunktion musischer Gebilde äußert sich weiterhin in der *Darstellungsfunktion*, d. h. in der Fähigkeit außermusische Sachverhalte, Dinge, Vorgänge, Gegebenheiten durch musikalische Bildungen so darzustellen, daß sie im Erlebenden vorstellungsmäßig erweckt werden. Darstellungsfunktion, die K. BÜHLER, und zwar in der Kundgabe sowohl wie in der Aufnahme als spezifisch für das Spracherlebnis (neben der Ausdrucksfunktion) hervorhebt, ist in der Musik keineswegs obligat, ist auch in der „absoluten Musik" nicht so ausgeprägt wie in dem, was MÜLLER-FREIENFELS als „Bedeutungsmusik" herausstellt. Aber sie ist im Erlebenden vorhanden, wenn der Tonsetzer mit Klangmalereien, mit Leitmotiven arbeitet. Vom geübten Hörer wird der Zusammenhang hergestellt und entweder unmittelbar oder auf Grund von Erfahrungen verstanden. Die Darstellungsfunktion der Musik ist in gewissem Sinne enger als die der Sprache, aber in manchem auch weiter, weil sie zur Sprache vieles hinzugeben kann, was in ihr nicht ausdrückbar ist, und dies, ohne daß dafür etwa mitschwingende Gefühlsregungen wesenhaft beteiligt sein müssen. Vielfach sehen wir in der musischen Darstellungsfunktion eine erweiterte Onomatopoese, eine Darstellung z. B. von Tierstimmen, Schlachtrufen, Wasserrauschen, Windsausen, Pferdegalopp usw. Hier werden durch die tonalen und zeitlichen Anordnungen der Klänge geräuschhafte Bildungen nachahmend neu geschaffen. Aber auch andere Sachverhalte werden in der Musik dargestellt. So wenn das Blitzen durch hohe, schrille, kurze Laute oder ein rasches gleitendes Herunterfahren von höheren in tiefere Lagen des Tonraumes hervorgebracht wird. So kommen Züngeln von Schlangen, loderndes Feuer usw. zur Darstellung. Auch die Charakterisierung von Stimmungsbildern, Sonnenaufgang, Waldesrauschen, Liebe und Tod sind dem Musiker in ihrer Darstellung bewußt und aus der Klanggestaltung freilich auch mit tragendem Gefühlsgehalt verständlich.

c) In der Musik als Kunst gilt es, daß Ausdrucks- und Bedeutungsfunktion vereinigt sind in der *Symbolfunktion* der Musik. Sie darf unter keinen Umständen verwechselt werden mit dem, was wir oben als das „Signitive", als die Zeichenfunktion von Klanggebilden dargestellt haben. ARNOLD SCHERING [1] diene uns hier als Gewährsmann. Seiner Ansicht nach macht in der Musik wie in jeder Kunst das Symbolische das Wesen aus. Er kämpft gegen VOLKELTS Anschauungen, der in der Musik als Kunst einen „Typ der fehlenden Vorstellung" sieht, da sich Bedeutungsgefühl („ernst", „traurig") unmittelbar ohne Vermittlung von Bedeutungsvorstellungen sich an die klingenden Töne anschließen soll. SCHERING nimmt vielmehr an, daß ohne noch so schwache Bedeutungsvorstellungen, z. B. von menschlichen Lautbildern nach Urlauten oder ähnlichem, der Hörer niemals zum Erfassen auch solcher Tongebilde kommt. SCHERING unterscheidet eine „Stimmungssymbolik", die sich auf die rhythmische, dynamische, melodische und harmonische Bewegtheit bezieht; eine „Klangsymbolik" als gleichsam plastische Gehörsbildlichkeit; eine „Symbolik der Formen und formalen Arbeitsprinzipien" aus sinnbildlicher Deutung formaler oder technologischer Form (Sonate, Fuge usw.); eine Symbolik fremder, von außen hineingebrachter ideologischer Faktoren" (z. B. ein Choral, dessen Text an einer bestimmten Stelle eines geistlichen Tonwerkes eine besondere Bedeutung gewinnen soll). Jedenfalls ist es sicher, daß erst die Vereinigung von Ausdrucks- und Bedeutungsfunktion die Musik zu ihrer symbolischen Leistung bringt und damit zu einer Kunstform macht. Man hat von reiner Musik und Bedeutungsmusik (s. o.) gesprochen, hat genetisch die reine Musik vom ursprünglichen Tanz, die Bedeutungsmusik als Programmusik und das musikalische Drama vom kultischen Schauspiel abgeleitet. Man hat im Harmonischen ein architektonisches, männliches Prinzip, im Melodischen ein lyrisches, fließendes, weibliches Prinzip sehen wollen. Wir gehen nicht weiter auf die Fragen ein, deren theoretische Beantwortung sehr verlockend wäre, die uns aber nicht weiter führen können, wo es sich um pathologische Gegenstände handelt. Wir sind freilich der Ansicht, daß aus den angegebenen Andeutungen über Ausdrucks-, Bedeutungs- und Symbolfunktion in der Musik und aus den sich ihnen anschließenden Problemen sich Arbeitshypothesen ergeben, die sehr wohl am geeigneten pathologischen Falle mit geeigneten, den einfachsten und durchsichtigsten Verhältnissen angepaßten Methoden empirisch nutzbar gemacht werden können.

2. Funktionsabbau (musikalische Anhedonien und Symbolstörungen).

Daß über den Funktionsabbau dieser höheren, im eigentlichen Sinne musikalischen Funktionen sehr wenig empirisches Material existiert, hat seinen Grund darin, daß den Fragen des Ausdrucks, der Bedeutung und der Symbolfunktion in der Musik von dem Psychopathologen bisher kein Interesse zugewendet worden ist, trotzdem gar manche Fälle dazu hätten Veranlassung geben können. Gewiß finden sich in einigen Krankengeschichten kurze Aufzeichnungen, die in diesem Zusammenhang verwendet werden könnten, freilich zunächst in dem Sinne, daß trotz bestehender schwerer Störung im Erleben musischer Inhalte besonders in der

---

[1] SCHERING, ARNOLD: Symbol in der Musik. Ber. üb. d. 3. Kongr. f. Ästhet. u. Kunstwiss. 1927. Stuttgart 1927.

Wahrnehmung doch ein Verständnis für den Sinn, die Bedeutung, den Gefühlswert des so gestörten musischen Inhaltes vorhanden war. Ein Fall von WÜRTZEN „hört mit großer Freude Musik", trotzdem er im Musikverständnis schwere Lücken hat. LIMBECKS Patientin (zitiert nach HENSCHEN) kann trotz ihrer schweren sensorisch-amusischen Störung Trauriges vom Heiteren unterscheiden. Von SMITH-BLAIKIES Kranken berichtet HENSCHEN, daß er, trotzdem er sehr bekannte Lieder nicht erkennen konnte, doch kirchliche und weltliche Musik zu unterscheiden imstande war. Wir können hier die von uns im ersten Abschnitte dargestellten amusisch gewordenen Musiker anführen, von denen besonders der Fall Cassian St. eindrucksvoll ist, weil dieser Kranke eine sehr schwere Störung der musischen Bildauffassung in tonaler und zeitlich figuraler Beziehung mit einer überraschend gut erhaltenen Fähigkeit verbindet, diese Musik in ihrer Wertigkeit überaus fein und richtig gefühls- und urteilsmäßig abzustufen. Auch die Kranke Lydia Hir., die besonders im Auffassen des Rhythmus keineswegs in Ordnung ist, weiß künstlerisch hochstehende und banale Musik sicher und richtig voneinander zu trennen.

Es läßt sich daraus der Schluß ziehen:

1. *Die Musik ist zwar ein Erlebnisinhalt von höchstem symbolischen Wert,*
2. *Störungen im musischen Erlebnis dürfen doch unter keinen Umständen ohne weiteres als „symbolische Störungen" gefaßt werden, da eine Reihe von akustisch und besonders amusisch gestörten Fällen in der musischen Symbolfunktion sehr Gutes leisten. Von einer Symbolstörung in den musischen Dispositionen darf nur gesprochen werden, wenn eine primäre umschriebene Störung in den symbolischen Dispositionen vorliegt.*

Das gilt vor allem auch für solche Fälle, bei denen eine Störung in der Ausdrucks- und Bedeutungsfunktion im musischen Erleben *sekundär*, als Folge des primären Defektes in einem anderen Dispositionsgebiet besteht. Wenn also der Kranke ALTs, der während einer Opernaufführung plötzlich an einer parakustischen Störung erkrankt, die Musik ganz dissonant hört und aus dem Theater läuft, so wird man darin ebensowenig eine Störung in der Auffassung des Symbolischen finden, wie etwa bei dem Kranken von MANN, dem wegen seiner sensorisch-amusischen Schwierigkeit die Lust an der Musik überhaupt vergangen ist. Nicht anders dürfen die Kranken geschätzt werden, die wegen einer Störung der Gemütslage oder der gefühlsmäßigen Abläufe überhaupt der tonal-zeitlich ganz adäquat erlebten Musik keinen Ausdrucks- und Bedeutungswert mehr beilegen können. Wenn ein Stirnhirnverletzter mit Verstimmung, ein manisch-depressiver Gemütskranker, ein durch äußeres Ereignis Depressiver, ein in seiner Aktivität und Spontaneität schwer veränderter Schizophrener, ein Paralytiker nach seiner Erkrankung zur Musik kein inneres Verhältnis mehr hat, so wird man erkennen müssen, daß die Unmöglichkeit Ausdruck, Bedeutung, Symbol in der Musik zu erleben, nicht einer „symbolischen Störung", sondern der Absperrung einer an sich noch vorhandenen Symbolfunktion durch emotionale Erlebnisfaktoren ihre Entstehung verdankt. Freilich kann durch schwere Hirnprozesse die Ausdrucks- und Symbolfunktion selbst getroffen werden. Die interessanten Studien von LANGELÜDDECKE über das Verhalten von Schizophrenen, Zirkulären, Parkinson-Kranken in bezug auf Rhythmus und Takt zeigen, wie sehr gewisse musische Dispositionen im Gefühls- und Willensleben verankert sind. Die Resultate beziehen sich aber, was den zeitlichen Anteil der musischen Phänomene betrifft, auf sekundär veränderte Gebilde; eine primäre Störung der zeitlichen Gestaltung, des Rhythmus und des Taktes, also eine amusische Störung ist durch diese Untersuchung nicht nachgewiesen [1].

Gibt es überhaupt primäre Veränderungen des Ausdrucks-, Bedeutungs- und Symbolerlebens als Erscheinung einer musischen Störung? Die Ausbeute an Stoff ist zur Lösung dieser Frage in der vorhandenen Literatur gering. Vielleicht kann der Fall von H. KOGERER [2] in diesem Zusammenhang Platz finden. Die Patientin, eine Zirkustänzerin, tänzerisch, aber nicht musikalisch begabt, erwirbt im 24. Jahre eine Syphilis, hat im 29. Lebensjahr zum erstenmal leichte Erscheinungen vonseiten des Zentralnervensystems, erleidet mit 32 Jahren zweimal einen Insult in der rechten Hirnhemissphäre, deren wesentliche Folge eine Schwäche der linken Körperseite ist, ferner eine aphasische Störung in Form von Worttaubheit ohne Störung der inneren Sprache, also mit erhaltener Lesefähigkeit, Störung der Aufmerksamkeit für akustische Inhalte, Melodientaubheit und Unvermögen, vorgemachte Gebärden zu verstehen, trotzdem sie sie richtig nachahmen kann. KOGERER nimmt bei dieser Kranken eine rezeptive Störung aller drei Formen von Ausdrucksprägungen bei vollkommen erhaltener expressiver Komponente und ohne Störung des Gehörs und der inneren Sprache sowie der optischen Funktionen, wenigstens für eine Etappe des Krankheitsverlaufes an. Er sieht in seinem Fall eine Stütze für die Lehre von der Zusammengehörigkeit der Ausdrucksbewegungen. Der Fall ist interessant, und die Theorie bestechend. Man wird dem Autor nach der Richtung zustimmen können, daß eine primäre Störung im Erfassen der Symbolfunktion für jede Art von symbolischer Entäußerung Wahrscheinlichkeit für sich hat. Freilich wird die Klarheit natürlich dadurch vermindert, daß sowohl in der Sprache wie in der Musik die Verständnisstörung nicht auf das Symbolische beschränkt ist. Die Sprachverständnisstörung sowohl wie insbesondere die musikalische Störung liegt zweifellos auch im Gebiete der Auffassung von laut- und klanggestaltlichen Gebilden. Dafür spricht schon die Störung der „Aufmerksamkeit“ für akustische Inhalte, wegen deren theoretischer Bedeutung auf ein früheres Kapitel unserer Schrift verwiesen werden kann, ferner der Umstand, daß der Patientin nicht nur einfache Lieder nicht bekannt sind, sondern daß auch der Rhythmus (also etwas musisch Bildhaftes) ganz abhanden gekommen ist. Apraktische Störungen lassen sich ebenfalls bei dieser Kranken nicht ausschließen. Es läßt sich nicht mit Sicherheit auseinanderhalten, was an der musischen Störung auf die Bildagnosie (Melodientaubheit) und was auf die Störung der Symbolfunktion bezogen werden kann. Die Fälle von MAZURKIEWICZ, die von KOGERER zitiert sind, liegen ebenfalls nicht klarer. Immerhin regt KOGERERS Fall zu weiteren Untersuchungen an.

---

[1] E. KRAEPELIN (Psychiatrie. 8. Aufl. 1. Bd., 1909. S. 427) spricht von den gestörten musikalischen Leistungen der Geisteskranken: „Bei der Damentia praecox scheint namentlich das musikalische Feingefühl zu leiden; die Kranken spielen und singen hölzern und ohne Ausdruck, während die Paralyse außerdem auch das musikalische Gedächtnis und die technische Beherrschung der Ausdrucksmittel zerstört. Manische Kranke pflegen flüchtig und liederlich, aber mit großem Schwung und erheblichem Kraftaufwande zu musizieren.“

[2] KOGERER, H.: Worttaubheit, Melodientaubheit, Gebärdenagnosie. Z. Neur. Nr. 92 (1924).

Schwierig liegt auch die Beurteilung der Verhältnisse in dem bekannten und auch von uns öfter zitiertem Falle von SÉRIEUX (und DÉJÉRINE). Die Patientin, die eine zentrale Gehörfeldstörung und musische Bildagnosie hat, zeigt zwar Gefühlsbeziehung zur Musik, verwechselt aber den Gefühlswert in grober Weise. Sie hält einen Walzer für religiöse Musik, einen Gassenhauer für einen Trauermarsch, heitere Stücke für „die große Messe"; beim Spielen der Marseillaise nimmt sie eine „attitude très recueillie" ein. Es läßt sich natürlich bei dieser im Musikerfassen so schwer veränderten Kranken nicht mehr herausschälen, was an diesen Störungen des Gefühls- und Symbolverhältnisses in der Musik primär ist, was sekundär auf die Hörfeld- und Bildstörung zurückzuführen ist.

Eines wichtigen Falles mag in diesem Zusammenhang Erwähnung getan werden, der in neuerer Zeit von HAIKE[1] und C. STUMPF[2] untersucht worden ist. Der Berliner Militärmusiker N., von Anlage aus nicht sehr musikalisch, im Orchester tätig als Posaunist und Cellist, begibt sich in ohrenärztliche Behandlung, weil er allmählich nicht mehr so gut hört, insbesondere die Klänge der verschiedenen Musikinstrumente — aber auch der Sprache — anders wahrnimmt als früher. Er hört sie nicht mehr so „scharf", so „rund". Wenn er sein Cello spielt, dann klingt es ihm, „wie wenn es aus Pappe wäre, wie wenn er Bindfaden striche", als ob etwas darin fehle. Er weiß nicht mehr, ob die Töne, die er spielt, richtig sind oder nicht, kennt sie nicht von den Klängen anderer Instrumente weg. Wenn mehrere Leute sprechen, versteht er die Sprache schlechter. Die otologische Prüfung mit Flüstersprache, Stimmgabelreihe, der Uhr, dem Monochord ergibt keine pathologischen Veränderungen für Luft- und Knochenleitung. Nur die Qualität der Töne wird verändert angegeben: „etwas spitz", „geräuschiger wie früher" usw. Die Beurteilung isolierter Töne und Tonfolgen ist gut. Er kann sein Instrument richtig stimmen, die Unterschiedsschwellen für Schwebungen sind normal, er singt richtig nach, transponiert Töne aus nicht sangbaren Lagen in sangbare. Auch sonst ist die Transposition in andere Tonarten gut. Dur und Moll bei der Sukzession werden richtig unterschieden. Bei gleichzeitiger Darbietung der Töne (Akkorde) hat er dagegen Schwierigkeiten, Dur und Moll zu unterscheiden. Seine Reaktion ist da ähnlich der eines „Halbmusikalischen". Er unterscheidet Oktave und Quinte nicht sicher als zwei Töne, hört die mittlere Stimme nicht recht heraus, erkennt auch bekannte Melodien, die durch Harmonien zugedeckt sind, nicht sofort. Die Prüfung der Klangfarben ergibt, daß der Patient Vokale sicher unterscheidet und nachbildet, was nach STUMPF darauf hinweist, daß „ihm Klangfarbenunterschiede im weiteren Sinne des Wortes nicht verloren gegangen sein können". Dagegen bemerkt er doch an der Vokalröhre nur die Unterschiede der Intensität, nicht das Dunkler- und Hellerwerden der Klangfarbe. Beim Vergleich eines Tones auf einer freien Saite mit dem gleich hohen Ton auf der folgenden, aber gegriffenen Saite merkt er den Klangfarbenunterschied nicht. Er kann auch Klarinette und Flöte, Trompete und Flügelhorn aus dem Zusammenspiel nicht deutlich heraushören. So wird auch von beiden Autoren eine gewisse Änderung

[1] HAIKE: Sensorische Amusie im Gebiete der Klangfarbenperzeption. Mschr. Ohrenheilk. **48** (1914).

[2] STUMPF, C.: Verlust der Gefühlsempfindungen im Tongebiete (musikalische Anhedonie). Z. Psychol. **75** (1916).

des Klangfarbenerlebnisses bei dem Kranken angenommen. Die wichtigste Erscheinung, deretwegen der Fall auch an dieser Stelle zur Besprechung kommt, ist die Klage des Patienten, daß er *am Hören der Musik keine Freude, kein Wohlgefallen mehr habe.* Er empfindet diese Änderung seines musikalischen Erlebens ,,mit großer Traurigkeit". Einzelne Klänge und Melodien sind ihm ganz gleichgültig geworden. Die Cello-, die Klaviertöne klingen nicht, sind nicht angenehm. Der reine *C*-Dur-Dreiklang macht ihm keinen Genuß. Zwischen Dur und Moll ist kein Unterschied in der Annehmlichkeit. Eine vollstimmige krasse Dissonanz klingt ihm stärker, aber nicht unangenehmer als ein einzelnes dissonantes Intervall. Die zweite Stimme zu einer Melodie, das Verfolgen einzelner Stimmen im Orchester machen ihm kein Vergnügen mehr. — An sonstigen Beschwerden wird nur eine Druckempfindlichkeit in der Stirngegend, ,,als ob hier etwas fest liege", geklagt.

STUMPF legt bei diesem Fall den Hauptwert auf die Gefühlsstörung und nennt sie eine ,,musikalische Anhedonie und Apathie". Er nimmt als Wesen der Störung die (von anderen Autoren, besonders von KÜLPE bekanntlich bestrittenen) besonderen, mit den Sinneserlebnissen verknüpften sinnlichen Gefühle, die von ihm sogenannten ,,Gefühlsempfindungen", als betroffen an. Vom pathologischen Standpunkte aus sind freilich einige wichtige Fragen zu stellen. Es müßte ausdrücklich untersucht und bemerkt werden, ob die ,,große Traurigkeit", mit der der Kranke seine Störung der musikalischen Gefühlsreaktion beantwortet, die Folge oder vielleicht die Ursache des Leidens ist. Es wäre zu prüfen, ob der Kranke nicht an einem Depressionszustand irgendwelcher (endogener, reaktiver usw.) Art leidet, der sich nur sekundär in den im Gefühlsleben so stark verankerten Musikerlebnissen manifestiert. Diese Frage ist nicht nur vom psychiatrischen, sondern auch vom pathologisch-psychologischen Standpunkte aus bedeutungsvoll. Und wenn eine Verstimmung nicht vorliegt, müßte noch erörtert werden, ob der Ausfall in dem Gefallen und Werten nicht auch auf anderen Wahrnehmungs- und Vorstellungsgebieten sich findet. Es könnte sich auch um eine ,,Wertungsschwäche" handeln, wie sie sich nicht nur bei beginnenden Psychosen, sondern auch bei umschriebenen Schädigungen des Gehirns, besonders des Stirnhirns, findet. Der Druck in der Stirngegend allein freilich dürfte nicht ausreichen, etwas Sicheres zu vermuten. Daß wir die Klangfarbenstörung nicht mehr wie HAIKE als sensorische Amusie bezeichnen werden, dürfte nach den früheren Darlegungen klar sein. Wenn auch im peripheren und zentralen Hörfeld keine quantitativen Ausfälle festzustellen sind, so könnte es sich doch um eine Störung der Klangfarbenqualität, der ,,Komplexqualität" der Klangfarben (F. KRUEGER), um einen ,,Funktionswandel" (STEIN, v. WEIZSÄCKER) auf akustischem Gebiete handeln. Auch eine solche Störung müßte dem Hörfeldbereiche zugeschrieben werden, kann nicht als eine Störung der akustischen Bildorganisation, also nicht als eine sensorische Amusie aufgefaßt werden. Es sei noch bemerkt, daß W. KÖHLER[1] die Störung dieses Falles auf einen Ausfall der ,,Intervallfärbung" (,,Buntheit" usw.) und der ,,Akkordfärbung" (Unterschied von Dur und Moll) zurückführt.

Das geht aber aus der Beschreibung des Falles mit Sicherheit hervor, daß die

[1] KÖHLER, W.: Tonpsychologie. Handb. d. Ohrenheilk. 1924, S. 455.

Klangfarbenstörung nicht allein genügt, die Störung der Gefühlshaltung gegenüber der Musik zu erklären.

Wie dem auch sei, der Fall zeigt wegen seiner besonderen Heraushebung der Gefühls- und Werthaltung gerade auf dem musikalischen Gebiete einen wichtigen Sachverhalt auf, der durch weitere Beobachtungen erst erhärtet werden muß. Nimmt man die Auffassung der Autoren als zu Recht bestehend an, dann ist für die Abgrenzung von Störungen der gefühlsmäßigen *Ausdrucksfunktion* der Musik als Erlebnis von den Klangbildfunktionen ein wichtiger Beitrag gegeben. Wir hätten dann unseren Fall St., der eine Klangbildstörung ohne die Störung der Ausdrucksfunktion, und den Fall N., der eine Störung der musischen Ausdrucksfunktion ohne eine sie hinreichend begründende Störung des Klangbildes hat, gegenüberzustellen. Natürlich bedarf es einer wesentlichen Vertiefung in die Pathologie der Symbol- und Ausdrucksfunktionen im Bereiche der Musik überhaupt, da aus den bisherigen Untersuchungen das empirische Material kaum für den Ansatz einer Theorie genügt.

Für die *Diagnostik* der höheren („transcorticalen") Funktionen des musischen Erlebens ist festzustellen: Die Konstatierung einer Störung im Bereiche der höheren musischen Inhalte bei einem erkrankten Musiker bedarf scharfer Abgrenzung gegenüber den Sinnes- und Bildfaktoren. Wenn man überhaupt eine Analogie zwischen den Störungen der höheren musischen Faktoren und der Pathologie der optischen Gegenstandsauffassung herstellen will, so wird nur die „signitive Amusie", also die Störung der Merkmals-, Zeichen- und Bedeutungsfunktion einer (hypostasierten) „assoziativen akustischen Agnosie" oder „assoziativen Seelentaubheit" als Teilerscheinung zugesprochen werden können, wobei freilich noch Unterschiede zwischen der optischen und akustischen Sphäre bestehen, sodaß ihre Parallelisierung in Frage steht. Die „symbolische Amusie", die Störung des Ausdrucks- und Symbolcharakters der Musik, also die Störung der „hedonischen" Faktoren, hat in der optischen Sphäre einstweilen keine Parallele. Eine Vertiefung der Diagnostik wird freilich erst durch eine Bereicherung der Kasuistik zu erreichen sein, die Beantwortung der Fragen liegt noch in weiter Ferne.

Dritter Abschnitt.

Theoretische Anwendungen der Ergebnisse in der Amusieforschung und Problematik.

Wenn auch die eingehenden Untersuchungen von Einzelfällen mit amusischen Störungen und die kritische Betrachtung des dadurch gewonnenen empirischen Materials, besonders unter Heranziehung neuerer psychologischer und physiologischer Gesichtspunkte, tiefer in die Gesetzlichkeit der pathologischen und normalen Erscheinungen des musischen Erlebens und der ihnen zugrunde liegenden Dispositionen haben führen können, als dies auf dem Boden früherer, mehr auf die Gruppierung der Phänomene und Leistungen und ihrer Hirnzentrierungen eingestellten klinischen Betrachtungsweisen erlaubten, so ist damit doch der Problemkreis nur teilweise umfaßt. Dabei kann zunächst davon abgesehen werden, daß unsere Betrachtungen, die ja einen immerhin großen Bereich schon innerhalb der Mannigfaltigkeit von stofflichen Daten zu verstehen und zu ordnen erlauben sollten, weite Felder hypothetisch lassen und späteren eingehenden Untersuchungen aufsparen mußten, sogar manches anscheinend Gesicherte wieder hypothetisch gemacht haben. Der Musikstoff ist aber als Inhalt des Erlebens nur ein Teil dessen, was Gegenstand akustischer Wahrnehmung ist. Der Einbau des musischen Materials in den Gesamtbestand der akustischen Wahrnehmung ist notwendig. Es muß erkannt werden, was das *musische Klangbildmaterial* in dem Gesamtrahmen zu bedeuten hat, der auch die *Geräusche* und *Sprachphänomene* einbegreift. Weiterhin ist aber die akustische Wahrnehmung einschließlich der in diesem Gebiete sich zeigenden expressiven Äußerungen selbst wieder nur ein Ausschnitt aus dem Gesamtgebiete der Wahrnehmungslehre überhaupt. Und hier ergeben sich Fragen allgemein-pathologischer Art, insbesondere nach der Richtung der Abwandlung normaler Funktion des Akustischen im Vergleich zu den Erscheinungen auf anderen Gebieten, die weiterführen zu den Problemen und allgemeinen Gesetzen des Wahrnehmungsgeschehens und seines Abbaues, gemeinsam allen modalen Sondergebieten. Diesen Problemen sollen die folgenden Abhandlungen gewidmet sein, wobei immer auf möglichst starke Heranziehung des empirischen Materials gesehen werden soll.

I. Amusie und Sprache.

Die Frage nach dem Zusammenhang von Musik und Sprache nach den Begrenzungen ihrer Dispositions- und Erlebnisgrundlagen und ihrer krankhaften Abwandlungen ist so alt wie die theoretische Behandlung der Amusie überhaupt. Seitdem Falret (1876) die Beobachtung veröffentlicht hatte, daß ein motorisch-aphasisch Erkrankter singen konnte, und damit die Tatsache aufgewiesen hatte, daß keine vollkommene Parallelität zwischen sprachlicher und musikalischer Äußerung besteht, sind Klinik und Pathologie der musikalischen Erlebnisse und Betätigungen fast durchweg im Zusammenhang mit der Aphasie bearbeitet und gefördert worden. Namen wie Kussmaul, Oppenheim, Ballet, Edgren, Probst, v. Monakow, Mingazzini, Henschen bezeichnen diesen Weg, den noch viele andere Forscher gegangen sind. Henschen hat in seinem oft zitierten Werke (1920) und in den Abhandlungen, die er ihm über diesen Gegenstand hat folgen lassen, zu diesem Problem Stellung genommen, das auch in den neueren Arbeiten von Pötzl, Teufer, Markus, Herrmann, Jossmann, Klein, Souques u. Baruk u. a. immer wieder aufgeworfen worden ist.

Die Entscheidung der Frage, in welche Abhängigkeit die beiden Gruppen menschlichen Erlebens zueinander stehen, ist nicht nur vom Standpunkt der Pathologie aus wichtig. Auch die allgemeine Psychologie in ihren verschiedenen Arbeitsgebieten, insbesondere die Entwicklungspsychologie und die psychologische Strukturforschung hat Interesse an der Lösung der Fragen, in welcher funktionalen Abhängigkeit die Erlebnisbereiche stehen, von denen das eine das wichtigste Instrument des menschlichen Geistes ist, das andere nach Ansicht vieler die tiefste und reinste Form ist, in der das Gefühlsleben sich Ausdruck verschafft. Bei der Erörterung und Förderung des Problems fällt allerdings der Pathologie eine gewisse Aufgabe zu.

Die Fragestellung ging von jeher davon aus, ob Musik und Sprache, deren sinnenhafte Anteile doch bei beiden dem akustischen Gebiete angehören, aus einer Wurzel kommen, mithin dem gleichen Dispositions- und Funktionsgebiete angehören, nur mit verschiedenen Ausgestaltungen im individuellen Leben. In diesem Falle würden sie den gleichen Organen im Physischen das Intaktsein ihrer Funktion verdanken, aus den Störungen der gleichen Organe (im Sinnesorgan wie im Gehirn) ihre Funktionsstörung erhalten. Oder aber es liegen die Verhältnisse so, daß Sprache und musikalisches Erleben zwei ganz verschiedene Gebiete psychisch-dispositiver Art mit verschiedenen organischen Substraten („Hirnzentren") sind, deren gemeinsame Störung dann nur durch die Nachbarschaft der zugeordneten Hirnteile und entsprechend große Herde verursacht wird.

Da beide Theorien aus dem ihnen zur Zeit zur Verfügung stehenden Material Argumente entnehmen konnten, ist die Frage noch keineswegs entschieden. Die Differenzen zeigen sich vor allem, je nachdem man mehr die statistischen Zusammenstellungen oder die psychologische Analyse einzelner Fälle in den Vordergrund bringt.

Frühere Autoren greifen auf alte Theoretiker zurück, die die Einheit von Sprache und Musik in den manifesten Erscheinungsformen und auch in der Menschheits- und Völkerentwicklung sehen. Diese Einheit leitet J. J. Rousseau aus der Ansicht ab, daß Melodiengesang eine Nachahmung der Akzente von Stimmen der lebenden Sprache sei. Die Affektsprache — also die Sprache in der „Ausdrucksfunktion", die man im Gegensatz zur Bedeutungssprache in die Tierreihe verfolgen kann — wird von H. Spencer mit dem Gesang parallelisiert. Ch. Darwin läßt beide von dem primitiven Akt der „Verführung" herstammen. Die bekannte Theorie W. Wundts identifiziert zwar die beiden Erscheinungsweisen nicht, läßt aber in der Völkerentwicklung die Sprache aus der Musik hervorgehen. Ähnliches besagt auch Büchers Rhythmustheorie. Die von C. Stumpf, Reyer u. a. beschriebenen, oft zitierten Beobachtungen, daß Kinder früher musikalische als sprachliche Äußerungen von sich geben (eine keineswegs durchgehende Beobachtung), können im Sinne der onto- und phylogenetischen Einheitstheorie für Musik- und Sprachentwicklung genommen werden, ebenso wie als Argumente für die Trennung der beiden Bereiche.

Die meisten Theoretiker gehen auf eine an sich bestehende *Verwandtschaft* von Musik und Sprache zurück, bestehen jedoch auf Trennung in bezug auf die pathologischen Erscheinungen und auf die wirksamen Stellen im Gehirn, die jeweils für die Gestaltung des Sprach- und Musikmaterials notwendig sind. Wir finden Äußerungen in den Arbeiten von Jackson, Kussmaul, Ballet, Probst, Mingazzini, Henschen u. a. Die *Trennungstheorie* stützt sich auf beachtenswerte Argumente, die in erster Linie den verschiedenen Erscheinungsweisen bei den Defekten entnommen sind. Idioten, die nie sprechen lernen, sind musikalisch, können sich einen Schatz von Melodien erwerben. Alkoholberauschte verlieren zwar die scharf artikulierte Sprache, während die Fähigkeit zu singen keine Einbuße erleidet. Die Beobachtung Falrets, daß Motorisch-Aphasische singen können, ist so vielfältig bestätigt, daß diese Form der Störung nach Hirndefekt die häufigere ist gegenüber den Störungen, bei denen Sprechen und Singen gemeinsam betroffen sind. Auch isolierte Störungen des Singens bei intakter Sprache nach Hirnschädigungen sind beobachtet. Dazu kommen hirnanatomische Untersuchungen (Probst u. a.), durch die eine verschiedene Lokalisation der Hirnzerstörung bei Amusischen und Aphasischen sichergestellt erschien. Für diese Theoretiker sind also die Fälle, die eine gemeinsame Störung von Musik und Sprache haben, sei es auf sensorischem oder expressivem Gebiete, kein Beweis für die Gemeinsamkeit der Disposition. Natürlich wird eine gewisse Parallelität der beiden Erlebnisbereiche festgestellt (KNOBLAUCH, WALLASCHEK, MARINESCO u. a.). EDGREN läßt Musik und Sprache aus einer gemeinsamen ,,Matrix" hervorgehen und dann ihren eigenen Entwicklungsgang nehmen.

Auf der anderen Seite stehen die Vertreter der *Einheit*. Zu ihnen sind die Forscher zu rechnen, die in der Struktur der Sprache Faktoren als wesentlich zugehörig sehen, die auch für die Musik wesentlich sind. Wenn z. B. BRISSAUD (1894) von einer ,,musique du langage" spricht, die er in den von ihm in dieser Schärfe wohl erstmalig auseinandergehaltenen Begriffen der ,,Intonation" (Tonfall, Modulation, Sprachmelodie) und der ,,Artikulation" in der Sprache findet, so sieht er in der Sprache konstitutive Wirkungsbestandteile wesentlich musikalischer Art. ,,Le langage n'est seulement parlé, mais aussi chanté." Auch PICK [1], der in allem Sprechen die Analyse musikalischer Bestandteile, wie Intensität, Klangfarbe, Rhythmus, für notwendig hält, dürfte nicht zu denen gerechnet werden, die eine prinzipielle Sonderung von Musik und Sprache vornehmen wollen. Am bestimmtesten in der Auffassung der Einheit der beiden Gebiete ist K. BRODMANN [2]. Nach seiner Ansicht ist es vom Musikverständnis ,,nicht erwiesen, daß neben dem Zentrum der Wortklangbilder ein besonderes Zentrum der musikalischen Tonbilder, also ein isoliertes ,Musikzentrum' besteht, und ebensowenig ist es nachgewiesen, noch aus allgemeinen psychologischen Gründen wahrscheinlich, daß ein besonderer Sitz des ,musikalischen Talentes' innerhalb der Temporalwindung vorhanden ist".

Unserer Hauptfrage nach dem *primären Defekt* entsprechend, der wir unsere ganzen pathologischen Untersuchungen unterordnen, seien die Fragen noch enger umschrieben: Ist bei vorkommenden pathologischen Erscheinungen in den Erlebnisgebieten der Lautsprache und der Musik Verschiedenheit nach Auftreten und Art ein Zeichen für das primäre Betroffensein verschiedener getrennter Dispositionsgebiete und als Folge davon verschiedener Auswirkung in den manifesten Situationen von Musik einerseits und Sprache anderseits oder handelt es sich um die Störung gleicher Dispositionsgebiete und nur verschiedener Auswirkung in den beiden verschiedenen Gesamtsituationen? Ist bei gleichzeitigem Betroffensein eines Kranken im Auffassen von Musik und Sprache (und ebenso in den Entäußerungen) nach Auftreten und Art der primäre Defekt in *einem* Dispositionsbereich und daher gleichartig in den Auswirkungen im Sprach- und Musikerleben geschädigt, oder sind in diesem Falle gleichzeitig *zwei Dispositionsgebiete* getroffen, die sich nur aus bestimmten Gründen (z. B. Nachbarschaft der ,,Zentralstellen" im Gehirn usw.) gleichzeitig und gleichartig in größerer oder geringerer Erscheinungsparallelität äußern?

1. Klang- und Sprachlaut in der Sinnessphäre.

a) Über den primären psychischen Defekt wird es kaum eine Meinungsverschiedenheit geben, in dem so häufigen Falle der *peripheren Störung des Hör-*

[1] PICK: Mschr. Psychiatr. **18** (1905).

[2] BRODMANN, K.: Neue dtsch. Chir. **11**, 305 (1914).

feldes. Nicht nur, wenn Musik- und Sprachverstehen bei Taubheit gemeinsam ausgelöscht ist, sondern auch wenn bei sehr hochgradiger Schwerhörigkeit die „Hörreste" wegen zu geringer Intensität und Dauer und wegen ihrer Lage in der Hörreihe zwar die Aufnahme der Sprachlaute nicht mehr erlauben, aber doch noch genügen, einiges „Musikalische" zur Wahrnehmung zu bringen. Auch die Gemeinsamkeit und Verschiedenheit in der Perzeption der musikalischen Klangfarbe einerseits und der Sprachlaute anderseits bei den vielfältigen Formen der Mittelohrschwerhörigkeit mit Einschränkung der unteren Partien des Hörfeldes und der Innenohrstörungen mit Beeinträchtigung der oberen Hörfeldteile lassen Schlüsse auf einheitlichen Defekt und verschiedenartige Auswirkung in Musik und Sprache zu. Das gleiche gilt auch für die peripheren Parakusien (Diplakusis usw.). Bei ihnen schädigt die tonale und temporale Verschiebung und Verstimmung im Hörfeld eines Ohres, je nachdem der Effekt der pathologischen Veränderung immer noch musikalische („harmonisch" bzw. „disharmonisch") oder nur mehr geräuschartige Erlebnisse (vgl. die Bemerkungen von STEHLIK) erzeugt, je nachdem die parakustische Störung die Tonhöhen oder die musikalische Qualität mehr trifft, die Sprach- und Musikauffassung gemeinsam oder in verschiedener Weise.

Einer gewissen Klarstellung mögen die verhältnismäßig spärlichen Fälle von *zentraler (zerebraler) Hörfeldstörung*, die zentralen Anakusien nach Verletzung der HESCHLschen Querwindungen, im Zusammenhang mit unserer Problemstellung bedürfen. Von der „totalen Rindentaubheit" braucht nicht gesprochen zu werden. Soweit nun partielle Anakusien nicht nur Störungen im Klangerfassen, sondern auch Sprachverständnisstörungen bewirken, sind sie zum Teil, wie die Kranken von EDGREN, SERIEUX u. a., mit echten amusischen Bildagnosien kompliziert. Andere Anakustiker, wie die Kranken von QUENSEL und PFEIFER, von E. FORSTER, von KNAUER, haben trotz starker Beeinträchtigung des Hörfeldes, das zum Teil mit der kontinuierlichen Stimmgabelreihe geprüft ist, ein verhältnismäßig gutes Sprachverständnis.

Das Freibleiben der Sprache ist keineswegs ein Argument gegen das Bestehen zentraler Hörfeldstörung. Das beweist die Diskussion, die im letzten Jahrzehnt des vorigen Jahrhunderts über das Wesen der sensorischen Aphasie, speziell der reinen (subcorticalen) Form geführt worden ist. Während auf der einen Seite C. S. FREUND und S. FREUD sich für die Wahrscheinlichkeit ausgesprochen hatten, daß die „Worttaubheit" auf einem peripheren oder zentralen Schaden des Gehörs zurückzuführen sei, wobei ihnen BLEULER und PICK sekundierten, wandten sich KAST und mit den stärksten Argumenten auf dem Boden genauer Untersuchungen H. LIEPMANN gegen diese Auffassung. Insbesondere H. LIEPMANN[1] konnte an seinem Kranken Gorstelle das Intaktsein des Hörfeldes bei schwerer Störung der Auffassung von sprachlichen Gebilden feststellen. Anderseits wurden, soweit die Sprachverständnisstörung nicht wie bei den FREUNDschen Fällen auf labyrinthäre, also periphere Schwerhörigkeit zurückging, Fälle von Sprachverständnisstörung anerkannt, deren primäre Schäden in der zentralen Hörsphäre, den HESCHLschen Querwindungen und ihren subcorticalen Partien liegen. Als solche Kranken können vielleicht die von PICK, BLEULER, eventuell auch der Kranke von

[1] LIEPMANN, H.: Ein Fall von reiner Worttaubheit. Breslau 1898.

BISCHOFF[1], mit ihrer doppelseitigen Schläfenlappenaffektion angesehen werden. LIEPMANN hat den Ausdruck der „Pseudosprachtaubheit" (in Abwandlung des unzweckmäßigen Ausdruckes der „akustischen Sprachtaubheit" von KAST) für diese Ausfälle gebraucht. Es ist also zu sehen, daß auch Sprachstörungen, nicht nur musikalische Auffassungsstörungen als Folge von primären zentralen Hörfelddefekten beobachtet sind. Unter Zusammenfassung der vorliegenden Ergebnisse wird man allerdings zweckmäßig die primären zentralen Hörfeldstörungen, gleichgültig ob sie sich nur in der Musikauffassung oder auch in der Sprachauffassung äußern, unter den Begriff der *zentralen Anakusie* zusammenfassen. Die Termini „Pseudosprachtaubheit", „Pseudoamusie", „perzeptive Melodientaubheit", die nur die Erscheinungsweisen, nicht aber den krankmachenden Defekt bezeichnen, sind nicht zweckmäßig und auch überflüssig. Dem Vorschlag von KLEIST[2], die musischen Folgen der Ausfälle in der Hörsphäre (HESCHL) als „Tontaubheit" zu bezeichnen und sie der „Melodientaubheit" (subcorticaler und corticaler sensorischer Amusie) und der „Musiksinntaubheit" (transcorticale Form) gegenüberzustellen, steht der Zweckmäßigkeitsgrund entgegen, daß der Ausdruck „Tontaubheit" früher für die sensorische Amusie gebraucht worden ist und so leicht zu Begriffsinterferenzen in der Theorie führen könnte. Anderseits können ja bei den zentralen Hörfeldstörungen nicht nur die Töne und ihre Komplexbildungen in Form der musikalischen Klänge, sondern auch die Geräusche und Sprachlaute pathologisch verändert sein, also nicht nur Töne und Klänge. — Für unser Problem sei festgestellt, daß die *Folgen von zentraler Hörfeldstörungen, seien dabei Sprach- und Musikerfassen in Kombination oder isoliert gestört, nicht auf verschiedene Defektgebiete, sondern auf ein gemeinsames, in der Hörsphäre und der ihr entsprechenden Partie des psychischen Hörfeldes gelegenes Substrat zurückgeführt werden müssen.*

b) Für die pathologisch-strukturpsychologische Erklärung bleibt noch *die Frage, warum in Fällen peripherer und zentraler Hörfeldstörung bei einem Kranken beide Gebiete getroffen sind, beim anderen nur eines, Musik oder Sprache, sich in der Perzeption als geschädigt erweist.*

Zur Besprechung nehmen wir hier eine arbeitshypothetische Position ein, deren empirische Bewahrheitung und Korrektur zum großen Teil der Zukunft überlassen bleiben muß. Denn trotz vielfältiger und tiefgreifender Studien über die Gesetzlichkeiten innerhalb des Schallgebietes und trotz Beibringung eines sehr großen Materials sind doch die Resultate noch keineswegs so, daß auch nur im Bereiche der gesunden Hörempfindung hinreichende Sicherheit in den Theorien vorliegt, schon nicht auf normalem und noch weniger auf pathologischem Gebiete[3].

Wir sehen hier von den physikalischen und physiologischen Theorien der Erzeugung von Klängen und Sprechlauten ab und benutzen die Resultate der

---

[1] BISCHOFF: Arch. f. Psychiatr. **1899**.

[2] KLEIST: Gehirnpathologische und lokalisatorische Ergebnisse über Hörstörungen, Geräuschtaubheit und Amusie. Mschr. Psychiatr. **68** (1928).

[3] Vgl. über Sprachlaute und musikalische Instrumentalklänge C. STUMPF: Die Sprachlaute. Berlin 1926; über das Physikalische F. TRENDELENBURG: Physik der Sprachlaute. „Akustik" 8, von H. GEIGER u. KARL SCHEEL, Handb. d. Physik 1927, S. 450ff.

Tonpsychologie, der Klang- und Sprachlautforschung nur insoweit, daß eine Vergleichung der musikalischen, sprachlichen und geräuschhaften Erscheinungen für die *Pathologie* durchführbar wird. In dieser Begrenzung ist es selbstverständlich nicht möglich, vom Einzelklang und Einzellaut auszugehen, weil ja die Erkrankungen des Ohres und der Hörsphäre nicht zu einem Krankwerden von Tönen und Klängen als Erscheinungen, sondern zu allgemeinen und begrenzten Ausfällen im *Gesamtbereiche der akustischen Sinnessphäre*, also im *Hörfeld* führen. — Das Dispositionsgebiet des Hörfeldes hat die außerordentlich große Mannigfaltigkeit innerhalb der Schallwelt in einer nach ihrer Anlage und Funktionsfähigkeit gesetzten Begrenzung zu adäquaten Schallgebilden der einzelnen Gehörsempfindungen zu gestalten und zu differenzieren. Die größte Breite der akustisch-sinnlichen Gestaltungen des Hörfeldes, der Schallgebilde im ganzen, nehmen die *Geräusche* ein, deren schier unermeßliche Mannigfaltigkeit in ihren Erscheinungsweisen, in ihren qualitativen und quantitativen Unterscheidungen, in ihren tonalen, intensiven und extensiven Eigenschaften, in ihren zeitlichen Einsatz- und Verlaufsformen nicht nur praktisch im Alltag, sondern auch theoretisch im gewissen Sinne das sinnliche Fundament für den Aufbau der akustischen Welt sind[1].

Aus diesem großen Bereich der Schallgebilde, die wir in den Geräuschen bestimmt haben, läßt sich eine Gruppe von Gegebenheiten, wenn auch mit fließenden Übergängen, herausheben, die als *Klänge* bezeichnet werden. Stumpf definiert in seiner Tonpsychologie[2] den Klang nach ausschließenden Merkmalen: „Wir nennen einen Klang überhaupt jeden musikalischen nicht geräuschartigen Gehörseindruck.“ Dies besagt auch, daß die phänomenologische Merkmalsbestimmung des Einzelklanges schwierig ist. Die Unterscheidung vom Geräusch kann nicht prinzipiell etwa durch Höhe und Helligkeit erfolgen, weil auch die Geräuschempfindung nach „höher oder tiefer“, „heller oder dunkler“ oft sehr fein beurteilt werden kann. Der Klangfarbe — nach Stumpf hat auch der Ton seine „Tonfarbe“ — steht in der „Geräuschfarbe“ ein Bereich gegenüber, das wohl nicht minder reich an Nuancen ist. Intensitätsverschiedenheiten haben Geräusche und Klänge gemeinsam, ebenso die Differenzen im Volumen (breit, spitz usw.). Vokalität, die schon eine Eigenschaft der Instrumentalklänge ist und noch mehr in der menschlichen Singstimme außer der Tonhöhe variierbar ist, kann auch den verschiedenen Geräuschregistern in spezifischen Unterschieden nicht abgesprochen werden. Was den Klang phänomenologisch auszeichnet, und zwar je „reiner“ er ist, um so mehr, ist eine nicht weiter definierbare „Klangqualität“, die die Geräusche in immer größerer qualitativer Annäherung an die Klänge erhalten, in größerer qualitativer Klangferne vermissen lassen; weiterhin die scharfe Bestimmbarkeit und Fixierbarkeit (z. B. nach Tonhöhe, musikalischer Qualität usw.) schon im Empfindungsgebiete.

Diese Eigenschaften machen den Klang besonders geeignet, tonales Fundament für die Musik zu sein. Dies hängt eng zusammen mit der physiologischen Struktur des Einzelklanges aus den Partialtönen, mit den periodischen Schwingungen der Schalleiter bei Einzeltönen und den immer mehr den „unperiodischen“

---

[1] Vgl. hierzu Koehler, W.: Tonpsychologie in Alexander-Marburg: Handb. d. Neurologie des Ohres. Leipzig und Wien 1923.

[2] Stumpf: Tonpsychologie 2, 2. (1890).

Gesamtschwingungen sich annähernden Schwingungsformen für die Geräusche. Beim Klang wie beim Geräusch ist das ganze Hörfeld, und zwar jeweils an den Stellen beteiligt, die den Partialtönen des durch entsprechende physikalische Situation erzeugten Einzelgeräusches oder Einzelklanges entspricht. (Auch die Geräusche lassen sich ja nach neuen Untersuchungen durch Interferenzröhren auslöschen, also auf periodische Partialschwingungen oder ihre Teile reduzieren.) Während die Klänge eine Struktur nach Grundtönen und Obertönen haben, fehlt diese dem Geräusch. ,,Zurücktreten des Grundtons, überhaupt Fehlen einer leicht bestimmbaren Tonhöhe"[1] wird im allgemeinen als das Merkmal der Geräusche gegenüber den Klängen aufgefaßt. Wenn die Bestimmbarkeit der Tonhöhe auch für die obersten und untersten Partien der Tonskala, die musikalisch fast nicht mehr in Betracht kommen, nicht gilt, so ist dieses Unterscheidungsmerkmal gegenüber den Geräuschen doch für die musikalisch brauchbaren Klänge vorhanden. Die Grundtöne bzw. die reinen obertonfreien Töne haben nicht nur wie die Geräusche die Qualität ,,hoch" oder ,,tief" (höher oder tiefer), sondern können unter kontinuierlichen — freilich noch nicht quantenmäßig nach Tonschritten festgelegten — Tonhöhenreihen des Hörfeldes ihren bestimmten, festgelegten Platz erhalten[2]. Dies gelingt bei den Geräuschen in dem Maße weniger, als sie den Klängen unähnlicher sind und ist auch bei den Klängen um so weniger der Fall, als sie sich von der Klangqualität entfernen (man beachte manche Glockenspiele, gewisse Geräuschregister der modernsten Orgeln usw.). Diese ,,tonale Fixierbarkeit" der reinen Töne und der Grundtöne von komplexen Klängen, beim analysierenden Hören für viele Menschen auch der Obertöne, geben erst die Möglichkeit, außer der Stellenfestlegung in der Hörreihe auch die Distanzen (Intervalle) und ihre Qualitäten (z. B. die ,,Intervallfärbung" nach Koehler) und die aus der Art des Hörfeldes resultierenden harmonischen Qualitäten (Koehlers ,,Akkordqualität"), Konsonanz- und Dissonanz in Komplexeigenschaft (F. Krueger) zu erleben. Dies alles fehlt dem Geräusch. Die Fixierbarkeit bleibt aber nicht nur bei den Tonhöhen und den bei ihnen abgeleiteten Qualitäten stehen. Auch die Klangfarben der einzelnen Instrumente und ihre verschiedenen ,,festen und beweglichen Formanten" (Maxima, vgl. Stumpf) im physikalischen und physiologischen Sinne lassen sich eher in Qualitätsreihen fixieren als die Geräusche. Ebenso haben die Vokalqualitäten etwa der gesungenen Vokale (in ihren zweidimensionalen Ordnungen der U–I- und der U–A-Koordinate[3]) größere Fixierbarkeit gegenüber den sehr undifferenzierten Vokalqualitäten von Geräuschen. Selbst die Intensitäten der Schälle sind in der Klangsphäre leichter in die Reihe vom Pianissimo zum Fortissimo festzulegen als dies bei reinen klangfreien Geräuschen der Fall zu sein scheint, wenngleich hierin die Unterschiede zwischen Klang und Geräusch nicht so groß sind. Wir gehen hier nicht weiter auf die Schwierigkeiten dieses Gebietes ein. Im ganzen kann man aber gerade im Hinblick auf die hohe Ausprägbarkeit, Fixierbarkeit der Klänge und die Möglichkeit ihrer systematischen Ordnung schon im Empfindungsbereiche sagen, daß die *Klangempfin-*

---

[1] Nagel, zit. nach Stumpf: Die Sprachlaute, S. 351.

[2] Vgl. hierzu und zum folgenden auch Stumpf, C.: Singen und Sprechen. Beitr. z. Akust. u. Musikwissensch. 1924. Zur Physiologie der Singstimme Nadoleczny, M.: Untersuchungen über den Kunstgesang. 1923.

[3] Vgl. Stumpf, a. a. O.

dungen phänomenologisch und auch physiologisch eine höhere Stufe der Differenzierung in der Funktion des Hörfeldes sind als die Geräusche. Die Differenzierung geht vom klangfernsten Geräusch über die klangnahen Geräusche bis zu den „reinen" Klängen vielleicht bis zu den obertonfreien Tönen.

Die *gehörten Sprachlaute* sind eine besondere Gruppe oder besser mehrere Gruppen von Hörfelddifferenzierungen. Sie erhalten ihre Qualifizierung nicht so sehr durch den besonderen Charakter ihrer Lauteigenschaften, als vielmehr durch ihre Zugehörigkeit zu bestimmten Gesamtsituationen, die dem Zweckgebiet des Sprechens angehören. Daher haben sie auch ihre Umgrenzung. Wir wählen hier nur weniges aus dem gewaltigen Gebiete der Phonetik und Klanglehre, die die Sprachlaute betreffen, für unsere Frage heraus. Es kommen in Betracht die Laute, die mit dem physiologischen Sprechapparat hervorgerufen werden. (Auf die Art wie dies geschieht, insbesondere auf die theoretischen Differenzen über die Vokalerzeugung zwischen den Ansichten von HERMANN und HELMHOLTZ und die daran anschließenden Diskussionen wird hier nicht eingegangen.) Das Bereich dessen, was der Sprechapparat an Lauten fördern kann, ist viel weiter als das der Sprachlaute. Man denke an die Möglichkeit der Nachahmung vielfältiger animalischer und mechanischer Laute durch den Sprechapparat. Es wird eine Auswahl hergestellt, die durch die Entwicklung einer Volkssprache und der konventionellen, d. i. mnestisch festgelegten Umgrenzung der in ihr verwendeten Einzellaute getroffen ist und die auch im Bereiche der Laute zwischen den Volkssprachen und hier wieder zwischen den Dialekten weitgehend variiert. Auf der lautlichen Melodie der Sprache prägen sich die Formen der Vokale, der Halbvokale und der Konsonanten heraus. Die lautsprachlichen (nicht gesungenen) Vokale sind die Ausschnitte aus der Sprachmelodie mit bestimmtem Vokalcharakter. Ohne auch hier wieder auf die großen theoretischen Schwierigkeiten der Vokallehre einzugehen, kann man sagen, daß diese sprachstimmlichen Laute, die man Vokale nennt, zwischen den klangfernen Geräuschen und den eigentlichen musikalischen Klängen stehen. Nehmen wir an, daß der gesprochene Vokal nicht wie in der lebendigen Sprache gleitet (ISSERLIN), sondern vom Sprechenden kurze Zeit gehalten wird, dann ist der sprachstimmliche Vokal vom musikalischen Klang dadurch getrennt, daß man bei ihm zwar die Eigenschaft hoch und tief beurteilen kann, daß man aber die Stimmäußerung in der Tonhöhenreihe für gewöhnlich nicht fixieren kann, wenn man nicht die momentane Höhe auf dem Gesangston ausdrücklich und aktiv herausdifferenziert oder ihm eine besondere Aufmerksamkeit nach dieser Richtung hin zuwendet (HERMANN, zit. nach STUMPF). Der vokalisierte nichtgesungene Sprachlaut hat Höhe und Höhenunterschiede, aber nicht im Erlebnis *fixierte* Höhe, und wird deshalb auch nicht in ein fixierbares Intervall- und Harmonieverhältnis kommen können (vgl. das Melodram ohne harmonische Einordnung etwa mit dem gesungenen und harmonisierbaren Rezitativ!). Dagegen steht er dem Klange nah, vielleicht durch leichtere Fixierbarkeit in der Intensitätsreihe, insbesondere aber durch die scharf gegliederte und streng fixierbare Ausprägung in der Vokalitätsreihe, eine Eigenschaft, die den gesprochenen Vokal nicht nur von den Geräuschen, sondern auch von den meisten Instrumentalklängen auszeichnet. In der lebendig gesprochenen Lautsprache sind die Vokale innerhalb der Sprachmelodie, die eine gleitende Tonhöhe und Intensität hat, auch die Klangfarben der Vokale, also auch die Struktur ihrer Haupt- und Nebenformanten gleitend[1]. Ganz fehlt der Klangcharakter bei den geflüsterten Vokalen, die man mit STUMPF[2] als „Geräusche mit ausgeprägter Färbung" von den Konsonanten als „sprachlich herstellbaren Geräuschen ohne ausgeprägte Färbung" abgrenzen kann. Die echten, auch in der Lautsprache stimmlosen Konsonanten sind ganz klangferne Geräusche. Auch sie haben Höhe und Tiefe, haben ihre charakteristischen Formanten (mithin „Geräuschfarbe" im engeren Sinne), können sogar Vokalanklang haben, je nachdem sie einem Vokal folgen bzw. ihm vorhergehen. Die zeitlichen Strukturierungen (nach Ausdehnung, Intensitätsschwankungen während des Verlaufes im Einzelkonsonanten usw.) sind bei den Explosivlauten beschränkt, freier bei den Hauch- und Zischlauten. Auf die vielen phänomenologischen Verschiedenheiten kann nicht eingegangen werden.

Die Halbvokale (m, n, ng, r, l) haben die stimmlichen Möglichkeiten und Begrenzungen der lautgesprochenen Vokale, ohne aber die Vokalfärbung in ihrer Variationsbreite zu besitzen. Sie bekommen einen Vokalanklang, manche vielleicht in etwas höherem Maße als die stets stimmlosen Konsonanten, durch vor- und nachgehende stimmlich ausgesprochene Vokale[3].

Trotz der großen Beschränkung, die sich unsere Darstellung im Rahmen der vorliegenden Problematik auferlegt hat, kann doch gesagt werden, daß das Gebiet der gehörten *Sprachlaute* als bestimmte und begrenzte Ausschnitte aus dem Empfindungssystem des Hörfeldes sowohl in den stimmlichen Phänomenen (Sprechstimme, Vokale und Halbvokale) wie auch in den stimmlosen Erscheinungen (Flüstersprache, Konsonanten) *nicht die hohe Differenzierung aufweist, wie die sinnesmäßigen Erscheinungen des Klang- und Tonbereiches.* Das geht unter anderem schon aus dem im praktischen Gebrauche sich äußernden Mangel an Fixierung in der Tonhöhenreihe und dem Fehlen der Intervall- und Harmoniebeziehungen hervor. Die Sonderstellung der gesprochenen Vokale in der Vokalitätsreihe ist Gegenstand spezieller Problematik.

Was den *pathologischen Funktionsabbau* im Dispositionsgebiete des Hörfeldes (durch periphere oder cerebrale Erkrankung der Organe für die akustische Sinnessphäre) betrifft, so ist über die rein klinischen Tatsachen hinaus nach der Richtung der in ihnen liegenden Gesetzlichkeiten nicht viel Material gesammelt worden. Die Beschränkung der Sprachlaute auf die BEZOLDsche Sext (b_1–g_2) ist wohl heute nach den neueren Untersuchungen (H. LIEPMANN, FRANKFURTHER u. THIELE, STUMPF) als aufgegeben anzusehen. Wenn man die neuesten phonetischen und pathologischen Untersuchungsergebnisse im Vergleich von Sprachlaut und Musikklang in der Hörfeldfunktion betrachten will, so findet man Material bei einem Vergleich der Tabellen S. 94, 133 und 382 in STUMPFS „Die Sprachlaute". An ihnen lassen sich die Einschränkungen des Hörfeldes von oben in ihren Auswirkungen auf die Verständlichkeit der Sprache[4] und die Struktur der Einzellaute vergleichen mit den Verhältnissen der festen und beweglichen Maxima von instrumentellen Musikklängen. Es ergibt sich, daß bei Auslöschung der Teiltöne durch Interferenz-

[1] ISSERLIN, M.: Psychologisch-phonetische Untersuchungen. Z. f. allgem. Psychiatr. **75** (1919) und Z. Neur. **94** (1924).

[2] STUMPF: Die Sprachlaute, S. 100.

[3] STUMPF, a. a. O., S. 104.

[4] Hierzu auch STUMPF, C.: Veränderung des Sprachverständnisses bei abwärts fortschreitender Vernichtung der Gehörsempfindung. Beitr. Anat. usw. Ohr usw. **17** (1921).

röhren bis zu es_4 die stimmhafte Sprache „noch gut verständlich, I nach Ü, E nach O hin alteriert" ist, während die gleiche Einschränkung wohl die Empfindung von musikalischen Instrumenten mit hohen Grundtönen, etwa Flageolettönen der Streicher und der oberen Partien der Pikkoloflöte, auslöschen muß (letztere Instrumente nicht auf der Tabelle). Auch bei Einschränkung auf as_3 ist in der stimmhaften Sprache, wenn auch größere Aufmerksamkeit erforderlich ist, „noch alles verständlich", stimmhaftes I und Ü = U, E = O, Ö fast O, A fast Å. Für stimmlose Laute ist bei Herabsetzung auf gis_3 (gleiche Höhenlage) E = Ou, U = leises U, Ä = Ao, E = O, A verdunkelt; von Konsonanten ist M, Ng, L nur ein dunkles Hauchen, Sch unkenntlich, K = T. (Man sieht, welche Beeinträchtigung der Einzelsprachlaute noch mit einem verhältnismäßig guten Verstehen in der Umgangssprache vereinbar ist!) Bei der Einschränkung auf as_3 müssen die annähernd festen Maxima und für die hohen Grundtöne auch die beweglichen Hauptformanten der Klarinetten schon ausgelöscht sein; diese Instrumente müssen also mindestens das Spezifische ihrer Klangfarbe verloren haben. Bei Reduktion des Hörfeldes von oben bis a_2 ist in der stimmhaften Sprache „nur selten noch ein Wort zu verstehen; A stark verdunkelt". Stimmlose Laute sind bei Reduktion auf gis_2 sehr schwer verändert: die Zischlaute wie dumpfes Hauchen, die Explosivlaute alle als unterscheidbares Stoßgeräusch (schon bei Beschränkung auf g_2), R wie mattes Gurren. Einschränkung auf c_2: „Alles unverständlich, kein Laut auch nur zu erraten." Es reicht aber die untere Grenze der festen Maxima bei der Tenorposaune noch unterhalb dieser Stufe (c_1–c_3 bei Grundton c); die beweglichen Formanten des Fagotts bei tiefen Grundtönen (C bzw. G) liegen noch weiter darunter (g_1–c_2; bzw. d_2–g_2). Diese Instrumente sind wohl noch nach Auslöschung der Sprachlaute von oben her in ihren Klangfarben wenigstens in gewissen Höhenlagen hörbar.

Aus diesen Vergleichen ist zunächst einmal im groben zu ersehen, daß schon physikalisch das Bereich der musikalischen Klänge einschließlich des Gesanges ein anderes und weiteres ist als das der Sprachlaute, und zwar sowohl was den Teiltonaufbau im ganzen als auch den der Formanten im besonderen betrifft. Die Untersuchungen an pathologischen Fällen mit Einschränkung des Hörfeldes von oben her in verschiedenen Graden, die STRUYKEN, LAMBERT, CLAUS, GRADENIGO, PAPALE vorgenommen haben und deren Ergebnisse in bezug auf den Abbau der Konsonanten und Vokale in ihrer Hörfähigkeit STUMPF[1] wiedergibt, decken sich weitgehend mit den Resultaten der künstlichen Auslöschung von verschiedenen Hörfeldstrecken durch Interferenzröhren. Wir verzichten deshalb auf besondere Wiedergabe und verweisen auf die angegebenen Abschnitte in STUMPFs Werk und die dort verzeichnete Literatur. Diese pathologischen Ausfallserscheinungen können somit ganz parallel gesetzt werden mit den künstlichen Einschränkungen des Hörfeldes, die wir oben dargelegt haben in bezug auf ihre Auswirkung in Musik und Sprache.

Fragt man sich, wie *Musiker* durch verschiedene Defekte des Hörfeldes quantitativer (rarefizierender) Art im Erleben von Musik und von Sprache beeinträchtigt werden, so muß man — die sekundären Faktoren wie Aufmerksamkeit, Gedächtnis usw. als intakt und optimal funktionierend vorausgesetzt — gröbere

---

[1] STUMPF: Die Sprachlaute, S. 239ff.

Schäden herausholen. Es werden Unterschiede nach den betroffenen Hörfeldbereichen bestehen. Sind die oberen Partien des Hörfeldes stärker eingeschränkt, so entstehen Störungen des Lautverstehens und der Klangauffassung für Sprechen und die meisten Instrumente, während immerhin noch die Auffassung tiefer gelegener Instrumentalklänge (Kontrabaß, Fagott usw.) erhalten bleibt. Sind nur die unteren Partien ausgefallen, so können die Klangfarben tiefer Instrumente wegen Abschwächung der tiefen Grundtöne gegenüber erhalten bleibenden Obertönen sehr geändert sein, während es möglich ist, daß die Sprache und die meisten höher gelegenen Orchesterinstrumente ihre Klang- und Geräuschfarben, Vokalität usw. für die Empfindung relativ gut beibehalten haben. In beiden Fällen tritt aber schon darin ein Unterschied des gleichen Defektes für die Wirkung auf Sprache und Erfassen eines Orchesterklanges zutage. In stärkerem Ausmaße ist dies der Fall, wenn feinere umschriebene Defekte die Klang- und Lautstrukturen beeinträchtigen. Am meisten gefährdet sind da die „reinen" Töne, die an Ort und Stelle, soweit der Hörfelddefekt reicht, vernichtet (oder stark geschwächt) werden. Die komplexen Klänge, Sprachlaute und Geräusche, sind nicht der völligen Auslöschung ausgesetzt. Bei Defekten kann in den oberen Teilen des Hörfeldes die adäquate Erfassung der hohen Instrumente zwar zerstört werden und schwer leiden, gleichzeitig auch die Empfindung für gewisse Laute mit hohen Obertönen und Formanten wie die Zischlaute. Die Musikinstrumente mit tieferen Lagen des Grundtonumfanges und der Teiltonmaxima verlieren nur die hohen Obertöne und erleiden vielleicht eine mehr oder weniger starke Veränderung ihrer Komplexeigenschaften und der Spezifität ihres Klangcharakters, ebenso wie gewisse Vokale mit ihren festliegenden Formanten, während die höher liegenden Vokale und Konsonanten Veränderungen und Abwandlungen in Laute mit tiefen Teiltonmaximis erhalten. Die qualitative Änderung bei isolierter Schädigung der tieferen Hörfeldteile haben wir oben kurz erwähnt.

Noch verhängnisvoller insbesondere für die Auffassung der musikalischen Einzelklänge sind die qualitativen Änderungen der Hörfeldfunktion, wenn alle Töne bei der Prüfung mit der Stimmgabelreihe funktionieren, die Komplexe jedoch, die Bildung von Klängen aus Teiltönen, die adäquaten Zeitabläufe, die Intensitätsabläufe, das Ein- und Absetzen des Einzelklanges entsprechend dem Reiz („Umstimmung") gestört sind, kurz wenn das eintritt, was die Heidelberger Neurologen (v. Weizsäcker, Stein) den „*Funktionswandel*" nennen. Diese Erscheinungen, die auf anderen Sinnesgebieten, besonders den taktilen, eingehender beschrieben sind, haben im akustischen Bereiche zur Folge, daß zwar Reizbeantwortungen vorhanden sind, jedoch nicht mehr adäquat, sodaß anstatt Klängen Geräusche von weniger oder mehr Klangähnlichkeit oder Klangferne entstehen. Solche Fälle sind offenbar im Gebiete der peripheren Parakusien nachgewiesen (Stehlik), für die zentralen Anakusien muß ihre Existenz im Bereiche der pathologischen Geräuschempfindungen erst untersucht werden. Sie sind aber aus den Krankenberichten als wahrscheinlich anzunehmen.

Es läßt sich leicht ersehen, daß der gleiche Schaden im Hörfeld auf das musikalische Erfassen und auf das Sprachverstehen beim Musiker eine verschiedene *Wirkung* haben kann. Wir wissen sehr gut, daß die Alteration eines Klanges in einen anderen Klang von anderer Färbung und anderer „Komplexeigenschaft" (Stumpf) eine andere Bedeutung für das Erfassen eines Orchesterstückes hat als die gleiche Alteration von Lauten für das Erfassen der Sprache. Die Sprachlaute sind, wenn auch im einzelnen leicht zu verändern, doch in ihrer Auswirkung nicht so lädierbar wie die musikalischen Klänge. Es ist schwieriger für einen Musiker, ein Stück noch zu genießen, wenn in bestimmten Höhen die Orchesterstimmen der gleichen Instrumente anders klingen als in anderen Höhen, wenn gar gewisse Partien ausfallen, weil wichtige Klangstrukturanteile durch die Hörfeldstörung verlöscht oder klanglich oder geräuschartig verändert sind. Die gleiche existente Veränderung im Bereiche der Sprachlaute braucht, wie sich auch aus den oben angegebenen Tabellen (STUMPF) ergibt, das Verstehen der Umgangssprache kaum merkbar zu verändern. Man kann in diesem Zusammenhang auch an die großen Differenzen erinnern, die die verschiedenen Dialekte der gleichen Sprache in phonetischer Beziehung darbieten und wobei doch die Dialekte von den Angehörigen der verschiedenen Volksstämme gegenseitig verstanden werden. Was wird da alles an Endsilben weggelassen und verschluckt, wie werden die Vokale in dem einen Dialekt hell, im anderen ganz dunkel, ja sogar ihrer Qualität nach ganz verschieden gegeben (O statt A, ei statt eu usw.!). Da macht es für den Hörenden nicht so viel aus, wenn ein scharfer Zischlaut für ihn jetzt nur mehr als Gaumenhauchlaut erscheint, oder wenn er sogar, wie jeder Gesunde am Telephon und am Radio, viele Konsonanten überhaupt nicht hört, trotzdem aber die Sprache versteht. Die Anpassung an alle diese Aufgaben ist in dem Gesamtzweck des Sprechens sehr groß, während die Aufgabe, die ein Musikstoff an den Hörer stellt, sehr begrenzt und sehr verletzbar ist. Groß ist auch die Anpassungsfähigkeit im Erfassen der Geräusche des täglichen Lebens, die bei bestimmter pathologischer Einstellung im Hörfeld zwar ebenfalls eine Veränderung erfahren, je nach der Art des Schadens dumpfer oder schärfer werden usw., aber in ihrem Charakter für den Hörenden, insbesondere in ihrer Funktion als akustische Merkmalsbestimmungen (Wagenrasseln, Maschinengeräusch usw.), im ganzen nicht wesentlich verändert zu werden brauchen. Mit dieser „Anpassung“ ist ja der Umstand verbunden, daß auch bei Defekten des Hörfeldes die Bildsphären (Wahrnehmungs- und Vorstellungsdispositionen) wie auch, besonders was das Sprechen betrifft, die höheren Sphären des Signitiven und Symbolischen erhalten sind, und daß aus diesem Erhaltensein Ergänzungen assimilativer, apperzeptiver, denkmäßiger Art entstehen. Die Gesamtaufgabe des Sprechens als Instrument des Denkens, der Musik in ihrer viel stärkeren akustischen Bestimmtheit anderseits geben dem Gebiete der Klänge und Sprachlaute bei den gleichen Hörfelddefekten verschiedene „Hilfen“.

Besonders eingreifend wird der Schaden für den Musiker, wenn durch den Funktionswandel Klänge in Geräusche verwandelt werden. Gewiß trifft diese Wandlung auch diese Geräusche und Sprachlaute. Es ist aber einleuchtend, daß die dadurch gesetzte Veränderung das Klangbereich in ungleich höherem Maße schädigt als das der Geräusche und Sprachlaute. Es tritt eine „*Deklassierung*“ (Entdifferenzierung) ein, die naturgemäß die höchstdifferenzierten Erscheinungen des Hörfeldes sehr stark trifft, während sie im Bereiche der niederer differenzierten Geräusche in dem Maße weniger bemerkt zu werden braucht, als sie klangferner stehen. In diesem Falle kann es vorkommen, daß der Kranke Musik als Geräusch hört, nicht mehr imstande ist, überhaupt Musik zu genießen, aber doch Sprache versteht und den Geräuschen des täglichen Lebens gegenüber empfindlich bleibt. So können vielleicht die Fälle von peripheren Parakusien und zentralen Anakusien erklärt werden, bei denen gutes Sprachverstehen mit schwerer Störung des Empfindens musikalischer Klänge verbunden ist. Der gleiche Defekt des Hörfeldes schädigt und „deklassiert" die Empfindung der Klänge mehr als der Geräusche und Sprachlaute. Wie die Verhältnisse bei den Fällen zentraler Anakusie liegen, bei denen sich Sprachstörungen (Pseudosprachtaubheit nach LIEPMANN) finden, und wie sich bei diesen Fällen das Musikauffassen verhält, ist bisher noch nicht völlig geklärt.

Wir fassen zusammen:

Erkrankungen des Gehörorganes oder des Hörhirns (HESCHLsche Windungen und deren subcorticalen akustischen Anteile, Hörbahn, mittlerer Kniehöcker, Hörstrahlung im Gehirn) machen einen Musiker nicht im Geräusch, Klang und Sprachlaut als Empfindung krank, sondern im Hörfeld. Die Geräusche, Klänge und Sprachlaute sind Differenzierungen des phänomenalen Hörfeldes als Beantwortungen bestimmter Beeinflussungen durch die Situation. Die Differenzierungen haben verschiedene Stufen, bei denen der Aufbau der Komplexbildungen (Teiltonstrukturen) eine Rolle spielt. Dabei haben die Geräusche die niedrigste, die Klänge die höchste Differenzierungsstufe, die Sprachlaute nehmen verschiedene Partien zwischen diesen beiden Stufen ein, da sich in ihnen ganz klangferne Geräusche (Flüstersprache, stimmlose Konsonanten) als auch klangnahe Laute (Sprechstimme, gesprochene Vokale) vorfinden.

Ein bestimmter Defekt im Hörfeld (d. h. in den beiden peripheren Hörfeldern in Symmetrie oder im zentralen Hörfeld) wirkt sich in den verschiedenen Stufen der Hörfelddifferenzierung je nach der Beanspruchung von Hörfeldteilen, die die Reizbeantwortung erfordert, aus, betrifft Geräusche, Klänge und Sprachlaute gemeinsam oder verschieden.

Die Gemeinsamkeit oder Verschiedenheit in den Empfindungen von Geräuschen und Klängen kann bestimmt werden durch die umschriebene Schädigung von Teilen im Hörfeld (Rarefikation).

Da das Bereich der Geräusche und der musikalischen Klänge im gesamten Hörfeld größer ist als das der Sprachlaute, können bei teilweiser oder völliger Aufhebung der Perzeption für Sprachlaute noch Geräusche und Instrumentalklänge, deren wesentliche Strukturanteile (Formantenbereiche usw.) noch außerhalb der für das Sprachverstehen notwendigen Hörfeldteile liegen, in einzelnen Fällen noch adäquat akustisch empfunden werden. Der „Funktionswandel" im Hörfelde, d. h. die Störung von Ablaufsqualitäten in der Teiltonstruktur der Klänge und eventuell komplexer Geräusche bei erhaltener Perzeption der einzelnen Teiltöne, führt zu einer Veränderung der akustischen Empfindung im genannten Hörfeld. Dabei tritt eine „Deklassierung" der höchstdifferenzierten Stufe, der Klänge, dergestalt ein, daß sie zu Geräuschen, d. h. zu Phänomenen niederer Differenzierungsstufe werden. In diesen Fällen kann Musikempfindung aufgehoben, Geräusch- und Sprachlautempfindung erhalten sein. Wir können BÖRNSTEIN darin zustimmen, daß die Geräusche das „ultimum moriens" der Hörrinde sind.

Für die Verschiedenheit der Auswirkung eines bestimmten Hörfelddefektes auf den Stufen der musikalischen Klänge, der Sprachlaute und Geräusche ist mitentscheidend, daß die Dispositionssphären der Bildorganisation (Objektivierung, tonale und zeitliche Struktuierung in Akkord, Melodie, Rhythmus, Tempo, Takt,

Vorstellungsproduktion) und auch die höheren Sphären des Signitiven, Symbolischen, Denkmäßigen, Ästhetischen usw. erhalten geblieben sind und je nach der Situation für das musikalische und sprachliche Erfassen in gemeinsamer oder unterschiedener Weise als ,,Hilfen" wirksam werden.

Trotz verschiedener Auswirkung eines Defektes in der Hörleistung für Sprachlaut und Musikklang bei Hörfeldstörung ist natürlich eine getrennte Lokalisation von ,,Musik" und ,,Sprache" im Empfindungsbereiche des Hörfeldes nicht möglich.

2. Bildorganisation in Musik-, Sprach- und Geräuschformen.

Die Lösung, daß ein einheitlicher Dispositionsdefekt sich in den verschiedenen akustischen Situationen, Musik, Sprache, Geräusche, verschieden *auswirkt*, ist für die Sinnessphäre, das Hörfeld, wohl nicht zu bestreiten, hat aber, wie schon früher ausgeführt, für das Bereich der Bildsphäre (Gnosie), für Akkord, Melodie, Tonalität, für Rede, Satz und Wort nach ihrer akustischen Bildqualität, keine allgemeine Anerkennung. Die meisten Theoretiker sehen in Musik- und Sprachverstehen verschiedene und getrennt lokalisierte Dispositionen, eine Ansicht, der sich, wie bemerkt, BRODMANN widersetzt.

Um das Problem zu klären und nach einer Richtung zu entscheiden, soll das bisher vorhandene empirische Material dienen, Fälle, in denen die beiden Gebiete untersucht und verglichen sind, bei denen man also reine (subcorticale) und totale (corticale) sensorische Aphasie und Amusie gemeinsam oder nur einzeln bei den verschiedenen Kranken gefunden hat. Dieses Material ist allerdings schon der Zahl nach nicht groß, weniger aber noch nach der Art der Untersuchung und der Herausarbeitung der primären Defekte. Greifen wir die einschlägigen Fälle der häufig zitierten Kasuistik von HENSCHEN heraus, vermehrt um die in ihr nicht angeführten und die seit ihrer Veröffentlichung später beschriebenen Fälle (BONVICINI, SCHUSTER-TATERKA, P. KLEIN, SOUQUES u. BARUK, URBANTSCHITSCH, WALTHARD und die beiden in unserer Arbeit wiedergegebenen Kranken Cassian St. und Lydia Hir.), so sind es, soweit ich das ersehen kann, 53 an der Zahl[1]. Unter diesen sind 25 Kranke als ,,reine", 28 als ,,totale" Fälle (sensorische Amusien und Aphasien) zu betrachten. Nimmt man aus dieser Zahl nur die Kranken heraus, die Störungen in der Musikauffassung aufweisen, so sind dies 34 reine und totale sensorische Amusien. Von ihnen haben 30 sowohl Musik- wie Sprachstörungen. Bei 4 Fällen sind in späterer Zeit der Untersuchung nur mehr Störungen in der Melodieauffassung vorhanden, dagegen keine Sprachauffassungsstörungen. Es sind dies die Kranken von WÜRTZEN, BERNARD, URBANTSCHITSCH und WALTHARD (letzterer in der von uns früher wiedergegebenen Auffassung als sensorische Amusie). Es sei aber hier schon auf die Kritik dieser Untersuchungsbefunde, die weiter unten erfolgen soll, hingewiesen.

Stellt man die sensorisch-aphasisch Erkrankten heraus im Hinblick darauf, ob sie auch Störungen im Musik- (,,Melodien"-) erfassen haben, so sind unter den 25 reinen (subcorticalen) Fällen 2 Kranke, die nach Angabe der Autoren keine Störungen musikalischer Wahrnehmung zeigen (der Fall v. MONAKOWS und

[1] Der Fall von S. NADEL, den wir besonders besprochen haben, ist hier nicht berücksichtigt.

HENSCHENS Fall Nielsson). Dagegen finden sich unter den 28 Kranken mit totaler (corticaler) sensorischer Aphasie 17 Fälle, bei denen ausdrücklich ein gutes Verständnis für Musik verzeichnet ist.

Dieses auffallende und zunächst keiner theoretischen Einstellung sich anpassende Resultat erlaubt es nicht, sich mit der Statistik zu begnügen. Es muß der Versuch gemacht werden, an der Hand der einzelnen Krankenberichte, über die Struktur der pathologischen Erscheinungen, über ihre Vergleichbarkeit und die Möglichkeit ihrer systematischen Einordnung Klarheit zu gewinnen. Dabei können als brauchbares Material nur die Fälle anerkannt werden, deren Untersuchungsresultate so hinreichend dargestellt sind, daß sie für die speziellen Probleme keine wichtige und entscheidende Frage offen lassen. Befunde mit ganz kurzen Bemerkungen sind von vornherein ausgeschieden, bei den übrigen wird die kritische Betrachtung die Evidenz der Urteile, die von den Autoren über ihre Fälle abgegeben sind, zu prüfen haben.

Zunächst handelt es sich bei der Durchforschung der Fälle nur um die Frage, ob am gleichen Kranken Störungen der Bildorganisation in der Musik- und Sprachauffassung gemeinsam vorhanden sind oder nicht, und wenn diese Gemeinsamkeit nicht vorliegt, warum dies nicht der Fall ist. Ob die Störungen in Musik und Sprache gleiche oder verschiedene Schwere haben, ob sie das gleiche oder ein verschiedenes Schicksal im Laufe der Restitution haben, ob sonstige qualitative Verschiedenheiten vorliegen, soll hier noch zurückgestellt werden.

Beginnen wir mit den Kranken, bei denen außer der sensorischen Amusie („Melodientaubheit") aphasische Störungen zur Zeit der Untersuchung nicht aufgewiesen sind! In dem Falle von BERNARD [1] waren zunächst Sprach- und Musikverständnisstörungen vorhanden. Während sich die sensorisch-aphasischen Störungen restituierten, blieben die amusischen Störungen bestehen. Ganz ähnlich ist es bei der Kranken von E. URBANTSCHITSCH [2]. Bei dem 17jährigen Mädchen, das nach einer Schädelverletzung eine linksseitige Halbseitenlähmung, reine Wort- und Melodientaubheit bei intaktem Gehör davongetragen hatte, konnte durch Übung die Sprachverständnisstörung gebessert werden, während die Melodientaubheit bestehen blieb. Auch bei dem Kranken von WALTHARD [3], den wir, in anderer Auffassung als der Autor, in die Gruppe der akustischen Bildorganisationsstörungen (sensorische Amusien) eingerechnet haben, war zunächst nach der Hirnembolie als Folge eines Herzleidens eine Störung im Sprachverständnis nachgewiesen, während später nur die Musikstörung sich bemerkbar machte. Im Rahmen unserer Problemstellung können diese Fälle nicht dazu dienen, ein generelles Getrenntsein der Verständnisstörung von Musik und Sprache in ihrem Vorkommen an einer erkrankten Person zu beweisen, da bei ihnen die Sprache ebenfalls sich als gestört erwiesen hatte. Es bleibt noch der Kranke von WÜRTZEN [4]. Ein Ballettänzer hatte nach einer Hirnschädigung linksseitige Halbseitenparese, leichte dysarthrische Sprachstörung im

[1] BERNARD, zit. nach PROBST: Arch. f. Psychiatr. **32** (1899).

[2] URBANTSCHITSCH, E.: Zur Wort- und Melodientaubheit. Wien. klin. Wschr. **40**, Nr 22 (1927).

[3] WALTHARD: Schweiz. Arch. Neur. **1927**.

[4] WÜRTZEN: Dtsch. Z. Nervenheilk. **1902**.

Affekt, „kaum merkbar", erhaltene Auffassungsfähigkeit und Psyche, dagegen schwere Störungen im Erfassen und Produzieren von Musik. Er konnte reine und falsche Töne nicht unterscheiden, konnte nicht mehr singen, nicht mehr richtig pfeifen und Geige spielen, hatte den „Rhythmussinn" verloren. Es mißlangen ihm Taktschlagen und Tanzen. Beim Spielen wurde der Takt zu rasch, die Intervalle wurden falsch gebracht. So sehr hier zweifellos die Störungen der musischen Qualitäten im Vordergrunde stehen, so muß doch die Frage entschieden werden können, ob dieser Kranke im Sprachverständnis überhaupt keine Störung gehabt hat. Man muß konstatieren, daß der Patient im Sprachbereiche, als ganzes genommen, nicht intakt geblieben ist. Wenn man auch annimmt, daß die leichten Dysarthrien so bestanden haben, wie sie beschrieben sind, d. h. also so, daß man sie auf Störungen des für das Sprechen notwendigen Motoriums beziehen kann, so wird eine strenge kritische Einstellung doch am Platze sein müssen. Man müßte wissen, ob in den dysarthrischen Störungen nicht doch auch litterale Paraphasien enthalten waren, die auf Störungen der sensorischen Sprachkontrolle zu beziehen gewesen wären, ob weiterhin der Kranke nicht nur Umgangssprache immer gut verstanden hat, sondern ob ihm auch das Verstehen und Nachsprechen von sprachlichen Lautgebilden ohne Bedeutungsbezug, also sinnlose oder fremdsprachliche Stoffe, auffaßbar gewesen sind. Da wir aus dem Krankheitsbericht darüber keine Angaben erhalten, so werden wir in unserem Zusammenhang nur das Bestehen leichter Störungen im Sprachbereiche überhaupt konstatieren müssen, im übrigen aber die Untersuchung nicht so weit für genügend halten können, daß daraus für die Theorie über generelle Gemeinsamkeit oder Trennung der Symptome von Musik und Sprachauffassung etwas entscheidend bewiesen werden kann. Es sei noch bemerkt, daß die Fälle von Würtzen und Urbantschitsch Kranke mit linksseitigen Lähmungen, also mit Betroffensein der rechten Hirnhemissphäre, sind. Dies ordnet sich der auch aus sonstigen Erfahrungen zu gewinnenden Auffassung ein, daß für die Musik das Übergewicht der linken Hirnhemissphäre nicht in dem Maße funktionell notwendig ist wie für die Sprache, nicht aber, daß in der Beanspruchung der beiden Hemisphären ein grundsätzliches Unterscheidungsmerkmal nach der organischen Funktion, wie in den ihnen zugeordneten psychischen Dispositionen zwischen Musik und Sprache gegeben ist.

Nach unseren kritischen Betrachtungen kann gesagt werden, daß unter den 34 Fällen von sensorischer Amusie kein Befund vorhanden ist, der irgendeine Sprachstörung während der Entwicklung und Restitution des Leidens vollkommen vermissen läßt. Bei 33 Fällen ist irgendwann oder in irgendeinem Grade sensorische Amusie totaler oder reiner Art gefunden worden, in einem Falle (Würtzen) ist die Untersuchung nicht so, daß sie vollkommen ausgeschlossen werden kann. *Die bisher bekannte Zahl von sensorisch-amusischen Kranken gibt also keinen bündigen Beweis für ein getrenntes Vorkommen von Störungen im Verstehen von Musik und Sprache an einem und demselben Falle.*

Es seien nun die Fälle betrachtet, die sensorisch-aphasische Störungen aufweisen, bei denen nach Angabe der Autoren Störungen im Musikverständnis nicht gefunden wurden.

Unter den Fällen von „*reiner Worttaubheit*", die eine Trennung in der Auffassung von Musik und Sprache haben sollen, ist der älteste der v. MONAKOWS[1], ein 70jähriger Gastwirt, der nach mehreren Schlaganfällen außer optischen Störungen mit Nichtwahrnehmen des eigenen Defektes eine Unfähigkeit hat, gesprochene Worte zu verstehen, während der Wortschatz bei der Expressivsprache groß ist. Das Hörfeld ist offenbar ganz oder wenigstens hinreichend intakt, denn der Patient nimmt sofort Geräusche, unter anderem auch Türklopfen, Glockengeläute, Gelächter in seiner Nähe aufs genaueste wahr und reagiert in situationsgerechter Weise darauf. Außer ,,Vater" und ,,Adieu" versteht er kein Wort. Von der Musik wird gesagt, daß er ,,viel Freude" daran habe. Sonst ist darüber nichts vermerkt. Bei diesem Falle ist über die Art der Sprachverständnisstörung kein genaues Bild zu gewinnen, da über Nachsprechen, Lesen und Schreiben keine Angaben vorliegen. Es bleibt offen, ob nicht eine Störung des Sprachsinnes (transcortical) ohne Erschwerung des Sprachlautauffassens vorliegt. Wenn man selbst eine Sprachlautbildstörung annimmt, so kann eine Trennung von der Musik aus den vorliegenden Angaben nicht erfolgen, weil die ,,Freude an der Musik" noch nicht ausschließt, daß er in der Auffassung des Musikstoffes Ausfälle hat. Wir können hier an die Befunde bei unserem Kranken Cassian St. und bei dem amusischen Kranken von ZIEHL erinnern. Der Fall scheidet für die Entscheidung unserer Frage aus.

Ein Fall, der für eine grundsätzliche Trennung der Sprach- und Musikauffassung sprechen könnte, ist die sehr gut untersuchte Kranke Klara Nielsson, die HENSCHEN[2] veröffentlicht hat. Die 54jährige Frau, die als Folge einer Lues Herde in beiden Schläfenlappen hatte, zeigte keine wesentlichen Ausfälle im Hörfeld. Sie konnte auf beiden Ohren bis 20 cm hören, unterschied Klänge verschiedener Instrumente (Pfeifen, Stimmgabel, Menschenstimmen), sowie Töne verschiedener Höhe. Bei kleinen Intervallen machte sie oft Fehler, gab aber an, ob es ein ganzer oder ein halber Ton war. Es waren bei ihr die Zeichen einer reinen Worttaubheit vorhanden, d. h. sie verstand Sprache nicht, konnte aber verhältnismäßig gut lesen und verstand das Gelesene. Über das musische Auffassen wird berichtet, daß die Patientin sich an das Lied ,,Vårtland" erinnerte, wenn es ihr einige Male vorgesungen war. Sie selbst sang es schlecht, merkte, daß ihr Gesang schlecht klinge, und daß es ihr in den Ohren weh tue. Vom ,,Darlekarlienlied" gab sie an, daß sie es früher gesungen habe, sie erkannte es, wenn man es ihr vorsang, konnte es aber nicht selbst singen und nur mit Mühe mitsingen. — Auf Grund dieses Befundes kann man allerdings nicht der Ansicht sein, daß bei der Patientin das Auffassen musikalischer Gebilde vollkommen intakt ist. Ist auch das Empfindungsgebiet (Hörfeld) nicht primär gestört, so kann doch aus der Art, wie die Kranke Intervalle beurteilt, auf eine Störung geschlossen werden. Gewiß gibt es unmusikalische Menschen, die erst bei großen Intervallen (Quinten und höher) eine Unterscheidung der Tonhöhen angeben. Aber der Umstand, daß einerseits halbe und ganze Töne richtig beurteilt werden, anderseits die Intervalle zwischen Sekunde und Quinte unsicher und falsch, kann doch den Verdacht einer Störung der akustisch-musischen Komplexbildung in der

[1] v. MONAKOW: Experimentelle und pathologisch-anatomische Untersuchungen über die Beziehungen der sogenannten Sehsphäre zu den infracorticalen Opticuszentren und zum Nervus opticus. Arch. f. Psychiatr. **16** (1885).

[2] HENSCHEN: Über die Hörsphäre. J. Psychol. u. Neur. Erg.-H. 1, **22** (1916).

Wahrnehmung erwecken. Auch daß man der Kranken ein einfaches Volkslied, das ihr von früher bekannt ist, mehrmals vorsingen muß, bis sie zur Identifikation kommt, spricht für Störung in der musikalischen Vorstellungsproduktion und des musikalischen Gedächtnisses, nicht für Intaktsein der musischen Bildorganisation. Die verschiedene Schwere der Störung in Musik und Sprache wird später besprochen werden.

Ganz allgemein ist also in der Literatur *unter den reinen (subcorticalen) sensorischen Aphasien, bei denen etwas über das musikalische Verhalten berichtet wird, kein Fall vorhanden, der für die grundsätzliche Trennung in der Auffassung von Musik und Sprache beweisend ist.*

Unter den *totalen (corticalen) sensorischen Aphasien*, die die meisten Fälle mit intaktem Musikverständnis enthalten, sollen hier nur die Fälle kritisch besprochen werden, bei denen hinreichend Angaben vorliegen. Die anderen sind schon vorweg ausgeschieden.

Die 65jährige Patientin, die R. W. AMIDON[1] darstellt, hatte eine Schwäche der rechten oberen Extremität, konnte auf Fragen nicht richtig antworten, sprach aber selbst einigermaßen korrekt. Sie konnte nicht mehr rechnen, buchstabieren, erkannte Mann und Söhne nicht mehr richtig. Von den musikalischen Fähigkeiten wird bemerkt: „She could hear well and could sing correctly." Da die sensorisch-aphasische Störung die Patientin nicht hindert zu „hören", und die expressive Sprache nicht gestört war, kann über korrektes Auffassen musikalischer Bildungen nichts ausgesagt werden. Der Fall kann in unserem Problem nichts beweisen.

G. ANTON[2] beschreibt einen durch Erkrankung der linken Hemisphäre sprachgestörten 48jährigen Violinspieler. Es fällt an ihm auf, daß er kein Wort versteht, andererseits vorgesungene Lieder fehlerfrei nachsingen kann, während er freilich keinen Text zu singen vermag und bei Nennung eines Komponisten oder Textes nie das Lied findet. Werden ihm aber die Lieder vorgesungen oder „einige Takte eines Konzertstückes auf einer anderen Geige intoniert, so fällt er sofort ein und setzt sie in oft schwierigen Variationen fort". Trotzdem er die Texte der Volkslieder nicht kennt, kann er die Melodie oft mit dem Namen der Noten singen. „Meist bestimmt und kennt er rasch die Tonart der vorgespielten Stücke." „Auf seinem Instrumente, der Geige, spielt er mit Bravour seine früheren Konzertstücke." — Es ist nicht zu zweifeln, daß diesem Musiker die Auffassung und Beherrschung des tonal-zeitlichen Bestandes der Musikgebilde mindestens in sehr weitgehendem Maße erhalten geblieben ist. Vergleicht man aber damit die Sprachverständnisstörung, so ist zu bemerken: Der Patient versteht zwar die Worte in ihrer Bedeutung nicht, spricht jedoch vorgesprochene Worte „fast stets" richtig nach. „Zum Lesen aufgefordert, nimmt er die dargereichten Leseproben; sofort kommen die Lippen in Bewegung, und er liest, langsam buchstabierend, mitunter über den Laut eines Lautzeichens sich besinnend, er versteht aber nicht den Sinn der gelesenen Worte . . ." Ferner bestehen Wortfindungsstörungen, Störungen des Farbnamengedächtnisses bei Erhaltensein der

[1] AMIDON, R. W.: The Pathology of sensory aphasia — with a specimen. Med. Rec. 2, 586. New York 1884.

[2] ANTON: Über einen Fall von Worttaubheit. Wien. klin. Wochenschr. S. 780 (1888).

Farbauffassung. Nach den bei diesem gut untersuchten Falle wiedergegebenen Daten dürfte es kaum einem Zweifel unterliegen, daß man es hier nicht mit einer Worttaubheit bzw. einer totalen sensorischen Aphasie im Sinne einer Störung der Sprachlautauffassung zu tun hat, sondern mit einer primären Störung der Sprachbedeutung, einer Wortsinnstörung („transcorticalen" Störung Wernickes). Die Wahrnehmung der akustischen Bilder ist, wie das gute Nachsprechen und sinnlose Lesen beweisen, in der Sprachauffassung ebenso erhalten wie in der Musik. Es besteht in diesem Punkte keine Trennung zwischen Musik und Sprache.

Der nur kurz dargestellte Fall sensorischer Aphasie von Bruns [1] war ein Berufsmusiker, Klarinettist am Hoftheater in Hannover. Er faßte nach seinem Schlaganfall Melodien richtig auf, setzte sie singend richtig fort und spielte sie auf dem Klavier nach. Auf seiner Klarinette griff er wegen seiner Sensibilitätsstörung oft falsch, merkte aber alle Fehler. Das Sprachverständnis war ganz verloren, das Lesen unmöglich. Da aber über das Nachsprechen und das Lautlesen nichts ausgesagt ist, kann aus diesen Angaben nicht entschieden werden, ob nicht auch bei diesem Kranken nur die Bedeutung der wahrgenommenen Sprache und des Gelesenen gestört ist, ob also wirklich das Sprachlautbild mit seiner Auffassung und Produktion betroffen ist. Der Fall ist ungeeignet zur Diskussion unserer Frage.

Der Fall von Hitzig, den Probst [2] zitiert, war eine alte Dame, die als Folge von Hirnherd die Sprache nicht verstand bei gutem Sprachausdruck. Es fehlten ihr einige Worte, es bestand geringe Paraphasie. Später reagierte sie auf einige Worte, aber sie verstand sie nicht bedeutungsmäßig, erriet den Sinn nur aus dem Tonfall der Rede. Das Verständnis für Musik (Gesang, gepfiffene Melodien) war in Ordnung. Sie sang und wiederholte die Melodien, wenn auch nicht exakt. — Der Fall ist leider zu kurz beschrieben. Es läßt sich nicht sagen, ob die Kranke auch „sinnlose" und nach dem tonalen und rhythmischen Klange schwierigere musische Gebilde so auffaßte wie vor der Erkrankung (vgl. den Unterschied in der Auffassung sinnvoller und abstrakter Musik bei unserem Falle Lydia Hir.). Der Befund ist deshalb interessant, weil die Patientin in einer gewissen Phase der Restitution zwar nicht die Wortbedeutungen, wohl aber den „Tonfall", d. h. den melodischen, tonal-zeitlichen, also musischen Anteil der Sprache zum Verständnis bringen konnte. In dieser Beziehung besteht eine gewisse Parallelität zwischen dem Verstehen sinnvoller Melodien und des sinnvoll melodischen Inhaltes der Umgangssprache. Eine Trennung von Musik und Sprache kann hier nicht bewiesen werden.

Der Kranke von Pierre Marie u. P. Sainton [3] hatte eine Hörweite von 30 und 44 cm. Er verstand Sprache nicht vollkommen, sprach aber kurze Phrasen richtig nach. Bei längeren Sätzen hatte er Schwierigkeiten im Merken in der zweiten Hälfte des Satzes. Er las gut, zeigte aber gelegentlich Verlesungen. Wenn er gelesene Befehle ausführen sollte, dann versagte er. Er konnte ganz gut singen, allerdings nur, wenn man den Gesang in Gang brachte. Wenn man unmittelbar vor ihm sang, wiederholte er gut. Mit Worten ging es schlecht.

[1] Bruns: Neur. Zbl. 1893, S. 347.

[2] Probst: Arch. f. Psychiatr. 32, 403. (1899).

[3] Pierre Marie u. P. Sainton: Sur un cas d'abcès du lobe temporal gauche. Revue neur. 1898, S. 198ff.

Der Rhythmus war gut erhalten, er konnte eine Walzermelodie selbst singen. Früher hatte er Noten gut lesen können, konnte es aber jetzt nicht mehr. — Dieser musikalische Patient scheint bei sonstigen individuellen Verschiedenheiten ein analoger Fall zu dem von ANTON zu sein. Er sprach kurze Sätze nach, verstand sie aber nicht recht, woraus sich ergibt, daß er längere, für ihn sinnlose Sprachlautgebilde nicht mehr so wiederholen konnte wie der Gesunde, dem die Bedeutungshilfe zur Verfügung steht. Auch das relativ gute Lesen (wenn auch mit Verlesungen) bei großen Schwierigkeiten im Leseverständnis spricht für weitgehendes Erhaltensein der Sprachlautvorstellung im Gegensatz zur Sprachbedeutung, d. h. für den vorwiegend „transcorticalen" Charakter der Störung. Mit dem verhältnismäßig guten Sprachlautverständnis bei schwer gestörtem Bedeutungsverstehen steht das relativ gute Auffassen von melodischen Musikgebilden in Einklang, d. h. also das verhältnismäßig gute Erhaltensein der akustischen Bildorganisation in der Wahrnehmung von musischen und von sprachlichen Gebilden. Im ganzen spricht der Fall nicht für eine *grundsätzliche* Trennung der akustisch-musischen und der akustisch-sprachlichen Auffassung im Vorkommen am gleichen Patienten.

In die nämliche Gruppe gehört der Fall V (Knappe) von OPPENHEIM[1]. Auch hier besteht bei Störung des Sprachverständnisses gutes Nachsprechen und Lautlesen und gutes Auffassen von Melodien. Ein „transcorticaler" Fall, bei dem in Sprache und Musik die Lautgestaltung in der Wahrnehmung erhalten ist. Der Fall VI (Schmidt) des gleichen Autors, der keine starken Störungen des Sprachverständnisses hat, flott lesen kann, und von dessen Nachsprechleistung nichts ausgesagt ist, kann bei erhaltenem Melodienverständnis vielleicht ebenfalls in diese Gruppe gerechnet werden. Allerdings besteht die Differentialdiagnose gegen reine Worttaubheit. Ein sicheres Argument für oder gegen das Zusammensein bzw. die Gleichartigkeit von Musik und Sprachverständnis ist aus diesem Falle nicht zu gewinnen.

Es finden sich in der Literatur einige Kranke, die die Annahme einer grundsätzlichen Trennung der Dispositionen für Musik und Sprachauffassung nahelegen könnten. OPPENHEIMs Fall I (Wagner), der nach linksseitigem Schlaganfall mit Halbseitenlähmung rechts Ansprache nicht versteht, außer „Donnerwetter" und „Hurra" nichts nachsprechen kann, weder Gedrucktes noch Geschriebenes liest und nur unverständliche Zahlen schreibt, gehört in diese Gruppe. Er kann die Tonleiter und andere Tonfolgen, die man ihm vorsingt, nachsingen, wenn auch manchmal Irrtümer unterlaufen. Er singt bekannte Melodien zu Ende, wenn man nur wenige Töne anstimmt, später kann er ein paar Töne nachsingen und kann Operettenlieder flott singen. — An diesem Falle ist interessant, wie verhältnismäßig bedeutungslose Melodienstoffe wie die Tonleiter „mit Irrtümern", später nur „einige Töne" nachgesungen werden, während Stoffe, die durch Bedeutungsgehalt, Affektbeziehung und Erfahrung in ihm stärker verankert sind, im Verstehen und in der Produktion besser geleistet werden (vgl. Fall Lydia Hir.). Man sieht daraus die Hilfe, die durch Bedeutung und Affekt auch einer zweifellos defekten Dispositionsstruktur gegeben werden kann. Die musikalische Wahrnehmungsleistung kann intakt erscheinen, wenn der Kranke

[1] OPPENHEIM: Charité-Annalen **13** (1888).

nur mit bekanntem und beliebtem Musikstoff untersucht wird, während die Disposition tatsächlich geschädigt ist. Die angeführten „Irrtümer" sind, soweit man aus dem vorliegenden Material überhaupt etwas aussagen kann, mit Wahrscheinlichkeit als paramusische Entgleisungen, also als Sekundärerscheinungen einer musikalischen Auffassungsstörung zu erklären. Also auch hier keine grundsätzliche Unterscheidung zwischen Musik und Sprachlautauffassung.

Oppenheims Fall III (Gipmer) hat im Wortverständnis, im Nachsprechen und im Lautlesen (bei erhaltenem Leseverständnis für Einzelworte) gelitten. Von der Patientin wird gesagt, daß sie „Melodien auffaßt" und ohne Worte mitsingen kann. Man kann diese Angaben, besonders im Vergleich zu unseren Kranken St. und Hir., die ja ebenfalls Melodien auffassen und doch sensorisch-amusische Störungen haben, nicht im Sinne einer grundsätzlichen Trennung von Musik und Sprachauffassung verwenden.

Fall X (Ernst) von Oppenheim hat teilweise erhaltenes Sprachverständnis. Leichte Worte spricht er korrekt nach, bisweilen fehlerhaft, spricht spontan schlecht. Das „Melodienverständnis" wird als gut angegeben. Er setzt intonierte Melodien richtig fort. — Für das „Melodienverständnis" gilt das gleiche, was von den früheren Fällen gesagt worden ist.

Des gleichen Autors Fall XI (Kahlmann), der nach einem Schlaganfall mit rechtsseitiger Lähmung Störungen des Sprachverständnisses, des Nachsprechens und des Lautlesens hat, faßt Melodien mit der Bemerkung auf: „ich höre das gern". Beim Nachsingen stimmt er nicht immer ein, aber bisweilen. Spontan kann er Melodien mit paraphasischem oder auch richtigem Text singen. — Auch für diesen Fall gilt das oben Bemerkte. Daß er Musik gern hört, ist ebensowenig ein Beweis für intaktes Auffassen des musischen Stoffes, wie es bei unserem amusischen Kranken St. ist. Das richtige Spontansingen bekannter Lieder ist keine Gegenerklärung gegen eine Verständnisstörung. Wie die Weigerung zu singen aufzufassen ist, bleibt offen. Liegt hier nicht doch ein Schaden in der Disposition zur Klangapperzeption vor, die in die gleiche Ebene mit der Sprachlautauffassungsstörung gesetzt werden kann?

M. Probst[1] hat sich schon die Frage gestellt, die wir in diesem Abschnitt erörtern. Die 51jährige krebskranke Patientin erleidet eine Apoplexie mit Erweichungen in der linken Hemisphäre, besonders im Stirnlappen, und zwar in den oberen Teilen der Brocaschen Windung, im Schwanzkern, in Teilen der vorderen und hinteren Zentralwindung, im Mark der hinteren Partien der linken ersten Schläfenwindung, die der Wernickeschen Stelle zugeordnet werden muß, und in der dritten Schläfenwindung links. Ihre klinischen Erscheinungen sind eine vollständige Aufhebung des spontanen Sprechens, eine Sprachverständnisstörung, eine Halbseitenschwäche rechts und eine Gesichtsfeldeinschränkung nach rechts. Sie konnte einige Worte verständnislos nachsprechen, besonders solche, die häufig in Reihen gebraucht werden. Sie vermochte nicht mehr zu lesen, wohl aber einige Buchstaben und Ziffern zu benennen. Gegenstände konnte sie nicht bezeichnen, auch nicht unter Zuhilfenahme von Tast-, Geruchs-, Geschmacks- und *Gehörssinn*. Sie kannte aber den Gebrauch der Gegenstände (vom Optischen her? Verf.). Dagegen hörte sie Geräusche und Klänge gut, konnte ihr bekannte

[1] Probst, M.: Über die Lokalisation des Tonvermögens. Arch. f. Psychiatr. **32** (1899).

Lieder mit dem Text deutlich und artikuliert nachsingen und allein fortsetzen, auch ihr fremde Lieder, diese ohne Text, mit richtiger Melodie nachsingen.

In diesem Verhalten sieht PROBST, dem Anschein nach mit Recht, den Beweis, daß das Musikverständnis nicht an das Sprachverständnis gebunden ist und auch nicht das willkürliche Singen an das Spontansprechen. Er geht dann weiter auf die getrennte Lokalisation von Sprach- und Musikverständnis ein. Für die Musikauffassung nimmt er eine vor der WERNICKEschen Stelle gelegene Partie im linken Schläfenlappen an, eine Festlegung, in der ihm spätere Autoren gefolgt sind, und die, wie bemerkt, heute fast allgemein gilt.

Damit aber der Beweis der grundsätzlichen Trennung in der Auffassungsdisposition von sprachlichem und musikalischem Inhalt an diesem Falle bündig wird, muß nachgewiesen sein, daß nicht nur das „Sprachverständnis", d. h. also das Verstehen des Sprachsinnes, sondern auch die Sprachlautauffassung gestört ist. Dies dürfte bei dem vorliegenden Falle aber schwer sein. Es sind in der Beschreibung sichere Hinweise vorhanden, daß die Kranke von verschiedenen Wahrnehmungsgebieten her, also dem optischen, dem taktilen, dem Geruchs-, Geschmacks- und auch dem Gehörssinn aus den Gegenstand nicht erkannte, trotzdem in dem größten Teil der Wahrnehmungsgebiete sicher keine Störung der Auffassung an sich vorhanden war. Es liegen hier zweifellos Erkennungsstörungen, also Störungen „transcorticaler" Art (etwa im Sinne der „assoziativen", nicht der „apperzeptiven" Agnosie im optischen, taktilen usw. Gebiete) vor. Um auf sprachlichem Gebiete nachzuweisen, daß nicht nur „transcorticale" Verständnisstörungen vom Akustischen her vorhanden sind (also bei Erhaltensein der akustischen Bildfaktoren), sondern auch echte Sprachlautbildstörungen akustischer Art vorliegen, muß entschieden werden, ob ein Unterschied zwischen Auffassen des Akustischen beim Nachsprechen (eventuell sinnlosem Lautlesen) und Sprachverstehen vorhanden ist. Inwiefern aber bei der vorhandenen Nachsprechstörung der primäre Schaden in der Auffassung des vorgesprochenen Wortes oder aber nur in einer Störung der Expressivsprache gelegen ist, darüber läßt sich bei der Patientin keine Sicherheit erhalten, weil nicht festzustellen ist, welchen Einfluß die motorische Aphasie auf den Ablauf der gestörten Leistung hat. Die Nachsprechstörung könnte auch vorhanden sein, wenn die akustische Lautbildauffassung der Sprache (bei gestörter Sprachbedeutung) dispositiv intakt wäre. Da die Entscheidung über diesen Punkt auch bestimmend ist für die theoretische Stellungnahme in diesem Falle, kann dieser Fall methodisch nicht geklärt werden. Er ist zu kompliziert, um die Verhältnisse so rein zu geben, daß die Frage entschieden werden könnte. Er ist deshalb auch nicht geeignet, im Rahmen des vorliegenden Problems über den Zusammenhang bzw. die dispositive und hirnfunktionale Trennung von Sprachlaut- und Musikklangerfassen eine endgültige Entscheidung zu bringen.

Ganz ähnlich scheint es mit einem Fall von H. RACINE[1] zu liegen, der mir nur in der Kasuistik HENSCHENS zugänglich war. Dieser 35jährige Mann hat nach einem Schlaganfall mit rechtsseitiger Halbseitenlähmung eine absolute motorische und sensorische Aphasie davongetragen und kann demnach auch nicht nachsprechen. Es wird weiterhin bemerkt: „Scheint lesen zu können,

[1] RACINE, H.: Ein Beitrag zur Lehre von der Aphasie. Diss. Berlin 1876.

jedoch ohne Verständnis." Das Melodienverständnis ist gut. Patient singt gut Melodien ohne Text. „Doch bedarf es dazu einiger Nachhilfe, es muß jedesmal vorgelesen werden"; dann kann er nachsingen. — Auch hier wird man keine volle Sicherheit darüber gewinnen können, ob die Sprachverständnisstörung im Lauterfassen oder im Bedeutungserfassen liegt, d. h., ob der Kranke nicht (wenn auch sinnlos) nachsprechen könnte, wenn er die motorische Aphasie nicht hätte. Wie die Bemerkung: „Scheint lesen zu können" zu verstehen ist, muß unklar bleiben. Jedenfalls gehört auch dieser Fall nicht in das Material für den Begründungszusammenhang unserer Streitfrage.

Zum Beweis dessen, daß die kritische Arbeit, die hier an den Fällen in der Literatur mit angeblich gutem Musikverständnis bei schwerer sensorischer Aphasie getan worden ist, nicht einer vorgefaßten theoretischen Einstellung entspricht, könnten ja schon die Erfahrungen an den in unserem ersten Abschnitt eingehend untersuchten und dargestellten Fällen Cassian St. und Lydia Hir. genügen, besonders was den Unterschied in den Verhaltungsweisen zwischen gut erkannten, geübten und schlecht erkannten, ungeübten Stoffen in der musikalischen Wahrnehmung betrifft. Schon das allein dürfte zur Vorsicht in der Beurteilung der Zusammenhänge mahnen. Es sei aber zur Illustration der Richtigkeit unseres kritischen Standpunktes gegenüber den Fällen in der Literatur noch ein weiterer Kranker meiner Beobachtung dargestellt.

Wilhelm Mie., Dekorationsmaler, 42 Jahre, erleidet durch Sturz eine Blutung in der linken Hirnhemisphäre. Er bietet die ziemlich umschriebenen Erscheinungen einer totalen sensorischen Aphasie, spricht spontan mit verbalen Paraphasien und Wortverstümmlungen. Die gesprochenen Worte sind, wenn auch falsch angewendet, richtig artikuliert. Beim Versuch, nachzusprechen treten sehr erhebliche Schwierigkeiten auf. Patient trifft einen Laut, spricht aber paraphasisch, braucht viele Versuche, bis er das Wort hat. Kann er das Wort nachsprechen, dann versteht er es auch. Das adäquate Erfassen der Sprachlaute, z. B. bei ähnlich klingenden Wörtern verschiedener Bedeutung, ist aufs schwerste gestört. Dieser Mann ist früher nicht musikalisch gebildet gewesen, hat aber etwas gesungen. Als ihm der Versuchsleiter am Klavier den „Guten Kameraden" vorspielt, gibt er durch Zeichen Bekanntheit kund, sagt „Kamerad". Das Lied, „Stille Nacht, heilige Nacht", erkennt er sofort, sagt: „Weihnacht". Bei einer improvisierten Melodie zeigt er, daß er sie nicht kennt. Er weiß aufs genaueste Marsch, Walzer und Polka zu unterscheiden. — Man würde einem großen Teil der Untersucher früherer aphasischer Fälle kaum Unrecht tun, wenn man annimmt, daß sie auf Grund dieses Resultates das Urteil vom Erhaltensein des „Musiksinnes", der „Melodieauffassung", des „Rhythmussinnes" abgeben würden bei schwerer Störung des Sprechverstehens. Als Versuchsleiter aber dem Kranken den ihm bekannten „Guten Kameraden" so bietet, daß nach einigen Takten freie Improvisation kommt, bemerkt der Kranke diese Täuschung gar nicht und tut noch immer ganz bekannt mit dem Lied. Auch als das Lied in einem ganz ungewöhnlichen Rhythmus, wenngleich richtig in der melodischen Folge der Klänge, ihm vorgespielt wird, merkt er gar nichts von der Änderung und bezeichnet das Gebilde nach wie vor als „Kamerad". Man kann aus diesem Resultat allein schon den Schluß ziehen, daß Mie. trotz seiner zunächst anscheinend ganz intakten Musikauffassungsleistung doch eine gewiß nicht leichte Störung im

Erfassen von tonalen musikalischen Komplexen, und zwar sowohl nach ihrer melodischen wie nach ihrer rhythmischen Struktur, hat. Erhalten ist bei ihm die Beziehung zum Zeitsystem (Takt, Tempo), gestört die Sicherheit in bezug auf den „Rhythmus". Wir müssen also auch bei Mie. ein Zusammensein der Störung in Musik- und Sprachauffassen konstatieren.

Die aus der Kasuistik sich ergebenden Daten können zu einigen kurzen Urteilen zusammengefaßt werden:

Bei dem größten Teil der Fälle mit reiner und totaler subcorticaler Aphasie sind mit der Störung des Sprachlautauffassens auch Störungen im Auffassen musikalischer Gebilde verbunden, sei es dauernd oder nur im Anfang der Restitution.

Bei einem Teil der Fälle, die neben „Sprachverständnisstörung" eine Störung im Erfassen musikalischer Gebilde nicht aufweisen, beruhen die Sprachverständnisstörungen mit hoher Wahrscheinlichkeit auf einer Störung des Sprachbedeutungserfassens, nicht aber des Sprachlauterfassens. Zwischen erhaltenem Sprachlauterfassen und erhaltenem Musikklangerfassen ist in diesen Fällen eine Entsprechung vorhanden. Ein anderer Teil der Fälle weist in der Darstellung musikalische Leistungen auf, die bei Erhaltensein gewisser Leistungen doch die Störung anderer, nicht untersuchter musischer Wahrnehmungsfunktionen nicht ausschließen. Diese Fälle können nicht als Beweise für Zusammensein oder Trennung in den Auffassungsdispositionen für akustischen Musikstoff und sprachlichen Lautstoff herangezogen werden.

Richtiges Auffassen und Verstehen sehr bekannter musikalischer Inhalte, wie Volkslieder usw., schließt eine Störung des adäquaten, vor der Hirnschädigung dem Kranken noch möglichen Erfassens musischer Bildungen nicht aus.

Da ein Teil der Fälle wegen nicht ausreichender Angaben schon aus der Diskussion über die vorliegende Frage ausgeschieden werden mußte, so kann gesagt werden, daß unter den einigermaßen hinreichend untersuchten und beschriebenen einschlägigen Krankheitsfällen der Literatur kein einziger Fall vorliegt, der den sicheren Beweis erbringt, daß eine Störung des Sprachlauterfassens („Worttaubheit" usw.) eingetreten ist, ohne daß die Musikklangauffassung auch nur im geringsten getroffen gewesen wäre, oder daß durch die Hirnschädigung eine Störung im Musikauffassen gesetzt worden ist, bei der die Sprachdispositionen (wenn auch nur — der Beschreibung nach — in der sprachlichen Expressivleistung) nicht irgendwie getroffen sind.

Wir haben bisher nur die Störungen in der Erfassung musikalischer Bilder (Akkorde, Melodien, Tonstücke usw.) mit der Störung der lautsprachlichen Bilder (Worte, Rede usw.) bei intaktem Empfindungsbestand und ungestörter Bedeutungs- und Affektbeziehung verglichen. Die Betrachtung wird erst vollständig sein, wenn sie auf das ganze Gebiet der akustischen Welt ausgedehnt wird und die *Geräusche* in das Problem mit einbezogen werden.

Die Wahrnehmung der Geräusche ist, soviel mir aus den Angaben der Literatur erscheint, am sensorisch-aphasischen und amusischen Kranken bisher noch keiner diesen Gegenstand isoliert betrachtenden systematischen Untersuchung unterzogen worden. Einzelnen Fällen sind gewiß Geräusche des täglichen Lebens,

Tierstimmen usw. vorgelegt worden und auf die Reaktion des Kranken hin registriert worden. Da handelt es sich zunächst darum, ob der Kranke auf Geräusche überhaupt reagiert, und ob er auf verschiedene Geräusche eine verschiedene Antwort gibt. Das betrifft die sinnhaft-empfindungsmäßige Seite des Geräuscherlebnisses nach seiner Qualität, Geräuschfarbe, Intensität, eventuell Schwellenbestimmung, Faktoren, die in einem früheren Kapitel besprochen worden sind und die besonders am Kranken eingehender Prüfung bedürfen. Die andere Richtung, in der die Forschungen liegen, ist das *Erkennen* von Geräuschen. D. h. es wurde geprüft, ob der Kranke das empfundene Geräusch einem Gegenstand richtig zuordnen konnte. Diese Zuordnung konnte verschieden sein. Das Geräusch war als akustisches Merkmal eines bewegten Dinges zu erkennen, etwa als Rasseln von Schlüsseln oder eines vorbeifahrenden Wagens, als Wasserrauschen usw., analog wie man etwa einen Stimmlaut als Merkmal eines sprechenden Menschen, einen bestimmten musikalischen Klang als Merkmal einer angespielten Geige, Klarinette usw. zu erkennen hat. Das Geräusch kommt aber auch in Zeichen- und Kundgabefunktion vor, das Klopfen an der Tür als Zeichen des Wunsches einzutreten, der Gongschlag im Theater als Kundgabe der alsbald erfolgenden Szeneneröffnung. Es war bisher üblich, nur nach den beiden ersten Arten von Geräuscherleben zu fragen. Störungen waren entweder dem Hörfeld zuzuschreiben; war dieses intakt und erwies sich nur die Zuordnung zu Gegenständen oder die Erkennung der Merkmals- und Kundgabefunktion der Geräusche gestört, so wurde „Seelentaubheit“ angenommen. Diese „Seelentaubheit“ für Geräusche ist nach akustischem und bedeutungsmäßigem Bezug in der Literatur der Aphasie nicht definiert. Zumeist wird wohl, wie es scheint,, die „sekundäre Identifikation“ (Wernicke), also (in älterer Nomenklatur) eine „assoziativ-agnostische“ Störung gemeint sein, im weiteren Sinne also eine „transcorticale“ Störung. Bei den oft zitierten Fällen von „reiner Worttaubheit“ von H. Liepmann (Fall Gorstelle) von Bonvicini, von Schuster und Taterka, bei denen sich musikalische Auffassungsstörungen finden, sind auch Störungen in der Erkennung von Geräuschen vorhanden. Sie werden auch tatsächlich von den Autoren (wie mir scheint, nicht in Abhängigkeit und Verwandtschaft mit der Sprach- und Melodienstörung) als „Seelentaubheit“ bezeichnet. Das gemeinsame Vorkommen von Störungen des Geräuscherkennens mit sensorisch aphasischen und amusischen Erscheinungen wird auch von K. Goldstein[1] konstatiert: „Bei der Worttaubheit findet sich fast immer, vielleicht immer, auch Beeinträchtigung beim Erfassen von Geräuschen und Melodien.“

Mit der Beurteilung der Störungen im Geräuscherkennen als „Seelentaubheit“ ist aber die Frage nach der Natur der Störung, nach dem primären Dispositionsdefekt noch keineswegs entschieden. Wenn man die Störung im Erkennen von Geräuschen und Tierlauten mit dem Verstehen der Sprache vergleicht — zunächst unter Außerachtlassung des Umstandes, daß es sich das eine Mal um eine Merkmals-, das andere Mal um Bedeutungsfunktion handelt —, so läßt (bei Erhaltensein der Sinnesqualität von Geräusch- und Sprachlaut) im Falle der Wortverständnisstörung die einfache Prüfung mit dem sinnvollen Satz noch kein Urteil darüber zu, ob die Störung den Sprachlaut oder den Sprachsinn primär betrifft.

[1] Goldstein, K.: Über Aphasie. Zürich 1927, S. 45.

Die genaue Untersuchung bewahrt vor Fehlern. Das gleiche gilt für die Unterscheidung des musikalischen Klangbildes und des Verstehens der Musik in Bedeutungs- und Ausdrucksfunktion. Für das Geräusch ist diese Unterscheidung, wie mir scheint, bisher nicht versucht worden, sie ist auch methodisch schwieriger, wenn auch sicher an geeigneten Fällen nicht unausführbar. Wenn also ein in seinem Hörfeld intakter Hirnkranker in der Erkennung, d. h. Zuordnung, von Geräuschen zu Gegenständen oder Bedeutungen Schwierigkeiten hat, so besteht auch hier die Forderung, zu unterscheiden, ob das Geräusch als solches adäquat aufgefaßt wird oder nur seine Beziehung, seine ,,Bedeutung" im weitesten Sinne (Merkmal, Kundgabe usw.). Es ist zu bestimmen, ob bei intaktem Hörfeld nicht vielleicht das *Geräuschbild* in seiner phänomenalen Objektivierung und seiner gestaltlichen Ausprägung gestört ist, analog wie wir versucht haben, dies bei den musikalischen Klängen im Fall der Störung der Bildorganisation (Akkord, Melodie usw.) im früheren Abschnitt darzustellen. Das Miauen, das stoßweise Bellen, das Meckern, Wiehern hat ebenso seine ,,Melodie" (bildhafte Höhenbewegungsgestalt), wie im weitesten Sinne die über Zeiten sich erstreckenden mechanischen Geräusche (Maschinengeräusch, Wagenrasseln, Stiefelknarren, Papierknistern usw.).

Unser Kranker St. zeigt auf musischem und sprachlichem Gebiete eine Bildorganisationsstörung bei erhaltener ,,Bedeutungsfunktion". Auch für die gebräuchlichen Geräusche hat er diese ,,Bedeutungsfunktion". Trotzdem zeigt er bei ungewöhnlichem Geräusch eine Störung, die von dem Kranken selbst in der Lautstärke gesucht wird, sodaß er eine Verstärkung des Geräusches erbittet, das er ganz offenbar nicht erkennt. Wenn uns auch bei unserem Falle völlige Sicherheit der Beurteilung nicht gegeben werden kann, so hat immerhin die Auffassung eine gewisse Berechtigung, daß die Störungen der Bildorganisation, die Sprache und Musik betreffen, sich auch auf die Geräusche beziehen, mithin eine *Geräuschbildstörung* auch bei ihm vorhanden ist, die nur deshalb so gering zum Ausdruck kommt, weil der Kranke durch seine erhaltene Bedeutungsfunktion (die sich ja auch in der Musik zeigt) bei den sehr geübten und gewohnten Erscheinungen der Schallwelt besonders starke Hilfen erhält. Die Störung kommt dann eben nur bei ungewöhnlichen Geräuschbildungen deutlicher hervor. Ähnlich kann es auch bei unserem Falle Lydia Hir. liegen, die ja ebenfalls einige leichte Erkennungsstörungen aufweist (Verwechseln des Knackens von Messer und Schere, Verwechslung von ungewöhnlicheren Tierlauten usw.). Auch bei dieser Kranken, deren Störungen der Sprachlaut- und Musikklangwahrnehmung sehr gering sind, können diese ebenfalls sehr geringen Geräuschauffassungsstörungen mit einer gewissen Wahrscheinlichkeit auf eine Linie mit den übrigen akustischen Wahrnehmungsstörungen gestellt werden. Dies ist um so plausibler, als ja weder akustische Sinnesstörung, noch transcorticale Bedeutungsstörungen bei ihr überhaupt beobachtet worden sind. — In Analogie zu diesen Fällen besteht die Wahrscheinlichkeit, daß auch bei den Kranken von Liepmann, von Bonvicini, Schuster und Taterka u. a. die primäre Störung in der Geräuscherkennung nicht am Bedeutungsakt, sondern an der Erfassung des (empfindungsmäßig adäquaten) Geräusches in seiner *Bildfunktion* liegt, daß also eine ,,apperzeptive", nicht aber eine ,,assoziative Agnosie" im Geräuschbereiche vorliegt. In welchem Verhältnis diese Geräuschbildstörungen zu den sensorischen Sprach- und Musikstörungen stehen, wird sich im weiteren Verlauf unserer Erörterung ergeben.

An dieser Stelle mögen noch zwei Fälle der Literatur eine kritische Erörterung finden, die von den Autoren als „akustische Agnosie" betrachtet werden.

LAIGNEL-LAVASTINE und ALAJOUANINE[1] beschreiben einen zur Zeit der Untersuchung 46jährigen Mann, der 3 Jahre vor der Untersuchung eine leichte Granatsplitterverletzung der Kopfschwarte und der rechten Schläfengegend erlitten hatte, die keine Symptome hinterließ, 2 Jahre später durch einen heftigen Schlag gegen die *rechte* Schläfengegend verletzt wurde, der Bewußtlosigkeit, vorübergehende Lähmung im Bereiche der linken Körperhälfte und eine bleibende Schwerhörigkeit auf dem linken Ohre verursachte. Ein weiteres Jahr später stürzte der Mann, offenbar in einem epileptischen Schwindelzustand, 2 Meter tief von einer Leiter, wurde bewußtlos mit einer Fraktur des Schädels in der *linken* Schläfenscheitelgegend aufgefunden. Nach dem Erwachen hörte er Laute, verstand aber keine Sprache. Die ohrenärztliche Untersuchung, bei der man sich schriftlicher Verständigung bedienen mußte, ergab Herabsetzung der Hörfähigkeit links, wesentlich geringer rechts. Der WEBERsche Versuch ergab Lateralisation nach rechts, Schwabach —12, Rinne beiderseits negativ, links —4, rechts —5 (!). Die Prüfung mit der HARTMANNschen Stimmgabelreihe ergab links starke Einschränkung, rechts eine Hörweite von 64—2024 Doppelschwingungen; C_2 und G_2 wurden rechts wahrgenommen. Am STRUYKENschen Monochord wurden 14—15000 Schwingungen rechts wahrgenommen. Die Reaktion des Kranken war anscheinend auf die Reize hin nur ein „oui" oder „non". Es wird nicht vermerkt, daß der Kranke die Töne nachsang, mithin ein Urteil ermöglichte, daß er nicht nur auf die Töne „reagierte", sondern sie auch ihrer Höhe nach adäquat auffaßte.

Laute und schreiende Stimmen hörte der Patient nur als „bruit". Die weitere Prüfung, die mit verschlossenen Augen am rechten Ohr vorgenommen wurde, ergab, daß der Kranke von *Geräuschen* nur die stärkeren wahrnahm (z. B. Reiben einer Zündholzschachtel, dagegen nicht Reiben von Stoffen). Gut und unmittelbar wahrgenommene Geräusche, z. B. Verschieben eines Metalleimers auf dem Boden, Fußstampfen, Schlüsselrasseln, Läuten einer Radfahrglocke usw., wurden von dem Kranken nicht identifiziert. Den Laut eines Glases, eines Schlüssels, eines Zündholzes erklärte er ganz identisch „wie Grillenzirpen". *Sprachlaute*, z. B. Vokale, die ihm mit einem Schallrohr ins Ohr gesagt werden, erklärt er ebenfalls für Grillenzirpen, ahmt sie mit einem sehr hohen „tüt" nach, bestimmt dabei aber sehr genau die Intensität der vorgesagten Vokale, wird mit der Stimme lauter, wenn lauter vorgesprochen wird. Qualitätsunterscheidung der Vokale kann er nicht vernehmen. Ebenso ist es mit Worten, Rede, Lachen, Tierlauten. Die Zahl der vorgesagten Silben und die rhythmische Gliederung der Laute kann er genau erkennen. — Bei Prüfung der *Musiklaute* nimmt er Pfeifen und Blasen einer Kindertrompete wie Grillenzirpen auf, letztere dann wie „musique de collège". Wenn man die Marseillaise pfeift, erkennt er sie, wird sie vorgesungen, erkennt er zwar die Gesangsstimme, identifiziert aber das Lied meist nicht. Er spricht korrekt, hört seine Stimme, singt auch gut.

Für das Bestehen einer „akustischen Agnosie" könnte analog der Auffassung

---

[1] LAIGNEL-LAVASTINE u. ALAJOUANINE: Un cas d'agnosie auditive. Revue neur. 1921, S. 194f.

der Autoren der Umstand gelten, daß der Kranke die Tonreihe adäquat hörte, dagegen nicht die höheren Gestaltbildungen der Töne, wie Geräusche, Vokale, Melodien, Worte usw. Kritisch ist jedoch dazu zu bemerken, daß die Hörstörung auch auf dem rechten Ohre unklar ist. Auch die Autoren machen darauf aufmerksam, daß die negative RINNEsche Prüfung auf dem rechten Ohre nicht zu einer Erkrankung des inneren Ohres rechts bei Bestehen der sicheren und schwereren Innenohrstörung links passen will. Es ist auch nicht ausgemacht, ob der Kranke, wie schon oben bemerkt, nicht nur auf die Tonreihe einfach reagiert und die Töne gar nicht nach ihrer Höhe identifiziert. Es besteht in diesem Falle der Verdacht, daß die Störung, die sich auf der Basis einer Verletzung beider Schläfenlappen entwickelt hat, zu den „zentralen Hörfeldstörungen" (Anakusien bei gleichzeitiger peripherer Verletzung des linken Innenohres) gehört. Und zwar nicht mit Ausfall umschriebener Teile des Hörfeldes (Rarefikation), sondern als „Funktionswandel" im Sinne der Heidelberger Neurologen. Damit stimmt überein, daß der Kranke zwar Laute perzipiert, Klangfarben aber nicht unterscheiden kann. Daß er dann Worte und Melodien nicht versteht, anderseits aber rhythmische Gliederungen richtig auffaßt, spricht eher für Erhaltensein der gnostischen Bildsphäre. Patient hat dies mit anderen Anakusien (vgl. den Fall von QUENSEL und PFEIFER) gemeinsam.

Auch ein Fall von L. BALASSA[1] bedarf einer kritischen Beurteilung. Der 27jährige ungarische Bauer, der musikalisch gewesen war, gesungen, Zither und Mundharmonika gespielt hatte, war im Anschluß an eine Fleckfiebererkrankung anscheinend „taub" geworden und zeigte expressive Sprachstörungen. Aus dem neurologischen Untersuchungsbefund sei hervorgehoben, daß die Sensibilitätsstörung auf ein Betroffensein beider Hirnhemisphären hinwies. Die Gehörsprüfung ergab, daß Patient alle Töne der BEZOLD-Reihe hörte, daß der Vestibularis beiderseits übererregbar war, dabei kein Schwindel zu erzielen war. Die Expressivsprache war paraphasisch mit Vokaländerung und Silbenverdopplung. Das Sprachverständnis crwics sich als aufgehoben, Schreiben und Lesen war gut. Das Musikverständnis war vollkommen aufgehoben. Es wurden militärische Signale, vorgespielte Lieder nicht erkannt, Klavier- und Stimmgabeltöne wurden *nicht nachgesungen.* Die Rhythmuserfassung war gestört, Walzer und Tschardasch konnten nicht unterschieden werden, auch Allegro und Andante wurden nicht differenziert. Einzeln vorgesprochene Vokale konnten nicht unterschieden werden. Die einzelnen Töne erkannte der Kranke nicht, war auch nicht imstande, sie nachzusingen. Die Intervallbestimmung sukzessiv gebotener Töne mit Stimmgabel und Klavier, Auf- und Absteigen, konnten bei kleineren Intervallen nicht vorgenommen werden; unterhalb der Sextdifferenz war (ähnlich wie beim Unmusikalischen) eine Unterscheidung nicht zu erzielen. Die Identifikation der Prime mißlang in 50 % der Aufgaben.

Der Autor schließt aus dem Verhalten des Kranken auf eine Störung der Tonqualität bei Erhaltensein der Tonhöhe und einen Verlust der Vokalität der Töne im Sinne der KÖHLERschen Vokalitätstheorie. Er bringt damit auch in Zusammenhang die Störung der Konsonantenunterscheidung und die sehr große Schwierig-

---

[1] BALASSA, L.: Zur Psychologie der Seelentaubheit. Dtsch. Z. Nervenheilk. 1923, S. 143ff.

keit im Erfassen der Geräusche, die der Kranke bei der Untersuchung darbot. Auch hier wird allerdings zu fragen sein, ob denn dieser Patient auf die verschiedenen Höhen der Stimmgabelreihe nicht nur einfach „reagiert" habe, sondern sie wirklich in ihrer Höhe wahrgenommen hat. Da er sie nicht nachsingen konnte, ist aus der Untersuchung über diesen wichtigen Punkt kein Urteil zu gewinnen. Auch in diesem Falle besteht die Möglichkeit einer zentralen Hörfeldstörung (Anakusie im Sinne des „Funktionswandels"). Die Fehlleistungen in der Auffassung der Klangfarben (Vokalität) und Geräusche steht auch bei diesem Falle im Einklang mit der Annahme einer Hörfeldstörung. Daß dabei auch echte akustisch-gnostische Störungen im Spiele sind, ist wahrscheinlich. Dafür sprechen Rhythmusstörungen und die paraphasischen Entgleisungen.

Nach dem bisherigen Untersuchungsmaterial besteht kein Grund, von der Auffassung einer Trennung der Dispositionsgebiete Hörfeld und Bildfeld, nicht nur für Klänge und Sprachlaute, sondern auch für Geräusche, abzugehen. Die Komplexbildungen von Klang- und Geräuschfarben, von Vokalen und Konsonanten sind aus den bisherigen pathologischen Erfahrungen nicht ohne weiteres als „gnostische" Leistungen zu betrachten. Diese Leistungen können, ohne daß eine Rarefikation im Hörfeld — mithin ein Ausfall in der „Reaktion", sogar der adäquaten Perzeption der Tonreihe — auftritt, von der Sinnessphäre des Hörfeldes oder von der (gnostischen) Bildsphäre her (und auch von ihrer „Bedeutungsfunktion" her) gestört sein. Die Lage im Einzelfall hat jedesmal die Prüfung zu klären. Die Unterscheidung zwischen Geräuschempfindung und Geräuschbildauffassung muß allerdings noch durch eingehende Untersuchungen empirisch gesichert werden.

3. Sprachliches in der Musik und Musikalisches in der Sprache.

Die bisherigen Betrachtungen ergaben die Unmöglichkeit, die Gruppen der Klang-, Geräusch- und Sprachformen nach ihrer akustischen Bildqualität (Melodie usw.) so zu trennen, daß man jeder Gruppe gesonderte Dispositionen (gesonderte „Zentren" im Gehirn) mit besonderen und voneinander isolierten Störungen zuschreiben konnte. Man mußte sie vielmehr als Erscheinungen einer und derselben Schicht der akustischen Wahrnehmungsdispositionen, der akustischen Bildsphäre ansehen. Doch bleibt die Notwendigkeit, zu erklären, warum Klang-, Geräusch-, Sprachlautbilder bei einem akustisch-gnostischen Schaden nicht auch immer gleichmäßige Störungsbilder ergeben, warum sie sich im einen Fall gleich schwer, im anderen verschieden schwer — bald mehr in den musikalischen Klangbildern, bald mehr in den Spracherscheinungen — getroffen zeigen.

a) Für die Erfassung von sprachlichen Lautgebilden und musikalischem Klangmaterial ist die Fragestellung auf einem anderen Niveau die gleiche, wie sie für die Sinnestätigkeit, für das Hörfeld, früher schon präzisiert worden ist. Es ist zu suchen, *was an den beiden Auffassungsarten gleich, was verschieden ist, was an der Sprache musikalisch, was an der Musik sprachlich ist.* Von der Beantwortung dieser Fragen hängt die Gemeinsamkeit und Verschiedenheit der pathologischen Phänomene nach der dispositiven Struktur hin ab. An der Diskussion dieses Problems in dieser oder anderer Formulierung haben sich im Rahmen der Aphasie- und Amusieforschung Kussmaul, Oppenheim, Edgren, Pick und andere Forscher bis in die neueste Zeit in fruchtbarer Weise beteiligt.

Zum Vergleich stehen sich die Gesamtsituation der Sprache und der Musik als Einheiten gegenüber. Im Gedankenexperiment seien zum Vergleich das wahrgenommene, in seiner Bedeutung belanglose, etwa fremdsprachige Wort- und Satzgebilde in Prosa und die dem Hörer unbekannte instrumentelle, also „absolut musikalische" Melodie gestellt. Die Sinnessphäre ist als vollkommen erhalten anzunehmen, der Vergleich gilt der akustischen Bildorganisation.

Eine erste grundsätzliche *Gemeinsamkeit* zwischen dem sprachlichen und dem musikalischen Gebilde liegt darin, daß sie beide als vom Subjekt abgetrennte, objektiv-phänomenal existierende, ganzheitliche, bildhafte, tonal- und zeitgestaltlich gegliederte akustische Einheiten in sehr großer Mannigfaltigkeit ihrer Gestaltungsmöglichkeiten erlebt werden. Ihre konstitutiven Glieder sind im zeitlichen Ablauf des sprachlichen Wortes und Satzes, des musikalischen Motivs, des Themas und der Phrase (z. B. Liedmelodie) an bestimmten Stellen in bestimmter Reihenfolge in Sukzessivgliederung gegeben und, wenn Schwierigkeiten im Erkennen auftreten, auch als bildhafte Einzelkonstituenten bewußt (sprachliche Einzellaute, musikalische Einzelklänge). Zu der (melischen) Sukzessivgliederung kommt bei Musik und Sprache die rhythmische Gliederung nach Längen und Kürzen, zeitlichen und dynamischen Akzenten im Ablauf der lautlichen bzw. klanglichen Zeitgestaltung. Gestalten höherer Ordnung werden bei beiden Gebieten gebildet. Dem Satz und der Rede als Gliederungsprinzip für Wortkomplexe entspricht in der musikalischen Höhergliederung die Phrase, das Thema, das Lied, der geformte Tonsatz.

Diesen gemeinsamen Zügen stehen bei Betrachtung der speziellen Faktoren sehr viele Eigenschaften gegenüber, die diese beiden Gruppen akustischer Bildgestaltung *trennen*. Wenn auch die Musik nicht grundsätzlich geräuschhafte Anteile ausschließt, so gehören sie doch nicht zu den obligaten konstitutiven Gliedern musikalischer Bildungen. In der Sprache sind dagegen ganz bestimmte akustische Glieder geräuschhafter Art, die Konsonanten (von den Halbvokalen wird hier abgesehen), ein notwendiger Gliederungsfaktor. Vergleicht man beispielsweise die Klangfarbenbewegung der musikalischen Klänge mit der Bewegung der Lautfarbe von nicht-stimmlichen Anteile der Sprache, so läßt sich beobachten, daß die Konsonantenbewegung sich in einem dauernden Wechsel in verschiedener Lautebene vollzieht. Ihre Erzeugung gleicht nicht den Klangbewegungen, die durch ein verhältnismäßig klangfarbengebundenes Instrument (z. B. das einzelne Blas-, Streich-, Schlaginstrument) hervorgerufen sind, sondern eher denen, die durch ein reich illustriertes, in der „Klangfarbentiefe" (Mannigfaltigkeit der Register) wechselbares Instrument, z. B. Clavicembalo, Harmonium, Orgel, erzeugt sind. Aber während die Melodiebildung, beispielsweise auf der Orgel wenigstens streckenweise in gleicher „Klangfarbenebene" (Register), sich vollziehen muß, springt der Ablauf des ausgesprochenen Wortes in seiner Konsonantenbewegung von Ebene zu Ebene, von Register zu Register, also vom labialen zum gutturalen, palatinalen, dentalen Register in ständigem Wechsel umher. Man kann sagen, daß dieses sprachliche „Konsonantenmelos" nicht so sehr durch eine Lauthöhenbewegung (auch diese ist ja vorhanden!), als vielmehr durch eine Variierung, durch den ständigen Wechsel des Registers erzeugt wird. Innerhalb der einzelnen Register der stimmlosen Sprachlaute besteht wiederum eine gewisse Variationsbreite der Klanggebung, die durch die vokalische Struktur des

Wortes und durch andere Beeinflussungen (Dialekte usw.) gegeben ist. Zur Zeit ist dieses Lautfarbenmelos des sprachlichen Konsonantengewebes etwas Spezifisches für die Sprache und hat in der gegenwärtigen Musik kein Analogon. Es läßt sich allerdings nicht sagen, wohin die weitere Entwicklung der Musik unter Hereinnahme vieler Geräuschfarben (Geräuschorgel usw.) in dieser Beziehung noch führen wird[1].

Lange nicht so wechselnd in der Klangfarbenstruktur ist der *stimmliche Anteil* der Umgangssprache, die Sprachmelodie. Für sie gilt das, was für die Instrumente gesagt wurde. Bei aller Variierung der Vokalitäten, selbst Verschiedenheit des Klangfarbencharakters in verschiedenen Höhenlagen und ihrer ausdruckspsychologisch so wichtigen Variabilität im gleichen Wort und Satz unter verschiedener affektiver Intention, bleibt doch für die Erfassung ein verhältnismäßig einheitliches Register, das Stimmregister der *Vox humana*, erhalten. Die Sprechstimme ist deshalb auch der eigentliche Träger des „Musikalischen" in der Sprache, in ihrer Gliederung und Ordnung sind die musisch-gestaltlichen Äußerungen der Umgangslautsprache zu studieren.

Nichtsdestoweniger sind auch in diesem sprachmelodischen Anteil wichtige Unterschiede zur Melodie der absoluten Musik vorhanden. Das Gestaltgebilde einer instrumentalen Melodie (beispielsweise die einer Klarinette) muß, um als musikalisch zu gelten, so erlebt werden, daß ihre konstituierenden Klänge in dem Klangsystem ihre Höhenbestimmung, ihre Stellung in der quantenmäßig eingeteilten Tonhöhenreihe ermöglicht. Es muß von dem die Instrumentalmelodie oder den Akkord bildenden Einzelklang und den aus den Einzelklängen gebildeten Gestalten gesagt werden können, welche Höhe sie haben, d. h. an welcher Stelle der Höhenreihe sie sich befinden. Wir haben im vorigen Abschnitt gesehen, welche Bedeutung dieses für das kategoriale Erfassen, das Benennen und die Notenbezeichnung der Klänge hat. Gewiß braucht die Instrumentalmelodie nicht immer in dieser Stellung im System erlebt zu werden, um vom Hörenden als musikalisch erfaßt und genossen zu werden, aber der Stoff muß so angeordnet sein, daß bei entsprechender Beachtung durch das analysierende Hören die Tonhöhenfixierung gelingen kann. Jeder Klang gehört dann einer Tonleiter chromatischer bzw. diatonischer Art an. Und selbst die raschesten melischen Abläufe, sogar im „glissando" durchgeführte Gänge, erlauben grundsätzlich noch diese Zuordnung zur Tonleiter bzw. im weiteren zum gesamten Tonalitätssystem. Die tonale Fixierungsmöglichkeit überhaupt, deren Grundlegung schon im Hörfeld gegenüber nichtklanglichen Bildungen geschieht, erreicht also erst in der Bildsphäre die gestaltliche Zuordnung zum „objektiven" System, zur Tonleiter, zur Tonalität. Und ähnlich ist es mit den anderen schon früher besprochenen Fixierungen, die in der Bildsphäre erst „musikalisch" sind, d. h. den Aufbau des akustischen Stoffes als Material der Musik herbeiführen. Es sei an die relative Konstanz der Klangfarbe, der Vokalität, an die Fixierungs- und Bestimmungsmöglichkeit der Intensität im Forte, Piano, Crescendo usw. und an die zeitlich systematischen Fixierungen (Takt, Tempo) erinnert. Innerhalb der Sphäre der „objektiven" Schallwelt sind sie alle charaktergebend für das „musikalische" Klangmaterial.

[1] Das „Klangfarbenmelos" wird auch für die Musik von modernen Komponisten gefordert (A. Schönberg).

Im Gegensatz dazu ist die *Sprechstimme* in ihrer Höhenbewegung nicht in einem Klangsystem festzulegen. Gewiß hat sie in jedem Teile ihre bestimmte Höhe. Jeder Querschnitt der Sprechmelodie kann gegenüber einem anderen nach seiner Höhe verglichen werden, läßt auch das Urteil „hoch", „mittel", „tief" zu. Aber die Bewegung hat nicht, wie notwendigerweise die Musik, Ruhepunkte im Ablauf, die eine Tonhöhenbestimmung, eine Zuordnung zu einer Tonhöhenreihe überhaupt ermöglicht. Auch in der Sprechmelodie hat man die Bedeutung von „Schwerpunkten" (GARAN, W. E. PETERS) für das Auffassen des sprachlichen Lautgeschehens betont[1]. Aber diese können nicht in einer Tonhöhenfixierung liegen. Diese Möglichkeit gehört überhaupt nicht zu den Erlebnisweisen der Sprechstimme, wie sie anderseits zu den Notwendigkeiten der musikalischen Melodie gehört. Die Sprechmelodie und ihre Konstituenten, Vokale sowohl wie Konsonanten, setzen zumeist nicht scharf ein, brechen auch unscharf ab, sind im Zwischenablauf kontinuierlich gleitend zwischen den verschiedensten Höhenlagen also in einem *beständigen Portamento* (Schleifen von einer Tonhöhenlage zur anderen). In der Musik wird das Portamento, das selten angewandt wird, durch den beginnenden und schließenden Klang in Höhenlagen und Beziehungen zur Tonleiter gebracht. Auch das fehlt der Sprechstimme. (Ein länger dauerndes Portamento in der Singstimme zwischen verschiedenen Höhenlagen führt je nach der Bewegung zu den Phänomenen des Jauchzens, Heulens, Weinens usw.). Dazu kommt, daß die menschliche Stimme in den gewöhnlichen Lagen, wie schon bemerkt, nicht eine gleichbleibende Klangfarbenregion hat (Konsonanten!). Der ständige Wechsel der Vokale gehört zu den notwendigen Strukturfaktoren des Wortaufbaues; er fehlt bei der instrumentellen Melodie. Auch innerhalb eines gesprochenen Vokales, der in der sprachlichen Melodiebewegung steht, geht ein dauerndes Gleiten des Vokalitätscharakters vor sich (STUMPF). Ein fragendes „Ja?" enthält ein a, das nicht nur in der Tonhöhe nach oben getragen wird, sondern auch in seinem a-Charakter geändert, aufgehellt wird und zwar in gleitender Veränderung. ISSERLIN spricht bei der sprachlichen Vokal- und Konsonantenbewegung von der „gleitenden Klanghöhen- und Klangfarbenbewegung" in der Sprache, die sich physikalisch in den „gleitenden Formanten" an den Schwingungskurven nachweisen lassen. Ganz ähnlich ist es mit der Intensität des Wort- und Satzlautbildes. Auch bei ihr ist keine scharfe Fixierung in bestimmte konstitutive Teile innerhalb des Wortes erlaubt. Es ist ein gleitender Fluß schwankender Intensitätsgrade auch innerhalb der kürzesten Strecken in Wort und Rede vorhanden, der es ausschließt, irgendwelche Zuordnungen in Gradebenen der Intensität vorzunehmen und beizubehalten, wie dies für die Musik notwendig ist. Über das allgemeine Urteil „laut", „leise" usw. ist in der Sprache eine Fixierung und Graduierung der Intensität für den Erlebenden nicht vornehmbar und auch nicht notwendig. Weiterhin fehlt der Sprache die Möglichkeit harmonischer Bindung, die Bildung von Simultankomplexen (Akkord, Kontrapunkt oder analoge Strukturen). Eine Zuordnung zur Tonleiter, zum System der Tonalität (dem eigentlich „Tonräumlichen"), Tonart, Tongeschlecht usw. ist der Sprechstimme fremd.

---

[1] Vgl. hierzu die Kritik in ISSERLIN, M.: Die pathologische Physiologie der Sprache. Erg. Physiol. 1929, S. 228—231.

Diesen sehr wichtigen Unterschieden in tonaler Beziehung stehen auch Differenzen in bezug auf die *zeitliche* Gestaltung gegenüber. Die Gebilde der Sprache wie der Musik sind zeitfigürlich gegliedert, enthalten Akzente, Rhythmisierungen. Der Musik eignet, wie wir früher besprochen haben, zeitliche Systembildung, ein „Zeitgitter" (Herrmann) in Form des Taktes. Die Trennung von Rhythmus und Takt zeigt sich in dem Unterschied zwischen Musik und Sprache deutlich. Die Sprache hat kein eigentliches musikalisches Tempo. Wenn man auch bei der Sprache von langsamem, raschem Reden sprechen kann, so ist doch die Fixierung in eine bestimmte Tempolage (ein Ablaufsschema der Zeit), Adagio, Allegro usw., in der Umgangssprache nicht möglich. Zeitliche Systembildung, die für die Musik so wichtig ist, fehlt der Umgangssprache, wenngleich sie mit der Musik die Rhythmusbildung teilt.

Es hat also das Sprachlautbild in seiner entäußerten Form in Wort, Satz und Rede mehr Freiheit als die Musik in ihren Bildungen dadurch, daß sie nicht wie die musikalische Melodie in Systeme eingeordnet ist und daß sie nicht die Notwendigkeit der Fixierungen in sich trägt. Diese Freiheit der Sprechmelodie gibt die Möglichkeit für viel feinere Nuancierungen und einen weit größeren Reichtum von Ausdrucks- und Darstellungsmöglichkeiten schon ganz allein in der Sprechmelodie. Durch Strukturierungen in Wortkomplexe, Satzkonstruktionen, spezifische Grundformen klanglichen Aufbaues in der Gesamtrede sind schon rein im Klangbild die Möglichkeiten für die Darstellung gefühlsmäßigen und gedanklichen Materials außerordentlich mannigfaltig. Nach einer anderen Seite hin besteht aber für die musikalische Melodie mehr Freiheit. Sie kann innerhalb ihres klanggestaltlichen Ablaufes ohne Änderung des ihr zugrunde liegenden Gefühls- und Gedankengehaltes variiert werden (z. B. bei Variationen von Themen nach Melodie und Tongeschlecht), wenn nur der allgemeine formale Rahmen erhalten bleibt. In diesem Rahmen schafft der freie Fluß des Klanggeschehens eine in ihr liegende Bewegung von energetischen und gefühlsmäßigen Abläufen, die sich von Schritt zu Schritt mit den im Klangfortschritt selbst liegenden Spannungen bilden und ändern, freilich selbst wieder in organisierter Weise. Dem Ausdruck eines musikalischen Inhaltes stehen beliebige melodisch-harmonische Phrasen und tonal-rhythmische Gliederungen zur Verfügung. Das konventionelle Wort zeigt hier viel mehr Bindungen. Eine geringe Änderung des Wortes bewirkt die Unbrauchbarkeit dieses Wortes in seinem Bezeichnungswert. Ganz ähnlich klingende Worte haben andere Bedeutung. Ebenso leicht verletzbar wie etwa die Struktur eines Wortes aus ihren stimmlichen und nichtstimmlichen Bestandteilen ist die Gesamtmelodie der Rede. Eine kleine Veränderung im Tonfall und der Intensität der Sprechmelodie kann die ganze Sprachsituation mit einem Schlage verändern; geringe Veränderungen des lautlichen Bestandes im Ablauf der sprachlichen Gestaltungen, der Wortstellung im Satz, der Satzstellung in der Rede sind sehr bedeutungsvoll für die Sinngebung [1].

---

[1] Für die Sprachen, in denen verschiedene Höhenlagen der gleichen gesprochenen Wörter verschiedene Bedeutung haben (z. B. bei den afrikanischen Ewe), gilt die Frage, ob diese Höhenlagen nach tonalen Stufen oder einfach nach „hoch, „tief" gesichtet sind. Die letztere, nicht tonalfixierte Äußerung ist auch dann die wahrscheinlichere, wenn selbst in den Männer- und Frauenstimmen je annähernd die gleichen Höhenlagen von den verschiedenen Individuen benutzt werden.

Fassen wir also vorläufig zusammen, was der Vergleich der wahrgenommenen Umgangssprache (Prosa) mit der Instrumentalmusik auf dem Gebiete der bildhaften Organisation des akustischen Materials ergibt! An den Sprachlautgestaltungen ist musisch im weitesten Sinne die Objektivierung, die gestaltliche Formung und Gliederung in der sukzessiv-melischen wie in der zeitlich-figuralen Richtung, ferner eine gewisse Konstanz der Klangfarbe in der sprechstimmlichen Führung, der Sprachmelodie, als musisches Gebilde und als Träger der Vokalisation (Formanten bzw. Klangfarbenvariation). Sprachlich, bzw. sprachähnlich ist an dem akustischen Bildmaterial der absoluten Musik die Höhergliederung in Phrasen und thematische Bildungen. Getrennt sind die beiden Gebiete akustischen Wahrnehmungsmaterials dadurch, daß eine Fixierung des Registers für die Konsonantengliederung nicht gilt, ebenso wie die Konstanzbildung und Fixierung des Musikgebildes in bezug auf Tonhöhenbestimmung und Tonhöhenbewegung und Intensitätsstufen im Sprechgebilde nicht möglich ist. Es besteht ferner in der Sprechstimme kein Bezug auf ein Tonalitätssystem (Tonalität, Tonart, Tongeschlecht usw.) und nicht auf ein zeitliches Gestaltsystem (Takt mit fixierter Temposetzung), keine Möglichkeit der Simultangliederung im Tonalen (Akkord) und nicht in der melisch-rhythmischen Führung.

b) Unser Vergleich betraf die Extreme, die Lautbildung in der Prosasprache und der absoluten Musik. Es war dies notwendig, weil es *Übergänge* gibt, auf die Physiologie und Pathologie der akustischen Wahrnehmungserscheinungen zu achten haben. Es ist nämlich — wiederum in Beschränkung auf das Klangmaterial — möglich, die Sprechstimme zu „musikalisieren“ oder die absolute Instrumentalmusik zu „versprachlichen“: im Sprechgesang z. B. im (Prosa-)Rezitativ.

Die Musikalisierung besteht hier zunächst nur auf *tonalem Gebiete* (*tonale Musikalisierung*). Die Sprechstimme differenziert den Sprechstoff in seiner artikulatorischen und lautlichen Formung stärker heraus als die Singstimme. Das durch Textgesang gebrachte akustische Material hat die tonale Fixierbarkeit wie die durch andere Musikinstrumente gebildeten Klangstücke nach Tonhöhe, Klangfarbe, Intensitätstufen, Tonalitätsbezug usw., gewinnt auch an Umfang der Höhenlagen, verliert aber an Ausprägbarkeit der Vokalität in den Höhenlagen, die außerhalb der mittleren Sprachlage sind. Die Nuancierungsmöglichkeit der gesungenen Melodie im Liede ist geringer als die der Prosasprechmelodie. Die konsonantische Ausprägung bleibt im Sprechgesang unklarer, so daß die „Verständlichkeit“ der gesungenen Sprache allein nach ihren akustischen Faktoren (unabhängig von der Bedeutungs- und Ausdrucksfunktion betrachtet) im Vergleich zur gesprochenen Rede geringer ist.

Die „*zeitliche Musikalisierung*“ der Prosasprache tritt in „der gebundenen Rede“ zutage, in der Bindung des Redeflusses durch das zeitgestaltende Metrum. Gleichmaß und Gliederung nach Längen und dynamischen Akzenten sind im Metrum vorhanden. Die Metrik der gebundenen Sprache ist etwas, was die Musik nicht haben kann. Sie schließt sehr eng an die natürlichen Längen, Kürzen, Akzente der „gewachsenen“ Sprache an. In den musikalischen Klanggebilden sind von vornherein Längen, Kürzen und Akzente nicht vorweg bestimmt, werden erst durch die musikalischen Notwendigkeiten gesetzt. Das Metrum hat zunächst nicht musikalischen Takt, hat aber doch Verwandtschaft mit ihm. Im Versmaß ist ein Grundschema zeitlicher Art, ein „Zeitgitter", bemerkbar, in das der rhythmische Duktus der Worte eingeordnet ist. So ist im Hexameter ein dreischlägiger, im Alexandriner, im Nibelungenvers, ein vierschlägiger Takt zu hören und mitzutaktieren. Die Variierung des Rhythmus gegen den (dreischlägigen) Takt ist im Hexameter das Auftreten von Spondaeen an Stelle von Daktylen ohne Änderung des metrischen „Taktes"; analoges gilt für die anderen Versmaße. Auch hier gibt es wieder freiere und gebundenere Formen; die freieste vielleicht in den Chören des altgriechischen Dramas und manchen Formen neuerer Lyrik, die stärkste Gebundenheit etwa in den festliegenden Gedichtformen, z. B. der alkäischen Strophe, dem Sonett usw. Dies mag ein Analogon vielleicht in der allgemeinen Form des Kanons, der Fuge und der Sonate in ihren strengen Durchführungen haben.

Die am weitesten gehende *tonale und zeitliche „Musikalisierung" der Sprache*, auch hier wiederum nur von der Seite des Klangmaterials betrachtet, liegt in den kunstgesanglichen Formen der gebundenen Rede vor, also dem in Musik gesetzten Gedicht (lyrischer, dramatischer usw. Art). Beim Lied ist die tonale Gliederung und Zuordnung zum Tonalitätssystem verknüpft mit der rhythmisch-taktlichen Bindung des Gedichtes. Die Bereicherung, die die sprachlichen Möglichkeiten gegenüber der reinen Musik bieten, werden hier in das musikalische Bild hineingetragen, während das musikalische Element dem sprachlichen Klangbilde ihre spezifischen Formmöglichkeiten gewährt. Daß freilich der klanggestaltlichen Bereicherung keineswegs nur eine Erweiterung der Möglichkeiten, besonders in bezug auf die Ausdrucks- und Bedeutungsfunktion, entspricht, wird später besprochen werden.

In gewissen Fällen kann man auch auf dem Gebiete der Klangbildorganisation von einer „*Versprachlichung der Musik*" reden. So, wenn manche musikalische Bildungen der reinen Musik Rezititativcharakter (ohne Wortäußerung) tragen. (Man vergleiche etwa die Einleitung und Zwischenstücke in Beethovens Sonate in *D*-Moll, Op. 31, Nr. 2; 1. Satz oder die berühmte Rezitativeinleitung der Streichbässe im 4. Satz von Beethovens 9. Symphonie!) In einem etwas anderen Sinne kann hier erwähnt werden die Heraushebung „natürlicher" sprechmelodischer Führungen und dynamischer Akzente der im Liedtext oder in der musikalisch-dramatischen Rede gebrauchten Wortführungen in den gesanglichen Partien (die sogenannte „Prosodie"), wie sie schon beim Aufkommen des monodischen Gesanges in der Oper (Ende 16. Jahrh.) die Musiktheoretiker beschäftigt haben und die seit Richard Wagner bewußt als spezifisches Kunstmittel verwendet werden.

Um also theoretisch und praktisch einen Vergleich zwischen sprachlichen und musikalischen Klanggebilden vorzunehmen, muß gesondert untersucht werden: 1. *der Gehalt an musischer Gestaltung in der Prosasprache im Vergleich zur „reinen Musik"*; 2. *die „Musikalisierung" der Sprache in tonaler und zeitlicher Gestaltung (Rezitativgesang, Gedicht, Lied usw.) und ihr Einfluß auf die Sprache*; 3. *die „Versprachlichungen" der reinen Musik und ihr Einfluß auf das musikalische Geschehen.* Diese Untersuchungen und Vergleichungen sind möglich, unabhängig davon, wie man sich die Entwicklung von Musik und Sprache, etwa den Primat des Sprechgesanges vor der (sprachlosen) Instrumentalmusik, das Hervorgehen der

Sprache aus der Musik oder der Musik aus der Sprache in der Entwicklung usw. zu denken hat.

c) Der Vergleich der beiden psychischen Bereiche auf dem höheren Niveau der *Ausdrucks-*, *Bedeutungs- und Symbolfunktion* zeigt ihre Gemeinsamkeiten und Verschiedenheiten in anderer Beziehung als in der Sphäre der akustischen Bildorganisation. Wir brauchen hier nicht mehr zu beweisen, daß trotz der innigen Verbindung zwischen dem akustischen Klangbild und dem, was es auszudrücken und zu bedeuten hat, die Funktionsbereiche, ihre Dispositionen und ihre primären Schädigungsmöglichkeiten grundsätzlich getrennt sind.

Schon seit längerer Zeit wird in der Funktion der Sprache von Pathologen und Psychologen die Ausdrucks- und die Darstellungs- oder Bedeutungsfunktion auseinander gehalten (Jackson, Kussmaul, Oppenheim, Bühler u. a.). Man schreibt die Fähigkeit zum Ausdruck speziell der Gefühle auch den sprachlichen Äußerungen der Tiere und der der Wortsprache noch nicht mächtigen kleinen Kinder zu, und zwar in Kundgabe und Aufnahme (Kundnahme), während diesen Lebewesen nicht oder noch nicht die Möglichkeit zugesprochen wird, die Sprache als Bedeutungsträger, als typisches Organ für einen gedanklichen Gehalt, für das logische Urteil, den Begriff und seine denkmäßige Verarbeitung, die Formulierung und Übermittlung in Rede, Satz und Wort zu erleben. Was die sprachliche Ausdrucksweise der Tiere und kleinsten Kinder betrifft, so unterscheidet sie sich bekanntlich von der des erwachsenen Menschen dadurch, daß ihr die Formulierung fehlt, daß sie nur lautstimmlich ist, ohne Strukturierung in Konsonanten, ohne Gliederung der Rede nach Sätzen und Wörtern, ohne die den Sprachen verschiedener Völker gemeinsame „innere Sprachform" (Humboldt) und ohne Ausprägung in der äußeren, konventionellen, mit der Entwicklung von Sprache und Geistesleben fortschreitenden lebendigen Sprache und Schrift eines Volkes. Das bedeutet, daß der Ausdruck zunächst in dem gegeben ist, was man — ob man es in der niederen Organisation der Tier- und Säuglingssprache oder in der höheren Entwicklung der Sprache der Erwachsenen betrachtet — als den sprechmelodischen Anteil (die Intonation nach Brissaud im Gegensatz zur Artikulation) bezeichnet. Der Ablauf der Stimmführung nach ihrer Höhenrichtung und Intensitätsbewegung, nach dem Gezogen- oder Abgesetztsein, nach der Konstanz oder Änderung der Zeitführung bringen in der Sprachmelodie (dem „*Tonfall*" der Sprache) in ungeheurer Mannigfaltigkeit die im kundgebenden Lebewesen bestehenden Spannungen, Strebungen, Gefühle und Affekte zum verständlichen Ausdruck. Die Stimmgebung wird somit zum Mittel des akustischen Anteils der *Physiognomik* im weitesten Sinne, der akustisch-pantomimischen Entäußerung beim höheren Tier ebenso wie beim unentwickelten und in viel reicherem Maße noch beim entwickelten Menschen. Der laute Schmerzensschrei, wie das leise Wimmern, der jubelnde Ausdruck lauter Freude, wie der leise und zarte Ausdruck innigen Glückes, das Jammern, Stöhnen, der erschreckte Ausruf, der zornige, bittende, schmeichelnde, verwunderte Tonfall seien nur als wenige Beispiele sprechmelodischer Ausdrucksphänomene genannt.

Wie ist in dieser Beziehung das Verhältnis zur reinen Musik? Zunächst kann gesagt werden, daß auch *Geräusche*, die nicht dem menschlichen Stimmbereiche angehören, durch Ähnlichkeit mit stimmlichen Äußerungen zur Erzeugung von ähnlichen Affekten im wahrnehmenden Menschen führen können wie die Sprechstimme. Das Heulen und Jammern des Windes beispielsweise, das gequälte Ächzen eines schweren Wagens, der zornige, schreckenerregende Eindruck, den ein Donnerschlag hervorruft, haben neben anderen Eigenschaften nach ihren Ausdrucksqualitäten Anklänge an gewisse erfahrungsmäßig festliegende Erscheinungen der menschlichen Sprachmelodie. Auch in der *instrumentellen Musik* kennen wir solche Anklänge an die Sprechstimme, etwa wenn in einer monodischen Stimmführung eines Instrumentes Darstellungen von Affekten oder affekterregenden Szenen vorgebracht werden. Aber auch hier ist schon ein Unterschied zur Sprachmelodie. Während die Sprache der unmittelbare Ausdruck von Regungen und Gefühlen ist, wird ein Lebewesen diese Gefühle im allgemeinen nicht durch echte musikalische Laute und Klangbildungen kundgeben. Es ist kein Zufall, daß es in der Regel nicht die absolute Musik ist, sondern die ,,Bedeutungsmusik'', die sich der Anklänge an die menschliche Sprechstimme zum Ausdruck von Affekten bedient. Es ist die ,,Darstellung'' des Affektausdruckes, die durch Musik erreicht wird, nicht die unmittelbare Kundgabe und Aufnahme eines Ausdruckes, wenn sich in ihr Anklänge an die Sprachmelodie vorfinden.

Das bedeutet aber nicht, daß die Melodie nur sekundäre (auf dem Umweg über Bedeutung gefundene) Ausdrucksfunktion besitzt. Gewiß sind auch in der reinen Instrumentalmusik einige Ausdrucksmöglichkeiten vorhanden, die wir in der Sprachstimme ebenfalls vorfinden; so wenn leise tiefe Klänge in den Bässen die Stimmung des Düsteren, Gebannten, laute helle Klänge, je nach der Klangfarbe des Instrumentes und nach der harmonischen Struktur, mehr der Freude oder auch dem verzweifelten Schmerz Ausdruck geben. Aber das tritt zurück gegen das *spezifische Ausdrucksgebiet* der reinen Musik. Die Strebungen und Regungen, die Gefühle und Affekte, die den Komponisten bewegen, den reproduzierenden Künstler tragen und ihre Ausdruckswirkung im Hörer entfalten, werden durch ganz andere, von der Sprechstimme grundsätzlich verschiedene Mittel der Klanggebung vorgebracht. Die Klangqualität allein in ihrem Wohllaut oder in der Tendenz dazu ist ein besonderes, von dem Laut der Sprechstimme getrenntes Ausdrucksgebiet. Die gewaltigen Ausdruckswirkungen musikalischer Werke sind erzeugt durch die in ihnen liegenden Beziehungen der Klänge zueinander, durch die Intervalle, das Schreiten von Klang zu Klang, durch die Harmonien, die Dissonanzen und ihre Auflösungen, Dur und Moll, Akkordbewegungen und -verschränkungen, kontrapunktliche Führungen, Formungen der Phrasen und höhere Bildungen der Tonstücke und all das, was energetische und affektive Intensivierung gestattet. Das sind aber Bedingungen der unmittelbaren *primären Ausdrucksfunktion*, die bei ihrem ungeheuren Reichtum an Möglichkeiten und Mannigfaltigkeiten doch dem Klanggebiete *der Musik* vorbehalten sind, für sie artspezifisch sind.

Man würde aber nicht richtig sehen, wenn man in der entwickelten Umgangssprache den Unterschied zwischen der Ausdrucks- und der Bedeutungsfunktion gleichsetzen würde mit dem zwischen der Sprechmelodie (Intonation) und den artikulierten Bildungen (Wort, Satz usw.). Auch in der phonetischen Gestalt der Wörter (vgl. die onomatopoetischen Wörter, die Interjektionen usw.), der Ausrufungs- und Fragesätze usw. sind Faktoren des Strebungs- und Gefühlsausdruckes, sind physiognomisch-pantomimische Faktoren (H. WERNER) vorhanden. Aber auch darüber hinaus sind in den Wortbedeutungen, ganz unabhängig, in welcher sprechmelodiösen Form sie vorgetragen werden, Ausdrucksfaktoren enthalten, die man als „sekundäre" oder als „bedingte" Ausdrucksfaktoren bezeichnen kann. Man denke an die Gefühlswerte gewisser Wortbedeutungen, die Lob, Beschimpfung, die Erhabenheit und Unanständigkeit in sich enthalten, deren strebungs- und gefühlsmäßiges Korrelat nur durch das Präsentwerden des Wortes, in welcher stimmlichen (musischen) Äußerung auch immer (eventuell auch geschrieben), geweckt werden. Diese Ausdrucksmöglichkeiten durch das Wort in ihren unermeßlichen Registern sind etwas Artspezifisches für die Sprache. Sie sind der Musik, die auf das Klangbereich beschränkt ist, nicht eigen.

Andererseits dient die *Sprechmelodie* (*der „Tonfall"*) nicht allein dem Ausdruck von Spannungen und Gefühlen, sondern auch den Zwecken des *logischen Bedeutungsgeschehens*. Dem Fragesatz, dem Affirmativsatz, dem Satz mit Alternativ-, mit Konzessivbeziehungen sind ganz bestimmte Abläufe der Sprechmelodie zugeordnet, die weitgehend unabhängig sind von den Gefühlsabläufen, die sie begleiten. Es liegen hier komplizierte Verhältnisse vor, die weiter zu verfolgen hier nicht möglich ist. Aus ihrer Erwähnung ist aber immerhin zu sehen, daß nicht nur die Artikulation, sondern auch die Sprechmelodie (die „musischen Elemente" der Sprache nach Pick) nicht ausschließlich dem Ausdruck von Spannungen und Gefühlen, vielmehr auch der Darstellung von *Inhalten* dienen.

Auf einen wichtigen Faktor, der, wie mir scheint, die Ausdrucksfunktion von Sprache und Musik unterscheidet, soll hier nur ganz kurz hingewiesen werden, aus dem Umstand nämlich, daß die *Wirkung* von Regungen und Affekten durch die Rede im aufnehmenden Menschen eine andere ist als in dem, der ihnen Ausdruck gibt. Die zornige Rede erzeugt nicht Zorn, sondern Furcht, die schmeichelnde Rede Stolz, die bittende vielleicht Verzeihung, die Situation des Beleidigers ist eine andere als die Lage des durch die Rede Beleidigten. Im Gegensatz dazu ist das Erlebnis des Strebens und Affektgehaltes rein musikalischer oder hoch musikalisierter sprachlicher Stoffe im Eindruck des Hörenden dem ähnlich, das im Gebenden, im Komponisten wie im reproduzierenden Künstler, vorhanden war.

Daß in dem Vorliegen von *Bedeutungsfunktion* zwischen Sprache und Musik kein *grundsätzlicher* Unterschied besteht, wenn auch im Umfang des Vorkommens wesentliche Differenzen vorhanden sind, ist früher schon gesagt worden. Das Leitmotiv, der Trauermarsch, der Zapfenstreich sind Erscheinungen reiner Musik, die auch ohne Worte einen bestimmten Sachverhalt bedeuten und diesen zur Kundgabe (Darstellung und Mitteilung) und zur Aufnahme bringen. Freilich bleibt diese Möglichkeit in der reinen Musik sehr beschränkt. Im allgemeinen wird die reine Musik nicht dazu verwendet, ist auch nicht dazu angetan, Gegenständliches darzustellen, Sachverhalte und gedankliche Inhalte wiederzugeben. Dies ist die spezifische Funktion der Lautsprache. Andererseits ist die Musik durchaus nicht nur darauf beschränkt, die momentanen Stimmungen, Regungen, Spannungen und Gefühle auch in noch so hochqualifizierter Weise zu erwecken. Auch den musikalischen Formgebilden liegt ein *Inhalt* spezifischer Art, ein „musikalischer Gedanke", eine „Idee", ein „Sinn" des Musikstückes zugrunde, der allerdings nicht leicht zu beschreiben ist. Dieser musikalische Inhalt liegt aber jenseits der zuständlichen, rein emotionalen Sphäre; es erfaßt ihn jeder, der das musikalische Werk eines Meisters so „versteht", wie ihn der Tonschöpfer gemeint hat, d. h. sich nicht nur von „Stimmungen" tragen läßt[1].

Wir müssen, um die Vergleichung von Musik und Sprache auf diesen schwierig zu fassenden und sublimen Schichten von Erlebnisweisen für die Pathologie zweckentsprechend herauszustellen, noch etwas tiefer auf diesen Gegenstand eingehen, wenn es auch gleichwohl nicht möglich ist, heute schon vom empirischen Standpunkte aus diesen ungeheuren Stoff auch nur einigermaßen in klaren Linien zu umreißen.

In der komplexen Bedeutungs- und Darstellungsfunktion, die sich im lautsprachlichen und musikalischen Schallstoff erlebnismäßig präsentieren, müssen zwei Bereiche gesondert herausgehoben werden: 1. der *Inhalt* der Darstellung und seine Struktur, 2. die *Formulierung*, d. h. die Überführung des Inhalts in einen symbolisch bedeutenden klangbildlichen Stoff.

Vergleicht man im Hinblick auf den *Inhalt* die Umgangssprache mit der reinen Musik, so ist ein grundlegender Unterschied schon darin gegeben, daß der musikalische Inhalt dem Gebiete des Alltags entrückt ist — wenn man von den wenigen „Signalen" absieht, die irgendwie technisch benützt werden —, während der Inhalt der Umgangssprache (Prosa) zunächst dem erlebten Zwecke, der Beherrschung der Umwelt und dem gedanklichen Verkehr der Menschen untereinander zu dienen hat. Der Qualifizierung der Inhalte nach ist ebenfalls zunächst keine Brücke zwischen Musik und Sprache. Der Inhalt der lautlichen Umgangssprache ist, ganz unabhängig davon, welche Formulierung in der Sprache er erhält, in den Erscheinungen des *anschaulichen und beziehlichen Denkens* gegeben. Was sich in dem unformulierten vorsprachlichen Urteil ausdrückt, ist eine schon bereits stark herausgeprägte Form dieses Denkinhaltes. Das Denken selbst ist von der sprachlichen Formulierung seinen gesetzmäßigen Beziehungen nach zu trennen. Das geht schon daraus hervor, daß nur ein Teil des gedanklich erlebten Gebietes einer sprachlichen Formulierung zugänglich ist. Der im Lautsprachlichen ausdrückbare Denkinhalt, die anschaulichen, konkreten Dinge, ihre abstrakten Verarbeitungen und Beziehungen, die Urteile, Begriffe, ihr Aufbau, ihr Zusammenhang und ihre Entwicklung (deren Formulierung dann in der Wortbedeutung und Namengebung in Erscheinung tritt), kurzum das, was sich im logisch-diskursiven Denken manifestiert, ist nur ein Teil eines viel größeren Gebietes von denkmäßigen Inhalten, das nicht in Sprachform sich herausarbeiten läßt. Neben dem logischen Denken haben neuere theoretische Erfassungsweisen, auch andere Denkformen, wie synkretistische, magische Denken der Kinder und Primitiven, das irrationale Denken usw. zur Erkenntnis gebracht. — Auch der *Inhalt der reinen Musik* ist, wie schon be-

---

[1] I. KANT (Kritik der Urteilskraft, S. 200. Leipzig: Reclam jun.) schreibt von der Tonkunst: „Der Reiz derselben, der sich so allgemein mitteilen läßt, scheint darauf zu beruhen: daß . . ., weil jene ästhetischen Ideen keine Begriffe und bestimmten Gedanken sind, die Form der Zusammensetzung dieser Empfindungen (Harmonie und Melodie) nur, statt der Form einer Sprache, dazu diene, vermittelst einer proportionierten Stimmung derselben, . . . die ästhetische Idee eines zusammenhängenden Ganzen einer unnennbaren Gedankenfülle, einem gewissen Thema gemäß, welches den in dem Stücke herrschenden Affekt ausmacht, auszudrücken. . . ."

merkt, mit den Gefühlen, Stimmungen und Regungen, die das Musikstück beabsichtigt und auflöst, nicht erschöpft. Der musikalische Inhalt ist höchst sublim, kann ein weites Gebiet menschlichen Erlebens in den größten Tiefen und höchsten Höhen umfassen, hat eine Ausdrückbarkeit in der Sprache nicht und bleibt für den Verstehenden nur intuitiv einfühlbar und erlebbar. Dieser musikalische Gedanke (unabhängig von seinem Gefühlsgehalt) ist aber, das kann gesagt werden, ganz anderer Art als der Denkinhalt der Sprache, sicher anders als der Inhalt der nichtkünstlerischen Sprachprosa. Er gehört nicht dem anschaulichen und abstrakten Gedankengebiete in seinem Kern und seinen Ausläufern an, ist aber auch nicht nur ,,zuständlicher" Art, also mit ,,Gefühl" und mit ,,Stimmung" nicht wesensgleich. Hier ist ein Inhaltsunterschied zwischen der reinen Musik (nicht der Bedeutungsmusik) und der Sprache *prinzipiell* vorhanden.

Den Beziehungen der Inhalte von Sprache und Musik entsprechen auch die Relationen der *Formulierung. Die Lautsprache wie die reine Musik besitzt Formulierung.* Sprache und Musik haben die Möglichkeit der Formbildung für gemeinte Inhalte. Die adäquate Formulierung von anschaulichem und gedanklichem Material in der Umgangsprosa ist ja die Rede, der Satz, das Wort. Vom Akustischen her genommen ist Sprachliches eine Auswahl aus der gewaltigen Mannigfaltigkeit lautgestaltlicher Bildungen mit der besonderen Eigenschaft, daß diese Auswahl selber wieder nur einen Ausschnitt aus dem Bereiche der Möglichkeiten phonetischer Äußerungen darstellt. Wichtig ist, daß offenbar anschaulicher und abstrakter Inhalt in Bedeutungs- und Namenfunktion[1] in besonderer Weise gerade in akustischem Bildstoff auftritt, unbeschadet anderer Darstellungsmöglichkeiten in Gebärden, optischen und andersartigen Zeichen. Es ist wohl sicher, daß für die Erarbeitung und Entwicklung gedanklichen Inhaltes nicht nur im Leben des Individuums sondern auch im Fortschritt der Kultur die Formulierung im lautlichen Gebilde in Rede, Satz und Wort obligat ist (L. BIANCHI u. a.). Die Formulierung der Sprache geschieht durch die individuelle Art der Darstellung eines Menschen überhaupt, die seine Reden, ihren Aufbau, ihren Wurf, ihre Ausgestaltung in Worten und Sätzen bestimmt. Die Art der Formulierung zeigt sich in der Form der einzelnen Rede, in der Verschiedenheit der Darstellungsmöglichkeit eines und desselben gedanklichen Themas, in der Folge des sprachlichen Aufbaus, in der Wahl, der Stellung und Reihung der Sätze als Formulierung von Urteilen, Prädikationen usw. und ihrer höheren logischen Formungen, die durch Hauptsätze, Nebensätze, durch Abschnitte, Überschneidungen und Verbindung im Reden, durch grammatische Wendungen strukturiert sind. Es liegt da eine ganz spezifische, durch keine andere als durch das akustisch-klangliche Sprachmaterial hervorzubringende Art der Formulierung von geistigen Stoffen vor. K. BÜHLER[2] unterscheidet neuerdings verschiedene ,,Darstellungsfelder" in der Sprache, das Primäre im lautlichen, das Sekundäre im anschaulichen Inhalt, das Tertiäre im Schema der Sprache, des Satzes, seiner grammatischen Grundstruktur usw. Man wird von hier aus vielleicht einen Ausgangspunkt haben für das Studium sprachlicher

---

[1] Vgl. hierzu FISCHER, S.: Arch. f. Psychol. **42** u. **43** (1923).

[2] BÜHLER, K.: Das Symbol in der Sprache. Kantstudien 1928.

Formulierung im normalen und pathologischen Falle. — Die Formulierung des *musikalischen Gedankens* (der „Idee", des „Sinnes") ist ganz anderer Art. Zwar spricht man auch hier von Themen, Phrasen usw., doch hat diese Formulierung des musikalischen Inhaltes im Tonmaterial zu verschiedenen Zeiten geschwankt, ist sehr abhängig von Konventionen der verschiedenen Völker und Zeiten und auch von den Zielen gewesen, die mit Musik erreicht werden sollen, etwa je nachdem die Musik kultisch religiöser Weihe, rein genießender Freude, dem Tanze, der Erweckung von ganz bestimmten Affekten (kriegerischer Stimmung usw.) dienen soll. In der neueren reinen Musik sind bestimmte strengere Formen als Formulierung des musikalischen Gedankens von den Meistern gewählt worden, die Fuge, die Sonate, die Liedform, das Rondo, bestimmte Kombinationen von Tänzen, die Form der Suite usw. Ohne weiter auf diese schwierigen Gebiete menschlicher Erlebensweise einzugehen, kann man doch sagen, daß Musik und Umgangsprosa zwar den Vorgang der Formulierung von Inhalten irgendwelcher Art im akustisch-bildhaften Stoffe gemein haben, daß sie sich aber sofort in den Spezifitäten der Formulierungsart trennen.

Der *Unterschied in dem Artcharakter der Inhaltsformulierung*, der zwischen Musik und Sprache besteht, darf aber keineswegs darin gesucht werden, daß man die „unkünstlerische" Umgangsprosa mit den „künstlerischen" Zwecken dienenden Musikformen vergleicht. Auch die ästhetisch hochwertige Prosa kommt dadurch, daß sie zur Kunst wird, noch keineswegs den Gesetzen musikalischer Formulierung näher. Es muß hier erlebnismäßig zwischen Sprachkunst der Prosa und sprachlicher Verskunst unterschieden werden. Die *Sprachkunst der Prosa*, als deren Repräsentanten wir Kunstreden, Novellen, Romane, Prosaschauspiele kennen, dient der Formgebung eines ästhetisch hochwertig darzustellenden gedanklichen Stoffes. Die Entwicklung dieses Stoffes der gedanklichen Zuspitzungen und Lösungen, das „unerhörte Ereignis", der schlagende Dialog, Rede und Gegenrede und die in ihnen liegenden Spannungen und sprachästhetischen Werte ist die Domäne dieser Sprachprosa. In der adäquaten Form dieses sprachlichen Kunststoffes liegt die ästhetische Seite der Prosaformulierung. Sie ist, wie alle Prosa, trotz künstlerischer Höhe in gewissem Sinne „musikabgewandt". Bezeichnend ist ein Urteil (meines Wissens von Heine), daß ein Dichter oder Schriftsteller, der gute Prosa schreiben wolle, die Versdichtung beherrschen müsse. Das bedeutet nichts anderes als die Vermeidung irgendwelcher musikalischer Formen in der Kunstprosa. — Die andere Richtung ist die Formulierung eines Stoffes von künstlerischem Werte durch die *Musikalisierung der Sprache*, und zwar zunächst durch die zeitlich-rhythmische Musikalisierung in der *gebundenen Rede*. Das vorgetragene Gedicht, z. B. lyrischer Art, wird in dem Wortsinn allein seine ästhetischen Wirkungen nicht erzielen. Es sind die rhythmischen und taktlichen Faktoren, die metrischen Formungen, der im Gedicht mögliche Stimmklang und die Wortfolge, die an Musikalisches erinnern und dadurch Stimmungswirkungen hervorrufen[1]. Freilich ist es nicht allein die musikalisierte Form, die den lyrischen Effekt bereitet; denn ein fremd-

[1] Vgl. hierzu WUNDT, W.: Völkerpsychologie. VII. Rhythmus und Tonmodulation im Satze. 2, 417f. (1912); ferner WERNER, H.: Die Ursprünge der Lyrik. Buch VI. Die Entwicklung lyrischer Rhythmik. München 1924, S. 114f.

sprachiges lyrisches Gedicht gleicher Zeitformung und gleichen Tonfalles wird die Wirkung eines auch sprachinhaltlich verstandenen Gedichtes nicht haben können. Wortbedeutung und Musikalisierung in Gemeinsamkeit sind Faktoren des Ausdrucks und der inhaltlichen Formulierung. Durch die musikalische (zeitliche) Ausformulierung kommen in das Sprachgeschehen Ausdrucksfaktoren stimmungsmäßiger, aber auch ideeller Art hinein, die durch die Prosa nicht zu erreichen, nur aus der Musik zu schöpfen sind. Selbst gedankliche Inhaltstiefen erhalten, wie etwa die religiöse Dichtung der alten Zeit, durch die hier allerdings frei verwandten musischen Einschläge ein besonderes Pathos. In der Epik werden durch das metrische Gleichmaß der Rede die schwankenden, ausdrucktragenden Faktoren emotionaler Art im Ablauf des Dargestellten ausgeglichen und auf eine gleichmäßige Stimmungsbasis gebracht, sie erhalten durch die musisch-metrische Formulierung die Fähigkeit zu „affektloser" oder besser „affektausgeglichener", mehr referierender Darbietung des Stoffes. Wo im Drama, von der Antike bis in die neuere Zeit der Vers als Formulierung vorherrschte, war damit (abgesehen etwa von den mythisch-kultischen Darstellungen) das Gehobensein in eine Sphäre des Dichterisch-Feierlichen beabsichtigt, ohne daß es vom stofflichen Inhalt unbedingt gefordert war. Während nun die „Gedankenlyrik" besonders in neuerer Zeit, bei der größeren symbolisch-gedanklichen Vertiefung des Stoffes, häufig die musischen Faktoren der Formulierung freier behandelt, tritt bei den Formen der Lyrik, die am stärksten gerade musikalische Wirkung erzielen will, und daher musikalisierende Formulierung in den Vordergrund stellt, die gedankliche Entwicklung, der inhaltliche Fortschritt in der Rede oft weitgehend zurück. Hier kommt es mehr (wenn auch gewiß nicht ausschließlich) auf die Erweckung eines durch die musischen und sprachlich-symbolischen Ausdrucksfaktoren zu erzeugenden schwebenden Gefühlszustand an. Daß hierbei die Gestaltungskraft des Meisters weitgehende Freiheit erwirkt, ist klar. Wo es sich, nicht nur in der Wissenschaft und Philosophie sondern auch in der Dichtung, um gedankliche Entwicklungen, um logische oder situative Wandlungen in ihrer Erzeugung und in ihrem Wechsel, um das Hervorheben eines inhaltlichen denkmäßigen Aufbaus handelt, wird von dem Dichter die Prosa vorgezogen werden, oder etwa vorhandene metrische Bindung in der Valenz der Formulierung in den Hintergrund treten. Ausnahmen, wie sie etwa philosophische Werke in metrischer Darstellung (z. B. Lukrez) bilden, sprechen nicht gegen diese Auffassung. Ist die Formulierung rein gedanklichen Materiales „musikabgewandt", so kann man von dem Zweck der (zeitlich) musikalisierten Sprachformulierung sagen, daß sie für sich allein nicht das adäquate Mittel der gedanklichen Entäußerung ist, ihr vielmehr in zunehmender Hervorhebung des musikalischen Elementes in der Formulierung eher hinderlich, sogar feindlich ist.

Die Formulierungen in tonaler Musikalisierung der Sprachprosa (Rezitativ, Melodram) sollen hier nicht gesondert besprochen werden, weil ihre Verwendung nicht das Ausmaß hat, daß ihnen eine gesonderte theoretische Bedeutung zukommt.

Was oben für die rein zeitlich musikalisierte Formulierung des Sprachstoffes gesagt worden ist, gilt in höherem Maße da, wo diese Musikalisierung sowohl den *tonalen wie den zeitlichen Faktor* betrifft, für den Sprechgesang. Im Lied, in der Arie, auch im Oratorium wird die Mitteilung, Darstellung, Kundnahme und Entwicklung eines dem Hörer noch nicht bekannten, neuen, anschaulichen und gedanklichen Materiales kaum beabsichtigt und gesucht werden. Beim Lied, das ein lyrisches Gedicht als Text hat, wird der Hörer nicht auf die Neuheit des Textes, auf die Mitteilung des vorgetragenen gedanklichen Stoffes, etwa wie bei der Rede, der Novelle, dem Prosaschauspiel, gespannt sein. Wer wird etwa beim Hören der „Loreley" daran denken, daß am Anfang etwas (rhetorisch) „gefragt" wird, daß irgend etwas „bedeuten" soll, und daß von „Traurigsein" in seiner wörtlichen Bedeutung die Rede ist. Das Lied wird nach ganz anderen Genußkategorien gehört und produziert als die Sprache. Der nicht gesungene, nur gesprochene Text stellt für den Sänger wie für den Hörer eine ganz andere Situation dar als das Lied, er ist tatsächlich in viel höherem Maße ein „Bedeutungsträger" als nach der Einbettung in die Liedmelodie. Dabei kann man noch nicht sagen, daß etwa das Lied unter allen Umständen größere Ausdrucksmöglichkeit hat, einen höheren „Stimmungsgehalt" in sich trägt als das Gedicht. Aber es kommt bei ihm ein Minus an gedanklichem Gehalt, eine geringere Belastung des Sängers und Hörers für irgendeine sprachlich-inhaltliche Bedeutung in Betracht. Man ist in einer anderen, mehr dem Reinmusikalischen angenäherten Gesamtsituation dem Liede gegenüber als dem gesprochenen Text. Daß dies für die Beurteilung der Fähigkeit von Singen und Sprechen sowie von Verstehen des gesungenen oder gesprochenen Wortes bei aphasischen und amusischen Kranken von Wichtigkeit ist, geht daraus ohne weiteres hervor. Tatsächlich hat man in früherer Zeit bei der Komposition von Liedern recht wenig auf den Text und seinen dichterischen Wert Rücksicht genommen. Das hat sich wohl erst in neuerer Zeit geändert. In der Oper, besonders früherer Zeiten, wurde der gedankliche Inhalt, zumeist im gesprochenen Dialog, manchmal auch in rhythmisch freiem Secco-Rezitativ gegeben, während die Arien und die sonstigen Formen des gebundenen Kunstgesanges nicht selten einen Stillstand in der Entwicklung des dramatischen Spieles bedeuteten. In den großen Oratorien früherer Meister war dies ähnlich. Dafür war die inhaltliche Gesamtsituation nach der anderen Seite, nach der des „musikalischen Gedankens" hin in diesen hochmusikalisierten Stücken innerhalb des dramatischen Fortganges (Arien usw.) vertieft.

Umgekehrt mußte in sprachmusikalischen Werken, bei denen auf die nur in der Sprache darstellbaren Inhalte Wert gelegt wird, die aber in der Musik, im Gesang gebracht und vertieft werden sollten, wie im musikalischen Drama seit Richard Wagner, in der Formulierung zwangsläufig eine Änderung gegenüber den rein musikalischen Bildungen strengerer Art (Oper, Oratorium usw.) vor sich gehen. Die Gesangssprache des musikalischen Dramas muß oft der strengeren musikalischen Bindung entkleidet, muß in gewissem Sinne „*versprachlicht*" werden. Der Sprachgesang des musikalischen Dramas verliert schon im Text an rhythmisch-taktlicher Gebundenheit, er wird im Metrum freier, einer pathetischen Prosa mehr angenähert, strenge Versmaße und Schlußreime treten zurück; die Gesangsmelodie wird in ihrer dynamischen und zum Teil auch melischen Struktur den Akzenten des Wortes im Text und seiner Sprachmelodie „prosodisch" angenähert und angepaßt. Auch der Orchesterpart, der sich an der dramatischen Handlung zu beteiligen hat, nimmt außer seiner bedeutungsmusikalischen, anschauliche und gedankliche Gegebenheiten darstellenden und symbolisierenden musikalischen Qualität (Darstellungsmusik) auch Qualitäten unmittelbarer sprachlicher Art auf: z. B. das schon erwähnte „Leitmotiv", das in seiner Funktion durchaus Wort-, Satz- und Urteilsfunktion erlangt. Nur durch diese „Versprachlichung" der in der Hand des Meisters doch immer noch als musikalischer Anteil des dramatischen Darstellungsmaterials wirkenden Formulierungsart gewinnt der Dramatiker ein Mittel, den Bedeutungsgehalt des Dramas, der in der reinen Musik überhaupt nicht, nur in der Sprache darstellbar ist, in einer wirklichen „musikalischen" Sprache dem Genießenden vorzuführen. Natürlich ist in der Fähigkeit, Sprache in Musik darzustellen und Musik auch in der gedanklichen Entwicklung als Formulierungsmittel zu verwenden, dem Können und Wollen des tonschöpferischen Genius die größte Freiheit gegeben. Mit Recht hat ALBERT SCHWEITZER (in seinem Bachwerke) auf den dramatischen Gehalt in der Lyrik Franz Schuberts hingewiesen. Die hohe Kunst Mozarts und auch neuerer italienischer Operndramatiker (Verdi, Puccini u. a.), den Fortschritt des Dramas in Gesang und Orchesterführung zu geben und dabei trotzdem die lyrische Gestalt (Formulierung) beizubehalten, darf hier Erwähnung finden.

Es wird ausdrücklich darauf hingewiesen, daß die vorhergehenden (auf das Akustische beschränkten und keineswegs erschöpfenden) theoretischen Andeutungen nicht als ein Exkurs in das Gebiet Ästhetik, Poetik oder Kunstphilosophie verstanden sein wollen. *Theoretische Grundvoraussetzungen, wie sie hier angestellt sind, erscheinen für die Pathologie durchaus notwendig.* Schon seit den frühen Zeiten der Amusieforschung hat man mit musikalisch-sprachlichem Material die Kranken untersucht. Es sei daran erinnert, daß OPPENHEIM 1888 seinen amusischen Violinspieler durch einen Berufsmusiker mit Stücken aus Beethovens Symphonien, und aus Wagners Tristan hat prüfen lassen, daß in der Folgezeit bis heute in der eingehenden Untersuchung von Musikern immer Prüfungsstoffe mit reiner Musik ebenso wie mit Gesangsstoffen und Gedichten in strengerer und freierer metrischer Bindung angewandt worden sind und immer mehr werden müssen. In den Aphasieprüfungen spielt neben der Untersuchung der Sinn und Bedeutung tragenden Prosa die Prüfung auch mit Gedichtstoffen und Liedern eine Rolle. Je mehr der Pathologe darauf Wert legt, sein geistiges Handwerkszeug kennen zu lernen, um so mehr wird ihm die Vertiefung seiner Studien in Sprach- und Musikstoffen nicht nur nach der akustisch-bildhaften Seite und ihrer weiteren Zeichenfunktion sondern auch in ihren inhaltlichen und formativ-symbolischen Seiten und ihren psychologischen Gesetzlichkeiten Erfordernis sein müssen.

d) Beim Vergleich von Musikstoff und Sprachlautmaterial in der *Pathologie der akustischen Wahrnehmung* wird aus den vorausgegangenen Betrachtungen entsprechend der eingangs gestellten Frage ersichtlich, warum bei dem gleichen Fall akustischer Bildorganisationsstörung, bei dem das ganze Gebiet (gemäß der BRODMANNschen Grundannahme) getroffen ist, doch sich *die Störung nicht einheitlich auf alle Organisationsstufen und Formungen in Geräuschen, sprachlautlichen und klanglichen Erscheinungen ausdehnen muß.* Wir wollen an theoretischen Beispielsfällen die Möglichkeiten kurz skizzieren:

1. Fall: Es ist (bei erhaltener Gehörsempfindung und Symbolbeziehung) die Disposition zur bildorganisierenden Schallverarbeitung so gestört, daß sowohl die Bildung von Schallkomplexen irgendwelcher Art auf dem Gebiete der Geräusche, der Sprachlaute und musikalischen Klangbildungen, also der Duktus von Geräuschabläufen, von sprachlichem Vokal- und Konsonantenmelos, von musikalischer Melodie- und Akkordbildung usw., wie auch die Bildung von akustischen Systemen der Tonalität und der Taktbildung gestört ist. Diesen Formen akustisch-gnostischer Störung entsprechen auf dem Gebiete der optischen Agnosie die Fälle mit schwerer Störung der Komplexbildung, der optischen Raumauffassung mithin auch der räumlichen Ordnung und Orientierung. In diesem Falle ist eine mehr oder weniger hochgradige Störung der Phänomene im Erfassen von Geräusch-, Klang- und Sprachlautbildern in ziemlich gleicher Schwere zu erwarten.

2. Fall: Es ist nur eine Störung der Komplexauffassung akustischer und zeitlich figuraler Art (Rhythmus) vorhanden, nicht aber eine Störung der Systembildung von Tonalität und Takt bzw. der Einordnung von Schallgegebenheiten in diese. Auf optischem Gebiete entsprechen dem die Fälle, die zwar Störungen im Komplexwahrnehmen, besonders im Verhältnis der Teile zum Ganzen, und zwar in simultaner und sukzessiver Gestaltbildung haben, nicht aber eine Störung in der Erfassung des Außenraumes und der optischen Orientierung. In diesen Fällen wird Sprachlautauffassung sehr gestört sein, weil bei ihr Systemeinordnung (Tonalität, Takt usw.) nicht in Betracht kommt. Geräusche können, wenn die Aufgaben entsprechend gegeben sind, durch die erhaltene Takt- und Tempoorganisation von der zeitlichen Seite her Hilfen für die Wahrnehmung erhalten und daher leichter aufgefaßt werden. In der Musikauffassung kann außer der zeitlichen Systemzuordnung auch die der Tonalität einen Komplexschaden so weit kompensieren, daß er bei gewöhnlichen Prüfungen (bekannten und unbekannten Volksliedern usw.) nicht in Erscheinung tritt. Erst bei schwierigeren Aufgaben (etwa mit „abstrakten" Stoffen), die am musikalisch ungebildeten Menschen gar nicht anwendbar sind, wird die Störung in Erscheinung treten. Hierher gehören die vielfach beschriebenen Krankheitstypen, bei denen der „Melodiensinn" erhalten zu sein scheint bei Störung der Sprachlautauffassung. In leichteren Fällen von Komplexstörung bei erhaltener tonaler und taktlicher Systemorganisation kann es sogar sein, daß die Erfassung von Geräuschbildern und von Klangbildern fast gar nicht gestört erscheint, während die Sprachlautauffassung schwer getroffen ist. Das liegt daran, daß die Sprachlautgebilde, Rede, Satz und Wort, sowohl Geräuschkomponenten (Konsonanten) wie auch tonal-melodische Bestandteile enthalten und in der Folge der Lautkonstituenten, der Variation von Klanghöhen, der Intensität der verschiedenen Glieder und auch ihrer rhythmischen Gestaltung ungleich viel kompliziertere akustische Gestaltgebilde darstellen als die reinen Geräusch- und Musikbilder. Dispositiv liegt aber doch eine Störung der *gesamten* akustischen Bildorganisation vor.

3. Fall: Es ist die akustische Komplexbildung erhalten, die Systembildung und damit auch die Einordnung bildhafter Komplexe in die tonalen und zeitlichen Systeme oder nur in ein tonales oder zeitliches System ist verloren. Diesem Fall entspricht auf optischem Gebiete eine (oft episodisch in längeren oder kürzeren Ausnahmezuständen, meist epileptischer Art, selten andauernd vorhandene) isolierte Störung des Raumerfassens, der Anordnung und Orientierung im Außenraum bei erhaltener Auffassung der Gegenstände nach ihrer optisch bildhaften Zusammensetzung und gestaltlichen Ausprägung. In diese Variante akustischer Agnosie fallen die Kranken, bei denen das Musikauffassen dauernd gestört bleibt, während die Sprache nicht gestört ist oder sich rascher restituiert (z. B. Fälle von BERNARD, WÜRTZEN, URBANTSCHITSCH). Ist die Systemdisposition im Akustischen nicht entwickelt, so resultiert daraus vollkommener Mangel an musikalischer Fähigkeit bei guter Sprachentwicklung und gutem Geräuscherfassen. Es können in diesen Fällen sogar die Musikalisierungen der Sprache, im Sinne der poetischen Bildungen, Gedichte usw. ganz gut erhalten sein, wenn sich die Störung oder der Dispositionsmangel im wesentlichen auf tonalem Gebiete bewegt.

Es darf natürlich nicht vergessen werden, daß in der Auffassung gestaltlicher Komplexbildung und Systemzuordnung auch ein Mitsprechen und aktives Mitgestalten normalerweise vorhanden ist. Es ist klar, daß auch die „motorischen" Komponenten, ebenso wie die „konstruktiven" bei der theoretischen Auffassung der Wahrnehmungsstörungen mit in Betracht gezogen werden müssen. Bei gewissen disponierten Personen, bei denen auch in der akustischen Wahrnehmung die expressiven Faktoren in die Wagschale fallen (motorischer Typus usw.), können von dieser Seite her Wahrnehmungsstörungen erzeugt oder vertieft werden. Insbesondere gilt dies von den Störungen der rhythmischen Auffassung in Musik und Sprache.

Zu berücksichtigen ist die *individuelle Veranlagung und Ausbildung* des einzelnen Kranken überhaupt. Der Defekt im Bereiche der akustischen Bildsphäre fällt beim Musiker anders aus als beim Unmusikalischen und ist innerhalb der verschiedenen musikalischen Talente wiederum sehr verschieden. Es muß ferner die Entwicklung der Störung, die zeitliche Fixierung des Störungsbeginnes und der Grad der Restitution bei den Prüfungen bestimmt werden.

Nach der *methodischen* Seite hin ist wichtig, daß beim Vergleich von Geräusch, Musik und Sprache als akustisches Material nur Gleichartiges in Beziehung gebracht wird, also nur „sinnloses" Material auf allen Gebieten, und daß genaue Bestimmung und Abgleichung aller das akustische Material in Ausdrucks- und Bedeutungsfunktion benutzenden Faktoren erfolgen muß. Auch die Hilfen, die aus anderen Schichten akustischer Erfassung der Bildorganisation von Sprachlaut und Musiklaut gemeinsam und getrennt zugeführt werden, sind stets zu berücksichtigen.

Mit der Reduktion auf die *primäre Dispositionsstörung* im akustischen Bildbereiche, gemeinsam für Geräusch, Sprachlaut und Klangbilder, fallen für die pathologisch-psychologische Erfassung der Störungen die (klinisch auch weiterhin verwendbaren) Termini der „Worttaubheit", der „Melodientaubheit", der reinen und totalen sensorischen Aphasie und Amusie als Bezeichnungen für gesonderte Störungen weg und ordnen sich dem Begriffe der akustischen Bildorganisation (akustisch-apperzeptiven Agnosie) unter. Wenn man noch weiter scheiden will, kann man eine akustische „Gestaltagnosie" von einer „Systemagnosie" (für Tonalität und Takt) trennen. Die Gestaltagnosie kann vielleicht weiter in die „isolierende" oder „global-chaotische" Form geschieden werden.

Ob sich derartige Bezeichnungen durchsetzen, wird dem Erfolg zukünftiger Forschungen überlassen bleiben.

4. Expression und optische Zeichengebung in Musik und Sprache.

a) Wiewohl die Erforschung der aphasischen Sprachstörungen von der sogenannten *motorischen Aphasie*, also den Störungen der Sprachexpression, ausgegangen ist, die dadurch einen historischen Primat erhalten hat, so mußte doch für die psychologische Erfassung und Vergleichung der sprachlichen und musikalischen Erscheinungen und ihrer Defekte die Kenntnis der Laut- und Klangstruktur vorausgehen und das Fundament auch für die Expressionserscheinung bilden. Das liegt nicht allein darin, daß ganz allgemein im Erleben Sprache und Musik als Klanggegebenheiten objektiv existent sind und der Modus ihrer Erzeugung nur unter den besonderen Umständen ihrer Produktion im Erlebnis dazutritt. Die beiden Gebiete sind auch entwicklungsgemäß zunächst nur Wahrnehmungs- und Vorstellungserscheinungen, ohne daß Expressivneigungen von vornherein dabei vorangehen oder möglich sind. Das Kleinkind hat bekanntlich eine nicht kurze Periode, in der es Sprache und auch andere akustische Gegebenheiten geräuschhafter und musischer Art als Klanggebilde ohne und später auch mit hinreichendem Bewußtsein seiner sinntragenden Funktion erlebt, dabei aber noch lange kein Wort oder sonst akustisches Material praktisch gestalten kann oder auch nur zu gestalten versucht. Die daneben laufenden spontanen und echolalischen Äußerungen des Kleinkindes sind zunächst nur „Reflexe", zu denen erst später Hörreize hinzukommen (FROESCHELS). Bei Untersuchung über die spontane Melodieproduktion des Kleinkindes hat H. WERNER[1] beim Übergang von den Lall- zu den Textgesängen eine starke Beeinflussung der Gesangsmelodie durch das Sprachmelos gesehen. Das hörstumme Kind kann bekanntlich ein Sprachgebilde ganz adäquat und sinngemäß erfassen, ohne daß es selbst expressive Sprache anwendet. Bei der Musik liegen die Verhältnisse so, daß auch viele erwachsene Menschen, die Verständnis und Genußfähigkeit für geformtes Klanggeschehen haben, ihr ganzes Leben lang nicht imstande sind, sie mit irgendwelchen Mitteln zu produzieren. Es gibt hochmusikalische Menschen, die kaum über das Singen ihrer Kinderjahre hinauskommen, die gewiß nie imstande sind, schwierige Gesangspartien auch nur einigermaßen bildentsprechend herauszubringen und die überhaupt niemals ein Musikinstrument spielen. Das hindert sie nicht, Gesang- und Instrumentalmusik auch in ihren kompliziertesten Bildungen richtig zu verstehen und auch zu genießen. Dem Lautsprachlichen wie dem musikalisch-klanglichen Material in seinen bildhaften Ausprägungen ist gemeinsam, daß ihre Erfassung nicht originär und obligat mit der Fähigkeit zu ihrer Expression, insbesondere zu ihrer motorischen Äußerung verbunden ist.

Damit soll natürlich nicht gesagt sein, daß die psychischen Faktoren, die zur *Expression* von Sprache und Musikgestaltungen dienen, bei den sie besitzenden Individuen nicht doch auch schon in der *Wahrnehmung* des rein klanglichen Materials bedeutungslos sind. Sehen wir ab von den individuellen Veranlagungen, die einen „motorischen Typus" im Sinne CHARCOTS erzeugen können,

[1] WERNER, H.: Die melodische Erfindung im frühen Kindesalter. Sitzgsber. Akad. Wiss. Wien, Math.-naturwiss. Kl. 1918.

so ist doch in aller Wahrnehmung von Gesprochenem und Musiziertem gerade der motorische Faktor hervorzuheben, der etwa im Taktieren, Rhythmisieren usw. als Teilmoment mit mehr oder weniger starker Betonung enthalten ist. Zweifellos ist aber auch für den Menschen, der eine Sprache oder ein Musikstück in seiner Klangstruktur zu erfassen lernt, nicht unwichtig, daß er die Lautgebilde auch produzieren kann. In den Faktoren des Produzierens, und nicht zum wenigsten in den motorischen (innervatorischen) Anteilen sind Hilfen auch für die Wahrnehmungsgestalten vorhanden. Man wird nicht mit Unrecht die Störung im Klangwahrnehmen von Sprachstoffen bei reiner motorischer Aphasie, wie sie schon von LICHTHEIM, DÉJÉRINE, LIEPMANN u. a. festgestellt ist, darauf zurückführen können, daß auch in der Sprachwahrnehmung ein „Mitsprechen", also ein motorischer Faktor vorhanden ist, von dem als primärer Schädigung aus das seiner reinen Wahrnehmungsqualität nach intakte Auffassen des Sprachgebildes sekundär beeinträchtigt wird. Für das musikalische Auffassen sind in der Literatur, soweit ich übersehe, keine Aufzeichnungen über diesen Gegenstand vorhanden. Es kann wiederum an unseren Fall Lydia Hir. erinnert werden, bei der die Erfassung musischer Gebilde nach ihrer tonalen Seite hin nicht sehr stark gestört ist, während gerade die rhythmischen Faktoren auch in der Auffassung Schwierigkeiten machen. Da bei der Patientin die stärkste Störung in der produktiven Rhythmisierung liegt und hierin mit einer gewissen Wahrscheinlichkeit ein Teilphänomen der vorliegenden apraktischen Störung zu sehen ist, so ist es auch nicht unwahrscheinlich, daß in diesem Falle eine motorische Störung sekundär das an sich nicht so stark gestörte musische Erfassen in der Gesamtleistung beeinträchtigt. Schon normalerweise gibt es Musiker, die ein Instrument beherrschen und bei denen sich jedes gehörte Musikstück in optisch-kinästhetische Vorstellungen, verbunden mit innervatorischen Abläufen, umsetzt, wie sie beim Spiel auf dem Instrument auftreten würden. Der Verfasser kennt einen Herrn, der sich jede Melodie in der motorischen Ablaufform vorstellen mußte, die sie beim eigenen Klavierspiel haben würde. Es sind Hinweise genug vorhanden, die den Einfluß der „expressiven Faktoren" nicht nur für die Erfassung des Sprachlautbildes, sondern auch für die Wahrnehmung der musikalischen Gebilde wahrscheinlich machen.

Die sprachliche Expression ist ebenso wie die musikalische, rein als Klanggebilde genommen (ohne Ausdrucks- und Bedeutungsfunktion), eine *Werkleistung* mit akustischem Erfolge und mit recht komplizierten Mitteln. Sie bedarf der Zielvorstellungen, der Werkpläne, Durchführungen und Kontrollen, sowie der Korrekturen während der Ausführung. Es sind spezifisch konstruktive und technisch-praktische Gestaltungen unter Benutzung eines sehr komplexen motorisch-sensiblen (taktil-kinästhetischen) Apparates (des „Exekutivapparates" LIEPMANNS) notwendig. Wir haben dies für die musisch-expressiven Leistungen in einem früheren Abschnitt eingehender darzulegen versucht. Für das Sprechen gilt, wenn auch schon sehr frühzeitig ohne das Bewußtsein der „Leistung" vom Kinde erlernt, im ganzen das gleiche. Erleichtert durch die Anlage und gewisse instinktiv-spontane Entwicklungen, automatisiert sich die Lautsprachleistung bald zum „Pseudoreflex" (K. GROSS), während die musikalische Leistung auf einem Instrument diese hohen Grade von Automatisierung nur bei ganz wenigen Musikern erreicht.

Wir können uns in unseren vergleichenden Betrachtungen eine langwierige und ermüdende Aufzählung und Besprechung der zahlreichen hier einschlägigen Fälle der Literatur ersparen, da der größte Teil der motorisch-aphasischen und amusischen Kranken nicht so untersucht ist, daß für unser Problem etwas damit erreicht werden kann. Wir werden vielmehr nur wenige Kranke heranziehen, um an ihnen die psychologischen Vergleichspunkte herauszustellen, ebenfalls unter der Frage der Gemeinsamkeit und der Verschiedenheit von primären Schäden und der ihnen zugrunde liegenden Dispositionen.

Für die expressive Amusie haben wir in einem früheren Abschnitt festgestellt, daß ihre Störungserscheinungen nicht auf einen jeweils einheitlichen Defekt zurückgeführt werden können. Wir haben (bei nachweislich erhaltenem Funktionieren der motorischen und sensiblen Komponenten des Bewegungsapparates und vollkommen intakter akustischer Bildauffassung) die Leistungshemmung bezogen entweder auf Störungen der akustisch-musischen Konstruktion, dann nämlich, wenn sich die Expression für alle gewählten musikalischen Instrumente, auch der Stimme und des Pfeifens, als gestört erwies, oder auf motorische Apraxie in einzelnen Gliedern oder im Gesamtmotorium oder eine Störung der Bewegungsideation für alle Handlungen, die nicht dem akustisch-musikalischen Gebiete angehören, nicht nachweisbar waren. Diese musischen Konstruktionsstörungen (deren Korrelat auf optischem Gebiete die optischen Konstruktionsstörungen sind) gehören den gnostischen Störungen an, freilich ohne der „Rezeption" zu dienen. Weiterhin wurden die musischen *Expressionsstörungen der Dyspraktischen* herausgestellt in Fällen, bei denen sich motorische und ideatorische Apraxie im Bereiche der Bewegungsapparate, die für die Instrumentführung (einschließlich des Singens und Pfeifens) notwendig sind, oder auch bei nicht musischen Leistungen als gestört erweisen. Es besteht die Frage, ob diese Unterscheidung auch für die Sprache gilt, d. h. ob man unter den motorischen Aphasien ebenfalls mehrere Formen zu unterscheiden hat.

Selbst wenn man die Vorsicht gebraucht, daß man möglichst gleichmäßig von allem Sinngehalt isoliertes Material vergleicht, wird es doch nicht möglich sein, für das Sprechen die gleichen Untersuchungen durchzuführen, wie für die musikalischen Expressionen eines mehrere Instrumente spielenden Musikers. Das Sprechen ist an das Instrument des Sprachapparates unlösbar gebunden. Alle Versuche, ein mechanisch anspielbares Sprachinstrument (z. B. eine „Sprachorgel") herzustellen, sind auf so unvollkommener Stufe stehen geblieben, daß sie als Mittel der Variierung für Sprechabläufe unbrauchbar sind. Hier kann nur die Heranziehung der expressiv-amusischen Erscheinungen in die Erforschung der Sprachlautexpression helfen. Hat man einen Musiker vor sich, bei dem man jede apraktische Störung vermißt, eine „musisch-konstruktive Agnosie" als Ursache seiner amusischen Expressionsstörung feststellt, und findet bei ihm eine motorisch-aphasische Störung, so wird die Möglichkeit nicht abgelehnt werden können, daß die Expressionsstörung des Sprechens mit der stimmlichen und sonstigen instrumentellen Entäußerung von akustisch-musikalischen Klanggebilden auf der gleichen Basis steht. Vielleicht hat man in den sprachlichen Expressivstörungen bei Schläfenlappenherden, von denen H. LIEPMANN spricht, solche Fälle vor sich[1]. Sind umgekehrt apraktische Störungen nachweisbar, besonders

[1] ISSERLIN, M.: Die pathologische Physiologie der Sprache. Erg. Physiol. **29**, 203 (1929).

im Bereiche des Sprechapparates (aktives Husten, Räuspern, Blasen, Küssen usw.), so werden die beiden Entäußerungen musikalischer und sprachlicher Art als Apraxien motorischer oder ideatorischer Form anzusehen sein.

Empirisches Material an unzweideutigen Fällen, die für eine rein akustische (also konstruktive) Störung der Expressivsprache unter Einbeziehung der amusischen Expressionsstörung sprechen könnten, ist, soweit ich sehe, nicht vorhanden. Die Kranken sind nach dieser Richtung nicht untersucht worden oder die Befunde sind zu komplex. Es sind aber Fälle in der Literatur vorhanden, die die Entwicklung der expressiven Aphasie und Amusie auf einheitlicher Grundlage wahrscheinlich machen. Wenn der motorisch-aphasische Kranke von GRASSET den Text eines Liedes nicht aussprechen und die Melodie nicht trällern konnte, während er sie auf dem Klavier zu spielen vermochte, so wird man die gliedkinetische Apraxie im Bereiche des Sing- und Sprechapparates für beide Störungen als ursächlich annehmen können. Ebenso dürfte der hirnluetische Kranke von INGENIEROS[1] aufgefaßt werden, der eine motorische Aphasie hatte, durch Gesang und Gitarrespiel keine Melodie hervorbringen konnte, während er die argentinische Nationalhymne und den Garibaldimarsch pfeifend zuwege brachte. Hier ist, wie es scheint, die Differenzierung der motorischen Apparate im Respirations-Mundsystem noch weiter getrieben, so daß die gliedkinetische Apraxie zwar für die Teile vorlag, die für Singen, Sprechen und die Bewegungen der Hand notwendig sind, daß sie aber das Pfeifen doch ermöglichen. Um mit der Erklärung sicher zu gehen, würde es in derartigen interessanten und für die Theorie wichtigen Fällen noch eingehenderer Fragestellungen und Durchprüfungen bedürfen.

Wie dem auch sei, muß die Untersuchung unter diesen programmatischen Gesichtspunkten auf dem Gebiete der expressiven Aphasie in Gemeinschaft mit der musischen Expression weiter geführt werden, auch dann, wenn man in Sprache und Musik *Ganzheitsleistungen* mit den besonderen Zwecken der Ausdrucks- und Symbolfunktion auf dem Wege über die Formulierungsvorgänge sieht. Aus dem Einbau in die höheren psychischen Zwecke entstehen natürlich auch bei gleichem Defekt der akustischen Konstruktion oder der praktischen Ausführung in Musik- und Sprachexpression verschiedene Störungsbilder als Folgen der verschiedenen Auswirkungen auf ungleichem Niveau derselben Dispositionssphäre. Auch hier wird, ebenso wie bei den rein sensorischen Wahrnehmungsstörungen in Musik und Sprache, die erhaltene Systemzuordnung der Tonalität und des Taktes im Gegensatz zur gestörten akustischen Komplexbildung (Akkord- und Melodiegestaltung) der musischen Expression eine Hilfe geben können, die der Sprachlautexpression fehlen muß, da in der Umgangssprache Tonalität und Takt nicht existieren.

Anderseits können aus der besonderen Funktion des Sprachlautkomplexes als Bedeutungsträger für logische Inhalte Hilfen erstehen, die der Musik nicht zu Gebote sind. Man kann dabei absehen von den Komplikationen, daß etwa neben der rein konstruktiven oder dyspraktischen Störung in der Sprache eine echte Formulierungsstörung besteht, die sich während der Restitution als „amnestische Aphasie" noch erhält, und die für die Musik nicht in Betracht kommt. Wie

[1] INGENIEROS: Les aphasies musicales. Icon. de la Salpêtrière 1906.

denn überhaupt jede Art von weiterer Komplikation die Differenz der Auswirkung auf dem akustischen Organisationsniveau von Musik und Sprache vergrößern wird. Nur in ganz schweren und tiefgreifenden Störungsfällen wird man daher eine völlige Parallele erwarten. Im übrigen macht ein Unterschied in den *Auswirkungen* die These von der *Einheit der dispositiven Störungsgrundlagen von Musik und Sprache* nicht nur nicht fraglich, sondern fordert diese Vereinheitlichung in dem Maße mehr heraus, als eingehendere Untersuchung und schärfere kritische Betrachtung der Resultate die Verhältnisse klären.

Das bedeutet also: *Wenn jemand Lieder singen kann bei schwerer motorischer Aphasie, so ist damit noch nicht gesagt, daß die Fähigkeit zu musikalisch geformter Klangproduktion intakt ist.* Unsere oft zitierte musische Pianistin Lydia Hir. kann auch hier als Beispiel dienen. Sie ist imstande, bekannte Lieder zu singen und auf dem Klavier zu spielen, versagt aber bei schwierigeren und unbekannten Stoffen, die sie auswendig und von Noten spielen soll, während sie wiederum schwierigere bekannte Stoffe auswendig und von Noten spielen kann. Fälle, wie der aphasische Kranke v. LEYDENS[1], der nur „Junge", „Ach", „Ja" sagen konnte, aber bekannte Lieder mit Text auf Aufforderung sang, ist nur ein Beispiel von vielen in der Literatur niedergelegten und insbesondere nach den Hirnverletzungen des letzten Krieges häufig beobachteten Erscheinungen. Gewiß ist der Schatz der Wörter, die der Kranke ebenso mechanisch hersagen konnte, wie er seine Lieder sang, geringer und ärmer als der Bestand an Möglichkeiten in der Liedproduktion. Aber die Aufgabe der adäquaten, einer Bedeutung zugeordneten formulierten Wortsprache fällt für diese Art von Musik gewiß weg, ganz abgesehen davon, daß natürlich auch der rein akustisch-konstruktive und artikulatorische Aufbau eines Einzelwortes als Komplex viel schwieriger ist als der Melodienaufbau, insofern er aktiv-produktiv zu erfolgen hat und nicht mehr automatisch vor sich geht. Auf diese Faktoren des *Automatismus* und der *Reihenbildung* bei der Melodie gegenüber den zu zählenden und zu formulierenden Worten wurde schon von JACKSON, GOWERS, OPPENHEIM u. a. sehr früh hingewiesen. Daß der Text im Liede, der übrigens bei vielen Motorisch-Aphasischen verstümmelt oder überhaupt nicht kommt, keine „Bedeutungssprache" ist, wurde ebenfalls von GOWERS schon erwähnt. Der Befund bei Lydia Hir. dürfte als Beispiel dafür dienen, wie wenig es erlaubt ist, voreilig von „erhaltener Disposition" oder „erhaltenem Gedächtnis" für Musik bei bestehender motorischer Aphasie zu reden. Selbst bei dem Musiker OPPENHEIMS[2], der bei schwerer motorischer Aphasie zwar die Produktion musikalischer Inhalte weitgehend erhalten zeigte, kann nicht gesagt werden, daß die musikalische Expression intakt ist. Es waren Intonationsschwierigkeiten und auch Erschwerungen der Produktion von „abstrakten" musikalischen Stoffen vorhanden, wenngleich anderseits unbekannte und schwierige Passagen rasch gelernt wurden. Während bei der Produktion bekannter und sinnvoller Stoffe das offenbar nicht primär geschädigte tonale System und die Fähigkeit, in ihm sich produktiv-gestaltlich zu betätigen, eine Hilfe für die einmal begonnene musikalische Leistung abgab, war es da, wo seine Wirkung noch nicht entfaltet war und wo es auf nicht „mitgeübte" Stoffe

[1] LEYDEN, v.: Hochgradige Aphasie mit erhaltenem musikalischem Gedächtnis. Dtsch. med. Wschr. **1900**, Ver.-Beil. S. 113.

[2] OPPENHEIM: Charité-Annalen 1888, Fall XVII.

ankam (also im Versuch mit „abstraktem" Material), nicht in diesem Maße wirksam. Deshalb kam hier auch in der musikalischen Produktion der primäre (konstruktive oder apraktische) Schaden zum Vorschein. In der Sprache, wo tonales und zeitliches System (Tonalität, Takt) nicht mitwirkten und wo der Lautierungsakt in andere (vielleicht mitgestörte) Organisationen miteinbezogen ist (Bedeutung, Formulierung), entsteht keine Hilfe. Es ist bei solchen Fällen kein Grund, die Schäden in der Expression auf besondere Dispositionsbereiche zu beschränken, die man etwa mit „Sprachlaut" und „Musiklaut" abzugrenzen hätte.

b) Wenn von den *optischen Zeichengebungen* in Musik und Sprache, also der Sprachlautschrift und der Notenschrift, im Vergleich ihrer Funktionen und ihrer Störungen gesprochen wird, so macht dies eine kurze Vorbetrachtung nötig. Wir hatten in früheren Abschnitten als Gegenstand dessen, was im Notenschreiben aufgezeichnet wird, nicht das Klanggeschehen als Empfindung oder als Bild anerkannt, sondern den benennbaren und kategorial erfaßten *Klanggegenstand.* Nicht anders können wir es in den Sprachlautgebilden sehen. Das gesprochene *Alphabet* ist nicht eine Lautreihe von verschiedenen Empfindungen oder Lautbildern, sondern eine *Reihe von Lautnamen.* Jeder einzelne dieser Lautnamen entspricht wiederum nicht einer Empfindung oder einem Lautbild, sondern einer durch positive und negative Abstraktion erzeugten *Lautkategorie*: Alle A, alle B usw., in sämtlichen Dialekten, wie verschieden sie auch empfindungsmäßig oder bildhaft in der Sprache der einzelnen Individuen erscheinen, sind unter dem gemeinsamen Namen a = alpha, d = delta usw. je als einheitlicher Gegenstand gefaßt. In der „Schriftsprache" wird dem Schulkinde nicht nur eine „neue Sprache" im Verhältnis zur Muttersprache gelehrt, sondern es werden ihm die Komplexe der in Rede, Satz und Wortganzheiten ausdrückbaren naturgewachsenen Muttersprache in die kategorial zu fassende, lautierend auflösbare und wieder zusammensetzbare (buchstabierbare) Sprache verwandelt. Psychologisch ist somit die Schriftsprache nicht nur etwas Neues, sondern etwas qualitativ Anderes für das Kind (und selbst nach Übungsausschleifungen für den Erwachsenen) als die Muttersprache.

Das Problem der Muttersprache und der Schriftsprache ist in der Aphasieliteratur (von Pick u. a.) vielfach erörtert worden, doch scheint es, daß das Problem insbesondere im Zusammenhalt mit dem Musikstoff, in dessen Bereich ein ähnliches Verhältnis zwischen „Naturmusik" und „Kunstmusik" besteht, wieder neu aufgegriffen werden muß. Eine psychologisch tiefer greifende Weitererforschung der Schriftphänomene (Lesen und Schreiben) ist aber ohne diese Vorarbeit kaum erfolgreich. Jedenfalls ist auf dem Gebiete der aphasischen, alektischen und agraphischen Störungen zwar manches vorhanden, was durch Herausstellung des Problems klarer wird, doch bestehen über die Lautkategorien und Lautnamen im Sprachbereiche, wenigstens in der Aphasieforschung, so viel mir bekannt ist, keine gesonderten Untersuchungen. Auch für das musikalische Gebiet ist unser bisheriges Material kaum über das hinausgekommen, was zur Stellung des Problemes notwendig ist.

Die *Schriftzeichen* in Lautschrift und Notenschrift sind mithin nicht nur „symbols of symbols" (Jackson), sondern sie sind darüber hinaus auch optischbildhafte und selbst optisch-dingliche, kategorial erfaßbare und benennbare psychische Sachverhalte, die durch eine signitive Bedeutungsfunktion mit den Namen von kategorial erfaßbaren, aber auch lautlich bildhaft vorhandenen, akustischen Sachverhalten in einer Einheit stehen. Es ist also in der Schrift ein hoch komplexes, bildhaft und denkmäßig geordnetes Material vorliegend, viel komplexer, als man das auf Grund der älteren Theorien von den „assoziativen Verbindungen" zwischen dem Laute und dem optischen Schriftbilde oder von der „symbolischen Beziehung" vor sich zu haben schien. Für den pathologischen Psychologen öffnet sich hier ein großes Feld von Aufgaben, wie es die Termini der „Alexie", „Paralexie", „Agraphie", „Schriftbindheit", „Notenblindheit" usw., die eigentlich doch nur Bezeichnungen für abnorme Leistungsphänomene sind und nichts über das dispositiv Strukturelle aussagen, nicht einmal ahnen lassen.

Das bis jetzt vorliegende empirische Material und der Stand der Problematik, ist noch nicht geeignet, auch nur einigermaßen Klarheit in die Beziehungen der Dispositionen und ihrer Störungen in Sprach- und Musikschrift zu bringen. Wir beschränken uns deshalb auf die kurze Heraustellung der Befunde von Kranken, die von den Autoren in diesem Zusammenhang beschrieben worden sind, und auf eine Besprechung der theoretischen Schwierigkeiten und Möglichkeiten.

Bekannt ist die Theorie von DEJÉRINE [1], daß im Lesen Musik- und Sprachlautschrift (auch Zahlenschrift) nicht getrennt seien, was er an seinem Falle beweist. Einen ähnlichen Fall hat neuerdings O. PÖTZL [2] beschrieben. Bei diesem Falle ist die Lesestörung auf dem Sprach-, Zahlen- und Musikgebiet in einer besonderen perseveratorischen Form vorhanden. Ähnlich gelagerte Fälle sind von MOUTIER und von REDLICH (zitiert nach HENSCHEN) dargestellt worden. Ob die Kranke von PROUST (1872), die bei motorischer Aphasie zwar Musik schreiben aber nicht lesen konnte, in diese Gruppe gehört, muß unklar bleiben, weil sie nur kurz beschrieben ist. Lesestörungen ohne Schreibstörung kommen nach PÖTZL in Kombination mit Farbstörungen vor. Die motorische Komponente scheint oft sogar kompensierend zu wirken. Es ist naheliegend, bei Fällen mit Lesestörungen und erhaltener Schreibfähigkeit an eine Teilform der optisch-apperzeptiven Agnosie (optische Bildstörung) zu denken.

Ob echte, kombinierte Lese-Schreibstörungen auch auf musikalischem Gebiete beobachtet sind, muß dahingestellt bleiben. Der einzige Fall der Literatur, die früher schon zitierte Kranke von LIMBECK, hat bei kombinierter Lese-Schreibstörung auf sprachlichem und musikalischem Gebiete noch eine motorische Aphasie und eine homonyme Hemianopsie, so daß die optisch-gnostische Verursachung nicht von der Hand zu weisen ist.

Abgeleitete Störungen des Lesens bei totaler sensorischer Aphasie und Amusie oder eine Schreibstörung bei totaler expressiver Aphasie und Amusie werden sich am gleichen Kranken gemeinsam zeigen oder getrennt, je nachdem der Kranke die Vorbedingungen für die Auswirkung der Störung in beiden oder nur in einem Gebiete zeigt. Es kann wiederholt werden, daß bei expressiver Musikstörung das Notenlesen in höherem Maße gefährdet ist als das Wortlesen wegen der Not-

[1] DEJÉRINE: Semaine méd. **1893**, S. 88.

[2] PÖTZL, O.: Zur Kasuistik der Wortblindheit und Notenblindheit. Mschr. Psychiatr. **44**, H. 1 (1927).

wendigkeit des Tonalitätsbezuges bei der Musik, die für das Wortlesen nicht bedeutungsvoll ist (vgl. unsere früheren Ausführungen im 2. Abschnitt!).

Unter den Fällen, bei denen die Störung im Lesen der Musikschrift nicht zusammengeht mit dem Wortlesen, ist einer der meistgenannten der Kranke CHARCOTS, ein Professor der Musik, der eines Morgens am Klavier bemerkte, daß er zwar spielen, aber die Noten nicht mehr lesen konnte. Kurz darauf erlitt er einen Schlaganfall und starb daran. Da über diesen Fall nichts mehr zu finden ist, wird eine Klärung über den Befund nicht in ausreichendem Maße möglich sein.

Teiltrennung geben P. MARIE und SAINTON an. Bei ihrem Falle soll Lesen von Sprachschrift teilweise erhalten, das Notenlesen ganz zerstört sein. Mit ähnlicher Schädigung ist ein Kranker von BERNARD behaftet, der Notenlesen völlig verloren hatte, dagegen Wortschrift noch teilweise lesen konnte. Eine aphasische Kranke von BRAZIER sang, spielte Klavier, wertete Musik richtig, las Sprachschrift gut, konnte jedoch keine Notenschrift mehr lesen. (Beide Fälle zitiert nach MARINESCO.) — Man kann natürlich aus diesen Angaben nicht ersehen, mit welcher Störung diese Kranken behaftet waren, ob der primäre Defekt in dieser oder jener Disposition gelegen war, der sich dann an der sehr komplexen Leistung des Notenlesens in anderer Weise auswirkte als in der des Wortlesens. Es läßt sich aber denken, daß bei diesen Fällen irgendein primärer Dispositionsdefekt nur deshalb die Gesamtleistung des Wortlesens nicht in merkbarer Weise in Mitleidenschaft gezogen hat, weil diese Leistung in ungleich höherem Grade automatisiert ist und mehr Hilfen insbesondere inhaltlicher und denkmäßiger Art zur Verfügung hat, als das wenn auch noch so gut gekonnte, rein als Leseleistung aber auch viel schwierigere und komplexere Notenlesen. Ein gültiges Urteil für oder wider das Zusammengehen der Schriftleistung in Wort und Musik kann auf dieser empirischen Grundlage überhaupt nicht abgegeben werden.

Unter den Fällen, die immer wieder genannt werden, um Trennung des *Notenschreibens* und des *Wortschreibens* zu beweisen, ist der älteste der von LASÈGUE. Der total motorisch-aphasische Musiker konnte zwar nicht sprechen und schreiben, verstand aber Melodien und konnte sie flüssig zu Papier bringen. Viel zitiert ist auch ein Kranker von CHARCOT (nach INGENIEROS), von dem früher schon in anderem Zusammenhang gesprochen worden ist. Ein guter Posaunist und Notenkopist — er war in dieser schwierigen Kunst sehr geübt und hatte für viele Komponisten, unter anderen auch für Debussy Noten kopiert — wies als erstes Zeichen einer progressiven Paralyse die Unfähigkeit auf, den Zug seiner Posaune richtig zu bedienen, sowie Noten abzuschreiben, trotzdem er die Noten kannte und zu singen vermochte. In der Handbeweglichkeit hatte er keine Störungen, er konnte alle Hantierungen ausführen, konnte Worte lesen und schreiben wie früher, hatte keine Sprach- und Verständnisstörung. Die anakustische und sensorisch-amusische Patientin KNAUERS, die freilich Dilettantin war, konnte Noten lesen und abspielen, konnte auch einzelne Noten schreiben, jedoch keine Notenkombinationen. — Der letzte Fall ist wenig beweisend, weil ungeübten musikalischen Menschen das Notenschreiben auch schon in gesunden Tagen nur schwer gelingt. Bei den beiden anderen Fällen wird man sich mit einer Leistungsbezeichnung (agraphie musicale) nicht mehr begnügen wollen. In CHARCOTS Fall ist es interessant, daß das erste „signe mortel“ (Esquirol) bei dieser Paralyse nicht eine Sprachstörung, sondern eine Störung der musischen Entäußerungen am Instrumente und in der Notenschrift war. Zur Beurteilung müßte man wissen, wann die Sprach- und Schreibstörung nachgefolgt ist. Es läßt sich denken, daß eine Sprach-Musikstörung expressiver Art sich in den Anfangsstadien an den lädierbarsten Teilen, den seines hochorganisierten Berufskönnens (Posaunenspiel und Kopistentätigkeit), zunächst erscheinungsmäßig ausgewirkt hat, während sie vielleicht in der Sprache zunächst verdeckt und kompensiert war und erst im Laufe der weiteren Erkrankung zur Auswirkung und Beachtung kam. Jedenfalls würde ein solches getrenntes Beginnen der Auswirkung nicht für eine getrennte Disposition von Sprache und Musik sprechen müssen; wissen wir doch, wie gut eine (unter einseitiger Aufgabestellung vorliegende) intakte Leistung einen Defekt verdecken kann, den erst eingehende Analyse ans Tageslicht bringt. Die Angaben, die in LASÈGUES Fall vorliegen, erlauben ebenfalls keine strengere Festlegung auf einen primären Defekt. Auch der früher viel zitierte Fall von BOUILLAUD (1873), ein 50jähriger motorisch-aphasischer Mann, der Wortschrift nur in einzelnen Buchstaben, nicht aber in Worten schreiben konnte, wohl aber eine Melodie komponieren und sofort niederschreiben, das Spiel seiner Frau verfolgen, mitsingen und kontrollieren konnte, ist seiner Defektstruktur nach nicht hinreichend klar.

Wie schwierig auch die Probleme und wie weitreichend die Untersuchungsnotwendigkeiten an den seltenen Fällen amusischer Musiker sind, so ist wenigstens aus den vorliegenden Erfahrungen an expressiv Aphasischen und Amusischen und Störungen des Lesens und Schreibens von Wort und Tonschrift kein sicherer Hinweis auf die Trennung der dispositiven Grundlage von Musiklaut- und Sprachlautbildung vorhanden.

5. Bedeutung der Ergebnisse und der Probleme in der Amusie für den gegenwärtigen Stand der Aphasieforschung und die Lokalisationstheorie.

Wenn im folgenden dargestellt werden soll, was die Studien über Amusie für die Klärung der Aphasietheorie, insoweit sie sich in den gegenwärtigen Richtungen darstellt, beitragen können, so soll hierzu als Grundlage wiederum die schon früher gebrauchte Teilung dienen:

1. Akustisches Material und seine praktische Entäußerung.
2. Inhalt und seine gefühlsmäßige und wertende Fassung.
3. Energetische und ausdrucksmäßige Faktoren und Formulierungen.

a) Bei Betrachtung der verschiedenen Aphasietheorien ist dann alsbald zu ersehen, daß die Grundauffassungen der Theoretiker sich dadurch unterscheiden, daß jeder den theoretischen Hauptakzent auf eine andere dieser Untergruppen legt und von ihr aus die Gesamtheit oder wenigstens einen großen Teil der Erscheinungen zu erklären sucht.

Die Theorien über Aphasie, die (im Anschluß an die grundlegenden und manche später wieder verschütteten Unterscheidungen fördernden Entdeckungen BROCAS[1] über die Aphemie) von WERNICKE als die Lehre von den motorischen und sensorischen Aphasien aufgestellt wurden, sehen im akustischen Material und ihrer praktischen Entäußerung die Basis der Aphasieforschung. Im *senso-*

[1] Vgl. ISSERLIN, M.: Die pathologische Physiologie der Sprache (Die aphemischen Störungen). Erg. Physiol. **29**, 187f. (1929).

motorischen Faktor und seiner mnestischen Verarbeitung liegt der *Akzent* dieser Theorien. Die jenseits dieser „materialen“ Störung liegenden „transcorticalen“ Aphasien sind konstatiert, werden aber nur als „Verbindungen“ zwischen dem „Begriff“ (Inhalt) und den sensorischen und motorischen Faktoren des Wortes gefaßt. WERNICKES „Wortbegriff“ (als Vereinigung des motorischen und sensorischen Elementes im Wort) ist in dieser Fassung sensistisch gedacht. Dem entspricht es, daß zwischen Inhaltsbestimmung („Begriff“) und Formulierung des Inhaltes (die nur als „Verbindung“ im LICHTHEIMschen Schema herauskommt) nicht immer scharf geschieden wird. Ein Beweis dafür ist WERNICKES Theorie von den Geisteskrankheiten als „transcorticalen Aphasien“. Hier sind offenbar Inhaltsbestimmung und Formulierung gewissermaßen in eine Gruppe zusammengeworfen. Hiervon ausgehend sind von LIEPMANN, HEILBRONNER, KLEIST u. a. freilich schärfere Bestimmungen vorgenommen worden, die über die WERNICKEsche Begrenzung hinausführen.

Eine der eben genannten Richtung entgegengesetzte Theorie, die von PIERRE MARIE, legt den *Hauptakzent* des Problems gerade auf die *Inhaltsbestimmung*, indem sie ihre „Einheitsaphasie“ als Teilerscheinung einer Störung der „Intelligenz“, speziell der „intelligence du langage“ darstellt. Die geringere Wertigkeit der akustischen Materialbestimmung führt zur Aufhebung der Sonderung zwischen den receptiven und produktiven Faktoren — „l'aphasie est une“ —. In dieser Akzentuierung des Inhaltes (Intelligenz = Schaffung des Denkinhaltes) geht eine Verschmelzung von akustischem Material und seiner Förderung mit dem spezifischen Formulierungsakt der Sprache einher, die in gewissem Sinne einen Rückschritt in die überwundene aristotelische Einheit von Denken und Sprechen bedeutet (THIELE).

Neben diesen Auffassungen lief eine dritte theoretische Richtung, die ihre *Betonung* auf den *sprachlichen Formulierungsakt* (einschließlich des spezifischen Ausdrucksfaktors) legt, und die die Sprache und ihre Störung in der „Symbolfunktion“ sucht: die Richtung der englischen Pathologen seit JACKSON, die heute in HEAD ihren Hauptvertreter hat. Von diesem wird der Sprachvorgang als „symbolic formulation and expression“ behandelt. Bei diesen Theoretikern fällt wiederum das Fehlen einer schärferen Spezifizierung des akustisch-praktischen Materials in der Sprache auf. Die „verbalen“ Aphasien HEADS begreifen expressive und receptive Faktoren ein und enthalten den Symbolbezug schon in sich. Die Struktur des sinnesmäßig-bildhaften Materials für sich genommen tritt hier zurück. (Bei den Untersuchungen HEADS spielen denn auch die sensorischen Aphasien kaum eine Rolle.) In den „syntaktischen“ und „nominalen“ Aphasien dieses Autors sind die Störungen der Formulierung, der Verbalisation, nach ihrer Darstellungsfunktion in der Teilung der Namensfunktion und der sprachlichen Urteilsformulierung des Satzes (Grammatik) gemeint. Dagegen ist hier die Grenze gegen den gedanklichen Inhalt deshalb verschoben, weil in den „semantischen“ Aphasien offenbar Störungen miteinbegriffen sind, die man bei scharfer psychologischer Analyse als Schwierigkeiten im Relationserfassen und Bilden von abstrakten Inhalten bezeichnen wird, etwa die Unfähigkeit, in optischen Bildern Zusammenhänge aus den Einzelheiten zu gestalten oder Rechenkombinationen auszuführen, bei wohlerhaltenem Erkennen von Figuren, Zahlen und Zahlwerten usw. Es sind dies Funktionen, die man der *Inhalts*seite des Sprachganzen zurechnet und als „logische Leistungen" gesondert betrachten muß. Unter dieser Abgrenzung des Denkinhaltes von sprachlicher Formulierung bzw. Ausdruckssetzung und akustischem Material wird man daher mindestens einen Teil der „semantischen Aphasien" den Symptomen von „traumatischer Demenz" zurechnen müssen. — Auch die Theorien von PICK legen den Hauptakzent auf die Formulierung. Dieser Forscher sieht in den motorischen und sensorischen Aphasien (und Amusien) Störungen der Symboläußerungen und des Symbolverständnisses. Er trennt freilich in seinen „Stufen des Sprachverständnisses" die Bewußtseinslage des Vorsprachlichen, das Schema der Denkprozesse, von dem eigentlichen sprachlichen Thema ab; seine Stufen gehen aber ohne scharfe Grenzen von den Formulierungsvorgängen in die der Bildung von rein akustischem Material und ihrer Störungen über und erscheinen auch hier noch als „symbolisch".

Das akustische Sprachmaterial einschließlich der Expression ist in GOLDSTEINS Aphasietheorie gesondert behandelt. Es ist hier im Gegensatz zu den vorgenannten Theorien die Tendenz vorhanden, das Denken von den eigentlichen aphasischen Erscheinungen abzusondern. Auch das „Material" wird gesondert bestimmt. In den „zentralen Aphasien" sind die Akte und psychischen Gegebenheiten begriffen, die von Aufnahme und Expression geschieden sind und einen spezifisch-sprachlichen Faktor ausmachen. Es scheint mir nicht unwahrscheinlich, daß in diesem Faktor der „zentralen Sprache" vieles enthalten ist, was von uns in dem komplexen Gesamtakt der sprachlichen Formulierung gemeint ist. Früher hatte wohl GOLDSTEIN außer den Symptomen der Paraphasie und des Agrammatismus auch die amnestische Aphasie in diese Gruppe mit eingezogen. In letzter Zeit wurde die amnestische Aphasie von GOLDSTEIN herausgenommen und primär auf das „kategoriale Verhalten" der Kranken der Umwelt gegenüber bezogen. Nach dieser Ansicht werden die amnestisch-aphasischen Kranken „konkreter", d. h. sie bevorzugen an Stelle der abstrakt begrifflichen Erfassung der Umwelt die anschaulich konkrete. Es wird noch der Diskussion bedürfen, inwieweit eine derartige Störung nicht zur Inhaltsbildung, d. h. also zur Spezifität des logischen und beziehlich abstrahierenden Denkens primär gehört, oder inwieweit diese Leistungen im Rahmen des Ganzen als sekundär von der Formulierung aus sich als gestört erweisen, wie sich also bei dieser Theorie Denkinhalt und sprachliche Formulierung scharf scheiden lassen.

In v. MONAKOWS Theorie, die im Rahmen der Lokalisationslehre diskutiert wird, ist das Sprachmaterial abgetrennt und lokalisierbar, während die höheren Funktionen nicht isoliert und lokalisiert werden. Wichtig ist bei diesem Forscher die Betonung des „chronogenen" Faktors, des Entwicklungsprinzips bei der Aufklärung der Schadensursache.

b) Wenn die Ergebnisse und theoretischen Positionen der *Amusieforschung* zur Klärung der faktischen und heuristischen Brauchbarkeit von Feststellungen der Aphasielehre herangezogen werden, so soll dabei die von uns in den vorhergehenden Ausführungen angenommene und zu Beweis gestellte Auffassung zugrunde gelegt werden, die sich an die BRODMANNsche These anschließt von der Einheit der amusischen und sprachlichen (auch geräuschartigen) Schallgegebenheiten in ihren sinnes- und bildmäßigen Grundlagen.

Nach dieser These muß WERNICKES Auffassung von der Bedeutung der Störung des *akustischen Sprachmaterials* als Grundlage der Sprachverständnisstörung (corticale sensorische Aphasie) gerechtfertigt erscheinen. Da Musik und Sprache ihrem Inhalte nach (Denkgehalt einerseits, musikalische Idee anderseits) und in den Formulierungen der Inhalte, also in ihren symbolischen Formen, verschieden sind, in den Störungen des Ablaufes von akustischer Auffassung und Vorstellung gemeinsam gestört sind, so liegt darin ein Hinweis, daß diese Störungen nicht primär „symbolischer" Art sind, wie dies die englischen Forscher und Pick bezeichnen, sondern dem Laut- und Klangmaterial, dem rein akustischen Bilde angehören. Die als Erscheinung der totalen Klangstörung in Sprache und Musik auftretenden Entgleisungen beim Produzieren, die gemeinsam erscheinenden Paraphasien und Paramusien stellen somit Störungen dar, wie sie Wernicke mit Recht als Folgen der Vorstellung von zu produzierendem Schallmaterial beurteilt hat (Regulationen, Kontrollen, Korrekturen sensorischer Art). Die Erfahrung der Amusie steht hier gegen die Theorie der Autoren wie Pick und Goldstein, die die Paraphasie nicht dem Gebiete der sensorischen Aphasie einordnen wollen. Damit ist nicht geleugnet, daß es auch Sprachentgleisungen gibt, die man, wenn man will, als paraphasisch bezeichnen kann und die auch aus anderen Wurzeln entstehen können. Die Erscheinungen der Entgleisung müssen eben jeweils auf ihre dispositive Grundlage kritisch geprüft werden.

Die Betrachtung der Fälle, bei denen das erhaltene Auffassen von Musik einerseits und Störung des Sprachverstehens anderseits sich auf den Umstand beziehen ließ, daß bei der Sprachverständnisstörung sich nicht der Wortlaut, sondern der Wortsinn in der Aufnahme durch den Kranken als geschädigt erwies, gibt der strengen Unterscheidung von *Wortlauterfassen* und *Wortsinnverstehen*, wie sie Liepmann gefordert hat, durchaus recht. Die entgegenstehenden Ansichten von Pick, Goldstein, in gewissem Sinne auch Thiele, werden den genannten Fällen unserer Ansicht nach nicht gerecht werden. Zur Entscheidung dieser Fragen kommt also der Amusieforschung auch in Zukunft eine nicht geringe Bedeutung zu.

In die Fragen der *Abgrenzung von Empfindungs-*, d. h. *Hörfeldfaktoren, und Gnosie-*, d. h. *Bildfaktoren* im Sprachauffassungsgeschehen lassen sich die Erfahrungen der Amusie einflechten. Die von Liepmann vorgenommene Scheidung der „Pseudosprachtaubheit" von der reinen „Worttaubheit" hat im musikalischen Gebiete eine Entsprechung in den Unterscheidungen zwischen den Anakusien und den echten sensorischen Amusien, die in der Literatur bisher als „reine Melodientaubheit" geführt werden. Wir glauben diese Trennung aufrecht erhalten zu müssen und noch weiter zu führen, indem wir die Sprach- und Musikerscheinungen in der jeweils getroffenen Schicht zusammenfassen, und Pseudosprachtaubheit mit den Pseudoamusien in die Gruppe der zentralen Hörfeldstörungen (zentrale Anakusien) und die reine Worttaubheit und reine Melodientaubheit in die Gruppe der reinen akustischen Bildorganisationsstörungen (Bildagnosien) zusammennehmen. Auf sprachlichem Gebiete scheint diese Auffassung von der Trennung der perzeptiven Störungen von den als Worttaubheit bezeichneten Störungen von dem späteren Wernicke[1] umgestoßen zu sein, wenn er die hinteren Teile des linken Schläfenlappens als „Zentrum für die Bezoldsche Sprachsext" bezeichnet. Da es unter der theoretischen Voraussetzung eines Un-

---

[1] Wernicke: Med. Klin. 1906.

terschiedes zwischen Empfindung (Perzeption) und Gnosie eine psychologische Unmöglichkeit ist, einen gnostischen Ausfall (Störung der primären Identifikation) auf einen kleinen Teil des Hörfeldes, wie es die Sprachsext ist, zu begrenzen, mithin die übrigen Teile des Empfindungsfeldes von der gnostischen Störung auszuschließen, so scheint die Kritik HENSCHENS zu Recht zu bestehen, die in dieser Theorie WERNICKES eine Verlegung des Schadens bei den sensorischen Aphasien in das Hörfeldbereich, in die Perzeption, sieht und ablehnt. Die Annahme unserer Grundauffassung von der Einheit musikalischen und sprachlichen Verstehens läßt eine Begrenzung der Worttaubheit und sensorischen Aphasie auf ein Hörfeldbereich (BEZOLDsche Sext oder eine andere) ausgeschlossen erscheinen. Über das hinaus sind aber nach unserer Ansicht keine Gründe vorhanden, die sensorischen Aphasien und Amusien auf das Hörfeld zu beziehen. Neuerdings sind, wie schon öfter bemerkt, die Theorien Heidelberger Forscher (v. WEIZSÄCKER, STEIN) in diesem Zusammenhang genannt worden, die in den gnostischen Störungen Erscheinungen des ,,Funktionswandels" der Perzeption (für das akustische Gebiet der sensorisch-amusischen und aphasischen Erscheinungen müßte es das Hörfeld sein) ansehen. Sie schließen dies aus der Analogie mit den Tastlähmungen, bei denen man Störungen der Tastempfindung hat nachweisen können. Da aber die Existenz von Tastagnosien auch sonst keineswegs unbestritten ist, kann dieses Argument solange keine Gültigkeit haben, als nicht bei optischen und akustischen Agnosien die Rückführung auf das perzeptive Gebiet (Gesichts-und Hörfeld) mit entsprechenden (z. B. chronaximetrischen) Methoden nachgewiesen ist. Dies ist bisher noch nicht geschehen. Es muß aber darauf hingewiesen werden, daß es nicht genügt, bei Agnosien etwa in den Sinnesfeldern überhaupt Störungen nachzuweisen — diese können auch sekundär sein —, sondern es müßten diese Störungen der Sinnesfelder auch so sein, daß aus ihnen die schweren gnostischen Störungen einerseits, das Erhaltensein der Sinnesleistung mit den bisher üblichen Methoden anderseits erklärt werden kann. Es soll nicht geleugnet werden, daß der zukünftigen Forschung über die Struktur der Sinnessphären und der Bildsphären eine interessante Aufgabe gestellt ist. Nach den bisherigen Forschungen ist kein Grund vorhanden, die Schichtung in Sinnessphäre und Bildsphäre als getrennte Dispositionsgebiete aufzugeben.

Die Erklärung des Unterschiedes zwischen der reinen (subcorticalen) und der totalen (corticalen) Form der sensorischen Aphasie gilt in gleicher Weise für die Amusien, mit denen sie ja nach unserer Theorie in Funktionseinheit steht. Hier läßt sich freilich aus der Stellung der musisch gestörten Leistungen nicht viel Neues über die Stellung der Aphasien im Rahmen der allgemeinen Pathologie aussagen. Eine ältere Theorie erklärt die Entstehung der ,,reinen" Worttaubheit so, daß die Perzeption, also die Hörfeldfunktion, und die ,,mnestischen" Faktoren, also die Reproduktion und die Produktion akustischer Vorstellungen und ihre zentralen Hirnstellen intakt sind und nur die ,,Verbindung" der beiden Gebiete unterbrochen ist, so daß die Assoziation der Vorstellungen mit den akustischen Perzeptionen nicht vor sich gehen kann. Daher die Störung der Wahrnehmung bei erhaltener Fähigkeit zur Vorstellung und den von ihr abgeleiteten Leistungen (Lesen) bei der reinen Worttaubheit. Dagegen sind die Vorstellungsdispositionen (,,Endstätten der Erinnerungsbilder") bei den totalen (corticalen) sensorischen Aphasien in dieser Theorie zerstört gedacht. Diese Auffassung steht im Zusammenhang mit der Ansicht von der Sonderung der Großhirnrindenteile als „Endstätten" und der subcorticalen Substanz als „leitender" und „verbindender" Organe. Allerdings läßt sich eine solche Anschauung nach den Erfahrungen des Krieges, nach denen subcorticale Formen auch bei Verletzung der Großhirnrinde gesehen wurden, nicht mehr aufrechterhalten, ganz abgesehen davon, daß auch andere theoretische Bedenken dieser anatomisch-funktionalen Scheidung von Rinde und subcorticaler Substanz entgegenstehen. Wir stellen uns auf den Standpunkt, daß in den Formen reiner akustischer Bildorganisationsstörung, die sich am Geräusch, am Sprachlaut und am Musikstoff auswirkt, selbst schon eine „mnestische" Störung vorliegt. Freilich in dem Sinne, daß die Organisation der Wahrnehmung aus dem intakten Sinnesmaterial als Organisation dessen, was der Reproduktion und auch der spontanen Produktion wie auch dem Wiedererkennungsvorgang zugrunde liegt, der erste Akt der Gedächtnistätigkeit ist. Zwischen den reinen, nur in der Wahrnehmung gestörten und den totalen, auch in der Vorstellung gestörten Formen der Bildorganisation (Aphasie und Amusie) ist also kein wesentlicher, sondern nur ein gradueller Unterschied, der, wie die häufige Beobachtung zeigt, Zwischenstufen zuläßt.

In einem weiteren, bisher noch wenig beachteten Gebiete konnte durch Studium der Amusie Förderung der Problematik erzielt werden, dem Gebiete der *kategorialen und dinglichen Erscheinungen* und Dispositionen in der akustischen Sphäre. Wir konnten in früheren Abschnitten die Bedeutung der Klänge als dinglicher Gegebenheiten für die Belegung eines Klanges mit einem bestimmten Namen und für die Notensetzung herausstellen. Diese kategorialen Beziehungen erwiesen sich ebenso für die Festlegung und Bezeichnung der musischen Systeme, für die Tonalität als Grundlage der „logischen" Verarbeitung in der Harmonielehre und im Kontrapunkt als wichtig. Die gleiche Gesetzlichkeit ist, wenn auch noch nicht hinreichend untersucht, auch für die Bildung von Sprachlautnamen und ihre schriftliche Bestimmung in Aufnahme und Produktion, also im Lesen und Schreiben, anzunehmen. Es haben sich auf diese Weise verschiedene theoretische Angriffspunkte zur Erfassung der Lese- und Schreibstörungen als Teilerscheinungen der Aphasie ergeben. Die vom Akustischen her gestörten Leseleistungen der totalen sensorischen Aphasie werden auf ihre rein akustisch-bildhafte oder auf ihre kategoriale Qualität hin zu untersuchen sein. Die Alexie ohne Sprachverständnisstörung wird daraufhin angesehen werden müssen, ob sie rein optisch bildhaft — etwa in Kombination mit optischen Gestalt- und Farbstörungen und ohne primäre Schreibstörung — oder ob sie optisch-dinglich-kategorial zu fassen ist, wobei dann Lesen und Schreiben gemeinsam gestört sein werden. Auf die Möglichkeit, daß dann noch die reine Buchstabenbedeutungsfunktion (ein bestimmtes Schriftzeichen als „Bedeutung" eines bestimmten Lautes) gesondert gestört sein kann, mag hier noch hingewiesen werden. Ob es „reine Agraphien" ohne jegliche Störung des Lesens und ohne jegliche optische Konstruktionsstörung gibt, kann vielleicht durch Untersuchungen amusischer Aphasischer einer Lösung nähergebracht werden; die bisherigen Beobachtungen nach Stirnhirn- und Parietalverletzungen (praktische und optische Komponenten des Schreibvorgangs) lassen dies allerdings immer noch problematisch erscheinen.

Was die *Trennung von receptiven und impressiven Funktionen* in der Sprache betrifft, so ist die Scheidung bei den Störungen der musikalischen Gestalterfassung und -vorstellung einerseits, der musisch-gestaltlichen Produktion anderseits durch typische Fälle sicher. Der Standpunkt P. MARIES von der „Einheitsaphasie" auf die Amusien zu übertragen, dergestalt, daß man eine „Einheitsamusie" annehmen könnte, muß als vollkommen ausgeschlossen gelten. Wer sich unsere Theorie von der dispositiven Einheit der Schallerlebnisse in Musik- und Sprachmaterial zu eigen macht, wird in den Erfahrungen der Amusie eine Stütze für den Widerstand finden, den DÉJÉRINE, LIEPMANN u. a. der P. MARIEschen These von der Einheitsaphasie entgegengesetzt haben.

Zu dem *Problem der Expressivsprache* selbst, insbesondere hinsichtlich der Gestaltung des akustischen Sprachmaterials, haben die Betrachtungen der amusischen Erscheinungen nicht unwichtige Beiträge geliefert. Die Frage, ob bei Erhaltensein des „Exekutivapparates", d. h. also der Grundlage der muskulären Bewegungsfähigkeit, die Störung der expressiven Entäußerung immer durch eine Störung des (höheren) Motoriums, also der Praxie, verursacht ist, muß für die musikalische Expression verneint werden. Es wurde eingehend dargelegt, daß die Schwierigkeiten, akustisch-musische Gebilde auf mehreren Instrumenten hervorzubringen, ohne daß Bewegungspläne mit nicht akustischen (z. B. optischen) Erfolgen sich als gestört erweisen, nicht als ideatorische Apraxien, sondern vielmehr als akustisch-konstruktive Störungen — entsprechend einer produktiven Funktion der gnostischen Sphäre — zu betrachten sind. Dazu kommen andere musische Expressivstörungen als Teilerscheinung einer allgemeineren motorischen oder ideatorischen Apraxie. Es ergab sich die Frage, ob nicht für die expressive („motorische") Aphasie die gleiche Unterscheidung gemacht werden muß; d.h. ob es nicht rein expressive Aphasien (bei vollkommenem Erhaltensein des Sprachlautverständnisses) gibt, deren primäre Störung nicht in einer Apraxie des Sprachapparates, sondern in der konstruktiven Gestaltung akustischer Stoffe (Sprachlautmaterial) besteht, von denen die eigentlichen motorischen Aphasien, also die ideatorischen und motorischen Apraxien des Sprachapparates, deren Existenz gesichert ist, zu trennen sind. Die Frage ist erst durch Studium expressiv Aphasischer zu lösen.

Haben nun die amusischen Studien den Sprachlauterscheinungen in ihren Abbaugesetzen ihre Spezifität genommen, so sind sie auf der anderen Seite eine Hilfe, das spezifische Dispositionsgebiet sprachlichen Zweckgeschehens zu bestimmen und abzugrenzen. Wir sehen, daß ganz allgemein als Ausdruck von *gefühlsmäßigen Gegebenheiten und als Träger der Funktion, einem Inhalt als Zeichen und Symbol zu dienen*, sich die Sprache von der Musik, dem Tanz, der mimisch-pantomimischen Entäußerung nicht grundsätzlich scheidet. Der Denkinhalt hinwiederum — unabhängig von der Formulierung — findet nicht nur in der Sprache seine Herausstellung; es gibt auch Denkinhalte, z. B. die hypologischen, die prälogisch-magischen, die irrationalen Denkinhalte, die dem Sprachdenken entzogen sind. Anderseits ist die *Darstellung logischen Stoffes und seiner grammatischen Formulierung eine spezifische Funktion der Sprache*, die sie von der Musik und jeder anderen symbolischen Äußerung (auch der Gebärde) [1] unter-

[1] Die Gebärde kann wohl Inhalte darstellen, aber nicht logisch-grammatisch ausformulieren. Diese Beziehungen werden in der Gebärdensprache wohl „dazugedacht", gemeint

scheidet. Die Rede, der Satz, die in ihr dargestellte prädikative Beziehung kommt nur in der Sprache vor. Diese Formulierung überhaupt (langage général von Broca) steht vor der Ausprägung in den einzelnen Nationalsprachen. Es gibt kein anderes Gebiet psychischer Entäußerung, sicher nicht die Musik, das Geräusch, der Tanz, in dem diese spezifische Formulierung geleistet wird, es sei denn, es ginge ebenfalls über die Lautsprache. Studien über die amnestische Aphasie, deren Diskussion neuerdings wieder in Gang gekommen ist (Lotmar, Goldstein), Untersuchungen über den Agrammatismus, wie sie früher von Pick, Kleist u. a., in letzter Zeit in theoretischer Vertiefung von M. Isserlin, angestellt worden sind, treffen pathologische Spezifitäten der Formulierung, die in anderen als den sprachlichen Erlebnisbereichen nicht zu finden sind. Auch in der Musik, im Tanz sind Formulierungen vorhanden, aber sie gehen andere Wege als die spezifisch-sprachlichen Formgebungen. Die musikalischen Formulierungen bringen einer „musikalischen Idee" in der symbolischen Gestaltung und in den in ihr sich vollziehenden energetischen Abläufen die der Musik eigentümlichen Formen, die ihrerseits weit über das hinausgehen, was Gebärde und Pantomimik im Tanz und im symbolisch-dramatischen Spiel zu geben haben. Musikästhetik und Kunstphilosophie haben die Probleme von Form und Symbol in Musik und Sprache zum Gegenstand ihrer Betrachtung gemacht. Die Psychologie und die Pathologie, für die das Eindringen in diesen Problemkreis aus den Erfahrungen der Amusie heraus als eine Notwendigkeit erscheint, stehen noch am Anfang ihrer Erkenntnis. Vielleicht können die Forschungen der Sprachpathologie, speziell der aphasischen Störungen umgekehrt in das schwierige Gebiet der musikalischen und überhaupt der künstlerischen Formulierung und Symbolgestaltung Licht bringen.

c) Was die *Lokalisation der Funktionen im Großhirn* betrifft, deren Störungen die Amusien und Aphasien machen, so nehmen sich die Grundlagen der Theorie heute wesentlich komplizierter aus als zu der Zeit, da man die Erlebnisse und ihre „Rückstände", die „Erinnerungsbilder" in bestimmten Teilen der Hirnrinde (den „Zentralstellen", „Zentren") „deponiert" dachte, die Funktion der Hirnrinde darin sah, „Engramme" aufzunehmen und sie je nach der Sachlage wieder zu „ekphorieren", die Aphasieformen in einem Linienschema sich hinreichend erklärbar vorstellen durfte, dessen Grundprinzip das der Assoziation zwischen Leistungen verschiedener Art war und in der Trennung dieser assoziativen Verbindungen oder in der Zerstörung der Depots die verschiedenen Formen der Aphasien und Amusien erklärte. Der Bezug zwischen Leistung und Rinde war, wenn auch nicht gewollt, so doch in der Durchführung statisch, auf das tote Gehirn bezogen. Die heutigen Anforderungen an eine Theorie verlangen die Rücksichtnahme auf die Beziehung der Hirnteile in lebendigem zeitlich-fließendem Funktionieren gegeneinander und im Rahmen des Gesamtorganismus, im Fluß der psychischen Abläufe und des entwicklungsmäßigen Aufbaues, suchen den statischen durch den dynamisch-energetischen Gesichtspunkt zu ersetzen. Sie erlauben es nicht mehr, komplexe Leistungen und Erlebnisse (Sprechen, Verstehen, Schreiben, Lesen, Rechnen usw.) bestimmten Hirnteilen funktional ohne

und verstanden, aber nicht ausgedrückt. Die „Auswahl" ist in der Gebärdensprache noch weit größer als in der Lautsprache.

weiteres zuzuordnen, sondern sehen in den (normalen und pathologischen) Erlebnissen die *Resultate* des organischen Zusammenspiels verschiedener, wenn auch ganz bestimmter, durch früher gleichartige oder ähnliche Erlebnisse in festgelegter Weise gestalteter Dispositionsgrundlagen, deren Entäußerungsbereitschaft an das Intaktsein und Funktionieren von bestimmten räumlich getrennten und zeitlich entwickelten arbeitstüchtigen Hirnteilen gebunden ist. Das Gehirn als Ganzes und im ganzen Organismus funktionierendes Organ ist nach dieser Auffassung gegliedert in Unterorgane, deren intakte Funktion mit der Entäußerung von bestimmten, von anderen abgrenzbaren Dispositionen im Zusammenhang steht. Wie dieser Zusammenhang ist, wie überhaupt die Gliederung besteht, und wie aus diesem gegliederten Organismus heraus pathologische Formen sich bilden, ist die große Problemstellung von weiteren Versuchen. Alle bisherigen Erklärungen haben etwas Vorläufiges. Wir gehen deshalb hier nicht auf die großen Schwierigkeiten der Hirnlokalisation ein, sei es der einfachen oder der multiplen, sei es der räumlichen oder der zeitlich genetischen Lokalisation im Ablauf des Lebens, halten uns vielmehr an die Tatsache, daß der *praktische Neurologe* aus bestimmten pathologischen Erscheinungen auf einen Defekt in einem Dispositionsbereich und mithin auf eine durch chirurgische Freilegung oder durch Obduktion bestätigte Funktionsuntüchtigkeit eines ganz umschriebenen Hirnteils zu schließen vermag, während er andere Hirnteile bei dem gleichen (z. B. aphasischen oder amusischen) Dispositionsdefekt für nicht gestört ansehen darf. In dieser *praktischen* Verifikation liegt eine Forderung für die Theorie. Aus dieser Grundeinstellung heraus sollen auch im folgenden die Fragen der Lokalisation von Amusie und Aphasie in ihrer Beziehung zueinander besprochen sein.

Beschränkt man sich auf die akustischen und die motorischen (apraktischen) Erscheinungen beim Rechtshänder, so sind Fälle mit expressiver Amusie vorhanden, die nur Herde in der linken Hemisphäre aufweisen, andere wiederum, bei denen der Schaden in der rechten Hemisphäre gefunden wird. Auch bei den receptiven Amusien hatten die meisten Kranken Herde in der linken Hirnhalbkugel, einige dagegen doch auch in der rechten. Von den Fällen expressiver Amusie, die linksseitige Herde hatten, wird keine andere Lokalisation berichtet als für die expressive Aphasie, also Herde im BROCAschen Feld, während für die rechtshirnigen Herde bei expressiver Amusie der Fuß der zweiten Stirnwindung als getroffene Stelle bezeichnet wird. Für die linkshirnigen Herde bei receptiver (sensorischer) Amusie wird die betroffene Partie ebenfalls in der ersten Schläfenwindung gesucht, jedoch vor dem WERNICKEschen Felde, für die rechtshirnigen Herde liegt bisher keine bestimmte, eindeutige Angabe für oder gegen die der linken WERNICKEschen Stelle entsprechende Hirnpartie des rechten Temporallappens vor. Wir haben früher schon darauf hingewiesen, daß die Amusien expressiver und receptiver Art, die durch linksseitige Herde entstehen, mit Sprachstörungen zumeist kombiniert erscheinen, während die Amusien mit rechtsseitigen Herden (beim Rechtshänder) zumeist ohne gröbere und dauernde Sprachstörungen einherzugehen pflegen (vgl. hierzu auch HENSCHENS Arbeiten!).

Diese Beobachtungen haben dazu geführt, daß man früher Musik und Sprache in verschiedenen Großhirnpartien lokalisierte. Man gab als Zentralstellen für die Sprache (ganz allgemein) die linke, für die Musik die rechte Hemisphäre an. Oder man sah im gleichen linken Schläfenlappen für das Sprachverstehen die hinteren, für das Musikverstehen die mittleren Partien als Zentren an. Einige Theoretiker wiesen dem Fuß der rechten zweiten Stirnwindung die Zentralfunktion für die musikalische Expression zu, deren Störung motorische Amusie macht.

Keine dieser Theorien stimmt auf alle Fälle. Eine Aufstellung von allgemeinen Gesetzlichkeiten und praktischen Anwendungsmöglichkeiten für die Lokalisation der Amusien hat man bisher nicht finden können.

Wir halten eine theoretische Stellungnahme, die sich an die von manchen Autoren, besonders auch in jüngerer Zeit, eingenommene Position anschließt, für die den Tatsachen am besten entsprechende. Nicht nur die akustischen Empfindungsdispositionen, das Hörfeld, sind nach dieser Annahme symmetrisch in beiden Seiten — den HESCHLschen Querwindungen — lokalisiert, sondern auch die akustische Bildorganisation (Gnosie) und die höheren Dispositionen des akustischen Geschehens haben ihre Lokalisation in beiden Hirnhemisphären, die sich einander entsprechen. Die höher differenzierten Dispositionen bedürfen weiterhin auch im Gehirn eines größeren spezifisch zugeordneten Bezirkes im funktionsbereiten Hirngewebe, so daß also beim sprachgewandten und beim musikalischen Menschen in den entsprechenden Partien weitere Bereiche der spezifischen Funktion zugeordnet sind als beim sprachungewandten und unmusikalischen Menschen. An den zur Sprache gehörigen dispositiven Faktoren macht sich der Akzent der linken Hemisphäre (vielleicht im Zusammenhang mit der Sprachformulierung und der bedeutungsmäßig-gedanklichen Verinhaltlichung) beim Rechtshänder in hervorragender Weise geltend. Dieser Akzent auf die linke Hemisphäre tritt für die Klanggebilde der Musik zurück, bei denen das *Akustische* und seine Gestaltungsformen in sinnenhafter und bildhafter Weise mehr im Vordergrund des Erlebnisses steht als bei der Sprache. Die musikalische Funktion erscheint deshalb mehr an das Intaktsein *beider* Hemisphären gebunden als die Sprache. Für die musikalische Organisation steht auch ein größerer Bereich funktionierenden Gehirngewebes in den akustischen wie in den expressiven Sphären zur Verfügung, entsprechend ihren höheren Organisationsgraden. Aus dieser Stellungnahme ergeben sich einige Folgerungen für die theoretische Auffassung der Amusielokalisation.

Die angenommene These läßt auch die *sensorischen Störungen* in Musik- und Sprachlautstoff auf die Zentralstellen beider Hemisphären bezogen sein. *Nach dieser Theorie ist also die WERNICKEsche Stelle in den hinteren Teilen der ersten Schläfenwindung nicht als sensorisches „Sprachzentrum" im engeren Sinne zu betrachten. Die WERNICKEsche Stelle ist vielmehr in der linken und rechten Hemisphäre symmetrisch als die akustische Bildsphäre (für Musikklänge, Sprachlaute, Geräuschbilder) anzusehen, die beim musikalischen Menschen in weiterer Ausdehnung bis in die mittleren Partien der ersten Schläfenwindung reicht.* Eine Schädigung der linken WERNICKEschen Stelle wird, wie dies die Erfahrung in den meisten daraufhin untersuchten Fällen bestätigt, das Verstehen von Sprechen und von Musik beeinträchtigen. Tritt eine Läsion der WERNICKEschen Stelle in der rechten Hemisphäre (beim Rechtshänder) ein, und sieht man als Folge eine Störung des Musikverstehens bei erhaltenem Sprachverstehen, so ist in den einzelnen Fällen noch die Frage zu entscheiden, ob nicht in den allerersten Zeiten nach der Schädigung doch ein sich sehr rasch restituierender Schaden im Verstehen von Sprachlautgebilden vorhanden war. In diesem Falle kann das funktionale Überwiegen der linken Hirnhemisphäre, das für alles Sprachgeschehen wirksam ist, den sprachlichen Dispositionen in der Wiederherstellung der Funktion zu Hilfe gekommen sein, das dem Klangerfassen nach unserer Annahme nicht zur Verfügung steht. Immerhin tritt in diesem Falle auch bei rechtshirniger Schädigung ein Defekt der gesamten akustischen Organisation ein, nur mit verschiedener Auswirkung des Defektes in den phänomenalen Lautgebieten Musik und Sprache. Das akustisch höher organisierte Klanggebiet erweist sich in dem ganzen akustischen Bildfelde des Gehirns als lädierbarer. Ähnlich liegen die Verhältnisse auch für die dem Wernickeschen Sprachfeld angelagerten Partien in der Mitte des linken ersten Schläfenlappens. Auch sie gehören der gemeinsamen corticalen Sphäre der Lautbildung für Sprache, Musik und Geräusche an. Isolierte Musikbildstörungen sind dann durch die größere Lädierbarkeit des Klanges gegenüber dem Sprachlaut verursacht, durch die geringere Hilfe in der Restitution auf Grund von Bedeutungsfunktion und gedanklicher Formulierungsinhalte, wie sie dem Auffassen der Sprache zur Verfügung stehen. Nicht unerwähnt mag auch der von früheren Autoren mit Recht gezogene genetische Gesichtspunkt bleiben, nach dem der spätere Erwerb der musikalischen Organisation für die leichtere Verletzlichkeit der Musik gegen die Sprache mitverantwortlich gemacht ist [1].

Ähnlich liegen die Verhältnisse auch bei der *Lokatisation der Expression von Sprache und Musik.* Daß beim Rechtshänder nicht nur das linke Brocasche Feld, sondern auch das rechte für die Expressivsprache von funktionaler Bedeutung ist, beweist die seit der Darstellung v. Monakows häufig beobachtete Tatsache, daß auch nach Schädigung im Fuße des rechten motorischen Sprachfeldes Störungen expressiv-aphasischer Art auftreten. Diese sind allerdings flüchtiger und leicht restituierbar im Gegensatz zu den Folgen der Verletzung im linken motorischen Sprachfeld. Nach neueren Untersuchungen (seit Brodmann) erstreckt sich das Sprachfeld auch über den Fuß der dritten Stirnwindung in die Umgebung hinaus. Wenn auch noch nicht empirisch zu begründen, so ist die Annahme doch nicht ganz von der Hand zu weisen, daß bei Menschen mit starker Disposition zur expressiven Musik auch die Hirnteile in und um das Brocasche Sprachfeld in beiden Hemisphären höher organisiert sind als beim musikalisch und sprachlich schlechter disponierten Menschen.

Man nehme weiterhin an, daß Herde im Fuße der zweiten Stirnwindung beim Musiker noch in dieses Gebiet fallen, das sprachlicher und musikalischer Expressivdisposition zugeordnet ist, oder aber, daß die beschriebenen Hirnschädigungen der zweiten Stirnwindung (Mann, Foerster, Rohardt) in die Brocasche Zone hineingewirkt haben; ferner, daß auch hier das Überwiegen der linken Hemisphäre nur dem Lautgeschehen mit spezifischer Sprachfunktion, nicht aber der Gesamtheit der Schallexpression gilt! Es wird dann klar, warum motorische Sprache so rasch restituiert wird, wenn die rechtsseitige Brocasche Region und ihre angrenzenden Partien getroffen werden, während die Musikexpression sich

[1] Erfolgversprechend sind Studien über die Entwicklung der akustischen Sinnesfunktion und Bildqualität nach ihrem ersten Auftreten bei Säuglingen im Vergleich zur Reifung der entsprechenden Hirnteile (Heschlsche Windungen und erweiterte Wernickesche Stellen). Für den phänomenalen Anteil vgl. B. Loewenfeld, Systematisches Studium der Reaktionen der Säuglinge auf Klänge und Geräusche. Zt. f. Psychol. **104**, 62—96 (1927).

weiter als gestört erweist. Auch hier ist eine grundsätzliche Trennung der Hirnlokalisation für akustisches Musik- und Sprachmaterial und ihre praktische Entäußerung in dispositiver Hinsicht nicht gefordert. Der Schaden ist nur in seiner Auswirkung auf die verschiedenen Gesamtsituationen verschieden, in die Musik und Sprache den Menschen versetzen.

Inwieweit die Unterscheidung zwischen konstruktiver Amusie und dyspraktischer Amusie sich auch lokalisatorisch treffen läßt, muß weiteren Untersuchungen überlassen bleiben.

Ein Eingehen auf die viel komplizierteren Verhältnisse der höheren musikalischen und sprachlichen Erscheinungen, nämlich der kategorial-dinglicher Art, der Lese- und Schreibstörungen in Noten- und Wortschrift, deren Lokalisation auf den Scheitellappen und den Gyrus angularis verweist, kann hier wegen der Schwierigkeit und der Unklarheit der Verhältnisse noch unterbleiben.

Zu modernen Theorien energetistischer, ganzheitspsychologischer, genetischer Art im Rahmen der Zuordnung zur Hirnfunktion können die Erfahrungen in der Amusie keine neuen, über den bisherigen Problemstand hinausgehenden Stellungnahmen ergeben. Es wird deshalb auf das Eingehen in diese wichtige Problematik an dieser Stelle verzichtet.

II. Zur allgemein-psychologischen und pathologischen Problematik im Aufbau des Musikstoffes.

1. Amusie und Klangmaterial.

Die Bedeutung der Amusieforschung für die Erkenntnis der Auf- und Abbauformen in der Schallwelt ist mit dem Bezuge auf die Sprache und die Aphasie nicht erschöpft. Die *Tonpsychologie* hat schon bisher nicht auf die Heranziehung pathologischer Erfahrungen verzichtet, sie wird wahrscheinlich aus dem Fortschritte der Erkenntnisse in der Pathologie der akustischen Wahrnehmung auch weitere Gesichtspunkte für die Theorie des normalen Klangerlebnisses gewinnen. Es kann hier nicht eine durchgehende Behandlung der tiefgreifenden Problematik innerhalb der einzelnen Themen der Tonpsychologie erstrebt werden, wie sie in der bisherigen musikpsychologischen Literatur angebahnt ist. Doch scheint es nicht unnütz, eine Auswahl von Fragestellungen aus der Musikpsychologie herauszugreifen, deren hypothetische Beantwortung aus den Amusiestudien möglich zu werden verspricht. Dies schon in dem Bestreben, dem modernen pathologischen Forscher Anregung zu geben, wohin er seine methodischen Bemühungen richten kann, und dem Psychologen einige der großen Förderungsmöglichkeiten aufzuzeigen, wie er auf dem Gebiete der Klanglehre nicht nur der Pathologie zu geben, sondern auch aus ihr zu gewinnen vermag.

Sieht man im *Musikstoff* das sinnesmäßige, bildhafte und kategoriale *Klangmaterial*, das erst durch Verarbeitung in der energetischen sowie in der Ausdrucks- und Symbolfunktion zur *Musik* im eigentlichen Sinne wird, so ist das Augenmerk in den folgenden Besprechungen in erster Linie diesem akustischen Material, dem Musikstoff, zugewendet.

a) Über die Dispositionsstruktur der einzelnen Klangerscheinungen.

Die *Trennung zwischen Disposition und Phänomen*, die von Psychologen gefordert wird (W. Stern, F. Krueger u. a.), ist noch keineswegs in der Pathologie und Normalpsychologie allgemein durchgeführt. Es gibt Lehrsysteme, bei denen ausschließlich von der Phänomenologie, bzw. von Inhalten des Bewußtseins aus, die Erklärungen gegeben werden. Man braucht aber, um eine rein phänomenologische Erklärung pathologischer Tatsachen für ungenügend zu halten, nur auf die Selbstverständlichkeit hinzuweisen, daß ein Mensch mit Tonlücken etwa als Folge einer Innenohrschädigung nicht an einem manifesten Ton, auch nicht an der Tonreihe „krank“ ist. Er müßte ja dann nur krank sein, wenn er in eine entsprechende objektiv-akustische Situation, die jene Lücken bemerkbar werden läßt, verbracht wird, d. h. also, er müßte nur bei einem gewissen pathologischen „Verhalten“ krank sein; doch wird wohl nicht viel Widerspruch dagegen entstehen, daß der Mensch auch krank ist (und zwar hörkrank), wenn er nicht in einer phänomenalen akustischen Situation ist, wenn er gar nicht zu hören gezwungen ist. Er bleibt krank in jeder Situation, in der er sich befindet, sofern er nicht geheilt wird, und zwar infolge seines organischen Schadens in einem bestimmten Bereiche seiner *organischen Gesamtdisposition*, nämlich in der akustischen Sinnes*disposition*. Die Behandlung der pathologisch-psychologischen Probleme in manchen Darstellungen der gegenwärtigen Literatur machen diese Bemerkungen notwendig. Die normalpsychologische Erforschung der Klangerscheinungen kann auf die Berücksichtigung des akustisch-dispositiven Bestandes verzichten, wenn sie ausdrücklich Klangphänomenologie treibt, nicht dagegen, wenn sie pathologische Klangerscheinungen heranzieht oder wenn sie die Klangphänomene im Verhältnis zum Gesamtindividuum erforscht.

Man könnte vielleicht auch in der Pathologie davon absehen, diese Scheidung zwischen Disposition und Phänomen immer zu betonen, wenn stets eine Entsprechung zwischen organischer und dispositiver Schädigung einerseits und Klangphänomen andererseits im Sinne eines kompletten Ausfalles bestehen würde, wie dies beim Vorliegen von „Tonlücken“ der Fall ist. Aber schon, wenn die (rarefizierende) Schädigung unvollkommen ist, also umschriebene Schwerhörigkeit bei Schädigung einer bestimmten umschriebenen Partie des Hörorganes vorhanden ist, zeigt sich als Folge des organischen Defektes ein minderes Funktionieren in bestimmter objektiv-akustischer Situation, aber nur gewisser „Seiten“ der Empfindung, z. B. der Intensität und Dauer des Klanges, nicht aber anderer Seiten wie der Höhe und der musikalischen Qualität. Selbst bei einem — theoretisch gewiß nicht genügenden — lokalisatorischen Bezug der Töne auf den schallbereitenden schwingenden Körper (im Ohr) werden nach der Variabilität und Störbarkeit die verschiedenen „Seiten“ der Funktion dieses Körpers (Spannung, Material, Leitfähigkeit, Isolierung usw.) als verschiedene, nicht als einheitliche Dispositionen gelten müssen. Ist mithin schon daraus die eindeutige Zuordnung des einfachen Tones zu einer ebenso einfachen Organfunktion zweifelhaft, ist daraus vielmehr wahrscheinlich, daß auch der einfache Ton als Empfindungsinhalt schon das „Resultat“ *verschiedener* dispositiver Grundlagen ist, so wird dies noch deutlicher bei Betrachtung des pathologischen „Funktionswandels“, bei den Parakusien. Hier resultiert aus einem mehr oder weniger umschriebenen Defekte des Gehörorgans keineswegs ein Ausfall, ein Defekt im Phänomen, sondern ein pathologisch verändertes Funktionieren der Abläufe, der Umstimmungen, der Intensitätsgänge. Wenn wir vollends wie bei der Paracusis Willisii die Abhängigkeit des Klanggeschehens (bei Defekt im Gehörorgan) von dem ,,akustischen Hintergrunde" erfahren, also von bestehender Stille oder diffusem Geräusch, in dem das Klangphänomen erlebt wird, so wird die vielfältige dispositive Fundierung auch des Einzelklanges unabweisbar.

Es ergeben sich daraus für die pathologische und normale Psychologie der Klanggegebenheiten Folgerungen, die heute freilich nur ganz hypothetisch sein können und der empirischen Bewahrheitung und Korrektur entgegensehen. Die Klangphänomene ,,einfacher" Art, also die Töne, sind schon erscheinungsmäßig keine ,,elementaren" Grundgegebenheiten, sondern sind, wie es auch die ,,Gestaltpsychologie" (W. Köhler u. a.) darstellt, Ausprägung einer phänomenalen Hintergrund- oder Feldstruktur, so daß also bei Beantwortung einer objektiven akustischen Situation mit einem Tonerlebnis bestimmter Art das ganze phänomenale Feld, freilich in einer ganz bestimmten, der Situation angepaßten Weise angeregt ist und so den Klang ergibt. Diese Feldanregung besagt, daß auch der scheinbar elementare Einzelklang schon Resultat einer Gesamtheit ist. Das Resultat (der Einzelklang) muß ohnedies verschieden determiniert sein, weil beim Einzelklang im Hörakt nicht nur akustische sondern auch andere Faktoren, z. B. das emotionale Gebiet, die Dispositionen der ,,Aufmerksamkeit" usw. in Funktion treten. Andererseits sind die psychischen Dispositionen offenbar an die Struktur und Funktionsbereitschaft der Organe, des Hörorgans, Hörhirnes usw. gebunden. Bei Störung eines Dispositionsgebietes ist weiterhin der Effekt, also die Klangerscheinung, nicht nur von dem Dispositionsdefekt, sondern auch von den erhalten gebliebenen, z. B. kompensierenden, am Einzelklang beteiligten Dispositionen abhängig. Das bedeutet, daß bei Verschwinden einer Disposition, die beispielsweise der Aufrechterhaltung einer bestimmten Tonhöhe oder des zeitlichen Ablaufes einer Stelle in der Hörreihe oder irgendeiner anderen Disposition dient, nicht sofort die ganze Tonempfindung ausfällt. Die Tonempfindung ist vielmehr entsprechend diesem Ausfalle, aber auch entsprechend dem Erhaltensein anderer, für die Erzeugung des gleiches Tones notwendigen Dispositionen *abgewandelt*, verändert. Sie erscheint pathologisch gegenüber dem ,,adäquaten" Phänomen. Das Auslöschen, der Ausfall der Erscheinung, ist nur *eine* von den vielfältigen Möglichkeiten dieser pathologischen Abwandlung als Folge des Dispositionsdefektes.

Das einzelne Klangphänomen — darin stimmen wir mit den Theoretikern der Gestaltpsychologie überein — ist immer eine Gestaltgegebenheit. Sie ist nicht eindeutig organisch lokalisiert, wird aber nicht im eigentlichen Sinne ,,defekt", sondern als Phänomen nur abgewandelt. Das bedeutet aber nicht, daß das Lokalisations- und Defektprinzip in der Pathologie aufzugeben ist. *Die dem Phänomen zugrunde liegenden Dispositionen sind lokalisiert* und streng an die organische Struktur und die Funktion des peripheren und zentralen Hörorganes gebunden. Sie werden als psychische Dispositionen mit dem Defektwerden des organischen Substrates selbst defekt. Wer im pathologischen Falle nach Krankheit, wer im normalen Falle nach Begabung fragt, wird nicht beim Phänomen stehen bleiben, sondern muß durch es hindurch nach dem Zustand der (akustischen) Dispositionen, nach dem primären Dispositionsdefekt bzw. nach der Struktur der Disposition, ihrer Stärke, ihrer qualitativen Gestaltung im Strukturganzen fragen. Auf diesem Forschungsgebiet ist noch vieles dunkel, doch muß wenigstens methodisch der Weg bereitet werden.

Die psychischen Dispositionen und deren multiple Determination im Einzelklangerlebnis sind theoretische Postulate. Welcher Art sie sind, ist, wenn auch nicht absolut festzulegen, doch so weit zu bestimmen, daß sie „Bereitschaften" darstellen, die eng mit der Funktionsart des organischen Substrates verknüpft sind. Um freilich über die Art dieser Bereitschaften im organischen, wie im psychischen Substrat etwas auszusagen, müßte man wissen, wie die einzelnen Teile des peripheren und zentralen Hörorganes funktionieren. Mag man eine Lokalisation der kontinuierlichen Tonempfindungsreihe in der Schnecke, wie sie HELMHOLTZ aufgestellt hat, gegenwärtig theoretisch als annehmbar auffassen, so ist freilich noch gar nichts bekannt, ob diese Auseinanderlegung der Reihe im Hörnerven und seiner Weiterleitung auf dem langen Wege im Gehirne aufrecht erhalten bleibt. Die Beteiligung der gesamten zentralen Partien an der Ausgestaltung jedes einzelnen Tones und Klanges hat theoretische Wahrscheinlichkeit. Und ob die Auffassung von der Funktion der Schnecke als Resonatoren für die einzelnen Tongegebenheiten verschiedener Höhen (HELMHOLTZ) in gleicher Weise für die zugehörigen Hirnteile gilt — vgl. hierzu LINDWORSKYS Resonatortheorie für die Tätigkeit der Hirnteile beim Gedächtnisvorgang — und ob diese Theorien mehr als zunächst illustrativen Wert haben: wer kann das sagen? Die Forschung der normalen Funktion des Hörfeldes wird nur über das eingehende Studium der Funktionsausfälle, ihrer dispositiven Grundlagen, ihrer Verschiedenheit je nach dem Orte und dem Ausmaße des Schadens in den verschiedenen Etappen vom peripheren Hörorgan bis zur Hörrinde vorwärts kommen; ein mühsamer und bei der Seltenheit und schwierigen Deutbarkeit der Fälle sehr langwieriger Forschungsweg.

Es seien noch einige in früheren Abschnitten häufig gebrauchte Begriffe unter dem Gesichtspunkte der Trennung von Disposition und Phänomen kurz diskutiert. Wir sprachen oft von der Sinnessphäre des Hörfeldes, von der Bildsphäre, der kategorialen Dingsphäre. Da die Berechtigung des Gestaltprinzips aus den Erfahrungen ersichtlich ist, also auch das Empfindungsphänomen als Figur auf Grund sich darstellt, liegt es nahe, diese „Sphären" als „Hintergründe" für die aus ihnen sich ausprägenden Einzelklangphänomene zu nehmen. Eine scharfe Herausstellung des Begriffes Hintergrund läßt aber diesen als einen zum phänomenologischen Anteil gehörenden Faktor erkennen. Der Hintergrund der RUBINschen Experimente an optischen Gestalten, auch das „Feld" in den KÖHLERschen Tierversuchen, sind Teile des optisch-phänomenalen Tatbestandes. Auf dem akustischen Gebiete entspricht diesen Hintergründen die „Stille" oder irgendeine tönende oder geräuschartige Grundierung, auf der sich im Falle der akustischen Empfindung oder Wahrnehmung der Klanginhalt heraushebt, herausdifferenziert. Dieser Hintergrund, aus dem die Klangfigur entsteht, ist selbst Inhalt des Hörens. Nicht so das Hörfeld, die Bildsphäre usw. Sie werden nicht gehört, nicht bildhaft wahrgenommen, sondern sind dispositive Substrate organisierter Art, die vorhanden sind, ob Akustisches (Hintergrund und Figur) im Erlebnis eines Zeitabschnittes vorliegt oder nicht. Ihre Entäußerung ruft erst den phänomenalen Klangbestand, Hintergrund wie Klangfigur, nach Maßgabe der angesprochenen Sphären wach. Man kann sich im Falle des Erlebens eines Klangphänomens auf Grund der hier vorgenommenen Unterscheidung nicht damit begnügen, die Ganzheit des lebenden Organismus ausschließlich als „Hintergrund" für das Klanggeschehen zu nehmen und mit dem phänomenologischen Klanghintergrund (Stille bzw. entotisches Geräusch, Klanggrundierung) in ein Funktionsganzes zusammenzuschließen. Man läuft sonst Gefahr, die biologisch-psychologischen Tatsachen und ihre pathologischen Abwandlungen ausschließlich von einem phänomenalistischen Standpunkte aus zu normisieren. Hier kann nur, bei aller Aufrechterhaltung des Gestaltprinzips, die Rückführung auf die Dispositionsstruktur und damit auf das lokalisierbare organische Substrat weiter führen.

Wie soll nun die Rückführung der Phänomene auf die Disposition in den einzelnen pathologischen Fällen verstanden werden? Der Abbau in der Dispositionssphäre des akustischen Bilderlebens (Gnosie) konnte entweder so beobachtet werden, daß ein Rückschreiten auf eine „fundierende" Sphäre, die Sinnessphäre, erfolgte. Das war der Fall bei unserem Kranken Cassian St., der bildhafte Akkorde nur mehr klangfarbenhaft verschmolzen, also als Erscheinungsweise der Empfindungsdisposition, erleben konnte. Weiterhin mußten wir auch die sensorisch-amusischen Kranken von Grant Allan (den auch Stumpf zitiert) und den Fall von Nadel (wie wir ihn kritisch aufgefaßt haben) in die Gruppe rechnen, die wegen ihrer Bildagnosie eine Tonleiter nicht mehr in fixierbaren Schrittquanten sondern nur mehr nach Art der (sinnesmäßigen) „Hörreihe" kontinuierlich wahrnehmen konnten. Der Dispositionsdefekt der Bildsphäre hat die Kranken dazu gebracht, die objektive Klangsituation nur mehr in der Sinnessphäre ohne bildhafte Ausgestaltung zu erleben. Oder aber es tritt beispielsweise innerhalb der gleichen Dispositionssphäre, etwa in der Bildsphäre, Herabsinken auf eine tiefere Organisationsstufe ein; es wird an Stelle eines bildhaften, harmonisch-melisch-rhythmischen Klanggeschehens ein in seine isolierten Konstituenten („summenhaft") aufgelöstes, in anderen Fällen ein „chaotisches" Erklingen erlebt, wie dies für die sensorisch-amusischen Kranken von W. Köhler, für die sensorisch-aphasischen von Schmidt, Heilbronner u. a. darzustellen versucht worden ist. Im anderen Falle daß der Taubstumme sprechen und sogar, wie Katz und Révész nachgewiesen haben, musikalische Erlebnisse erreichen kann, mag im Verfolg unserer Auffassung von der Wirkung eines umschriebenen Dispositionsdefektes auf das phänomenale gestaltliche Gesamtresultat sehr wohl mit dem Erhaltensein und der Mitwirkung der akustischen Bild- und Kategoriensphäre bei Verlust der akustischen Sinnessphäre im Zusammenhang stehen. Wir können hier auf weitere Beispiele verzichten.

Diese Abwandlung und Verschiebung des Erscheinungseffektes von einer Dispositionssphäre in die andere oder innerhalb einer Sphäre von einer Organisationsstufe auf eine andere hat nicht nur Bedeutung bei höheren Gebilden des Musikstoffes sondern schon bei der einfachen Erscheinung, dem *Einzelton*. Von manchen Psychologen und Musiktheoretikern wird, wie schon bemerkt, angenommen, daß der Einzelton etwas „Elementares", nicht mehr weiter zu Reduzierendes ist, daß er „Sinnesempfindung", und daß ihm die Gesetzmäßigkeiten, die in der Melodie und dem Akkord wirken, nicht angehören. Die ältere

Gestalttheorie (v. MEINONG u. a.) sah den Einzelton als „Empfindung", die Melodie als „Gestalt" an, die durch den Einzelton „fundiert" ist. Wird nun in dem Stimmgabelton nur die Qualität des subjektiven Erklingens erlebt, also Tonfarbe (STUMPF), Stärke, Tonhöhe, Volumen, musikalische Qualität, Ablauf, Dauer, so sind es die Eigenschaften der Sinnesempfindung, in der der Ton erlebt wird. Wird aber der gleiche Ton in den Eigenschaften des objektiven Klanges erlebt, als Konstituent eines melodischen oder akkordlichen Komplexes, so ist in dem gleichen Phänomen des Einzeltones die Bildsphäre beteiligt. Wird dieser nämliche Ton „benannt" (z. B. *fis*), wird er bezogen auf das Notensystem, auf eine benennbare Tonart usw., so wird er kategorial erfaßt. Ebenso ist an der phänomenalen „Gestalt" die Sinnes-, Bild-, Dingqualität zu scheiden. (Es handelt sich hier natürlich um etwas anderes als um die bekannten Erscheinungen der verschiedenen „Apperzeption"!) Störungen in irgendeiner Dispositionssphäre braucht das Phänomen des Tones nach den Qualitäten der erhalten gebliebenen Dispositionen nicht aufzuheben. Für die Pathologie ist es trotzdem wichtig, festzustellen, in welchen Qualitäten auch der Einzelton nach der Schädigung noch erlebbar ist, in welchen nicht. Ein einziges phänomenal gegebenes Einzeltonerlebnis kann also nicht durch eine einzige Disposition geschaffen werden, ist vielmehr dispositiv vielfältig determiniert.

Was für die Wahrnehmung des Einzeltones gilt, hat auch für die *Vorstellungsproduktion*, für das reproduktive Geschehen, das akustische Gedächtnis überhaupt, Bedeutung. Wir werden nicht annehmen, daß die Nachwirkung, die ein soeben erlebter Einzelton auf den Organismus ausübt, die Veränderung, die der Organismus dadurch erfährt, eindeutig ist, d. h., daß es ein einfach determiniertes „Residuum" („Spur") dieses Einzeltones gibt. Die Nachwirkung eines vorausgegangenen Einzeltones auf den Organismus betrifft die verschiedenen Dispositionssphären, die den Einzelton in der Wahrnehmung erzeugen, gemeinsam. Die Reproduktion des früher erlebten Tones in der produzierten Vorstellung geht ebenso durch Zusammenwirkung der verschiedenen Dispositionssphären vor sich, wie sie von einer dieser Sphäre her störbar ist. Diese vielfältige dispositive Determinierung, die auch zu den Grundlagen des „Gedächtnisses" für den Klanginhalt gehört, schließt es aus, von bestimmten „Einzelresiduen" für Einzelinhalte zu sprechen. Es versteht sich von selbst, daß die aus der Zeit der Assoziationspsychologie und einer phänomenalistisch eingestellten Theorienbildung herstammende Auffassung von den Residuen als „Erinnerungsbilder", die unmittelbar mit der Hirnfunktion in Zusammenhang gebracht werden (als „Depots" usw.), nicht mehr haltbar sein wird.

Disposition ist also nicht gleichbedeutend mit „Spur", wie sie nicht identisch ist mit Unbewußtem („Unterbewußtem"). Disposition, eng an die physische Organfunktion gebunden und ihr lokalistisch zugeordnet, ist Bereitschaft, Fähigkeit, Struktur einer angeborenen Anlage. Sie wird nicht durch ein Erlebnis gedächtnismäßig „gesetzt" oder „erzeugt", sondern „angesprochen" und „gestärkt", selbst beim erstmaligen Erleben eines Inhaltes.

Was wir in der Vorstellung eines Einzeltones und Einzelklangerlebnisses in seiner vielfältigen dispositiven Determinierung gesagt haben, betrifft natürlich auch das *Mehrtonerlebnis*.

Die Ursachen, die ein simultanes *Intervallerlebnis* bei einer bestimmten physikalischen Situation nicht zustande kommen lassen, sind nach den Erfahrungen an pathologischen Fällen recht verschieden. Die Behinderung der Fusion von Klängen in den beiden peripheren Hörfeldern (z. B. bei peripheren Parakusien), eine Veränderung der Partialtonstrukturen, mithin des Klangfarbenerlebnisses, kann ein Intervallerlebnis ebenso unmöglich machen, wie dies durch eine bildagnostische Störung, wenn sie das simultane Gestalterfassen des aus zwei diskret gegebenen und als Glieder der Zweitonganzheit genommenen Klangbildes verhindert. Der pathologische Erscheinungseffekt könnte trotz Verschiedenheit des Dispositionsdefektes (Krankheit!) in beiden Fällen der gleiche sein. Es ergibt sich schon daraus, wie wenig es erlaubt sein kann, aus dem Phänomen die Störung ganz erklären zu wollen. Der Terminus „Intervalltaubheit" hat ebensowenig pathologische Bezeichnungskraft wie es im Grunde genommen der der „Tontaubheit" und der „Melodientaubheit" hat.

Wir begnügen uns hier mit Andeutungen, weil das Problem Phänomen und Disposition für Biologie und Pathologie ein viel weiter reichendes Ausmaß und eine viel größere Tiefe hat, als wir in unserem Zusammenhang erschöpfen können. Es kann uns hier nur darauf ankommen, für die *methodische Verarbeitung* des pathologischen Stoffes gewisse Notwendigkeiten herauszustellen. Wie auf allen Gebieten der pathologischen Psychologie kann es also auch bei der Analyse des Musikstoffes nicht genügen, beim „Phänomen", beim „Verhalten" (behaviour), bei der „Leistung" stehen zu bleiben und von ihnen aus allein die Gesetze des Abbaues zu studieren. Der notwendige Bezug auf die psychische Disposition und die organische Funktion läßt freilich die Frage nach dem „Wie" der Auswirkung der Dispositionsstruktur in das Resultat der Erlebnisgestalt zum Teil noch offen.

b) Konsonanz, Konkordanz, Harmonie, Melodie.

Das sehr schwierige und in seiner Problematik noch keineswegs ausgeschöpfte Gebiet der Konsonanz und Dissonanz kann hier nur in der Beschränkung besprochen werden, die wir uns durch die speziellen, von der Pathologie her bestimmten Fragestellungen auch sonst aufzuerlegen haben[1].

Einige Theorien bestimmen das Wesen des Konsonanz- und Dissonanzerlebnisses aus den Gesetzen der Töne, andere aus der harmonischen Funktion der Dissonanz als dem Prinzip, das nach Ausgleich (Konsonanz) und Auflösung drängt, wieder andere sehen von einer einheitlichen Wesensbestimmung ab. Unter den Forschern, die das *Tonerlebnis* als Grundfaktor für das Konsonanzerlebnis ansehen, faßt Th. Lipps[2] die Erscheinung von der physikalischen Seite her. Er sieht in der „rhythmischen Verwandtschaft" der Töne nach ihren Schwingungszahlen und nach der Möglichkeit, einen gemeinsamen Schwingungsgrundrhythmus in den zusammenklingenden Tönen zu erleben, die Konsonanz und in der immer größeren Durchkreuzung der Schwingungsrhythmen die Dissonanz. In der physiologischen Richtung liegt die bekannte Theorie von Helm-

[1] Vgl. hierzu: Schaefer, K. L.: Musikalische Akustik. Berlin-Leipzig: Goeschen 1923. Stumpf, C.: Konsonanz und Dissonanz. Beitr. z. Akustik u. Musikwissenschaft 1911, H. 6. Krueger, F.: Theorie der Konsonanz. Psychol. Studien 1906, 1908, 1910. Nadel, S.: Zur Psychologie des Konsonanzerlebnisses. Z. Psychol. **101**, H. 1/3 (1926).

[2] Lipps, Th.: Leitfaden der Psychologie. 3. Aufl. 1909, S. 100f.

HOLTZ, der in der „Klangverwandtschaft", d. h. in dem Grade der Gemeinsamkeit von Teiltönen, den zwei Grundtöne haben, den Grad der Konsonanz bestimmt. Die Dissonanz ist nach ihm nicht eine stetige, sondern eine intermittierende Tonempfindung, ist durch Schwebungen und dadurch verursachte Rauhigkeit erzeugt. WUNDT[1] sieht bei zunehmendem Unterschiede der Schwingungszahlverhältnisse und der dadurch hervorgerufenen Intermissionen einen kontinuierlichen Übergang von Schwebungen über die Tonstöße, die reinen Dissonanzen zu den gewöhnlichen Dissonanzen, die mit Schwebungen und Differenztönen gemischt sind, bis zu den Geräuschen. Auch F. KRUEGERS Theorie, die aus dem Zusammen- und Auseinanderfallen von Differenztönen mit Grund- und Obertönen bzw. dissonierenden Intervallen die Dissonanzphänomene erklärt, verlegt unserer Auffassung nach den Wesensgrund ins Hörfeld.

Das Wesentliche der Konsonanz und Dissonanz im *Harmonischen* suchen zumeist Musiktheoretiker. Das tut HALM[2], wenn er von der Dissonanz, dem Grundprinzip der Musik überhaupt spricht, mit den in ihr liegenden „Tendenzen" und Ausgleichsnotwendigkeiten. Auch die Auffassung, daß das „Auflösungsbedürfnis der Akkorde im musikalischen Satz" (KEMP, zitiert nach NADEL) für die Konsonanz wesentlich sei, gehört hierher. Die oft diskutierte Dualitätstheorie v. OETTINGENS, ausgebaut durch H. RIEMANN (nach der die Tongeschlechter Dur und Moll sich zueinander verhalten wie Spiegelbilder, Dur auf tiefliegenden Grundtönen und ihren Obertönen, Moll auf hochliegendem Grundton und tieferliegenden Untertönen beruhen soll), enthält als Konsequenz die Abhängigkeit der Konsonanz und Dissonanz nicht von dem Verhältnis zweier Töne, sondern vom harmonischen Dreiklang.

Daß in der Konsonanzerscheinung mehrere Determinanten enthalten sind, kommt erst in der Theorie STUMPFS zum Ausdruck, der den Begriff der Konsonanz (Dissonanz) von dem der Konkordanz (Diskordanz) grundsätzlich trennt. Er zeigt damit die Äquivokation auf, die in dem früheren Gebrauche des Terminus Konsonanz gelegen war, und weist an einer Stelle auf eine sehr zweckmäßige Unterscheidung alter Musiktheoretiker des 15. und 16. Jahrhunderts (GAFORI, ZARLINO) hin, die von der eigentlichen Konsonanz die „Harmonie", offenbar gleichbedeutend mit dem heutigen Konkordanzbegriff, abgetrennt haben. STUMPF sieht das Wesen der Konsonanz in der Tonempfindung als solcher, und zwar in der Verschmelzung verschiedenen Grades, die die Tonhöhen der zusammenklingenden Töne miteinander eingehen. Die Konkordanz ist eine Eigenschaft der Akkorde, und zwar sind konkordant die Tonikadreiklänge von Dur und Moll und ihre Umkehrungen, diskordant die übrigen Akkorde einer Tonart. S. NADEL bezieht das Konsonanzerlebnis auf die Zweiklänge, das Konkordanzerlebnis auf die Gesetzlichkeit der Dreiklänge und baut die Theorie weiter aus. Er stellt als phänomenologische Kriterien des Verhaltens von Konsonanz und Dissonanz gegenüber: Selbständigkeit — Unselbständigkeit; Aufsichberuhen und Charakter der Abgeschlossenheit — Auflösungsbedürfnis; Sicherheit und Bestimmtheit des Auftretens — Bewegungsmoment. Als genetischer Faktor des Konsonanzerlebnisses gilt ihm der Gestaltcharakter in Analogie zu optisch-gestaltlichen

[1] WUNDT: Grundriß der Psychologie. 10. Aufl. **1911**, S. 118.

[2] HALM: Harmonielehre. Goeschen 1923.

Erscheinungen: das selbständige, eigensymmetrische Beruhen in einem konzentrischen Punkt oder die „statische Zentralität“ für die Konsonanz, die auf einen außerhalb des Kreises asymmetrisch liegenden Ruhepunkt zielende Tendenz oder „dynamische Zentralität“ der Dissonanz.

Der von der *Pathologie* zu fordernden Reduktion der Konsonanzerscheinung und der Konkordanzerscheinung auf je ein bestimmtes *Dispositionsgebiet* (Sinnessphäre, Bildsphäre usw.) steht die ziemlich allgemein angenommene Unterscheidung im Wege, daß Konsonanz an den Zweiklang, Konkordanz an den Dreiklang wesenhaft gebunden sei (vgl. NADEL). Tatsächlich sind Studien über Konsonanz und Dissonanz in physiologischen und psychologischen Untersuchungen wohl stets am Zweiklang angestellt worden und die gefundene Regelmäßigkeit bezieht sich auf diese Anordnung. Von dem Standpunkt der Zweiklangtheorie ist natürlich auch die Ansicht WUNDTs nicht annehmbar, daß ein kontinuierlicher Zusammenhang zwischen Schwebung, Dissonanz und Geräusch unter dem Gesichtspunkt der „diffusen Klangverschmelzung“ bestehe. Aus dem Zweiklangerlebnis wird selbst unter Einfluß von Schwebungen und Differenztönen kaum das Erlebnis eines echten (klangfernen) Geräusches entstehen. Andererseits wird aber berichtet, daß bei gewissen pathologischen Fällen (vgl. die Parakusiefälle von ALT und STEHLIK), im Zusammenklang von Tönen, die dem Gesunden konsonant (wohl auch harmonisch) erscheinen, unter der Wirkung des organischen Schadens im peripheren Hörapparat nicht nur dissonante, sondern auch geräuschartige Erlebnisse zustande kommen.

Ist aber die Dissonanz (von ihr sei hier ausgegangen) wesentlich an das Zweiklangerlebnis gebunden? Ist nicht vielmehr diese Bindung darin begründet, daß sich die Erscheinungen der Dissonanz, ihre Grundlagen und Regelmäßigkeit im Zweiklangexperiment am leichtesten nachweisen lassen? Oder liegt es so, daß nur die Zweiklangdissonanzen musikalische Wertigkeit enthalten, wenigstens im diatonischen System? Man wird zweckmäßig die seit v. OETTINGEN (zitiert nach NADEL) gemachte Unterscheidung der Dissonanz bzw. Konsonanz „im akustischen Sinne“ und „im musikalischen Sinne“ treffen, freilich nicht in dem jeweils von den Autoren gebrauchten Verstande. Für pathologische und biologische Zwecke wird das Problem wohl zunächst nur „im akustischen Sinne“ anzugreifen sein. In diesem Sinne ist aber das Dissonanzerlebnis keineswegs an die Voraussetzung des Zusammentönens zweier Klänge gebunden. Es lassen sich Dissonanzen als Einheitserlebnisse weiter gestalten, wenn man noch mehr Klänge aneinander legt, z. B. eine Serie von kleinen Sekunden auf dem Klavier nebeneinander gleichzeitig ertönen läßt. Es kommt dabei ein Schall von sehr geräuschnaher klangferner Qualität heraus. Dies wird um so mehr der Fall sein, je mehr in diesen dissonierenden Zusammenklängen die Klangfarben der Einzeltöne differieren.

Damit ist natürlich nicht gesagt, daß die dergestalt durch dissonierende Zusammenklänge erzeugten Schallerscheinungen das Wesen der Geräusche wiedergeben. Das Alltagsgeräusch ist überhaupt nicht obligat durch Zusammenklingen mehrerer diskreter Klänge und Schälle erzeugt, ist Einzelschallerscheinung wie der Einzelklang, hat seine Geräuschfarbe wie der Einzelklang seine Klangfarbe. Man kann nur sagen, daß durch eine Steigerung des Dissonanzcharakters einer Vielzahl zusammentönender Klänge der Effekt immer weniger dem Klanggebiet angehört, sich dem Geräusch immer mehr annähert. In dieser Einschränkung kann auch dem WUNDTschen Standpunkt Berechtigung zugesprochen werden.

Sicher ist, daß die Variationsreihe der Dissonanzen nicht schlechthin durch die Zahl und Art der durch Zweiklänge erzeugten Dissonanzen erschöpft werden kann. Dissonanz und damit auch Konsonanz ist das psychische Ergebnis des Zusammenklingens einer Mehrzahl von Klängen, wie dies auch im harmonischen Erlebnis der Diskordanz und Konkordanz vorliegt. Daß eine zusammentönende Vielzahl von Klängen dissonant und doch konkordant oder konsonant und doch diskordant sein kann, ist von den Autoren betont (STUMPF, NADEL u. a.), liegt aber nicht in den Gesetzlichkeiten der *Anzahl* der Zusammenklänge. Auch der Umstand, daß die *Stellung* der Zusammenklänge in der Tonreihe wirksam ist, bedeutet keinen prinzipiellen Unterschied von Konsonanz und Konkordanz, wenngleich die Bedeutung dieses Stellungsfaktors in beiden Gebieten verschieden ist.

Die Beurteilung des wesentlichen Unterschiedes zwischen Konsonanz und Konkordanz, die auch für die Pathologie wichtig ist, wurde von STUMPF eingeleitet mit seiner Auffassung, daß *Konsonanz* dem Bereiche der *Tonempfindung* angehört. In der sich uns aus den Amusiestudien ergebenden Auffassungsweise werden wir sagen, daß Konsonanz und Dissonanz ihrem Wesen nach zu den Ergebnissen aus der Funktion der dispositiven Sinnessphäre, des Hörfeldes gehören, während die Harmonie, die Konkordanz und Diskordanz nicht aus der akustischen Sinnessphäre hervorgehen. Wir können das Spezifische der harmonischen Erscheinungen der dispositiven Bildsphäre und Dingsphäre zusprechen. Daß diese harmonischen Erscheinungen erst mit der Einführung des Dreiklanges vor verhältnismäßig kurzer Zeit (Ende des 15. Jahrhunderst) in der uns geläufigen Weise entstanden sind, steht in keinem Widerspruch zu dieser Unterscheidung der dispositiven Unterlegung bei Konsonanz einerseits, Konkordanz und Harmonie anderseits. Daß sich Anlagen im menschlichen Organismus erst im Laufe der historischen Entwicklung entäußern, ist eine Erscheinung, die keineswegs nur die Musik betrifft.

Man kann wohl sagen, daß Dissonanz und Konsonanz die „Erklingensqualität“ der Mehrfachklänge im Hörfelde darstellen, wie die Klangfarbe die „Erklingensqualität“ des erlebten Einzelklanges im Hörfelde ist.

In vertiefter Erfassung der *pathologischen* Verhältnisse ist der NADELsche Begriff der „*Zentralität*“ wertvoll. Ob der Zentralitätsbegriff über das Konsonanzphänomen hinaus nicht auch zur Klangfarbencharakterisierung des Einzelklanges brauchbar ist, müßte erwogen werden. Freilich könnte die Teilung in statische und dynamische Zentralität, die nur für die musikalische Dissonanz und ihrer Beziehung zur Konsonanz Bedeutung hat, noch diskutiert werden. Man wird alle Zusammenklangserlebnisse „dynamisch“ fassen können und in der statischen Zentralität unter Umständen nur einen dynamischen Grenzwert sehen. Die statische Zentralität der reinsten Konsonanz, d. h. „ die völlige Ruhe“ und das Fehlen jeder Strebung ist wohl nur in der Prime zweier Töne oder Klänge gleicher Klangfarbe erreicht. Daß sie auch hier eine besondere Gestaltfunktion im Hörfeld ist, mag aus gewissen Formen parakustischer Hörfeldstörung klar werden, bei der die Kranken zwar die Prime erleben, nicht aber ihre Vereinigung in den beiden peripheren Hörfeldern, mithin nicht ihre konsonierende Zentralität.

Schon die Oktave gleicher Klangfarben und die Prime verschiedener Klangfarben haben schon nicht mehr die gleiche „Zentralität" wie die Prime gleicher Klangfarben.

Nennen wir (in Erweiterung des NADELschen Begriffes der Zentralität) für das Mehrfachklingen „konzentral" das Beruhen in der Einheit, „dezentral" das Auseinanderklingen mit exzentrischer Tendenz, so läßt sich zeigen, daß diese Qualitäten an ein und demselben Mehrfachklang vorhanden sein können, *relativ* sind und voneinander abhängen. In diesem Sinne ist die Quinte „konzentraler" (konsonanter) als die Quarte, „dezentraler" als die Oktave; die Quarte ist „konzentraler" als die Terz, „dezentraler" als die Quinte. (Die konzentrale und dezentrale Qualität betrifft hier nur die absolute Qualität konsonanten bzw. dissonanten Erklingens, nicht das Streben nach Ausgleich, nach Übergang von Dissonanz in Konsonanz; sie hat natürlich gar nichts mit dem Erlebnis des „Wohlklanges" zu tun.) Nahe dem Ruhepunkt (konsonant) mit geringer, aber immer größer werdender Dezentralität werden wir das Zusammenklingen musikalischer Simultanintervalle, der Quinten, der Quarten, der Sexten, der Terzen auffassen; in der großen Sekunde und kleinen Septime ist in dieser Reihe die Konzentralität sehr gering, in der kleinen Sekunde und großen Septime ist fast völlige Dezentralität vorhanden. Solange es sich um musikalische Dissonanzen handelt, ist ein gewisser Strebungsbezug zur Konzentralität („Auflösungsbedürfnis") erhalten. Dies fällt in der *atonalen Musik* seit DEBUSSY weg, wo nach Aufhebung der diatonisch-harmonischen Eigenschaften Dissonanz und Konsonanz teilweise zur Potenzierung der „Farbigkeit" dienen. Daß man übrigens Dissonanzen überhaupt in ihrer „Farbigkeit" verwenden kann, beweist, daß (rein akustisch genommen) das „Auseinanderklingen" nicht gleichbedeutend ist mit Analyse des Zwei- oder Mehrklanges und daß das „Auflösungsbedürfnis" nicht zum Wesen der Dissonanz (als Erklingen) gehört. Die atonale Musik verwendet für den Aufbau ihres (objektiven) Musikstoffes von der Dissonanz nur die (sinnesmäßige) Erklingensqualität und sieht von allen (bildhaften) harmonischen Konsequenzen ab. Die Dezentralität der Dissonanzen „im akustischen Sinne" (v. OETTINGEN) steigt mit Häufung der dissonierenden Klänge bis zu den geräuschartigen Dissonanzen hin. Bei den so entstandenen Geräuschen ist der „konzentrale" Bezug „in unendlicher Ferne". Diese Erscheinungen stellen den anderen Grenzwert in der Skala der Zusammenklingensqualitäten im Hörfelde dar, deren eine die absolute Konsonanz ist. Die Bedeutung, die NADELS Zentralitätslehre für die *Pathologie* hat, geht daraus hervor, daß sie erlaubt, gewisse Erscheinungen bei Parakusien und zentralen Anakusien, soweit sie Inadäquatheiten im Hören von Konsonanzen und musikalischen Dissonanzen aufweisen, als Störungen der Gestaltauffassung im peripheren und zentralen Hörfelde, d. h. als Störungen akustischer und musikalischer Zentralitätsverhältnisse (konzentraler und dezentraler Art) zu betrachten.

Zu einer genauen Präzisierung dessen, was Dissonanz und Konsonanz gegenüber anderen akustischen Phänomenen und ihren dispositiven Unterlagen ist, sei noch folgendes betont. So wenig es zum Wesen und zu den Erfordernissen des Klangfarbenerlebens gehört, daß die Partialtöne und die Intervalle der Partialtöne und ihrer spezifischen „Farbigkeiten" (W. KÖHLER), die sie konstituieren, *bewußt* werden, so wenig gehört es zum Wesen eines manifesten Dissonanz- bzw. Konsonanzerlebnisses, daß die objektiv vorhandenen zwei- oder mehrfachen Klänge in ihrer Art und Position in der Tonskala und die zwischen ihnen liegenden Distanzen (Oktave, Quinte usw.), sei es bildhaft oder benennbar, bewußt werden. Nur der Klingenseffekt, das Einheitliche oder Auseinanderfallende dieses aus dem Simultanzusammenklang sich ergebenden Ertönens und die diesen Qualitäten entsprechenden Färbungen machen das Wesen der Dissonanz und Konsonanz aus. In dieser Begrenzung sind Konsonanz und Dissonanz Funktion der Hörfelddispositionen, ihre spezifischen primären Störungen gehören den akustischen *Sinnesfeldstörungen*, nicht aber den akustischen Bildagnosien, den echten sensorischen Amusien an.

Die Trennung der *Konkordanz* (*Diskordanz*) von der Konsonanz (Dissonanz) ist nicht nur für die Musiktheorie und Tonpsychologie, sondern auch für die *Pathologie der akustischen Wahrnehmung* wichtig. Wenn STUMPF im „Dreiklang" das Grundprinzip der Konkordanz sieht, so wird damit, wie schon oben bemerkt, in der *Anzahl* der Klänge der Wesensfaktor allein noch nicht gefunden werden können. Man wird auf die besondere Bedeutung des dritten (bzw. höherzahligen) Klanges für das, was in der Konkordanz wesentlich ist, sein Augenmerk richten. Für den konkordanten Zusammenklang sind es die Terzen und (bei Betrachtung von der Tonika aus) die Sexten, die diese Funktion übernehmen. Die Wirkung, die der dritte konkorde Klang im Zusammenhang hat, ist zunächst die einer stärkeren objektiv bildhaften Herausprägung aller den Konkord zusammensetzenden Klänge; und zwar in ihrer Einzelheit und in ihrer Vielheit. Während der konsonante Zweiklang, etwa Grundklang und Oktave, leicht im Gesamterleben sich darstellt als wäre er ein Einsklang — eine Wirkung der Verschmelzung bzw. starken Konzentralität — hat der Hinzutritt einer Terz oder Sext, gleichgültig ob einer großen oder kleinen, den Effekt, daß nicht nur der hinzukommende dritte Klang stark im Erleben heraustritt, sondern daß er nunmehr auch den Grundklang und den Oktavklang als isolierte Klangglieder in dem Zusammenhangskomplex hervorhebt. Auch die schon etwas mehr „dezentralen" Zweiklänge, die Quint und die Quart, die isoliert ebenfalls starke Tendenz zum Einsklang unter dem Einfluß der immer noch sehr starken Konzentralität haben, werden durch Hinzutritt der Terz (bei der Quint) bzw. der Sext (bei der Quart) in ihren Einzelklängen isoliert und erscheinen objektiv-bildhaft. Diese Phänomene sind am Klavier stets evident zu machen. Die Terz (und ebenso die Sext) ist offenbar, rein sinnesmäßig gesehen, schon so dissonant (dezentral), daß sie mit einem anderen Klang nicht mehr zu einem Einsklanggebilde verschmilzt, und doch noch konsonant (konzentral) genug, um nicht die bei stärkerem isolierendem Auseinanderfallen hervorgerufenen Spannungen und dynamischen Wirkungen zu erzielen. In der Konkordanz fällt also dem dritten Klang die Funktion der Verhütung von Verschmelzung, von Konzentralität, zum Einsklang zu, die sonst durch die Konsonanz der beiden übrigen Klänge (Quart bzw. Quint) erfolgen würde. Beim dissonanten Zweiklang, der durch den Hinzutritt eines dritten Klanges zum Diskorde wird, ist zwar diese Funktion des dritten Klanges nicht so ausgeprägt, weil schon die beiden anderen Klänge hinreichend auseinanderfallen. Doch kommt diese Funktion auch bei solchen Diskorden zum Ausdruck, bei denen ein Zweiklang konsonant ist, der Hinzutritt eines dritten Klanges ein diskordantes Akkordgebilde ergibt (z. B. das Hinzutreten einer Terz zu einer

Quart, einer Quart zu einer Quint; die dadurch entstehenden Sekunden erzeugen die diskorde Wirkung).

Mit dieser rein aus der sinnesmäßigen Funktion sich ergebenden Wirkung des dritten Klanges ist natürlich das Wesen der Konkordanz als solcher nicht erschöpft. Es kommt hinzu, daß das ganze simultane Akkordgebilde nicht nur in einer ,,Erklingensqualität" erlebt wird, sondern als *objektiv bildhaftes, vom Subjekt gelöstes Klanggebilde,* als ein akustischer Klangkomplex, der nach den Gesetzen der gestaltlichen Gliederung sich bietet. In diesem Sinne ist der Akkord erst Stoff für musikalischen Aufbau.

Man wird nun auch in bezug auf die *pathologische* Erfassung der Sachverhalte fragen, welche Bildungen konkord, welche diskord sind, und in welchen Beziehungen die beiden Akkordarten zueinander stehen.

Geht man vom Akkord, etwa einem ruhenden und als Abschluß erlebten Tonika-Vollakkord, wohl dem am ausgeprägtesten als Konkord erlebten Klanggebilde aus, so ist dabei (von Wiederholungsverstärkung in verschiedenen Oktavenlagen abgesehen) die Lage der Tonika, Terz, Quint und im gewissen Sinne Oktave fast obligat. Wir können dabei konstatieren, daß das, was den Dreiklang ausmacht, nicht das Intervall mit der stärksten ,,Konzentralität" ist, ja daß eine Oktave, die nur mit Quinte oder Quarte oder nur mit Terz verbunden ist, nicht eigentlich als ,,Dreiklang" nach dem Konkordanzprinzip aufgefaßt werden kann. Daß Terz und Quint zur Tonika bzw. Oktav treten müssen, zeigt an, daß eine gewisse Dissonanz, also der Dissonanzgrad der Quinte und noch mehr der Terz, für die reinste Konkordanz notwendig ist. Wenn also somit höchste Konsonanz keineswegs Forderung, ja nicht einmal Möglichkeit für höchste Konkordanz ist, so *ist das Konsonanzprinzip* in der Funktion der Erklingensqualität auch *nicht das Prinzip, das die bildhafte Simultanklanggestalt zum Konkord als solchem macht.* Anderseits kann natürlich auch das Vorhandensein von Dissonanzen für die Struktur des Konkordes nicht genügen, weil er sich dadurch vom Diskord nicht qualitativ unterscheiden ließe, bei dem ja ebenfalls dissonante Klänge konstituierend mitwirken.

Diesem Problem der Unterscheidung des Wesentlichen an Konsonanz-Dissonanz einerseits und Konkordanz-Diskordanz anderseits ist, wenn auch auf anderer Basis, S. Nadel in seiner öfter erwähnten Schrift nachgegangen: ,,Konsonanz und Dissonanz gründen sich auf dem Insichberuhen oder Hinausstreben mit Hinsicht auf die eigene Klanggestalt: Dissonanz erstrebt Gestaltveränderung nach Konsonanz hin. Konkordanz und Diskordanz (die nur bei Dreiklängen möglich ist) haben wir erkannt als bestehend mit Hinsicht auf die Gesamtgestalt des tonalen Systems bzw. als Hinausstreben aus dem funktionalen Zusammenhang einer Gesamtgestalt nach einer anderen hin: Diskordanz erstrebt Systemveränderung nach einem System hin, in dem die Diskordanz zur Konkordanz wird, d. h. indem die Nichteinordnung in ein gegebenes Gesamtgleichgewicht zur Einordnung in das im erstrebten System begründet wird." In unserer durch die Pathologie geforderten Anschauung über die Beziehung zwischen Dispositionsgebieten würde ,,Klanggestalt" bei Konsonanz im Hörfeld, ,,Gesamtgestalt" bei Konkordanz im Bildfeld zu liegen haben. Das ,,tonale System" sieht Nadel in einer ,,Tonreihengesamtgestalt" und dem ,,determinierenden Tonreihensystem". Die Konkordanz ist nach Nadel die Auswirkung der Determination, ausgehend von dem determinierenden Tonreihensystem. Dieses determinierende Tonreihensystem hat nach dem Autor in der Entwicklung der letzten Jahrhunderte in dem diatonischen Tonleitersystem seinen Höhepunkt erreicht. Die diatonische Tonreihe ist nach Nadel nicht wie primitive Formen eine „Einordnungsreihe" (Wundt), also eine gleichstufige Reihe ohne Funktionsunterscheidung der Stufen gegeneinander, sondern eine „Spannungsreihe", in der besonders zwei Halbtonschritten in ihrer Funktion als *Leittöne* eine entscheidende Wirkung zukommt. Nicht ein einzelnes Prinzip, etwa das des harmonischen Bezuges eines jeden Tones, z. B. als Grundton eines Dreiklanges — wie es die v. Oettingen-Riemannsche „Klangvertretungstheorie" will — macht die Besonderheit dieses Tonreihensystems aus, sondern dieses System ist nach Nadel bestimmt durch zwei Prinzipien, ein reihengesetzliches Gestaltprinzip und ein harmonisch-konsonanzgesetzliches Grundprinzip. So symbolisiert ein Ton den Dreiklang, dessen Grundton er ist, und gleichzeitig das Tonsystem, dessen Hauptton er ist. In Einordnung in dieses Tonreihensystem, und zwar in dieser verschiedenen Bedeutung, sieht Nadel eine Erklärungsgrundlage für die Harmonie. Wir verfolgen diese Gedankengänge nicht mehr weiter, weil über das tonale System (Tonalitätssystem) in einem besonderen Abschnitt, in einem umfänglicher gefaßten Zusammenhange, noch weiter gesprochen werden soll. Es sei nur konstatiert, daß das Prinzip *des Systems* und der *Einordnung* für die Erklärung der Konkordanz und Harmonie auch von der Tonpsychologie gefordert wird, wie wir es von der *Pathologie* aus — bei den „tonalen Ordnungs- und Orientierungsstörungen" — im vorigen Abschnitt für notwendig gehalten haben. Welcher Art freilich dieses System ist, d. h. ob es sich mit einem „Reihenprinzip" im Nadelschen Sinne hinreichend definieren läßt, wird weiterer Erörterung bedürfen.

Nur unter dem Gesichtspunkte der *Systemordnung* werden denn auch manche schwierig zu verstehenden Erscheinungen der Tonpsychologie und -pathologie erklärbar. So kann ein Akkord, z. B. *g–h–d*, klangmäßig isoliert konsonant sein; als Tonikadreiklang in der Systemordnung *G*-Dur ist er konkordant, als Dominantdreiklang in der Systemordnung *C*-Dur trotz der Konsonanz diskordant. Ebenso kann der dissonante Akkord *gis–h–d* ohne Systemordnung konkordant sein, in der Systemordnung *E*-Dur ist er diskordant mit Auflösungstendenz nach *a*[1]. Die Modulation und enharmonische Veränderung ist niemals vom Dreiklang als tönendem Gebilde aus, sondern nur als Systemverschiebung zur Einsicht zu bringen. Mit Recht sieht E. Kurth[2] in jedem Dur-Dreiklang die „Tendenz", sich als Dominante durchzusetzen, und zwar wegen der Leittoneigenschaften der Terz, die sich gegen die Unterdominante aufzulösen sucht (*c–e–g* nach *f*). Dies ist nur möglich, wenn der Akkord isoliert ist; in der Systemordnung *C*-Dur überwiegt die Zuordnung zum System und die Bindung an deren Grundlage, die Tonika. Es wird nicht nur die Ruhe dabei nicht gestört, sondern durch die Akkordfülle geradezu aufrecht erhalten und unterstrichen. Auch das Problem, warum ein Akkord von der Art c–e–gis–c_1, in dem jedes Intervall nach allen Richtungen hin konsonant ist, doch als starker Diskord, niemals als Konkord wirkt, ist aus dem phänomenalen Klang nicht zu verstehen, wohl aber aus

[1] Nadel, a. a. O., S. 132.

[2] Kurth, E.: Grundlagen des linearen Kontrapunktes. Bern 1917, S. 77f.

der Systemzuordnung. Das leiterfremde *gis* gehört der Systemordnung *C*-Dur nicht an, sondern als Terz der Systemordnung *E*-Dur, der Systemordnung *E*-Dur wiederum nicht das *c*–*c*¹. Diese „Systemverschränkung" muß stets die Forderung nach Auflösung in ein einziges System mit sich bringen, um zur konkorden Ruhe zu kommen. Und die Verhaltungsweise unseres bildagnostischen Kranken Cassian St., der eine Melodie in fortlaufenden Terz-Quintakkorden als „schön" annimmt, deren Harmonisierung doch von Diskord zu Diskord ohne jede Auflösung führt, läßt sich durch den Verlust der Systemzuordnung, nicht aus den isolierten Akkordphänomenen und dem Melodiengang erklären.

Es scheint auch für die psychologische und pathologische Betrachtung der harmonischen Sachverhalte nicht ohne Bedenken, Hörfeld und Bilderscheinungen voneinander abzuleiten, also etwa die Konsonanz- und Konkordanzbeziehungen der Klänge von den Beziehungen der Partialtöne im Einzelklang (wie dies seit J. Ph. Rameau bis heute geschieht). Wenn man — unter Abstraktion der Stärkeverhältnisse — die Teiltöne etwa eines gewiß wohltönenden Klarinettenklanges auf Grundton *c* (128 Doppelschwingungen) nebeneinander als Töne auf dem Klavier anschlüge, dann würde wohl in dieser „Bildqualität" ein sehr komplizierter, im diatonischen System kaum mehr brauchbarer, unauflösbarer, höchst diskordanter Vielklang entstehen. Wenn man selbst aus einem Klange, der nur „harmonische" Teiltöne enthielte (also Oktave, Quinte, Quarte, Terzen) und der sehr wohltönend wäre, die Partialtöne herauslöste und als Grundtöne eines Akkordes (selbst mit reinen Tönen) anordnete, so würde bei dem Simultanerklingen von Quint, Quart und Terz ein sehr komplizierter und gewiß nicht „wohlklingender" Diskord entstehen. Bei Ausführen von melodischen Schritten mit diesen aus Partialtönen bildhaft ausgeprägten, in ihren Intervallverhältnissen konstant bleibenden Akkorden würde man durch die daraus entstehenden „offenen" Oktaven und Quinten die einfachsten Grundsätze der Harmonielehre im Chorsatz aufs gröbste verletzen. Es scheint also sehr zweifelhaft, ob man die Harmonie der Akkorde aus der Klangfarbenstruktur überhaupt ableiten kann. Die Theorie der „futuristischen" Musik, daß ihre Diskordanzen Nachahmungen der Klangfarbenstruktur seien und sich daraus die besonderen neuen Effekte ergeben (Debussy), dürfte auf physiologisch nicht richtigen Voraussetzungen beruhen. Wir glauben daran festhalten zu müssen, daß *die Beziehungen in der Hörfeldsphäre* (*Klangfarbe, Konsonanz*) *ihren eigenen Gesetzlichkeiten gehorchen, die andere sind als die Gesetzlichkeiten in der Bildsphäre* (*Konkordanz, Harmonie, tonale Systemzuordnung*).

Daß übrigens Konkordanz und Harmonie nicht gleichbedeutend sind, daß vielmehr Konkordanz nur ein Spezialfall im Rahmen des Härmonieprinzips ist, zeigt die Wirksamkeit des tonalen Systembezuges auch in der *monodischen Melodie.* (Dabei wird hier der Begriff „Harmonie" im Sinne der alten Musiktheoretiker als eine Wahrnehmungstatsache, nicht im Sinne Wundts als ein den Vorstellungseigenschaften der Konsonanz entsprechendes „Gefühl" genommen.) Es ist keineswegs der Fall, daß bei Erkennen einer Tonart und eines Tongeschlechtes im einstimmigen Gesange Dreiklangsverbindungen „hinzuassoziiert" werden. Wir nehmen die Tonart und das Tongeschlecht darin unmittelbar wahr, haben auch im monodischen Liede den Systembezug. Die gegenwärtige Musiktheorie ist ja überhaupt mehr geneigt, die Unabhängigkeit des Linearen in der melodischen

Bewegung vom Akkorde anzuerkennen. Man wird nicht fehl gehen, wenn man den Begriff der Harmonie in enger funktionaler Verbindung mit dem *Tonalitätssystem* sieht. Die Gesetze der Harmonie beherrschen die akkordliche und die melodische Struktur in gleichem Maße. Harmonie im engeren Sinne ist also ein Prinzip, daß in der Wahrnehmungsschicht der akustisch-klanglichen Bildsphäre angehört, der Sinnessphäre an sich noch nicht wesentlich zukommt. Von hier aus werden auch *pathologische* Erscheinungen verständlich.

2. Amusie und vergleichende Wahrnehmungstheorie.

Die pathologischen Darstellungen haben gezeigt, daß die theoretische Auswirkung der Amusieforschung sich nicht im Ton- und Klanggebiete erschöpft, daß sie vielmehr erst Bedeutung erhält beim Einbau in das allgemeine Bereich der akustischen Erlebnisse, das auch Sprachlaute und Geräusche umfaßt. Darüber hinaus ist auch der Versuch gemacht, die im akustischen Bereiche gefundenen Gesetzlichkeiten mit denen anderer Dispositions- und Erlebnisbereiche zu vergleichen und so zu allgemeinen Regelmäßigkeiten und Gesetzmäßigkeiten in der Wahrnehmung überhaupt zu kommen. Es ist unter diesen Gesichtspunkten zu verstehen, wenn O. Pötzl[1] die Untersuchungen über „optische Agnosie“ als Einleitung für die Aphasielehre genommen hat, bei der er die sensorische Aphasie und sensorische Amusie als akustische Agnosie zusammenfaßt. Auch in den vorausgehenden Abschnitten der vorliegenden Schrift ist dieser Gesichtspunkt immer wieder hervorgehoben worden. Der Versuch, die Parallelen zwischen den Tatsachen, insbesondere im Bereiche der beiden „höheren Sinne“, des optischen und akustischen Gebietes, möglichst weit zu ziehen, gab Anlaß, zunächst unter dem Zwange des Materials, gewisse Voraussetzungen zu machen. Diese Voraussetzungen in bezug auf die Möglichkeit, die beiden Wahrnehmungsmodalitäten weitgehend zu vergleichen, haben in den Forschungen der allgemeinen Wahrnehmungstheorie ihre Berechtigung. Man hat die optischen und akustischen Empfindungen (ebenso wie auch andere Empfindungstatsachen) nebeneinandergestellt, in ihnen bestimmte Eigenschaften, wie Stärke, Dauer, Farbigkeit, Helligkeit, die Gültigkeit des Talbotschen Gesetzes im zeitlichen An- und Abklingen der Empfindung, des Weberschen Gesetzes im Verhältnis des kleinsten Empfindungszuwachses zur Empfindungsstärke (gemessen am Reiz), und anderes an ihnen gemeinsam nachgewiesen. Man hat die beiden Empfindungsmodalitäten nach der physischen Seite hin im Rahmen des Problems der spezifischen Sinnesenergien verglichen, hat die Oktave der Hörreihe mit dem kontinuierlichen Farbenspektrum in Beziehung gesetzt, hat Nachbilderscheinungen, hat eine Analogie zur Farbkonstanz auch im akustischen Bereiche gesehen. Analogien räumlicher Art sind seit langem bei der Eigenschaftsbestimmung der Einzeltöne gebräuchlich. Die alten Griechen entnahmen sie mehr dem taktilen und kinästhetischen Gebiete, wenn sie von „schweren“ und „spitzen“ Tönen sprachen. Die heute allgemein gebrauchte Ausdrucksweise schließt an eine räumliche Dimension, die Vertikale, an und redet in den gleichen Fällen von „hohen“ und „tiefen“ Tönen. Andere analogisierende, aus dem optischen Bereiche entnom-

[1] Pötzl, O.: Die optisch-agnostischen Störungen. Handb. d. Psychiatr. Leipzig und Wien 1928.

mene Ersatzbezeichnungen wie „dumpf“ und „hell‘ haben sich in der Praxis nicht durchgesetzt. Die Psychologie der Gestalt hat schon in der ursprünglichen Form v. EHRENFELS' die „Gestaltqualität“, ihre Ablösbarkeit von den konstituierenden Inhalten und ihre Transponierbarkeit dem optischen und akustischen Gebiete (wie natürlich auch anderen) gemeinsam zugewiesen. Auch die neue Gestaltpsychologie findet ihre Strukturgesetze, die Figur-Hintergrundsfunktion, die Gesetze der Prägnanz, der schwachen und starken Gestalten usw. in den Phänomenen aller Empfindungsmodalitäten, wenngleich sie im optischen Bereiche am deutlichsten zum Ausdruck gebracht werden. Bekannt ist STUMPFs „räumliche“ oder „quasi-räumliche“ Unterscheidung in den Klängen nach „Ausdehnung“ oder „Volumen“, da die tieferen Töne breiter, voluminöser, massiger sind als die hohen. KURTH [1] spricht unter der Bestimmung „Raum und Materie in den Klängen“ nicht nur von der Objektivität der Klänge, sondern auch von „Massenempfindungen“, von Schwere und Gewicht der Töne.

Trotz zweifellos vieler gemeinsamer Eigenschaften sind im optischen und akustischen Organisationsbereiche viele Punkte vorhanden, die in der bisherigen Literatur entweder überhaupt noch nicht der Betrachtung unterzogen waren oder über die keine Einigkeit in der Beurteilung besteht. Es seien einige Themen herausgegriffen, die sich aus den Amusiestudien als wichtig ergeben: das Problem der Tonalität in Beziehung zum optischen Raume und die Phänomene der Zeitformungen, insbesondere der rhythmischen (und taktlichen) Organisation im Verhältnis zu den Bewegungserscheinungen. Wenn hier kaum mehr als Anregung zu einer kritischen Diskussion über diese schwierigen Gegenstände erstrebt wird, so mag daran ersehen werden, wie sehr noch alles hypothetisch ist, wie weit man noch von einer Aufstellung von „Gesetzen“ entfernt ist.

a) Tonalität und Raum.

a) Ton und Raum sind schon von E. MACH [2] in Beziehung gebracht worden. Er spricht aus, daß die Töne in einem Empfindungsraum nebeneinanderliegen wie die Farben im Gesichtsfelde. Doch ist im Gesichtsfelde die Farbe veränderlich, der Ort des Tones im Empfindungsraume unveränderlich. „Die Tonreihe befindet sich in einem Analogon des Raumes, in einem beiderseits begrenzten Raume von *einer* Dimension, der auch *keine Symmetrie* darbietet wie etwa eine Gerade, die von rechts nach links in einer Medianebene verläuft. Vielmehr ist derselbe analog einer vertikalen Geraden oder einer Geraden, welche in der Medianebene von vorne nach hinten verläuft...“ „Eine bestimmte Tonempfindung kann nur an einer bestimmten Stelle des eindimensionalen Raumes vorkommen, die jedesmal fixiert werden muß, wenn die betreffende Tonempfindung klar hervortreten soll...“ „Daß das Gebiet der Tonempfindungen eine Analogie darbietet und zwar zu einem Raum, der keine Symmetrie aufweist, drückt sich schon unbewußt in der Sprache aus. Man spricht von hohen und tiefen Tönen, nicht von rechten und linken, wiewohl unsere Musikinstrumente letztere Bezeichnung sehr nahelegen.“ — C. STUMPF [3] bezweifelt demgegenüber die Richtigkeit der Annahme eines Tonraumes. Er ist der Ansicht, daß man erwarten müßte, „daß die ton-

---

[1] KURTH, a. a. O., S. 35f.

[2] MACH, E.: Beiträge zur Analyse der Empfindungen. 1886, S. 122f.

[3] STUMPF, C.: Tonpsychologie **2**, 55 (1890).

lokalen Merkmale gerade nach MACH nicht bloß hypothetisch, sondern deutlich wahrnehmbar und von den qualitativen unterscheidbar sein müßten, da nach einer weiteren Hypothese alle Tonqualitäten nur aus zwei bestehen..., somit die gleichen elementaren Qualitäten an allen möglichen und verschiedenen Tonorten vorkämen. Es müßten also die lokalen und die qualitativen Elemente gegenseitig leicht und deutlich in der Vorstellung trennbar sein." Dies widerspricht aber der MACHschen Grundannahme von der unveränderlichen Lokalisation der Töne im Tonraume.

Es ist sicher, daß der einzelne Ton, der in einer bestimmten „Höhe" oder besser „Helligkeit" vorliegt, ohne Lokalisation und ohne Vergleich mit einem anderen Ton von anderer Helligkeit für sich erlebt werden kann, ebenso wie man eine Farbe von bestimmter Ausdehnung ohne Einfügung in eine spektrale Reihe und in einen Raum sich vorstellen und auch wahrnehmen kann. Anderseits bietet sich dem Menschen, der nicht zu den „Unmusikalischen" gehört, die Tonempfindung so an, daß in ihr irgendeine Lage erlebt werden kann unter der Bezeichnung der Höhe und Tiefe. Darin drückt sich nicht etwa ein konstruiertes Schema aus, wie es z. B. der Farbenoktaeder, die Geruchspyramide ist, die man aufbauen kann, wenn man theoretisch die Empfindungen in eine Ordnung bringen will, die aber der einzelne Erlebende keineswegs notwendig hat. Es besteht vielmehr eine Nötigung für den unbefangenen Tonbewanderten — auch wenn er kein „absolutes Tonbewußtsein" hat — selbst den einzelnen Ton von einer bestimmten Höhe (Helligkeit), als höher oder tiefer, als einem anderen „näher-" oder „fernerstehend", mehr oder weniger unmittelbar benachbart oder sehr entfernt von einem anderen Ton zu erleben. Die Ausdrucksweise besagt zunächst nur eine Analogie, findet sich aber ganz gleichartig bei allen Gegebenheiten optischer Art von bestimmter Farbe und Ausdehnung, die sich einerseits selbst ganz isoliert und bezugslos erleben lassen, anderseits sich in einem optischen Raum „lokalisieren" lassen, jeder an seinem Orte, stabil oder veränderlich.

Das Erlebnis und die Möglichkeit dieser Bestimmung eines Tones, ihn zu lokalisieren, ist nicht definiert mit dem Erlebnis „Reihe". Wenn man eine Sirene mit hoher Loch- und Umdrehungszahl in gleichmäßiger Beschleunigung anlaufen läßt, so überstreichen die erzeugten Klänge den ganzen Bereich in kontinuierlicher Reihe. Aber diese „Reihe" ist nicht das, wohin die Einzelklänge lokalisiert werden, denn die Lokalisation findet auch statt, wenn nur ein Klang, etwa ein tiefer Instrumentalklang, mit sehr zahlreichen Obertönen angeschlagen wird. Auch die Obertöne sind „lokalisiert", ohne daß etwas von einer phänomenalen „Reihe" vorhanden wäre. Das Prinzip von „Hintergrund" und „Figur", in dem wir auch die einzelnen Tonempfindungen als Gestalten theoretisch auffassen müssen, deckt den Faktor der Lokalisation nicht völlig auf. Der akustische Hintergrund der „Stille", des entotischen Geräusches, der tönende Hintergrund, aus dem sich die Tonempfindungsgestalt herausprägt, kann wechseln, während in all dieser Veränderung das Tongebilde, sein Ort, seine Lokalisation unverändert, „invariant" bleibt. Es ist überhaupt nicht eine phänomenale Gegebenheit, nicht selbst ein Klingen oder Hintergrund dieses Klingens, sondern ein „Ordnungssystem", *in dem* alles Tongestaltliche, alles Figurale bei Gleichbleiben oder Veränderung des Grundes sich einordnet. Dieses invariante tonale Ordnungssystem ist selbst nicht Gegenstand der Wahrnehmung, wird selbst nicht gehört. Es ist nicht Inhalt des Hörens, sondern ein psychischer Faktor, durch den die Töne eine Zuordnung erfahren und der es erlaubt, daß die Töne in dieser Zuordnung in bestimmter Entfernung bzw. Nähe voneinander erlebt werden. Jeder Ton bzw. Grundton eines Klanges hat durch die Wirksamkeit dieses Faktors seinen ,,Ort", an dem er bei jedem Auftreten steht (C_1, h_2) und in dem er von anderen Tönen in gesetzmäßiger Weise benachbart oder entfernt ist. Die Bildung des invarianten Ordnungssystems, das erst beim phänomenalen Durchlaufen zu einer kontinuierlichen (nicht quantenmäßig gestuften) ,,Tonreihe" wird, ist eine Funktion des dispositiven Hörfeldes, das eng mit der Struktur des peripheren und zentralen Gehörorgans im Zusammenhang steht.

Der Sachverhalt, der wohl zuerst von J. P. RAMEAU theoretisch in einen Begriff gebracht wurde, ist der der ,,*Tonalität*". Er ist bisher insbesondere in psychologischer Hinsicht einer logischen Begrenzung nicht ganz einheitlich unterzogen worden. Recht allgemein ist die Bestimmung des Begriffes nach dem phänomenalen Tongebilde, einem Ton in der Tonreihe. H. RIEMANN definiert in seinem Jugendwerk ,,Musikalische Logik"[1]: ,,Tonalität ist... Festhalten eines Tones im Gedächtnis als Hauptton (Tonus)." Die Tonika nennt er den ,,Tonus mit seinem Primklange". Und noch in des gleichen Autors ,,Musiklexikon"[2] findet sich: Tonalität ist ,,die eigentliche Bedeutung, welche die Akkorde erhalten durch ihre Bezogenheit auf einen Hauptklang, die Tonika". Von diesem Bezuge auf die Tonika spricht C. STUMPF[3], und zwar vom ,,Zusammenhang einer Melodie, eines ganzen musikalischen Stückes, wo dem Bewußtsein stets die Tonika mehr oder weniger lebhaft gegenwärtig ist und das Auf- und Abrollen der Töne als Entfernung oder Näherung *in bezug auf sie* (vom Autor hervorgehoben) blitzschnell verstanden wird". Sehr charakteristisch und in räumlich-metaphorischer Ausdrucksweise werden dafür ,,deutliche und feste Signalstangen für die akustische Geodäsie" von dem Autor herausgestellt. F. AUERBACH[4], der in diesem Zusammenhang auch antike und primitive Tonsysteme erwähnt, bestimmt die Tonalität ebenfalls als den ,,Bezug auf einen Fundamentalton". Selbst noch E. KURTH[5] will die ,,Tonalität" als die ,,Organisierung des Akkordlichen im Sinne einer Einheitsbildung auf ein Akkordzentrum (die Tonika)" verstanden wissen. In einem musikästhetischen Essay spricht A. WEISSMANN[6] von den vielen, denen bei dem Worte ,,atonal" ,,die Grundlage der Tonika ... entzogen" wird. Er zitiert v. WALTERSHAUSEN, der darum auch von ,,Atonikalität" spricht. Hier wird also der *Tonikabezug* in der Bestimmung der Tonalität bei der Gegenüberstellung der diatonischen Musik gegenüber der modernen atonalen in die Begriffsbestimmung aufgenommen. S. NADEL[7] sieht, wie schon früher bemerkt, Konkordanz und Diskordanz mit Hinsicht auf die ,,Gesamtgestalt des tonalen Systems", läßt Diskordanz eine Systemveränderung in der Richtung der Konkordanz erstreben

[1] Leipzig 1873, S. 64.

[2] 10. Aufl. 1922, S. 1304.

[3] STUMPF, C.: Tonpsychologie **1**, 150 (1883).

[4] AUERBACH, F.: Die Grundlagen der Musik. Leipzig 1911, S. 192.

[5] KURTH, E.: Grundlagen des linearen Kontrapunktes. Bern 1917, S. 59.

[6] WEISSMANN, A.: Klang, Tonalität, Atonalität. Die neue Rundschau Okt. 1925, S. 1108f.

[7] NADEL, S.: Zur Psychologie des Konsonanzerlebens. Z. Psychol. **101**, 138f. (1926).

und sagt: „Über diese Systemeinheit, deren gesamte funktionalen Beziehungen und Abhängigkeiten zusammengefaßt werden im Begriffe der Tonalität, wissen wir vorerst noch nichts.“ Daß sich NADEL von dem einfachen Tonikabezug löst, zeigt die Weiterführung seiner theoretischen Erörterung. Er spricht von „Tonreihengestalt“ und „determinierendem Tonreihensystem“. Von NADEL wird also die Tonalität nicht mehr bestimmt durch einen Ton, der irgendwie in jedem melodischen Schritt und jeder akkordlichen Gestalt mehr oder weniger deutlich „vorgestellt“ oder „gedacht“ wird, es wird vielmehr ausgesprochen, daß der Systembezug alle Teile der Reihe, also die Quart, die Terz, die Septime in gleicher Weise betrifft. Diese Anschauung kommt der Festlegung einer allgemeinen Strukturgesetzlichkeit der Tonalität in psychologischer Funktion näher als die früheren Theorien.

Die Auswahl von Begriffsbestimmungen aus verschiedenen Lagern ton- und musiktheoretisch Interessierter haben eines gemeinsam. Als wesentliche Sachverhalte des Begriffes Tonalität werden manifeste Klanggegebenheiten genommen, sei es ein Ton (Tonika), sei es die Gesamtgestalt der (diatonischen) Tonreihe, deren Bezug irgendwie immanent in jedem harmonisch-melodischen Ablaufe enthalten und (vielleicht latent) miterlebt wird. Daß dieser Tonika- bzw. Tonreihenbezug besteht, ist unbestreitbar. Er läßt sich bei musiktheoretischer Betrachtungsweise immer wieder beobachten. Doch ist ebenso klar, daß das naive Wahrnehmen von Musik bei aller Sicherheit der akustischen Erfassung und allem Festhalten der Tonalität von diesen Bezügen auf eine Tonika oder eine Tonreihe nichts enthält. Sicher wird der naive Musikalische ohne besondere Bildung bei einfacher Modulation auf die Quart, wie sie häufig schon in Volksliedern vorkommt, einen „Wechsel“ des Bezuges auf die neue Tonika nicht bemerken. Und daß etwa die Gesamtgestalt des Tonreihensystems in seiner phänomenalen Entäußerung, also der diatonischen Tonleiter, das Erfassen eines Musikstückes und die Beibehaltung und Sicherheit der Tonart, des Tongeschlechtes, des Wechsels in der Modulation usw., kurz alles dessen, was zur Wirkung der Tonalität im diatonischen System gehört, nicht bewußtseinsmäßig determiniert, wird jedem Beobachter am mehr oder weniger untheoretischen, aber musikalischen Hörer klar. Der größte Teil der musikalischen Konzertbesucher, der sich an dem Werke unserer Tonmeister freut, weiß nichts von Musiktheorie. Er erlebt keine Tonika und keine Tonleiter in dem melodischen und thematischen Fortschritt, ist aber ganz sicher in bezug auf die Beibehaltung und Änderung der Tonart über Dur und Moll usw. und würde jeden Fehler, jede ungereimte Abwandlung auch ohne Theorie, wenn er hinreichend musikalisch ist, unlustvoll bemerken.

Man muß umgekehrt fragen: Was macht im diatonischen System innerhalb einer Tonart und eines Tongeschlechtes (z. B. Dur) einen ganz bestimmten Ton zum „Fundamentalton“, zur Tonika, zwei andere Töne, Quarte und Quinte, zu „Eckpunkten“ in der Kadenz, zwei weitere zu Leittönen mit entsprechenden Spannungsrichtungen zur Tonika und zur Quart? Was führt es herbei, daß bei einfacher Modulation diese Tonika ihre Funktion an die Quart abgibt, in Dominanzfunktion eintritt, daß die vorherige Sext nunmehr zur Terz wird mit einer ihr vorher nicht zugehörigen Leittontendenz? Was läßt bei aller Variation der Gestalt- und Bezugsbildungen in weitgeführten Sequenzengängen, was in chromatischen Zügen doch immer noch das diatonische Tonartverhältnis beibehalten;

was läßt selbst in großen Musikstücken nach Durchführungen, die tonartlich und tongeschlechtlich weitab vom Ausgangspunkt wegführen, doch in einer für den Musikalischen als notwendig erlebten Weise den Schluß wieder in die ursprüngliche Tonart einmünden?

Es ist anzunehmen, daß ein psychischer Faktor vorhanden ist, der *vor* der Tonika, der Quart, Septime und Leittonfunktion auch vor der Gesamtgestalt der Tonreihe liegt und diese erst zu ihrem Funktionswert bringt. Dieser Faktor, der das einschließt, was als „Tonalität" in der Formung des Musikstoffes auftritt und erlebt wird, der (im diatonischen System) in erster Linie den Musikstoff nach Tonart und Tongeschlecht wahrnehmen und festlegen läßt, ist überhaupt nicht aus dem manifesten klingenden Musikstoff in Aufbau und Ablauf abzuleiten. Vielmehr ist dieser Tonalitätsfaktor Ausdruck eines psychischen Geschehens, durch das klingendes Gestaltsmaterial bildhafter (und dinglicher) Art in eine ganz bestimmte Ordnung gebracht wird. Nehmen wir das System der letzten Jahrhunderte (bis zum Auftreten der atonalen Musik) als Grundlage, so besteht Tonalität zunächst nur im diatonischen System. Von einem Ausgangspunkte aus ordnen sich Ausfüllungen in ganz bestimmten Reihen, die achtstufigen Leitern, die über das ganze Tonhöhensystem hinreichen. Diese Reihen können „transponiert" werden, d. h. von einem anderen Ausgangspunkt die gleiche Form, aber andere tönende Erfüllung (z. B. von *C*-Dur auf *Es*-Dur) erhalten, die wiederum das ganze Tonhöhenausmaß beherrscht. Aber nicht die Tonreihe, sondern das ihr zugrunde liegende, in bestimmten Tönen repräsentierte *System* ist es, das das Tonhöhenausmaß beherrscht. Denn nicht die Tonleiter allein, sondern ebenso die Kadenz, ebenso die melisch-dynamischen Spannungen der Leittöne, die Alterationen, die chromatischen Durchgänge und Vorhalte sind durch das Schema, das sich als *C*-Dur, *F*-Moll usw. darstellt, determiniert. Die diatonische Tonleiter ist nicht Grundlage dieses Ordnungssystems, sondern ihre im gewissen Sinne vollständige sukzessive Klangerfüllung. Im diatonischen Tonalitätssystem prägen sich die beiden Tongeschlechter, verschieden nach ihren Spannungseffekten, in symbolische Wirkungen aus. Wobei es offenbleiben kann, ob man die beiden Tongeschlechter „spiegelbildlich" im Sinne der OETTINGEN-RIEMANNschen Dualitätstheorie fassen oder ob man ein Primat des Dur (KURTH) annehmen will. Aus diesem Prinzip des diatonischen Systems und der Tongeschlechter heraus leiten sich gewisse „Schemata" oder „Diagramme" ab. In ihnen kann man — ganz gleichgültig, welche Klangerfüllung durch das Musikmaterial sie erhalten — die speziellen „Tonarten sehen, die miteinander eine Verwandschaftsreihe bilden und deren Umstellung durch den Vorgang der Modulation erfolgt".

Das Tonalitätssystem, einschließlich seiner Umgruppierung in die Geschlechter und die Tonartschemata (Diagramme) ist ein systematischer Ordnungsfaktor. Tonalität ist invariant bei aller Veränderung im musikalischen Klanggeschehen. Sie ist nicht unmittelbar abgeleitet vom Klanggeschehen, ist selbst nichts Klingendes, wird als solches nicht gehört und nicht klangbildlich wahrgenommen. Als invariantes Ordnungssystem ist die erlebte Tonalität wichtiges formendes Prinzip des akustischbildhaften und klangdinglichen Wahrnehmungsstoffes.

Tonalität ist nicht nur nicht von phänomenalen Einzelklängen und Klangreihen her zu bestimmen, sondern läßt sich auch nicht aus dem Ordnungssystem der Klangempfindungen, dem Hörfeld, herleiten. Das Hörfeld als Ordnungsprinzip im subjektiven Kontinuum der Erklingensqualitäten ist nicht der dispositive Unterbau dessen, was die objektive Verbildlichung und Verdinglichung der Klänge in ihrem System ausmacht, also der Tonalität, die sich ja auf die Bildung von Quantenschritten aufbaut. Tonalität ist das Ordnungsprinzip, das für die Bildsphäre und kategoriale Sphäre gilt wie die Hörreihe für die Sinnessphäre.

Das diatonische System ist nicht das einzige Tonalitätssystem, in dem Klangstoff wahrgenommen wird. Es gibt im Laufe der Musikentwicklung der verschiedenen Zeiten und Völker viele Tonalitätssysteme. Auch die Antike des Abendlandes, die nur die monodische Musik kannte, hatte ihr spezifisches Tonalitätssystem. Und man kann auch der modernen atonalen, „futuristischen“ Musik ihr Tonalitätssystem nicht absprechen. Dieses System zeichnet sich allerdings aus, daß es keine Tonika hat, daß jeder Punkt der zwölfstufigen Halbtonleiter als möglicher Ruhepunkt „Tonikafunktion“ hat. Der Übergang vom diatonischen System zur freien Chromatik ist nicht Systemverlust, sondern Systemumstellung. Das macht für viele Musikgenießende die Schwierigkeit aus, sich der modernen Musik anzupassen. Wer an die atonale Musik unter der tonalen Ordnung der Diatonik herantritt, empfindet die „atonale“ Musik oft als Geräusch, als Chaos, als Klanggebilde voller ungelöster Spannungen ohne Ruhepunkte, als eine Musik, die auf alle Steigerungen und Lösungen, die in der Diatonik gelegen sind, verzichtet. Nur wer den Tonalitätsbezug der freien Chromatik ganz zu gewinnen imstande ist, wird dem Klangstoff der „atonalen“ Musik gerecht werden können und einen Standpunkt für Genuß und Kritik erhalten. Bezeichnend ist, daß man in der „Polytonalität“, d. h. verschiedener Tonalitätssysteme in verschiedenen zusammenklingenden Stimmen, auf Prinzipien frühmittelalterlicher Musik zurückgreift, und daß von der Atonalität aus Systeme der primitiven Musik wieder berührt werden. Auf die Tonalitätssysteme anderer Kulturkreise, etwa die fünfstufigen und siebenstufigen Systeme der Ost- und Südostasiaten, sei hier nur kurz hingewiesen.

Bei Betrachtung der Tonalität ist ebenso wie bei den Klangerscheinungen selbst zwischen Bildsphäre und kategorialer Sphäre zu unterscheiden. In der Bildsphäre, d. h. der Dispositionssphäre, in der Klanggeschehen rein bildhaft ohne Herstellung von Kategorien und benennbaren „Klangdingen“ erlebt wird, ist die Ordnung in Tonart und Tongeschlecht einfach und unmittelbar wirksam. Es ist die Tonalität, auf die der rein naive, genießende, musikalische Mensch ohne Vorbildung angewiesen ist. Der wirklich Musikalische kann es, ohne irgendwelche „logische“ Beziehungssetzungen vorzunehmen, zu einer Meisterschaft in der bildmäßigen Anwendung des Tonalitätsordnungsprinzipes und großer Sicherheit in seiner Beurteilung bringen. Das gleiche Tonalitätsprinzip ist in der höheren Wahrnehmungssphäre, der Sphäre der denkmäßigen Ordnung des benennbaren und aufschreibbaren Klanggeschehens ein Zuwachs an Erlebnisbreite. Es ist dies die kategoriale Sphäre, für die der Gesichtspunkt des „beziehenden Denkens“ (C. Stumpf), der „musikalischen Logik“ H. Riemanns gilt. Hier steht auch das Tonalitätssystem, ohne seine Funktion als Ordnungssystem des Klanggeschehens zu verlieren, unter der logischen Betrachtung, die in der Harmonielehre, der musikalischen Formenlehre, dem Kontrapunkt besteht, und aus der der Komponist sein „Aufbaumaterial“ für die künstlerische Gestaltung zu nehmen hat.

b) Das von MACH ausgeworfene Problem der Vergleichung zwischen *tonalen und räumlichen Beziehungen* würde unter der nach dem Stande der heutigen Theorie vertieften Fragestellung eine Aufrollung des Raumproblems erfordern. Unser Zusammenhang verbietet es, sich auf diesem schwierigen Gebiet zu verbreiten. Wir beschränken uns auf gewisse festliegende Definitionen. In R. EISLERS „Wörterbuch der philosophischen Begriffe“ [1] ist *der Raum* bestimmt als „eine der Formen unserer Anschauung der Dinge, ein konstanter, allgemeiner, formaler Faktor unserer ‚äußeren‘ Erfahrung, wenn auch nicht alle Erlebnisse als solche in die Raumform eingehen. Der ‚Raum‘ ist kein für sich bestehendes Ding, kein ‚Gefäß‘, in welchem die Körper stecken, sondern eine *synthetische Einheit* von Erfahrungsinhalten, eine bestimmte Weise der ‚Ordnung‘ derselben. . .“ Der Raum ist . . . „der Begriff einer in der Anschauung notwendig und allgemein konstruierbaren Ordnungsweise (‚des Nebeneinander‘) einer Form der Gesetzmäßigkeit des Anschauens und Denkens von Inhalten äußerer Erfahrung . . .“ Für unseren Vergleich können Probleme über den Ursprung des Raumes und des Flächenhaften, die Fragen des Empirismus und Nativismus, die Lokalzeichentheorie, außer Betracht bleiben. Die Bestimmungen betreffen den Anschauungsraum, in dem optische und taktile Komponenten ebenso enthalten sind wie Komponenten des Körpertonus. HERING unterscheidet psychologisch zwischen dem „Sehraum“ und dem „wirklichen Raum“, der von FRÖBES [2] entsprechend als „Denkraum“ bezeichnet wird. Der Sehraum ist [3] „der Raum, so wie er uns in einem Augenblick in der Gesichtswahrnehmung erscheint, der Denkraum ist der Raum, so wie er von uns auf Grund unseres gesamten Wissens erkannt wird“. Aus den Erfahrungen der Pathologie ergibt sich, daß nicht nur der Denkraum, sondern auch der Sehraum keineswegs nur das Resultat rein optischer Dispositionen ist, sondern daß auch das nur gesehene Räumliche noch von anderen raumkonstitutiven Faktoren, dem Tastsystem und dem Körpertonus, entscheidend beeinflußt wird. Wenn zum Vergleich zu akustischen Erscheinungen die Raumphänomene herangezogen werden, muß zur Vermeidung allzu großer Komplikationen eine Einschränkung auf die rein optische Modalität im Sehraum erfolgen.

Diesen „*optischen Raum*“ werden wir am besten aus seinen pathologischen Variationsbedingungen in den Defekten ersehen. D. h. es wird der optische Raum nach den Faktoren bestimmt, die durch begrenzte Ausfälle in den verschiedenen Sphären des optischen Systems, insbesondere im Gehirn, gestört werden können. Ohne Eingehen auf Einzelheiten sei folgendes herausgestellt: 1. Der „optische Sinnesraum“ (Gesichtsfeld), d. h. das System des Nebeneinander und der Ausdehnung in der subjektiven Empfindung von Farbe und Gestalt; Störungen werden in den Gesichtsfeldeinschränkungen (den Anopsien) gesehen. 2. Der „optische Bildraum“, das System des Nebeneinander (auch Hintereinander), die Ausdehnung des Objektiv-Bildhaften, der nur optisch gegebenen farbigen und gestalteten Welt. Es ist der Raum des naiv Anschauenden, des Kindes, auch im Werke des bildenden Künstlers, besonders des Malers und soweit das Dingliche, Begriffliche, Benennbare keine Rolle spielt. Der optische

[1] 4. Aufl. 2, 587 (1929).
[2] FRÖBES: Lehrbuch der Experimentalpsychologie, 2. Aufl. 1, 258 (1923).
[3] A. a. O., S. 258.

Bildraum ist gestört bei den Formen von „optisch-apperzeptiver Agnosie" („apperzeptiver Seelenblindheit"), bei denen es sich um Ordnungs- und Orientierungsstörungen handelt. 3. Der „optisch-kategoriale" Raum: der Raum des benennbaren und kategorialen Sehdinges. Es ist der Raum der erlebten Gegenstände, der sich in der darstellenden und projektiven Geometrie und der physikalischen Raumoptik ausprägt. Diese kategoriale Sphäre ist (ebenso wie im Akustischen) noch problematisch, bedarf weiterer Diskussion und empirischer Sicherung. Im pathologischen Falle sind hier vielleicht manche Störungen bei der sogenannten „assoziativen optischen Agnosie" („assoziativen Seelenblindheit") einschlägig. 4. Der „wirkliche Raum" als Bewußtseinsphänomen: das Resultat aller Komponenten räumlicher Bestimmung in den anschaulichen und begrifflich-abstraktiven Beziehungen.

Wir begnügen uns hier mit einer schematischen, die Problemlage keineswegs erschöpfenden Aufstellung der optischen Raumpräsentationen, um die Vergleichspunkte mit dem akustischen Gebiete zu besprechen. Der optische Raum ist zwar ein Faktor der Gegebenheit innerhalb der Gesichtswelt, ist aber selbst nicht im eigentlichen Sinne „anschaulich". Wir sehen Farben und Gestalten, Hintergrund und Figuren, wir sehen sie stabil oder in ihrer Lageveränderung gegeneinander, die Figuren gegen den Hintergrund und die Hintergründe gegen die Figuren. Wir „sehen" aber kein Gesichtsfeld, keinen optischen Bildraum. Gesichtsfeld und Bildraum sind nicht (farbige und geformte) Inhalte, nicht Gegenstände unserer optischen Wahrnehmung. Das Gesichtsfeld des gesunden Menschen bleibt das gleiche, welche Änderung von Hintergrund und Figur an farbigen und geformten optischen Gebilden vorgenommen werden, es ist das gleiche bei jeder Stellung der Augen, jeder Kopfhaltung auch bei geschlossenem Auge. Gesichtsfeld ist kein „Inbegriff" optischer Empfindungen — wie etwa der Horopter —, ist überhaupt kein Inhalt, keine Empfindung selbst, sondern ein stets vorhandenes Ordnungsprinzip für all und jedes farbige und geformte optische Sein und Geschehen. Desgleichen ist der Bildraum ganz allgemein der nämliche, welche Änderung in ihm auch vorgenommen wird, welche Position der eigene Körper, auf den er bezogen wird, welche Lagen die optisch-bildhaften Hintergründe und Gestalten auch darin einnehmen. Natürlich kann der Bildraum nach verschiedenen Schemata, nach „Diagrammen" unterteilt werden. Das gleiche gilt für den kategorialen Raum, den optischen Denkraum.

Optischer Raum ist also *invariant* gegenüber aller Veränderung dessen, was in ihm vorgeht. Er ist nicht Hintergrund und Figur, nicht Empfindung, Bild oder Ding. Er ist auch nicht als „Reihe", sei es homogene Reihe oder „Steigerungsreihe" (SELZ) seinem Wesen nach definiert. Die Reihe ist vielmehr die typische Gestalt, die die unanschauliche Ordnung des Raumes anschaulich verbildlicht; d. h. sie „zeigt" die Ordnung des Raumes „auf", aber sie ist diese Ordnung nicht selbst. Optischer Raum ist „invariantes optisches Ordnungssystem", zu dem aller optischer Inhalt, alles ganzheitlich Gestaltete der optischen Sphäre in Bezug gesetzt wird. Dieses Bezugssystem kann im pathologischen Falle verlorengehen, ohne daß der Bildbestand sich verändern muß, z. B. in den Fällen der optischen Orientierungsstörung. Auch der durch Hinterhauptverletzung Hemianopische erkennt in der Regel seinen Gesichtsfeldausfall nicht an dem was er optisch vermißt, sondern an anderen Raumfaktoren (z. B. Unsicherheit im Raume nach der Seite des Ausfalles).

c) Wenn also *Tonalität und optischer Raum* (beide hier einschließlich der Sinnesfelder betrachtet) unter diesen Gesichtspunkten verglichen werden, so bieten sich weitgehende Analogien. Was in der oben ausgeführten Definition (R. EISLER) für den Raum die „bestimmte Weise der Ordnung" von Erfahrungsinhalten, der „allgemeine formale Faktor der äußeren Erfahrung", „der Begriff einer in der Anschauung notwendig und allgemein konstruierbaren Ordnungsweise . . ., einer Form des Anschauens und Denkens von Inhalten unserer Erfahrung" genannt wurde, kann sinngemäß auf die Tonalität ausgedehnt werden. So haben diese beiden invarianten Systeme jedes in seiner modalen Begrenzung gemeinsam, daß sie nicht selbst Empfindung, Bild und Ding, nicht „Reihen" sind, sondern Ausdruck eines diese Erfahrungsinhalte ordnenden Aktes des erlebenden Menschen.

Wird man nun sagen, daß Tonalität gleichbedeutend ist mit Raum, daß sie unter den Raumbegriff subsumiert wird; oder daß konstitutiv die Tonalität sekundär von der psychischen Raumstruktur abhängig ist? Man wird beides verneinen müssen, wenn man als eines der wesentlichen Merkmale des Raumes, des optischen und des wirklichen, die Ordnung des „Nebeneinander", der „Ausdehnung" in Fläche und Tiefe annimmt. Nebeneinander und Ausdehnung kommen dem tonalen System (einschließlich des Hörfeldes) nicht zu. Selbst wenn man in den typischen Präsentationen des Hörfeldes, der „Tonreihe", die Glieder als nebeneinanderliegend darstellt, so ist dies nur eine Darstellung in einer Ordinate, wie man auch vieles andere, etwa mathematische Beziehungen und Funktionen auf einer Ordinate auftragen kann, ohne deshalb einen räumlichen Charakter für sie statuieren zu müssen. Man wird von der Tonreihe sagen können, daß der ihr zugrunde liegende Ordnungsfaktor im Hörfelde so struktruiert ist, daß er einer Reihendarstellung analog einer eindimensionalen optischen Reihe fähig ist. Man wird in der Ablehnung des Räumlichen für die Töne mit STUMPF gegen MACH stimmen müssen. Auch von einem Primat des Raumbewußtseins für die Entwicklung irgendeiner Form von Hörfeld und Tonalität kann gewiß nicht gesprochen werden. Es sind vielmehr Raum einerseits, Tonalität anderseits, formale Ordnungsprinzipien in psychischer Wirksamkeit, die jedes in spezifischer Weise und in modaler Begrenzung das Empfindungs- und Bildmaterial gestalten. In diesen Beziehungen haben sie wieder sehr vieles gemeinsam und teilen dies auch mindestens zum Teil mit Ordnungssystemen anderer Sinnesgebiete. Inwieweit das Gemeinsame von Tonalität und Raum einem den beiden Systemfaktoren übergeordneten gemeinsamen Prinzip zuzuschreiben ist, bleibt zur Zeit eine offene Frage, die vielleicht durch Erfahrungen am pathologischen Material zu beantworten ist.

Optisches Raumprinzip und Tonalität haben in der *Entwicklung* der Geisteskultur ihre Geschichte, ihre Feststellung und Wirksamkeit in der Kunst ist noch keineswegs alt. Es mag nicht zufällig sein, daß die systematische Einführung der *Raumperspektive* in der Malerei, d. h. also des „ästhetischen Bildraumes" im eigentlichen Sinne (P. DI FRANCESCHI, ALBERTI, LIONARDO DA VINCI u. a.) und die Grundlegung unserer modernen *Tonalität* im Sinne des diatonischen Systemes auf Grund der Dreiklangszusammenhänge (FOGLIANO, ZARLINO u. a.) in das gleiche Jahrhundert, etwa Mitte des 15. bis Mitte des 16. Jahrhunderts, fallen. Wenn von Theoretikern heute *Musik und Geometrie* parallelisiert werden (PLESSNER), so kann man dies in den allgemeinen und gemeinsamen formativen Eigenschaften der Ordnungssysteme optischen und akustischen Materials, und zwar im „Denkraum" und der „kategorialen Tonalität" tun.

Mit der Ablehnung jeder Ausdehnungs- und echten „Nebeneinander"-Relation für die Tonalität entfallen auch Theorien wie etwa die von MAYRHOFER, der in den Beziehungen der erfaßten Tonhöhen eines Intervalles etwas Räumliches sehen will; E. KURTH[1] hat diese Auffassung und ihre Konsequenzen mit Recht zurückgewiesen. Ob eine musikästhetische Theorie wie die von P. BEKKER (zitiert nach A. WEISSMANN), der den Vokalklang mit der zeitlichen, den Instrumentalklang mit der räumlichen Empfindung in Zusammenhang bringt, in dem vorliegenden psychologischen Problem eine Stellung oder ob sie nur metaphorische Bedeutung hat, kann hier nicht weiter verfolgt werden.

Die Aufweisung der Tonalität (einschließlich des Hörfeldsystems) als ein zwar dem optisch-räumlichen System analoges aber doch nicht räumliches, in spezifischer Weise nur im akustischen Bereiche wirksames invariantes Ordnungsprinzip ist für die *allgemeine Biologie und pathologische Psychologie der Wahrnehmung* nicht ohne Bedeutung. Es zeigt sich, daß in der Großhirnfunktion in den verschiedenen Gebieten in spezifischer Weise wirkende Kräfte walten, die über die ephemere Empfindungs- und Gestaltbildung hinaus derart wirken, daß bei aller Veränderung im Flusse des Lebensgeschehens kein Chaos entsteht, sondern ein geordnetes systematisches, der objektiven psychischen Realität angepaßtes Geschehen. Natürlich betreffen diese Ordnungsfaktoren nur den anschaulichen, modal begrenzten Inhalt, den sie organisieren. Wir möchten in dem, was wir hier arbeitshypothetisch für Raum und Tonalität aufgestellt haben, exemplarische Urteile sehen, die vielleicht in einer allgemeinen Theorie der Wahrnehmung und Vorstellung, besonders nach Erweiterung auf andere Lebensgebiete, im Rahmen der Großhirnfunktion von Bedeutung zu sein vermögen.

b) Zeitformung und Bewegung.

(Zum Rhythmusproblem.)

a) Man hat in der Ästhetik öfter die darstellenden Künste als die Künste des Raumes der Musik als einer Zeitkunst gegenübergestellt. Das betrifft natürlich nicht so sehr eine Verschiedenheit des Ausdruckswertes, als vielmehr die Besonderheit *des Stoffes*, der in Malerei, Plastik und Architektur in der räumlichen, im musikalischen Klangmaterial in der zeitlichen Ausdehnung erlebt werden soll.

Eine genauere Betrachtung unter psychologischen und pathologischen Gesichtspunkten läßt diese auf den ersten Blick vielleicht richtig erscheinende These nicht aufrecht erhalten. Ganz allgemein kann heute Raum und Zeit nicht mehr gegeneinander gesetzt werden. Raum ist nicht „erstarrte Zeit", wie dies ältere Theorien besagen. Nicht nur die moderne Mathematik und theoretische Physik, sondern auch die Physiologie und Psychologie läßt die Ausdehnungsqualitäten des Raumes nicht mehr unabhängig sein von den Verlaufsqualitäten der Zeit, sieht sie vielmehr in funktionalem Zusammenhang. Auch in ästhetischen Beziehungen führen die „darstellenden Künste" der Malerei, Plastik und Architektur aus der Darstellung im Unbewegten über in die räumlichen Bewegungskünste des Tanzes, der Pantomime, der Bühnenkunst. Und selbst in den Werken der darstellenden Kunst im engeren Sinne läßt uns die psychologische Raumästhetik von TH. LIPPS in ästhetischer Einfühlung Bewegung in die objektiv unbewegten Gestalten hineinerleben. Auf der anderen Seite besteht in der Musik

[1] KURTH, E.: a. a. O., S. 93f.

etwas Analoges zum Raum, die Tonalität, die sowohl im ruhenden Akkord wie im Fortschreiten der Melodie organisierend wirkt.

Grundsätzlich sind also der räumliche und der zeitliche Faktor zur Wesensunterscheidung zwischen den darstellenden und musikalischen Künsten nicht brauchbar. In der Vergleichung der *Zeitformung* kann die Frage aufgeworfen werden, wie sich die beiden Gruppen von psychischem Material verhalten in bezug auf die *Beharrung* und die *Veränderung* in der Zeitabfolge. In dieser *nur zeitlichen* Bestimmung erscheint der Stoff der darstellenden Kunst (Malerei, Plastik) als die Struktur des Beharrenden, der der Musik als die Struktur der fließenden Veränderung. Ein bis an die Grenzen durchgehender Unterschied ist auch hier wiederum nicht vorhanden. Denn nicht allein die enge Verwandtschaft mit den oben erwähnten „räumlichen Bewegungskünsten" durchbricht bei den darstellenden Kunststoffen das Prinzip. Wir finden auch umgekehrt in klanglichen Gebilden — etwa in den Klängen der Aeolsharfe oder im Geläute mehrerer gleichmäßig ineinanderklingender Kirchenglocken — musikalischen Stoff, dessen Bild und Symbol gerade in der Beharrung gesucht wird. Ist nun die Struktur des beharrenden Stoffes in der Gleichzeitigkeit, des sich verändernden Stoffes in der Sukzessivität gegeben, so haben wir — in Anlehnung an das, was schon v. EHRENFELS für den Vergleich der optischen und akustischen Gestalten betont hat — auch keinen prinzipiellen Unterschied zwischen den Stoffen der bildenden und der musischen Kunst vor uns. Gleichwohl wird niemand leugnen, daß sich die darstellende Kunst in ihren Stoffen *vorzugsweise* in beharrend-simultaner, die Musik in verändert-sukzessiver Formung psychisch darbietet.

Im weiteren Vergleich der gnostischen Funktionen auf dem akustischen und optischen Gebiete nach der *zeitlichen Gestaltung* hin ist eine Parallele zu sehen in der *Trennung zwischen dem sukzessiv-gestaltlichen Faktor und dem zeitlich-figuralen Faktor.* Im Klangbereiche ist der sukzessiv-gestaltliche Faktor in der *melischen* Figuration der Klangfolge vorhanden, der zeitlich-figurale Faktor in der *rhythmischen* Gliederung nach dem Taktschema in der Gestaltung der Längen und Kürzen und der melodisch unerfüllten aber rhythmisch erfüllten und energietragenden Pause. Was als „Melodie" im weiteren Sinne des klangstofflichen Geschehens erscheint, enthält in gestaltlicher Einswerdung diese melischen und zeitlich-figuralen Faktoren in sich. Diese Trennung muß auch bei optischen, in der Zeit sich gestaltenden Bildungen gemacht werden. Auch bei ihnen ist das Sukzessiv-gestaltliche der optischen Bewegung und der Folgen optischer Gliederungen zu scheiden von ihrer zeitlich-figuralen Ordnung in Rhythmen, Pausen usw., in denen sich das Material bietet.

Ist Melodie Bewegung? Pathologisch formuliert und zunächst am amusischen Stoff untersucht: Kann ein akustisch-bildagnostischer Kranker, dessen Störung spezifisch in einer Unfähigkeit besteht, monodische Melodien aufzufassen, eine Störung des „Bewegungserfassens" im akustischen Sinne haben? Es darf nicht vergessen werden, daß in der Musikästhetik vielfach der Melodie eine Bewegungsqualität zugeschrieben wird, daß man bei ihr von kinetischen Kräften, von Bewegungszügen spricht, die den linearen musischen Formen innewohnen (KURTH u. a.). Es fragt sich, ob auch hier eine Parallelisierung von akustischen und optisch-gnostischen Leistungen und deren primären Störungen möglich ist.

Es kann sich bei der Diskussion dieser Frage zunächst um die naturphilosophisch-metaphysische Bestimmung des Bewegungsbegriffes handeln. Also etwa im physischen Gebiete um die Entscheidung der Frage im eleatischen oder heraklitischen Sinne, ob man Bewegung als Integration von raumzeitlichen Differentialen oder als Prinzip für sich ansieht; oder darum, ob jede Verwandlung von Potenz im Akt Bewegung ist (ARISTOTELES, Scholastiker), ob Bewegung als „Urveränderung" aller Veränderung der empirischen Welt zugrunde liegt (HELMHOLTZ), ob (auf physiologisch-psychischem Gebiete) allem Wahrnehmungsgeschehen „innere Bewegung" innewohnt (PÁLÁGY, STEIN). In diesem Sinne muß natürlich auch für die melodischen Erscheinungen „Bewegung" irgendwelcher Art als Fundament angenommen werden. Oder aber es handelt sich darum, ob Bewegung eine besondere Art aus der Mannigfaltigkeit von Veränderungen ist, die sich in der äußeren Gegenstandswelt als Ortsveränderung im Raume darstellt und darin ihre Bestimmung hat (DESCARTES u. a.). Bei Annahme dieser These wird die Möglichkeit zur Anwendung des Bewegungsbegriffes für die akustische Melodie fraglich. Für die Diskussion unserer Frage wird man sich an das halten, was psychologisch bestimmbar ist, was als Bewegung erlebt bzw. dispositiv fundiert ist. Man hat hier prinzipiell eine Äquivokation zu klären: Ich erlebe, daß ich eine „Bewegung" mache und ich erlebe eine „objektive Bewegung" im Raume, an der beispielsweise nur mein Sehen beteiligt ist. Im ersten Falle handelt es sich um spezifisch „motorische" Erlebnisse mit den in dem bewegten Organ vor sich gehenden tonischen, kinästhetischen, taktilen und optischen Erscheinungen; im zweiten Falle ein optisch-gestaltliches Bildauffassen ohne primäre motorische Komponente. (Sekundäre motorische Komponenten, wie sie die Lokalzeichentheorie oder der gestaltliche Einbau in vorstellungsmäßig hineinerlebte eigene Bewegung in das gesehene Bewegungsgeschehen nahelegen, können für die prinzipielle Unterscheidung außer Betracht bleiben.) Für unser Problem kommt nur der Vergleich des sinnlich-bildhaften Gestalterlebnisses im optischen und akustischen Material in Frage.

Der typische Fall des Wahrnehmens einer optischen Bewegungssituation ist so gelegen: Auf einem nicht bewegten, räumlich ausgedehnten Hintergrund, der in seinem Diagramm geordneter Ausdehnungsmannigfaltigkeit „Orte" zu bestimmen erlaubt, ist ein optischer Gegenstand in einer Änderung begriffen dergestalt, daß der Gegenstand von einem Ort zu einem anderen Ort eine Überführung (Translation) erfährt, wobei außer der Überführung keine Änderung im Gegenstande eintritt. Hintergrund und Gegenstand sind mithin bewegungsinvariant, jedes wird für sich als identisch erlebt. Der Verlauf dieser erlebten Überführung (Translation) von Ort zu Ort ist stetig, d. h. ohne räumliche Unterbrechung wahrnehmbar, ist als „Bahn" der Bewegung ein raum-zeitgestaltliches Erlebnis. Die Richtung der Bahn gibt im einzelnen Falle durch Gleichmäßigkeit jeder Variation innerhalb des Verlaufes die modale sukzessiv-gestaltliche Bestimmung, die Geschwindigkeit nach Gleichmäßigkeit, Änderungen, Akzenten innerhalb der Bahn die zeitgestaltliche (rhythmische) Bestimmung. Je nach Bezug und Verlauf ist die „Bahn" lineär-flächig oder körperlich, je nach der Geschwindigkeit in den verschiedenen Abschnitten erhält sie gleichmäßige oder ungleichmäßige rhythmische Akzente. Die Mannigfaltigkeit der Möglichkeiten ist unbegrenzt.

Dem invarianten, im Diagramm geordneten Hintergrunde innerhalb des optischen Raumsystems entspricht auf tonalem Gebiete das Hörfeldschema und die Tonalität in ihren Erscheinungsformen. Auf ihr verändern sich die melodischen Tongestalten und erhalten in ihrem Fortgange die Möglichkeit, sowohl in der Tonhöhenskala wie im Tonalitätssystem ,,Orte" zu erhalten, und zwar nach Höhe und im Bezuge auf die ,,Eckpunkte" der Kadenz, in der Tonalität also auf die Tonika, Ober- und Unterdominante. Nach diesen System- und Hintergrundsfaktoren ist eine Analogisierung gestattet, natürlich entsprechend den spezifischen Besonderheiten der akustischen Systemordnung gegenüber der optisch-räumlichen.

Um die weiteren Punkte zu vergleichen, muß allerdings auf musikalischem Gebiete eine starke Einschränkung erfolgen. Es kommen jetzt nur mehr die Bildungen in Betracht, bei denen stetige Übergänge, d. h. ohne Absetzen zwischen den einzelnen Tönen, erfolgen, was nur in der (nicht eigentlich musikalischen) Sprachmelodie und im musikalischen Bereiche im Portamento der Singstimmen und Streichinstrumente rein auftritt. Bei diesen sprechen die Forscher, die sich mit den akustischen Problemen von Sprechen und Musik, speziell Gesang, beschäftigt haben (ISSERLIN, STUMPF u. a.), von ,,Tonhöhenbewegung". Es lassen sich kontinuierliche Kurven zeichnen, deren tonale Unterlagen in eine gewisse Analogie zu den ,,Bahnen" der optischen Bewegungserscheinungen gebracht werden können, insofern auch bei ihnen von ,,Richtung" (hinauf — hinunter usw.), von Steigen und Fallen und von Geschwindigkeitsänderungen als zeitfiguraler (rhythmischer) Gliederungen in pausenlosen Strecken geredet werden kann.

Bei weiterem Versuche der Vergleichung beginnen Schwierigkeiten. Will man die stetige Tonhöhenänderung als ,,Bewegung" etwa der Translation eines Gegenstandes vergleichen, so ist man veranlaßt, die Phänomene so zu fassen, daß ein bestimmtes Tonindividuum über eine nach Richtung bestimmte Strecke mit Anfangs- und Endort hinweggeführt wird. D. h. also, daß beim Durchmessen einer Tonstrecke *c–g* im Portamento ein Ton sich über einen invarianten Hintergrund hinweg ,,bewegt" habe. Tatsächlich nennt STUMPF[1] einen solchen stetigen Übergang eine Tonbewegung, ,,. . . eine einheitliche, qualitativ eigenartige Tonerscheinung, so einheitlich wie ein festliegender Ton". Wenn dabei freilich das ganze Tonstreckenerlebnis mit einem ,,festliegenden" Ton verglichen wird, so wird man wohl einen gewissen Widerspruch zu der Bestimmung der ,,Bewegung" finden. Anders, wenn der ,,festliegende Ton" etwa mit einem Tonindividuum verglichen wird, das über eine Tonstrecke streicht. Daß aber auch dies nicht anerkannt werden kann, zeigt eine kurze Überlegung. In dem erwähnten Tonhöhenzug ist der Ton von der Ausgangslage *c* zur Endlage *g* kontinuierlich fortgeschritten. Er hat aber damit nicht nur seinen ,,Ort" in der Höhenreihe verändert, sondern selbst seine Helligkeit und seine musikalische Qualität. Das liegt gewiß in der Natur des Hintergrundes, auf dem er sich verschiebt. Aber die Verhältnisse liegen doch anders als bei der räumlichen Translation, in der mit Ausnahme des Ortwertes alle Qualitäten erhalten bleiben, die Gegenstände dadurch als identisch gefaßt werden können. Der von *c* auf *g* im Portamento ,,verschobene" Ton entspreche einem roten Gegenstande, der bei seiner Verschiebung eine Wandlung in helleres Rot erfahren würde. Es mag, wenn auch selten, vorkommen, daß ein bewegter Körper während der Bewegung noch

[1] STUMPF: Singen und Sprechen. Beitr. z. Akustik u. Musikwissenschaft. H. 9. § 5, S. 62 (1924).

andere Qualität erhält, ohne die Identifizierung mit dem Ausgangskörper zu verlieren. Das aber gehört nicht zum Wesen der Translation, wie es anderseits zum Wesen der stetigen Tonübergänge gehört. — Und noch ein anderer Unterschied liegt vor. Während man bei der Translation des optischen Körpers die Bahn, falls sie langsam genug gewählt ist, verfolgen kann, in ihr jeweils den Ort des durchlaufenden Körpers bestimmen kann, ist dies gerade bei den stetigen Tonübergängen nicht möglich. Es kann zwar das „Auf und Ab“ in der Sprachmelodie oder in einem Portamento mit Durchgängen durch verschiedene Höhenlagen festgestellt werden, nicht aber der Ort im Tonhöhensystem, auf dem sich die Tonführung jeweils befindet; das ist nur bei einem, wenn auch noch so kurz auffaßbaren Verweilen auf einer Höhenstufe erreichbar.

Man sieht daraus, daß die Bezeichnung „Tonhöhenbewegung“ bei stetigen Tonübergängen einen Vergleich mit der typischen Translationsbewegung im optischen Raum nicht möglich macht, daß der Terminus „Bewegung“ keine Analogie, sondern nur eine metaphorische Bezeichnung für musikalisches Geschehen ist. Er bleibt metaphorisch, auch wenn man anführt, daß im optischen Gebiete nicht alle Bewegungserlebnisse dem typischen Translationsvorgange entsprechen (Benussi, Wertheimer, Grünbaum, Wittmann u. a.). Die Bewegungsnachbilder sind psychisch-evidente Bewegungserlebnisse ohne Ortsveränderung. Bei den Scheinbewegungen stroboskopischer Art kommt das Bewegungserlebnis auch zustande, wenn der zweite Reiz eine andere Gestalt hat als der erste; d. h. also, als bewegter Gegenstand gesehen, nicht „identisch“ bleibt. Bei den üblichen Versuchen mit Scheinbewegungen wird zwar Ortsveränderung, nicht aber das Kontinuum der „Bahn“ erlebt. Aber das sind Sonderfälle, an denen doch die Wesensbestimmung der stetigen Tonänderung im Vergleich mit räumlichen Ortsänderungen nicht wird vorgenommen werden können.

Und ist schon die kontinuierliche Tonänderung nicht mit der optischen Bewegung in typischer Erscheinungsweise zu analogisieren, so kann dies bei den Phänomenen des Musikstoffes, die wir Melodien nennen, erst recht nicht geschehen. Für sie ist das sprunghafte, diskontinuierliche Fortschreiten selbst im stärksten Legato und im schnellsten Tempo gespielter Läufe ein wesentliches Merkmal. Die einzelnen Glieder dieser zeitlich geformten Sukzessivgestalt haben zwar Zuordnungen zu den tonalen Systemen, man kann vielleicht Richtungsänderung beim Übergang von einem Klang zum anderen feststellen, sonst aber fehlt jede Möglichkeit des Vergleiches mit dem Sinnes- und Bildbestande der Translationsbewegung. Umgekehrt gibt es auch optische Gegebenheiten, die sich in sukzessiver Reihengliederung diskreter oder qualitativ verschiedener Glieder formen, Gestalten, wie sie etwa bei der Morseschrift oder beim Maschinenschreiben auf dem Papier entstehen. Sie haben nicht eigentlich den Charakter der Bewegung, sie lassen sich vielmehr — trotzdem sie nicht wie die Tonreihe vergänglich sind, sondern bestehen bleiben — als optisch-melodische Gebilde mit den Klangmelodien analogisieren.

Ob es auf dem Gebiete des akustischen Musikstoffes Analoga zu den optischen Scheinbewegungen (Stroboskop, Kinematograph) gibt, ist nicht leicht zu entscheiden. Fusionserscheinungen dergestalt, daß rasch aufeinanderfolgende, kurz dauernde Töne zu einem Tonkontinuum vereinigt werden, sind mehrfach studiert worden. Daß also eine objektiv-melodisch strukturierte Reihe subjektiv in einheitliche Sukzessivgestalt übergeht, ist auf akustischem wie auf optischem Gebiete gleich. Daß aber darüber hinaus etwas Analoges zu einer kinematographischen Scheinbewegung entsteht, ist auf akustischem Gebiete, soweit ich orientiert bin, nicht bekannt.

Ein Unterschied zwischen optischer und akustischer Sukzessivgestalt sei noch angeführt: Wenn auf optischem Gebiete diskontinuierlich dargestellte, verschieden qualifizierte Glieder in der gleichen Geschwindigkeit dargeboten würden, wie sie bei einer musikalischen Melodie etwa in einem Allegro- oder Prestolauf ausgeführt werden, so würden wahrscheinlich sehr unangenehme Flimmererscheinungen entstehen, die erst bei Verlangsamung oder bei Fusionierung erträglich sind. (Man vergleiche dazu das bei der Erzeugung kinematographischer Bewegungsbilder hörbare diskontinuierliche „Surren" der Apparate.) Beim Vergleich von sukzessiver Darstellung optischer und akustischer Gebilde wird man vielleicht auf optischem Gebiete eine Neigung zur Fusion, auf akustischem eine Neigung zur Diskontinuität feststellen.

Woher kommt die so weit verbreitete metaphorische Qualitätsbestimmung der Melodie als einer Bewegung, eines kinetischen Flusses oder wie sonst die Bestimmungen lauten? Wenn man die Beziehung zur Bewegung nicht *primär* im akustischen Stoffe selbst finden kann, so wird man doch Beziehungen zum Wesen der Bewegung da suchen, wo dieser Stoff *sekundär* in der weiteren musikalischen Situation eingebaut ist. Vergessen wir nicht, daß in den Tonschritten *energetische* Vorgänge erfolgen (E. Kurth u. a.), Spannungen und Lösungen, wie sie in den Wirkungen der Diskordanzen, der Leittöne in Erscheinung treten. Energetische Faktoren erleben wir auch in den optischen Bewegungskontinuen mindestens durch Nacherleben. Ganz besonders aber sind es die rhythmischen Formungen, die die akustisch-melodischen Gestalterscheinungen mit den optischen Bewegungsphänomenen verbinden. Und hier sind Brücken zum kinästhetischen Gestalten und insbesondere zu den motorischen Bewegungen. Die *Anregung der motorischen Sphäre durch die Musik*, insbesondere durch die Rhythmen, ihre Beziehungen wieder zu den echten optischen Bewegungen beim Dirigieren, bei den (geschauten) Tanzbewegungen lassen in den *Effekten* der Musikerscheinungen, also in den höheren subjektiven Beziehungen des Musikstoffes, einen Grund ersehen, der alle erwähnten Gebiete unter dem Gesichtspunkt der „Bewegung" verbindet. Wenn also in der klangstofflichen bildhaften Melodie von „Bewegung" gesprochen wird, so ist nach dem Gesagten dies zwar eine Metapher, die aber beim Erfassen der höheren musikalischen Zwecke der Melodie auch psychologisch wohl begründet ist.

b) Die weitere Frage nach den Schlüssen, die sich aus dem Studium der amusischen Erscheinungen für die *zeitgestaltliche Formung* in den verschiedenen modalen Gebieten ziehen lassen, gerät bei dem Begriffe des „*Rhythmus*" in manche Schwierigkeit. Die Verwendung dieses Begriffes in der Literatur ist reich an Äquivokationen. Wir haben für das akustisch-musische Gebiet gewisse Begriffsbestimmungen und Inhaltsabgrenzungen für notwendig gehalten und sie an dem musischen Material angewendet.

Es sei aus früheren Darlegungen wiederholt: 1. *Rhythmus ist nicht identisch mit zeitgestaltlicher Formung*; er ist nur eine von ihren Spezifikationen. Das

Beharrende, das Unverändert-Kontinuierliche und die stetige kontinuierliche Veränderung hat Zeitform aber nicht Rhythmus. Nicht jede diskontinuierliche „Reihe" ist rhythmisch gegliedert. Vielmehr ist Rhythmus die zeitliche Gliederung durch *Akzentgewicht*, und zwar zeitliche „agogische" (Längen, Kürzen, Pausen) und tonale Akzente. Unter den tonalen Akzenten gibt es „dynamische" Intensitätsakzente, ferner Akzente durch Tonhöhe, durch bestimmte Klangfarbenanordnung der Klänge usw. 2. *Rhythmus ist nicht identisch mit Takt.* 3. *Rhythmus ist nicht eine zeitliche Gestaltung aller Dispositionssphären des akustisch-musischen Geschehens*; er gehört nicht der Sinnessphäre, sondern der Bildsphäre an. *Rhythmus ist die bildgestaltliche Zeitformung des melodischen Klangstoffes.*

Das Verhältnis von Rhythmus und Takt, zu deren Auseinanderhaltung uns neben den Erwägungen früherer Theoretiker auch die Amusieforschung zwingt, bedarf einer besonderen Besprechung nach der Richtung, was *das Wesen des Taktes* und seine Stellung und Funktion als Zeitformungsprinzip ist. Spricht man mit mehr Recht vom Marschrhythmus oder Marschtakt, vom Rhythmus oder vom Takt des Wellenschlages, der Herzaktion, der Atmung? Ist in dem ersparenden und anfeuernden Faktor der gleichmäßigen Bewegung beim Gehen aber auch bei der Arbeit (K. BÜCHER) der Rhythmus oder der Takt das Ausschlaggebende? Ein klassischer Wiener Walzer, der auf dem Klavier gespielt wird, gibt mit der linken Hand die harmonisierende „Begleitung", die auch den Takt markiert, zumeist einen Baßschritt auf den ersten, den schweren, je einen Akkord auf den zweiten und dritten, den leichten Taktteilen. Die rechte Hand führt die „Melodie", die bei scharfer rhythmischer Gliederung über die Taktschritte und Taktgrenzen nach ihrer Phrasen- und Themenordnung hinwegspielt, „im" Takt verläuft, aber keineswegs „den" Takt wiedergibt. Sieht man von den tonalen, melodischen und harmonischen Gängen ab, so könnte man vielleicht sagen, daß die linke Hand den Takt, die rechte den Rhythmus des Walzers spielt. Das ist aber nicht richtig. Was man im Spiel der linken (begleitenden) wie der rechten (melodieführenden) Hand *wahrnimmt*, ist Rhythmus. Der Unterschied ist der, daß der von der linken Hand gespielte Rhythmus den Takt „markiert", die Melodie der rechten Hand auf dieser Taktmarkierung sich zwar aufbaut, sie aber entsprechend ihren besonderen melodischen Aufgaben nicht selbst zeichnet. Was ist dann der Takt? Er „markiert sich" in der Dirigierbewegung, wie im Walzerrhythmus, in den Bewegungen der Tänzer wie in den unbemerkten motorischen Impulsen der musikalischen Zuhörer. Dirigierbewegung, Tanzschritt, Walzerbegleitung haben jede ihre eigene rhythmische Gestaltung, die je nach ihrer optischen, motorischen oder akustischen Ausprägung ganz verschieden ist. Gemeinsam haben sie alle den Takt. *Dieser Takt wird nicht gesehen, nicht gehört und nicht in Bewegungen wahrgenommen.* Er „*markiert*" sich jedoch in verschiedener Weise wahrnehmungsmäßig in den erwähnten verschiedenen Äußerungen und bleibt dabei doch der gleiche. *So wenig der Raum und die Tonalität selbst „Inhalte" der Wahrnehmung, selbst optische bzw. akustische Gegenstände sind, so wenig ist dies der Takt.* Während der Rhythmus als Gliederungsfaktor in den verschiedenen Modalitätsgebieten als optischer, akustischer und motorischer Gliederungsfaktor in den Gestaltbildungen wahrnehmbar ist, erscheint der *Takt als invariantes zeitformendes Schema*, das der Wahrnehmende in den Stoff hineinerlebt, mit dem er den Stoff unterbaut und durch ihn den Fluß des Geschehens formiert. Bei aller Änderung der Verläufe, der Betonungen, bei aller Verschiebung von großen und kleinen Pausen oder tonalen Erfüllungen bleibt der Takt der gleiche. Das Teilungsprinzip ist abhängig von dem „Diagramm", das dem rhythmischen Geschehen angepaßt ist: Zweiteilige, dreiteilige Takte in unseren musikalischen Formen, fünf-, sieben- und neunteilige Taktformen in der antiken Musik und in manchen primitiven Musiksystemen, z. B. der Indianer[1]. Der Wesensunterschied zwischen Rhythmus und Takt ist für die Psychologie und Pathologie der Zeitformung, überhaupt der Gestalt, für die Folge aufrecht zu erhalten.

Was also als Zeitgliederung *gehört* wird, ist Rhythmus. Die Walzerbegleitung der linken Hand hat einen Rhythmus, der den immanenten Takt „mitschlägt", ihn aber doch durch Akzente wieder rhythmisiert. Diese Akzente, die „starken" und „schwachen" Taktteile, liegen in der Natur unserer musikalisch-metrischen Forderungen, haben vielleicht ihre genetische Wurzel im Zusammenhang mit der Motorik, die wir hier nicht weiter besprechen. Aber selbst das Schlaggleichmaß des Metronoms ist — wenn wir von den unwillkürlich „hineingehörten" Rhythmen absehen — doch nicht nur Takt, sondern höchstens ein „Abbild" des Taktes. Wellenschläge, Herzkontraktionen und alle so gearteten, mit annähernd gleichmäßigen Akzenten einhergehenden zeitgegliederten Geschehnisse sind rhythmische Bildungen, die so gestaltet sind, daß sie Abbilder eines Taktes sind, daß sie „im Takt gehen". Die Begleitung des Walzers, nicht Takt schlechthin, bildet den „rhythmischen Hintergrund" für das rhythmisch-figurale Geschehen der Walzermelodie und ist als solcher dem Taktsystem straff angepaßt, stellt den Takt dar.

Der Begriff des Taktes ist hier anders genommen als von L. KLAGES[2], wenn auch die von ihm vorgenommene Abtrennung des Taktes vom Rhythmus für notwendig gehalten wird. Seine Gegenüberstellung von Rhythmus und Takt im Sinne feindlicher Kräfte (Rhythmus als der Seele, Takt als dem Geiste angehörig) ist eine Frage, die die Metaphysik zu entscheiden hat. Nach der hier vorgenommenen Definierung kann eine Gegenüberstellung lebendiger Rhythmen, wie Wellenschlag, Flügelschlag der Vögel usw. und des mechanischen Taktes der Uhren, des Metronoms usw., als sich ausschließender Prinzipien nicht gemacht werden. Je nach der psychischen Gestaltung, je nach der Verarbeitung, die das Individuum den periodischen Vorgängen in der lebenden und der anorganischen Natur angedeihen läßt, sind Rhythmus *und* Takt in allen erlebten Phänomenen in einer dem objektiven Stande angepaßten Weise enthalten. Auch Gebilde wie das Volkslied, der primitive Kriegstanz haben ausgeprägten Takt, dessen Äußerung vom psychologischen Standpunkte aus als eine höchst vitale, beseelte und ausdruckskräftige erscheinen muß.

Nicht jeder „taktangepaßte" Rhythmus ist musikalisch. In der Musik sind auch „freie" Rhythmen bekannt — Kadenzen, senza misura —, die keine Taktgebundenheit haben. Doch sind im allgemeinen die melodischen Gänge des Musikstoffes so geordnet, die Akzente so angelegt, daß aus ihnen die Taktformen als Unterlegung des rhythmischen Vorganges ohne weiteres herausprägbar sind und zu „rhythmischen Hintergrundsbildungen" Veranlassung geben können.

[1] Vgl. STUMPF, C.: Die Anfänge der Musik. Leipzig 1911.

[2] KLAGES, L.: Ausdrucksbewegung und Gestaltungskraft. Leipzig 1921, S. 134f.

Der Takt als Zeitmaßsystem steht neben Raum und Tonalität als Maßsystem für andere Gestaltungserscheinungen. Die „Taktformen" dagegen, die „Takte" als dargestellte, abgeschlossene und zählbare Bilder (z. B. der einzelne Dreivierteltakt eines Walzers) sind „taktentsprechende" *rhythmische* Bildungen. So sind auch die höheren musikalisch-metrischen Formen, die „Perioden" musikalischer Themen, die einen bestimmten Aufbau und eine Anordnung von „Takten" haben, etwa die 8taktige Periode mit Vordersatz und antwortendem Nachsatz oder die 6taktige Periode, Formen im Haupt- oder Seitenthema einer klassischen Sonate, rhythmische Hintergrundsbildungen, auf denen sich das melisch-rhythmische Gestaltgeschehen der thematischen Züge abspielt. Bei der Untersuchung des gesunden und kranken Menschen werden diese Unterscheidungen ins Gewicht fallen.

Insofern Rhythmus nicht nur Erscheinungsform des Musikstoffes ist, sondern auch dem musikalisch-ästhetischen Ausdruck und der musikalischen Sinngebung dient, ist ihm die Eigenschaft gegeben, energetische Abläufe in bestimmter Weise zu erzeugen. Der Wechsel von Spannung und Lösung, die Verwandlung von Lösung in Spannung (L. Klages u. a.) gehört ihm ebenso an wie dies für die tonalen Erscheinungen, für Konsonanz und Dissonanz und die harmonischen Gestaltungen gilt. Auch den höheren Taktformgebilden, den Perioden, gehören solche energetischen Züge an. Ein Beispiel dafür mag in der unlustvollen Spannung gesehen werden, die entsteht, wenn eine 8taktig angelegte Phrase etwa schon im 6. Takt harmonisch zum Abschluß gebracht wird. In bezug auf die Energieformen gliedern sich die rhythmisch-taktischen Komponenten den harmonisch-melischen Anteilen des Musikstoffes gleichwertig ein.

Ist alles, was in der Welt rhythmische Gestalt hat, als musikalisch zu bezeichnen? Für die Pathologie bedeutet diese Frage, ob man überall, wo man Störungen des Rhythmus findet, auch Dispositionsdefekte für das musikalische Erleben, speziell Amusie, anzunehmen hat. Es gibt Theoretiker, die alles Rhythmische für musikalisch halten. Es erscheint dies aber nicht zweckmäßig. Ist es theoretisch schon bedenklich, den Tanz in das Gesamtgebiet der Musik in Wesensbestimmung einzubeziehen, so würden doch sicher nicht alle räumlichen Ausdruckformen, denen rhythmische Gestaltung zugesprochen wird, der Musik zugerechnet werden können. Wir müssen für die psychologische und pathologische Aufschließung metaphorische Vergleichung von Wesensbestimmung scharf trennen. Daß der Rhythmus der Musik dem Tongeschehen in besonderer Weise angehört, mag neben anderen Gründen darin liegen, daß hier eine leicht zu rhythmisierende, diskontinuierliche Gliederung im Gegensatz zu anderen modalen Gebieten in den Vordergrund tritt. Man tut gut, der Musik nur die in den akustischen Erscheinungen sich darstellenden rhythmischen und taktlichen Gestaltungen zuzusprechen, sie neben den anderen, etwa den räumlichen, den kinetischen Formen, in denen Rhythmus wirkt, gelten zu lassen, den musikalischen Rhythmus aber nicht anderen rhythmischen Formen grundsätzlich überzuordnen. Für die Pathologie hat dies die Folge, *daß nicht jede rhythmische Störung als eine musikalische Störung aufgefaßt werden kann.*

Daran schließt sich die Frage: Liegt der Zeitformung, speziell dem Rhythmus eine für alle zeitgegliederten Erscheinungen geltende *Universaldisposition* zugrunde? Ist der Rhythmus eine „Grundfunktion" des zentralen Nervensystems, wie ihn M. MINKOWSKI bei Gelegenheit der kritischen Besprechung von J. TEUFERS [1] Theorie von einem besonderen „Rhythmuszentrum" bezeichnet? Oder aber gehört rhythmische Formung jedem Erlebnisgebiete an, in dem es auftritt, also jeweils dem akustisch-musischen, dem optischen, dem taktilen, dem motorischen Gebiete?

Aus der Theorie des Rhythmus ergeben sich für die universale zeitformative Disposition des Rhythmus mancherlei Stützen. Die Universalität des Rhythmus im Weltgeschehen, die Feststellung eines Weltrhythmus, des rhythmischen Prinzips in allen Naturvorgängen, im Leben der Völker und des Einzelmenschen, in den Wechselgängen der Geschichte, der Kulturentwicklung könnten dafür sprechen. Auf der anderen Seite stehen die Theorien, die den Rhythmus spezifizieren, den optischen Rhythmus dem akustischen gegenüberstellen, auch dem musikalischen Rhythmus gewisse räumliche Attribute zusprechen, wie „Periode", „Symmetrie" für die Lagerung der Akzente (was wiederum von MACH und MEUMANN bekämpft wird) oder die in irgendeinem bestimmten Merkmal, etwa dem motorischen (G. E. MÜLLER), oder dem gefühlsmäßigen (WUNDT), oder dem Zwang (MARG. SMITH) usw. einen Wesenszug des Rhythmus sehen.

Die Frage nach der Universalität oder Spezifität des Rhythmus kann zunächst an einem Thema gemessen werden, an der Frage der *Objektivität oder Subjektivität* der Rhythmusgestaltung. Es besteht keineswegs Einheitlichkeit der Ansichten darüber, ob der Rhythmus eine Eigenschaft des außerpsychischen Gegenstandes selbst ist oder vom Subjekt in das fortlaufende Geschehen dieses gegenständlichen Geschehens gestaltend hineinerlebt wird. Als Vertreter der Objektivität des Rhythmus in weitester Universalität kann L. KLAGES [2] angesehen werden, wenn er an die „Erscheinungen des rhythmischen Wechsels von Tag und Nacht, von Ebbe und Flut, von Sommer und Winter" erinnert und im gleichen Zusammenhange sagt: „Die Polarität von Geburt und Tod, Entstehen und Vergehen, Wachheit und Schlaf umfaßt die ganze organische Welt." Den subjektiven Standpunkt vertritt R. HOENIGSWALD [3]. Er spricht dem Rhythmus eine „universale psychologische Bedeutung" zu und schreibt: „Der Begriff des Rhythmus ist eben der Begriff des monadisch-differenzierten, individuellen, also ‚wirklichen' Rhythmuserlebnisses" und „ . . . so ist das Problem des *Rhythmus* recht eigentlich das des ‚Rhythmuserlebnisses'". P. LINKE [4], der die Äquivokation des Rhythmusbegriffes erkennt, unterscheidet zwischen Rhythmen als phänomenalen (psychischen) Gegenständen und den „Rhythmen an sich", die z. B. ein schlagendes Pendel, das von niemanden wahrgenommen wird, an sich hat. Er hält es für „willkürlich", in beiden Fällen das Wort Rhythmus zu verwenden und meint, daß man bei der engen Bindung der äquivok genannten Gebilde den gemeinsamen Namen schwer vermeiden kann. — Die täglichen Beobachtungen wie die pathologischen Erfahrungen drängen aber, wie mir scheint, doch zu entschiedenerer Stellungnahme. Wie oft erwähnt, läßt sich in das Geratter der Eisenbahn, in die Schlagfolge einer Maschine usw. beliebiger Rhythmus und beliebige Takteinteilung „hineinhören". Eine subjektiv einge-

[1] TEUFER, J.: Zbl. Neur. **37**, 41.
[2] KLAGES, L.: Ausdrucksbewegung und Gestaltungskraft. Leipzig 1921, S. 134.
[3] HOENIGSWALD, R.: Vom Problem des Rhythmus. Leipzig 1926.
[4] LINKE, P.: Ber. üb. d. 3. Kongr. f. Ästhet. u. Kunstwissenschaft. Stuttgart 1927, S. 94f.

nommene rhythmische und taktliche Formung dieser Art kann bei gleichem objektivem Ablaufsbestande verändert gehört, „transponiert" werden, je nachdem man Akzentverteilungen, andere Symmetrien, Neugruppierungen der zeitlichen Gestaltungen, eine neue Art von „Zähligkeit" vornimmt. Dies spricht für den subjektiven, „produktiven", psychischen Charakter des Rhythmus und des Taktes. In diesem Sinne haben Herzschlag und Atmung, Flügelschlag und Wellenschlag des Meeres zwar „zeitliche Folge", Wiederkehr des Gleichen, *Perioden* und Reihen, aber sie haben, wenn sie nicht wahrgenommen werden, nicht die zeitliche Gestaltung und zeitliche Ordnung, die bei allen erwähnten Erscheinungen erst durch die subjektive Erfassung in der Rhythmusgestalt und im Taktsystem erfolgt. Auch der menschliche Körper hat zunächst nur *periodische Folgen.* Rhythmus wird erst an ihm erlebt, wenn der Pulsschlag von jemand beachtet wird, wenn der Herzschlag behorcht, das Atmen, die Perioden der Verdauungstätigkeit, der sexuellen Bewegungen usw. auf den rhythmischen Ablauf geprüft werden. So haben auch periodisch-wechselnde Vorgänge der Außenwelt (Ebbe und Flut, Tag und Nacht usw.), aber auch die physiologischen körperlichen Geschehnisse und auch die objektiven Vorgänge im Zentralnervensystem zwar *periodische* Zeitfolge (insoweit sie nicht Gegenstände subjektiven Erfassens sind), erhalten aber *Rhythmus* erst durch die Wahrnehmung. Nicht alle objektiven Inhaltsfolgen sind freilich so, daß sich die Rhythmen „beliebig" und stets transponierbar hineinlegen lassen. Gerade der phänomenale Bestand, bei dem es auf rhythmische Gestalten und taktliche Ordnung ankommt, wie der musikalische, ist schon durch die Verteilung der Akzente und Anordnung der Glieder objektiv so gerichtet, daß er „eindeutig" ist und eine „adäquate" subjektive Rhythmisierung und Taktierung erfordert. Aber selbst hier erlebt der ganz Unmusikalische und der durch Krankheit amusisch Gewordene bei entsprechender Dispositionsstörung zwar die objektive Folge, nicht aber den Rhythmus und Takt, nicht die geforderte zeitliche Gestaltung und Ordnung, die vom Subjekt produktiv zu geben ist.

Mit dieser Annahme schränkt sich die Frage nach der Universalität und Spezifität des Rhythmus (und Taktes) auf das psychische Gebiet ein. Die Frage lautet jetzt: Gibt es eine gemeinsame im Subjekt wirksame universale Grundfunktion des Rhythmus oder ist der Rhythmus eine Erscheinung, die im Zusammenspiel vieler Dispositionen als Resultat sich ergibt?

Das kann zunächst an den unterschiedenen Gebieten der Empfindungs- und der Bilderscheinungen geprüft werden. Es ist zu erforschen, ob periodische *Empfindungsphänomene,* etwa das Flackern und Flimmern an optischen Erscheinungen, das Surren und Schnarren im akustischen, die „Vibrationsempfindungen" im taktilen Bereiche ebenso als rhythmische Erscheinungen gelten können, wie das in zeitlich bildhafter Form an optischen und akustischen Melodieformen als rhythmische Gestalten gefaßt wird. Die Beobachtung ergibt, daß die Empfindungsphänomene, wie Flimmern, Surren, Vibrieren, eigenartige Erlebnisse sind, deren periodischer Charakter zunächst in der sinnlichen Darstellung nicht vorhanden zu sein braucht, sondern erst durch Reflexion oder gar durch Darstellung in Reizkurven herauskommt. Was rhythmisiert erscheint, ist in solchen Fällen nicht eine Qualität des Erlebens, sondern ist sekundär aus der Bearbeitung und Erforschung der Empfindungserlebnisse und ihrer Bedingungen erschlossen. Es ist nicht erlaubt, das Prinzip, das ursprünglich in den melodischen Abläufen aller Sinnesgebiete als „rhythmisch" sich darstellt, auch in den Empfindungserlebnissen ohne weiteres zu sehen. Darum halten wir es nicht für glücklich, wenn D. KATZ bei den Vibrationsempfindungen von einem „Mikrorhythmus" spricht. Die pathologische Erfahrung macht es auch unwahrscheinlich, daß bei echten Rhythmusstörungen durch Bildagnosie, die Erlebnisse im Sinnesbereiche, die durch periodischen Reizbestand erzeugt werden, grundsätzlich mit gestört werden. Es erscheint am zweckmäßigsten, die Beschränkung der rhythmischen Gestaltung dem psychischen Gebiete der objektiven Bild- und Dingformung zuzuerkennen, die rhythmischen Störungen mithin als gnostische Störungen anzusehen.

Aber selbst im *Bildbereiche*, auf das das Rhythmuserleben in den verschiedenen Modalitäten beschränkt ist, wird sich die Universalität des Rhythmusprinzips Einschränkungen gefallen lassen müssen. Wenn ZIEHEN [1] als charakteristische Bestimmungen des Rhythmus die Wiederkehr des Gleichen, die Äquidistanz, die Gruppenbildung und die Variation anführt, so ist diesen Bestimmungen mit Recht kritisch entgegengetreten worden. Sie sind alle nicht wesentlich für den Rhythmus, wie sich an dem Rhythmus der Prosasprache ersehen läßt, für die kein einziges Bestimmungsstück zutrifft. Sie sind Akzidenzien des Rhythmuserlebens, die sich an Sonderfällen von rhythmischen Bildungen aufweisen lassen können. Auch „die Periode" ist aus dem gleichen Grunde nicht obligat für das Rhythmuserleben. Nicht alle Inhalte, denen wir Rhythmus zusprechen, sind periodisch. Das gleiche gilt für die „Symmetrie" der Akzente. Jedenfalls läßt sich aber ohne *Akzentgliederung* der zeitgestaltlich zusammengeschlossenen Glieder Rhythmus nicht bestimmen. Andererseits freilich ist „Akzentgewicht" allein auch noch nicht Rhythmus. Ein einzelner Akzent, etwa ein Sforzato oder mehrere durch Takte getrennte akzentuierte Schläge ergeben keinen Rhythmus. Es bedarf der zeitgestaltlichen Ganzheitsbildung und Gliederung durch die Akzentverschiedenheit der Konstituenten, die jedem an seinem Platze sein „Akzentgewicht" (KOFFKA) gibt und im rhythmischen „Bogen" ihre energetische Verteilung und Wirksamkeit verleiht. Auf diese energetische Wirkung legt O. BAENSCH [2] großen Wert, wenn er als Rhythmus nur die Zeitgliederung, die wir als Ausdruck oder Träger eines Gefühls auffassen, bestimmt. Er nähert sich, wie mir scheint, in der Charakterisierung der Rhythmusgestaltung der allgemeinen Gestalttheorie F. KRUEGERS von der Bedeutung der Gefühle für die Gestaltbildung überhaupt. Wohin auch die weitere Forschung gehen wird, so besteht in der zeitlichen Akzentgliederung des bildhaften Gegenstandes die Einschränkung des Rhythmus und der Bildsphäre gegenüber anderen zeitgestaltlichen, aber nicht rhythmischen Bildungen der gleichen Sphäre.

Eine für die Pathologie nicht unwichtige Frage innerhalb des Universalitätsproblems besteht, ob der Begriff des Rhythmus eine über die bloße Zeitgliederung hinausgehende Anwendbarkeit besitzt. O. BAENSCH [3] bejaht diese Frage. Er spricht von „melischem Rhythmus" der Melodie, der von dessen Zeitrhythmus

[1] ZIEHEN: Ber. üb. d. 3. Kongr. f. Ästhet. u. Kunstwissenschaft. Stuttgart 1927, S. 83f.

[2] BAENSCH, O.: Ber. üb. d. 3. Kongr. f. Ästhet. u. Kunstwissenschaft. Stuttgart 1927, S. 99.

[3] BAENSCH, O., a. a. O., S. 102.

unabhängig ist, insofern die melischen Gewichte mit den zeitlichen Gewichten gleichlaufend oder ihnen widerstreitend sein können. Nach den harmonischen Gewichtsverhältnissen kennt er musische Gestalten in „harmonischem Rhythmus", ist der Ansicht, daß man von einem „räumlichen Rhythmus" in der Formensprache der bildenden Kunst mit Recht redet, insofern die Gewichtsverteilung den entsprechenden Gefühlswerten als Ausdruck dient. F. SANDER[1] ist geneigt, auch stabile optische Formen in Reihenanordnung und periodischen Gliederungen unter dem Begriff des räumlichen Rhythmus zu fassen. Für die Pathologie besteht hier das Problem, ob in diesen zweifellos leicht zu parallelisierenden Erscheinungen des Akzentgewichtes Wesensgemeinsamkeiten oder nur gute Metaphern vorliegen. Man könnte gegen eine Anwendung des Begriffes Rhythmus bei Gestalten mit Akzentgliederung nicht-zeitlicher Art einwenden, daß solche Akzentunterschiede von Glied zu Glied in fast jeder gegliederten Gestaltform beobachtet werden können, daß dann die Erweiterung des Rhythmusbegriffes mit dem Umfang der Gestaltgliederung überhaupt fast zusammenfällt. Dies ist aber nicht richtig. Die Gestaltgliederung nicht-zeitlicher Art besteht in Ganzheitserfassung verschieden qualifizierter Glieder, gleichgültig, welchen Akzent die Glieder untereinander haben; die nicht-zeitliche Akzentgliederung ist von der Qualitätsgliederung der zusammengesetzten Gestalten zu scheiden, ist ein anderes Prinzip, das noch zur Qualitätsgliederung hinzu kommt. Es ist auch unzweifelhaft, daß beispielsweise eine Tonhöhenfolge, bei der sich verschiedene Tonhöhen immer wieder folgen (Karfreitagsglockenmotiv aus dem „Parsifal"), in vollkommen zeitlichem Gleichmaß vielfältig wiederholt, doch eine Akzentgliederung melischer Art hat, die zeitgebunden ist und doch einen „rhythmischen" Eindruck macht. Ganz ähnlich ist es bei optisch-figuralen Anordnungen ornamentaler Art, wie sie in der bildenden Kunst häufig sind und auch im Experiment an den amusischen Kranken von uns angestellt worden sind. Freilich haben diese nicht-zeitlichen Akzentgliederungen nur mit den musisch-zeitlichen Rhythmen etwas gemeinsam, die in Perioden oder besser in einem „Taktverhältnis" gehen; sie hören auf, einen „rhythmischen" Eindruck zu machen, wenn die Periode, der „Takt" für sie wegfällt, wenn die optischen Gliederungen dem „freien Rhythmus", etwa einer akustischen Wortfolge in Prosa oder einem musikalischen Rezitativ analog sein sollten. Das Problem des aperiodischen Rhythmus in der Zeitgliederung aller Modalitäten, in dem der periodische, taktgerechte Rhythmus der meisten musikalischen und sonstigen zeitgegliederten Gestalten nur ein Spezialfall wäre, macht es zweifelhaft, ob man die nicht-zeitlichen Akzentgliederungen zweckmäßig unter den Begriff des Rhythmus einbeziehen kann. Hierüber ist noch eine auf empirischer Basis begründete Diskussion notwendig.

So schränkt sich zur Zeit für die psychologische und pathologische Bearbeitung der Rhythmus ein auf die zeitliche Gestaltung von bildhaftem (und kategorialem) Anschauungsstoff durch Akzentgliederung irgendwelcher Art. Eine Beschränkung auf das akustisch-musikalische Material besteht nicht. Trotz des großen Wirkungsbereiches für das Rhythmusprinzip in der Bildgestaltung aller Art ist die rhythmisierte Form doch nur eine Spezialform unter den möglichen Zeitgliederungen

[1] SANDER, F.: Über räumliche Rhythmik. Neue psychol. Studien, herausgeg. von F. KRUEGER. München 1926.

periodischer oder aperiodischer Art und ist gewiß nicht identisch mit Sukzessionsgestaltung überhaupt. Damit ist auch ausgesprochen, daß das Rhythmusprinzip nicht universal ist, sondern einen speziellen, umgrenzten Gestaltgrundsatz darstellt.

Damit sind wir auch der Beantwortung der Frage näher gekommen, inwieweit Rhythmus „Grundfunktion", speziell des Zentralnervensystems ist. Als Anteil der objektiven Welt werden wir dem Körper und seinen Lebensfunktionen nicht Rhythmus (subjektives Gestaltungsprinzip) als vielmehr *periodisches Geschehen* zusprechen. Periode ist tatsächlich eine Grundfunktion des organischen Lebens, und zwar nicht nur in dem Wechsel der Abläufe, ihrem Kommen und Gehen, sondern auch in den Vorgängen der Entwicklung und aller Lebensgeschehnisse. Die Trennung von Periode und Rhythmus ist, wie wir gezeigt haben, keineswegs eine terminologische Angelegenheit. Man kann nicht sagen, daß sich das rhythmische Erleben als Formungsprinzip von der periodischen Grundfunktion des Leibes ableiten läßt. Der Rhythmus stellt etwas anderes dar als das periodische Geschehen im Organismus und sollte nicht mit ihr begrifflich und terminologisch verwechselt werden. Es soll dabei gar nicht geleugnet werden, daß Erleichterungen und Hilfen in der rhythmischen Gestaltung sich aus gewissen periodischen Tendenzen des organischen Körpers, besonders aus denen, die dem Motorium angehören, herleiten. Das darf aber nicht Veranlassung, geben, die objektive Periode und das subjektive Gestaltungsprinzip des Rhythmus (und des Taktes) unter einem Begriff zusammenzuschließen.

Die Notwendigkeit der Beschränkung des Rhythmusgeschehens auf bestimmte modale Gebiete, insbesondere die Möglichkeit, in pathologischen Fällen den Rhythmus in dem einen Dispositionsbereich (z. B. dem akustischen) gestört zu finden, während es im anderen erhalten ist, gibt auch nach unserer Auffassung der ablehnenden Kritik recht, die M. Minkowski an der Annahme J. Teufers[1] von dem Bestehen eines „Rhythmuszentrums" im Gehirn geübt hat.

Weiterhin sei noch der Frage nach der Bedeutung des *Motoriums für den Rhythmus* Raum gegeben. Wir haben schon oben gesagt, daß es Psychologen gibt, die im Motorischen das Wesen des Rhythmus sehen. Daß für die Rhythmusproduktion die motorische Akzentgestaltung des Materials wichtig ist, dürfte unbestritten sein. Daß pathologische Störungen der Rhythmusproduktion sehr verschiedene Seiten der Bewegungssphäre betreffen können, ist vielfach bezeugt. Es sei erinnert an die allgemeinen Störungen der Erzeugung von Rhythmen bei Stotterern, an die Erschwerung der Apraktiker, rhythmische Bildungen zu produzieren. Die Rhythmusstörungen der Stirnhirnverletzten, die ich bei meinen Studien an diesen Kranken finden konnte, die Rhythmusstörungen bei Schizophrenen, bei zyklischen Kranken, bei Encephalitikern, die Langelüddecke festgestellt hat, zeigen das Motorium und die ihnen vorgeschalteten psychischen Faktoren des Willens und Gefühls bei den verschiedenen Schäden an verschiedenen primären Dispositionsstellen bei der Rhythmusproduktion beeinträchtigt.

Anders liegt das Problem, ob die Wahrnehmung der rhythmischen Gestalten vom Intaktsein des Motoriums abhängt. Unsere oft erwähnte kranke Pianistin Hir. könnte dafür sprechen; dagegen stehen andererseits die in ihrer spontanen Rhythmusproduktion manchmal so schwer gestörten Kranken mit Hirngrippe

[1] Teufer, J.: Die Symptomenbilder der Amusie. Beitr. Anat. usw. Ohr usw. 20 (1924).

(Encephalitis lethargica), die in ihrer Reduktion auf gleichmäßige iterative motorische Äußerungen durch Anhören von freiem musikalischem Rhythmus — etwa beim Vorsingen eines Liedes, ebenso auch beim passiven Mittaktierenlassen an einer Hand — eine Hilfe erhalten und sich dem anpassen können. Sie haben also in der rhythmischen Erfassung keine Störung, sondern eine Hilfe. Ganz ähnlich mag es bei den motorisch-aphasischen Kranken stehen, die bei ihren Störungen der spontanen Rhythmusproduktion in sprachlichen und musikalischen Äußerungen doch Sprache und Musik nach ihren rhythmischen Qualitäten ganz adäquat wahrzunehmen vermögen. Bekannt ist die Unfähigkeit Beethovens zum Tanz (BILLROTH, V. KRIES), die im Bereiche normaler und übernormaler Produktion musikalischen, rhythmisierten Gestaltstoffes die Unabhängigkeit vom Motorium sehr drastisch beweist. Wenn man nun auch nicht sagen kann, daß eine Störung der motorischen Rhythmusproduktion mit Notwendigkeit eine Erschwerung der Rhythmuserfassung mit sich bringt, so können doch, wie unsere oben angegebenen Beispiele zeigen, *sekundäre Störungen der Rhythmuswahrnehmung durch Störungen des Motoriums erzeugt werden.*

Daß also eine *Beziehung zwischen musikalischer Rhythmusproduktion und Motorium* besteht, ist unbestreitbar. Musik und Tanz, die bekannte Erscheinung, daß viele Menschen beim Anhören der Musik im Takt Bewegungen mitmachen (V. KRIES u. a.), die Zusammenhänge zwischen Arbeitserleichterung und musikalischer Rhythmisierung (K. BÜCHER) beweisen das. Die Unterscheidung zwischen Rhythmus und Takt erfordert gegenüber früheren Aufstellungen besondere Festsetzung. Die Bewegungen der Musikhörenden betreffen fast durchweg nicht die rhythmisierte Tonfolge des Stückes als vielmehr den dem Takt entsprechenden Rhythmushintergrund (allgemein schlechthin „Takt" genannt). Hier wie beim rhythmischen Arbeiten handelt es sich um „Mittaktieren", nicht um ein „Mitrhythmisieren". Vom gespielten Marsch, den aufgeführten Kunsttänzen, den Kriegstänzen der Primitiven wurde schon gesagt, daß die spezifischen Rhythmen der Musik und die „Rhythmen" der Bewegung bildmäßig sehr verschieden sind, gemeinsam der taktrhythmische Hintergrund ist.

Dies alles braucht noch nicht für die These zu sprechen, die den motorischen Faktor als das Wesen des Rhythmus nimmt. Unter den Akzentgliederungen, die es in der Musik gibt, besteht eine *Auswahl.* Es werden die rhythmischen Bildungen, deren Akzentuierungen man mit H. RIEMANN als dynamische und agogische kennzeichnet, vor den anderen besonders verwendet. Sie haben in der Melodie die Funktion der Erzeugung jener rhythmisch-energetischen Spannungen und Lösungen, die dem Rhythmus gegenüber anderen energiegebenden Gestaltfaktoren (Konsonanz, Harmonie usw.) eignet. Und gerade diese haben einen besonderen Bezug zur Bewegungssphäre. Diese Auswahl hat ihre historische Begründung: Die Entwicklung der reinen Musik aus dem Kult, speziell den kultischen Tänzen und Mysterienspielen. Die mimisch-pantomimischen Faktoren haben sich auch nach Ausschaltung der ursprünglichen Tendenzen erhalten. Der Bezug des Taktes bzw. des taktgerechten Rhythmus zum Motorium hat auch noch weitere tiefer begründete, biologisch-genetische Wurzeln, die auch schon früh in der Literatur erwähnt werden. Die periodischen Assimilations- und Dissimilationsvorgänge im Körper, die Erscheinungen der Herztätigkeit, der Blutzirkulation, die in Perioden einhergehenden Vorgänge der Atmung, der

Darmperistaltik, der Geschlechtsfunktionen usw. geben diesen periodischen Vorgängen eine vitale Fundierung. Nur daß das alles, wie wir bereits oben ausgeführt haben, Periode und nicht Rhythmus ist. Immerhin mögen sie beim Tanz zur Taktbildung in den rhythmischen Gestalten mitdisponieren, ohne wirklich die „Ursache" bzw. die psychische Fundierung der Rhythmusbildung zu sein. *Rhythmus und Taktsystem sind Formprinzipien für sich, die im Motorium wichtige Hilfen erhalten, aber durch diese motorischen Faktoren nicht wesenhaft bestimmt sind.* Daß diese Hilfen entsprechend den individuellen Verschiedenheiten für die Rhythmusauffassung und -produktion sehr verschieden sind, daß also der motorische Typ alles in die Bewegungssphäre hineinverlegen möchte, während die verschiedenen Formen der „sensorischen Typen" die Bewegung im Erleben des Rhythmus sehr zurücktreten lassen, braucht nur erwähnt zu werden.

Das gleiche kann auch von der Theorie H. Riemanns[1] gelten, der das „natürliche Tempo" des Andante von dem Herzschlag des normalen Erwachsenen (70—80 in der Minute) ableiten möchte. Man hat doch den Eindruck, daß beim musikalischen Menschen die Streuung im Urteil, was schnell, was langsam, was Andante ist, nicht übermäßig groß ist, daß sogar eine ziemlich starke Empfindlichkeit bei verschiedenen wirklich Musikalischen für vorgetragene Tempi besteht, die dem Ausdruckcharakter eines Musikstückes zu entsprechen haben. Demgegenüber ist die Streuung der Herzschlagfolgen bei groß- und kleingewachsenen Menschen, bei Jünglingen und Greisen sehr viel größer. Herzkranke mit beschleunigtem, verlangsamtem, unregelmäßigem Herzschlag verlieren deshalb noch nicht das Urteil über das „natürliche Tempo". Mehr mit den Tatsachen übereinstimmend ist die Annahme W. Wundts[2], daß das Rhythmuserlebnis in der Region einer motorisch-ausgezeichneten Periodizität, der Gehbewegung, liegt, deren Periode durch die Zeitdauer eines Doppelschrittes von etwa 1,2 Sekunden bestimmt wird. Es entspricht dies also etwa dem „Eigenrhythmus" oder besser der „Eigenperiode" der Muskulatur des Erwachsenen. Auch hiergegen bestehen die oben angeführten Bedenken nach der Richtung der Verschiedenheit der Alter, der Geschlechter der einzelnen Menschen. Man wird sich bei dem heutigen Problemstand überhaupt nicht mehr so leicht auf die „Ableitungen" und „Rückführungen" auf „einfachere" Tatsachen des biologischen Geschehens, z. B. des Sensomotoriums, einlassen wollen, wie dies früher nach Anregung durch die genetisch eingestellten Biologen und Psychologen in der Mitte und zweiten Hälfte des 19. Jahrhunderts (Spencer, Darwin, Baldwin u. a.) geübt wurde. Das Problem des „natürlichen Tempos", des Urteils, wann etwas als schnell, wann als langsam erlebt wird, muß strukturpsychologisch noch untersucht werden. Die *Rückführung auf das Motorium gibt keine genügende Antwort.* Vielleicht kann auch hier die Pathologie zur Klärung beitragen.

Daß man gerade dem Rhythmus eine universale, vitale, ja kosmische Bedeutung zugeschrieben hat, liegt — von der Erlebnisseite aus gesehen — nicht in der wirklichen Universalität der Rhythmusgestaltung, nicht in einer „Grundfunktion" des Rhythmuserlebens als vielmehr, wie mir scheint, darin, daß der Rhythmus ein *Gliederungsprinzip der Zeit ist, und daß die Zeit das „Material"*

[1] Riemann, H.: Allgemeine Musiklehre, 6. Aufl. Berlin 1918, S. 35.

[2] Vgl. Sander, F.: Experimentelle Ergebnisse der Gestaltpsychologie. Ber. üb. d. 10. Kongr. f. exp. Psychol. Jena 1928, S. 54, Anmerkung.

dieser Gliederung ist. Daß die Zeit gegenüber den räumlichen, tonalen, motorischen usw. Faktoren die universalste Erlebnisform ist, dürfte heute unbestritten sein. In der Zeit finden die verschiedenen materialen und funktionalen Erlebnisdaten eine gemeinsame Gründung, von der auf die Akzentgliederung des Rhythmus, der diese Zeit als Gliederungsfaktor enthält, eine Allgemeinbezogenheit übergeht. Ohne selbst als Formprinzip tiefer und universaler zu sein als andere Formprinzipien, bringt der Rhythmus andersartigen Gestaltformen in der Gemeinsamkeit der zeitlichen Gründung, also der Zeit als Gegenstand der Formung, eine Vertiefung und Universalität, die die einzel-modalen Gestalten aus sich heraus nicht zu erhalten vermögen. Und diese gemeinsame Verknüpfung der optischen, der akustisch-musischen, der motorisch-tänzerischen Gestaltabläufe im Rhythmus, besonders im taktgerecht gebundenen Rhythmus, einigt diese einzelnen Gestaltformungen auch auf den spezifisch-rhythmischen Ausdruckswert, auf die den rhythmischen Gliederungen angehörenden energetischen Lösungen des „Flusses“ und auf die ihnen zugrunde liegenden trieblichen und wertungsmäßigen Phänomene, in wichtigster Linie auf den nicht weiter bestimmbaren „Sinn“ des rhythmisch-gestaltlichen Geschehens. Das berühmte Wort Hans v. Bülows, das den Primat des Rhythmus in der Musik aussagt, kann sicher nicht bedeuten, daß etwa aus dem Rhythmus die anderen Gestalten, Melodie und Harmonie, „sich entwickelt“ haben, sondern kann nur diese gemeinsam begründende Zeitwirkung meinen, die alle Gestaltungen, die tonalen, optischen, motorischen, durch den Rhythmus gemeinsam beherrscht. Wie weit man Verallgemeinerungen auf Leben und Kosmos vornehmen kann und darf, bleibt Sache der Metaphysik, die nicht Gegenstand der vorliegenden Erörterungen sein kann und zu der die Pathologie höchstens Beiträge liefern kann.

3. Horizontalität und Vertikalität im Aufbau des Musikstoffes.

Die von der Theorie, insbesondere auch von den Erfahrungen an amusischen Fällen aus vorgenommene prinzipielle Trennung zwischen der tonalen, melisch-sukzessiven Gestaltung und der zeitlichen Sukzessivgestaltung innerhalb des Ablaufes der „Melodie“ hat ihre Charakterisierung zunächst in der „monodischen“, der einfachen Melodie gefunden. Nicht nur im Musikstoff, auch in der optischen Melodie und der Bewegungsmelodie ist die Ablaufsgestalt des modalen Bildstoffes in seiner figuralen Ausprägung wie in seiner Funktion zur Erzeugung energetischer Spannungen und in seiner Ausdrucks- und Sinnesfunktion eine andere als die der rhythmisch-taktlichen Gestaltung in der Zeit. Die Sonderung der Funktionen bedeutet aber gerade im Zusammenspiel der in den beiden Formprinzipien liegenden Kräfte eine Kumulierung, eine Höherorganisierung gewaltiger Art, die sich in der rhythmisierten Melodie, im melodisierten Rhythmus in unerschöpflichen Varianten immer wieder bekundet.

Die Analyse amusischer Fälle hat gezeigt, daß auch die Aufschließung pathologischer Dispositionsstrukturen sich nicht mit dem Musikstoff *einstimmig-horizontaler* Art der einfachen Melodie begnügen kann, daß sie den *vertikalen* Aufbau des Gestaltmaterials ebenso berücksichtigen muß. Der metaphorische Begriff der Horizontalität und Vertikalität ist wahrscheinlich vom räumlichen Notenbild genommen, weist aber auf tiefere Zusammenhänge hin. Im Problem der „Vertikalität“, das in der europäischen Musik unseres Jahrtausends heraustritt, lassen sich die Trennungen und Vereinigungen der tonalen und zeitlichen Prinzipien noch mehr ersehen, die bei der horizontal-linearen Monodie und Homophonie bereits sich als notwendig erwiesen.

Die „Vertikalität“ in der Vielstimmigkeit eines Musikstoffes — wir besprechen sie nur in der Bildsphäre und lassen die Sinnesstruktur der Klangfarbenverschmelzung „vertikaler“ Partialtöne außer Betracht — liegt nach der tonalen Seite in der *Polyphonie* vor. Hier herrscht das Tonalitätsprinzip in Form des diatonischen oder des atonal-chromatischen oder eines anderen historischen oder exotischen Systems. Natürlich ist Vertikalität nicht gleichbedeutend mit Tonalität oder Harmonie, denn diese Prinzipien sind auch im rein horizontalen, melodischen Flusse wirksam. Auch mit Akkord ist vertikale Polyphonie nicht identisch, denn es gibt auch rein melodische, nicht polyphone arpeggierte Akkorde, und es lassen sich polyphone Stücke oder Teile solcher Stücke — z. B. auch Schlag- und Zupfinstrumente — denken, bei denen der Gang der verschiedenen Stimmen nicht zu gleichzeitigem Zusammenspielen der Klänge führt, sondern nur zu abwechselnden Tongebungen in den verschiedenen Stimmen bei vollkommen harmonischer Anordnung. So sind es denn auch Tonalitätssystem, Harmonie, Akkordbildung, die am amusischen Kranken isoliert prüfbar sind. Die vertikal-polyphone Struktur ist dagegen isoliert gar nicht faßbar, sondern stellt die tonale Mehrfachgestaltung horizontaler melischer Abläufe dar. Als solche ist sie ein tonales Gestaltungsprinzip ganz besonderer Art.

Von der tonalen Vertikalgestaltung ist die zeitliche Vertikalstruktur abzutrennen. Kann man bei einfacher horizontaler Melodiegebung von einer *Monorhythmik* sprechen, so ist es im vertikalen Aufbau der Vielstimmigkeit die *Polyrhythmik*, das Zusammenschlagen verschiedengestaltlicher zeitlicher Akzentgliederung mehrerer Stimmen, die von der tonalen Polyphonie ebenso zu trennen ist wie der rhythmische Faktor vom melischen Verlaufsfaktor. Die geschichtliche Entwicklung der Vielstimmigkeit läßt diese Unterschiede erkennen. Die Parallelbewegungen der Quintenorgel und des Fauxbourdon haben in mehreren Stimmen gleichartige melische und rhythmische Gänge. Die älteren Choräle, die bei jedem Schritt einen Fortgang in der akkordlichen Harmonisierung, also entsprechend den harmonischen Gesetzen verschiedener melischer Gänge in den einzelnen Stimmen haben, zeigen Polyphonie in der tonalen Führung, doch Monorhythmie in der Gemeinsamkeit der verschiedenen Stimmen. Die kanonischen Anordnungen der Stimmen, die Fugen, und in der Folge die vielstimmigen Chor- und Instrumentalwerke ergaben dem Rhythmus neben der Melodik die Freiheit in den einzelnen Stimmen und gestatteten von einer Polyrhythmik neben einer Polyphonie zu sprechen.

Betrachtet man, was musiktheoretisch sich als Vertikalität und Horizontalität darstellt, vom Erlebenden, von der normalen oder pathologischen (amusischen) Persönlichkeit aus, so sind die einschlägigen Probleme wiederum nur unter dem Gesichtspunkt der *Gestalt* zu fassen. Ein Teil dessen, was Vertikalität in sich schließt, kann unter dem Begriffe der *Simultaneität* verstanden werden. Wenn wir in der sukzessiv-horizontalen Gestaltung die bildgestaltlichen Erlebnisse des tonalen Materials „in“ der Sukzession als melische Gestaltung, die Gestaltung „der“ Sukzession selbst als zeitfigurale Gestaltung rhythmisch-taktlicher Art sehen, so können wir eine analoge Scheidung auch bei der simultanen (vertikalen)

Gestaltung vornehmen. Die tonale Gestaltung „in“ der Simultaneität schließt all das ein, was die Musikstoffbildung der vergangenen Jahrhunderte in Europa in der Konkordanz, im Akkordaufbau, in den harmonischen Beziehungen gebracht hat. Die Gestaltung der Simultaneität im Musikstoff selbst ist ein *zeitlicher* Vorgang, wobei Simultaneität in der akustischen Sphäre ebensowenig gleichbedeutend ist mit Tonalität und Harmonie, wie sie in der optischen Sphäre nicht mit Raum identisch ist. Die Simultaneität als spezifische Zeitformung ist das Resultat des gleichzeitigen Auftretens konstitutiver Untergestalten im Rahmen einer gestaltlichen Ganzheit. Das bedeutet in der akustischen Sphäre den Umstand, daß diese Konstituentien nicht allein ein einheitliches Verschmelzungsprodukt ergeben, sondern auch ohne besondere „apperzeptive“ Auflösung selbst in ihrer Einzelhaftigkeit erlebt werden bei aller Geschlossenheit und allem Gliederzusammenhang der Simultangestalt. Man versteht leicht, daß dieser Zeitfaktor sich nicht mit Harmonie deckt. Ja, er hat sogar noch Analogie zur Sukzessivgliederung des Rhythmus, da auch in der Simultaneität einzelne Glieder akzentuiert hervortreten, als Cantus firmus, als Hauptstimme gegenüber der Begleitung, ohne daß damit freilich im vertikalen Akkordaufbau von „Rhythmus“ geredet werden kann. Daß gerade dieser zeitliche Simultanfaktor für die Möglichkeit der Erfassung von Polyphonie und Polyrhythmie, wie überhaupt *des Kontrapunktes* von der größten Bedeutung ist, dürfte keinem Zweifel unterliegen.

Natürlich ist Simultaneität bzw. Vertikalität ohne Sukzession (Horizontalität) undenkbar. Hat doch schon der einfache Akkord seinen horizontalen Verlauf. Das Erlebnis des Kontrapunktes ist nicht eine wahrnehmende „Verbindung“ von Vertikalgestalt zu Vertikalgestalt in der Zeitfolge, wie man es in der Assoziationsauffassung annehmen müßte. Nicht umsonst wenden sich moderne psychologisch eingestellte Musikforscher, wie E. Kurth, gegen die rein „harmonische“ (also nur von der Vertikalität aus gesehene) Bestimmung des Kontrapunktes, überhaupt gegen die alte Auffassung vom Schreiten „Punkt gegen Punkt“. Es wird vielmehr das „lineäre“ Prinzip im Kontrapunkt betont. Dieses lineäre Prinzip stellt das in allem Aufbau bewegte und belebt-gestaltete horizontale Fortschreiten dar, es herrscht in den nach harmonischen Grundsätzen zusammengehaltenen, nach energetischen Zügen sich vollziehenden, in stetem Fluß übereinandergebauten Stimmen. Und daß bei der immer größeren Auflockerung vertikal-harmonischer Zusammenklänge in der modernen Musik (sei es, daß die harmonischen Bestimmungen nur mehr an bestimmten periodisch-wiederkehrenden Punkten [Reger] aufrecht erhalten bleiben, oder daß man nach Übergang vom diatonischen zum chromatisch-atonalen System der Konkordanzprinzipien überhaupt enträt) die Forderung nach lineär-horizontaler Fassung gegenüber der vertikal-harmonischen immer größer wird, ist verständlich. Inwieweit diese Betonung des „Lineären“ gegenüber dem „Architektonischen“ (Vertikalen) eine Zeiterscheinung ist, läßt sich nicht beurteilen. Tritt doch das diatonische Prinzip wenn auch gerade in lineärer Betonung gegenüber dem atonalen gerade neuerdings wieder in den Vordergrund. Es mag auch auf die Tendenz besonders betonter polyrhythmischer Gestalten hingewiesen werden, die sich in der Jazztanzmusik zeigt, die auf die Rhythmusfreudigkeit gewisser exotischer Völker zurückgreift.

Natürlich bleibt das Gestalterlebnis der lineären Formen in vertikalem Aufbau nicht auf den musikalischen Kontrapunkt beschränkt, sondern läßt *vergleichend-psychologische* Betrachtung zu. Verschiedenartige Bewegungsgestaltungen in gleichzeitiger Darbietung bei Gruppentänzen bieten kontrapunktliche Bildungen auf optisch-motorischem Gebiete. Aber selbst das sukzessive Verfolgen einer echten maurischen Arabeske verlangt nicht nur das Fassen des Ganzheitseindruckes; dieses bei sukzessiver Betrachtung zweifellos „kontrapunktliche" optische Formgebilde ist erst „richtig" verstanden, wenn man imstande ist, in dieser Ganzheit die einzelnen Züge ihrer Gestalt zu erfassen, die in ihrem hochkomplizierten Zusammenspiel das eigentümliche Bild der Arabeske ergeben. Es ist dies geradeso, wie man den musikalischen Kontrapunkt nicht nur in Ganzheitseindruck, sondern in seiner Konstitution in den einzelnen Zügen erfaßt haben muß, will man ihn „verstanden" haben. Auch die Architektur — „erstarrte Musik" —, z. B. die gotischen Formen, verlangen „kontrapunktliches" Sehen ebenso wie vieles andere in der bildenden Kunst. Wir begnügen uns mit diesen Andeutungen über Vertikalität und Horizontalität in den verschiedenen Ausdrucksformen, die für die Psychologie der Gestalt manche Schwierigkeit ergeben.

Das Interesse, das die *Pathologie* beim Studium der prämorbiden Persönlichkeiten und ihren Abbauerscheinungen nach den Erkrankungen für alle aufgeworfenen Probleme haben muß, bedarf keiner besonderen Darstellung mehr.

4. Amusie und Musikalität.

Unsere Problemstellungen hatten zur Besprechung des Einflusses geführt, den die Erfahrungen am pathologischen Falle für die allgemeine Theorie der Gestaltung des Musikstoffes haben. Sie weisen darüber hinaus auf das spezielle Gebiet der individuellen musikalischen Begabung, der musikalischen Dispositionen, der *Musikalität*[1].

Wenn wir die Frage stellen, was man aus der Amusieforschung für die Erkenntnis der Musikalität gewinnen kann, so liegt die Schwierigkeit schon in der Begriffsbestimmung der Musikalität. Bei Forschungen, die auf die Prüfung der musikalischen Begabung und ihrer Einstufung ausgingen, wurde dieser Begriff bereits vorausgesetzt. An dem vorweggenommenen Typus des „Musikalischen" oder des „Unmusikalischen" wurden Qualitäten, Wesensbestimmungen, Minimalforderungen aufgestellt. Das gilt ebenso für Untersuchungen über die Frage, wer

[1] Literatur: Billroth: Wer ist musikalisch? — Kries, v.: Wer ist musikalisch? Berlin 1925. — Heuss, A.: Wer ist musikalisch? Z. f. Musik 1928. — Rupp, H.: Über die Prüfung musikalischer Fähigkeiten. Z. angew. Psychol **9** (1915). — Schüssler, H.: Das unmusikalische Kind. Ebenda **11** (1916). — Bernfeld, S.: Zur Psychologie des Unmusikalischen. Arch. f. Psychol. **34** (1915). — Révész, G.: Zur Prüfung der Musikalität. Z. Psychol. **85** (1920). — Huber, K.: Der Ausdruck musikalischer Elementarmotive. Leipzig 1923. — Brehmer, F.: Melodieauffassung und musikalische Begabung des Kindes. Leipzig 1925. — Henssge, E.: Die Wirkung der Musik auf Kranke mit psychischen und nervösen Störungen. Psychol. u. Med. **2** (1927). — Rentsch, P.: Musik und Geistesstörung. Allg. Z. Psychiatr. **85** (1927). — Leibbrand, W.: Musik und Psychopathologie. Psychol. u. Med. **3** (1928). — Nadel, S.: Zum Begriff der Musikalität. Z. f. Musikwissenschaft. Okt. 1928. — Maltzew, Kath.: Zur Frage der musikalischen Begabungsforschung. Psychotechn. Z. Okt. 1928. — Serejsky, M. u. Kath. Maltzew: Prüfung der Musikalität nach der Testmethode. Ebenda. — Belajew-Exemplarsky, Sophie: Grundsätzliches zur Untersuchung der Musikalität und ihrer Elemente. Ebenda. — König, H.: Über das musikalische Gedächtnis. Z. f. Psychol. **108**, 398f. (1928). — Jancke, H.: Musikpsychologische Studien. Ach. f. Psychol. **62**, 273f. (1928).

musikalisch sei (Billroth, v. Kries u. a.), wie für Arbeiten, die sich die Prüfung der musikalischen Begabung zur Aufgabe gestellt hatten (Rupp, Révész, Brehmer, Maltzew, Serejsky, Belajew-Exemplarsky u. a.). Ob man nun eine Scheidung zwischen „musikalischer Begabung" für produktive Musiker und der „Musikalität" für mehr rezeptive Typen, wie G. Révész vorgeschlagen hat, oder (wie wir es wollen) die Musikalität als Inbegriff der musikalischen Begabung faßt, ob man nach den Kriterien sucht (Unterschiedsempfindlichkeit für Tonhöhen, absolutes Gehör, Intervallsicherheit, Fähigkeit zur Auflösung von Zwei- und Dreiklängen, „Harmonie-" und „Tonalitätsgefühl", Ausdruck und Sinngebung) oder ob man musikalische Begabungstypen herausstellt (musikalische Idioten, Imbezille usw. bis zum Genie), wie es Ingenieros vorgenommen hat —, immer bleibt es eine konventionelle Bestimmung, was man als musikalisch setzen will, was nicht mehr. Hier liegt nichts Zwingendes vor. Die Brauchbarkeit der Testprüfungen sei durchaus anerkannt; doch kann dadurch eine *Wesensbestimmung* der Musikalität nicht erreicht werden. A. Heuss, der auf die musikalischen Fähigkeiten im einzelnen eingeht, hält darum auch die Lösung der Frage, wer musikalisch sei, nicht für möglich. Mit Recht spricht S. Nadel im Zusammenhang des Musikalitätsbegriffes von dem Gegensatz zwischen der „Erlebnisseite", d. h. der subjektiven Seite, auf der die Musikalität liege, und den Attributen der objektiven Kunst. Die Musikalität besagt nach ihm die sinnvolle Entsprechung zwischen Musik und Individuum, zwischen Musik als objektiver Kunst und Musik als Erlebnis. Es ist nach meiner Ansicht darin das Problem der *adäquaten Anpassung der Dispositionen* eines Individuums an die Forderungen *der objektiven musikalischen Situation* ausgedrückt. Ganz folgerichtig schreibt Nadel daher: „Die Musikalität im Sinne der Begabung ist eine Anlage des normalen Menschen; sie zur Musikalität im Sinne der musikalischen Bildung und des musikalischen Könnens zu erweitern, sei eine Aufgabe der Erziehung." Das will wohl besagen, daß jeder normale Mensch, in eine objektiv musikalische Situation versetzt, soweit kommt, irgendeine adäquate Stellung zu erhalten, d. h. eine seiner Dispositionsstruktur entsprechende Art des Musikerlebens zu haben. Wenn Nadel unter Hinweis auf Brentanos bekannte Parallelisierung des Unmusikalischen mit den Farbenblinden meint, daß die Gleichstellung des Unmusikalischen und des pathologischen Menschen zu Recht bestehe, so ist darin ein Problem enthalten, das der Erörterung unter pathologischen Gesichtspunkten in einem breiteren Rahmen bedarf.

Wenn man in einer biologisch-psychologischen und pathologischen Betrachtung den Standpunkt einnimmt, daß Musikalität nicht nur nach typischen Leistungen oder nach dem Eindruck, den ein Mensch auf einen Untersucher macht, definiert sein kann, sondern daß die *objektiv musikalische Situation* herangezogen werden muß, so eröffnet sich eine große Breite der Variabilität und damit eine erhebliche Schwierigkeit, die insbesondere in der historisch-ethnologischen und in der ontogenetischen Linie liegt. Für manche primitiven Musiken wird die höchste musikalische Disposition in Takt- und Rhythmussicherheit erschöpft sein werden, die tonalen Faktoren zurücktreten können. In anderen exotischen Systemen ist es mit Rhythmus und melodischer Formung getan. Noch in der antiken griechischen Musik mit ihren Transpositionssystemen hat es keiner einheitlich fixierten Tonalität bedurft. In den pentatonischen und heptatonischen

Systemen ost- und südostasiatischer Kulturkreise wird der hochqualifizierte Musiker viele Eigenschaften nicht brauchen, die man für das einfache Verständnis der Musik unserer Zeit und unserer Gegenden verlangt. Man kann vermuten, daß ein bei uns sehr mäßig musikalischer Mensch sich eventuell in anderen Musiken recht talentiert erweisen könnte, eben weil sie manches nicht erfordern, was die europäische Musik der letzten Jahrhunderte verlangt hat. Und wird man einen jungen Menschen unserer Tage, dessen Neigung und Talent nur der atonalen Musik gilt, und zwar so ausschließlich, daß er von der diatonischen Musik nichts wissen will, deshalb ohne weiteres als „unmusikalisch" bezeichnen dürfen?

Wenn weiterhin die Anpassung an die musikalischen Situationen ihrem Grade nach und in bezug auf die Fortschritte der individuellen Entwicklung angesehen wird, so sind hier, wenn selbst nur die Musik unserer Kulturkreise herangezogen wird, gewaltige Variationen vorhanden. Unter den schaffenden Musikern finden sich zwar viele, die schon in den Kinderjahren eine erstaunliche Aufnahmefähigkeit für Musik gezeigt haben. (Das frühzeitige Auftreten der musikalischen Fähigkeiten gegenüber anderen Fähigkeiten ist von Révész betont worden.) Manche unter unseren ganz Großen haben sich doch erst spät entwickelt, sind in ihren Jugendjahren gewiß keine musikalischen Wunderkinder gewesen. Und umgekehrt finden wir musikalische Wunderkinder, die das Höchste versprechen und im erwachsenen Alter gerade in der Anpassung an die musikalische Gegenwart und auch in der Erzeugung von Musik im Weitergang des Lebens sich nicht zu steigern vermögen. Wie soll man also selbst an einen mittelmäßig musikalisch begabten Menschen — als Individuum, nicht als Massenglied genommen — rein intuitiv einen Maßstab der „Musikalität" anlegen?

Es geht hier nicht anders als mit der Bestimmung der Begabung für irgendwelches geistiges Tun überhaupt. Man wird auch, wenn man die Begabung für Zeichnen und Genießen bildender Kunst, für Mathematik und für jede Art verstandesmäßiger Tätigkeit graduieren soll, die Menschen in objektive Situationen bringen und ihre Reaktionen studieren, in Situationen, die mit dem Kulturstande und mit der individuell-genetischen Höhe des Prüflings zu wechseln haben. Die Abgrenzung des „Normalen" vom „Pathologischen" bzw. „Abnormen" geschieht bei der Musikalität wie bei der sonstigen Begabung nach dem Gesichtspunkte der Angepaßtheit der Leistungen an die objektive Situation. Der höchste Grad der Begabung läßt sich aus den musikalischen Leistungen erschließen, bei denen die Persönlichkeit selbst Schöpfer neuartiger musikalischer Situationen von höchster Ausdruckskraft und musikalischer Sinn- und Ideenerfüllung ist, Schöpfer eines neuen Stils, der alle Ausdrucksgebiete der Musik seines Kulturkreises — in unserem Kulturkreis etwa der Oper und der reinen Musik, der profanen und religiösen Musik in gleicher Weise — umfaßt. Unter diesen schöpferischen Menschen sind die größten wiederum die Musiker, die mit dem Schöpfertum auch hohe reproduktive Leistungsfähigkeit, starke Ausdruckskraft im Darstellen auf einem Instrument, große bildhafte Gestaltungskraft, starkes Gedächtnis für musikalische Stoffe, feinstes ästhetisches Fühlen und Unterscheiden verbinden. Diesem „Typus Mozart", der in jedem Kulturkreis an sich möglich sein könnte, werden große Tonschöpfer in absteigender Reihe in dem Maße sich angliedern, als sie etwa nur in einzelnen Gebieten überragende schöpferische Leistungen erzeugen, daß ihr Stil die objektive Lage der Musikkultur ändert und fördert bis zu jenen „kleinen"

Meistern, deren Schöpfungen etwa der guten Volksmusik dienen, ohne höhere Ansprüche zu stellen. Es könnte dann sein, daß ein großer reproduzierender Künstler an spezifischer musikalischer Begabung einen Tonschöpfer übertrifft, der in der künstlerischen Ausdruckskraft und Sinnerfüllung die Werke großer Meister nicht erreicht. Ein nur receptiver Musiker, Ästhetiker, Musikwissenschafter, Philosoph oder Kritiker, der in das Spezifisch-Musikalische, den Aufbau, die Ausdrucks- und Sinngewalt der Musiken aller Kulturen, der älteren und neueren, fernen und nahen, eingedrungen ist, der an Einfühlung und künstlerischem Verständnis große Höhen erreicht hat, wird vielleicht manchen reproduzierenden Künstler und schöpferischen Musiker etwas zu lehren haben, sie in bestimmte *Seiten* der Musikalität übertreffen. Am anderen Ende stehen die vielen Menschen, die sich am Kleinsten vergnügen, in reiner Klangfreude keine Unterschiede zwischen guter und schlechter Musik machen, etwa nur im Spiel eines einzelnen Blasinstruments ihr ganzes musikalisches Leben erschöpfen usw. Wahrlich ein großes Gebiet verschiedenartiger und verschiedengradiger Formen von „sinnvoller Anpassung an objektiv-musikalische Situationen"! Vom biologischen Standpunkte aus läßt sich in der musikalischen Begabung eine ununterbrochene Kette von verschiedenartigsten Dispositionsstrukturen von den höchstqualifizierten Talenten bis zu den geringgradigen Typen einfachster musikalischer Situationsbildungen aus den entsprechenden Leistungen und Verhaltungsweisen des „Normalen" vorläufig und unsystematisch erkennen.

So mag es auch sein, daß verschiedene Menschen, die im Verstehen und Genießen guter Musik auf der gleichen Höhe der Musikalität stehen, das gleiche Stück trotzdem nach seiner Ausdrucks- und Sinngebung verschieden aufnehmen. Der eine findet mehr an sinnlicher Klangfülle, der andere vielleicht mehr an architektonischem Aufbau, der dritte an den durch sie erweckten Stimmungen und Ideen ästhetische Anregungen. Je nachdem einer sich der Musik hingebend verhält oder mehr von ihr verlockt, bezaubert, berauscht ist oder kühl erwägend, intellektuell-prüfend sich auf den musikalischen Gegenstand einstellt, je nachdem einer romantisch dem affektiven Eindruck ergeben ist, die sich ausdrückende Idee außerhalb des Klangstoffes sucht oder das „Ethos" der Musik immanent in dem Charakter der Klanggestaltung erlebt, kommen verschiedene individuelle Effekte zur Wirkung, die alle „adäquat" sein können. Sie können durchaus ein „richtiges" Einfühlen und Verstehen der verschiedenen Seiten eines Musikwerkes bedeuten, die der Schöpfer mit seinem Werke „gemeint" hat. Tatsächlich bringen ja auch verschiedene Dirigenten das gleiche Werk in verschiedener Weise heraus, ohne daß man die eine Leistung für schlechter als die andere zu halten braucht. Also auch innerhalb des gleichen Grades der „Musikalität" sind je nach der persönlichen Dispositionsstruktur verschiedene Verhaltungsweisen möglich. Andererseits wird die Auswahl dessen, was der Einzelpersönlichkeit gefällt, je nachdem sie mehr von Klangaufbau oder von dem emotionalen Ausdrucksgehalt angesprochen wird, je nachdem sie mehr die klassische oder die romantische Musik, mehr die „reine" oder die „dramatische" Musik liebt, ein großes Gewicht für die Einschätzung der musikalischen Persönlichkeit erhalten.

Die Beantwortung der Frage, was die *Pathologie* für das Problem der musikalischen Begabung leisten kann, soll auf die Betrachtung eingeschränkt werden, was vom pathologischen Fall aus für das Verständnis des *Nichtbegabten*, des *Unmusikalischen* zu sagen ist, weiterhin wie sich die Auswirkung der musikalischen Begabung bei *psychisch Defekten* geltend macht.

Die oben angeführte These NADELS, daß jeder normale Mensch musikalisch sei, und die in sich schließt, daß der Unmusikalische ein abnormes Individuum sei, wird nicht jedem sofort eingehen. Kennt doch jedermann intellektuell hochbegabte Menschen, die nicht die mindeste Beziehung zur Musik aufweisen, führt doch auch INGENIEROS (zitiert nach LEIBBRAND) unter seinen „musikalischen Idioten" (surdité tonale) schöpferische Persönlichkeiten wie VIKTOR HUGO, THÉOPHILE GAUTIER, CUVIER, unter den musikalisch „Imbezillen" (surdité musicale) GOETHE, ZOLA, NAPOLEON, GAMBETTA an. Sind diese großen Persönlichkeiten „defekt" oder „abnorm" gewesen?

Hierzu ist vom psychologisch-pathologischen Standpunkt aus zu sagen, daß der Begriff der Musikalität und seine Abwandlung im Sinne des Unmusikalischen in der allgemeinen Verwendung oft genug *relative* Bedeutung hat. Das soll folgendes heißen: Unmusikalisch sein kann bedeuten: im Verhältnis zu einem höheren Grad von musikalischer Begabung niedriger stehen. Ein guter Musiker oder Musikfreund wird nicht nur den Menschen, der gar kein Interesse für Musik hat oder der sich nur für musikalische Betätigung recht niedriger Art interessiert, nicht zu den Musikalischen rechnen, sondern er wird einen anderen Musikfreund oder Musiker, der rhythmisch nicht sicher ist, der in bezug auf die Einschätzung von guter und minderwertigerer Musik keine scharfe Unterscheidung, oder für eine entsprechende oder nicht ganz entsprechende Aufführung kein richtiges Urteil hat, für unmusikalisch halten. Vom psychologischen Standpunkt aus gehören alle, die zur Musik irgendwie Beziehung haben können, d. h. die in irgendeiner musikalischen Situation sich adäquat halten können, zu den irgendwie musikalisch Begabten. Sie können auf einer niederen Organisationsstufe der Musikalität stehen, können aber nicht als unmusikalisch im psychologischen Sinne bezeichnet werden. Wenn man die ganze Masse der als unmusikalisch bezeichneten Menschen kennen lernte, so würde sehr wahrscheinlich ein großer, vielleicht der allergrößte Teil der Menschen, die von sich sagen, daß ihnen Musik ein „Geräusch", ja vielleicht sogar nur einen Lärm bedeutet, doch noch irgendwie musikalisch ansprechen, wenn sie in Situationen gebracht werden, die ihrem musikalischen Vermögen angepaßt sind. Ich selbst kenne „Unmusikalische", die für den Takt der Militärmusik und dem Rhythmus der Trommeln nicht nur Gehör und entsprechende motorische Entäußerung (z. B. Mitmarschieren) haben, sondern auch Interesse und Neigung für deren Reproduktion trotz größter Unsicherheit, vielleicht Fehlens jeder Beziehung zu tonalen Gestaltungen der Musik. Ob BILLROTHS „schlechte Marschierer" der alten österreichischen Armee, die Rumänen und Bosnier, die dabei doch gut zu marschieren glaubten[1], „unrhythmisch" und „unmusikalisch" waren, wenn sie aus dem Bereiche des militärischen Marschsignals herauskamen und in heimische musikalische und tänzerische Situation gebracht wurden, muß sehr fraglich erscheinen. Daß die Rekruten aus den Gebirgsländern einen hohen Prozentsatz unter den Marschierschwierigen stellten, wird dem nicht ganz einleuchten, der an den Bewohnern der Ostalpenländer gerade ihre Tanzfreudigkeit kennt. Wie denn umgekehrt das oft

[1] KRIES, v., a. a. O., S. 26.

zitierte tänzerische Unvermögen Beethovens[1] keinen Zweifel daran läßt, wie relativ vom Standpunkte der rhythmischen Entäußerung aus der Begriff des „Unmusikalischen" ist, wie sehr er davon abhängt, welche Dispositionen in einer speziellen musikalischen Situation in Anspruch genommen werden. Es bedarf einer eingehenden statistischen und strukturanalytischen Untersuchung der angeblich Unmusikalischen, die bisher nicht existiert. Schon jetzt ist es unwahrscheinlich, daß eine große Zahl derer, die sich für unmusikalisch halten oder von anderen dafür gehalten werden, dies in einem biologisch-pathologischen Sinne überhaupt sind.

Noch eine andere Betrachtungsweise macht über das scheinbare Fehlen musikalischer Dispositionen bei Personen, die zur Musik keine Beziehung haben, stutzig: der Hinweis auf *Triebe und Affekte* als Ursache für den Mangel an Beziehung zur Musik. S. Bernfeld[2] stellt zwei Kranke vor, einen Studenten und eine Studentin, die sich für unmusikalisch erklären und, trotzdem sie irgendwie Stellungnahme zur Musik haben, sie doch immer wieder von sich weisen. Die Psychoanalyse, die der Autor an den Kranken vornimmt, fördert als Ursache Fixierungen und Verdrängungen aus der Kindheit zutage, die aus dem infantilen Familienkomplex stammen und die Entäußerung zweifellos bestehender Anlagen verhindern. H. Jacoby[3] sucht das Unvermögen zum musikalischen Erleben aus den unbewußten Ursachen heraus musikpädagogisch zu beheben. Die psychoanalytische Forschung geht ebenso die Fähigkeiten zu hochmusikalischen Leistungen wie deren Mängel an[4]. Wir hatten früher die offenbar neurotisch erkrankten Fälle Braziers, die man in der Literatur der Amusie ehedem als Störung des „Melodiengedächtnisses" findet, entsprechend auch der Ansicht anderer Autoren aus der Amusie ausgeschlossen. In gleicher Weise darf man alle Fälle, bei denen sich durch Herausarbeiten unbewußter Ursachen die Störung musikalischer Betätigungen und Erlebnisse erklären läßt, nicht als „unmusikalisch" bezeichnen. Das ist auch dann nicht erlaubt, wenn die Hemmung und Verdrängung so früh auftritt, daß die musikalische Ausbildung verhindert wird. Es kann sich dabei immer nur um *primäre* musikalische Begabung handeln, nicht um aus außermusikalischen Strukturveränderungen erzeugte *sekundäre* Schädigungen der Musikdispositionen. Auch die offenbar nicht geringe Zahl derartig neurotisch Gehemmter muß aus der Zahl der echten Unmusikalischen ausgeschlossen bleiben.

So schränkt sich das Problem des Unmusikalischen ein auf die Frage nach dem Zusammenhang von *Defekt und mangelnder musikalischer Anlagen.*

Daß der erworbene Schaden des *Hörfeldes*, besonders wenn er jenseits des Kindesalters entstanden ist, nicht „unmusikalisch" machen muß, beweist das Beispiel Beethovens. Aber selbst ein so früh erworbener Hörfeldausfall, wie der des im 4. Lebenjahr ertaubten schweizerischen Zentralsekretärs, Redakteurs und Seelsorgers Sutermeister, dessen Stellung zur Musik Katz und Révész[5] in einer theoretisch wichtigen Veröffentlichung beschrieben haben, zeigt, daß selbst der Taubstumme Musik erleben kann, insofern ihm musikalische Gaben in die Wiege

[1] Kries, v., S. 27.
[2] Bernfeld, S.: Arch. f. Psychol. **34** (1915).
[3] Jacoby, H.: Muß es Unmusikalische geben? Z. psychoanal. Pädag. **1** (1927).
[4] Vgl. hierzu die Bibliographie „Musik". Die psychanal. Bewegung **1**, 69f. (1929).
[5] Katz u. Révész: Musikgenuß der Gehörlosen. Leipzig 1926.

gelegt worden sind. Das für die Theorie der Amusie und die allgemeine Wahrnehmungslehre Wichtigste an diesem Fall ist die *Unabhängigkeit musikalischer Bildgestaltung von der Hörfeldorganisation.* Freilich erhält hier die musikalische Bildgestaltung ein anderes, nicht-akustisches Material. Sutermeister genießt affektiv die Musik, trotzdem ihm die ausschließlich gegebenen vibrierenden Tastempfindungen (Vibrationsempfindungen) keine Möglichkeit geben, Konsonanz und Dissonanz und wohl auch Akkordstrukturen und die in ihnen liegenden Spannungen zu erleben. Er muß diese wohl meist im Rhythmus finden. Er weiß aber auch Musik ihrem „Sinne" und symbolischen Gehalt, ihrem Werte nach zu unterscheiden: So wenn er eine Rêverie von Saint-Saëns und Militärmärsche ablehnt, den „Kunstreichtum" einer Bachschen Fuge, das „Wiegende" und „Süße" einer Serenade erkennt, Verdi und Wagner als seine Lieblinge erklärt. Sutermeister hat sich vor der Wahrnehmung seiner Eignung für Musikgenuß (nach dem 50. Lebensjahre) in der Lyrik schöpferisch betätigt. Dies spricht — wie auch die Autoren betonen — für den Zusammenhang der Lyrik (also der „musikalisierten" Sprache) mit der Musik. Die Fälle beweisen, *wie wenig man das Unmusikalischsein primär von einem Hörfelddefekt ableiten kann.*

Daß aber selbst der Verlust der Dispositionen innerhalb der akustisch-musischen *Bildsphäre* den Menschen nicht „unmusikalisch" zu machen braucht, haben unsere Untersuchungen an dem kranken Cassian St. aufgewiesen. Der theoretisch allgemein psychologische Wert dieses Falles liegt darin, daß die Dispositionen der akustischen Bildsphäre nicht nur vom Zustande des Hörfeldes, sondern auch von den Dispositionen des Ausdrucks und der Sinngebung, also den Dispositionen, durch die das psychische Musikmaterial erst zum Erlebnis der Musik wird, getrennt sind. Diese Beobachtungen verbieten eine Identifizierung des Begriffes der Musikalität mit den Fähigkeiten, die der musischen Bildsphäre, der akustischen Agnosie, angehören. *Unmusikalischsein ist also, ganz generell genommen, weder mit Hörfeldstörung, noch mit akustischer Bildagnosie („Melodientaubheit" der bisherigen Nomenklatur) schlechthin definiert.*

Auch allgemeiner geistiger Defekt, der *Schwachsinn*, die Oligophrenie macht nicht „unmusikalisch". Wer Schwachsinnige in größerer Zahl zu beobachten Gelegenheit hat, weiß vom Gegenteil. Die Lehrbücher sprechen davon. Schwachsinnige aller Arten und Grade, besonders die Mongoloiden und nicht nur sie, fühlen sich durch Klänge und Rhythmus angezogen, sind durch sie in ihrem Affekt zu wandeln. Ganz extreme Beispiele von musikalischer Begabung berichtet Heller von Schwachsinnigen. So konnte ein idiotischer Knabe, der weder sprechen noch hinreichend verstehen konnte, Musikstücke stimmlich zum Vortrag bringen, deren Titel man ihm zurief und diese Stücke der Benennung nach noch unterscheiden, während er „Fenster" und „Tür" immer verwechselte. Ein anderer kannte über 200 Melodien und konnte sie nach Hören des Anfangs weitersingen. Er hatte absolutes Gehör. Strohmayer berichtet von einem schwer imbezillen Knaben, der ein schwieriges Lied von Brahms, ein einziges Mal gehört, nach 4 Monaten sang. Er konnte Töne richtig bezeichnen und benannte Klänge auf dem Klavier finden; er spielte Melodien auf dem Klavier nach und machte sich selbst die Begleitung [1]. Es gibt Autoren die glauben, daß diese Nei-

[1] Zitiert nach Strohmayer, W.: Angeborene und im frühen Kindesalter erworbene Schwachsinnszustände. Handb. d. Geisteskrankheiten, herausgeg. von O. Bumke. **10** (1928).

gung der Schwachsinnigen zu musikalischem Geschehen heilpädagogisch verwendet werden sollte. Freilich wird man darauf zu sehen haben, ob Schwachsinnige nicht nur durch den reinen sinnlichen Klang bestrickt und berauscht werden, dessen besondere Affinität zur Affektregung gegenüber anderen Sinnen bekannt ist. Das kann man sogar bei *Tieren* finden, unter denen manche, besonders höhere Säugetiere, affektive Bezogenheit auf Klänge zum Ausdruck bringen. Man müßte solche Tiere dann für ,,musikalisch" halten, was wir aber ebensowenig für richtig finden möchten, so wenig man die Dressur auf ,,Freßtöne" (Pawlow, Kalischer u. a.) als ,,absolutes Gehör" und als Erscheinungen musikalischer Möglichkeiten der Tiere bezeichnen sollte [1]. Wenn man einen Schwachsinnigen als musikalisch bezeichnen will, so muß man von ihm verlangen, daß er musikalische Formen, sinnliches und bildhaftes Musikmaterial, wenn auch nur einfach gestaltet, in Ausdruck- und Sinnfunktion zu erleben imstande ist. Darüber sind meines Wissens noch keine, mindestens keine ausreichenden Erfahrungen gesammelt. Daß andererseits auch isolierte Ausfälle bei psychisch Defekten gerade auf akustischem und musikalischem Gebiete vorkommen, während andere Dispositionssphären, z. B. die optische oder motorische oder sogar die Denksphäre, besser entwickelt erscheinen, wird jeder erfahrene Untersucher, Arzt oder Heilpädagoge, bestätigen können.

Wenn wir hörfelddefekte und akustisch-agnostische Menschen nicht *generell* als unmusikalisch bezeichnet wissen wollen, so sind in den speziellen Fällen hierzu erhebliche Einschränkungen zu machen. Daß derartige Menschen mit umschriebenen Defekten innerhalb des akustischen Bereiches noch musikalische Eigenschaften zeigen, stimmt nur unter dem besonderen Umstande, daß primär Eigenschaften und Anlagen vorliegen, die es trotz des erheblichen Hör- und Erkennungsschadens ermöglichen, Musik zu erleben. Liegen primär Anlagen für musikalisches Erleben nicht vor, so werden früh ertaubte, parakustische, zentral-anakustische oder bildagnostische Menschen, die vielleicht normal wahrnehmend zu einem Musikgenuß von einigem Niveau gekommen wären, die Tür zu dem Wunderlande der Musik doch geschlossen finden. Dies wird wohl das Schicksal vieler frühzeitig Tauber, Hörschwacher und Akustisch-Agnostischer bilden. Sie werden auf anderen Sinnesgebieten Material für andersartige Formung und Ausdrucksfunktion bevorzugen.

Kehren wir zu unserer Ausgangsstellung im Musikalitätsproblem zurück! Nach den vorgenommenen Betrachtungen wird man eine Bestimmung des Grades der Musikalität, wie sie Ingenieros vorschlägt, vom musikalischen Idioten bis zur musikalischen Genialität den theoretischen Erfordernissen von heute nicht mehr für entsprechend halten können. Auch die Festlegung auf ganz bestimmte, der Musiksphäre entnommene ,,typische" Leistungen, die den Musikalischen vom Unmusikalischen trennen sollen und aus denen die Musikalität als eine auf eine umgrenzte Gruppe von Menschen beschränkte Eigenschaft resultiert, könnte nur in einem engen Rahmen Geltung haben. Diese Auffassung bedarf einer Verbreiterung in die Kultur- und Völkergeschichte und in den Entwicklungsgang des Einzelmenschen und seine Abwandlungen in der pathologischen Persönlichkeit.

---

[1] Vgl. die kritische Stellungnahme von Kafka, G.: Tierpsychologie in seinem Handb. d. vergl. Psychol. **1**, 105 (1923).

Wenn wir nun die Erörterungen — gerade im Hinblick auf die Erfahrungen bei Störungen des Hörfeldes und der akustischen Bildsphäre — mit der Frage beschließen: „Wer ist unmusikalisch?", so können wir nur eine vorläufige hypothetische Antwort versuchen. *Unmusikalisch* („amusisch" im Sinne mancher Psychologen und Ästhetiker) *ist der Mensch, für den es keine objektiv-musikalische Situation irgendwelcher Art, aus irgendeinem Kulturkreis und einem menschlichen Entwicklungsgang entsprechend auf irgendeinem ästhetischen Niveau gibt, bei dem er durch ein Sinnes- und Bildmaterial zu einem spezifischen musikalischen Ausdrucks- und Symbolerleben geführt werden kann.* Da Neurosen als Ursachen ausgeschlossen sind, wird man für den wirklich Unmusikalischen einen Defekt annehmen können. In manchen Fällen mag der primäre Defekt von vornherein in einer mangelnden Disposition zur Bildung von Klangstoff überhaupt liegen. Aber selbst bei erhaltenem Hörfeld und Bildfeld und ohne neurotische Hemmung oder psychotische Gefühls- und Spannungsdefekte kann ein Mensch durch die Dispositionsstörung gerade der Ausdrucks- und Ideebereitung „unmusikalisch" sein. Wir werden die Auffassung von Brentano, der den Unmusikalischen mit dem Farbenblinden (also einem Fall aus dem optischen Empfindungsbereiche) vergleicht, längst nicht mehr als allgemeine Wesensbestimmung anerkennen. Genau ebenso könnte die Dispositionsstruktur des Unmusikalischen in der optischen Sphäre etwa einem primär Optisch-Agnostischen oder der Kategoriestörung eines „kongenital Wortblinden" oder noch ganz anderen primären Defekten entsprechen. Macht man aber Ernst mit der logischen Umgrenzung der musikalischen Eigenschaften derer, die vom Volk unmusikalisch genannt werden, und lassen nur noch die gelten, bei denen die oben gefaßte Bestimmung des Unmusikalischen zutrifft, so wird man es für wahrscheinlich finden, daß die von Brentano angebahnte, von Nadel weitergeführte These, der „echte", der „primäre" Unmusikalische sei eine pathologische Persönlichkeit, zu Recht besteht. Die Erforschung des Was und des Wie in unserer Frage wird der Zukunft überlassen. Sie wird aber nicht ohne die Erfahrungen der Amusieforschungen im weitesten Sinne erfolgen können. Wir haben unsere Definition des Unmusikalischen als Teilfrage im Problem der Musikalität als hypothetisch bezeichnet; ob sie in dieser Form auch zur Arbeitshypothese wird, kann erst nach Aufschließung und Sichtung eines großen empirischen Materials von normalen und pathologischen Fällen erkannt werden.

Schluß.

Die vorliegende Schrift hat sich zur Aufgabe gestellt, die *primären* Schäden auf akustischem Gebiete durch bestimmte Hirnläsionen und die Struktur der Dispositionen, wie sie vor und nach dem Schaden sich äußern, zu studieren. Die *sekundären* Veränderungen organischer und reaktiver Art, die mit an der Gestaltung des pathologischen Phänomens beteiligt sind und deren Erkennung daher im Rahmen der Ganzheitsforschung wichtig ist, wurden hier mit voller Absicht zunächst nicht herangezogen, weil sie offenbar nur nach Ergründung der an sich schon hochkomplexen primären Schäden verständlich werden. Es konnte, wie ich glaube, gezeigt werden, daß eine Pathologie der höheren akustischen Formen jeglicher Art ohne das Studium der normalen und pathologischen Erscheinungen des Musikstoffes heute unmöglich ist. Die zu Beginn unserer Erörterung gestellte

Frage nach der Existenz einer alle akustischen Erscheinungen umfassenden und einheitlich strukturierten *Schallwelt* als des Schallanteils der physiopsychischen Realität des Menschen wird man wohl unter pathologischen Gesichtspunkten gerade an Hand des Musikstoffes, seiner sinnesmäßigen, bildhaften und kategorialen Formungen, seiner merkmalsbestimmenden, signitiven und symbolischen Verwendung und zwar für Musikmaterial, Sprachlaut und Alltagsgeräusch bejahen können. Das akustische Bereich, seine Dispositionen und resultierenden Erscheinungen tritt dem Gesamt der „optischen Welt" und „Tastwelt" gleichwertig gegenüber. Diese erlebte akustische Welt zeigt sich in entsprechend spezifisch modaler Abwandlung in einer Weise strukturiert, daß allgemeingeltende, alle modalen Gebiete der Wahrnehmung umfassende Gesetzmäßigkeiten sich abzeichnen. Dies ist nicht nur für die psychischen Anteile und ihre Dispositionen der Fall, sondern auch für die körperlichen Substrate, insbesondere für die Hirnorganisation. Man kann die Querwindungen in den vordersten Teilen der Schläfenlappen als akustisches Sinnesfeld dem optischen Sinnesfeld der Calcarina gegenüberstellen. Wird man auch heute die Wernickesche Stelle in den hintersten Teilen der ersten Schläfenwindungen nicht mehr als „sensorisches Sprachzentrum" ansehen, so tritt sie nun in Funktionseinheit mit Partien, die bis in die mittleren Teile der ersten Schläfenwindungen reichen, als einheitliches „akustisches Bildfeld" heraus, das dem optischen Bildfelde an der Außenseite der Hinterhauptlappen entspricht. Inwieweit den Hirnteilen, an die im optischen Bereiche kategoriale und symbolische Faktoren funktional gebunden erscheinen (Scheitellappen, Gyrus angularis), im akustischen Bereiche gesonderte Hirnteile entsprechen, ist zur Zeit nicht bekannt. In diesen Fragen wie in denen der funktionalen und gestaltlichen Einheitsstruktur in der gemeinsamen Organisation der verschiedenen Gebiete bleibt der Forschung noch weiter Raum.

Es geht die Sage, daß einem berühmten, hochmusikalischen Physiologen die Beschäftigung mit Analyse der Klänge dadurch Schaden gebracht hat, daß er wegen der Gewöhnung, jeden Klang in Partialtönen zu hören, Musik überhaupt nicht mehr genießen konnte. Man könnte auf den Gedanken kommen, daß die Gefahr, den Genuß an der Musik zu verlieren, beim Umgang mit musikalisch Kranken vielleicht noch größer ist. Solche Besorgnisse können leicht zerstreut werden. Das musikalische Untersuchen eines Menschen, eines gesunden oder eines kranken, und der Genuß von Musik sind ganz verschiedene psychische Situationen. Die beiden Kreise sollen sich nicht berühren und haben sich dem Autor dieser Schrift niemals berührt. Wer übrigens dem Kranken nicht nur als Theoretiker, sondern als Arzt oder als Pädagog gegenübertritt, dem wird aus der Beschäftigung mit Menschen, die die Natur ohnedies zu einem harten Schicksal verurteilt hat, Befriedigung erwachsen. Er wird sehen, daß die Untersuchung des Amusischen, wie jedes anderen Hirnkranken, nicht nur zur Orientierung des Untersuchers über den Zustand des Kranken führt, sondern daß — in recht vielen Fällen — schon die Untersuchung allein übenden und heilenden Wert hat und vom Kranken auch so empfunden und daher gewünscht wird. Er wird auch in der Beschäftigung mit dem Amusischen sehen, daß Theorie und Leben, in rechtes Verhältnis gesetzt, keine Gegner sind, daß vielmehr auch hier Wissen und Erkennen die Grundlagen alles Wirkens sind.

Namenverzeichnis

(Ziffern = Seitenzahlen).